W0256699

Waeser-Dierbach

Der Betriebs-Chemiker

Ein Hilfsbuch für die Praxis des chemischen Fabrikbetriebes

von

Dr.-Ing. Bruno Waeser
Chemiker

Vierte, ergänzte Auflage

Mit 119 Textabbildungen
und zahlreichen Tabellen

Berlin
Verlag von Julius Springer
1929

ISBN-13: 978-3-642-89283-7   e-ISBN-13: 978-3-642-91139-2
DOI: 10.1007/978-3-642-91139-2

Vorwort zur ersten Auflage.

Das vorliegende Buch ist entstanden aus einer Sammlung von Notizen, die ich mir über alle neuen „Fälle" seit den ersten Tagen meiner praktischen Betriebstätigkeit zu machen pflegte.

Ich hielt es für möglich, dem einen oder dem anderen, besonders den jüngeren Kollegen mit diesem Material dienlich sein zu können, und so entschloß ich mich, dasselbe zu sichten, mit einer Reihe für den Fabrikbetrieb allgemein wissenswerten praktischen Daten zu ergänzen und zu einem Buche zu bearbeiten.

Damit ist zugleich gesagt, daß ich kein Lehrbuch, sondern ein praktisches Hilfsbuch zu schreiben beabsichtigt habe, was eine andere Behandlung des Stoffes zur Folge haben mußte, als sie sonst in den Werken über chemische Technik üblich ist.

Während in diesen letzten meist bestimmte Fabrikationen als Spezialstudium behandelt werden, habe ich den Versuch unternommen, das allgemein praktisch Notwendige aus dem großen Gebiete der chemischen Technik zu skizzieren. Ich sage absichtlich zu „skizzieren", weil eine ausführliche Behandlung dieser Erfahrungsmaterie weit über den Rahmen hinausgeht, innerhalb dessen ein Fachmann auf diesem Gebiete tätig sein kann.

Von diesem Standpunkte aus wolle man den Inhalt des Buches beurteilen und nachsichtig auch deswegen, weil ein Praktiker nicht ohne weiteres auch ein gewandter Buchschreiber zu sein den Anspruch macht.

Ob ich die richtige Wahl und Anordnung des recht verschiedenartigen Stoffes getroffen habe, muß ich dem Urteil der Leser überlassen. Aus den angeführten Preisen, welche keinen Anspruch auf absolute Richtigkeit machen können, wolle man nichts anderes ersehen, als den ungefähren Wert der in der Fabrikpraxis gebrauchten Materialien und Gegenstände. Ich halte es aber für absolut erforderlich, daß der junge Chemiker möglichst früh lernt, sich eine zutreffende Vorstellung über die Kosten der Betriebsapparatur, ihrer Materialien und der sonst für den Fabrikbetrieb notwendigen Bedürfnisse zu machen, um das Fabrizieren nicht bloß vom technischen, sondern auch vom kaufmännischen Standpunkte aus beurteilen zu können; denn schließlich ist doch die Rentabilität der maßgebende Prüfstein jeder technischen Fabrikationsanlage.

Und somit übergebe ich das Buch den Fachkreisen. Sollte dasselbe außer von den Rat suchenden jüngeren Kollegen, für die es zunächst bestimmt ist, auch dann und wann von den in der Betriebspraxis Erfahrenen zur Hand genommen werden, in der Absicht, sich über etwas, vielleicht dem Gedächtnis Entfallenes zu orientieren, so würde mir dies ein erhöhter Beweis seiner Nützlichkeit sein.

Alle Hinweise von allgemeinem Interesse, welche zur gelegentlichen Vervollkommnung des Buches dienen könnten würde ich mit großem Dank annehmen.

Herrn Dr. Hans Gradenwitz sage ich für die mir bei der Durchsicht des Buches geleistete wertvolle Hilfe meinen besten Dank.

Hamburg-Eppendorf, im November 1903.

Der Verfasser.

(Dr. R. Dierbach.)

Vorwort zur dritten Auflage.

Als Herr Dr. Richard Dierbach im Juni 1920 an mich herantrat und mich bat, die Neubearbeitung der dritten Auflage des vorliegenden Werkes zu übernehmen, da war mir sofort klar, daß es unmöglich sein würde, die so wichtigen Preisnotierungen der hauptsächlichsten Materialen wiederum in einem solchen Umfange zu geben, wie er dem von Herrn Dr. Dierbach geübten Brauche entsprochen haben würde. Ich habe mich darauf beschränken müssen, einige Preise anzuführen, die einigermaßen stabil erschienen.

An der allgemeinen Anordnung des bewährten Werkes ist nichts geändert worden. Dem Stande der Technik entsprechend, sind natürlich sehr häufig Zusätze eingefügt. Wenn ein Fachkollege etwas wertvolles vermißt, so bin ich ihm für Anregungen in dieser Hinsicht besonders dankbar. Es konnte nicht meine Aufgabe sein, alle Spezialzweige der seit 1908 stark ausgedehnten chemischen Industrie in den Kreis meiner Betrachtungen zu ziehen. Für mich waren in erster Linie die Gedanken des Herrn Dr. Dierbach maßgebend, dem angehenden Chemiker ein Buch in die Hand zu geben, das ihm den Übertritt in die Technik erleichtern soll.

Die bekannte englische Fachzeitschrift Engineering News Record (Jahrg. 1920, Nr. 12) schließt eine Arbeit über die zukünftige Tätigkeit der deutschen Industrie mit den prophetischen Worten: „Wenn vor dem Kriege Deutschlands technischer Aufschwung sehr schnell erfolgte, so wird unter den neuen Verhältnissen durch den bitteren Zwang eine derartige Beschleunigung eintreten, daß mit einem außerordentlichen Fortschritt in der nächsten Zukunft gerechnet werden kann. Vom technischen Standpunkt aus betrachtet, wird Deutschland in den nächsten zehn Jahren das interessanteste Land der Welt sein."

Die in diesen Ausführungen vorausgeahnte Entwicklung wird einen gut durchgebildeten und in jeder Beziehung für den Lebenskampf gestählten Nachwuchs für unsere Industrie fordern. Wenn das vorliegende Werkchen nur ein weniges dazu beiträgt, dem jungen Praktiker die Mitwirkung beim Wiederaufbau unseres zerstörten Wirtschaftslebens zu erleichtern, dann ist alle Mühe zehnfach belohnt.

Magdeburg, im Januar 1921.

Dr. Bruno Waeser.

Vorwort zur vierten Auflage.

Schwere, ereignisreiche Jahre sind vergangen! Hochdrucktechnik und Katalyse beherrschen heute weite Gebiete der chemischen Industrie, deren Werke sich zu immer gewaltigeren Wirtschaftsgruppen zusammenballen. Heftiger und heftiger wird der Wettbewerbskampf und das Ringen des Einzelnen. Die Aufgaben, welche an den Betriebschemiker herantreten, werden damit — ich bin versucht, es zu schreiben — täglich vielgestaltiger.

Die geldstarken Ver. Staaten von Nordamerika sind stolz auf ihre großen Fortschritte in den letzten Jahren und Jahrzehnten. Sie glauben, mit dem Tage rechnen zu können, an dem die amerikanische die mächtigste chemische Industrie der Erde sein wird. Die deutschen Chemiker sind unsere Sturmtrupps in diesen Schlachten. Je besser geschult, je gründlicher vorbereitet sie sind, desto ehrenvoller wird der Ausgang des Kampfes für uns Deutsche sein.

Unter straffer Fassung des Alten, unter Wegstreichen vieles Überflüssigen und in formknappster Ergänzung durch Beschreibung wichtiger Neuerungen sowie durch zahlreiche Tabellen und Abbildungen, habe ich mich, eingedenk obiger Sätze, bemüht, auch die vorliegende vierte Auflage zu einem nützlichen Leitfaden und bewährten Ratgeber auszugestalten, der sich inzwischen durch Übersetzung in das Spanische (1925) auch Freunde im Auslande erwerben konnte.

Strausberg b. Berlin, im März 1929.

Dr. Bruno Waeser.

Inhaltsverzeichnis.

Inhaltsverzeichnis.

VII

Zweiter Teil.

Bauliche Anlagen.

Dritter Teil.

Die Arbeiten des Betriebs-Chemikers.

Vierter Teil.

Einrichtungen zur Verhütung von Unfällen und Betriebsgefahren.

Fünfter Teil.

Arbeitsmethoden.

Sechster Teil.
Nebenprodukte und Abfälle.

Siebenter Teil.
Kalkulieren und Inventarisieren.

Achter Teil.
Aufbewahrung und Versand der Erzeugnisse.

Druckfehlerberichtigung.

Seite   9, Zeile   2 von unten, lies Arbeitgeberverband statt Arbeiterverband
„ 32, „ 11 „   „   „ Konstantan   „ Konstanten
„ 66, „ 29 „ oben, „ Probestücke   „ Probstücke
„ 177, „ 23 „   „   „ Generatoren   „ Generatoen

Abkürzungsverzeichnis.

A. Zeitschriften usw.

Chemiehütte = „Hütte", Taschenbuch für den praktischen Chemiker, Berlin 1927
Chemiker-Ztg = Chemiker-Zeitung
Chemische Fabr. = Die Chemische Fabrik
Chem. Zbl. = Chemisches Zentralblatt
Z. angew. Chem. = Zeitschrift für angewandte Chemie
Z. Spiritusind. = Zeitschrift für Spiritusindustrie
Z. V. d. I. = Zeitschrift des Vereins deutscher Ingenieure

B. Einheiten, Formelzeichen usw. (DIN).

m = Meter
dm = Dezimeter
mm = Millimeter
h = Stunde
m = Minute
s = Sekunde
m^2, dm^2, cm^2, mm^2 = Quadratmeter, -dezimeter, -zentimeter, -millimeter
l = Liter
m^3, dm^3, cm^3, mm^3 = Kubikmeter, -dezimeter, -zentimeter, -millimeter
t = Tonne
g = Gramm

kg = Kilogramm
A = Ampère
V = Volt
W = Watt
kw = Kilowatt
Ah = Ampèrestunde
kWh = Kilowattstunde
cal = Grammkalorie
kcal = Kilokalorie
Atm. = Atmosphäre
Atü = Überdruckatmosphäre
PS = Pferdekraft
PSh = Pferdekraftstunde

C. Sonstige Abkürzungen.

Achema = Ausstellung für chemisches Apparatewesen
BGB. = Bürgerliches Gesetzbuch
D.R.P. = Deutsches Reichspatent
Gew.-O. = Gewerbeordnung

RVO. = Reichsversicherungsordnung
StrGB. = Strafgesetzbuch
UVG. = Unfallversicherungsgesetz

Allgemeines.

Die chemische Industrie ist eine Kostgängerin bei der Chemie, der Physik und den Ingenieurwissenschaften. Je gründlicher der Betriebschemiker[1] in allen diesen Wissenschaften bewandert und je praktischer er veranlagt ist, um so befähigter wird er zur Ausübung seines Berufes sein, um so mehr und vollkommener wird es ihm gelingen, Theorie und Praxis nutzbringend zu vereinigen und die Reichtümer der Wissenschaft in wirtschaftliche Werte umzuwandeln.

Diese Umwandlung geschieht in chemischen Betrieben durch Maschinen und von Menschenhand. Die chemische Industrie ist wohl diejenige, welche die verschiedenartigsten Maschinen verlangt (Kraft-, Arbeits-, Antriebsmaschinen usw.). Nicht selten liegt in der Vollkommenheit der maschinellen Anlage und der Apparatur die Grundbedingung für die Wirtschaftlichkeit des Betriebes. Es ist die gerade in der deutschen chemischen Industrie so vorzüglich zum Ausdruck gebrachte Handinhandarbeit des Maschineningenieurs mit dem Wissenschaftler, dem Betriebschemiker und dem Kaufmann, die zu den großartigsten Erfolgen geführt hat. Der jung in einen Betrieb eintretende Chemiker ist nur allzu gern geneigt, auf Angehörige anderer Berufsgruppen, mit denen er zusammen arbeiten muß, insbesondere also auf die Maschineningenieure und die Kaufleute, hinabzusehen. Man denke immer daran, daß ein solches Verhältnis niemals dem Betrieb zum Vorteil gereichen wird. Kollegiales Zusammenarbeiten zum Wohle des Ganzen ist immer das richtigste. Gerade der Gedankenaustausch mit Angehörigen einer anderen Fachdisziplin ist ungemein wertvoll und fruchtbringend. In vielen Betrieben der zum Teil weitgehend mechanisierten anorganisch-chemischen Großindustrie ist es soweit gekommen, daß dem Ingenieur mehr Arbeit zuwächst, als dem Chemiker. In kleinen Fabriken ist es häufig umgekehrt, hier fehlt vielfach ein Ingenieur überhaupt und die rein technische Arbeit ist vom Chemiker mit zu leisten, dem dann auch vielfach kaufmännische Aufgaben zufallen. Er wird ihrer rascher Herr werden, wenn er sich während seines Studiums befleißigt hat, technisch und wirtschaftlich denken zu lernen. Im allgemeinen wird sich aber ein Chemiker eher die fundamentalsten Kenntnisse der Ingenieurwissenschaften aneignen, wie umgekehrt ein Ingenieur eingehenderes chemisches Wissen erwerben

---

[1] Siehe H. Goldschmidt: Der Chemiker, Referat Chemiker-Ztg. 1920, S. 920. — O. v. Hanffstengel: Technisches Denken und Schaffen, 2. Aufl. Berlin 1920. — R. Escales: Industrielle Chemie. Stuttgart: F. Enke. — A. Sulfrian: Lehrbuch der chemisch-technischen Wirtschaftslehre. Stuttgart: F. Enke. — E. J. Lewis u. G. King: The Making of a Chemical. New York. — B. Rassow: Die Chemische Industrie. Gotha 1925.

dürfte. Der Betriebschemiker muß notwendigerweise die Elemente der Maschinenkunde bis zu einem gewissen Grade beherrschen, um den Anforderungen seiner Stellung gerecht werden zu können. Fast in jedem Betriebe wird es vorkommen, daß der Leiter mit Handwerkern: Schlossern, Kupferschmieden, Tischlern, Zimmerleuten, Maurern, Rohrlegern, Elektrikern, Schweißern, Schmieden oder Böttchern zu tun haben und in die Lage kommen wird, sich mit ihnen über auszuführende Arbeiten aussprechen bzw. ihnen Anordnungen geben zu müssen. Um wenigstens einige Sachkenntnis zu haben und die Handwerker überzeugen zu können, daß ihre Arbeiten auch richtig beurteilt und beaufsichtigt werden, sollte sich der Betriebschemiker mindestens mit den Grundelementen und den wichtigsten technischen Ausdrücken vertraut machen. Er wird sich nur dann deutlich und verständlich ausdrücken (Abschnitt: Materialbearbeitung).

Die Organisation von Betrieb und Arbeit gehört zu den Aufgaben des Betriebschemikers, der mit individuellen Eigenschaften stets praktische Erfahrungen verbinden muß, um allen Anforderungen gewachsen zu sein. Das objektive Wissen müssen Fähigkeiten persönlicher Art ergänzen, welche nur durch Schulung aus besonderen Charaktereigenschaften entwickelt werden können, so der Sinn für Ordnung und Reinlichkeit, so ferner umgängliches Wesen, Bestimmtheit der Entschlüsse, Klarheit der Auffassung, Mut und ruhige, kaltblütige Überlegung bei Betriebsstörungen oder drohenden Gefahren. Ohne Gründlichkeit und strengste Selbstkritik wird es dem Betriebschemiker schwerfallen, versteckten Betriebsfehlern auf die Spur zu kommen. In allen seinen Arbeiten muß Methode stecken! Planloses Herumexperimentieren lenkt ab und bietet keine Gewähr für den Erfolg. Die Gewohnheit, sich vor Beginn der Arbeit in großen Zügen das Programm für den Tag ungefähr festzulegen, entwickelt die Eigenschaft, systematisch und zielbewußt zu arbeiten. Praktische Veranlagung, d. h. die Gabe, mit den einfachsten und nächstliegendsten Mitteln einen möglichst vollkommenen technischen Effekt zu erzielen, soll dem Chemiker eigen sein. Er soll nicht in seinem Betrieb, sondern über ihm stehen, sonst wird ihm der unbefangene Blick für dessen Weiterentwicklung fehlen. Ordnung und Sauberkeit fördert die Wirtschaftlichkeit des Betriebes, Unordnung und Unsauberkeit hemmt sie.

Das Herumliegenlassen von Gegenständen ist unzulässig.

Der Fußboden der Arbeitsräume soll stets sauber sein. Er darf weder zum Papierkorb, noch zum Schmutzkasten oder Spucknapf werden; es sind schon aus hygienischen Gründen geeignete Vorkehrungen zu treffen. Diese Grundsätze müssen sich auch auf die Kleiderablage der Arbeiter und auf den letzten Winkel der Fabrik erstrecken!

Derjenige, der auf Ordnung und Sauberkeit um sich hält, wird auch seine Arbeit entsprechend ausführen; dabei ist natürlich selbstverständlich, daß er diese über lauter Putzen und Wischen nicht vernachlässigen darf. Die Pflege von Ordnung und Sauberkeit soll arbeitsfördernd, nicht arbeitshemmend wirken. Sparsamkeit sei ein Grundprinzip jeder Betriebsführung: nichts sollte fortgeworfen werden, was irgendwie ver-

wendbar erscheint. Heute stecken, mehr denn je, in Abfällen aller Art
große Werte, so daß es sich empfiehlt, solche Abfälle sorgfältigst sammeln
zu lassen (Tropföl, Putzwolle usw.).

Wasser- und Dampfhähne dürfen nicht länger geöffnet bleiben, als
es notwendig ist. Alle beweglichen Teile sind rechtzeitig auszuschalten,
denn jede unnötige Bewegung bedeutet Kraft-, also Kohlenverlust. Mit
Schrauben, Nägeln, Bindfaden, Kreide und wie die unendlich vielen, an
sich ganz unbedeutenden Dinge heißen mögen, muß sparsam gewirt-
schaftet werden. Die täglichen Gebrauchsgegenstände, wie Eimer,
Kästen, Körbe, Schläuche, Gewichte, Schraubenschlüssel, Muttern,
Zangen usw. sind zu schonen! Die Rechnungen für derartige Dinge
erreichen in einigermaßen ausgedehnten Betrieben im Laufe des Jahres
an und für sich schon eine überraschende Höhe.

Die alltäglichen Gebrauchsgegenstände, wie Besen, Handtücher,
Messer, Scheren, Rührspatel und andere, haben ihren bestimmten,
leicht aufzufindenden Platz und müssen stets gebrauchsfertig sein.
Sie sollen nie erst dann ausgebessert werden, wenn man sie gerade nötig hat. Durch solche Nachlässigkeiten entstehen Unkosten
und Betriebsstörungen! Flaschen und Gefäße müssen deutlich lesbare
und gut befestigte Aufschriften tragen (angeklebte Papierschilder
fallen in feuchten Räumen leicht ab). Einheitliche Abkürzungen für
längere chemische Bezeichnungen sind notwendig, um Verwechslungen
vorzubeugen. Es bewährt sich sehr gut, auf den Gebrauchsgefäßen Zweck,
Tara und Volumen zu vermerken. Waagen und Gewichte sollen an
einem hellen und bequem zugänglichen Orte stehen. Die Waagen der
Fabrikhöfe sind vor Witterungseinflüssen (Schuppen und Verschläge) zu
schützen, damit sie nicht rosten, sich verziehen und nach kurzer Zeit
unbrauchbar werden. Sie müssen vor Wind geschützt werden, denn
selbst mäßiger Winddruck macht genaueres Wägen unmöglich. Thermometer, Rührspatel, Schöpfer, Heber u. dgl. lasse man nie lose in mit
Rührwerken und Schüttelvorrichtungen versehenen Gefäßen stehen.
Denn abgesehen davon, daß sie leicht vergessen werden, können sie bei
vorzeitigem Einschalten zerbrechen und zu Störungen Anlaß geben.

Bekanntmachungen und Verordnungen sind klar, kurz, deutlich und
gut leserlich abzufassen und an leicht zugänglichen Orten aufzuhängen.
Bildwarnplakate sind eindrucksvoller, als das Wort und empfehlen
sich besonders. Es ist zur verbreiteten Gewohnheit geworden, gelegentliche behördliche Erlasse durch Aushang zur vorgeschriebenen allgemeinen Kenntnis zu bringen, ohne sich besonders angelegentlich darum
zu kümmern, daß sie befolgt werden oder daß ihre Beachtung unter den
gegebenen Verhältnissen überhaupt möglich ist. Eine solche Gepflogen-
heit ist ungehörig und trägt nicht dazu bei, die Achtung vor Verfügungen zu erhöhen, deren strikte Befolgung man verlangt.

Alle Einrichtungen, welche der Sicherheit von Personen und Betrieb
[auf Grund gesetzlicher Anordnungen oder aus eigener Initiative]
dienen, müssen sich immer im ordnungsmäßigen Zustand befinden
(z. B. Schutzvorrichtungen an Transmissionen und beweglichen Ma-
schinenteilen, Geländer an hohen Rampen, Alarmsignale, Feuerlösch-

vorrichtungen bei Bränden oder dgl., Vorschriften über das Verhalten der Arbeiter, Warnungen vor giftigen Gasen und ätzenden Stoffen, Hinweise auf das Anlegen von Schutzbrillen, Schutzhandschuhen und Gasmasken usw.). Blinder Alarm empfiehlt sich in gewissen Zwischenräumen. Gut geführte Fabriken sind bestrebt, es an Sicherheitsmaßregeln nicht fehlen zu lassen, die — abgesehen von rein menschlichen Überlegungen — weniger Unkosten machen, als ein einziger ernster Unglücksfall. Ein Arbeitgeber, der sich seiner Pflicht bewußt ist, wird nicht erst warten, bis er von dem Gewerbeaufsichtsbeamten auf selbstverständliche Sicherheitsmaßnahmen hingewiesen wird. — Anlagen größerer Ausdehnung, wie Dampf-, Wasser-, Luftdruck-, Gas- oder Elektrizitätsleitungen, Wellen usw., welche verschiedene, voneinander unabhängige Betriebe bedienen, dürfen niemals ohne vorherige Benachrichtigung aller Beteiligten in oder außer Betrieb gesetzt werden. Beträchtliche Schäden und Unglücksfälle können sonst die Folge sein. Bleibt beispielsweise ein Rührwerk, das eine sehr dickflüssige oder in Kristallisation befindiche Masse bewegt, unerwartet stehen, dann läuft es beim Einschalten oft nicht wieder an, sondern bricht und führt zu empfindlichen Störungen. Unglücksfälle bei Reparaturen an vorzeitig eingeschalteten Wellen oder Riemenscheiben sind leider immer noch so häufig, daß nur die größte Vorsicht und Aufmerksamkeit anempfohlen werden kann.

Der Betriebschemiker kann sich nicht immer in den Betriebsräumen aufhalten, da er ja auch noch andere Arbeiten zu erledigen hat; er wird aber seinen Betrieb nur dann gründlich kennenlernen, wenn er sich darin völlig „zu Hause" fühlt. Berichte über Betriebsangelegenheiten durch Meister oder Vorarbeiter dürfen nie zum hauptsächlichsten Orientierungsmittel werden!

Es empfiehlt sich sehr, auch während der Ruhepausen „durch den Betrieb zu gehen", weil man in dieser Zeit ungestörter ist und manches eingehender untersuchen kann, was sich sonst der Beobachtung entzieht. Der junge Chemiker sollte seinen Stolz darein setzen, längere Zeit hindurch regelrechten Nachtdienst zu versehen, selbst wenn das nicht von seinen Vorgesetzten verlangt wird. Bei Neu-Inbetriebsetzungen bietet sich ja willkommene Gelegenheit genug. Einmal sollte man das, was man von den Arbeitern verlangt, auch praktisch durchgemacht haben, und außerdem entwickelt nichts das Verantwortlichkeitsgefühl und die rasche Entschlußfähigkeit in solchem Maße, wie der Nachtdienst, bei dem der junge Betriebsbeamte ganz auf sich selbst gestellt ist und keine höhere „Instanz" über sich hat. Die sog. Nachtkontrollen sind in ihrer Wirkung mit regelrechter „Nachtschicht" gar nicht zu vergleichen. Sie sollen ja auch anderen Zwecken dienen.

Bei Anlage und Überwachung von Leitungen und Apparaten auf dem Fabrikhofe oder in nicht heizbaren Räumen muß während der Winterzeit auch auf die gefürchteten Frostschäden geachtet werden. Das Einfrieren der Wasser- und Dampfleitungen, sowie die umständliche Arbeit des Auftauens wiederholt sich fast alljährlich und die Ausbesserung der durch Frost geplatzten Leitungen verursacht viele Störungen. Man sollte deshalb stets gute Isolierungen verwenden, da diese noch immer am billigsten sind und den Leitungen Gefälle geben. Im Freien liegende, ungenügend geschützte Wellenlager können derart festfrieren, daß sie die Wellen vollkommen bremsen. Das durch Einfrieren von Dampfwasser u. dgl. entstehende Glatteis bildet sich durch Spiel des Zufalls und mit Hartnäckigkeit gern an den Stellen, an denen es den Durch- oder Eingang gefährdet.

Lösungen und Laugen scheiden in der Winterkälte oft feste Körper aus, so daß sie dann im Augenblicke der Verwendung die Arbeit aufhalten, oder, was noch unangenehmer ist, zu falschem Beschicken der Apparate führen können. Leicht gefrierende Flüssigkeiten, wie Benzol, Eisessig usw. dürfen daher nicht in ungeheizten Räumen gelagert werden.

Das Unterbrechen der Arbeit auf einige Tage oder das Einstellen auf längere Zeit bedingt sorgfältige Kontrolle aller Anlagen; diese dürfen während der Ruhezeit nicht unbrauchbar werden und müssen sich bei Wiederbeginn der Arbeit in gebrauchsfähigem Zustande befinden (Gangbarhaltung aller beweglichen Teile, Verhinderung des Rostens und Einstaubens, Sicherung zerbrechlicher und Befestigung loser Zubehörteile, Abstellen oder Entleeren von Dampf- und Wasserleitungen usw.). Die Verschlußorgane an gefüllt bleibenden Behältern müssen ganz besonders sorgsam geprüft werden, um Verluste auszuschließen. Der Fabrikationsstand muß genau festgehalten werden (Analysen, Messungen, Zeichnungen, Notizen).

In Betrieben mit Tag- und Nachtschichten ist es, namentlich, wenn sie kleineren Umfangs sind, billig, bei der Schichteinteilung häusliche Verhältnisse der Arbeiter, soweit angängig, zu berücksichtigen. Durch persönliche Fühlungnahme und Eingehen auf kleine Wünsche, die sich in den Rahmen des Betriebes einfügen lassen, erhöhen sich Arbeitsfreudigkeit und Arbeitseifer. Ein gutes Wort hilft oft mehr als scharfer Tadel. Wenn die Arbeiter zur Beobachtung von Versuchen o. dgl. herangezogen werden, vermeide man, sich unbefriedigt zu äußern. Es ist schon oft vorgekommen, daß die Arbeiter dadurch verleitet wurden, bei späterer Wiederholung beschönigend Auskunft zu geben, um dem Vorgesetzten nichts Unangenehmes sagen zu müssen. Daß derart ungeschickte Rücksichtnahme der Arbeit nur schaden kann, ist selbstverständlich. Man beherrsche sich aus gleichem Grunde bei Empfang unliebsamer Mitteilungen und Berichte, ohne es jedoch jemals in der sachlichen Beurteilung an Gründlichkeit mangeln zu lassen, weil sonst die Wahrheit nicht immer an den Tag kommt; Ruhe aber und Fassung machen stets nachhaltigeren Eindruck, als erregte Gefühlsausbrüche!

Der Betriebsleiter sollte sowohl das unbedingte Vertrauen seiner Untergebenen, als auch das seiner Vorgesetzten haben. Dem Betriebsleiter sollten die Arbeiter dem Namen nach bekannt sein und von ihm auch mit ihren Namen angeredet werden. Moralisch wird dadurch sehr viel mehr erreicht, als wenn der Arbeiter nur mit dem bloßen „Sie" angerufen wird. Das Wort des Betriebsbeamten als Fachmann hat unbedingt zu gelten; als Mensch strebe er danach, die Achtung seiner Untergebenen zu gewinnen, ohne jedoch zu unterlassen, am richtigen Ort und zur gegebenen Zeit auch mit gerechter Strenge vorzugehen, denn ohne Zucht und Ordnung ist nichts von Bestand. Die Anordnungen des Betriebsleiters seien klar, ruhig und bestimmt; er vermeide technische Fremdworte, welche der Arbeiter mißverstehen könnte und drücke sich so genau und verständlich aus, daß er sich nicht bei jeder Gelegenheit berichtigen und sagen muß, er habe es „so und so" gemeint. Man soll nie „so" sagen und „anders" meinen. Um gerecht zu sein, sollte man sich eher selbst kritisieren, als die unter Umständen recht unliebsamen Folgen solcher Mißverständnisse auf die „Dummheit" der Leute schieben. Daß der Untergebene den Aufträgen im Betriebe Folge leisten muß, ist selbstverständlich; daß er es gern tut, liegt in der Art des Anordnens, die nicht jedem gegeben ist, die man aber bis zu einem gewissen Grade doch erlernen kann. Der Vorgesetzte sollte in seinen Untergebenen nicht nur Menschen, sondern auch Mitmenschen sehen, die, wenn sie ihrer Eigenart entsprechend behandelt werden, sehr viel mehr leisten, als im anderen Falle. Es soll damit durchaus nicht einer zu weitgehenden individuellen Rücksichtnahme das Wort geredet werden. Vielmehr muß der Grundsatz einer allgemeinen Unterordnung unter einen Willen stets und um so mehr aufrechterhalten bleiben, je größer der Betrieb ist.

Aufgabe des Betriebschemikers ist es ferner, das Verhältnis der Arbeiter untereinander zu einem einträchtigen zu gestalten. Vollkommene Unparteilichkeit ist dazu vor allem nötig. Entstehende Streitigkeiten müssen so schnell und so vollkommen wie möglich geschlichtet werden, damit sie sich nicht ausdehnen und zu „Schikanen" Veranlassung geben, unter denen die Arbeit in jedem Falle leiden würde. Als streit-, ränkesüchtig oder agitatorisch erkannte Leute suche man zu entfernen, selbst wenn sie sonst brauchbare Arbeiter sind.

Die von Menschenhand auszuführenden Arbeiten werden natürlich um so besser, schneller und billiger geleistet, je geübter die Leute sind. Es ist daher falsch, Arbeiter kurzerhand zu entlassen und durch neue zu ersetzen. Am besten ist es, einen Bestand erfahrener und eingearbeiteter Kräfte zu besitzen. In solchen Fabriken ist meistens das Verhältnis zwischen Arbeitgebern und -nehmern ein für beide Teile angenehmeres. Andererseits hüte man sich aber vor den Folgen einer zu weit gehenden Sonderausbildung der Postenleute. Es ist im allgemeinen nicht ratsam, stets nur einen Arbeiter immer dieselbe Arbeit verrichten zu lassen, weil er sie besonders gut versteht. Es könnte vorkommen, daß man ihn entlassen müßte oder daß er selbst seinen Dienst aufgibt und daß dann der Posten unbesetzt wäre! Sind mehrere Leute mit der gleichen Arbeit vertraut, dann kann bei dem einzelnen ein „Unfehlbarkeitsgedanke" nicht aufkommen und seine Entlassung oder sein Weggang verursacht keine Störung.

Handelt es sich hierbei um Wahrung von Fabrikationsgeheimnissen, dann ist man doppelt verpflichtet, ein solches Verhältnis zu schaffen, daß einem die Arbeiter nicht über den Kopf wachsen und daß man imstande ist, sie im Notfalle rasch zu ersetzen.

Die richtige Verteilung der Arbeitskräfte in ausgedehnten Betrieben ist für ihre gründliche Ausnutzung von hervorragender Bedeutung. Sie

Das schwierige Gebiet des Erfinderrechts (s. a. u.) hat neuerdings L. Beckmann[1] unter dem Titel: „Erfinderbeteiligung", Versuch einer Systematik der Methoden der Erfinderbezahlung unter besonderer Berücksichtigung der chemischen Industrie, ausführlich behandelt. Einen weiteren wichtigen Beitrag liefert E. Müller in seinem Werk „Chemie und Patentrecht", Berlin 1928.

Nicht selten findet man gerade in Deutschland junge Chemiker, welche diesen vielgestaltigen juristischen und tariflichen Fragen völlig fremd gegenüberstehen oder welche Jahre hindurch in einem so ausgesprochenen Abhängigkeitsverhältnis gestanden haben und so wenig zu selbständigem Handeln Gelegenheit hatten, daß sie, oft unfreiwilligerweise, zu einer Unselbständigkeit förmlich erzogen worden sind, die sich später bei Übergang in eine leitende Stellung bitter rächen und teuer zu stehen kommen kann. Ein Vorgesetzter soll seinen Untergebenen nicht beständig „auf der Pelle sitzen". So früh wie möglich und selbst, wenn das Gebiet auch noch so klein ist, soll deshalb der Chemiker mit Verantwortung schaffen und lernen, eigene Entschlüsse zu fassen.

Die jungen Betriebschemiker sollten in jeder Weise von dem über ihnen Stehenden herangebildet werden. Erzieherische Fähigkeiten zeichnen aber leider keinesfalls jeden Vorgesetzten aus, sie sind im Gegenteil Gaben, die der eine hat und die dem anderen gänzlich abgehen. Wem sie fehlen, der kann zwar selbst etwas Tüchtiges leisten, er eignet sich aber nur unvollkommen zum Ausfüllen einer leitenden Stellung. Ein wahrer Fabrikleiter weiß seine Untergebenen dahin zu bringen, daß sie ganz in seinem Sinne, aber doch selbständig, ihre Posten ausfüllen und ihre Tätigkeit völlig im Rahmen des Ganzen ausüben.

Mit der Stellung wächst auch die Verantwortung des Chemikers und der Umfang seiner Berufspflichten ändert sich. Zu seinen Eigenschaften als Techniker müssen sich die eines Wirtschaftlers und Kaufmanns gesellen. Als Leiter soll er die günstigsten Bezugsquellen für die technischen Bedarfsartikel herausfinden. Ist es mit seiner Zeit vereinbar, dann sollte er Reisende nicht so häufig ungesprochen abweisen, wie es gern geschieht, denn aus der Unterhaltung mit Fachkundigen — wenn es solche sind! — kann man oft etwas Neues erfahren. Im großen ganzen wird seine Arbeit in vielen Fällen einen verwaltenden Charakter haben. Aber gerade deshalb ist es nötig, daß er die Schule der Technik ganz durchlaufen hat und daß er mit beiden Füßen in der Praxis stehen bleibt. Seine Anordnungen und Verfügungen werden sonst bald ihren Wert oder ihren frischen, anregenden Zug verlieren und sich in Formali-

---

[1] Verlag Chemie, Berlin 1927.

momente binden fest aneinander und verstärken das Zutrauen. Die Postenleute sollen so arbeiten und disponieren, wie man es selbst tun würde. Man lasse sie daher in der Zeit der Schulung nie unbeobachtet. Bei Ausführung der gegebenen Anweisungen sei man ihnen zuerst behilflich, damit sie lernen, wie es richtig zu machen ist. Später kontrolliere man sie so genau, wie möglich, ohne jedoch pedantisch zu sein. Von der Art dieser Aufsicht hängt es ab, ob sie lästig oder anregend empfunden wird. Ersteres wird stets der Fall sein, wenn man die Rolle eines drillenden Unteroffiziers spielen will; benimmt man sich dagegen wie ein erfahrener Kollege, der dem anderen einen guten Rat gibt und faßt ihn dabei doch recht fest an, dann hat man im allgemeinen den besseren Erfolg.

In dem Maße, wie man die Betreffenden im gewünschten Sinne sich entwickeln sieht, läßt man ihnen mehr Freiheit, bis sie schließlich in voller Selbständigkeit und im Sinne ihres „Lehrers" handeln.

Andererseits muß aber auch mit der Vergrößerung des Tätigkeitsfeldes der Vorarbeiter und Meister, die Arbeit straff organisiert werden, da sich nur so verhindern läßt, daß ihnen die zunehmende Arbeit über den Kopf wächst und Unzuverlässigkeit einreißt. Eine derartige Arbeitseinteilung muß geschaffen und eingehalten werden. Für die regelmäßigen Arbeiten (Buchung der Arbeitsstunden für die einzelnen Produkte und der für die Fabrikation vom Lager anzufordernden Materialien, Führung bzw. Durchsicht der Lohnliste, Personalfragen, Kontrolle der Lieferzettel oder Rechnungen usw.) sind im allgemeinen bestimmte Tagesstunden inne zu halten. Ebenso wird die Verteilung der Arbeiten und Arbeiter oder die Kontrolle der Betriebe und Werkstätten nach einem für die jeweiligen Betriebsverhältnisse als gut erkannten Plane zu geschehen haben. Hat sich der Vorgesetzte mit dem Meister über diese Arbeitsverteilung verständigt, dann muß von allen danach gehandelt werden! Vom Meister ist zu verlangen, daß er die bestimmten Arbeiten im allgemeinen in der dafür festgelegten Zeit besorgt; der Vorgesetzte lasse ihn dabei möglichst ungestört. Verlangt er trotzdem zu jeder beliebigen Zeit den Meister für Dinge, die sich alle auf einmal und zu der dafür angesetzten Stunde ebensogut erledigen lassen würden, dann wird der Meister unnötig von seiner Arbeit abgelenkt und unzuverlässig gemacht. Ein fleißiger Meister wird durch solche störende Inanspruchnahme außerdem unlustig und wird bald weniger leisten. Es empfiehlt sich also, wohlverstanden, möglichst planmäßiges Mit- und Ineinanderarbeiten; auch der erste Vorgesetzte eines Betriebes sollte sich dieser Arbeitsregelung tunlichst unterwerfen. Dabei ist es natürlich ganz selbstverständlich, daß in Fällen, welche nach Ansicht des Chefs sofort erledigt werden müssen, der Meister stets zur Verfügung steht.

Das Verhältnis von Untergebenen verschiedener Dienststufen zu einander darf nicht durch Übergehen oder Bevorzugen gelockert werden. Jeder Stellung liegen mit Verantwortung verbundene Pflichten ob, deren Erfüllung nur verlangt werden kann, wenn man auch die zugestandenen Rechte anerkennt.

Zu den weiteren Pflichten des Betriebschemikers gehört es, sich mit der Gewerbeordnung, dem Unfallversicherungs- und Krankenkassengesetz, dem Gesetz über Invaliditäts- und Altersversicherung, sowie mit den Unfallverhütungsvorschriften der Berufsgenossenschaft der chemischen Industrie bekannt zu machen. Unterlassungen und Versäumnisse können empfindliche Strafen nach sich ziehen!

Die Anforderungen, welche hinsichtlich der Kenntnis der einschlägigen Gesetze und Verordnungen an die Betriebsbeamten gestellt werden, sind in den letzten Jahren erheblich gewachsen. Wichtig sind vor allem das **Betriebsrätegesetz**[1] mit der Wahlordnung bzw. den Ausführungsverordnungen, das **Arbeitszeit-** und das **Arbeitsgerichtsgesetz**, das **Haftpflichtgesetz** sowie die Bestimmungen über die **Steuerabzüge vom Arbeitslohn**. Die Anschaffung guter Textausgaben dieser Gesetze kann nur empfohlen werden, da ihr rechtzeitiges Studium manchen Ärger erspart. Die für die chemische Industrie bemerkenswertesten Organisationen der Beamten, Angestellten und Arbeiter sind die folgenden: „Bund angestellter Akademiker technisch-naturwissenschaftlicher Berufe"; „Allgemeiner freier Angestelltenbund" (AfA.), der seinerseits den „Bund der technischen Angestellten und Beamten", den „Deutschen Werkmeisterverband", den „Zentralverband der Angestellten" und den „Verband deutscher Berufsfeuerwehrmänner" umfaßt; „Gewerkschaftsbund der Angestellten" (GdA.); „Gesamtverband deutscher Angestelltengewerkschaften"(Gedag) mit seinen Untergruppen „Deutschnationaler Handlungsgehilfen-Verband" (DHV.), „Verband der weiblichen Handels- und Bureauangestellten"(VWA.), „Verband deutscher Techniker"(VdT.) und „Deutscher Werkmeister-Bund" (DWB.); „Verband der Fabrikarbeiter Deutschlands"; „Der deutsche Metallarbeiterverband"; „Der Verband der Maschinisten und Heizer sowie Berufsgenossen Deutschlands"; „Der Verband der Kupferschmiede Deutschlands"; „Der Verband der Böttcher, Weinküfer und Hilfsarbeiter Deutschlands"; „Der Gewerkverein der deutschen Fabrik- und Handarbeiter" (HD.).

Die Arbeitgeber der deutschen Industrie sind in zwei Spitzenverbänden zusammengefaßt, von denen der „Reichsverband" wirtschaftlichen, die „Vereinigung" sozialen Zwecken dient. Die Geschäftsstellen des „Reichsverbandes der deutschen Industrie" und der „Vereinigung der deutschen Arbeitgeberverbände" befinden sich in Berlin. In der chemischen Industrie bearbeitet der „Verein zur Wahrung der Interessen der chemischen Industrie Deutschlands", E. V., Berlin W 10, die wirtschaftlichen und der in die Sektionen Ia (Berlin), Ib (Stettin), II (Breslau), IIIa (Hannover), IIIb (Hamburg), IVa (Köln), IVb (Essen), IVc (Düsseldorf), Va (Leipzig), Vb (Wolfen Krs. Bitterfeld), VI (Mannheim), VII (Frankfurt a. M.) und VIII (München) zerfallende „Arbeiterverband der chemischen Industrie Deutschlands", Berlin W 10, die sozialen und sozialpolitischen Probleme. Bei den verschiedenen

---

[1] Es regelt in 106 Paragraphen Aufbau, Aufgaben und Befugnisse der Betriebsvertretungen; es wird durch besondere Gesetze über die Betriebsbilanzen und die Entsendung von Betriebsratsmitgliedern in die Aufsichtsräte ergänzt.

Sektionen bestehen besondere Schlichtungsinstanzen, Einigungsämter
für den Angestellten-Tarifvertrag, Tarifvertrags-Auslegungs-Kommis-
sionen, Bezirks-Schlichtungsausschüsse, Orts- bzw. Fachgruppen usw.
Die von den einzelnen Sektionen des „Arbeitgeberverbandes der
chemischen Industrie Deutschlands" herausgegebenen Taschenbücher
geben meist erschöpfende Auskunft über die für die chemische Industrie
in Betracht kommenden Schlichtungsinstanzen (Haupttarifamt und
Hauptschiedsgericht, Tarifkommission, bezirkliche Schlichtungsinstanzen), über die Bestimmungen des Reichstarifvertrages (Rahmenvertrag),
über die Lohnsätze, die Schlichtungsordnung usw. Der Betriebschemiker
sollte mit allen diesen Dingen wenigstens in großen Zügen und namentlich dann vertraut sein, wenn er in einer kleinen oder mittleren Fabrik
tätig ist, in der er vielleicht der einzige akademisch gebildete Techniker ist.

Der erwähnte Reichstarifvertrag (Rahmenvertrag), der das gegenseitige Verhältnis der Arbeitgeber und der Arbeiterschaft zueinander
regelt, ist zwischen dem „Arbeitgeberverbande der chemischen Industrie Deutschlands", Sitz Berlin, einerseits und dem „Verband der
Fabrikarbeiter Deutschlands", Sitz Hannover, dem „Zentralverband
christlicher Fabrik- und Transportarbeiter Deutschlands", Sitz Berlin,
sowie dem „Gewerkverein der deutschen Fabrik- und Handarbeiter",
Sitz Berlin, andererseits abgeschlossen und durch das Reichsarbeits-
ministerium für allgemein verbindlich erklärt worden.

Für Architekten, Chemiker, Ingenieure, Physiker und sonstige An-
gestellte mit abgeschlossener technischer oder naturwissenschaftlicher
Hochschulbildung sowie diejenigen Apotheker und naturwissenschaft-
lichen oder technischen Angestellten, die nach Tätigkeit und Leistung
den Vorgenannten als gleichwertig vertraglich anerkannt sind, gilt der
Reichstarifvertrag, der zwischen dem „Arbeitgeberverband der chemischen Industrie Deutschlands" und dem „Bund angestellter Akademiker technisch-naturwissenschaftlicher Berufe", Sitz Berlin, sowie
der „Vereinigung der leitenden Angestellten in Handwerk und Industrie"
abgeschlossen und als allgemein verbindlich anerkannt ist. Die Kenntnis
seiner Bestimmungen ist für den jungen in die Praxis übertretenden
Chemiker naturgemäß von großer Bedeutung. Auf Grund des Kom-
mentars des „Bundes angestellter Akademiker technisch-naturwissenschaftlicher Berufe" gebe ich deshalb hierüber eine kurze Inhaltsüber-
sicht:

§ 1. Geltungsbereich.
§ 2, 3. Angestelltenvertretung.
§ 4—7. Anstellungs- und Kündigungsbedingungen.
§ 8. Arbeitszeit.
§ 9—10. Erfinderrecht:
    I. Patentfähigkeit einer Erfindung.
    II. Einteilung der Erfindungen:
       A. Betriebserfindungen.
       B. Diensterfindungen.
       C. Freie Erfindungen.
   III. Vergütung.
   IV. Übergangsbestimmungen.

Das schwierige Gebiet des Erfinderrechts (s. a. u.) hat neuerdings L. Beckmann[1] unter dem Titel: „Erfinderbeteiligung", Versuch einer Systematik der Methoden der Erfinderbezahlung unter besonderer Berücksichtigung der chemischen Industrie, ausführlich behandelt. Einen weiteren wichtigen Beitrag liefert E. Müller in seinem Werk „Chemie und Patentrecht", Berlin 1928.

Nicht selten findet man gerade in Deutschland junge Chemiker, welche diesen vielgestaltigen juristischen und tariflichen Fragen völlig fremd gegenüberstehen oder welche Jahre hindurch in einem so ausgesprochenen Abhängigkeitsverhältnis gestanden haben und so wenig zu selbständigem Handeln Gelegenheit hatten, daß sie, oft unfreiwilligerweise, zu einer Unselbständigkeit förmlich erzogen worden sind, die sich später bei Übergang in eine leitende Stellung bitter rächen und teuer zu stehen kommen kann. Ein Vorgesetzter soll seinen Untergebenen nicht beständig „auf der Pelle sitzen". So früh wie möglich und selbst, wenn das Gebiet auch noch so klein ist, soll deshalb der Chemiker mit Verantwortung schaffen und lernen, eigene Entschlüsse zu fassen.

Die jungen Betriebschemiker sollten in jeder Weise von dem über ihnen Stehenden herangebildet werden. Erzieherische Fähigkeiten zeichnen aber leider keinesfalls jeden Vorgesetzten aus, sie sind im Gegenteil Gaben, die der eine hat und die dem anderen gänzlich abgehen. Wem sie fehlen, der kann zwar selbst etwas Tüchtiges leisten, er eignet sich aber nur unvollkommen zum Ausfüllen einer leitenden Stellung. Ein wahrer Fabrikleiter weiß seine Untergebenen dahin zu bringen, daß sie ganz in seinem Sinne, aber doch selbständig, ihre Posten ausfüllen und ihre Tätigkeit völlig im Rahmen des Ganzen ausüben.

Mit der Stellung wächst auch die Verantwortung des Chemikers und der Umfang seiner Berufspflichten ändert sich. Zu seinen Eigenschaften als Techniker müssen sich die eines Wirtschaftlers und Kaufmanns gesellen. Als Leiter soll er die günstigsten Bezugsquellen für die technischen Bedarfsartikel herausfinden. Ist es mit seiner Zeit vereinbar, dann sollte er Reisende nicht so häufig ungesprochen abweisen, wie es gern geschieht, denn aus der Unterhaltung mit Fachkundigen — wenn es solche sind! — kann man oft etwas Neues erfahren. Im großen ganzen wird seine Arbeit in vielen Fällen einen verwaltenden Charakter haben. Aber gerade deshalb ist es nötig, daß er die Schule der Technik ganz durchlaufen hat und daß er mit beiden Füßen in der Praxis stehen bleibt. Seine Anordnungen und Verfügungen werden sonst bald ihren Wert oder ihren frischen, anregenden Zug verlieren und sich in Formali-

---

[1] Verlag Chemie, Berlin 1927.

täten erschöpfen (grüner Tisch). Ohne also noch mit den Einzelaufgaben der Betriebe vertraut zu sein, darf er die Fühlung mit ihnen doch nicht verlieren, um das Unternehmen in richtiger Beurteilung der einzelnen Bedürfnisse von umfassenderem Gesichtspunkt aus leiten zu können und zu erreichen, daß die verschiedenen Abteilungen möglichst gut miteinander arbeiten und sich nicht gegenseitig hemmen, sondern fördern. Die Erhaltung der ganzen Fabrikanlage oder die einheitliche Durchführung mancher Maßnahmen werden ihn ebenso beschäftigen, wie die Rationalisierung der Verwaltung (Chemische Fabrik 1928, S. 445, 460) und das anhaltende Bestreben, diejenigen Faktoren herauszufinden, welche die Rentabilität steigern können. Er soll die Marktlage der Fabrikate und Rohprodukte verfolgen und den Ursachen ihrer Schwankungen auf die Spur zu kommen suchen, um daraus mit einem gewissen Grade von Wahrscheinlichkeit auf die künftige Gestaltung von Einkauf und Verkauf rückschließen zu können. Mit einem Worte: er soll die Verkörperung des ganzen Unternehmens nach innen und außen sein! Die Rolle, welche seine Person spielt, wird sich dann in den meisten Fällen auch in der Stellung widerspiegeln, welche man der ihm anvertrauten Arbeitsstätte in der Öffentlichkeit zuerkennt.

Ist das Tagewerk des Arbeiters mit dem Schichtschluß beendet, dann hören die laufenden Arbeiten noch nicht auf, die Gedanken des wahren Betriebschemikers in Anspruch zu nehmen. Man vernachlässige unter keinen Umständen die Lektüre guter Fach- und Wirtschaftszeitungen, die gerade „nach Feierabend" zu ihrem Recht kommen sollte. So verallgemeinern und vergrößern sich die Aufgaben des an der Spitze eines Fabrikbetriebes Stehenden schließlich derart, daß er sich sozusagen immer im Dienste befindet:

> „Winkt der Sterne Licht,
> Ledig aller Pflicht
> Hört der Bursch die Vesper schlagen,
> Meister muß sich immer plagen."

Die außerordentlichen Anforderungen verlangen auf solchen Posten einen ganzen Menschen, auf den alles das in erhöhtem Maße zutrifft, was vorstehend für den Betriebschemiker als ersprießlich hingestellt wurde. Soziale Probleme, Verhandlungen mit Betriebsräten, Arbeiter- und Angestelltenausschüssen, juristische, volkswirtschaftliche und patentrechtliche Fragen nehmen ein gut Teil seiner Zeit in Anspruch. Wer aber in solchen Alltäglichkeiten untergeht und sich nicht daneben den Blick freihält für die Fortschritte seiner Wissenschaft und für das Wohl des Ganzen, wen die berüchtigte „Werksblindheit" befällt, der wird den Betrieb nie über das Maß des Gewöhnlichen herausheben, er mag noch so fleißig sein! Glücklich aber ist allein derjenige, der in seinem Lebensberufe die volle Befriedigung findet und der daneben ein weniges übrig hat für jene Poesie und Schönheit, die Jahrhunderte hindurch und tief verborgen in der Technik geschlafen hat, bis Peter Rosegger und Max Eyth uns die Augen dafür öffneten.

Diesen Glücklichen, die mit Verstand und Herzen zugleich arbeiten, diesen gehört die Zukunft unserer technischen Chemie!

Erster Teil

Die Hilfsmittel der Betriebstechnik.

A. Baustoffe und ihre Bearbeitung[1].

So mannigfaltig die in der chemischen Industrie hergestellten Produkte sind, so verschieden ist auch ihre Apparatur und das zu derem Bau verwandte Material. Zu den Gebrauchsmetallen und ihren Legierungen gesellen sich Marmor, Granit, Sandstein, Asphalt oder Asbest, ferner Backsteine, Zement, Mörtel, Ton, Porzellan, Glas, Steinzeug usw. Nicht minder wichtig ist das Holz von Laub- und Nadelbäumen oder Kautschuk, Leder und Horn; endlich sind die verschiedensten Gewebearten pflanzlicher und tierischer Herkunft zu erwähnen.

Wird der Betriebschemiker nicht von einem Ingenieur unterstützt, dann tritt die Notwendigkeit an ihn heran — auf jeden Fall ist es zur Erhöhung seiner Selbständigkeit erwünscht! — sich mit diesen Baustoffen vertraut zu machen und ihre technischen Eigenschaften[2] kennenzulernen. Fabrikatorische Mißerfolge können sehr wohl in falschen Apparatebaustoffen ihren letzten Grund haben.

Metalle[3].

Eisen ist das wichtigste aller technisch benutzten Metalle.

Chemisch reines Eisen ist technisch nur beschränkt brauchbar. Das während des Krieges für Granatenfabrikation benutzte reine Elektrolyteisen ist sehr teuer und findet daher kaum Verwendung.

---

[1] Schott, E. A., u. A. Einenkel: Gießereimaterialienkunde. Berlin 1920. — Stier, Gg. Th.: Planmäßige Einführung in die Metallbearbeitung. Leipzig 1920. — Oberhoffer, P.: Das schmiedbare Eisen. Berlin 1920. — Seifert, P.: Schweißen und Löten. Leipzig 1920. — Czochralski, I., u. Welter G.: Lagermetalle und ihre technologische Bewertung. Berlin 1920. — Daele, W. van den: Der moderne Fabrikbetrieb und seine Organisation, 3. Aufl. Stuttgart 1920. — Singer, F.: Die Keramik im Dienste von Industrie und Volkswirtschaft. Braunschweig 1923. — Buschlinger, H.: Die Verwendung des Aluminiums im Apparatebau. Achema-Jb. 1926/27, S. 95; Schäfer, R.: Rostfreie Stähle. Berlin 1928.

[2] Gute Dienste leistet die „Hütte", Taschenbuch für den praktischen Chemiker, 2. Aufl., Berlin 1927, die „Hütte", Taschenbuch für Eisenhüttenleute und Joly: Technisches Auskunftsbuch für das Jahr 1929 usw.

[3] Ledebur-Bauer: Die Legierungen für gewerbliche Zwecke. Berlin 1924. — Krupp, A.: Die Legierungen, 4. Aufl. Wien u. Leipzig. — Schwarz, M. v.: Legierungen. Stuttgart 1920. — Czochralski: Moderne Metallkunde. Berlin 1924. — Ledebur: Handbuch der Eisenhüttenkunde. — Oberhoffer: Das technische Eisen. Berlin 1925.

Erst der Gehalt an Kohlenstoff, Mangan, Silicium, Nickel, Chrom usw. in wechselnden Mengen, verleiht dem Eisen seine verschiedenartigen, technisch hochgeschätzten Eigenschaften. Die Einteilung der technischen Eisensorten allein nach ihren Kohlenstoffgehalten (vgl. DIN-Taschenbuch 4 „Werkstoffnormen" Beuth-Verlag, April 1927, über Stähle, Eisen, Nichteisenmetalle, Halbzeuge usw.) in Roh- oder Gußeisen, Stahl und Schmiedeeisen ist an sich nicht ganz stichhaltig, genügt aber, um einen Überblick zu verschaffen.

Eisen. Technisch verwertet wird in erster Linie kohlenstoffhaltiges Eisen, u. a. legiert mit Silicium und Mangan (Phosphor und Schwefel sind Verunreinigungen):

A. Roheisen. Kohlenstoffgehalt 2,8—4,5 %. Leicht schmelz- und nicht schmiedbar.
   1. Graues Roheisen. Kohlenstoff graphitartig ausgeschieden.
   2. Weißes Roheisen. Kohlenstoff chemisch gebunden.
B. Schmiedbares Eisen. Kohlenstoffgehalt weniger als 2 %. Strengflüssig und schmiedbar.
   1. Stahl. Kohlenstoffgehalt mehr als 0,25 %. Härtbar.
   2. Schmiedeeisen. Kohlenstoffgehalt unter 0,25 %. Nicht härtbar.

Das Roheisen ist spröde, schmilzt beim Erhitzen plötzlich und wird vom Rost weniger und gleichmäßiger angegriffen als Stahl oder Schmiedeeisen.

Graues Roheisen sieht hauptsächlich durch den graphitartig ausgeschiedenen Kohlenstoff grau aus und ist durch mehr oder weniger erheblichen Siliciumgehalt charakterisiert. Im geschmolzenen Zustande wird es Gußeisen genannt, da es wegen seiner Dünnflüssigkeit hauptsächlich zur Herstellung von Gußwaren dient. Kaltes Roheisen sinkt in geschmolzenem Eisen unter, während stark erhitztes darauf schwimmt; es erklärt sich daraus die gute Brauchbarkeit zum Gießen. Bei Beginn des Erstarrens nimmt das geschmolzene Eisen einen etwas größeren Raum ein und füllt die Form mit großer Schärfe aus. Nach völligem Erkalten zieht es sich wieder zusammen. Bei Anfertigung der Gußmodelle muß daher auf das Schwindmaß — durchschnittlich $1^1/_2$ $^0/_0$ der Längenabmessung — des Eisens Rücksicht genommen werden. Bei Erwärmung von 0^0 bis 100^0 dehnt sich das Eisen um $^1/_{901}$ seiner Länge aus, über 100^0 wird die Ausdehnung stärker (in Dampf von 4 Atm. [$145,5^0$] z. B. etwa $^1/_{450}$).

Die Gußstücke sollen aus grauem, weichem Eisen sauber und fehlerfrei gegossen sein. Es muß möglich sein, mittels eines Hammerschlages gegen eine rechtwinklige Kante eine deutlich sichtbare Druckstelle zu erzielen, ohne daß die Kante abspringt. Das Eisen soll feinkörnig und zähe sein; es muß sich mit Meißel und Feile bearbeiten lassen. Seine Zugfestigkeit soll mindestens 12 kg je mm² betragen. — Ein unbearbeiteter Stab von 30 mm Seite, auf 1 m voneinander entfernten Stäben liegend, muß bis zu 450 kg zunehmender Belastung in der Mitte aufnehmen können, ehe er bricht; Normen des Vereins deutscher Eisenhüttenleute 1889 für Bau- und Maschinenguß. Hämmerbarer und schmiedbarer Guß, der sich leicht bearbeiten läßt, wird durch oberflächliches Entkohlen des Gußeisens erhalten. Hartguß (gewonnen durch schnelles oberflächliches Abkühlen bei Eingießen in Formen, welche als gute Wärmeleiter wirken) liefert dagegen Gußstücke, deren Oberfläche die Eigenschaft weißen Roheisens hat, während der Kern infolge langsameren Erkaltens weicher und grau bleibt. Eisenmischungen für Hartguß enthalten Zusätze von Mangan und Silicium zu gleichen Teilen. Phosphorhaltiges Eisen ist dünnflüssig, aber so spröde und kaltbrüchig, daß es im allgemeinen nicht mehr zur Herstellung von Gußwaren benutzt werden kann. Schwefel vermindert die Festigkeit, macht das Eisen porös und daher für Gußzwecke unbrauchbar.

Da die Druckfestigkeit des Gußeisens seine Zugfestigkeit um das 6fache übertrifft, wird es besonders zu Trägern und Stützen verwandt. Man rechnet dabei mit 4—6facher Sicherheit.

Spez. Gew. 7—7,5. Schmelzp. 1150—1250⁰. Wärmeleit. 11,9 (Ag = 100). Elektr. Leit. 6—9 (Hg = 1). Zulässige Beanspruchung je cm^2 auf Zug 150 kg, auf Druck 500 kg, auf Abscherung 200 kg.

Weißes Roheisen enthält den Kohlenstoff gebunden, also legiert, und außerdem Mangan in wechselnden Mengen (von 1,5 bis über 20%). Während Silicium, als dem Kohlenstoff chemisch nahestehend, zur Ausscheidung desselben (bei Bildung von grauem Roheisen) beiträgt, wirkt das Mangan entgegengesetzt und hilft den Kohlenstoff binden. Das weiße Roheisen dient zur Herstellung von Schmiedeeisen und Stahl.

Spez. Gew. 7,0—7,3. Schmelzp. 1050—1100⁰.

Schmiedbares Eisen ist das aus geeignetem Erz oder weißem Roheisen hergestellte Eisen mit 0,04—1,6% Kohlenstoff. Es ist bei gewöhnlicher Temperatur weniger spröde als Roheisen und erweicht beim Erhitzen allmählich bis zum Schmelzen. Aus flüssigem Zustand gewonnen, heißt es Flußeisen, aus teigigem Schweißeisen. Das Flußschmiedeeisen enthält weniger als 0,12% Kohlenstoff und ist gewöhnlich fester als Schweißeisen (bis zu 0,5% Kohlenstoff); beide sind an sich nicht so fest, aber zäher und geschmeidiger als Stahl. Schmiedeeisen dehnt sich stärker aus als Gußeisen, was bei gleichzeitiger Verwendung beider Arten im Apparatebau zu berücksichtigen ist. Es besitzt faserige Struktur, die durch anhaltende Erschütterung und schroffen Temperaturwechsel in den körnigen Zustand übergeht, der leichter zu Brüchen Veranlassung gibt. Durch Hämmern wird es härter, elastischer und verliert an Geschmeidigkeit; durch Ausglühen wird es wieder weich und dehnbarer. Beim Erhitzen durchläuft es folgende Glühstadien: Anlaufen 400⁰, Anfang des Rotglühens 525⁰, Dunkelrotglut 700⁰, Gelbrotglut 800⁰, Kirschrotglut 850⁰, Hellrotglut 950⁰, Gelbglut 1100⁰, beginnende Weißglut 1300⁰, volle Weißglut 1400 bis 1500⁰, Schmelzglut 1600—2000⁰.

Das schmiedbare Eisen kommt in Form von Flach-, Band-, Quadrat-, Rund- bzw. Fassoneisenstäben oder von Blechen in den Handel. Die starken Bleche heißen Kesselbleche.

Für Zug gibt man dem Schmiedeeisen 6—10fache, für Biegung 4—6fache Sicherheit. Die zulässige Beanspruchung je cm^2 auf Zug und Druck ist 750 kg, auf Abscherung 600 kg. Spez. Gew. 7,5—7,8.

Stahl (DIN-Taschenbuch 4, Werkstoffnormen, Berlin: Beuth-Verlag 1927) ist härtbares Schmiedeeisen von grauweißer bis reinweißer

Farbe und im polierten Zustande von Schmiedeeisen nicht zu unterscheiden. Je dichter und gleichmäßiger das Korn ist, desto besser ist die Qualität. Stahl gibt am Feuerstein Funken. Der Kohlenstoffgehalt des Flußstahls ist höher als 0,12%, der des Schweißstahls größer als 0,5%. Stahl ist spröder und fester als Schmiedeeisen; seine Elastizität ist doppelt so groß. Mit zunehmendem Kohlenstoffgehalt nimmt die Schweißarbeit ab und die Härte zu. Obgleich die Härte des gewöhnlichen Stahls nicht die des weißen Gußeisens erreicht, kann sie doch so groß werden, daß er der besten Feile widersteht und Glas schneidet. Um die Härte zu mildern und die Elastizität zu erhöhen, wird der Stahl einem Oxydationsprozeß, dem „Anlaufen“ oder „Anlassen“, unterworfen. Er wird dazu an der Luft erhitzt, wobei die Farbe seiner Oberfläche eine Reihe von Tönen durchläuft, die mit bestimmten Temperaturen zusammenfallen und daher zur Beurteilung der gewünschten Härte dienen können. Es ist folgender Zusammenhang zwischen Farbe und Temperatur ermittelt: blaßgelb 220°, strohgelb 230°, goldgelb 245°, purpur 250°, violett 265°, dunkelpurpur 280°, hellblau 295°, kornblumenblau 300°, dunkelblau 315°, schwarz 420°.

Aus Stahl gefertigte Gegenstände, besonders Werkzeuge, lassen sich nach ihrer Bearbeitung leicht härten, indem man sie in glühendem Zustande mit einem der zahlreichen Härtemittel bestreut und nachher durch Eintauchen in Wasser abkühlt. Um den richtigen, durch nachheriges Anlassen vielleicht noch abzustimmenden Härtegrad zu erreichen, ist eine Reihe von Einzelheiten (Zusammensetzung des Stahls, Grad des Erhitzens, Eigenschaften des Härtemittels) zu berücksichtigen.

Spez. Gew. 7,1—7,86. Schmelzp. 1400—1600°.

Zusätze von Kobalt, Wolfram, Molybdän, Chrom und Nickel geben dem Stahl Eigenschaften, welche ihn für viele Zwecke geeigneter machen, indem namentlich die Härte erheblich vermehrt wird. So ist der Nickelstahl von ganz besonderer Zähigkeit und durch Rost nur wenig angreifbar, andere Stähle sind glüh- oder säurebeständig usw.

Gerade diese Sonderstähle[1] spielen naturgemäß für Apparaturen der chemischen Industrie eine wichtige Rolle. Bekannt sind z. B. die VM- und VA-Stähle (mit Chrom- und Nickelzusätzen) der Fr. Krupp A.-G. in Essen, die in erster Linie durch Rostfestigkeit, Widerstandsfähigkeit gegen Salpetersäure usw. ausgezeichnet sind. V2A-Stahl hat bei 7,86 spez. Gew. und 1400° Schmelzp. folgende Festigkeitseigenschaften:

Temperatur . . . . . Grad	20	200	300	400	500
Streckgrenze . . . . kg/mm²	38	31	26	25	24
Festigkeit . . . . . kg/mm²	79,4	75,3	70,2	63,8	58,3
Dehnung. . . . . %	46,4	53,5	47	40	22,4
Kontraktion	54	55	54	50	47

V2A-Stahl kostet 2000 bis 2500 ℛℳ je t; für V2A-Rohre (Krupp bzw. Mannesmann) bezahlt man bei 28/32 mm Durchmesser um 12 500 ℛℳ je t.

---

[1] Schäfer, R.: Rostfreie Stähle. Berlin 1928; Brunner: Korrosionsverhältnisse der bis heute bekannten sog. nichtrostenden Eisen- und Stahllegierungen bei verschiedenen Temperaturen. Zürich 1924; Waeser: Chemische Fabr. 1928, S. 529ff.

Der Firma Krupp ist es ferner gelungen, flußeiserne Werkstücke durch Diffusion von Schutzstoffen („Alitieren") abbrandfest zu machen und außerdem hochhitzebeständige Legierungen [Nichrotherm] zu schaffen, die bis zu etwa 1300° brauchbar sind. Von den Schoeller-Bleckmann-Stahlwerken werden die rostsicheren und säurefesten Stähle Antirosticum ARG und ARW sowie die hochhitzebeständigen Phönixstähle in den Handel gebracht. Phönix R 60 (spez. Gew. 8,2, Schmelzp. rund 1450°) hat z. B. im gegossenen Zustand 70—100 kg/mm² Festigkeit bei 25—12% Dehnung, ist mechanisch bearbeitbar und kann gewalzt oder geschweißt werden. Der Zunderwiderstand ist noch bei 1400° beträchtlich.

Im Gegensatz zu diesen Sonderstählen lassen sich die Ferrosiliciumgüsse machanisch weniger gut bearbeiten. Sie verlangen eine besonders vorsichtige Wärmebehandlung, wenn die Werkstücke gut brauchbar sein sollen, zeichnen sich aber auch durch erhebliche Widerstandsfähigkeit gegen Schwefelsäure, Salpetersäure usw. aus. Thermisilid der Fr. Krupp A.-G. schmilzt bei etwa 1220°, hat das spez. Gew. 6,9 und die Brinellhärte 290—350 (Gußeisen 150—250). Die Durchbiegung eines 12 mm starken Stabes beträgt bei 200 mm Auflage 1 mm (Gußeisen 2,0—2,4) und die Biegungsfestigkeit 21 (Gußeisen 40—50). Die Wärmeleitfähigkeit ist nur $^1/_2$ so groß, wie die des Gußeisens. Die technischen Ferrosiliciumlegierungen enthalten meist nur 15—18% Si; sie werden unter den verschiedensten Decknamen gehandelt: Thermisilid, Thermisilid Extra, Esilit, Neutraleisen, Acidur, Agdiron, Antacid, Siliciumguß, Kieselguß, Flintcast, Si-Guß, Duracid, Elektrosilit, Métillure, Superneutral français, Elianit, Tantiron, Duriron, Korrosiron, Ironac, Narki u. dgl.

Eine technisch in allen Fällen brauchbare salzsäurebeständige Legierung ist bisher übrigens nicht aufgefunden worden (vgl. Übersicht in „Chemische Fabr." 1928, Nr. 2, S. 17).

Die Eisen- und Stahlstatistik (Roheisenproduktion in Deutschland einschl. Luxemburg 1913: 19,3 Millionen t) der hauptsächlichsten Produktionsländer weist für 1927 folgende Ziffern auf: Deutschland 13 Mill. t Roheisen bzw. 16,3 Mill. t Rohstahl; Saargebiet 1,8 bzw. 1,9; Frankreich 9,3 bzw. 8,3; Luxemburg 2,7 bzw. 2,5; Belgien 3,8 bzw. 3,6; England 7,3 bzw. 9; Italien 0,6 bzw. 1,7; Ver.-Staaten 36,3 bzw. 43,2 und Kanada 0,7 bzw. 0,9 Millionen t.

Die Preise der Eisensorten sind gewissen Schwankungen unterworfen, die zum Teil von den Kohlenpreisen abhängig sind.

Vor 1914 kostete gewöhnliches Gußeisen (Bauguß) etwa 150 bis 160 ℳ, Maschinenguß 240—280 ℳ, Schweißeisen 180 ℳ (Grundpreis, dazu Aufschläge von 10—40 ℳ je t je nach Qualität und Handelsform), emaillierter Guß 360—500 ℳ und Gußstahl je nach Güte zwischen 220 ℳ (Maschinenstahl) und 550 ℳ bis 650 ℳ (Schweißstahl usw.) oder 1500 ℳ (Werkzeugstahl), alles je t. Die heutigen Preise erreichen für einfache Gußstücke etwa 400—500 ℛℳ je 1 t und für Stahlformguß etwa 450—850 ℛℳ je t. Die Preisbildung für Halbzeug und Walzeisen gestaltete sich Ende 1928 bis Anfang 1929 etwa wie folgt (Grundpreise ab Werk je t):

	Verbandspreise *RM*	Marktpreise *RM*
Rohblöcke	104,—	104,— bis 106,—
Vorblöcke	111,50	111,50 ,, 113,50
Knüppel	119,—	119,— ,, 121,—
Platinen	124,—	124,— ,, 126,—
Formeisen	138,—	144,— ,, 154,—
Stabeisen	141,—	147,— ,, 157,—
Bandeisen	164,—	171,— ,, 178,—
Universaleisen	144,—	146,— ,, 147,—
Walzdraht in Thomas-Güte	172,—	172,—
,, ,, Siemens-Martin-Güte .	180,—	180,—
Grobbleche	162,50	164,50
Mittelbleche	—	165,— bis 167,50
Feinbleche über 1 mm	—	165,— ,, 170,—
,, unter 1 mm	—	170,— ,, 175,—

Die Berliner Schrottpreise (*RM* je t) belaufen sich gleichzeitig auf:

39 bis 41	*RM* für	Kernschrott, chargierfähig,
39 ,, 41	,, ,,	Stahlschrott, chargierfähig,
35 ,, 37	,, ,,	Brockeneisen, chargierfähig,
32 ,, 34	,, ,,	Drehspäne, handelsüblich,
25	,, ,,	bauschig,
63	,, ,,	Maschinengußbruch, kupolofenfertig zerkleinert,
53	,, ,,	Gußbruch, handelsüblich,
51 bis 53	,, ,,	reinen Ofen- und Topfguß (frei von Brandguß und Rost),
34 ,, 36	,, ,,	Gußspäne, handelsüblich,
34 ,, 36	,, ,,	blaue,
31 ,, 33	,, ,,	Blechabfälle, lose,
34 ,, 36	,, ,,	gebündelt,
37 ,, 39	,, ,,	hydraulisch geprüft,
20,00	,, ,,	Schmelzeisen,
40 bis 42	,, ,,	Hamburger Kernschrott,
65	,, ,,	Hamburger Maschinengußbruch.

Chemisch-technische Eigenschaften des Eisens. Es verändert sich an trockener Luft nicht, in feuchter dagegen, also unter den gewöhnlichen Verhältnissen, und in Berührung mit lufthaltigem Wasser, rostet es. Schmiedeeisen rostet stärker als Gußeisen; von letzterem ist das nicht bearbeitete, welches noch die sog. Gußhaut hat, dasjenige, welches weniger von Rost angegriffen wird und auch die Anstrichfarbe besser haften läßt. Kohlensäure, Säuredämpfe sowie saures Wasser oder Salzlösungen, besonders Ammoniumsalze, begünstigen die Rostbildung sehr. Alkalien verhindern sie. Die Rostbildung beginnt nur langsam, schreitet dann aber rascher fort. Zu ihrer Vermeidung müssen alle Eisenflächen mit einem schützenden Anstrich von Leinölfirnis, Ölfarbe bzw. Asphaltlack versehen oder auf galvanischem Wege, sei es durch Bildung einer fest haftenden Eisenoxydschicht, sei es durch einen dünnen Überzug von Zinn, Zink, Kadmium, Chrom oder Blei, geschützt werden. Das Grundieren mit Mennige ist noch sehr verbreitet, aber nach Feststellungen aus neuerer Zeit weder als rostschützendes Mittel, noch zum Schutze gegen elektrische Einflüsse in allen Fällen zu empfehlen. Ölpapierumkleidung ist ein guter Rostschutz. Stark verrostete Eisenteile werden entweder gut mit Petroleum eingeölt und nach längerer Einwirkung mit einer Stahlbürste abgebürstet oder — wenn sie Hitze vertragen können — auf dem Schmiedefeuer heiß gemacht: das Eisen dehnt sich aus und der Rost springt ab. In Kalk oder Gips eingebettetes Eisen rostet durch und durch, in Zement oder Asphalt liegendes dagegen so gut wie gar nicht. Während bekanntlich verdünnte Säuren das Eisen lebhaft angreifen, wird es von konzentrierter Salpetersäure und kalter konzentrierter Schwefelsäure nicht gelöst. Derart passiv gemachtes Eisen wird auch von verdünnten Säuren nicht gelöst und fällt metallisches Kupfer nicht aus seinen Lösungen. Von den modernen säure- und rostfesten Eisenlegierungen war schon oben die Rede.

Dem jungen Betriebschemiker kann nur empfohlen werden, sich eingehend mit der Technologie der Metalle und besonders mit der des Eisens zu beschäftigen. Die Kenntnis der Verfahren der Werkstoffprüfung bzw. der metallographischen und mikrophotographischen Untersuchungsmethoden wird auch den Betriebschemiker oftmals in den Stand setzen, rätselhafte Erscheinungen aufzuklären. Es sei hier u. a. auf die Beobachtungen über den Einfluß von Salzlösungen usw. auf Drahtseile aufmerksam gemacht, über die E. Wagner in Kali 1909, S. 398, Beiträge veröffentlicht hat. Auch der Bericht über das Rosten von schweißeisernen, flußeisernen, stählernen und gußeisernen Röhren, den A. Nachtweh und K. Arndt erstattet haben (Hannover 1910), gibt wichtige Fingerzeige. Von Interesse ist auch eine Arbeit von R. Kühnel in Stahl und Eisen 1918, Nr. 51, über gewisse Brucherscheinungen an eisernen Werkzeugen. Die Ermüdungserscheinungen, die an solchen Metallen (Eisen, Aluminium, Legierungen usw.) auftreten, welche dauernden Stößen ausgesetzt sind (Maschinen- und Konstruktionsteile, Flugzeuge), beginnt man erst neuerdings zu studieren.

Chrom ist durch hohe Schmelztemperatur und große Widerstandsfähigkeit gegen viele Säuren, die atmosphärischen Einflüsse usw. ausgezeichnet. Man benutzt es daher heute als Legierungsbestandteil (VA-Stähle usw.) und als Überzug auf weniger haltbaren Grundkörpern.

Kupfer hat charakteristische rote Farbe, hohe Politurfähigkeit, mäßige Härte, große Festigkeit und Geschmeidigkeit. Es läßt sich daher vortrefflich mit dem Hammer bearbeiten. Das geschmolzene Kupfer wird beim Erkalten blasig und zeigt vor dem Erstarren die Eigenschaft des Spratzens; es eignet sich daher im allgemeinen nicht zur Herstellung von Gußwaren. Trotzdem ist es möglich, Gußstücke aus Reinkupfer unter ganz bestimmten Vorsichtsmaßregeln herzustellen. Meist aber werden in solchen Fällen die für Gußzwecke sehr geeigneten Kupferlegierungen (s. d) verwandt. Kupferoxydhaltiges Kupfer wird rotbrüchig; Schwefel, Arsen, Antimon oder Blei machen es bei Überschreitung gewisser Prozentgehalte teils rot-, teils kaltbrüchig. Zu Draht gezogen, wird das Kupfer vorübergehend spröde und nach dem Ausglühen wieder dehnbar. Durch Hämmern werden die Kupferbleche härter und fester; deshalb werden alle aus Kupferblech hergestellten Apparate gehämmert. Kupfer leitet die Wärme besser, als Schmiedeeisen. Blankgeputzte Kupferflächen strahlen weniger Wärme aus, daher ist das Blankhalten der Kupfergefäße und -röhren (Dampfleitungen) nicht nur von ästhetischem, sondern auch von wirtschaftlichem Wert.

Diese ausgezeichneten physikalischen Eigenschaften gestatten die ausgedehnte Verwendung des Kupfers im Apparatebau, obgleich es beträchtlich teurer ist als Eisen. Nach dem Verfahren von Elmore kann man durch Elektrolyse aus Kupferlösungen nahtlose Kupferrohre erzielen.

Deutschland verbrauchte 1913: 120000 t Kupfer in der Elektrotechnik, 49000 t für Kupferblech- und Stangenkupferwalzwerke, 62000 t für Messingwalzwerke und Drahtziehereien, 3000 t für chem. Fabriken (Vitriolherstellung usw.) und 27000 t (insgesamt 261000 t) für Schiffswerften, Eisenbahnen, Gußzwecke, Armaturen, Legierungen usw. (Metall und Erz Jg. 1915). Der gesamte deutsche Verbrauch betrug 1923 nur 97300 t, um dann aber rasch wieder anzusteigen (1925: 232200 t, 1926: 167400 t), d. h. Deutschland nimmt bei unbedeutender Eigenerzeugung (1913: 41500 t, 1923: 26200 t, 1925: 39100 t, 1926: 46200 t) einen großen Teil der Weltproduktion (1913: 1018500 t, 1923: 1227900 t, 1925: 1399600 t, 1926: 1458900 t) auf.

Spez. Gew. 8,9. Schmelzp. 1064°, Siedep. etwa 2300°. Wärmeleit. 73,6 (Ag = 100). Elektr. Leit. 55 (Hg = 1). Linearer Ausdehnungskoeffizient 0,00001698.

Der Preis des Kupfers ist von jeher sehr wechselnd gewesen und oft plötzlichen Schwankungen unterworfen, deren Grund häufig in Börsentreibereien liegt. Marktbestimmend sind naturgemäß die Ver. Staaten von Nordamerika mit ihren gewaltigen Produktionen (1913: 600600 t, 1923: 715600 t, 1925: 833000 t, 1926: 858700 t) und den entsprechend hohen Verkaufsziffern (1913: 322900 t, 1923: 600600 t, 1925: 665200 t, 1926: 741800 t). Die chemische Industrie ist daran an sich nicht führend beteiligt, denn der Hauptverbrauch verteilte sich:

	1926	Durchschnitt 1924—1926
auf die Elektroindustrie bzw. -installation. . mit	45,5 %	46,5 %
„ „ Automobilindustrie . . . . „	11,5 %	12,0 %
„ „ Herstellung von Stäben und Drähten „	8,5 %	8,0 %
„ „ Bauindustrie . . . . „	5,5 %	5,5 %

Der Index der New Yorker Kupferpreise (1909—1913 = 100) schwankte wie folgt:

1909—1913	100	1919—1923	110	1925	101
1913	110	1924—1926	98	1926	99
1914—1918	157	1924	93	1. Halbj. 1927	92

F. W. Franke hat in seinem „Abriß der neuesten Wirtschaftsgeschichte des Kupfers" (München 1920) die Preisverhältnisse für die verschiedenen Handelsmarken (amerikanisches Tough-, Elektrolyt- und Lakekupfer, Londoner Notierungen für Standard, Best Selected, Elektrolytkupfer usw., Mansfelder Kupfer) ausführlich dargestellt. Die englischen Notierungen beziehen sich oft auf good merchantable brands (gmbs) in £ je engl. t. Nach den Aufzeichnungen der Mansfelder Gewerkschaft für die Jahre 1860—1906 war der höchste Preis je t Raffinad 2051,50 ℳ (1860) und der niedrigste 859,66 ℳ (1894). Als normaler Preis galt vor dem Kriege 1150—1250 ℳ je t; 1913 wurde Standardkupfer mit 1230—1570 ℳ die t verkauft. Für Deutschland

ist die Preisfeststellung der Vereinigung für die deutsche Elektrolytkupfer-
notiz maßgebend (1. September 1928 140 $\mathcal{RM}$ je 100 kg Elektrolytkupfer
bzw. 125—126 $\mathcal{RM}$ als Terminnotierung). Die inoffiziellen Berliner Alt-
metallpreise betragen gleichzeitig je 100 kg:

für Elektrolytware	123 bis 124 $\mathcal{RM}$	
„ Schwerkupfer	121 „ 123 „	
„ Feuerbuchskupfer	129 „ 132 „	
„ reine Kupferspäne	118 „ 119 „	

Die Preise zogen bald danach an und erreichten Anfang Februar
1929 rund 171 $\mathcal{RM}$ bzw. 157—159 $\mathcal{RM}$ für Elektrolytkupfer; für Alt-
Elektrolytkupfer betrugen sie um 155 $\mathcal{RM}$. In normalen Zeiten der Vor-
kriegsperiode bestimmte sich der ungefähre Preis der Kupferwaren durch
Hinzurechnung folgender Zuschläge zu den Metallpreisen (je 100 kg):
für Rundbleche und Kesselkupferbleche etwa 30 $\mathcal{M}$, für nahtlose
Kupferrohre etwa 65 $\mathcal{M}$ (für Messingröhren etwa 35 $\mathcal{M}$), d. h. bei einem
Kupferpreis von 150 $\mathcal{M}$ je 100 kg kosteten z. B. nahtlose Rohre 150 + 55
= 205 $\mathcal{M}$ je 100 kg. Gegenwärtig (Febr. 1929) bezahlt man für Kupferbleche um 225 $\mathcal{RM}$, für Kupferrohre um 232 $\mathcal{RM}$, für Kupferschalen
um 290 $\mathcal{RM}$, für Guß um 350 $\mathcal{RM}$ und für Kupferstangen bzw. -drähte
um 191 $\mathcal{RM}$ je 100 kg.

Kupfer ist beständig gegen atmosphärische Einflüsse. Destilliertes
Wasser wird aber bei Verwendung von kupfernen Kühlschlangen leicht
kupferhaltig. Bei Lösungen nicht flüchtiger Salze ist die in ihnen ent-
haltene Säure maßgebend für ihre kupferlösende Wirkung. Den geringsten
Einfluß üben die Nitrate aus, dann kommen die Sulfate, Karbonate
und alkalisch reagierende Salze, während die Chloride am stärksten
auf Kupfer einwirken (Meerwasser). Ammoniakalische Flüssigkeiten
lösen Kupfer oder seine Legierungen beträchtlich; die sonst vielfach
verwandten Messinghähne sind also hier nicht brauchbar. Von Salzsäure und verdünnter Schwefelsäure wird das Kupfer weniger angegriffen. Salpetersäure löst es um so lebhafter, je mehr salpetrige Säure
sie enthält. Die schwächeren bzw. die organischen Säuren (Fettsäuren
und Fette) greifen Kupfer wenig und nur bei Luftzutritt an. Will man
Kupfergefäße vor dem auflösenden Einfluß darin enthaltener Flüssigkeiten schützen, dann kann man — falls derartige Verunreinigung nicht
schadet — ein Stück Eisen hineinlegen, welches Kupfer aus Lösung
niederschlägt und dadurch seine Auflösung verhindert. Die Kupfer-
knappheit während des Weltkrieges hat in Deutschland dazu geführt,
daß Ersatzmetalle, namentlich Zink und Aluminium (s. d.) für die
verschiedensten Zwecke herangezogen worden sind, die sich aber nur
zum Teil bewähren konnten. Die meisten von ihnen finden deshalb
heute keine Verwendung mehr; eine Ausnahme machen z. B. Luftkabel
aus Aluminium, die mancherlei Vorteile bieten.

Blei ist sehr weich, biegsam und zähe. Es läßt sich mit dem Messer
schneiden und färbt auf Händen, Papier oder Leinen ab. Werkblei
muß mit der Raspel und nicht mit der Feile bearbeitet werden, da
es die Zähne der letzteren schnell verstopft. Seine geringe Festigkeit
macht das Ausziehen zu Draht und Röhren unmöglich, die man des-

halb durch Pressen in Formen herstellt. Bis fast zum Schmelzpunkt erhitzt, wird Blei spröde und bricht unter dem Hammer in Stücke. Nach dem Schmelzen erstarrt es ruhig mit eingesenkter Oberfläche. Bei der sehr ausgedehnten Verwendung des Bleies in der chemischen Apparatur ist der Umstand zu berücksichtigen, daß es beim Warmwerden bald merklich weicher wird und sich beträchtlich ausdehnt, ohne sich beim Erkalten wieder entsprechend zusammenzuziehen. Die Weichheit bedingt, daß Bleiapparate versteift werden müssen oder häufig nicht aus Blei selbst hergestellt werden dürfen, sondern nur damit ausgekleidet werden. Die Form des auszukleidenden Gefäßes ist dann möglichst so zu wählen, daß das Blei nicht von den Wandungen abfallen kann, sondern daß es sich durch die eigene Schwere fest an sie anlehnt. Unter dem Einfluß von Wärme und Druck kommt es leicht zu Deformierungen derart mit Blei ausgelegter Gefäße (Beulenbildung, Durchbiegung).

Um diesen Mißständen abzuhelfen, kann die Auskleidung auch durch Auflöten, durch homogene Verbleiung, durch Bleiplattieren oder mittels galvanischer Schwerverbleiung erfolgen (kostspieliger aber sehr viel widerstandsfähiger). Auf die Reinheit des Bleies ist besonders zu achten (Handelsblei ist durchaus nicht immer rein), weil die meisten Verunreinigungen den Schmelzpunkt bzw. die Widerstandsfähigkeit gegen Chemikalien herabdrücken und damit die Möglichkeit der Bildung örtlicher Schäden vergrößern.

Spez. Gewicht 11,34 Schmelzp. 320—330⁰. Siedep. 1600—1700⁰. Wärmeleit. 8,5 (Ag = 100). Elektr. Leit. 4,6 (Hg = 1). Linear. Ausdehnungskoeffizient 0,0000293.

Die Preise des Bleies sind schwankend; vor 1914 kosteten 100 kg je nach der Stärke 28—30 ℳ, gekörntes Blei 60 ℳ. Das Bleiblech wird in Rollen bis zu 3,5 m Breite und 10 m Länge in jeder Abmessung geliefert. Zur Berechnung des Gewichtes von Bleiplatten diene der Anhalt, daß 1 m² Bleiblech von 1 mm Stärke 11,3 kg wiegt[1]. Heute notieren 100 kg Hüttenblei in Berlin um 45—46 ℛℳ; Hartblei kostet 60—62 ℛℳ; Altblei erzielt, wenn es sich um doppelt raffinierte Ware handelt, 46—47,50 ℛℳ je 100 kg oder sonst 40—42 ℛℳ (Weichblei). Die Hüttenproduktion an Blei betrug auf der ganzen Erde 1913: 1 200 100 t, 1923: 1 184 000 t, 1925: 1 528 400 t und 1926: 1 602 500 t; meistbeteiligt sind die Ver. Staaten mit 1913: 407 900 t, 1923: 524 700 t, 1925: 665 400 t bzw. 1926: 675 000 t; auf Deutschland entfielen 1913: 188 000 t, 1923: 31 900 t, 1925: 70 500 t und 1926: 76 200 t. Der Verbrauch an Rohblei erreichte 1913 in Deutschland 230 400 t (Ver. Staaten: 401 400 t), um 1923 bis auf 56 400 t zurückzugehen (1925: 192 900 t, 1926: 152 300 t; Ver. Staaten 1926: 682 300 t).

Blei ist gegen Luft und Feuchtigkeit beständig. Von reinem luft- bzw. kohlensäurehaltigen Wasser wird es dagegen angegriffen; ebenso begünstigen Nitrate, Nitrite, Chloride, Tartrate, Citrate, Ammoniumverbindungen und faulende Substanzen die Zerstörung von Blei, während Alkalisulfate, -karbonate sowie freies Kohlendioxyd im entgegengesetzten

---

[1] Tabelle s. Chemiehütte, 2. Aufl., S. 125.

Sinne wirken. In Berührung mit anderen Metallen, wie Platin, Eisen, Zinn usw. erhöht sich seine Löslichkeit in Wasser. Von Ätznatron wird das Blei lebhaft, in seinen Legierungen jedoch kaum angegriffen. In Salpetersäure ist es um so löslicher, je mehr salpetrige Säure sie enthält; verdünnte warme Salpetersäure löst es sehr leicht, konzentrierte schwieriger. Salzsäure und Schwefelsäure üben nur geringe Wirkung aus, die aber durch die gleichzeitige Anwesenheit anderer Säuren (besonders Sauerstoffsäuren) gesteigert wird. Organische Säuren lösen Blei erheblich; die Anwesenheit von Schwefelsäure vermindert jedoch ihre lösende Kraft. Mit Kupfer und Antimon legiertes Blei wird von Schwefelsäure, zumal in der Wärme, viel energischer angegriffen, als reines Blei. Obgleich die Schwefelsäure schließlich auf Blei bei höherer Temperatur einwirkt, ist Blei, abgesehen von Platin und Kupfer, dasjenige Metall, das in ausgedehntester Weise dann in der Technik angewandt wird, wenn es sich um die Verarbeitung freier Schwefelsäure handelt.

In Zement gebettetes Blei wird mürbe und brüchig; man schützt deshalb derartige Röhren durch dicke Anstriche oder Umkleidung mit Asbest, Dachpappe u. dgl.

Zink ist von bläulich weißer Farbe und starkem Metallglanz. In ganz reinem Zustande ist es etwas dehnbar. Durch Verunreinigungen wird es im allgemeinen spröder; ein Gehalt von 0,5% Blei macht es dagegen geschmeidiger. Eisen hat bis zu 0,3% in dieser Hinsicht keinen Einfluß. Die Eigenschaft des Zinks, unter geringem Druck oder auch bei 100—150° dehnbar zu werden und es dann nach dem Erkalten zu bleiben, ist für die Technik von großem Werte, denn allein dadurch wird die Herstellung von Blechen und Drähten möglich. Bei 205° wird Zink so spröde, daß es gepulvert werden kann. Es läßt sich, ebenso wie Blei, schlecht mit der Feile und besser mit der Raspel bearbeiten. Zink dehnt sich von allen Gebrauchsmetallen am gleichmäßigsten bzw. stärksten aus und zieht sich beim Abkühlen wiederum sehr gleichmäßig zusammen. Dabei schwindet es stark und gibt wenig feste Güsse.

Spez. Gew. 6,86, gewalzt 7,20. Schmelzp. gegen 420°; entzündet sich bei etwa 500° an der Luft. Siedep. 906°. Wärmeleit. 19 (Ag = 100). Elektr. Leit. 15 (Hg = 1). Linear. Ausdehnungskoeffizient 0,00002970.

Größte Länge der Zinkblechtafeln 6 m, größte Breite 1,6 m, Dicken von 0,1—30 mm; Zinkdraht in allen Stärken. Bruchgrenze von Zinkblech längs der Faser 19 kg je mm² bei 18% Dehnung bzw. 25 kg je mm² mit 15% Dehnung.

100 kg Zink kosteten in der Vorkriegszeit etwa 50—54 ℳ. Gegenwärtig zahlt man für Feinzink 56—57 (oder i. Termin 52—54) ℛℳ und für Gieschezink 53—54 ℛℳ. Für Altmetall lassen sich folgende Preise erlösen: Remelted 46—47 ℛℳ; neue Zinkblechabfälle, lotfrei, 43—44 ℛℳ; gewöhnliches Altzink 38—39 ℛℳ. Zinkbleche kosten etwa 80—85 ℛℳ; alles je 100 kg.

An der Zinkweltproduktion war Deutschland vor dem Weltkriege nächst den Ver. Staaten von Nordamerika hauptbeteiligt (1913 Welt: 1 000 800 t, davon Ver. Staaten 314 500 t und Deutschland 281 100 t), hat aber infolge der Teilung Oberschlesiens diese bevorzugte Stellung eingebüßt (1923 Welt: 948 100 t, davon Ver. Staaten 463 100 t, Deutschland 32 400 t; 1925 Welt: 1 135 000 t, davon Ver. Staaten 518 900 t, Deutschland 58 600 t; 1926 Welt: 1 233 400 t davon Ver. Staaten 561 000 t, Deutschland 68 300 t). Der deutsche Rohzinkverbrauch belief sich 1913 auf 232 000 und 1926 auf 143 800 t.

Zink ist gegen Luft und Wasser unter gewöhnlichen Verhältnissen beständig. Von kochendem Wasser wird es dagegen langsam oxydiert. Säuren und Alkalien lösen es um so leichter, je unreiner es ist; reines Zink wird von Säuren um so leichter gelöst, je langsamer es aus dem Zustande der Glühhitze erkaltet ist. Zink fällt u. a. Kupfer, Silber, Blei und Kadmium aus ihren Lösungen aus. Geschmolzenes Zink kann bis zu 5 % Eisen auflösen.

Zinn. Von allen Handelszinnsorten ist das Bankazinn, das Malakka- oder Straitszinn, das austral. und englische Zinn am reinsten; sächsisches und böhmisches Zinn sind im allgemeinen weniger rein. Zinn besitzt schwach bläulich silberweiße Farbe und hohen Metallglanz. Nächst dem Blei ist es das weichste aller Gebrauchsmetalle. Es knirscht, wenn man es biegt (Zinngeschrei). Beim Reiben zwischen den Fingern verleiht es diesen einen eigentümlichen und lange anhaftenden Geruch. Es ist sehr dehnbar und läßt sich zu dünnen Blättchen, Stanniol, auswalzen. Nach dem Reichsgesetz von 1887 darf das für Eß-, Trink- und Kochgeschirr verwandte Zinn nicht mehr als 10 % Blei enthalten. Bei 100° läßt sich Zinn zu Draht ausziehen, bei 200° ist es dagegen spröde und kann gepulvert werden.

Geschmolzenes Zinn dehnt sich beim Erstarren aus. Eisen macht das Zinn hart und spröde und beeinträchtigt Glanz und Farbe. Blei und Kupfer erhöhen Festigkeit und Härte. Zinn läßt sich feilen, sägen, bohren und hämmern.

Spez. Gew. 7,3. Schmelzp. 232°. Siedep. 2270°. Wärmeleit. 13,65 (Ag = 100). Elektr. Leit. 9,87 (Hg = 1). Linear. Ausdehnungskoeffizient 0,00002703.

Nach den Festsetzungen des „Deutschen Normenausschusses", DIN 1704, darf Zinn mit 99,75—98 % Sn nur 0,015—0,025 % Fe und weder Zn, nach Al enthalten.

1913 kosteten 100 kg Zinn etwa 360—380 ℳ und heute je nach Sorte (Banka-, Straits-, austral. oder Hüttenzinn) um 450 ℛℳ. Die Preise schwanken beträchtlich (z. B. 20. April 1927 Hamburg: 622 bis 632 ℛℳ je 100 kg). Von der gesamten Welthüttenproduktion an Zinn (1913: 132 500 t, 1925: 145 700 t, 1926: 144 000 t) entfällt auf Indien der Löwenanteil (1913: 86 100 t, 1925: 90 700 t, 1926: 91 000 t; Deutschland 1913: 12 000 t, 1925: 1000 t und 1926: 2200 t). Deutschland verbrauchte 1913: 19 900 t, 1925: 11 200 t und 1926: 8300 t Rohzinn.

Zinn widersteht oxydierenden Einflüssen sehr gut und wird bei gewöhnlicher Temperatur von Wasser und schwachen Säuren nicht angegriffen. Deshalb und wegen der leichten Verarbeitbarkeit benutzt man es gern zum Bau chemischer Apparaturen. Dauernder Einfluß von Temperaturen unter 10° macht das Zinn brüchig: es erliegt der „Zinnpest".

Nickel ist ein silberweißes, ins Stahlgraue schimmerndes, stark glänzendes, sehr hartes, politurfähiges, magnetisches Metall, das sich schmieden, schweißen, zu Platten walzen und zu Draht ausziehen läßt. Den Magnetismus verliert es bei 350°. Seine Zähigkeit verhält sich zu der des Eisens, mit welchem es sonst sehr viele Ähnlichkeit hat, wie 9 zu 7. Es läßt sich mit Schmiedeeisen und auch mit Stahl zusammenschweißen. In der chemischen Industrie haben sich Nickelapparate (Schalen, Deckel und Tiegel) statt der teuren Platingeräte vielfach eingeführt. Auch Nickelkochgeschirre sind recht verbreitet (elektrische Kocher usw.).

Spez. Gew. 8,8. Schmelzp. 1452°. Elektr. Leit. 7,37 (Hg = 1). Linear. Ausdehnungskoeffizient 0,0000130.

Die Bergwerksweltproduktion an Nickel war 1913: 30700 t (Kanada 22500 t), 1925: 37100 t (Kanada 33500 t) und 1926: 34600 t (Kanada 30600 t). 100 kg kosteten vor dem Weltkriege 450—600 ℳ je 100 kg; heute bezahlt man 350 ℛℳ. Nahtlos gezogene Reinnickelrohre kosten in Fabrikationslängen von 10—100 m, bei 1—6 mm Wandstärke, hart oder weich, in Mindestmengen von 100 kg, ab Fabrik durchschnittlich 1000 bis 2500 ℛℳ je 100 kg. Der Mittelpreis von nahtlos gezogenen, innen geschliffenen Reinnickelschalen, außen roh, beträgt ab Werk 1600 bis 2000 ℛℳ je 100 kg. Nickel ist sehr widerstandsfähig gegen atmosphärische Einflüsse. Verdünnte Säuren, besonders verdünnte Salpetersäure, greifen es an. In konzentrierter Salpetersäure wird es passiv. Alkalien wirken wenig ein; erst hochkonzentrierte Laugen sind von Einfluß. Man schmilzt Ätzalkalien deshalb in Nickelkesseln, unter Umständen mit elektrischem Schutz (Kessel als Kathode geschaltet, Anode: Platin).

Platin ist glänzend silberweiß, hämmer- bzw. schweißbar und sehr geschmeidig. Es läßt sich zu Blech walzen und zu Draht ausziehen. Nächst Gold und Silber besitzt es die größte Dehnbarkeit.

Man unterscheidet gehämmertes und geschmolzenes Platin. Das für technische Zwecke verwandte Platin enthält als Beimischung bis zu 2% Iridium, um es härter und widerstandsfähiger zu machen.

Spez. Gew. 21,4. Schmelzp. 1764°. Siedep. etwa 3800°. Wärmeleit. 8,4 (Ag = 100). Elektr. Leit. 6,5 (Hg = 1). Linear. Ausdehnungskoeffizient 0,00000975.

Der Preis des Platins[1] stand (1870: 600 ℳ, 1880: 880 ℳ, 1890: 2000 ℳ, 1900: 2500 ℳ, 1910: 5000 ℳ) 1912 auf etwa 6600 ℳ je 1 kg, stieg gegen Ende des Weltkrieges in Deutschland bis auf 300000 ℳ und schwankt gegenwärtig um 9500—11000 ℛℳ. Die Weltproduktion betrug vor dem Weltkriege etwa 7,8 t im Jahresmittel; sie erreichte 1925: 4,98 und 1926: 5,3 t. Rußland ist hauptbeteiligt (vor dem Weltkriege im Mittel 6,2 t, 1920: 0,34 t, 1926: 2,9 t, 1927: 3,11 t); ihm folgen Kolumbien, Südafrika und Kanada (Chem. Industrie 1928, S. 983).

Platin ist äußerst widerstandsfähig gegen chemische Einflüsse; von Säuren wirkt nur Königswasser und konzentrierte Schwefelsäure bei

---

[1] Vgl. Lunge: Handbuch der Schwefelsäureindustrie, 4. Aufl., Bd. 2, S. 1113ff. und 5. Aufl. (Waeser); Rabe, Z. angew. Chem. 1926, S. 1406.

Verunreinigung durch salpetrige Säure ein. Feuchtes Chlor, schmelzende Alkalien, Schwefelalkalien und auch Ätzbaryt greifen dagegen Platin leicht an. Ferner verbindet es sich direkt mit Phosphor oder Arsen, mit leicht reduzierbaren Metalloxyden, sowie mit schmelzenden Metallen zu ebenso leicht schmelzenden Legierungen. Auch glühende Kohle greift Platin stark an.

Um die durch den Gebrauch angegriffene Oberfläche der Platingefäße zu reinigen, scheuert man sie mit sehr feinem Sande oder man schmilzt Kaliumbisulfat in ihnen.

Sehr säurebeständig ist auch **Tantal** (Chemische Fabr. 1928, 689), von dem das Gramm etwa 1,50—2 $\mathscr{RM}$ kostet (1913: 15 $\mathscr{M}$). In Gegenwart verschiedener Gase ist seine Temperaturbeständigkeit oft gering.

Silber ist elastisch, zähe und dehnbar. Bei Weißglut fängt es an sich zu verflüchtigen. In der Hitze des Knallgasgebläses (etwa 2000°) siedet es und kann destilliert werden. Vor dem Erstarren zeigt es, wie Kupfer und Platin, die Erscheinung des Spratzens, das durch Bedecken des geschmolzenen Silbers mit Kohlepulver oder Kochsalz vermieden werden kann. Silber enthält fast stets Spuren von Verunreinigungen.

Spez. Gew. 10,5; Schmelzp. 960°. Siedep. etwa 2000°. Wärmeleit. 100. Elektr. Leit. 59 (Hg = 1). Linear. Ausdehnungskoeffizient 0,0000198.

1 kg kostete 1913/14 annähernd 90 $\mathscr{M}$. Der heutige Preis ist etwa 77,50—79 $\mathscr{RM}$ je 1 kg Feinsilber. Die Bergwerksweltproduktion war 1913: 7001600 t und 1926: 7780500 t; Hauptproduzent ist Mexiko (1913: 2199200 t, 1926: 3065900 t; Deutschland 1913: 192300 t, 1925: 148700 t).

Technisch bedeutungsvoll ist in erster Linie seine Widerstandsfähigkeit gegen Wasser und Alkalien.

Aluminium von zinnweißer Farbe, so hart wie Silber und sehr gut schmied- bzw. dehnbar. Seine geringe Schwere, seine Festigkeit und sein gutes Leitvermögen für Wärme und Elektrizität machen es für die Technik wertvoll. Die Zugfestigkeit des gegossenen Aluminiums ist gleich der des Gußeisens, die des geschmiedeten, gezogenen und gewalzten Aluminiums aber beträchtlich höher. Das Aluminium ist eines derjenigen Metalle, die im umfangreichsten Maße als Kupferersatz in der Elektrotechnik dienen können. Deutschland besaß im Jahre 1913 noch kaum eine eigene Aluminiumerzeugung. Seinen Bedarf deckte damals die Schweiz. 1918/19 waren die deutschen Fabriken bereits bis auf eine Jahresleistungsfähigkeit von 30000 t ausgebaut.

Die elektrische Leitfähigkeit des Aluminiums beträgt nur 60% von der des Kupfers, d. h. der für Aluminiumleitungen erforderliche Querschnitt muß 1,66 mal größer sein, als der für Kupferdraht gleicher Leistung. Wegen des Verhältnisses der spez. Gew. (2,68 zu 8,93) erreicht das Gewicht einer Aluminiumleitung trotzdem nur 50% desjenigen der Kupferleitung. Aluminiumkabel-Freileitungen erfordern wegen des leichten Gewichts, der Weichheit usw. besondere Vorsichtsmaßregeln hinsichtlich der Aufhängung (Winddruck, Schneelast usw.).

Die Bearbeitung des Aluminiums durch Schweißen und Löten ist zu einer besonderen Kunst entwickelt worden. Aluminiumapparate führen sich in die chemische Industrie, die Brauereitechnik usw. in steigendem Maße ein. Aluminiumrohre werden für verschiedene Zwecke benutzt. Die aluminothermischen Verfahren werden für Schweißarbeiten zwar kaum noch, dagegen zur Darstellung schwer schmelzbarer Metalle noch immer in geringerem Umfang angewandt. Ferroaluminium dient in der Hüttenindustrie als Desoxydationsmittel; reine Aluminiumspäne bilden ein wichtiges Reduktionsmittel in der organischen Chemie. Aluminiumzusatz reinigt den Stahlguß, indem er das Steigen des Stahls und die Bildung von Blasen verhindert (s. Ferroaluminium).

Aluminiumkesselwagen (für Transport von Salpetersäure, Ammoniakwasser usw.) fassen im Vergleich zu eisernen Wagen desselben Gesamtgewichts (je 30 t) und Achsdrucks (je 15 t) 19200 kg Nutzlast gegen 17850 kg bei letzteren.

Spez. Gew. 2,7. Schmelzp. 658°. Siedep. etwa 2000°. Wärmeleit. 37 (Ag = 100). Elektr. Leit. 32 (Hg = 1). Linear. Ausdehnungskoeffizient 0,0000238.

100 kg Aluminium kosteten 1913/14 gegen 150—200 $\mathscr{M}$; Anfang Februar 1929 notierten 100 kg Hüttenaluminium, 98/99 %, in Blöcken, 190 $\mathscr{RM}$; Aluminiumbleche kosten heute je nach Menge 238—253 $\mathscr{RM}$ und Aluminiumrohre 350 $\mathscr{RM}$ je 100 kg. Die Entwicklung der Aluminiumfabrikation zeigt folgende Tabelle (in t):

	1913	1923	1925	1926
Welt	65200	138000	187100	199700
davon:				
Deutschland.	1000	15900	26200	29600
Frankreich	14500	14300	20000	21000
Schweiz.	10000	15000	22000	22000
Norwegen.	1500	13300	21300	22000
Ver. Staaten.	20900	58500	68000	75000
Kanada.	5900	10000	15000	18000

Vom Gesamtweltverbrauch (1913: 66100 t, 1925: 183100 t, 1926: 190400 t) entfielen auf Deutschland 1913: 13600 t, 1925: 32600 t und 1926: 22600 t (Hauptverbr.: Ver. Staaten mit 109000 t i. J. 1926).

Luft, Wasser und Schwefelwasserstoff sind ohne Einwirkung auf Aluminium, ebenso greifen verdünnte und konzentrierte kalte Salpetersäure sowie kalte konzentrierte Schwefelsäure das Metall nicht an; lebhaft wirken dagegen Alkalien und Salzlösungen, besonders Chloride und Nitrate. Organische Säuren haben nur schwachen Einfluß, Fette und Fettsäuren selbst bei Luftzutritt keinen. In dieser Hinsicht kann das Aluminium als das widerstandsfähigste aller Gebrauchsmetalle bezeichnet werden. Auch gegen Phenol ist es recht beständig. Die Versuchstabellen über die Widerstandsfähigkeit von Aluminium gegen die verschiedensten Chemikalien, welche u. a. die „Aluminiumberatungsstelle", Berlin W 8, laufend veröffentlicht (Chemische Fabr. 1928, S. 29, 209, 417, 421, 423, 529; Achema-Jahrbuch 1926/27, S. 95 ff. usw.; Dornauf, Z. angew. Chem. 1928, S. 993), geben erschöpfenden Aufschluß über die Haltbarkeit von Aluminium. In Berührung mit anderen Metallen wird das Aluminium stark positiv elektrisch und bildet damit in Säuren oder Salzlösungen ein galvanisches Element, in welchem das Aluminium die Rolle der Anode,

d. h. des sich auflösenden Metalles, übernimmt. Mit Kupfer gibt es
einen starken, mit Eisen und Zinn einen schwachen Strom. Dieses Verhalten des Aluminiums anderen Metallen gegenüber, ist bei seiner Verwendung in der Technik nie außer acht zu lassen. Die Nietung von
Aluminiumblechen, welche mit einer Flüssigkeit in Berührung kommen,
soll aus diesem Grunde nur mit Aluminiumstiften erfolgen. Verbindung
von Aluminiumblechen mit eisernen oder kupfernen Schrauben muß
in der Art erfolgen, daß Unterlegscheiben aus nichtleitendem Material
(Holz, Gummi) das Entstehen galvanischer Lokalströme sicher verhindern.
Schlechtes Aluminium des Handels kann manchmal bis zu 5 % Eisen
und Kieselsäure enthalten. Seine Leitfähigkeit für den elektrischen Strom
wird um so besser, je reiner es ist. Ein Gehalt von Natrium ist für seine
mechanische Festigkeit (Flugzeug- und Luftschiffbau) besonders gefährlich. Von besonderem Interesse ist, daß sich absolut reines (100 %)
und mechanisch zweckmäßig vorbehandeltes Aluminium unter Umständen durch überraschende Salzsäurefestigkeit auszeichnen kann.

Legierungen.

Die Eigenschaften der Legierungen lassen sich nicht ohne weiteres
aus den Mischungsverhältnissen der darin befindlichen Metalle ableiten.
Aus diesem Grunde spielen die Legierungen in der Metalltechnik eine
bedeutende Rolle, weil man es in ihnen mit „anderen" Metallen von
physikalisch und teils auch chemisch neuen Eigenschaften zu tun hat.
Man kann alles in allem sagen, daß die technisch wertvollsten Metalle
heute die Legierungen sind und bezeichnet sogar unsere Zeit als das
Jahrhundert der Legierungen, um den Gegensatz zum abgelaufenen
Jahrhundert der Metalle zu unterstreichen. Als allgemeine Charakteristika lassen sich vielleicht anführen, daß die Legierung meist spröder
ist, als das weichste der zusammengeschmolzenen Metalle, daß ihre
Härte größer ist, als die des weichsten darin befindlichen Metalles,
paß die Streckbarkeit geringer ist, als die des dehnbarsten Einzelbestandteiles, daß das spezifische Gewicht selten aus der Zusammensetzung zu berechnen ist und daß der Schmelzpunkt in den meisten
Fällen niedriger liegt, als beim leicht flüssigsten Metallteil. Chemische
Mittel und Luft pflegen auf Legierungen schwächer einzuwirken, als auf
die Einzelmetalle. Bei der Untersuchung der Legierungen spielen die
metallographischen Methoden eine ausschlaggebende Rolle (vgl. im
allgemeinen P. Reinglaß: Chemische Technologie der Legierungen.
Leipzig 1919).

Die technisch wichtigeren Legierungen (zum Teil bereits genormt)
für die chemische Industrie sind, wenn wir zunächst von den Eisenlegierungen absehen, die des Kupfers mit Zink und Zinn, die des Bleies
mit Antimon und die des Aluminiums sowie einzelne leicht schmelzbare
Legierungen (Rose-, Wood-Metall usw.). Außerdem gibt es eine große
Menge anderer Legierungen für die verschiedensten Zwecke. Im allgemeinen übersehe man nicht, daß bei Vereinigung verschiedener Metalle, also auch in Legierungen, unter Umständen elektrische Spannungen

entstehen können, welche die Dauerhaftigkeit der Apparate zu beeinträchtigen vermögen.

Kupferlegierungen.

Messing (Kupfer und Zink). Die Legierungen des Kupfers zeichnen sich vor diesem meist durch größere Härte, leichtere Schmelzbarkeit, dünneren Fluß, geringere Oxydierbarkeit und größere Billigkeit aus. Vermehrung des Kupfergehalts bedingt größere Hämmerbarkeit, Weichheit und Dichtigkeit des Korns, aber auch höheren Preis. Mehr Zink gibt gesteigerte Härte, Sprödigkeit, hellere Farbe und größere Wohlfeilheit.

Das **gewöhnliche Messing**, der **Gelbguß**, enthält durchschnittlich 30—40% Zink. Es eignet sich gut zur Herstellung von Gußwaren, weil es dünnflüssig ist, die Form gut ausfüllt und einen dichten Guß liefert; ferner benutzt man es zur Herstellung von Gegenständen, welche recht hart sein sollen und wegen seiner Dehnbarkeit auch zur Fabrikation dünner Bleche und Drähte. Sein Ausdehnungskoeffizient ist 0,000018.

Rotmessing, Walzmessing, Tombak, unterscheidet sich vom Gelbmessing durch den höheren Kupfergehalt (gegen 80% und mehr). Es wird besonders da verwandt, wo Weichheit, große Dehnbarkeit und rötere Farbe gefordert werden. Auch als Halb-, Gelb-, Hell- und Mittelrottombak bekannt.

Beide Messingarten enthalten häufig auch Zinn und Blei.

Weißmessing mit etwa 50—80% Zink ist hart, spröde, von silberweißer Farbe und nur zu Gußwaren verwendbar.

Deltametall ist eine eisenhaltige (0,9%) Kupfer-Zinklegierung von sehr hoher Festigkeit und Zähigkeit, die sich bei Rotglut schmieden läßt. Weitere Sonderlegierungen sind Kondensator- und Armaturenmessing, Duranametall (39,6% Zn, 1% Sn, 0,4% Pb, 0,34% Fe) usw.

Phosphorkupfer ist ein 5—15% Phosphor enthaltendes Kupfer, das als Zusatz zum Raffinieren alter Metalle und zur Erzielung eines blasenfreien, dichten, zähen Gusses geschätzt wird.

Das **Schlag-** oder **Hartlot** (DIN 1710/1) besteht aus Kupfer (40—60%) und Zink, selten mit anderen Zusätzen. Der Schmelzp. liegt bei 820 bis 875°. Silberlot (4—12% Silber, 43—50% Zink, um 50% Kupfer) schmilzt bei 855°.

Bronze (Kupfer und Zinn, häufig auch Zink und andere Metalle). Der Prozentgehalt beider Metalle schwankt zwischen sehr weiten Grenzen; ein höherer Kupfergehalt liefert rote, ein solcher an Zinn weiße Bronzen.

Das Zinn härtet das Kupfer weit stärker, als Zink und macht es leicht flüssig sowie dehnbar. Ein geringer Prozentgehalt an Zink ist für die Widerstandsfähigkeit und die technischen Eigenschaften eher vorteilhaft, als nachteilig; Zinkgehalte bis 2% erhöhen die absolute Festigkeit, die Zähigkeit und Elastizität.

Unter „Metall" schlechthin versteht man eine viel verwandte Legierung, die etwa aus 90% Kupfer, 5% Zinn und 5% Zink besteht. Man unterscheidet Walzbronzen (Zinn-, Phosphor- und Sonderbronzen) und Gußbronzen.

Maschinenbronze für Achsenlager, Schieber, Dichtungsringe, Kammräder usw. enthält gegen 80—90 % Kupfer (auch 2—4 % Zink).

Rotguß ist eine zink-, bisweilen auch bleihaltige Bronze, welche, wie auch die übrigen, sehr säurebeständig ist und z. B. 10—15 % Zn + Sn enthält.

Andere Bronzen sind: Glocken-, Geschütz-, Kunst- oder Münzbronze.

Phosphorbronzen. Phosphorzusatz reinigt die Bronzen und entfernt den in ihnen enthaltenen Sauerstoff. Er erhöht Festigkeit und Dehnbarkeit, macht die Bronzen dichter bzw. zäher und außerdem sehr widerstandsfähig gegen Säuren.

Der Phosphorgehalt kann für einige Zwecke bis 3 % betragen, liegt aber meist unter 0,5 %; die gewöhnliche Phosphorbronze läßt sich bei niedrigem Zinngehalt (bis 2 %) walzen und hämmern.

Die Stahlphosphorbronze ist sehr haltbar und äußerst säurebeständig; sie eignet sich deshalb für Maschinen- und Apparateteile, welche hohem Druck und starker Einwirkung von Säuren ausgesetzt sind.

In den **Manganbronzen** wirkt das Mangan wie oben der Phosphor sauerstoffentziehend und ersetzt zugleich das Zinn (Rübelbronzen).

Dieselbe desoxydierende Wirkung hat das Silicium in der Siliciumbronze; es erhöht dabei gleichzeitig die Festigkeit und verringert die Dehnbarkeit. Daher wird Siliciumbronze besonders zur Herstellung von Telephon- und Telegraphendrähten verwandt.

Babbit besteht aus 4 % Kupfer, 69 % Zink, 5 % Blei, 3 % Antimon und 19 % Zinn. Es erweicht bei 165° und schmilzt bei 175°.

Vor dem Kriege kosteten Messingbleche, -stäbe oder -drähte rund 150 ℳ, Deltametall 100—190 ℳ, Schlaglot 165—200 ℳ und technische Bronzen etwa 240—280 ℳ, alles je 100 kg. Anfang 1929 forderte der Gesamtverband deutscher Metallgießereien folgende Preise je kg in ℛℳ:

Messingguß	um 2,75
Rotguß	„ 3,—
Phosphorbronzen	„ 3,50
Kupferguß	„ 3,60
Dr. Künzel-Phosphorbronze	„ 3,60 bzw. 3,90
Rübelbronze	„ 2,— bis 4,50

Die Halberzeugnisse kosteten je 100 kg in ℛℳ:

Messingbleche	um 178,—
Messingstangen	„ 156,—
Messingrohre	„ 206,—
Messingkronenrohre	„ 240,—
Neusilberbleche, -drähte, -stangen	„ 320,—
Tombakbleche, -drähte usw.	„ 210,—

Altmetalle bedangen nachstehende Preise in ℛℳ je 100 kg:

Schwermessing	um 100,—
Maschinenrotguß	„ 130,—
Blockrotguß	„ 145,—
Messingspäne	„ 92,—
Messingblechabfälle (neu, hart)	„ 110,—

Lagerweißmetalle werden nach dem Zinngehalt (5—70%) gehandelt; sie kosten je 100 kg bei 5% Sn etwa 95 $\mathscr{RM}$, bei 50% Sn etwa 325 $\mathscr{RM}$ und bei 70% etwa 455 $\mathscr{RM}$.

Aluminiumlegierungen.

Aluminiumbronze (aus Kupfer und Aluminium) enthält bis 10% Aluminium. Sie ist äußerst widerstandsfähig gegen oxydierende Einflüsse, gegen Ammoniak, Alkalien, Schwefel, Chlor, Kochsalz, Alaun oder Sulfitlaugen. Die „deutsche Legierung" hat 10% Zn und 2% Cu, die „amerikanische" 8% Cu. Beide für Spritzguß geeignet.

Aluminiummessing mit 33% Zink und 0,5—4% Aluminium läßt sich schon bei dunkler Rotglut schmieden und dient häufig als Ersatz für die teuren Aluminiumbronzen, wenn nicht ganz so hohe Ansprüche an ihre Widerstandsfähigkeit gestellt werden.

Magnalium besteht aus Aluminium und Magnesium in wechselnden Verhältnissen (meist 10%, jedoch auch 3—25% Magnesium) und zeigt ganz andere, wertvolle Eigenschaften, welche keinem der beiden Metalle einzeln zukommen (bei 3—10% Mg 2—2,5fache Festigkeit von Rein-Al). Es ist lötbar, sehr bruchsicher, dehnbar und politurfähig. Das spez. Gew. ist 2,4—2,57; der Schmelzp. liegt bei 650—700⁰. Zugfestigkeit: 24 kg für 1 mm². Wertvoller noch, als Magnalium, ist das **Elektronmetall** der I. G. Farbenindustrie A.-G. mit über 70% Magnesium neben Al (5—10%) oder Cu, Mn, Zn, Cd usw. Sein spez. Gew. ist 1,8, sein Schmelzp. 630⁰. Es hält sich gegenüber den Einwirkungen der Atmosphäre tadellos (dagegen nicht auf die Dauer gegen Wasser und Dampf), da es sich sehr bald mit einer schützenden Oxydschicht bedeckt. Es ist beständig gegen Alkalien, Laugen (nicht gegen Säuren, mit Ausnahme von Flußsäure), Benzin, Petroleum, Öl, Fett usw., ist silberweiß, hochpoliturfähig und leicht zu bearbeiten (pressen, walzen, ziehen, stanzen, drehen, schneiden usw.). Das vergütete Material hat 30—35 kg (gehärtet 42) Zugfestigkeit je 1 mm² bei einer Dehnung von 10—12% (gehärtet 2—3%). Die Zugfestigkeit gegossener Stücke ist (bei 5—10% Al) 12—14 kg je mm² mit 4—2% Dehnung. Durch abermaliges Legieren lassen sich die Eigenschaften weitgehend abändern. Das Elektronmetall kann galvanisch vermessingt werden. Durch Beizen wird es in Farbtönen von Dunkelmessing bis Schwarz erhalten.

Eine „SK-Seewasser"-Legierung der K. Schmidt G. m. b. H., Neckarsulm, wird von Seewassern nicht angegriffen.

Duraluminium (0,5% Mg, 3,5—5,5% Cu, 0,5—0,8% Mn) ist, was Bruchfestigkeit, Dehnbarkeit und Härte anbelangt, die beste Aluminiumlegierung: spez. Gew. 2,75—2,84, Schmelzp. 650⁰, widerstandsfähig gegen Feuchtigkeit, Seewasser, HNO_3, H_2SO_4 usw. In Amerika benutzt man vielfach eine Legierung aus 50—80% Aluminium, 49—14% Zink und $1/_4$—$1^1/_2$% Tellur mit ausgezeichneten elektrischen Eigenschaften und einer Zugfestigkeit von 3370 kg je cm². Nickelaluminium und Aluminiumnickeltitan finden für Gußzwecke Verwendung. Ähnlich wie Duraluminium, sind Alludur, Skleron (spez. Gew. 2,95), Konstruktal, Aeron, Lautal (spez. Gew. 2,75) usw. zusammengesetzt. Silumin hat 12% Si. Allautal ist Aluminium auf Leichtstahl (Z. angew. Chem. 1928, S. 1277).

Aluminium und **Eisen.** Mit mehr als 1—2% Eisen wird das Aluminium brüchig. Gußeisen mit 15% Aluminium wird kaum von der Feile angegriffen. Stahl mit 7% Aluminium und 1% Mangan ritzt weiches Glas. Ferroaluminium ist für die Hüttentechnik wichtig.

Andere Metallegierungen.

Hartblei. Zusätze von Zinn, Antimon, Kupfer, Silber oder Eisen machen das Blei härter. Eine Mischung aus Blei und Antimon bis zu 20%, welche gewöhnlich mit Hartblei bezeichnet wird, besitzt geringe Geschmeidigkeit und Dehnbarkeit, aber um so größere Druckfestigkeit. Deshalb wird das Hartblei vorteilhaft verwandt, wenn neben der chemischen Indifferenz des Bleies eine größere Härte des Metalls gefordert wird (s. Blei).

Weißmetall ist eine Antimon-Zinn-Kupferlegierung. Eine gute Mischung hat das Verhältnis von 82 zu 12 zu 6. Ein häufig angepriesenes billigeres Weißmetall enthält Antimon, Zinn und Blei. Weißmetall wird als Baustoff für Lagerschalen und Stopfbüchsen wegen seiner die Reibung herabsetzenden Eigenschaften benutzt. Einen Ersatz für Zinnweißmetall soll ein Calciumlagermetall bieten, das eine Legierung von Blei mit Calcium unter Zuschlag anderer Metalle ist. Die Fließgrenze des Calciumlagermetalls liegt bei einer Belastung von 2000 kg je cm², ist also etwa 2—5mal so hoch, wie bei bestem, zinnhaltigem Weißmetall. Schmelzp. 370°, Gießtemp. 450—480°, Härte 35—45 nach Brinell oder Martens-Heyn. Viele Ersatzlagermetalle haben sich nur schlecht bewährt. Neuere Lagermetalle sind das Lurgi- und Arsenikummetall.

Lötzinn, auch Schnellot genannt, ist eine Mischung von Zinn und 40—60% Blei.

Neusilber enthält meist 18—22% Ni, 50—55% Cu und 25—30% Zn; kommt unter zahlreichen Sonderbezeichnungen, wie Alpaka, Packfong, Christofle, Alfénid usw. vor und zeichnet sich durch silberweiße Farbe, große Widerstandsfähigkeit und leichte Verarbeitungsmöglichkeit aus.

Nickellegierungen[1]. Erwähnt seien die zu elektrischen Widerständen und Gebrauchsgegenständen verarbeiteten Legierungen Konstanten (40% Ni, 60% Cu; Widerstand 0,49 Ohm mm²/m), Nickelin (32% Ni, 68% Cu), Manganin usw. Monelmetall ist sehr korrosionsfest gegen Säuren und hat 65—66% Ni, 29—30% Cu, 3—3,5% Mn + Fe (im Guß noch 1—1,5% Si).

Kobaltlegierungen[1] (für Schneidewerkzeuge): Stellit, Akrit, Caedit, Celsit, Percit usw. (2—3,5% Cu, höchstens 1% Si, nicht über 5% Fe). Über Carboloy und Widia vgl. Chemische Fabr. 1929, 94.

Woodsche Legierung aus 4 Zinn, 8 Blei, 15 Wismut, 3 Kadmium hat einen bei 70° liegenden Schmelzp., der durch Änderung der Bestandteile beliebig erhöht werden kann. Sie wird zur Herstellung von

---

[1] Chemiehütte, 2. Aufl., S. 123, 1927.

Sicherheitspfropfen für Dampfkessel und als Dichtungsmittel bei Verschlüssen verwandt (Feuerschutzapparate).

Roses Metall besteht aus 8 Wismut, 6 Blei und 3 Zinn und schmilzt bei 79°.

Lipowitzsche Legierung enthält 15 Wismut, 8 Zinn, 3 Kadmium und wird unter 60° schon weich.

Newtons Metall besteht aus 8 Wismut, 5 Blei und 3 Zinn und schmilzt bei 94,5%.

Wichtige Preise: Magnesium (Notierung der J. G.), rein, in fester Form 10—12 $\mathcal{RM}$ je kg, als Pulver für pyrotechnische Zwecke 12—14 $\mathcal{RM}$ und für photographische Zwecke 14—21 $\mathcal{RM}$ je kg. Wismut (Preis der Bismuth Association) 7 s 6 d je engl. Pfund. Monelmetall (Monelmetall Ges. Frankfurt a. M.), mindestens 1000 kg, ab Frankfurt a. M., Rohblöcke etwa 3,50 $\mathcal{RM}$, Rundstangen etwa 4,75 $\mathcal{RM}$, Bleche etwa 5—5,75 $\mathcal{RM}$, Walzdrähte etwa 4,75 $\mathcal{RM}$, alles je kg. Lötzinn, je nach Gehalt (35—60%), in Dreikantstangen, rund 230—360 $\mathcal{RM}$ je 100 kg (Altlötzinn 185—200 $\mathcal{RM}$). Quecksilber 22,5 £ für 75 lbs (1 engl. Pfund = 0,453593 kg).

Säurefeste und rostfreie Stähle; korrosionsbeständige Eisenlegierungen. Diese spielen heute in der Technik eine außerordentlich wichtige Rolle; sie sind bereits weiter oben unter Eisen [vgl. Schäfer, Rostfreie Stähle (nach Monypenny, Stainless Iron and Steel), Berlin 1928] besprochen worden.

Bleche.

Für die chemische Technik sind am wichtigsten: Eisen-, Kupfer-, Zink-, Zinn-, Blei-, Platin-, Aluminium-, Messing-, Bronze- und Edelstahlbleche. Obgleich sie in den verschiedenartigsten Formen und Stärken hergestellt werden können, haben die gangbaren Handelssorten doch bestimmte Abmessungen. Die Dicke wird mittels der Blechlehre bestimmt. Diese besteht entweder aus einer Stahlplatte mit einer Reihe verschiedener Einschnitte, die den Nummern der Bleche entsprechen und die beim Messen auf den Blechrand aufgeschoben werden, bis die der betreffenden Stärke entsprechende Nummer gefunden ist. Eine andere Form der Blechlehre stellt eine Art Mikrometerschraube dar, in welche das zu messende Blech eingeschraubt wird; die Dicke kann dann auf einer mit der Meßschraube verbundenen Teilscheibe abgelesen werden.

Die Blechstärken in mm, entsprechend 25 Nummern der deutschen Blechlehre, sind in nachstehender Tabelle aufgeführt (Normenblatt DIN 1542):

Nr.	mm	Nr.	mm	Nr.	mm	Nr.	mm	Nr.	mm
1	5,50	6	3,75	11	2,50	16	1,375	21	0,750
2	5,00	7	3,50	12	2,25	17	1,250	22	0,625
3	4,50	8	3,25	13	2,00	18	1,125	23	0,562
4	4,25	9	3,00	14	1,75	19	1,000	24	0,500
5	4,00	10	2,75	15	1,50	20	0,875	25	0,438

Das Gewicht von 1 m² Blech in kg ist gleich dem spez. Gew. multipliziert mit der Dicke in mm; es wiegen also z. B. 8 m² eines 5 mm starken Bleibleches $8{,}5 \times 11{,}4 = 456$ kg; einige weitere Gewichte folgen in der Tabelle:

Zinkbleche: 0,5mm= 3,5; 0,74mm= 5,18; 1,34mm= 9,38; 1,60mm=11,2 kg je m²
Schwarz-
    bleche: 0,5 „ = 4,0; 0,75 „ = 6,00; 1,00 „ = 8,00; 1,25 „ =10,0 „ „ „
Kupfer-
    bleche: 0,5 „ = 4,5; 0,72 „ = 6,50; 0,89 „ = 8,00; 1,00 „ = 9,0 „ „ „
Walzblei: 1,0 „ =11,3; 1,50 „ =17,00; 2,50 „ =28,40; 3,50 „ =39,8 „ „ „

Eisenbleche (DIN 1542/3) heißen bis 5 mm Stärke Mittel- oder Feinbleche, darüber Grobbleche bzw. bis 18 mm Dicke Kesselbleche, darüber hinaus auch Panzerbleche. Unter den Feinblechen sind Schwarzblech und Weißblech (verzinntes Eisenblech) am gangbarsten. Ersteres wird durch Falzen oder Nieten, letzteres durch Falzen oder Weichlöten verbunden. Für Abdeckungen spielen Gitter-, Well- und Riffelbleche eine wichtige Rolle.

Die Preise sind bereits bei „Eisen" angegeben worden.

Kupferblech (DIN 1752) kommt meist in Stärken von 0,3—15 mm bei einer Breite von 1 m (häufig als Rollkupfer) in den Handel. Preise s. bei Kupfer.

Die gangbarsten Stärken von **Bleiblech**, das als Walzblei in Rollen bis **3 m** Breite und 15 m Länge geliefert wird, sind 1—10 mm. **Aluminiumblech** wird in verschiedenen Stärken gehandelt; das Normenblatt DIN 1753 umfaßt Dicken von 0,2—5 mm, Breiten von etwa 700—780 mm und höchste Längen von 3000 mm. Das Blatt DIN 1751 führt **Messingbleche** von 0,1—4 mm Stärke, 550—600 mm Breite und 3000 mm größter Länge auf.

Drähte.

Die Stärke gewöhnlichen Drahtes beträgt 0,2—12 mm; zum Messen dient die **Drahtlehre**, welche der Blechlehre ähnelt. In der deutschen Millimeterdrahtlehre entsprechen die Nummern dem Zehnfachen der Drahtdicke in mm, so daß z. B. ein Draht Nr. 30 eine Dicke von 3 mm hat; das DIN-Blatt 177 verzeichnet Drähte von 0,2—10 mm Durchmesser mit 0,03142—78,54 mm² Querschnitt und 0,247—617 kg Gewicht für 1000 m.

Eisendraht aus Schweißeisen hat nach der Berliner Baupolizeiverordnung eine Zugfestigkeit von 1200 kg je cm².

Verzinkter Eisendraht wird viel gebraucht.

Kupferdraht (DIN 6431, 0,03—6 mm Durchmesser) wird in Stärken bis zu 0,3 mm herab zu Ringen gewickelt. **Bleidrähte, Aluminiumdrähte** usw. werden zu den verschiedensten Zwecken benutzt. Die DIN-Blätter 8200, 8203 und 8300 enthalten z. B. Angaben über Hartkupferdrähte, Stahldrähte (Stahlaluminiumseile), Bronze- und Aluminiumdrähte für elektrische Freileitungen.

Metallbearbeitung[1].

In der chemischen Technik begegnen wir den Metallen nicht nur in Form von Blechen oder Drähten, wir treffen sie noch häufiger im gegossenen oder geschmiedeten Zustand.

Die Kunst des **Schmiedens**[2] und **Gießens** spielt deshalb auch für den Betriebschemiker eine wichtige Rolle und er täte gut, sich an Hand von Spezialbüchern oder durch kurzes Praktizieren (s. u.) wenigstens einige Kenntnisse auf diesen und verwandten Gebieten anzueignen. Die Betriebswerkstätten großer Fabriken besitzen meist Einrichtungen zur Herstellung kleinerer bis mittlerer Gußteile aus Eisen, Messing usw.; eine Schmiede haben sie natürlich stets. Es kann daher nur empfohlen werden, sich mit den Bezeichnungen der Werkzeuge (Amboß, Vorschlaghammer usw.) und den Bearbeitungsmethoden (Sandformerei, Kokillenguß, Spritzguß usw.) ein wenig vertraut zu machen. Die schon früher vielfach erhobene Forderung der technischen Hochschulen, auch von dem werdenden Chemiker den Nachweis einer kürzeren (3 Monate) Tätigkeit in einer mechanischen Werkstatt zu verlangen, sollte wohl beachtet werden, denn die Praxis ist hier der beste Lehrmeister. Große chemische Fabriken haben oft neben einer Hauptwerkstatt für jeden wichtigeren Betrieb besondere Reparaturwerkstätten. Mit diesen hat natürlich der Betriebschemiker engste Fühlung; er wird sich häufig auch mit der Frage der zweckmäßigsten Aufbewahrung von Werkzeugen und Geräten, der Ausgabekontrolle usw. zu befassen haben.

Neben den alten Methoden der galvanischen Veredlung (Schwerverkupferung oder -verbleiung, Verchromung, Überziehen mit Cadmium, Nickel usw.) von Metalloberflächen oder noch älteren Prozessen (z. B. Feuervergoldung), spielen neuerdings die Spritzverfahren eine gewisse Rolle (z. B. von Schoop in Zürich usw.). Sie beruhen darauf, ein geschmolzenes Metall aus einer Spritzpistole auf den betreffenden Gegenstand aufzuspritzen. Absolute Porenfreiheit, die leider nicht immer vorhanden ist, muß bei Wirkung chemischer Einflüsse in erster Linie verlangt werden. Von sonstigen Veredelungs- und Schutzverfahren ist vor allem die **homogene Verbleiung** für die chemische Praxis wichtig.

Die Verbindung von Metallteilen untereinander kann durch Falzen, Schweißen, Löten, Nieten und Schrauben erfolgen (je nach Art der Metalle und dem Verwendungszweck).

Falzen zur Verbindung dünnerer Bleche. Es besteht in der Umbörtelung hakenförmig gebogener Ränder. Die Festigkeit der Verbindung hängt von dem Preßdruck ab, mit dem die Falznaht geschlossen wird (sogar wasserdicht). Man unterscheidet einfache, doppelte, liegende oder stehende Falze.

Schweißen. Die für die chemische Technik in Frage kommenden schweißbaren Metalle sind hauptsächlich Eisen in der Form des (Guß- und) Schmiedeeisens sowie des Stahls, seltener Platin, Nickel und andere schweißbare Legierungen bzw. Metalle.

---

[1] Vgl. DIN 1972; DIN-Taschenbuch 3, S. 85.
[2] Oetling: Schmiede und Schmiedetechnik. Berlin 1920.

Die im Herdfeuer bis zum beginnenden Schmelzen (Schweißhitze) erhitzten oxydfreien Eisenteile werden auf dem Amboß zu einem einzigen Stück zusammengeschmiedet, wobei im allgemeinen die Schweißstelle die Festigkeit der übrigen Teile annimmt. Festigkeit ist natürlich die Hauptsache; sie wird teils durch richtiges Schmieden, teils durch gewisse Zusätze (Schweißpulver) erreicht.

Elektrische Schweißverfahren (auch mit atomarem Wasserstoff) nach verschiedenen Methoden haben sich für viele Zwecke in die Praxis einführen können (Lichtbogen- und Widerstandsschweißung).

Das aluminothermische Verfahren von Goldschmidt hat für Metallbearbeitung nur noch eingeschränkte Bedeutung (s. Aluminium).

Autogenes Schweißen. Bei diesem Verfahren schmilzt man mit der wasserstoffreichen Knallgasflamme von etwa 2000° oder der Sauerstoff-Acetylenflamme unter Zuhilfenahme eines Schweißdrahtes die zu vereinigenden aneinanderstoßenden oder übereinanderliegenden Kanten zusammen. Die ohne Flußmittel sich vollziehende Schweißung eignet sich für Schmiedeeisen, Stahl, manche Sorten Gußeisen, sowie für Blei („Lötung"), Kupfer, Silber, Gold, Aluminium und Platin. Die Schweißvorrichtung ist einschließlich der Stahlflaschen für die Gase bequem zu bewegen. Acetylen wird entweder in komprimiertem bzw. gelöstem Zustande mitgeführt oder an Ort und Stelle auf einem Wägelchen mit Gasometer und Entwicklungsapparat aus Calciumcarbid und Wasser hergestellt. Man vermeide dabei Verwendung von Kupfer- oder Messingteilen, die mit Acetylen unter Umständen zu Explosionen Veranlassung geben können. Die Brenner werden verschieden geformt, je nachdem es sich um Schweiß- oder Schneidarbeiten handelt. Erstere gelingen mittels der Acetylen-Sauerstoff- (oder Luft), letztere mittels der Wasserstoff-Sauerstoffflamme am besten. Das Auseinanderschneiden kann auch unter Wasser ausgeführt werden.

Löten[1] ist die Vereinigung von zwei gleichen oder verschiedenen Metallen durch ein dazwischengebrachtes verflüssigtes Metall, des Lotes. Der Schmelzp. des Lotes muß niedriger sein, als der der zu vereinigenden Metalle; das Lot muß außerdem ähnliche chemische Eigenschaften besitzen. Man kann also nicht beliebige Metalle miteinander verlöten oder sie als Lot verwenden.

Die bei niedriger Hitze schmelzenden Lote von an sich geringer Festigkeit heißen Weichlot, Schnellot, Weißlot, Zinnlot, die erst bei größerer Hitze schmelzenden, festeren und zäheren dagegen Hart-, Streng- oder Schlaglot. Man unterscheidet daher Hartlöten und Weichlöten.

Es ist stets nötig, daß die Lötstellen metallisch rein sind. Die mechanisch gut vorbereiteten Stellen werden zu diesem Zweck beim Löten selbst mit Lötwasser, Lötfett oder Lötpulver (Salzsäure, Salmiak, Chlorzink, Kolophonium, Borax, Cyankalium usw.) befeuchtet. Ein vielfach gebrauchtes Lötwasser besteht aus einer Auflösung des Lötsalzes Ammoniumzinkchlorid ($ZnCl_2 + 2NH_4Cl$). Schon gebildete

---

[1] Claus, W.: Löten und Lote. Berlin W 35. Joachim-Stern-Verlag.

Oxyde werden entfernt, die weitere Oxydation wird verhindert und das Anhaften des Lotes erleichtert. Während die mit Weichlot zu vereinigenden Teile immer übereinandergelegt werden müssen, gestattet das Hartlöten, die Verbindung ohne Überlappung (stumpf aneinanderstoßend). Sollen gebrauchte Apparate gelötet werden, dann sind sie gründlichst zu reinigen, damit das Lot festhaften kann.

Zum Weichlöten bedient man sich hauptsächlich einer Sn-Pb-Legierung in entsprechenden Mischungsverhältnissen. Man verwendet auch Zinn oder Blei allein. Das Lot wird entweder mit Hilfe eines heiß gemachten kupfernen Lötkolbens aufgetragen oder durch die Gebläseflamme der Lötlampe in der zu verlötenden Fuge verflüssigt.

Eisen, Stahl, Kupfer und Messing müssen vor dem Löten verzinnt werden. Das Löten von Blei mit Blei erfordert gewisse Erfahrung, damit die Lötstelle nicht in der Stichflamme verbrennt. Geschickte Bleilöter sind daher gesucht. Der Bleilötprozeß (Blei mit Blei, Wasserstoffflamme) ist, strenggenommen, ein autogenes Schweißen (s. o.). Zum Löten von nicht leicht zugänglichen Stellen bedient man sich unter Umständen der Woodschen Legierung.

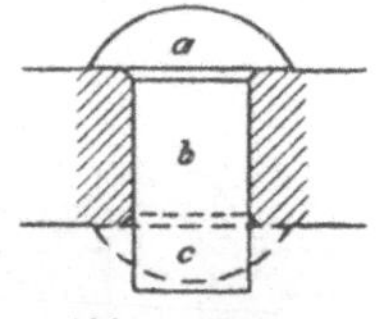

Abb. 1. Niet.

Um durch Hartlöten (DIN 1711: 42—54% Cu, Rest Zn) eine so feste Metallverbindung herstellen zu können, daß sie starker mechanischer Beanspruchung und großer Hitze widersteht, bedient man sich des Kupfers und seiner Legierungen (Zusammensetzung je nach Schmelzbarkeit, nach Art der zu verlötenden Gegenstände und nach deren Farbe). Die zu vereinigenden Teile werden mit Draht verbunden und z. B. im Koks- oder Holzkohlenfeuer glühend gemacht. Das Lot wird gleichzeitig mit dem Lötmittel, meist Borax, in feinkörnigem Zustande auf die Lötstelle aufgestreut und geschmolzen. Das gebräuchlichste Hartlot ist das Messingschlaglot, ein stark zinkhaltiges, leichtflüssiges Messing. Ein aus Aluminium, Zink und Kupfer bestehendes Lot dient zum Löten von Aluminiumgegenständen.

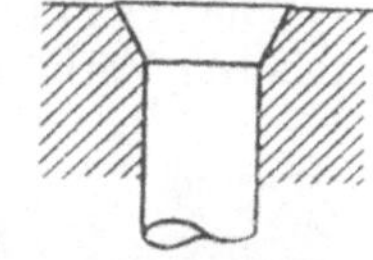

Abb. 2. Versenkter Nietkopf.

Nieten sind Stifte, die insbesondere zur Verbindung von Metallplatten dienen. Man unterscheidet Festigkeitsnieten (Brückenträger), Verschlußnieten (Wasserbehälter) und endlich solche Nieten, die fest und dicht halten müssen (Dampfkessel, Autoklaven). Das Niet (Abb. 1) besteht aus dem Setzkopf *a* und dem Schaft oder Bolzen *b*, dessen Ende nach dem Einziehen in das Nietloch mit dem Schellhammer zum Schließkopf *c* verdickt wird. Die gebohrten Nietlöcher geben eine haltbarere Nietung, als die gestanzten und sind in bestimmten Fällen vorgeschrieben. Die Nietköpfe werden versenkt (Abb. 2), wenn das Vorstehen derselben aus irgendeinem Grunde hinderlich ist. Bei versenkter Nietung wird die Blechstärke stets größer sein müssen, als bei gewöhnlicher. Die Nieten werden je nach ihrer Länge kalt oder warm eingezogen. Sie heißen ein-, zwei- oder mehrschnittig, je nachdem sie in einem, zwei oder mehreren Querschnitten auf Abscherung, d. h.

seitliches Zerreißen, beansprucht werden, also 2, 3 oder mehr Platten miteinander verbinden. Bei der Überlappungsnietung (Abb. 3a) — wenn die zu verbindenden Stücke übereinander gelegt werden— ist somit die Nietverbindung einschnittig und bei der Laschennietung (Abb. 3b) — wenn die zu verbindenden Stücke stumpf aneinander stoßen und durch Laschen verbunden sind — ist sie zwei- oder mehrschnittig. Das gebräuchlichste Material der Nieten ist Schweißeisen und Flußeisen, für schwache Bleche auch Kupfer. Den Formen und der Stärke der Nieten liegen, ebenso wie der Nietung selbst (je nachdem, ob sie ein- oder mehrreihig ist), genaue Berechnungen der Haltbarkeit (Chemiehütte, 2. Aufl., S. 408; 1927) zugrunde, nach denen die Normen des Vereins deutscher Eisenhüttenleute und des Preußischen Ministerialerlasses vom 25. November 1891 aufgestellt sind (vgl. DIN-Blatt 265). Werden Nietstellen undicht, dann bleibt nichts übrig, als sie (kalt oder heiß) nachhämmern zu lassen oder die Bleche zu verstemmen, d. h. die Nietstelle mit einem stumpfen Meißel zu bearbeiten.

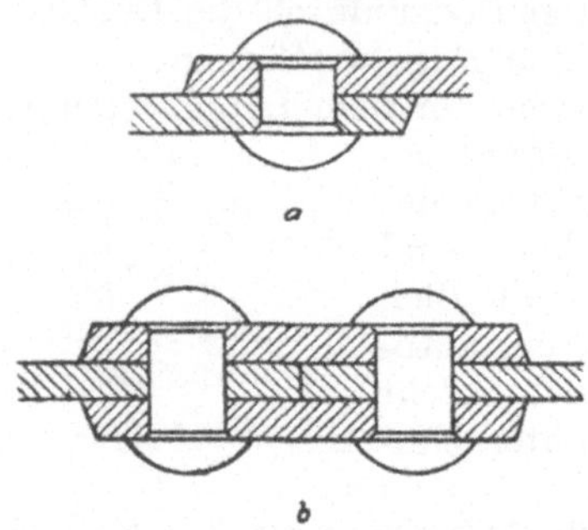

Abb. 3. Überlappungs- u. Laschennietung.

Die Preise für Nieten betragen nach den Verzeichnissen des „Nieten-Verbandes" in Düsseldorf, ab Oberhausen, etwa 255 RM je t, für Stärken von 31—32 mm. Zu diesem Grundpreis treten für Stärken von 21—10 mm Aufschläge von 25—95 RM, für Versenknieten solche von 20 RM, für gratfreie Nieten solche von 10—15 RM sowie für Verpackung solche von 15 RM, alles je t. Für Handelsnieten wird bei Kauf über 2 t ein Rabatt von 35% auf obige Listenpreise gewährt.

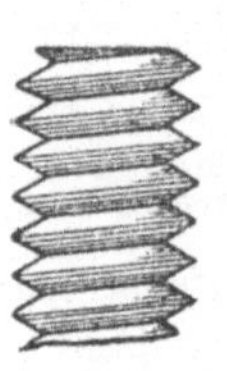

Abb. 4. Schrauben.

Früher wurde ausschließlich mit Hilfe besonderer Niethämmer (Schellhämmer) von Hand, heute erheblich schneller und billiger, auf pneumatischem Wege mittels sog. Nietpistolen genietet.

Schrauben (DIN 77, 78, 92, 930) ermöglichen ein Lösen ohne Beschädigung der verbundenen Teile. Man unterscheidet Befestigungsschrauben mit scharfem Gewinde, scharfgängige Schrauben (Abb. 4a) und Bewegungsschrauben mit flachem und meist steilerem Gewinde, flachgängige Schrauben (Abb. 4b); daneben gibt es auch trapezförmige und runde Gewinde. Die Gewinde sind in der Regel rechtsgängig. Je nachdem das Schraubengewinde einer Schraubenlinie oder mehreren von ihnen entspricht, entstehen ein- oder mehrgängige Schrauben. Man unterscheidet den Schraubenkopf und den das Gewinde tragenden Schraubenbolzen. Die Schraube wird mit der gleich dem Kopfe meist sechseckigen Schraubenmutter befestigt, unter der häufig (zur Verminderung der Reibung beim Anziehen) eine Unterlegscheibe (*u* Abb. 5) liegt. Sowohl die Schraubengewinde, als auch die Muttern und Köpfe sind nach allgemeingültigen einheitlichen Normen (Withworth-system) geschnitten und geformt (s. o.). Andere Gewindearten sind das S.I.- und das Sellers-Gewinde.

Die Maschinenschrauben haben meist sechskantige Köpfe und Muttern, während Köpfe und Muttern der Holzschrauben in der Regel vierkantig sind.

Um das Mitdrehen des Schraubenbolzens beim Anziehen der Mutter mit dem Schraubenschlüssel (DIN 475) zu ver- hindern, wird der Kopf mit einem zweiten Schlüssel gehalten. Die aus diesem Grunde in Abb. 5 vor- gesehene Nase ist selten, weil derartige Schrauben Löcher mit Nuten erforderlich machen. Für Ver- schraubungen, die bequem zu bedienen sein müssen, benutzt man Köpfe und Muttern mit Lappen (Flügelschrauben). Um das Lockern der Schrauben zu verhindern (z. B. bei anhaltenden Erschütterungen), verwendet man eine zweite

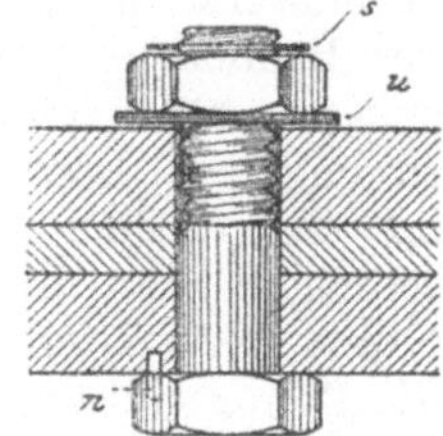

Abb. 5. Verschraubung.

Kontremutter, Gegen-, Doppel- oder Stellmutter, oder man steckt unmittelbar über der Mutter einen Splint (*s* Abb. 5) oder Keil in den Schraubenbolzen (DIN 92, 78). Damit andererseits die Muttern nicht anrosten oder so fest sitzen, daß man sie beim Herab- schrauben abdrehen könnte, schmiert man das Gewinde vorher mit Petroleum, Graphit o. dgl. ein.

Abarten der gewöhnlichen typischen Schraubenform sind die Stiftsschraube ohne Kopf, die Holzschraube (konischer Bolzen; sehr scharfgängig) und die Anker-, Fundament- oder Steinschraube (Abb. 6).

Die Schrauben werden meist aus bestem Schweiß- oder Schmiedeeisen angefertigt; namentlich Holzschrauben, aber auch gewöhnliche Mutterschrauben bestehen jedoch nicht selten aus Messing oder Bronze (z. B. wegen Widerstandsfähig- keit gegen Säuren und andere Einflüsse, in Küfergefäßen usw.).

Abb. 6. Anker- schraube.

Die zur Befestigung der Schrauben dienenden Schlüssel (DIN 475) sind in der Regel als Doppelschlüssel für zwei verschiedene Größen gebaut. Schlüssel mit verstellbarer Öffnung, die für alle Schrau- ben passen, werden Universalschraubenschlüssel, auch Engländer oder Franzosen, genannt. Zur Bewegung der Holzschrauben mit geschlitztem Kopf dient der bekannte Schraubenzieher. Als Baustoff für Schrauben- schlüssel eignet sich guter Stahl am besten. Die billigen Fabrikate aus weichem Eisen nutzen sich sehr schnell ab. Sie „leiern sich aus", rut- schen von der Schraube und verursachen dabei leicht Handverletzungen.

Keramische und verwandte Baustoffe[1].

Glas. Am weichsten sind Bleigläser, bedeutend härter Kalk- bzw. Natrongläser und noch härter Kaligläser. Mit dem Kieselsäuregehalt

---

[1] Vgl. auch Maurerarbeiten, DIN 1963; Beton- und Eisenbetonarbeiten, DIN 1962; Steinmetzarbeiten, DIN 1968; DIN-Taschenbuch 3, S. 12, 49 u. 55.

wächst die Härte, welche auf der Oberfläche stets größer ist, als im Innern, daher sind z. B. polierte Spiegelscheiben weniger widerstandsfähig, als nicht polierte. Die Sprödigkeit des Glases läßt sich durch ganz allmähliches Abkühlen vermindern. Der Widerstand von Hohlglas gegen äußeren Druck ist bedeutend größer, als gegen inneren und die Zerdrückfestigkeit ist etwa 10mal so groß, als die Zerreißfestigkeit. Glasapparate zum Erhitzen von Flüssigkeiten müssen gleichmäßige Wandstärke haben. Für Vakuumarbeiten bestimmte Glasgefäße sind vor Benutzung (Beobachtung der Sicherheitsmaßregeln) auf Haltbarkeit zu prüfen und beim Gebrauch stets mit geeigneten Schutzhüllen zu umgeben. Löcher können leicht mit einer Rundfeile unter Befeuchten mit Terpentinöl oder Petroleum gebohrt werden. Große Glasrohre schneidet man am sichersten mit der Schnur, indem man zu beiden Seiten der späteren Trennstelle feucht gehaltenes Fließpapier so um die Rohre wickelt, daß der frei bleibende 2—3 mm breite Ring in leicht der Gasflamme erhitzt und durch Anspritzen abgeschreckt werden kann.

Das für chemische Zwecke verwandte Glas soll gut gekühlt und widerstandsfähig gegen Temperaturwechsel und chemische Einflüsse sein. Natronkalkglas (noch besser sind Gläser mit Al_2O_3-, ZnO-, H_3BO_3-, Fe_2O_3- oder MgO-Gehalten) übertrifft Kalikalkglas bei weitem bezüglich Korrosionsfestigkeit gegen Wasser, Säuren und Alkalien, ist aber bedeutend leichter schmelzbar. Reines Wasser greift stärker an, als Säurelösungen (außer H_3PO_4 und HF).

Das Hart- oder Vulkanglas zeichnet sich durch größere Elastizität und erhöhte Unempfindlichkeit gegen Stoß, Schlag und plötzlichen Temperaturwechsel aus. Dagegen zerspringt es sehr leicht beim Ritzen und selbst ohne erkennbaren äußeren Eingriff. Das Schottsche Verbundglas hat sich gegen schroffen Temperaturwechsel als sehr widerstandsfähig erwiesen, so daß es zur Anfertigung von Lampenzylindern, Kochflaschen, Abdampfschalen, Wasserstandsröhren usw. viel benutzt wird.

Thüringer Glas ist leicht schmelzbares Glas (Glasröhren und -stäbe) der Laboratorien.

Drahtglas sind Glasplatten, in die weitmaschige Eisendrahtgewebe eingebettet sind. Dadurch erhalten sie hohe Festigkeit gegen Druck und Stoß; Risse führen nicht ohne weiteres zum Auseinanderbrechen und Verletzungen durch abspringende Scherben werden verhindert (daher benutzt man es für Dachbedeckungen, für lichtdurchlässige Fußböden, als Schutzhülle für Wasserstandsgläser, für Metallfenster u. dgl.). Es wird hergestellt in Stärken von 8—60 mm.

Spezialgläser für Thermometer, Instrumente, Wasserstandsrohre usw. werden heute in sehr guten Sorten hergestellt (z. B. Schottsche Normalthermometergläser, Verbund-Robaxglas, Duraxglas, Fiolaxglas, Durobaxglas, Jenaer Geräteglas 20, englisches Konsolglas, amerikanisches Pyrexglas, Duran- und Supremaxgläser, ultraviolett durchlässige Gläser[1], böhmisches Silexglas). Unter den schwer zerbrechlichen, koch-

---

[1] Chemiker-Ztg. 1928, S. 269.

festen Sorten für Küchengeräte usw. sei das Resistaglas (78,94 % SiO_2, 0,07 % TiO_2, 13,5 % B_2O_3, 0,93 % Al_2O_3, 0,47 % Fe_2O_3, 0,28 % CaO, 0,97 % MgO, 1,93 % K_2O, 2,78 % Na_2O) erwähnt. Gegen alkalische Flüssigkeiten sind diese stark borsäurehaltigen Gläser wenig beständig. Man baut neuerdings auch Säurebehälter mit innerer Glasplattenauskleidung[1]. Die Gasdurchlässigkeit von Gläsern ist im allgemeinen nicht sehr groß, weil die Schmelz- und Erweichungstemperaturen gemeinhin zu niedrig liegen; so ließ ein Jenaer Glas, dessen Erweichungspunkt 725⁰ war (plastisch bei 800⁰), bei 775⁰ rund 10 % Wasserstoff diffundieren, war dagegen gegen Sauerstoff und Kohlenoxyd noch bei 800⁰ praktisch dicht (für Wasserdampf durchlässiger!).

Quarz. Geschmolzener Quarz (Bergkristall) wird als sehr widerstandsfähiges Apparatebaumaterial hoch geschätzt. Während die glasklar-durchsichtigen Flüsse (Quarzglas) in erster Linie für Laboratoriumsgeräte Anwendung finden (Firmazit usw.), benutzt die Industrie das aus geschmolzenem Quarzsand hergestellte, milchweiße, silberglänzende, außen rauhe, innen glatte und undurchsichtige Quarzgut (Vitreosil, Siloxyd, Silberkiesel usw.).

Quarzglas verträgt außerordentlich hohe Temperaturen. Man kann es unbedenklich glühend heiß mit eiskaltem Wasser zusammenbringen. Es ist jedoch (namentlich als Firmazit) gegen Oxyde sehr empfindlich, so daß als Regel gilt, Quarzglas, das hoch erhitzt werden soll, sehr sorgfältig zu reinigen und nie mit der Hand anzufassen (geringe Mengen Alkali!). Reine Metalle, z. B. Gold, Silber usw., können andererseits unbedenklich in Quarztiegeln eingeschmolzen und sogar daraus destilliert werden.

Quarzgut ist ebenso säurefest (nicht gegen HF, wenig gegen H_3PO_4) und hitzebeständig, doch soll es nicht längere Zeit hindurch bei Temperaturen wesentlich über 1300⁰ benutzt werden, da es sonst entglast.

Einige Zahlen über mechanische Eigenschaften seien hierunter zusammengestellt:

	Geschmolzener Quarz	Glas
Dichte	Quarzglas 2,02 Quarzgut 2,07	gewöhnl. Glas 2,239 Borglas 3,52 Bleiglas 5,94
Zugfestigkeit . . . . kg/cm²	700—1200	400—900
Druckfestigkeit . . . . „	bis 19800	6000—12000
Elastizitätsmodul . . . . kg/mm²	6238—7200	4500—7500
Mittlere spez. Wärme	0,1913 (0—100⁰)	0,189 (um 18⁰)
Schmelzpunkt . . . . Grad	um 1700	750—850
Erweichungspunkt . . . . „	„ 1500	um 450—550
Wärmeleitfähigkeit . . . . „	0,0026	0,0011—0,0023
Lineare Wärmeausdehnung in mm je m . . . . „	0,54 (0—1000⁰)	4,63 (Jen. Glas 16 III, 0—500⁰)

Quarzgeräte sind bei hohen Temperaturen stark gasdurchlässig (Wasserstoff diffundiert bei 1000⁰ lebhaft, bei 1300⁰ schnell; Stickstoff,

---

[1] Chemiker-Ztg. 1921, S. 315.

Luft, CO und CO_2 durchdringen bei 1100^0 noch kaum, bei 1300^0 erheblicher). Zirkon- oder Titanoxydzusätze werden häufig gemacht; sie wirken nur dann günstig, wenn sich die Oxyde restlos im Quarz auflösen.

Porzellan und Ton[1]. Alle Tonwaren, Porzellan, Töpfergeschirr, Schamotte-, Back-, Ziegelsteine, Lehm usw. enthalten als Grundmaterial Tonerde und Kieselsäure. Die besonderen Arten werden teils durch natürlich vorkommende Beimengungen, teils durch absichtlich zugefügte Zuschläge erhalten. Genaue Beziehungen zwischen Zusammensetzung und Schmelzbarkeit der Tone sind nicht ermittelt, man nimmt jedoch im allgemeinen an, daß die Feuerfestigkeit von der Bildung der Doppelsilikate abhängt. Reines Tonerdesilikat ist in gewöhnlichem Feuer unschmelzbar; es wird noch schwerer schmelzbar, wenn es steigende Mengen Tonerde enthält. Magnesium-, Kalk- oder Eisenverbindungen, Kali oder Natron erhöhen die Schmelzbarkeit stetig und um so mehr, je stärker gleichzeitig der Kieselsäuregehalt wächst. Die Wärmeleitfähigkeit des Tones ist gering, das Strahlungsvermögen wesentlich größer.

Porzellan ist unter allen Tonwaren das festeste Material. Es entsteht durch Brennen einer Mischung von Quarz, Feldspat und Kaolin (abermaliges Brennen nach dem Glasieren). Porzellan stellt eine weiße, durchscheinende, klingende, harte, auf dem Bruche gleichartige, feinkörnige Masse dar. Die Glasur ähnelt der Grundmasse; sie wird eingebrannt. Daher erscheint das Porzellan im Bruche einheitlich (Unterschied zu den übrigen Tonwaren, deren Bruchflächen verschiedene Abstufungen zeigen).

Die hohe Widerstandsfähigkeit gegen chemische Einflüsse und schroffen Temperaturwechsel macht das Porzellan zu einem geschätzten Baustoff für chemische Apparaturen. Glasur und Masse bestimmen in ihrer Zusammensetzung und der Art ihrer Verschmelzung die Widerstandsfähigkeit gegen chemische Einwirkung und gegen hohe Hitzegrade. H_2SO_4 beginnt bei über 400^0 anzugreifen; HCl und HNO_3 wirken nur sehr wenig; Phosphorsäure korrodiert stärker; HF und heiße, konz. Lösungen von H_2SiF_6 zerstören rasch; auch gegen Alkalien ist Porzellan nicht unbedingt beständig. Oberhalb 1400^0 wird es in steigendem Maße gasdurchlässig (Verwendungsgrenze für glasierte Waren 1200^0, für unglasierte 1400^0, bei Vakuumgefäßen $1200—1300^0$). Physikalische Eigenschaften von Hartporzellan: Dichte $2,3—2,5$; Zugfestigkeit $240—520$ kg je cm^2; Druckfestigkeit um 5000 kg je cm^2; Elastizitätsmodul etwa 8000 kg je mm^2; mittlere spez. Wärme $0,221$ ($20—400^0$); Schmelzp. $1670—1680^0$; Erweichungspunkt etwa 1400^0; Wärmeleitfähigkeit $1,9—2,5$ kcal/m/h/^{0}C; lineare Wärmeausdehnung 3 bis 4,5 mal 10^{-6}. Spezialsorten zeigen teils höhere Schmelzpunkte (Pythagorasmasse 1770^0, Marquardtmasse 1850^0), teils weit höhere Festigkeiten (Isolatorenporzellan mit vorzüglichen elektrischen Eigenschaften)

Schlechte Porzellane neigen zum Abblättern, Abspringen und Haarrissigwerden der Glasur. Das Abblättern wird leichter eintreten,

---

[1] Vgl. F. Singer: Chemische Fabr. 1928, S. 680; Chemiker-Ztg. 1929, S. 105, 126.

wenn ein fertig gebildetes Glas auf den Scherben gebracht wird, als wenn das Glas selbst auf dem Scherben entsteht. Haarrissigwerden und gewaltsames Abspringen der Glasur erklären sich durch ungleiche Ausdehnung.

Die in der chemischen Industrie noch vielfach verwandten gewöhnlichen Tonwaren bestehen hauptsächlich aus plastischem Ton, der mit feinem Sand oder gemahlenen Scherben gebrannten Steinzeugs „angemacht" wird. Die halb verglaste Masse besitzt geringere Feuerbeständigkeit und verträgt plötzlichen Temperaturwechsel meist schlecht, ist aber von beträchtlicher chemischer Beständigkeit. Ungenügend glasierte oder zu wenig dichte Tongefäße saugen Flüssigkeiten und Lösungen auf und lassen sich nur schwer von angenommenen Gerüchen befreien.

Die aus Porzellan und Ton hergestellten Apparate werden in manchen Fällen, um ihre Festigkeit zu erhöhen, mit eisernen Gurten, Bändern u. dgl. armiert oder auf weichen elastischen Unterlagen aufgestellt. Große Tonschalen können auch an ihren hervorstehenden Rändern aufgehängt oder ganz in Sand oder dgl. gebettet werden. Läßt man diese Vorsichtsmaßregeln außer acht, so kann man, besonders, wenn die Gefäße häufigen Erschütterungen (durch Kochen) ausgesetzt sind, keine großen Ansprüche an ihre Lebensdauer stellen.

Kaolin, Tonsand, wird wegen seines hohen, über 1800⁰ liegenden Schmelzpunktes auch zur Herstellung feuerfesten Mörtels benutzt.

Singer (Z. angew. Chem. 1926, 1273 ff.) teilt die keramischen Erzeugnisse wie folgt ein:

A. Irdengut.
Scherben porös und nicht durchscheinend.

1. Baumaterial:		2. Geschirr:	
α) nicht weiß-brennend:	β) weiß-brennend:	α) nicht weiß-brennend:	β) weiß-brennend:
Ziegel, Verblender, Bauterrakotten, Hohlziegel, poröse Steine, Drainröhren, Dachziegel	Schamottesteine und -werkstücke, feuerfeste Erzeugnisse aus besonderen Stoffen, feuerfeste Hohlware	Antike Geschirre, Töpfergeschirr, Blumentöpfe, Wasserkühler, Lackware, sog. ordinäre Fayence, Ofenkacheln	Tonsteingut, Tonzellen, Tonpfeifen, Kalksteingut, Feldspat- oder Hartsteingut. Sanitätsgeschirr. Feuertonware
I. Ziegeleierzeugnisse	II. Feuerfeste Erzeugnisse	III. Töpfereierzeugnisse	IV. Steingut

Irdenware (im weiteren Sinne).

B. Sinterzeug (Scherben dicht).
a) Scherben nicht oder nur an den Kanten durchscheinend (Steinzeug).

1. Baumaterial:		2. Geschirr:	
α) nicht weiß-brennend:	β) weiß-brennend:	α) nicht weiß-brennend:	β) weißbrennend:
(Klinkerware): Klinker, Fliesen, Kanalisationsröhren	Säurefeste Steine, Isolatoren	Wannen, Tröge, chemische Gefäße usw.	Steinzeug, auch künstlich gefärbt, Feinterrakotten, Wedgewoodware, Chromolith usw.

V. Steinzeug.

b) Scherben durchscheinend (Porzellan).

1. Baumaterial:	2. Geschirr:
Wandplatten, Futtersteine für Trommelmühlen usw. aus Hartporzellan, elektrotechnische Artikel	Hartporzellan, Weichporzellan, Spezialitäten der Porzellantechnik

VI. Porzellan.

C. Steatit.

Scherben dicht und weiß, schwach transparent, Oberfläche hellgelb

VII. Steatit.

Porzellan und Steinzeug sind für die chemische Technik am wichtigsten. Insonderheit ist Steinzeug, dessen hauptsächlichste physikalische Eigenschaften (nach Singer) hierunter zusammengestellt sind, als Werkstoff unentbehrlich geworden, da es sich durch große Widerstands-

		beste Ergebnisse	bisherige Ergebnisse
Druckfestigkeit	kg/cm²	7970	4600
Zugfestigkeit	„	528	103
Biegefestigkeit	„	980	370
Elastizitätsmodul	kg/mm²	4175	5600
Torsionsfestigkeit	kg/cm²	323	210
Kugeldruckprobe		1253	800
Schlagbiegefestigkeit	cmkg/cm²	4,7	1,5
Trommelprobe, Gewichtsverlust	%	2,6	6,5
Sandstrahlabnutzbarkeit, Verlust	cm³	1,8	5,0
Lineare Ausdehnung		$3,5 \cdot 10^{-6}$	$4,9 \cdot 10^{-6}$
Wärmekapazität, spez. Wärme zwischen 17 u. 100° C		0,190	0,188
Wärmeleitfähigkeit	kcal/m/h/° C	3,01	1,2

fähigkeit, insbesondere gegen Säuren auszeichnet. Es ist bei tadelloser Glasur gegen Schwefelsäure und namentlich gegen Phosphorsäure beständiger als Porzellan; während Salz- und Salpetersäure praktisch gar nicht angreifen, korrodieren Flußsäure, heiße konz. Kieselfluorwasserstoffsäure und heiße konz. Ätzalkalilösungen naturgemäß stark. Steinzeuggeräte sind praktisch temperatur-wechselbeständiger, als solche aus Porzellan. Zwischen diesem und Steinzeug steht das Feinsteinzeug (Sillimanit). Andere Spezialmassen sind als Melalith, Ceratherm (Engineering Bd. 110, S. 253), Steatit (im wesentlichen ein Speckstein der Zusammensetzung $3 \, MgO \cdot 4 \, SiO_2 \cdot 2 \, H_2O$) und Pyroton (kochbeständige keramische Masse nach D.R.P. 415767) bekannt. Über Normung von Steinzeug vgl. Z. angew. Chem. 1927, S. 1569ff.

Es kosten ungefähr: gerade Steinzeugrohre, 1000 mm lang, 40 mm weit, mit konischen Flanschen, 7,70 *RM* je Stück; Schnabelhähne, Baulänge 750 mm, 150 mm weit, 130 *RM*; Steinzeugstandgefäße, 600 l Inhalt 140 *RM*, 1200 l Inhalt 275 *RM*, 2000 l Inhalt 510 *RM*; Steinzeugwannen 700×600×500 mm, 210 l, 76 *RM*, 1000×700×700 mm, 490 l, 170 *RM*, 2000×1000×1000 mm, 2000 l, 920 *RM*.

Lehm ist eine Mischung von eisenhaltigem Ton und Sand (enthält oft auch Kalk). Übersteigt der Kalkgehalt 30%, dann heißt der Lehm

Mergel. Lehm mit über 50 % Sand wird mager, solcher mit weniger als 40 % fett genannt. Lehm fühlt sich weniger fett an, als Ton und schwindet beim Trocknen auch weniger, weil er geringere Wasserbindekraft besitzt. Er wird hauptsächlich als Mörtel für Ofenbauten gebraucht (für geringe Hitze). Durch Nässe weicht er auf.

Spez. Gew. des gebrannten Tons 1,8—2,6. Wärmel. 0,160(Ag=100).

Kalk und Kalkmörtel. Fetter Kalk, auch Weißkalk oder Ätzkalk genannt, entsteht durch Löschen von gebrannten Kalksteinen, welche wenig Silikate, dagegen 90—99 % kohlensauren Kalk enthalten sollen (10 % $MgO + SiO_2 + Fe_2O_3 + Al_2O_3$ sind nach DIN-Taschenbuch 3, S. 13, zulässig). 1 m³ fetter Kalk nimmt 4—6 m³ Sand auf und gibt damit 4—6 m³ Mörtel. Magerer Kalk entstammt Kalksteinen, die 15—20 % Silikate haben, hydraulischer Kalk solchen mit über 30 % Silikaten. 1 m³ gebrannter Kalk gibt 1 ³/₄ m³ gelöschten Kalk. Das Löschen des Kalkes soll bei hoher Temperatur erfolgen; Wassermangel hat „Verbrennen" zur Folge, während zu viel Wasser „träge löscht" und zum „Ersaufen" bringt. Neuerdings verwendet man in der chemischen Industrie auch mechanische Kalklöschapparate (Chlorkalkfabrikation usw.).

1 m³ Weißkalk kostete vor 1914 11—12 ℳ und ungelöschter Kalk 1,60—2,30 ℳ je 100 kg. Nach den Notierungen der Nachrichtenstelle für die Kalkindustrie gelten gegenwärtig für je 10 t, frei Werk, etwa folgende Listenpreise:

	Branntkalk		Mergel
	in Stücken ℛℳ	gemahlen ℛℳ	ℛℳ
Pommern	200	210	65—85
Brandenburg	240	248	90
Mitteldeutschland	231	237	65
Oberschlesien	179—189	200—210	50—55
Niederschlesien	230	240,50	96,50
Rheinland.	195	—	—
Bayern	230—280	270—300	—

Wasserkalk oder Zementkalk wird ein toniger, gebrannter Kalk genannt, der sich noch in Stücken löschen läßt.

Mörtel dient zur Verbindung von Mauersteinen und zum Verputzen (Luft-, Wasser- oder Zementmörtel) von Mauern.

Der **Luftmörtel**, Kalk- oder Kalksandmörtel, besteht aus 1 Teil gelöschtem Kalk, 2—4 Teilen Sand und aus Wasser. Fetter (magnesia- und tonarmer) Kalk liefert guten Mörtel. Der beigemengte Sand soll ein scharfkantiges, gleichmäßiges Korn haben und frei von Lehm, Ton und Humus sein. Gewöhnlicher „Mauerkalk" besteht meist aus 1 Teil Weißkalk und 4 Teilen Sand. Der Zusatz von Sand erfolgt nicht nur aus wirtschaftlichen Gründen, sondern auch, um ein gleichmäßiges und kaum schwindendes Bindemittel zu erhalten. Kalk allein würde schwinden, reißen und abspringen. Das Erhärten des Mörtels beruht auf Carbonatbildung nach vorausgegangener Verkittung der Sandkörner. Es wird durch den Druck der Steine begünstigt und dauert so lange, wie noch Calciumhydroxyd und Wasser vorhanden sind. Kohlensäurezufuhr beschleunigt das Abbinden (daher das Aufstellen der Kohlenbecken in Neubauten, in denen Koks oder unter Umständen auch mit Salpeter getränkte Kohle verbrannt wird). Austrocknen allein hilft nicht, sondern läßt bröcklige, wenig bindende Massen entstehen. Die große Härte alter Mauerwerke soll ihren Grund in dem allmählichen Übergang des amorphen kohlensauren Kalkes in die kristallinische Form und in der teilweisen Bildung von Calciumsilikat haben. **Kalksandsteine,** aus Kalk und Sand hergestellt, werden in einzelnen Fällen mit Vorteil benutzt.

50 kg hydraulischer Kalk kosten einschließlich Papiersack, frei Waggon Berlin 1,30 $\mathscr{RM}$ (Juli 1914: 1 $\mathscr{M}$).

Hydraulischer Kalkmörtel ist ein Luft- und Wassermörtel. Er besteht aus 1—2 Teilen Sand und 1 Teil hydraulischem Kalk, welcher aus einem Kalkstein mit über 30% Silikat gebrannt ist. Er bindet sofort ab. Seine Anwendung erscheint bei Arbeiten geboten, die ein Erhärten des Kalkes unter Wasser oder in stark feuchter Luft erfordern.

Zement und Zementmörtel. Die Zemente sind geglühte, pulverisierte Silikate, die unter dem Einfluß von Wasser steinhart abbinden. Je dichter und fester ein Mergel (20—25% Ton) ist, desto besser wird der Zement. Die natürlich vorkommenden Zemente enthalten wenig oder keinen Kalk. Von den künstlichen Zementen hat der Romanzement überschüssigen, freien Ätzkalk und steht dem hydraulischen Kalk nahe. Der Portlandzement ist reich an chemisch gebundenem Ätzkalk. Er ist von grünlich-grauer Farbe (Brennen einer innigen Mischung von Kalk und tonhaltigen Materialien als den wesentlichsten Bestandteilen bis zur Sinterung und darauffolgende Zerkleinerung bis zur Mehlfeinheit). Aus Hochofenschlacke erhält man Eisenportland- und Hochofenzemente, die bei richtiger Herstellung dem gewöhnlichen Portlandzement für viele Verwendungszwecke nicht nachstehen. Portlandzement ist dichter, als Romanzement; er gibt daher auch dichtere sowie festere Mörtel und nimmt weniger begierig Kohlensäure und Wasser auf. Er besitzt größere Bindekraft und Festigkeit. Hoher Tongehalt bewirkt schnelles Binden, hoher Kalkgehalt verlangsamt es. Zur vollkommenen Erhärtung des Zements muß er während des Erhärtungsprozesses genügend naß gehalten werden; lauwarmes Wasser gibt größere Festigkeit. Im Sommer bindet Zement schneller, als im Winter. Man muß ihn jedoch vor der Einwirkung der direkten Sonnenstrahlen schützen, da er sich sonst ungleich ausdehnen und die gefürchteten Schwindrisse erhalten würde. Ein gut erhärteter und abgebundener Zement kann Temperaturen von 200—300° ohne Bedenken ausgesetzt werden und die stärkste Kälte vertragen. Geringer Gipszusatz hat stärkeres Ausdehnen des Zements zur Folge, der an und für sich nicht treiben darf, vielmehr eher etwas schwinden soll. Zusatz von gebrannter Magnesia macht einen Zement mit hohem Sandzusatz noch bindefähig und verhindert die Bildung von Haarrissen an der Luft. An Aluminiumoxyd reiche, sog. Bauxit- oder Schmelzzemente binden rasch ab.

Außer zur Mörtelbereitung für Wasser- und Landbauten dient Zement zur Herstellung von künstlichen Steinen, Formstücken, Kristallisiergefäßen, Schalen für die chemische Industrie, Kanalisations- und anderen Rohren. Diese letzteren sind wegen ihrer Festigkeit, Widerstandsfähigkeit gegen viele Chemikalien und bequemen Verlegbarkeit für Abwässerungskanäle besonders geeignet. Sie werden in runder und in Eiform in 1 m langen Stücken bis zu einem Durchmesser von über 1 m hergestellt.

Gegen saure Fabrikabwässer ist der Zementmörtel sehr widerstandsfähig, wenn er fett, d. h. arm an Sand ist. Im übrigen sind auch säurefeste Spezialmischungen im Handel zu haben. Prodorit[1] ist ein säurebeständiger Beton mit organischem Bindemittel, der bis 140° Temp. vertragen kann (spez. Gew. 2,31—2,34; Preis 12,50—25 ℛℳ je 100 kg).

Spiritus durchdringt Zement. Gasförmige Kohlensäure wirkt nicht auf ihn ein, wohl aber sind kohlensäurereiche Wässer schädlich. Magnesiumchlorid und Sulfate gefährden sehr.

Mit Rücksicht auf die vielfache Verwendung des Zements als Baustoff für Maschinenfundamente ist wichtig, daß ein anhaltend mit fettem Öl durchtränkter Zement nach und nach völlig zerbröckelt. Das Auffangen des Schmieröls in Blechuntersätzen ist daher nicht nur aus Gründen der Reinlichkeit geboten. In Notfällen kann Zementbrei auch zum Verpacken von Dampfleitungen usw. dienen.

Der „hydraulische Modul“ des Portlandzements (Verhältnis des Kalks zur Summe von Kieselsäure, Tonerde und Eisenoxyd) beträgt 1,8—2,2; er darf 1,7 nicht unterschreiten. Die Zugfestigkeit von Zement-Sandmischungen (1 : 3) übersteigt nach 28 tägiger Luft-Wasserverhärtung 40—45 kg und die Druckfestigkeit 350—400 kg. Zulässig sind folgende Druckbeanspruchungen in kg je cm²: Beton im allgemeinen 20—35, Betonmauerwerk, frei, 8—12, Betongewölbe 12—18 und Zementbetongewölbe mit Eiseneinlage 20 (Zugbeanspruchung bis 8).

Als Zementmörtel kommt reiner Zement, der trocken und zugfrei aufbewahrt werden muß, nur dann zur Verwendung, wenn besondere Dichtigkeit, Härte und Glätte verlangt werden. Im allgemeinen gibt man ihm Zusätze von Sand und Kies. Ein solcher aus 1 Teil Reinzement und 1—2 Teilen Sand bestehender Mörtel wird verarbeitet, wenn große Ansprüche an Widerstandsfähigkeit, Zug- und Druckfestigkeit und auch an Wasserdichtigkeit gestellt werden (z. B. zu Maschinenfundamenten und zu in Grundwasser liegenden Keller- und Gründungsmauern). Eine Mischung von 1 Teil Reinzement und 3 Teilen Sand liefert den gebräuchlichsten „Zement“, der allen billigen Anforderungen entspricht (normale Zugfestigkeit 8 kg je cm², Druckfestigkeit 30 kg je cm²). „Verlängerter Zementmörtel“ enthält auf 1 Teil Reinzement 5—6 Teile Sand und 1 Teil Kalkbrei.

Der Zementmörtel wird durch inniges Mischen (Mischmaschinen) von Sand und Zement und durch allmähliches Zugeben von Wasser bis zur Bildung eines steifen Breies hergestellt; er muß bald nach seiner Anmachung verbraucht werden, da er im erstarrten Zustand nicht mehr verwendbar ist. Sand aller Korngrößen, der erdige Beimengungen

---

[1] Chemische Fabr. 1928, S. 205; über Securit: Chemiker-Ztg. 1925, S. 121.

nicht enthält, ist am geeignetsten. Ein mit sehr feinem Sand gemischter Zement erhärtet langsam, bleibt porös und büßt an Festigkeit ein.

Handelsüblicher Portlandzement kostet in Wagenladungen einschließlich Papiersäcken frei deutscher Eisenbahnstation je 10 t (vor 1914 330 $\mathscr{M}$ ab Werk, unverpackt):

in Berlin . . . . 500 $\mathscr{RM}$		in Dortmund . . 453 $\mathscr{RM}$
„ Leipzig . . . . 515 „		„ Köln . . . . . 461 „
„ Breslau . . . . 521 „		„ Aachen . . . . 446 „
„ Stettin . . . . 510 „		„ Frankfurt a.M. 531 „
„ Hannover . . . 510 „		„ Stuttgart . . . 560 „
„ Hamm . . . . 440 „		„ München . . . 560 „

Die Zuschläge für hochwertige Spezialzemente betragen je nach Verband (Westdeutscher Zementverband Bochum, Hüttenzement-Verband Düsseldorf, Norddeutscher Zementverband Berlin, Süddeutscher Zementverband Heidelberg) 100—140 $\mathscr{RM}$ je 10 t; für Hochofenzement gelten je nach Lage Abschläge von 20—60 $\mathscr{RM}$ und für Eisenportlandzement solche von 0—30 $\mathscr{RM}$. Der Ausnahmenachlaß beträgt für den Bezirk Hamm (s. o.) 29 und für Dortmund 20 $\mathscr{RM}$.

Beton ist ein Gemenge von hydraulischem Mörtel mit Steinbrocken oder scharfem Kies und enthält ungefähr 1 Teil Reinzement, 3 Teile Sand und 4 Teile zerschlagene Steinbrocken. Zur Erzielung guter Festigkeit müssen die Zusätze frei von Erde, Lehm und sonstigen Verunreinigungen sein, auch darf zur Anmachung nicht zu viel Wasser Verwendung finden. Beton soll gestampft werden.

Als Ersatz für Mauerwerk eignen sich Beton- und Eisenbetonbauten (Monierbau) vorzüglich; sie sind zudem etwa 25 % billiger und können auch im Winter ausgeführt werden (für Industriezwecke besonders geeignet). Für Luft sind sie sehr wenig durchlässig.

Eine besondere, dünnbreiige Mischung führt den Namen Gußbeton und wird zur Herstellung von Trögen, Röhren o. dgl. benutzt. Im modernen Fabrikbau verwendet man vielfach Beton zur Herstellung von Wänden, Decken und Fußböden oder zur Umkleidung eiserner Konstruktionsteile (Säulen, Träger, Dachbinder usw.) in solchen Räumen, in denen Säuredämpfe und starke Brüden auftreten. Über säurefesten Beton s. o.

1 l Zementpulver wiegt 1,2—1,4 und 1 m³ Beton an 2400 kg.

Traß gehört zu den natürlichen Zementen; es ist eine Bimsteinart, die in Verbindung mit Kalkbrei und Sand hydraulischen Mörtel liefert (auch benutzt).

Back-, Ziegel- oder **Mauersteine**[1] bestehen aus unreinem, gefärbtem, mehr oder weniger sandigem Ton. Sie werden ebenso wie Klinker, Dachziegel oder Schamottesteine durch Brennen des in teigigem Zustande geformten Materials erzeugt, sind klingend, leicht ritz- und schmelzbar.

Gute Ziegelsteine sollen gerade Flächen haben und keine oder wenigstens keine großen Steine, Risse bzw. Höhlungen enthalten. Trotz lockeren

---

[1] **Donath:** Die Chemie des Ziegelmauerwerks. Breslau 1928.

porösen Gefüges müssen sie so hart und fest sein, daß sie unter dem Hammer sicher und nur in Richtung des Schlages brechen. Nicht behaubare Steine sind nicht einheitlich und wenig dauerhaft. Ferner sollen gute Steine Mörtel leicht binden, frostbeständig sein sowie unter dem Einfluß von Feuchtigkeit und Kälte weder abblättern noch abbröckeln.

Der deutsche Normalziegel ist 250 mm lang, 120 mm breit und 65 mm hoch. Sein Gewicht beträgt etwa 3 kg. Eine Waggonladung von 10000 kg enthält $4^3/_4$ m³ Ziegelsteine. Eine $^1/_2$ Stein starke Wand hat 125 mm, eine 1 Stein starke Wand 250 mm Durchmesser; für jeden weiteren halben bzw. ganzen Stein werden 125 mm bzw. 250 mm (für den Stein) und 10 mm für die Fuge hinzugerechnet. 13 Schichten Ziegelsteine bilden 1 m Mauerwerk, d. h. die Höhe einer Ziegelstein- und Mörtelschicht beträgt durchschnittlich 77 mm.

An Ziegeln und Mörtel erfordert 1 m³ volles Ziegelmauerwerk 400 Ziegel und 280—300 l Mörtel. Für 1 m² einer $^1/_2$ Stein starken Ziegelmauer ohne Öffnungen werden 50 Ziegel und 35 l Mörtel gebraucht, so daß z. B. 1 m² einer 2 Steine starken Mauer das Vierfache verlangt. Man kann sagen, daß je Ziegelstein $^3/_4$ l Mörtel im Mauerwerk verwendet werden müssen.

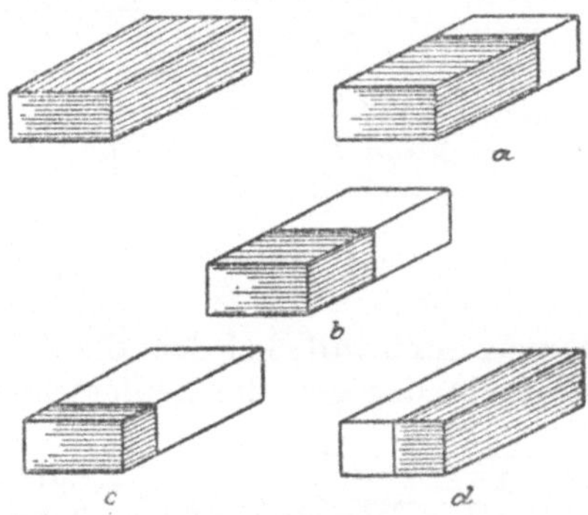

Abb. 7. Mauersteinformen.

Die zulässigen Beanspruchungen auf Druck betragen für 1 cm² gewöhnliches Ziegelmauerwerk 7 kg, für Ziegelmauerwerk mit Zementmörtel bis 11 kg, für bestes Klinkermauerwerk 15—20 kg, für Mauerwerk aus porösen Steinen 3—6 kg, für Kalksteinmauerwerk mit Kalkmörtel 5 kg, für Sandstein je nach Härte 15—30 kg und für Rüdersdorfer Kalkstein in Quadern 25 kg (Berliner Baupolizeiverordnung). Die Grenzen für die Zerdrückungsfestigkeiten sind in kg/cm² folgende:

für Sandsteine	230—1800	für gewöhnliche Ziegel	200—300
„ Kalksteine	200—1770	„ Verblender	300—500
„ Granite	1580—3100	„ Klinker	450—600

Die für den Ziegelsteinverband notwendigen, aus einem Vollsteine hergestellten Bruchteile eines Ziegels, die auch Quartierstücke heißen (Abb. 7a, b, c, d) führen auch nachstehende Bezeichnungen:

Dreiquartier ($^3/_4$ Stein)	Format 19 × 12 × 6,5 cm	(Abb. 7a)
Zweiquartier ($^1/_2$ „)	„ 12 × 12 × 6,5 „	(„ 7b)
Einquartier ($^1/_4$ „)	„ 6 × 12 × 6,5 „	(„ 7c)
Riemenstück	„ 25 × 6 × 6,5 „	(„ 7d)

Ein Mauerstein heißt Läufer, wenn seine lange Seite in der Längsrichtung der Mauer liegt, und Binder, wenn seine breite Seite oder sein Kopf in der Mauerfläche erscheint, d. h. „wenn er mit seiner Länge in der Mauer bindet". Hochkant stehende Steine mit dem kleineren Querschnitt in der Vorderseite der Mauer bilden eine Rollschicht (s. Abb. 8).

Die wagerechten Mörtelfugen heißen Lagerfugen, während die senkrechten Stoßfugen genannt werden.

Von den verschiedenen Mauersteinverbänden seien, außer dem Schornsteinverband, der Blockverband, als der gebräuchlichste, und der Kreuzverband, als der beste, ge-

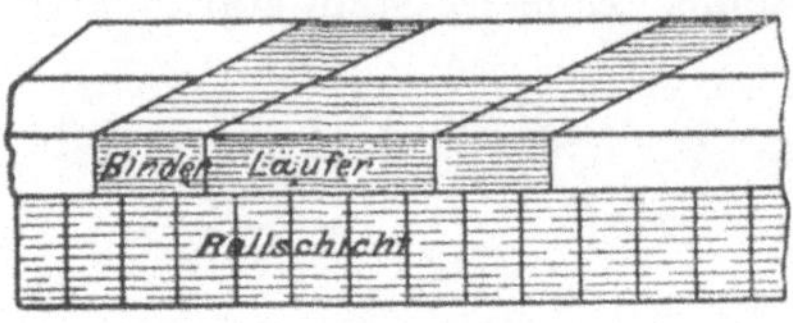

Abb. 8. Steinverband.

nannt. Der Schornsteinverband ist bei $1/_2$ Stein starken Mauern (z. B. für Fachwerkwände) üblich. Er besteht nur aus Läufern. Das Kennzeichen des Blockverbandes sind abwechselnde Läufer- und Binderschichten ohne versetzte Stoßfugen der Läuferschichten (Abb. 9). Beim Kreuzverband, bei dem die Ziegelschichten innig ineinander greifen, wechseln dagegen die Läuferschichten mit den Binderschichten unter Versetzung der Fugen ab (Abb. 10). Ohne auf die für die verschiedenen Mauerverbände geltenden Regeln über die Schichtenlagerung eingehen zu wollen, mag nur bemerkt sein, daß im Innern der Mauer nie Stoßfugen auf Stoßfugen fallen dürfen.

Abb. 9. Blockverband.

Abb. 10. Kreuzverband.

Gewöhnliche Ziegelsteine kosteten vor dem Weltkriege 24—30 ℳ je 1000 Stück bzw. 20—22 ℳ frei Waggon oder frei Kahn Berlin; heute kosten sie 43 ℛℳ frei Kahn bzw. 46 ℛℳ frei Waggon Berlin (bzw. frei Baustelle Breslau 50 ℛℳ, frei Frankfurt a. M. 46 ℛℳ, oder frei Leipzig 50—51 ℛℳ).

Klinker sind aus besserem Material hergestellte, sehr scharf (bis zur halben Verglasung) gebrannte, überaus feste, gesinterte Backsteine von etwas kleineren Abmessungen.

Dachziegel (vgl. DIN 1971) verlangen kalkärmeren und sorgfältiger vorbereiteten Ton. Sie müssen wasserdicht sein, denn sonst faulen die darunterliegenden Holzbalken. Genügende Dicke, hinreichende Festigkeit und Widerstandsfähigkeit gegen atmosphärische Einflüsse müssen vorhanden sein. Zementfalzziegel sind, namentlich in frischem Zustand, oft etwas durchlässig für Wasser (sie „beschlagen" innen). 1000 Stück erstklassige Ziegel (sog. Biberschwänze) kosteten 1914 42 bis 45 ℛℳ; heute bezahlt man 80 ℛℳ ab Werk; naturrote Dachpfannen 1. Sorte kosten frei Berlin 135 ℛℳ je 1000 Stück.

Schamottesteine sind feuerfest. Sie bestehen gewöhnlich aus $2/_3$ Kieselsäure und $1/_3$ Tonerde. Man benutzt sie bei Ofenbauten, zur Fabrikation von Schmelztiegeln und für metallurgische Zwecke. Sie müssen raschen Temperaturwechsel und starken Druck aushalten können. Das Erweichen und Schmelzen eines dem Feuer ausgesetzten Steines wird, abgesehen von der Temperatur, durch Flugasche, alkalische Dämpfe, schmelzende Alkalien und Metalloxyde, die wie Flußmittel wirken, begünstigt.

Die Schamottesteine werden im Normalformat der Ziegelsteine (= 3,7 kg), als Verbandsteine (250 × 180 × 65 mm = 5,6 kg), in englischem Format von 228 × 114 × 63 mm (= 3,0 kg), als Neunzöller (235 × 117 × 60 mm = 3,2 kg) oder in bayrischem bzw. Schweizer Format sowie als Keil- oder Radialsteine angefertigt.

Normalschamottesteine kosteten 1914 je 1000 Stück 100—110 ℳ; Schamottemehl wurde 1914 zu 2,40 ℳ je 100 kg verkauft; heute sind die Preise je nach Qualität rund 100% bis 200% höher. 1 m³ Schamottesteine wiegt etwa 1900 kg; auf 100 kg Steine rechnet man 10—15 kg Schamottemörtel.

Die Masse der Graphittiegel besteht aus 1 Teil Ton und 1—2 Teilen Graphit. Letzterer erhöht die Feuerbeständigkeit und vermindert die beim Brennen auftretende Neigung zum Schwinden bzw. Reißen. Außerdem wirkt er schützend und reduzierend auf das Schmelzgut, indem er oxydierende Gase fernhält, die sonst durch die Poren des Tiegels in das Innere gelangen könnten.

Da selbst Spezialeisenlegierungen oberhalb 1300° nicht mehr genügend hitzebeständig sind (namentlich wenn sie direkt im Feuer liegen), finden hitzefestere keramische Stoffe seitens der chemischen und der Hüttenindustrie (Ofenwannen, Retorten, Muffeln usw.) viel Beachtung. Wichtig sind die Silikasteine (für Koksöfen usw.), die Carborund-, Kohlenstoff- und Chromitsteine, Alundum, Silit, Marquardtmasse usw. In den Tabellen (nach Singer) sind die Schmelz- bzw. Erweichungspunkte, die spezifischen Gewichte und die Wärmeleitfähigkeiten von einigen dieser Materialien zusammengestellt:

Schmelzpunkte einiger feuerfester Stoffe nach Singer.

	Schmelzpunkte °C	Erweichungspunkte °C
Sillimanit Al_2SiO_5	1820	—
Kaolin $Al_2Si_2O_7$	1740	—
Flußspat CaF_2	1398	—
$Ca(AlO_2)_2$	1592	—
$CaSiO_3$	1540	—
Ca_2SiO_4	2130	—
Anorthit $CaO \cdot Al_2Si_2O_7$	1552	—
Siliciumcarbid SiC	zerfällt gegen 1800	—
Normale Schamottesteine	1700—1775	1300
Spezialschamotte	1730	—
Sintermagnesit	1790	etwa 1400
Kohlenstoffsteine	>2000	—
Quarzgut	1690—1710	—
Silikasteine	1725—1775	1600—1700
Carborundsteine	>2000	>1700
Chromitsteine	—	etwa 1300
Marquardtmasse	1820	—

Spezifische Gewichte und Wärmeleitfähigkeiten einiger feuerfester Erzeugnisse nach Singer.

	Dichte	Wärmeleitf. in kcal. $m^{-1} \cdot h^{-1} \cdot$ Grad $^{-1}$
Magnesitmassen	3,44—3,60	0,396 (bei 200°)
Normale Schamottesteine . .	2,50—2,70	0,432 (,, 200°)
Quarzgut	2,20—2,07	0,936
Silikasteine	2,32—2,50	0,684 (bei 200°)
Carborundsteine	3,10—3,20	8,640 (zwischen 0 u. 1000°)
SiO_2	2,65	9,468—5,760 je nach Achsenrichtg.
Al_2O_3	3,95—4,00	0,5832
MgO	3,60	0,522

Sehr wichtig ist die Säurefestigkeit gut gebrannter Spezialschamottesteine (Gewichtsverlust bei schärfster Säureprüfung nur 0,4%). Man stellt insbesondere Plättchen von 10—50 mm Dicke her, die, in säurefesten Spezialkitten verlegt, zur Auskleidung von Rohren, Kesseln, Kugelkochern oder Vorratsbehältern für Säuren dienen.

Sand. Der Bausand bildet den Hauptbestandteil des Mörtels. Er besteht hauptsächlich aus Quarz und soll scharfkantig, feinkörnig sowie frei von Salzen, Ton und Pflanzenstoffen sein. Der Herkunft nach kann man unterscheiden: Quell-, Fluß-, See- und Grubensand. Die ersten beiden sind die besten; Seesand enthält häufig Salze, die für den Mörtel ebenso nachteilig sind, wie die bisweilen im Grubensand vorhandenen Verunreinigungen (Erde, Lehm, Humus). Sog. Flugsand ist unbrauchbar.

Das spez. Gew. des trockenen Sandes ist 1,4—1,6, das des nassen 2,0. Eine Waggonladung von 10 t enthält etwa 6—7 m³ trocknen oder 5 m³ nassen Sand. Wärmeleit. 0,07 (Ag = 100).

1 m³ kostete 1914 je nach Güte 1—2 $\mathscr{M}$ und Kies 4 $\mathscr{M}$; die heutigen Preise, die örtlich sehr schwanken, dürften um 3 $\mathscr{RM}$ je m³ bzw. um 6 $\mathscr{RM}$ je m³ für Kies betragen.

Sandstein hat das spez. Gew. 2,2—2,5. Die zulässige Druckbeanspruchung beträgt für roten Sandstein 15 kg und für hellen 30 kg je cm³ (Berliner Baupolizeiverordnung). Mit der Farbe schwankt der Preis erheblich.

Marmor hat das spez. Gew. 2,5—2,8. Zulässige Druckbeanspruchung ist (Berliner Baupolizeiverordnung) 24—25 kg je cm².

Kalkstein hat dem Marmor ähnliche Eigenschaften, mit dem er ja auch gleich zusammengesetzt ist. Er bildet nicht nur ein wertvolles Baumaterial, sondern liefert auch durch Brennen den für Bauzwecke viel verwandten Kalk (s. o.).

Tonschiefer ist von blauer bis rötlicher Farbe. Er stellt ein inniges Gemisch von Quarz, Glimmer (auch Feldspat) und Eisenoxyd dar. Bei dem spez. Gew. 2,7 wiegt z. B. eine 20 mm dicke Platte von 1 m² etwa 54 kg. Seine Widerstandsfähigkeit gegen Chemikalien und die leichte Bearbeitbarkeit bewirkt, daß man ihn häufig zum Belegen von Tischen und Bekleiden von Wänden (säurefest) benutzt.

Granit besteht aus Quarz, Feldspat und Glimmer. Er hat das spez. Gew. von 2,5—3. Die zulässige Druckbeanspruchung beträgt 40 bis

50 kg je cm². Der Preis ist sehr verschieden und richtet sich nach der Größe der Stücke. Er wird vielfach in der Säureindustrie als Bau- und Füllmaterial für Riesel- und Kondensationstürme benutzt. Man beachte dabei, daß durchaus nicht alle Granitsorten auf die Dauer säurebeständig sind und unterrichte sich durch Vorversuche. Granit schmilzt bei 1100° (glasartiger Obsidian).

Basalt, aus Augit, Feldspat usw. bestehend, läßt sich seiner großen Härte wegen nur sehr schwer bearbeiten; man verwendet ihn hauptsächlich für Wasserbauten als Straßenschotter (bei Teerung) usw. Spez. Gew. 2,8—3,2; Druckfestigkeit 12—40 kg je 1 mm². Basalt enthält 40—45 % SiO_2, 10—15 % Al_2O_3, 5—10 % CaO, 8—10 % MnO, 10—20 % Eisenoxyde, 4—5 % Alkalien usw. Er schmilzt bei 900—1100° und wird zu sehr säurebeständigen Platten, Füllkörpern oder dgl. verarbeitet (Schmelzbasalt).

Serpentin ist von blaugrüner, fleckiger Farbe und läßt sich, frisch gebrochen, sehr leicht bearbeiten, wird aber an der Luft hart. Wegen seiner Feuerbeständigkeit wird er zum Bau von Schmelzofenanlagen verwandt.

Dinassteine sind mit den oben bereits erwähnten Silikasteinen identisch; sie sind aus reinem Quarz mit geringen Mengen von Bindemitteln hergestellt, von weißer Farbe und von außerordentlicher Feuerbeständigkeit (Ausfüttern von Glas- sowie Porzellanöfen, von Feuerherden der Schweißöfen für Koks- und Glühöfen). In Berührung mit bleihaltigen und alkalischen Körpern neigen sie zum Schmelzen.

Gips, gebrannter schwefelsaurer Kalk, läßt sich mit Wasser zu einem plastischen Brei anrühren, der sehr bald unter Volumenvergrößerung erstarrt. Das Erstarren kann durch Hinzufügen von Eibischwurzelpulver (bis 8 %) verzögert werden (wird erst nach einer Stunde fest und hat dann große Härte). Über 200° erhitzter, totgebrannter Gips hat die Fähigkeit, mit Wasser zu erhärten, verloren. In Gips gebettetes Eisen rostet stark. Um den erhärteten Gips aus dem Anrührgefäße leicht herauslösen zu können, genügt es, dieses, gefüllt mit etwas verdünnter Salzsäure, einige Zeit stehen zu lassen; der Gips löst sich dann glatt von den Wandungen ab. Spez. Gew. des gebrannten Gipses 1,81, des gegossenen und getrockneten 0,97. Wärmel. 0,08 (Ag = 100). Baugips kostete 1914 etwa 1,45 ℳ und heute 1,50 ℛℳ je 50 kg (einschließlich Papiersack).

Asbest ist ein Verwitterungsprodukt der Hornblende und besteht im wesentlichen aus Magnesiumsilikat mit chemisch gebundenem Wasser. Er ist dem Talk und Meerschaum nahe verwandt und bildet eine weißlich-graugrüne, faserige, biegsame oder spröde, sich fettig anfühlende Masse von oft seidenartigem Glanz. Die Schwerverbrennlichkeit, die Beständigkeit mancher Sorten in Säuren und Laugen, bzw. ihre Widerstandsfähigkeit gegen heiße Gase und Dämpfe, dazu das schlechte Leitvermögen für Wärme und Elektrizität, die Wasserdichtigkeit nach dem Imprägnieren sowie die Eigenschaft, sich zu Gespinsten und Geweben, zu Papier oder Pappe verarbeiten und zu

Pulver mahlen zu lassen, machen den Asbest zu einem unentbehrlichen Material für eine große Anzahl technischer Fabrikate..

Asbestpappe, -papier und -schnur werden zu Isolierungen und zum Abdichten von Dampfzylindern sowie Flanschenverbindungen, Asbestpulver bzw. -mehl als Zusatz zu feuerfesten und wasserdichten Kitten benutzt. Asbestpappe hat ein spez. Gew. von 1,2.

Bimstein ist ein hauptsächlich aus Aluminiumsilikat bestehendes Mineral vulkanischen Ursprungs. Er bildet blasige, schwammige, weiße, graue oder gelbliche Massen von oft faserigem Gefüge, läßt sich leicht bearbeiten und dient (außer als Schleif- und Poliermaterial) wegen seiner Indifferenz auch als Absorptionsmittel, ferner zur Herstellung von Stopfen u. dgl.

„Künstlicher", durch Pressen von Bimsteinpulver mit Bindemitteln erhaltener Bimstein kommt in Tafel- und Ziegelform in den Handel. Spez. Gew. des Pulvers 2,19—2,22, der Stücke 0,4—0,9.

Kieselgur, auch Infusorien- oder Diatomeenerde genannt, bildet ein leichtes, lockeres, graues Pulver, das zu Isolierungen gegen Stoß, Schall, Wärme und Kälte, zur Herstellung sehr leichter Steine sowie als Verpackungsmaterial und zur Wasserreinigung Verwendung findet. Spez. Gew. 0,7. 1 m³ wiegt lufttrocken, je nach der Herkunft, 200 bis 700 kg.

Magnesia wird nicht nur als gebrannter Magnesit oder als Dolomitziegel zu Ofenauskleidungen benutzt, sondern dient neuerdings in reiner Form auch zur Herstellung von Schalen, Röhren und Tiegeln. Diese können Quarzapparaturen für manche Zwecke ersetzen.

Kunststeine (Xylolith, Steinholz, Ebonit, Kunstholz usw.) sind meist magnesiahaltig; sie werden in ihrer einfachsten Form aus Kaliendlauge, Magnesia, Sägemehl usw. geformt. Magnesia- oder Sorelzement selbst ist nicht wasserbeständig. Kunststein- oder Kunstholzmassen finden als Treppenbelag, für Dielen, Laboratoriumstische usw. vielfach Verwendung.

Zwecks Schalldämpfung gebraucht man Kork-, Korksteinplatten, Torfolit u. dgl.

Die Schüttgewichte betragen in kg/m³ (nach „Chemiehütte", 1927, S. 370):

für Kalkstein	2000
„ Fettkalk, trocken, gepulvert	500—590
„ gebrannten Kalk	900—1100
„ Mörtel	1700—1800
„ Sand, Lehm, Erde, trocken	1600
„ „ „ „ feucht	etwa 2000
„ Ton, Kies, trocken	1800
„ „ „ naß	etwa 2000
„ Traß, gemahlen	950
„ Beton mit Ziegelbrocken	1800
„ Ziegelsteine	1375—1500

Von sonstigen Bauposten (außer Bauholz, das noch erwähnt wird) kosten:

	1914			heute		
Dachpappe Nr. 100, ab Fabrik . . .	0,24	$\mathcal{M}$	je m²	0,65	$\mathcal{RM}$	je m²
Isolierpappe Nr. 80, „ „ . . .	0,60	„	„ „	1,75	„	„ „
Glas, rh. III 4/4b 60 cm, frei Waggon Berlin	1,80	„	„ „	2,20	„	„ „
Klinkerfußbodenplatten, glatt, dunkel, 25 × 12 × 6 cm, ab Niederlaus.	—			210	„	„ 1000 Stück
Beton-Bodenbelagsplatten, 30 × 30 cm, frei Berlin	—			5,50	„	„ m²
Steinzeugplatten, 15 × 15 cm, weiß, 1. Wahl, ab Werk	—			9,90	„	„ „

Kitte.

Kitte sind teigähnliche, seltener breiige oder flüssige Massen, die zum Abdichten oder als Bindemittel für feste Körper ausgedehnte Anwendung finden. Sie werden in weichem oder flüssigem Zustande aufgetragen, erhärten dann unter mehr oder minder weitgehender Veränderung ihrer Masse und verbinden dadurch die zu verkittenden Körper innig miteinander. Die zu vereinigenden Flächen müssen gut gereinigt sein und dürfen während des vollkommenen Erhärtens nicht bewegt werden. Es sollte nie mehr Kitt aufgetragen werden, als eben zur Verkittung nötig ist. Bei heiß verwandten Kitten müssen die zu verkittenden Gegenstände möglichst auf dieselbe Temperatur gebracht werden. Die wenigsten Kitte behalten ihre guten Eigenschaften bei längerer Aufbewahrung, sie sind daher stets frisch anzusetzen. Nur Ölkitte bleiben unter Wasser länger brauchbar.

Man kann die Kitte wie folgt einteilen: 1. nach ihren Eigenschaften in wasserdichte, säure- und feuerfeste, 2. nach ihrer Zusammensetzung in Ton-, Kalk-, Mineral-, Metall-, Leim-, Eiweiß-, Glyzerin, Öl-, Harz- und Kautschukkitte, 3. nach ihrer Verwendung in Glas-, Porzellan-, Stein-, Holz-, Horn-, Metall- und Ofenkitte o. dgl.

Nachstehend seien einige erprobte Rezepte für verschiedene Zwecke mitgeteilt (vgl. O. Lange: Chem.-techn. Vorschriften, Leipzig 1916).

Glas- und Porzellankitte. Gewöhnlicher Glaserkitt besteht aus Schlämmkreide und Leinölfirnis, die zu einer Paste zusammengeknetet werden. Käsekitt ist eine Lösung von Kasein in Wasserglas. Die Mischungen von Leinsamen-, Bohnen- bzw. Roggenmehl (mit oder ohne Zusatz von Gips oder Bolus) und Wasser, Leimwasser oder Stärkekleister (für Flaschen und Glasapparate) schließen sich den Eiweißkitten an. Ein Kitt für Wasserleitungsröhren besteht aus je 10 Teilen Kolophonium und gebranntem Kalk, die mit 3 Teilen Leinölfirnis zusammengeschmolzen und nach und nach mit 10 Teilen gezupfter Baumwolle durchgeknetet werden. Ein sehr widerstandsfähiger, säurefester Kitt besteht aus Bleiglätte und Glyzerin; wenn er nicht zu kalt ist, trocknet er in einigen Stunden zu einer steinharten Masse ein und kann daher nicht vorrätig gehalten werden. Er eignet sich zum Kitten von Glas, Ton, Eisen, Steinarbeiten usw.

Ein Steinkitt besteht aus 2 Teilen Kieselgur, 2 Teilen Bleiglätte und 1 Teil Calciumhydroxyd, die mit Leinölfirnis oder Glyzerin zu einem steifen Brei verrührt werden.

Andere Kitte sind Mischungen von Kautschukabfällen, Schwefel, Fett, Terpentinöl, Bleiglätte, Gips, Sand und Steinmehl.

Ein aus 3 Teilen Guttapercha, 2 Teilen Kolophonium und 1 Teil Teer zusammengeschmolzener Kitt eignet sich, warm verwendet, sehr gut zur Verbindung von Tonleitungen für heiße Säuregase. Von den zahlreichen (meist Teer-, Ton- oder Asbest-Wasserglas-) Säurekitten seien ein Baryllkitt (mit Zusatz von Schwerspat) und der Säurekitt „Höchst" der J. G. Farbenindustrie A.-G. erwähnt.

Holzkitte. Zur Verkittung von Stein und Holzfugen: 15 Teile Kalkhydrat werden mit 4 Teilen Kasein und Wasser zu Brei verrührt, dann werden 80 Teile Sand hineingearbeitet. Ein Kitt für Holz bzw. Glas und Eisen besteht aus gleichen Teilen gepulverter Kreide oder Bimstein und Schellack; er wird heiß aufgetragen. Zum Verschmieren von Fugen in Holzkonstruktionen kann unter Umständen auch der gewöhnliche Glaserkitt gute Dienste leisten.

Ein aus Asbest und Wasserglas hergestellter Kitt wird für Holz- und Glassachen recht oft verwandt; er ist aber an sich nicht wasserdicht.

Metallkitte. Leinölfirnis mit Bleiglätte, Bleiweiß oder Mennige zusammengeknetet, liefert Kitte, welche in Verbindung mit Asbest und Hanfschnüren allgemein zum Abdichten von Verschlußteilen dienen.

Ofenkitte enthalten Ton mit geringen Zusätzen von Wasser, Sirup oder Wasserglas als Bindemittel.

Kitte für Metallrohrverbindungen. 1 Teil Schwefel und 2 Teile fein gepulverter Schwefelkies werden zusammen geschmolzen und in die Rohrverbindung eingetragen. Auch ein Brei aus 3 Teilen Calciumhydroxyd, 8 Teilen Schwerspat, 6 Teilen Graphit neben 3 Teilen gekochten Leinöls gibt einen guten Kitt.

Kitte für Eisen oder für Stein und Eisen. 2 Teile Salmiak und 1 Teil Schwefelblumen werden mit Wasser und Eisenfeilspänen zu einem steifen Brei angerührt. In der Fabrikpraxis werden noch zahlreiche andere Mischungen angewandt, deren Zusammensetzung, die sich natürlich auch nach den mit den Kitten in Berührung kommenden Stoffen richten muß, oftmals als Geheimnis gehütet wird. Wasserglas, Mennige, Zement, Quarzmehl, Ton usw. spielen dabei eine Hauptrolle.

Holz[1].

Holzarten. Die auf Bauholz zu verarbeitenden Bäume werden meist im Winter gefällt (in manchen Fällen auf Sommereinschlag). Sie müssen frei von fauligen Stellen, Ästen, großen Rissen und besonders von Wurmfraß sein. Ferner sollen sie guten, vollen Klang zeigen und vollkommen trocken sein. Feuchtes noch safthaltiges Holz fault leicht; es wird bald morsch und begünstigt die Schwammbildung; ferner verkürzt es sich in der Breitenrichtung, es „schwindet", wirft sich und reißt.

Frisches Holz hat im Durchschnitt 40—50%, waldtrockenes gegen 20% und lufttrockenes Holz 8—10% Feuchtigkeitsgehalt. Wenn das Aus-

---

[1] Zimmererarbeiten DIN-Normen 1969; DIN-Taschenbuch 3, S. 60.

trocknen des Nutzholzes sehr schnell vor sich geht, schwindet es unregel-mäßig unter Reißen und Werfen. Die Eigenschaft, beim Trocknen zu schwinden und sich zu ziehen (der Tischler sagt: „das Holz arbeitet") macht bei der Verwendung besondere Vorsichtsmaßregeln nötig. Man muß nämlich stets das Schwindmaß berücksichtigen. Die Verfahren zur künstlichen Trocknung waldfrischen Holzes sind noch neu und kunst-getrocknete Hölzer daher vorerst wenig im Handel.

Die Dauerhaftigkeit der Bauhölzer ist von großer Bedeutung. Häu-figer Wechsel von Feuchtigkeit und Trockenheit beeinträchtigt sie. Völlig im Wasser oder ganz im Trocknen befindliches Holz hält sich darum immer vorzüglich. Von den Nutzholzarten sind Eiche, Ulme, harzreiche Kiefern und Lärche am dauerhaftesten, Buche, Birke, Linde, Pappel, Weide und harzarme Nadelhölzer dagegen am wenigsten haltbar. Aus dieser Einteilung lassen sich jedoch hinsichtlich der technischen Ver-wendung der Hölzer keine Schlüsse ziehen. Nur die besonderen Eigen-schaften der einzelnen Arten sind dafür von Bedeutung, da ja auch Spaltbarkeit, Biegsamkeit, Festigkeit und Farbe eine wichtige Rolle spielen.

Um die Haltbarkeit zu erhöhen und gegen Fäulnis zu schützen, wird das Holz entweder vor der Verwendung gründlich gewässert und dann getrocknet (Entfernung der Fäulniserreger) oder chemisch konserviert (Chemiker-Ztg. 1921, Nr. 117).

Trockenes Holz wird z. B. mit Teer, Firnis, Ölfarbe, Paraffin oder Pech angestrichen oder noch besser mit diesen Mitteln getränkt, um das Eindringen von Feuchtigkeit in das Innere zu verhindern.

Während die Entfernung der die Fäulnis der Hölzer verursachenden Säfte z. B. allein durch Auslaugen in fließendem Wasser nur unvollkom-men erreichbar ist, werden durch Imprägnierung mit antiseptisch wirkenden Mitteln (Kreosot, Kupfervitriol, Zinklösungen usw.) weit bessere Erfolge erzielt.

Die Biegsamkeit der Hölzer zeigt sich in ihrer Elastizität und Zähigkeit. Diese ist bei den verschiedenen Hölzern und sogar bei ein und derselben Holzart je nach Alter, Struktur und Feuchtigkeitsgehalt verschieden. Fichte, Kiefer, Lärche, Eiche und Esche sind elastische und zähe Hölzer.

Die Festigkeit der Hölzer ist für den Bau chemischer Apparate nicht minder wichtig. Alles grüne Holz ist mechanisch fester und zäher, als das schon seit einiger Zeit gschlagene. Unmittelbar am Mark und unter der Rinde gelegenes Holz (der sog. Splint) ist weniger fest, als der übrige Teil (Kernholz).

Der Stamm der Nadelhölzer unseres Klimas ist auf der Südseite weniger fest, als auf der Nordseite, wo die Jahresringe auch dünner liegen. Das Herz des Baumstammes liegt daher nie in seinem Mittelpunkt; Holz mit dünneren Jahresringen wird aus dem gleichen Grunde fester sein. Im allgemeinen kann man sagen, daß die härteren Hölzer am wenigsten faulen. Bei Laubhölzern ist die Reihenfolge vom harten zum weichen Holz etwa die nachstehende: Eiche, Buche, Ulme, Esche, Linde, Pappel.

Bei Einkauf des Nutzholzes versäume man nicht, die Länge und Dicke nachzumessen. Wird es außerhalb gekauft, so pflegt es durch Einschlagen eines Stempels gekennzeichnet zu werden.

In der Praxis gibt man dem Holze bei Druck 4—8fache, bei Zug 10fache Sicherheit.

Kiefernholz ist in Deutschland am gebräuchlichsten; es ist weich, zähe, schwach, elastisch, leicht spaltbar, tragkräftig und schwindet wenig. Seine Haltbarkeit wächst mit dem Alter (Harzzunahme). Es wird durch Anilinlösung usw. rot gefärbt, ohne abzufärben. Spez. Gew., lufttrocken, 0,5—0,6. Zulässige Beanspruchung auf Zug 80 kg, auf Druck 60 kg je 1 cm².

Pitchpineholz (Pechkiefer) ist sehr dauerhaft, tragkräftig und elastisch, schwindet wenig und zieht sich nicht, reißt aber in trockener Luft leicht. Spez. Gew. 0,72, feucht 0,80.

Fichtenholz (Rottanne) ist sehr zähe, tragkräftiger und auch elastischer, als Kiefernholz; es nähert sich diesem an Dauerhaftigkeit und schwindet fast gar nicht. Spez. Gewicht 0,5.

Weißbuchenholz ist hart, zähe, schwach elastisch, gedämpft recht biegsam, kräftig und sehr widerstandsfähig gegen Druck, Schlag oder Stoß, schwer spaltbar; es schwindet und reißt stark; daher ist es nur im Trocknen oder unter Wasser haltbar. Wegen seiner Eigenschaft, von Lösungen nicht ausgelaugt zu werden, diese also auch nicht zu färben, wird es sehr gern zu Bottichen, Rührern und Rührspateln verarbeitet. Spez. Gew. 0,75, feucht 1,01. Zulässige Beanspruchung auf Zug 100 kg, auf Druck 70—80 kg je 1 cm².

Rotbuchenholz reißt noch stärker, wird durch Säuren gebläut und färbt auch seinerseits die damit in Berührung kommenden Lösungen. Dieser letztere Umstand ist bei der sonst häufigen Verwendung des Rotbuchenholzes zu beachten.

Eichenholz ist sehr leicht an den festen, rechtwinklig zur Faser verlaufenden Markstrahlen, der Maserung, zu erkennen; es ist hart (Winter- oder Steineichenholz ist härter, als das der Sommereiche), sehr tragkräftig, ziemlich elastisch, äußerst zähe, leicht spaltbar, trocken und naß tadellos haltbar, fäulnisbeständig, schwindet mäßig, reißt aber und wirft sich leicht. Spez. Gew. 0,75. Zugfestigkeit 100 kg und Druckfestigkeit 70—80 kg je 1 cm².

Lärchenholz ähnelt dem der Eiche, ist jedoch weicher und besonders geeignet für Konstruktionen, die unter Wasser liegen. Spez. Gew. 0,6.

Rüsternholz (Ulme) ist sehr hart und fest, gegen Stoß sehr widerstandsfähig, biegsam, zähe, elastisch, schwer spaltbar, schwindet wenig und ist auch in der Nässe sehr dauerhaft. Es eignet sich daher unter anderem gut zum Bau von Rührwerksbottichen. Spez. Gew. 0,7.

Erlenholz ist weich, wenig tragkräftig, schwach elastisch, leicht im Wasser haltbar, sonst wenig dauerhaft; es schwindet mäßig. Spez. Gew. 0,55.

Pappelholz zeichnet sich durch seine große Weicheit aus; es ist zähe, im Trocknen haltbar, schwindet ziemlich stark und reißt wenig. Spez. Gew. 0,48.

Die drei ausländischen Holzarten Pockholz, Teakholz und Hickoryholz sind unverwüstlich, steinhart, schwer spaltbar; sie schwinden oder reißen so gut wie gar nicht. Während das Pockholz wenig biegsam ist, ist das Hickoryholz elastisch und zähe. Pockholz ist schwerer als Wasser. Das Teakholz hat ein spez. Gew. von 0,8 und das Hickoryholz ein solches von 0,6—0,9.

Bauholz (scharfkantig) wird technisch wie folgt benannt: a) Ganzholz, wenn es aus einem Stamm ohne Längsteilung geschnitten ist; ist dieser einmal geteilt, dann heißt es b) Halbholz, gekreuzt geschnitten, c) Kreuzholz, mehrmals geschnitten, d) Schnitt- oder Schrotholz, das die Bohlen, Bretter, Pfosten und Latten liefert (Abb. 11a—d).

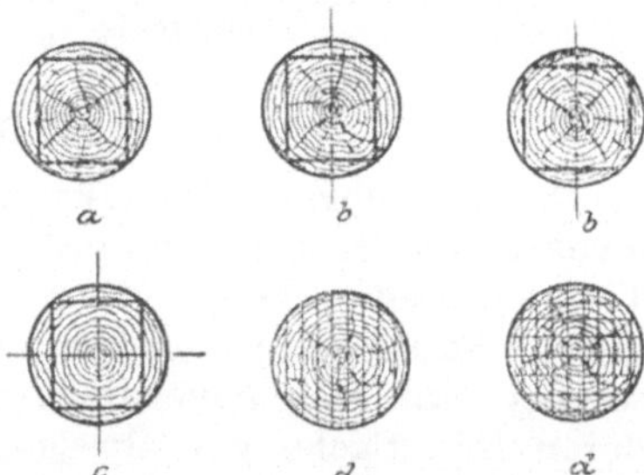

Abb. 11. Bauholzformen.

Halbholz hat demnach Kanten, die nicht immer scharf, sondern meist etwas abgerundet sind. Solche Hölzer nennt man im Gegensatz zu scharfkantigen Hölzern baum-, wald- oder wahnkantig. Aus Ganzholz hergestellte Halb-, Kreuz- oder Schrothölzer sind natürlich um die Dicke der Sägeschnitte, etwa 1 cm, dünner, so daß z. B. ein Ganzholz von 25 × 25 cm 2 Halbhölzer von 12 × 25 cm und 4 Kreuzhölzer von 12 × 12 cm liefert.

Für die Bestimmung der Abmessung der Bauhölzer ist aus wirtschaftlichen Gründen zu empfehlen, sich nach den üblichen Normalprofilen für Kanthölzer und Schnittmaterial zu richten.

Die Stärke wird in einer Entfernung von etwa 70 cm vom Ende des Holzes gemessen:

Normalprofile von Bauhölzern in cm.

8	10	12	14	16	18	20	22	24	26	28	30
8/8	8/19	10/12	10/14	12/16	14/18	14/20	16/22	18/24	20/26	22/28	24/30
—	10/10	12/12	12/14	14/16	16/18	16/20	18/22	20/24	24/26	26/28	28/30
—	—	—	14/14	16/16	18/18	18/20	20/22	24/24	26/26	28/28	—
—	—	—	—	—	—	20/20	—	—	—	—	—

Schnittmaterial (Bretter, Bohlen, Pfosten, Latten).

Längen: 3,50, 4, 4,50, 5, 5,50, 6, 7, 8 m.
Stärken: 15, 20, 25, 30, 35, 40, 45, 50, 60, 70, 80, 90, 100, 120, 150 mm.

Besäumte Bretter steigen in der Breite um je 1 cm.

Starke und kürzere Stämme werden zu Bohlen (10—5 cm stark), zu Spundbrettern (5—4 cm stark), zu Tischlerbrettern (3—2,5 cm), zu Schalbrettern (2 cm) und zu noch dünneren Schwarten geschnitten.

Die Preise der Bauhölzer schwanken nicht nur nach der Qualität, sondern auch nach dem Herkunfts- und Verbrauchsort. Im Westen Deutschlands kosten sie mehr, als im Osten. Im Holzhandel unterscheidet man Fest- und Raummeter. Man bezahlt heute:

für Kantholz, je m³, frei Waggon Berlin (1914: 38 ℳ) . . . . .   62,— $\mathscr{RM}$
„ Schalbretter, 18 mm, je m², frei Waggon Berlin (1914: 0,60 ℳ)   1,—   „
„ Bretter, ungehobelt, gespundet, 23 mm, je m², frei Waggon Berlin
  (1914: 1,30 ℳ)   1,75   „
„ Balken und Halbhölzer in Berlin frei Platz . . . .   93—95   „
„ Schalbretter, konisch bes., 20 mm, in Berlin frei Platz . . . .   60—69   „

Die Schüttgewichte (nach „Chemiehütte" 1927, S. 370) betragen
in kg/m³

     für Buchenholz in Scheiten 400
     „ Fichtenholz „   „ 320
     „ Eichenholz „   „ 420

Holzbearbeitung.

Die Ausführung der für Betriebszwecke erforderlichen Holzkonstruktionen ist zum weitaus größten Teil Aufgabe des Zimmermanns. Tischlerarbeiten kommen nur vereinzelt in Betracht. Während chemische Fabriken früher fast ausschließlich in Holz errichtet wurden, wendet man sich neuerdings in erster Linie Eisenkonstruktionen zu, deren Bau Sache von Spezialfachleuten ist.

Der Verband der Hölzer muß fest und sicher sein, der jeweiligen Beanspruchung entsprechen und das „Atmen" der Hölzer gestatten; Nässe muß also abfließen und Luft zutreten können, um das Faulen zu verhindern. Alle Holzkonstruktionen sollen so ausgeführt werden, daß man sie gut belüften kann.

Die Balkenverbände werden aus diesen Gründen nach ganz bestimmten Regeln hergestellt, die, in großen Umrissen zu kennen, von Nutzen ist.

Die Holzverbindungen bestehen in der „Knotenbildung", der „Verlängerung", der „Verstärkung", der „Verknüpfung" und der „Verbreiterung" der Hölzer.

Kreuzen sich zwei oder mehrere Hölzer miteinander (z. B. bei Gerüsten), dann entsteht ein Knoten; ein solcher darf nie lose sein, damit sich die Hölzer nicht verschieben können. Er wird z. B. dadurch in einen festen Knoten verwandelt, daß drei Hölzer nicht in einem Punkte gekreuzt werden, sondern daß man sie durch Bildung eines Dreiecks unverschiebbar (Abb. 12) macht.

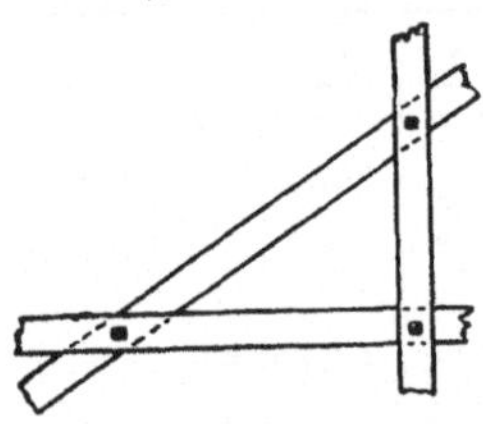

Abb. 12. Holzverknotung.

Das Verlängern des vertikalen Holzes nennt man Aufpfropfen. Es geschieht am einfachsten, aber auch am schlechtesten, durch eiserne Schienen oder durch einen eisernen Dübel und zwei Eisenringe. Besser ist die Verbindung durch einen eisernen Schuh oder bei kantigen Hölzern (auch in nicht senkrechter Richtung) mittels Scherzapfen und Scherschrauben.

Die Stöße werden hauptsächlich bei liegenden Balken angewandt; sie befinden sich stets an einer unterstützten Stelle. Die hauptsächlichsten Stoßverbindungen sind der gerade Stoß, der schräge Stoß und der schräg versetzte Stoß.

Inniger sind die Blattungen. Die am meisten angewandten sind das gerade und schräge Blatt (Abb. 13 und 14) und das gerade und schräge Hakenblatt (Abb. 15 und 16), die durch Holzdübel noch fester gemacht werden können.

Die seltener vorkommende Verstärkung des Holzes erfolgt durch Verdübelung oder Verzahnung.

Die Verknüpfungsarten der Hölzer sind je nach der Lage der Verbundhölzer zueinander recht verschieden. Eine Verzapfung verbindet

 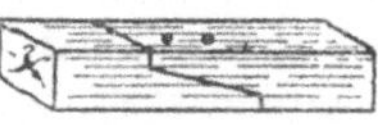  

| Abb. 13. | Abb. 14. | Abb. 15. | Abb. 16. |
| Gerades Blatt. | Schräges Blatt. | Gerades Hakenblatt. | Schräges Hakenblatt. |

Hölzer, die in einer Ebene bündig liegen (gerader, zurückgesetzter oder Achselzapfen Abb. 17 und 18, Scher- oder Gabelzapfen Abb. 19).

Die Überblattungen und Verknüpfungen von sich kreuzenden Hölzern bezeichnet man als einfache, schwalbenschwanzförmige und

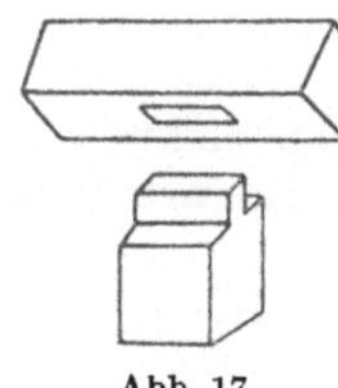 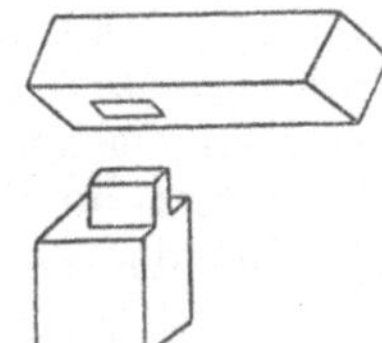 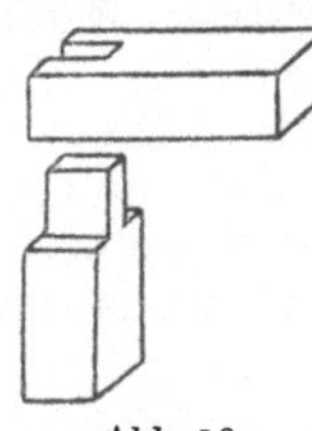 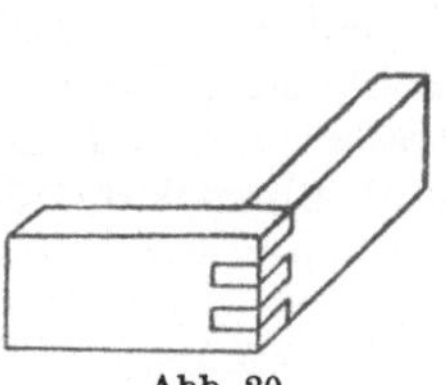

| Abb. 17. | Abb. 18. | Abb. 19. | Abb. 20. |
| Gerader Zapfen. | Zurückgesetzter Zapfen. | Scherzapfen. | Verzinkung. |

hakenförmige. Ecküberblattungen heißen sie, wenn die Hölzer keine Kreuzung, sondern eine Ecke bilden.

Von Verkämmungen der Hölzer spricht man, wenn dieselben in verschiedenen Ebenen liegen und nur wenig ineinandergreifen (gerader Kamm, Versatzung usw.). Sie wird dann erforderlich, wenn unter einem Winkel wirkende Druckkräfte zu übertragen sind.

Die Verzinkung ist eine feste Eckverbindung von Bohlen und von Brettern (Abb. 20).

Alle diese Verbindungen können durch Dübel oder Bolzen verstärkt werden.

Die Verbreiterung von Bauhölzern beschränkt sich im all-

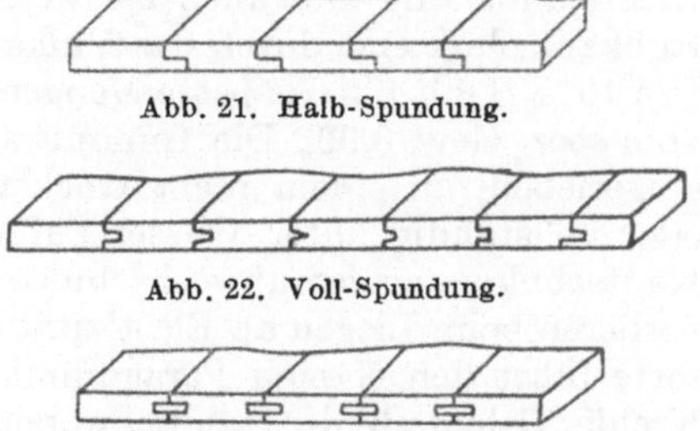

Abb. 21. Halb-Spundung.

Abb. 22. Voll-Spundung.

Abb. 23. Federung.

gemeinen auf Bohlen und Bretter. Das einfache Aneinanderlegen nennt man gerades oder schräges Fugen. Die halbe Spundung (Abb. 21) unterscheidet sich von den verschiedenen Arten der ganzen Spundung, wie es der Vergleich der Abb. 21 und 22 lehrt. Die Federung (Abb. 23) verlangt aus Eiche oder Hirnholz hergestellte Federn, welche in die Nuten eingeschoben werden.

Wie aus diesen Angaben hervorgeht, können für dieselbe Konstruktion bisweilen verschiedene Holzverbindungen gewählt werden, von denen im allgemeinen derjenigen der Vorzug zu geben ist, die bei gleicher Zweckmäßigkeit einfacher und auch billiger ist. Freitragende Holzkonstruktionen sind vielfach im Gebrauch. Sie haben an die Stelle der dunklen, niedrigen Fabrikräume von einst, helle und hohe Hallen treten lassen, die wohl mit solchen in Eisenkonstruktion wetteifern können. Für den Bau chemischer Fabriken ist Holz vielleicht in vereinzelten Fällen geeigneter als Eisen: es sollte jedoch stets tadellos imprägniert und mit feuersicherem (Wasserglas usw.) Anstrich versehen werden.

Außerordentlich viel wissenswertes Material enthält das vom „Reichs-Verdingungs-Ausschuß" 1926 herausgegebene (Beuth-Verlag, Berlin SW 19) DIN-Taschenbuch 3: „Technische Vorschriften für Bauleistungen" (August 1925), in welchem unter Anführung der einzelnen Normenblätter alle in Frage kommenden Werkstoffe kurz charakterisiert und sämtliche Arbeiten (Gründungs- bzw. Erdarbeiten, Mauern, Putz, Stuck, Estrich, Fliesen, Asphalt, Isolierschichten, Beton, Eisenbeton, Schmiedearbeiten, Dachdecker-, Klempner-, Tischler-, Schlosser-, Glaser-, Maler-, Klebe-, Töpferarbeiten, Öfen, Herde, Zentralheizung und Lüftung, Be- und Entwässern, Gasleitungen, elektrische und Blitzschutzanlagen, Brunnen-, Steinsetzer- und Gärtnerarbeiten) tunlichst auf einheitliche Basis gebracht worden sind.

Kautschuk, Leder usw.

Weichgummi. Die Kautschukweltproduktion stieg von 120 000 t 1913 auf 614 000 t 1927; es laufen auf der Erde schätzungsweise 30 Mill. Automobile mit je 5facher Bereifung. Der zur Fabrikation von Reifen, Stopfen, Schläuchen, Dichtungsringen und -platten verwandte Weichgummi ist vulkanisierter Kautschuk. Technisch brauchbar, chemisch widerstandsfähig und auch bei wechselnder Temperatur elastisch wird Rohkautschuk erst durch das Vulkanisieren (mittels Schwefel). Zusatz von 10% S gilt für das beste Mengenverhältnis und liefert einen Gummi vom spez. Gew. 0,99. Die Gummiwaren werden am besten mit Glyzerin eingerieben, an einem nicht trockenen, mäßig warmen, dunklen Orte oder vollständig unter Wasser aufbewahrt. Am allerschädlichsten für Kautschukwaren ist abwechselndes Feucht- und Trockenwerden. Sie verlieren beim Liegen an Elastizität und Festigkeit. Die beste Handelssorte führt den Namen Paragummi. Mineralische Beimengungen, wie Kreide, Calciumhydroxyd, Schwerspat, Blei- und Zinkoxyd, vermindern die Elastizität, steigern die Festigkeit und (mit Ausnahme des Bleioxyds) die Isolierfähigkeit, schwächen die Beständigkeit gegen Säuren, vergrößern aber diejenige gegen Öle und begünstigen das Hart- und Brüchigwerden beim Lagern. Organische Beimengungen verkleinern die Elastizität und die Widerstandsfähigkeit gegen Wärme, erhöhen aber die gegen Säuren. Die Einwirkung von Alkalien ist nicht nennenswert. Als Leuchtgasleitungen dienender Gummischlauch wird nach längerer Zeit hart und brüchig. Es empfiehlt sich daher, die für Gas- und Wasserleitungszwecke benutzten Schläuche nicht zu vertauschen.

Um die großen und teuren Gummipackungen länger brauchbar zu erhalten, legt man beim Abdichten zwischen Gummi und dem unter Umständen heiß werdenden Metall eine Lage Schreibpapier oder man bestreicht die Metallfläche mit Wasserglas bzw. Graphit. Diese einfache Vorsichtsmaßregel verhindert das Anbrennen, Festkleben oder Zerreißen des Gummis.

Kautschukschläuche und -platten können dadurch säurefester (H_2SO_4, HCl usw.) gemacht werden, daß man sie (innen) mit Paraffin tränkt.

Regenerierter Gummi und Ersatzprodukte sind vielfach im Gebrauch und leisten für manche Zwecke ganz gute Dienste, ohne jedoch bei großer Beanspruchung erstklassigen Kautschuk entbehrlich machen zu können. Synthetischer (sog. Sy-) Kautschuk spielt vorläufig keine Rolle.

Hartgummi unterscheidet sich vom Weichgummi durch einen viel größeren (40 %) Schwefelgehalt; andere Beimengungen sind seltener. Er ist schwarz, hart wie Horn und läßt sich auf der Drehbank bearbeiten. In heißem Wasser erweicht er. Sein hoher Schwefelgehalt und längeres Vulkanisieren machen Hartgummi gegen chemische Einflüsse beständiger, erhöhen Festigkeit und Tragfähigkeit, heben aber die Elastizität fast ganz auf.

Man kann heute so ziemlich alle Metallteile (selbst bei Durchmessern und Längen bis 3,5 m), soweit sie der Hand des mit der Gummierung betrauten Mannes zugänglich gemacht werden können, mit fest aufvulkanisierten Schichten von Weichgummi, lederhartem oder Hartgummi (1,5—3 mm stark und dicker) überziehen. So geschützte Apparaturen bewähren sich in der chemischen Industrie ausgezeichnet. Sie sind z. B. gegen siedende Salzsäure jeder Stärke, gegen Schwefelsäure bis 60 % bei gewöhnlicher Temperatur und gegen Flußsäure bis 50 % beständig. Kräftig oxydierende Mittel, Quellungsmittel für Kautschuk und gute Lösungsmittel für Schwefel greifen namentlich bei höherer Temperatur rasch an. Temperaturen über 110°—138° vertragen sie nicht. Das Wärmeleitvermögen beträgt etwa $0,24 \, \mathrm{kcal \cdot m^{-1} \cdot h^{-1} \cdot Grad}$. Weitere Schutzauskleidungen chemischer Apparaturen sind Bakelit (Kunstharz), Spritzzellstoff usw.

Kautschuk kostet heute in Hamburg etwa 1,65 $\mathcal{RM}$ je kg. Cord-Kraftwagenbereifung stellt sich etwa auf 63,50 $\mathcal{RM}$ für 1 Niederdruckreifen bzw. 11,80 $\mathcal{RM}$ für 1 Schlauch 775×145 und auf 113,60 bzw. 16,80 $\mathcal{RM}$ für die Größe $32 \times 6,20$.

Guttapercha ist das beste Material für Verpackung von Pumpen, hydraulischen Pressen usw.

Durit ist ein lederartiges Dichtungsmaterial, das gegen Säuren und Alkalien ziemlich beständig ist und auch von Petroleum, Schwefelkohlenstoff, Benzin, Benzol und Ähnlichem nicht gelöst wird.

Vulkanfiber ist eine aus Pflanzenfasern nach geheimgehaltener chemischer Behandlung unter hohem Druck hergestellte Masse, welche äußerlich dem Hartgummi ähnelt und ein spez. Gew. von 1,3—1,4 hat.

Biegsame, schwere Vulkanfiber bildet lederartig zähe, nicht dehnbare, aber glatte, rote oder schwarze Platten; sie widersteht kaltem und heißem Wasser oder Ölen vorzüglich und liefert daher ein ausgezeichnetes Dichtungsmaterial (so für Verpackungen, Ventile, Pumpenklappen u. dgl.).

Harte Vulkanfiber ist sehr zäh und hornartig. Sie springt und bricht nicht und läßt sich vollkommen wie hartes Holz bearbeiten oder leimen. Noch in recht hohen Hitzegraden ist sie beständig; sie leitet den elektrischen Strom nicht und bildet einen zähen, reibungsfreien, nicht oxydierbaren Baustoff, der gegen Stoß und Bruch, gegen Feuchtigkeit, Fette und Öle sehr unempfindlich ist.

Die Platten haben bei einer Dicke von 1—12 mm und darüber eine Größe von $1 \times 1,5$ m.

Hanf soll langfaserig, weich, rein ausgezogen sowie frei von Werg, Staub, Sand usw. sein und einen reinen, seidenartigen, gelblich-weißen Glanz besitzen. Er ist um so besser, je länger, feiner und fester er ist.

Außer in Form von Seilen und Gurten benutzt man ihn, unversponnen und oft zusammen mit Mennigekitt oder Talg, zum Abdichten (er begünstigt das Haften). Außerdem dient er zum Verpacken von Stopfbüchsen, Muffen, Kolben usw. Weitere Dichtungs- und Packungsmaterialien sind Graupappe, Asbest, Klingerit, Metallpackung usw. (Klingerit kostet 4,80 ℛℳ je kg).

Filz wird als Unterlage für Maschinen und Trägerköpfe zwecks Abdämpfung von Schall und Erschütterungen benutzt. Mit Paraffin getränkt, ist er hier fast unbegrenzt dauerhaft. Zur Verhinderung des Breitdrückens und Erhärtens wird das Filzlager auch mit Drahtgeflecht belegt. Druckbelastung je 1 cm² bis 30 kg.

Kork wird in gleicher Weise als Unterlage verwandt. Druckbelastung je 1 cm² 11—18 kg.

Die Anwendung des Leders in der chemischen Technik beschränkt sich zumeist auf Herstellung von Treibriemen. Über die Beurteilung und Behandlung der Treibriemen vgl. das Kapitel über Transmissionen. Sonst wird Leder auch auf Kolbenmanschetten und Ventilklappen verarbeitet. Unter dem Einfluß von heißem Wasser schrumpft es, wird hart und unbrauchbar. Kernleder kostet 6—8,60 ℛℳ je kg.

Festigkeit der Baustoffe.

Zug-, Druck-, Biegungs-, Scher-, Knick- und Drehungsfestigkeit spielen die Hauptrolle. Daneben sind Bruchfestigkeit, Festigkeitskoeffizient, Bruchmodul oder Bruchkoeffizient von kaum geringerer Bedeutung. Die Werkstoffprüfung hat sich zu einer so ausgedehnten Spezialwissenschaft entwickelt (DIN 1350, 1602—1605), daß sie hier nur ganz kurz gestreift werden kann.

Zug- und **Druckfestigkeit** sind bei einigen Körpern gleich groß und proportional den Querschnitten. Bei anderen und gerade bei denjenigen, welche in der Praxis auf Druckfestigkeit beansprucht werden, ist diese beträchtlich größer, als die Zugfestigkeit.

Scher- oder **Schubkräfte** wirken auf einen Körper z. B. beim Zerschneiden mit der Schere oder beim Druck einer Stanze (Nietbolzen eines unter Druck befindlichen Dampfkessels).

Die **Knickfestigkeit** (z. B. bei Säulen) ist proportional dem Elastizitätsmodul des Materials, seiner Länge und seinem Querschnitt. Sie ist abhängig von der Art der Befestigung der Stabenden (eingespannt oder frei), so daß man vier Fälle unterscheiden kann (Abb. 24): ein Ende ist eingespannt, das andere frei (a), beide Enden sind frei (b), ein Ende ist eingespannt, das andere drehbar, aber in der Achsenrichtung des geraden Stabes geführt (c), beide Enden sind eingespannt (d). Die Bruchbelastungen für die vier Fälle verhalten sich nach Euler wie $^1/_4 : 1 : 2 : 4$.

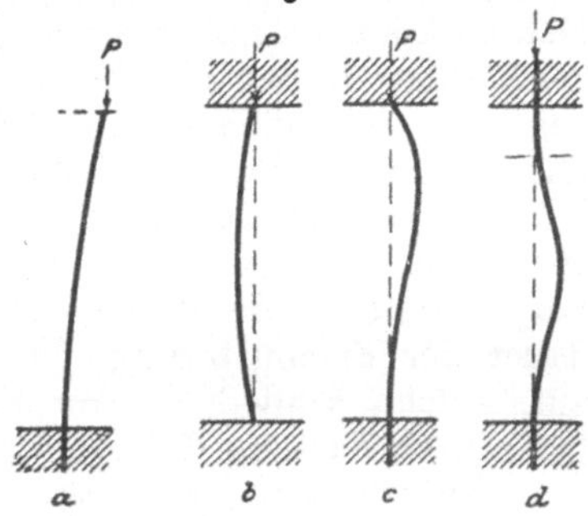

Abb. 24. Beanspruchung von Stäben.

Für die Biegungsbeanspruchung spielen Bruch- und Zugfestigkeit, sowie Größe und Form des Querschnittes eine wesentliche Rolle. Bei den verschiedenen Arten der Belastung ergeben sich sehr viele Möglichkeiten der Beanspruchung.

Ist die Tragfähigkeit eines an einem Ende belasteten Balkens, der am anderen Ende unterstützt ist, gleich 1, dann ist sie, wenn beide Enden aufliegen und die Last in der Mitte des Balkens wirkt, gleich 4, oder gleich 8, wenn beide Enden festgespannt (z. B. eingemauert) sind. Die Tragfähigkeit wächst auf das Doppelte, wenn die Last sich auf die ganze Länge des Balkens verteilen kann. Ferner ist die Tragfähigkeit der Breite und dem Quadrat der Höhe (Dimension der senkrechten Kraftrichtung) direkt bzw. der Länge des Balkens umgekehrt proportional. Daraus folgt, daß es zur Erzielung größerer Tragfähigkeit vorteilhafter ist, eher die Höhe als die Breite eines liegenden Balkens größer zu machen, denn erstere ist von einschneidendstem Einfluß. Das für Balken aus Rundstämmen gebräuchliche günstigste Verhältnis von Höhe zu Breite ist 7 zu 5. Die Tragfähigkeiten von Balken mit quadratischen Querschnitten verhalten sich, wie die Kuben der Seiten.

Auf Grund der Tatsache, daß eine größere Höhe für die Tragfähigkeit vorteilhafter ist und daß die Oberfläche besonders in Anspruch genommen wird, ergibt sich, daß für massive Träger die $\mathbf{I}$-Form am günstigsten ist. Für Träger mit zylindrischem Querschnitt gilt als Regel, daß (bei gleicher Trägermasse) ein hohler Träger mehr trägt, als ein massiver, aber natürlich auch einen größeren Durchmesser haben muß. Die Tragfähigkeit für Hohlzylinder ist bei gleicher Wandstärke und gleichem Material proportional dem Quadrat der Durchmesser.

Die **Drehungs-** oder **Torsionsfestigkeit** (z. B. Transmissionswellen) ist eine Art Schubfestigkeit.

Die **Festigkeitsgrenzen** der Praxis dürfen sich, um eine genügende Sicherheit der Konstruktion zu gewährleisten, niemals den theoretischen, absoluten Höchstwerten nähern, weil man sich von der inneren Beschaffenheit der Materialien trotz metallographischer oder röntgenologischer Untersuchungen nie ein völlig sicheres Bild machen kann. Hölzer können eine weniger feste Faser besitzen, als sie äußerlich vermuten lassen. Steine können verwittert oder schlecht gebrannt sein. Metalle können Guß- oder Legierungsfehler besitzen. Auch die atmosphärischen Einwirkungen und die Arten der Belastung sind von Bedeutung. Aus allen diesen Gründen soll die wirkliche Belastung weit unter der Höchstgrenze bleiben (3-, 4-, 6fache Sicherheit usw.).

Die **Festigkeit** fast aller Baustoffe wird im Laufe der Zeit infolge chemischer und physikalischer Einflüsse sinken (Eisen rostet, Holz fault, Steine verwittern). Ermüdung des Materials tritt bei dauernder Erschütterung oder fortgesetzt wechselnder Beanspruchung auf, welche schließlich den Bruch herbeiführen kann, ohne daß man bei Einzelbelastung die Elastizitätsgrenze auch nur erreicht hätte.

Schmiedeeisen gibt man im allgemeinen bei Zug 6—10fache, bei Biegung 4—6fache, Gußeisen bei Druck 4—6fache, Holz bei Druck 4—8fache, bei Zug 10fache und Stein bei Druck 15—20fache Sicherheit. Es hängt dabei von der Art der Beanspruchung (ob gleichmäßig oder wechselnd und stoßweise) und von den äußeren Einflüssen ab, ob man sich näher an die unteren oder die oberen Grenzen halten kann.

Zur Bestimmung der **Festigkeit** dienen Festigkeitsprüfungsmaschinen (je nach Prüfungsart auf Druck, Zug, Biegung usw. verschieden), die meist den ganzen Verlauf der Beanspruchung in Form eines Diagrammes aufzeichnen. Bei der Prüfung der Probstücke werden Belastungen gewählt, welche die in der Praxis geforderten um ein Vielfaches überschreiten. Ein näheres Studium der einschlägigen Methoden kann auch dem Betriebschemiker nur empfohlen werden.

Der Betriebshandwerker[1].

Die in chemischen Fabrikbetrieben beschäftigten Handwerker müssen berufsvertraut, geschickt und intelligent sein, weil ihnen häufig Arbeiten übertragen werden, die außerhalb ihres eigentlichen Berufskreises liegen.

Daher ist es empfehlenswert, die einmal eingearbeiteten Handwerker dauernd im Dienste zu behalten; nicht selten hat das auch den Vorteil, daß sie nach gewonnener praktischer Erfahrung mit ihrem Urteil helfend zur Seite stehen können.

Die völlig verkehrte Gewohnheit mancher Vorgesetzter, alle von einem Untergebenen geäußerten Ansichten oder Vorschläge abzuweisen, geht manchmal so weit, daß er sie nur deshalb nicht ausführt,

---

[1] Vgl. DIN-Taschenbuch 3: „Technische Vorschriften für Bauleistungen". Berlin SW 19: Beuth-Verlag 1926.

weil sie von einem Untergeordneten ausgesprochen wurden. Man bedenke stets, daß man auch vom Dümmsten noch lernen kann, und oft steckt gerade in diesen manchmal allerdings recht naiven Äußerungen etwas, das zu neuen Gedanken anregt. Beständige Abweisung von solchen Bemerkungen wirkt auch sehr bald in dem Sinne, daß den Leuten Lust und Liebe genommen wird. Sie verschweigen dann Wahrnehmungen, deren rechtzeitige Meldung oft Schäden und Gefahren verhindern würde. Man höre also solche Vorschläge, verwerte sie, wenn sie brauchbar sind, oder erkenne wenigstens die gute Absicht an.

Die von einzelnen Fabriken getroffene Einrichtung, die Arbeiter grundsätzlich aufzufordern, etwaige Gedanken oder Vorschläge zu Verbesserungen schriftlich oder mündlich bekanntzugeben (mit dem Versprechen einer angemessenen Vergütung bei ihrer Brauchbarkeit), ist aus allen diesen Gründen sehr zu begrüßen. Man ist neuerdings noch weitergegangen und hat fachliche Arbeiterunterrichtskurse und Diskussionsabende eingerichtet, bei denen der Erfahrungsaustausch oft wertvolle Anregungen bietet, wenn Scheu und Gleichgültigkeit einmal überwunden sind. Im übrigen berühren wir an dieser Stelle so viele soziale Zusammenhänge, die in die Tagesgeschichte hineinreichen, daß nicht näher auf diese Fragen eingegangen werden soll. Die Aufgabe der Zukunft muß es sein, in solchem Sinne zu wirken, daß die modernen Bestrebungen nicht arbeitshemmend, sondern arbeitsfördernd wirken. Eine gesunde und verständnisvolle Betriebsrätepolitik, angemessene Gewinnbeteiligung des Einzelnen am Gesamterlös, wirtschaftliche Fürsorge, Hebung geistiger Interessen usw., alles das muß dazu dienen, das schöne Endziel zu erreichen, daß ein jeder sich willig als ein dienendes Glied in den Rahmen des Ganzen einfügt. Aus diesen wenigen Ausführungen ist schon ersichtlich, wie nötig für den werdenden Fabrikchemiker volkswirtschaftliche Studien während seiner Ausbildungszeit sind. Nach dieser kleinen Abschweifung sei zum Thema zurückgekehrt.

An Werkzeugen darf es nie fehlen, denn die mit unzulänglichen Mitteln ausgeführten Arbeiten lassen oft zu wünschen übrig. Von beständig oder doch häufiger gebrauchten Dingen (Eisen, Kupfer, Blei, Rohre, Bleche, Hölzer, Schrauben, Nägel, Hebezeug usw.) soll stets ein angemessener Vorrat vorhanden sein. Trotzdem darf mit diesem Material nie verschwenderisch umgegangen werden (Neigung dazu besteht besonders bei neu eingestellten Handwerkern). Die sog. Abfälle sind, soweit es möglich ist, immer zuerst aufzubrauchen. Der die Aufsicht führende Meister muß darauf ganz besonders achten, denn sonst werden aus Bequemlichkeitsgründen kleinere Stücke beiseitegestellt, die noch benutzt werden könnten. Im Materialienmagazin und in den Reservelägern muß Ordnung herrschen, damit nicht durch Suchen Zeit verlorengeht oder die Teile im Notfall nicht aufzufinden sind.

Aus dem gleichen Grunde werden die nicht mehr im Betrieb gebrauchten Apparate sachgemäß demontiert und aufbewahrt. Zum Ordnungssinn der Handwerker muß sich Gewissenhaftigkeit gesellen, hängt doch von der sorgfältigen und guten Ausführung häufig viel ab. Ohne gleich an die durch nachlässige Arbeit verursachten Unglücksfälle zu denken, sei nur daran erinnert, daß beim Bau von Apparaten Handwerkszeuge, Schrauben, Bolzen u. dgl. darin liegenbleiben können, die dann aus Vergeßlichkeit und Sorglosigkeit nicht wieder herausgeholt werden. Es können bei der Inbetriebsetzung auf diese Weise die größten, zunächst unerklärlichen Störungen entstehen.

Um solche Vorkommnisse nach Möglichkeit zu vermeiden, müssen stets die entsprechenden Vorsichtsmaßregeln getroffen werden. Man sollte z. B. bei Arbeiten an Brunnen, Türmen, tiefen Gruben oder großen Gefäßen, die entweder gar nicht oder nur mit großer Umständlichkeit befahren werden können, Plane oder Tücher unter der Arbeitsstelle ausspannen, um das Hinabfallen von Werkzeug usw. zu verhindern. Für gewisse Arbeiten kann man auch die Werkzeuge an eine Schnur binden.

Handelt es sich darum, einen Apparat nur ganz vorübergehend für einen oder wenige Versuche als Notbehelf aufzubauen, dann verschwende man nicht unnötig viel Zeit und Geld mit dem sog. (hier überflüssigen) technischen Verschönen. Die Handwerker sind daran gewöhnt, ihren Arbeiten einen letzten „Schliff" zu geben und lassen nur ungern davon ab! Bei endgültigen Einrichtungen sollte allerdings neben der Zweckmäßigkeit auch ein wenig dem äußerlich schönen Aussehen Rechnung getragen werden, weil dadurch auf jeden Fall ein günstiger Einfluß auf Arbeit und Arbeiter ausgeübt wird.

Die ausschlaggebende Bedeutung guter Apparaturen für einwandfreies Arbeiten des Betriebes braucht als selbstverständlich nicht besonders unterstrichen zu werden.

Auch auf die Selbstkosten von Arbeiten, die man in eigener Regie ausführen läßt, ist Rücksicht zu nehmen. Wichtig ist z. B. die gute Ausnutzung des den Handwerkern zu stellenden Hilfspersonals. Es gibt viele Handwerker, die sich beständig und bei den kleinsten Arbeiten von ihrem Handlanger bedienen lassen. Diese Gewohnheit darf nicht zur Regel werden. In vielen Fällen können die Handwerker allein arbeiten, und auch für den Hilfsarbeiter gibt es genügend Arbeit, die er selbständig ausführen kann (kleinere Montagen, Vorrichtung der Werkzeuge, Aufräumen der Werkstatt, Anfertigen von Gebrauchsgegenständen auf Vorrat usw.). Bei anderen Gelegenheiten empfiehlt es sich, guten Handwerkern mit Dispositionstalent ausreichendes Hilfspersonal zur Verfügung zu stellen (Beschleunigung von Reparaturen usw.).

Für genügende Beschäftigung der Handwerker in ruhigen Zeiten ist rechtzeitig vorzusorgen. Es ist dann Aufgabe des (erfahrenen und umsichtigen) Werkmeisters, die Kleinarbeit richtig einzuteilen.

Für chemische Fabriken kommen von Handwerkern in erster Linie Schlosser, Grobschmiede, Kupferschmiede, Klempner (Spengler), Schweißer, Bleilöter, Rohrleger, Zimmerleute, Tischler (Schreiner), Böttcher (Küfer), Elektriker usw. in Betracht.

Schlosser und **Grobschmiede** werden wohl meist in einer Werkstatt oder doch in benachbarten Räumen arbeiten (viele gemeinsame Werkzeuge). Während sich der Schmied mit der gröberen Bearbeitung des Eisens (hauptsächlich in glühendem Zustande) befaßt, liegt dem Schlosser im wesentlichen die feinere Bearbeitung desselben (meist in kaltem Zustande) und die Ausführung von Reparaturen an der Betriebsapparatur ob (besondere Kenntnis der Maschinenschlosserei, des Armaturenfachs und der Schwarzblecharbeit erwünscht).

Der **Kupferschmied** beschäftigt sich, wie der Name sagt, mit der Bearbeitung von Kupfer, Blei, Aluminium, Zinn usw. (Löten, Verzinnen, Verbleien o. dgl.).

Der **Klempner** (Blechschmied, Spengler), verarbeitet Metallbleche. Größere Betriebe beschäftigen daneben besondere Rohrleger, Schweißer, Bleilöter, Elektriker usw., welche die betreffenden Spezialarbeiten auszuführen haben.

In das Gebiet der **Zimmerei** (in größeren Betrieben auch Tischlerei) fallen sämtliche Holzarbeiten.

Böttcher (Faßbinder, Küfer, Büttner, Kübler) werden nur in Betrieben beschäftigt, in denen große Holzgefäße, Fässer usw. eine erheblichere Rolle spielen. Die Fässer bestehen aus durch Holz- oder Eisenreifen zusammengehaltenen Dauben mit unterem oder auch oberem Boden. Damit das Antreiben der Reifen (vollkommenes Abdichten) ermöglicht wird, haben alle Böttchergefäße konische oder gewölbte (nicht zylindrische) Form. Die Größe der Faßwölbung oder Verjüngung wird durch den Faßstich ausgedrückt (=Unterschied der Durchmesser des Faßbauches und des Faßkopfes $D - d$, Abb. 25). Der Faßinhalt berechnet sich nach der Formel:

$$T = \tfrac{1}{12}\,\pi h\,(2D^2 + d^2).$$

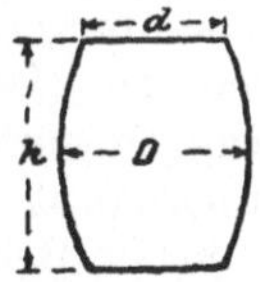

Das zur Faßfabrikation nötige Holz ist frisch zu verarbeiten. Die Art desselben richtet sich nach dem Verwendungszweck der Fässer (in Zweifelsfällen stets Versuche unter den richtigen Betriebsverhältnissen ausführen). Oft werden die Fässer durch Ausschwefeln, Auspichen, Leimen und Dämpfen noch besonders vorbereitet. Auch die Art der Stifte, Schrauben oder Nägel (ob Eisen, Kupfer, Messing usw.) kann unter Umständen von Bedeutung sein. Zum Versand chemischer Produkte dienen vielfach Eisenfässer (auch verzinnt oder verzinkt).

Abb. 25. Faß.

Böttchergefäße dürfen nicht leerstehen und austrocknen, da sie sonst leck werden und dann nur durch wiederholtes Vollgießen und Antreiben der Reifen wieder zu dichten sind. Zu stark ausgetrocknete Fässer fallen oft ganz auseinander und müssen neu „geböttchert" werden. Kann man Holzgefäße nicht gefüllt stehen lassen, dann sind sie wenigstens an kühlen, feuchten Orten (Keller) aufzubewahren und von Zeit zu Zeit zu begießen. Undichtigkeiten, die durch Quellen des Holzes und Antreiben der Reifen nicht behoben werden können, lassen sich am sichersten von der Innenseite aus (die „Dichtung" darf nicht hinausgedrückt werden), mit geeigneten Kitten, mit Pech oder Leim in Verbindung mit Hanf, Schilf bzw. Holzspänen beseitigen.

Bottiche und Fässer sind stets so aufzustellen, daß sie möglichst mit allen Dauben, auf der Unterlage ruhen, daß aber trotzdem die Luft den Faßboden umspülen kann, um ein Faulen des Holzes zu verhindern. Aus diesem Grunde empfiehlt sich besonders in chemischen Fabriken ein fäulnishemmender Anstrich für die Unterstützungen und die Außenseiten der Bottiche oder Fässer.

Faßspunde sollen in der Weise aus dem Holze ausgeschnitten werden, daß die Holzfaser in Richtung des Spunddurchmessers läuft, da sie sonst durchnässen. Um guten Verschluß zu erzielen, muß der Spund so in das Spundloch eingesetzt werden, daß die Holzfaser von Spund und Spunddaube in einer Richtung liegt. Zum Heraustreiben des Spundes benutzt man einen wuchtigen Holzhammer von der Breite der Spunddaube, mit dem man auf die letztere dicht neben den Spund schlägt. Mit eisernen oder zu schmalen Holzhämmern, Rohrenden oder Schraubenschlüsseln, zerstört man sehr bald die Spunddaube.

Von der guten Ausführung aller Handwerkerarbeiten, z. B. von der Dichtigkeit der Metall- bzw. Holzgefäße oder Rohrleitungen, dem sorgfältigen Löten, der guten Veredelung (Verzinnen usw.) der Metalloberflächen usw., sollte man sich stets durch Prüfung überzeugen (nicht zu viel Material verwenden).

Maurerarbeiten kommen so häufig vor, daß selbst in Fabriken mittlerer Größe ständig ein Maurer beschäftigt werden kann. Die gebräuchlichsten Baustoffe müssen immer vorrätig sein. Die naturgemäß schmutzige Arbeitsstätte des Maurers im Betrieb ist so vorzubereiten, daß Apparaturen oder Fabrikate nicht verunreinigt werden (Schutt nicht in benachbarte Räume verschleppen). Mauerungen unter — 4° C halten nicht und Zementmörtel verträgt Frost überhaupt nicht. Es ist häufig üblich, auch kleine Isolierarbeiten von den Betriebsmaurern ausführen zu lassen. Dem kann im allgemeinen nur bedingt das Wort geredet werden. Jedenfalls sollte zur Umkleidung größerer Apparaturen stets ein fachkundiger Isolierer herangezogen werden. Die Mehrausgabe wird durch Brennstoff- oder Wärmeersparnis wieder eingebracht. Größere Betriebe beschäftigen auch **Maler** und **Anstreicher** für Instandhaltung der Anlage.

Das Werkzeug der Betriebshandwerker[1].

Die Größe der Werkzeugvorräte hängt natürlich vom Umfang der Arbeiten ab, die man ausführen lassen will. Größere Aufgaben wird man ja sowieso Spezialfirmen zuweisen.

Für ordentlichen Zustand ihres Werkzeugvorrats sind die Handwerker verantwortlich! Man übergebe ihnen ein Verzeichnis ihrer Werkzeuge und vergleiche dasselbe regelmäßig (vielleicht alle drei Monate) mit den Beständen. Für geeignete, verschließbare Aufbewahrung der Werkzeuge ist zu sorgen. Gleiche Werkzeuge verschiedener Werkstätten, wie Hämmer, Zangen usw., sind irgendwie kenntlich zu machen, damit jeder Streit über den Besitz ausscheidet. Das „Finden" von Werkzeugen ist an der Tagesordnung! Größere Werkzeuge sollten nur gegen Leihschein ausgehändigt werden. Peinliche Ordnung, zweckmäßige Inventarisierung und häufige Auffüllung der auf die Neige gehenden

---

[1] DIN-Taschenbuch 6. Berlin SW 19: Beuth-Verlag, Juli 1926.

Vorräte sind für die kleinste Betriebswerkstatt genau so wichtig wie für die große Montagehalle der Maschinenfabrik.

Von Schlosserwerkzeugen seien u. a. Hämmer, Zangen, Schraubenschlüssel mit festen und verstellbaren Backen, Schraubenzieher, Keilzieher, Flach- und Spitzmeißel, Bohrer, Bohrknarren, Schraubstöcke, Handsägen, Senkeisen, Reibahlen usw. genannt. Für Rohrarbeiten kommen Rohrschraubstöcke, Rohrschneider, Gewindeschneider, Schneidkluppen, Gewindebohrer und Rohrzangen hinzu.

Von maschinellen Einrichtungen sind Bohrmaschinen, Blechscheren, Drehbänke, Schleifsteine, Säge-, Schmirgel- und Hobelmaschinen am wichtigsten.

Der Schmied braucht einen Schmiedeherd mit Gebläse, eine Feldschmiede mit Handgerät, Ambosse mit Gesenke und Hörnern, Amboßblöcke, Amboßhämmer, Handhämmer, Richteplatten, Senkplatten und Reifenbiegemaschinen.

Für Blecharbeiten der Kupferschmiede und Klempner kommen Blechlehren, Blechscheren für maschinelle und Handbedienung, Holz- und andere Hämmer, Schraubstöcke und -zwingen, Lötkolben bzw. -lampen, Stanzen, Lochmaschinen, Drahtzangen, Feldschmiede und Rohrzangen in Betracht. Die Schweißer und Bleilöter verwenden Schneid- und Schweißbrenner, Gummischläuche, Bomben für die benutzten Gase (Sauerstoff, Wasserstoff, Acetylenapparat), Hämmer usw. (für elektrische Schweißung auch Spezialeinrichtungen). Unter Umständen sind auch Apparate zur galvanischen Metallveredlung nötig.

Die hauptsächlichsten Werkzeuge für die Holzbearbeitung sind Handsägen, Hämmer, Stemmeisen, Hobel, Zangen, Raspeln, verschiedene Bohrer, Zentralbohrer, Schraubenzieher, Holzfeilen, Anreiß- und Gehrungswinkel, Leimtöpfe, Pinsel, Schraubzwingen, Beile und Brecheisen.

Die Maurerausrüstung besteht im allgemeinen aus dem Mörtelschaff, aus Handkellen, Schaufeln, Spaten, Maurerhämmern, Wasserwaagen, Besen, Maurerpinseln, Glattstrichreibern usw. (unter Umständen noch Handsiebe für feinen Sand, Schubkarren, Kalklöschpfannen, Kalkgrube usw.).

Für Montagen und allgemeine Zwecke sind Montagegerüste, Leitern, Flaschenzüge (Demag-Elektroflaschenzug), Taue, Ketten, Handwinden, Wasserwaagen, Zirkel, Anreißer, Winkel, Maßstäbe, Bandmaße, Tachymeter, Schiebelehren, Taster, Mikrometerschrauben, Riemenspanner, Riemenlocher, Ölkannen usw. erforderlich.

Dichtungs- und Packungsmaterialien sind in allen wichtigen Größen und Sorten roh (Platten, Schnüre) und gebrauchsfertig (zugeschnittene Rohrdichtungen usw.) vorrätig zu halten. Auch Isoliermaterial (Kieselgur, Asbest, Seidenzopf, Kork usw.) sollte stets vorhanden sein.

B. Mechanische Hilfsmittel.

Rohrleitungen[1].

Rohrleitungen dienen zum Fördern von Flüssigkeiten und Gasen. Im allgemeinen ist zu sagen, daß sie bei **Neuanlagen sämtlich nicht zu eng** gewählt werden sollten, um die Möglichkeit einer gewissen Vergrößerung des Leitungsnetzes zu haben, ohne sofort neue Rohrstränge legen lassen zu müssen.

Die Leitungen selbst sollen frei, bequem zugänglich und stets etwas von der Wand entfernt liegen; etwaige Rohrnähte zeigen immer nach vorn, um Undichtigkeit sofort sehen und Reparaturen schnell ausführen zu können. Auch an die Rohrverbindungen sollte deshalb leicht herankommen sein (in keinem Falle eng an der Mauer oder in derselben). Um im Bedarfsfalle rasch Abzweigungen ausführen zu können, empfehlen sich in gewissen Abständen blind verschraubte Reservestutzen.

Man gebe allen Leitungen genügendes Gefälle (keine Verstopfungen, schnelles, vollkommenes Entleeren und bei Freileitungen ein gewisser Schutz gegen das Einfrieren). Leitungen für breiige, schlammige oder Bodensatz mit sich führende Massen sollen reichlich weit, möglichst geradlinig und nie scharf gekrümmt sein. Lösungen, die leicht absetzen oder auskristallisieren, schlammige Flüssigkeiten und stark verunreinigte Ablaugen sollen, wenn irgend angängig, nur in offenen, bequem zu übersehenden Rinnen laufen. Führen Leitungen über Fabrikhöfe oder durch andere Betriebsräume hindurch, so werden sie (unter Umständen isoliert) in begehbaren Rohrkanälen vereinigt oder oberirdisch auf Säulen verlegt. Man vergesse nie, daß ein guter, stets vervollständigter und übersichtlicher Rohrplan die geringe Mühe seiner Anfertigung tausendfach belohnt!

Es hat sich als sehr zweckmäßig erwiesen, die einzelnen Leitungen für Dampf, Wasser, Vakuum, Druckluft usw. in verschiedenen Farben anzustreichen, um sie auf diese Weise sicher zu kennzeichnen. Für die Praxis sind besondere Rohrnormalfarben für Wasser-, Dampf-, Laugeleitungen usw. zusammengestellt worden. Das DIN-Blatt 2403 nennt für Dampf als Kennfarbe rot, für Wasser grün, für Luft blau, für Gas gelb, für Säure orange, für Lauge lila, für Öl braun, für Teer schwarz und für Vakuum grau. Betreffs der außerordentlich interessanten Vorschläge zur Bezeichnung verschiedener Dampfsorten, Wässer, Gase, Konzentrationen usw. durch entsprechende Ringe, sei auf DIN-Taschenbuch 1, S. 198 u. 199, Berlin SW 19: Beuth-Verlag 1927, verwiesen.

Die Abflußleitungen für Kondens- oder Kühlwasser und andere Betriebsabgänge liegen so tief wie möglich, damit sie auch bei späteren Anschlüssen keine Schwierigkeiten machen. Kondenswasser darf in den Heizleitungen keine Wassersäcke bilden; es soll immer sichtbar ab-

---

[1] Vgl. auch V. Hüttig: Heizungs- und Lüftungsanlagen in Fabriken, besonders S. 193ff., Leipzig 1915, und die verschiedenen DIN-Normenblätter (allgem. DIN 1980).

fließen. Kondenstöpfe zur Entwässerung der Leitungen (s. u.) sind oftmals die Schmerzenskinder der Betriebe (stets sorgfältig beaufsichtigen, nie vernachlässigen, sonst sind erhebliche Wärmeverluste unvermeidlich). Sichtbarer Abfluß aller Abwässer (meist durch Trichter) hat für die Kontrolle der Arbeitsprozesse große Vorteile.

Dampfrohre, die stets Manometer und Dampfmesser tragen sollen, liegen aus praktischen Gründen über den Wasserleitungen, damit das unter Umständen zum Kühlen zu verwendende Wasser nicht unnütz vorgewärmt wird. Die Art der Verlegung der Hauptdampfleitung richtet sich nach den Betriebsverhältnissen (Abzweigungen). Sie muß frei zugänglich sein. Es ist nicht gleichgültig, ob die Stutzen für die Abzweige nach unten oder nach oben zeigen. Im ersteren Falle wird stets Kondenswasser mitgerissen werden, während der Dampf bei der zweiten Bauart (Kondenstopf!) ziemlich wasserfrei in die Zweigleitungen eintritt. Erstere Anlage hat ferner den Nachteil, daß bei Undichtigkeiten der Stutzenflanschen Kondenswasser auf die Isolierung tropft bzw. sie aufweichen und beschädigen kann. Kalt gewordene Leitungen lassen häufig beim Wiederanstellen des Dampfes Wasser aus den Flanschen austreten und geben Wasserschläge. Beide Erscheinungen verschwinden bei Ausdehnung der Rohre nach dem Warmwerden.

Die den Leitungen nach solchen Ruhepausen zuerst entströmenden Kondensate und Dämpfe sind fast immer durch mitgeführten Eisenrost verunreinigt. Man läßt daher Dampf und Wasser kurze Zeit frei ausströmen, ehe man irgendwelche Gefäße anschließt. Der Dampf muß stets ganz allmählich angestellt werden, da sonst das gefürchtete „Schlagen" der Leitungen auftritt. Ist es nötig, Rost oder sonstige Verunreinigungen durch die Rohrwandungen völlig zu beseitigen, dann muß ein Zwischengefäß oder ein Dampfwasserableiter eingeschaltet werden. Von diesem aus geht man dann mit Rohren aus widerstandsfähigem Metall oder Schläuchen in den betreffenden Bottich o. dgl.

Zwecks Ausgleichs der Wärmeausdehnung und Verschiebung längerer Rohrstränge findet sich oft in der Mitte der Leitung ein in der Regel aus Messing oder Kupfer hergestelltes Rohrstück, das sich in einem weiteren Rohr mittels Stopfbüchse bewegen kann. Oft wird auch ein in Hufeisen- oder Schleifenform gebogenes elastisches Rohr (eine Lyra) in die Leitung eingebaut (stets so, daß sich darin kein Kondenswasser ansammeln kann). Auch Metallschläuche ohne Gummieinlage haben sich selbst für die höchsten Temperaturen und großen Druck recht gut bewährt. Damit diese „Kompensationseinrichtungen" ihren Zweck erfüllen, müssen die äußersten Enden der Rohrleitung gegen Längsverschiebung völlig festgelegt sein (durch Schellen usw.).

Die Längenausdehnung eines Rohrstranges kann recht beträchtlich sein (Ausdehnungskoeffizient des Eisens 1/901 für 100° und von 100 bis 145° das Doppelte, d. h. eine etwa 30 m lange Dampfleitung, Druck 5 Atm., dehnt sich gegen Normaltemperatur um etwa 5 cm aus).

Spannungen dürfen in Leitungen nicht herrschen, da sonst Rohrbrüche auftreten können [daher nicht zu feste Rohrschellen, bei in

„sackendem" Erdreich liegenden Leitungen Einschaltung geeigneter Krümmer, bei Gußeisenleitungen Metallschlauchstücke sowie andere elastische (Kupfer-) Zwischenteile].

Abzweigestutzen (oder $\top$-Stücke) sind meist recht-, selten schiefwinklig zur Rohrleitung stehende, kurze, mit Muffen oder Flanschen versehene und blind verschraubte Rohrenden, an welche im Bedarfsfall die Nebenleitungen angesetzt werden. Eine Anzahl solcher Stutzen sollte von vornherein vorgesehen werden, weil die kleine Mehrarbeit bei Anlage der Leitung in keinem Verhältnis zu der Störung steht, welche ihre nachträgliche Anbringung (besonders an isolierten Rohren) bedingt.

Bequem zugängliche Ventile und Hähne zum Abstellen bzw. Ausschalten längerer Rohrstränge oder besonders gefährdeter Strecken sind unbedingt notwendig (bei etwaigem Bruch oder plötzlich auftretenden Undichtigkeiten). Daß diese Absperrvorrichtungen zu jeder Zeit tadellos gebrauchsfähig sein müssen, ist wohl selbstverständlich, jedoch sehr wohl zu beachten, wenn sie Monate oder Jahre hindurch nicht gebraucht werden. Leitungen können mit Hilfe von Rohrschellen, Kitt, Werg usw. notdürftig gedichtet werden.

Wasserleitungen sollten niemals tote Stränge haben (die Winterkälte bewirkt sonst Platzen der Rohre). Frostsichere Verlegung der Wasserrohre (gute Umhüllung mit Strohseil usw.) ist mindestens ebenso wichtig (Bodentiefe 1,5—2 m) wie zweckmäßige Isolierung der Dampfleitungen. Zerfrorene Rohre zeigen ihre Undichtigkeit stets dann, wenn man es am wenigsten erwartet (nämlich meist erst, wenn Tauwetter eintritt). Im Winter sollte es überhaupt Rohre mit stehendem Wasser nicht geben. Das Wiederauftauen eingefrorener Leitungen soll vorsichtig und allmählich geschehen. Wassermesser in die Rohrstränge einzubauen, empfiehlt sich stets, da sie die Wirtschaftlichkeit erhöhen, doch ist ihre Kontrolle wichtig.

Kohlensäure- und **Preßluftleitungen** sind, da diese Gase oft wasserhaltig sein werden, vor Frost zu schützen. Die Feuchtigkeit greift sie auch im Innern an, falls sie nicht aus einem nichtrostenden Material bestehen (bezüglich Rostentfernung, vgl. bei Dampf- und Wasserleitungen). Druckleitungen sollten stets Manometer tragen.

Vakuumleitungen müssen sehr sorgfältig abgedichtet werden. Während Druckleitungen Undichtigkeiten durch herausspritzendes Wasser, zischende Dampfstrahlen usw. sofort anzeigen, kann man sie bei saugenden Leitungen sicher nur am Manometer feststellen. Die undichte Stelle zu finden, verlangt größere Aufmerksamkeit. Es ist empfehlenswert, wenn diese Leitungen in gewissen Abständen mit dicht schließenden Hähnen ausgerüstet sind, damit man die einzelnen Rohrteile für sich untersuchen kann (aufmerksames Abhorchen, Ableuchten mit einer ruhig brennenden Flamme, Bespritzen des Rohres mit Wasser, weil dabei das Geräusch des Einsaugens stärker wird und weil das Wasser gerade an der Leckstelle auftrocknet). Versagen alle Mittel, dann müssen sämtliche Verbindungen frisch abgedichtet werden.

Es kommt vor, daß Vakuumleitungen (Unaufmerksamkeit oder Beschädigung) flüssige oder breiige Stoffe miteinsaugen. Die Folgen können sehr störend sein, weil sich die Leitungen nicht immer leicht reinigen lassen. Es ist daher gut, zwischen Vakuumleitung und Apparat ein Zwischengefäß (Glas, Metall usw.) mit Wasserstandsrohr, einen Rezipienten, einzuschalten.

Rohre[1].

Die Wahl ihres Baustoffes (Eisen, Kupfer, Blei, Ton usw.) hängt von Art und Menge der zu fördernden Stoffe sowie den Preisen und besonderen Zwecken der Leitung (vorläufig, endgültig usw.) ab. Zur Verwendung kommen hauptsächlich Guß- und Schmiedeeisen, Edelstähle, Kupfer, Blei, Zinn, Aluminium, Ton, Porzellan, Kautschuk, Holz o. dgl. Für Rohrleitungen gibt es, wie schon erwähnt ist, bestimmte Normalmaße (DIN 364, 540—544, 2021, 2031 usw.). Der Arbeit an Rohrleitungen dienen zum Teil besondere Werkzeuge, wie Rohrzangen, Schneidkluppen, Schneidbrenner, die von innen heraus schneiden usw.

Eiserne Rohre gelangen, als die billigsten, überall da zur Anwendung, wo es chemisch möglich ist und wo nicht besonders starke Krümmungen oder sehr viele Verzweigungen in Frage kommen. Zur Erhöhung der Widerstandsfähigkeit werden sie oft außen wie innen geteert, mit Asphalt überzogen (bei 150°, z. B. für Einbettung in die Erde) oder verbleit, verzinkt, verzinnt o. dgl. Zum Schutze gegen Säuren emailliert man sie zuweilen.

Gußeiserne Rohre werden im allgemeinen nicht auf Druck geprüft. Die geringste gangbare Weite ist 25 mm. Je nach dem lichten Durchmesser — bis etwa 1200 mm — beträgt die Baulänge 0,5—4,0 m, die üblichste ist etwa 4—8 m (s. u.). Unter Baulänge wird bei den Flanschenrohren die Gesamtlänge (von Dichtungsfläche zur Dichtungsfläche der Flanschen) verstanden, während bei Muffenrohren die Rohrlänge ohne Muffentiefe (a in Abb. 30) gerechnet wird. Die gußeisernen Rohre sollen die Eigenschaften von gutem grauen Gußeisen besitzen; ihre Zugfestigkeit soll mindestens 12 kg für 1 mm² betragen.

Da die einzelnen Rohre nicht bearbeitet werden können, verwendet man zum Bau des Leitungsnetzes Verbindungsstücke (Formstücke nach bestimmten Normalien, Krümmer und Verzweigungen; Bezeichnungen nach Abb. 26 sind allgemeinüblich). Gerade Rohre sollten möglichst liegend gegossen sein.

Auf 20 Atm. Druck geprüftes Gußeisenrohr wird für Dampf- und Druckleitungen als Flanschenrohr, für Gas- und Wasserleitungen als Muffenrohr (Betriebsdruck bis 10 Atm.) ausgeführt; Wasserleitungsrohre für 6 Atm. Betriebsdruck sind 5—10%, solche für 4 Atm. Druck und Gasleitungsrohre 10—15% leichter und billiger. Auch Gußeisenleitungen für höhere Drucke sind in Gebrauch. Der Probedruck muß den Betriebsdruck stets um 10 Atm. übersteigen.

Die Preise der Rohre schwanken mit den Rohstoffpreisen. 1914 kostete das 4 m-Stück eines auf 20 Atm. geprüften Gußeisenrohres von 100 mm l. W. 5,50 ℳ. (Gewicht etwa 70 kg); heute haben Gasrohre (s. u. schmiedeeiserne Rohre) von 4″ l. W. einen Grundpreis von etwa

---

[1] Vgl. Chemiehütte 1927, S. 429ff.

18,50 $\mathscr{RM}$ je m (in geschweißter Ausführung schwarz 74 oder verzinkt 64, in nahtloser Ausführung schwarz 74 bzw. verzinkt 64 % Rabatt). Andere Weiten sind $^1/_4$, $^3/_8$ (beide Grundpreis 1 $\mathscr{RM}$ je m; Rabattsätze 66,5 —51,5—35,5—20,5 %), $^1/_2$, $^3/_4$, 1, $1^1/_4$, $1^1/_2$, 2, $2^1/_4$, $2^1/_2$, 3 und $3^1/_2''$. Die Rabattsätze des Röhrenverbandes in Düsseldorf betragen für Siede-

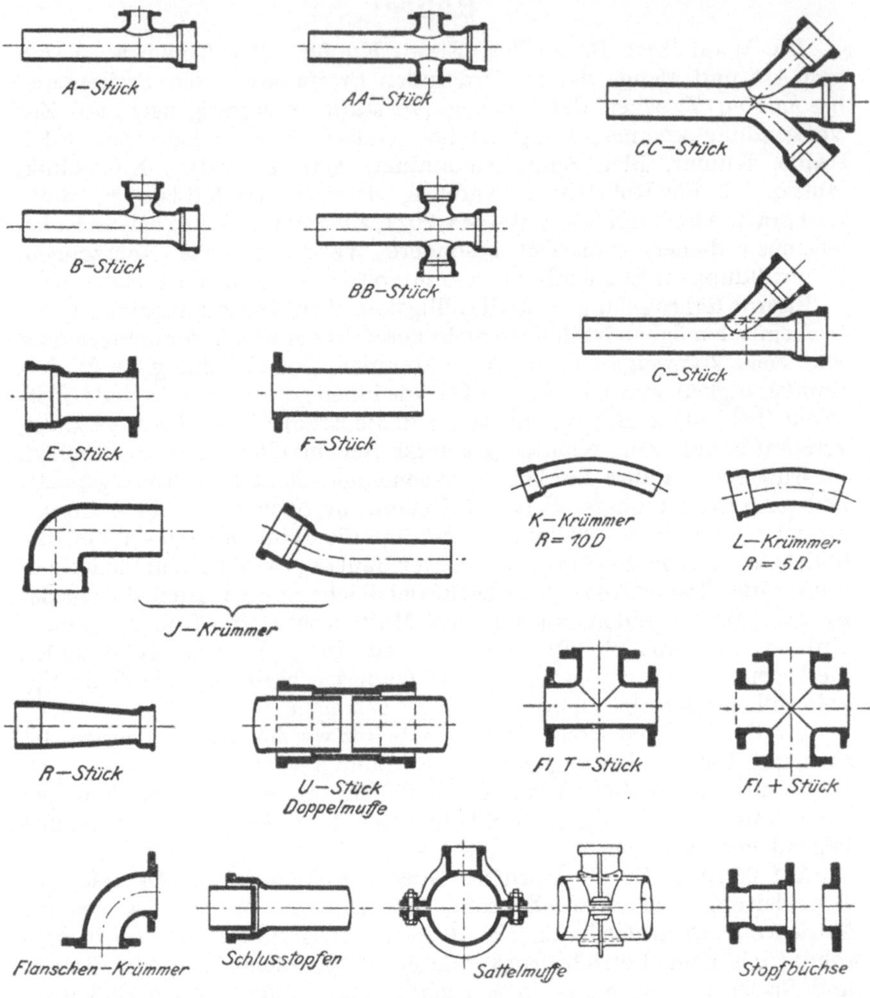

Abb. 26. Rohrformen.

rohre mit 25—54, 57—102 usw. bis 267—318 mm äußeren Durchmessern 57,5, 55,5—70,5 % auf obige Grundpreise. 1'' ist gleich 25,4 mm.

Die Baulänge beträgt für gußeiserne Rohre im Mittel:

bis einschließlich	40 mm	lichte Weite	2,0 m
,,	,,	60 ,,	,,	,,	2,5 ,,
,,	,,	90 ,,	,,	,,	3,0 ,,
,,	,,	100 ,,	und mehr	4,0 ,,

Flanschenrohre und -krümmer (Abb. 27) vermitteln u. a. den Übergang von Guß- zu Schmiedeeisenleitungen mit ovalen Flanschen.

Schmiedeeiserne Rohre haben vor den gußeisernen den Vorzug größerer Festigkeit und Drucksicherheit. Infolgedessen ist ihre Wandstärke dünner und ihr Gewicht geringer. Sie lassen sich biegen und sind leichter zu montieren. Schmiedeeiserne Rohre werden deshalb besonders in kleineren Durchmessern sehr viel benutzt. Sie rosten

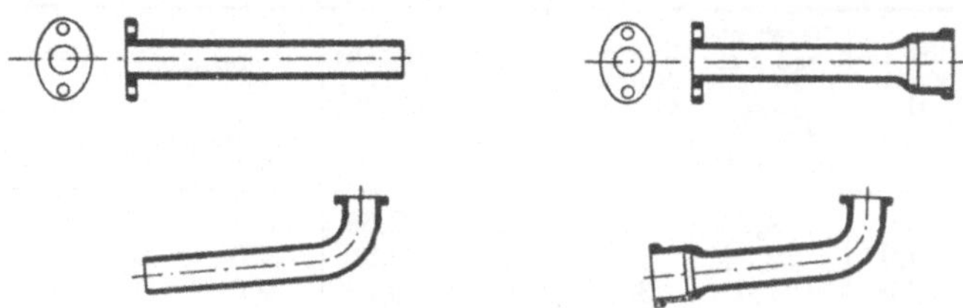

Abb. 27. Verbindungsstücke und Krümmer.

leichter als gußeiserne Rohre und dürfen u. a. nicht ohne Rostschutz in Erde verlegt werden (Asphalt innen und außen; heiß mit Asphalt getränkte Jutestreifen als Wicklung).

Die schmiedeeisernen Rohre werden entweder nahtlos gewalzt (Mannesmann-Rohre) oder sie werden aus Blech- bzw. Flacheisenstreifen zusammengebogen; die Längsnaht wird dann durch Falzen, Nieten, Löten oder Schweißen geschlossen. Stumpfgeschweißte Rohre entstehen durch stumpfes Zusammenstoßen der Nahtränder, überdeckt- und patentgeschweißte dagegen dann, wenn die Blechkanten sich ein wenig überdecken.

Die Flanschenrohre sind leichter auswechselbar und daher empfehlenswerter; selbst in Muffenleitungen baut man daher öfters in gewissen Entfernungen Flanschenrohre ein.

Die Bezeichnung der Abmessungen von schmiedeeisernen und Mannesmann-Rohren erfolgt häufig nach englischen Zollen (= 25,4 mm).

Schmiedeeiserne und Stahlrohre mit Gewinden und Muffen für Gas, Wasser und Dampf kosteten 1914 etwa 63 Pf. für das laufende Meter bei 1″ l. W. (Gewicht 2,45 kg). Die heutigen Preise s. o. bei Gußrohren.

Die Baulänge der schmiedeeisernen Rohre beträgt gewöhnlich 5 m. Man findet im Handel schmiedeeiserne, verzinnte Dampfheizungsrohre, verzinkte Eisenblechrohre, schmiedeeiserne genietete Bohrrohre, armierte Wasserrohre, nahtlose Stahlrohre für Hochdruckleitungen, nahtlose Siederohre für Dampfkessel usw. Schmiedeeiserne Muffenrohre aus Siemens-Martin-Flußeisen sollen 34—42 kg Bruchfestigkeit je mm² bei 20—25% Dehnung haben. Der Betriebsdruck soll 10 Atm. unter dem Probedruck liegen. Stahlmuffenrohre (Mannesmann usw.) sollen aus Siemens-Martin-Flußstahl nahtlos gezogen sein (40 bis 400 mm l. W.; 55—65 kg je mm² Bruchfestigkeit, 15% Dehnung). Frischwasserleitungen im Innern von Gebäuden sollten innen und außen verzinkt sein; zum Legen von Gasleitungen dienen sog. schwarze oder verzinkte Rohre. Schmiedeeisenrohre lassen sich nach Füllung mit Sand in der Hitze wie Glasrohre biegen. Ihre Bearbeitung durch Absprengen, Zersägen, Schweißen usw. ist einfach. VA-Stahl- oder Ferrosiliciumrohre usw. dienen Spezialzwecken der Säureindustrie.

Der Rohrbiegeapparat Zyklop gestattet ein Biegen der Rohre bis 4″ ohne Füllung oder Verbeulung bei geringerem Kraftaufwand.

Einige Abmessungen von gußeisernen Muffen- und Flanschenrohren.

Lichter Durchmesser D mm	Normale Wandstärke s mm	Gewicht von 1 m Rohr in kg ohne Flansch oder Muffe	Äußerer Muffendurchm. mm	Nutzlänge m	Gewicht der Muffe kg	Flansch Durchm. mm	Flansch Dicke mm	Gewicht des Flansch. kg	Übliche Baulänge m
40	8,0	8,75	116	2	2,68	140	18	1,89	2
100	9,0	22,34	183	3	6,20	230	20	4,96	3
250	12,0	71,61	353	4	19,60	400	24	12,98	3
400	14,5	136,89	520	4	39,15	575	27	25,44	3
550	16,5	212,90	683	4	62,34	740	33	44,28	3
800	21,0	392,69	964	4	129,27	—	—	—	—
1200	28,0	783,15	1408	4	294,50	—	—	—	—

Einige Abmessungen überlappt- und spiralgeschweißter Rohre.

Art der Rohre	Äußerer Durchmesser	Wandstärke	Betriebsdruck	Probedruck	Gewicht von 1 m Rohr ohne Flansch
Überlappt geschweißt	$1^1/_2{}' =$ 38,1 mm	2,25 mm	—	—	1,97 kg
„ „	$2' =$ 50,8 „	2,5 „	—	—	3,15 „
„ „	$3' =$ 76,2 „	3,0 „	—	—	5,35 „
„ „	$4' =$ 101,6 „	3,75 „	—	—	9,01 „
„ „	$5' =$ 127,0 „	4,0 „	—	—	12,03 „
„ „	$6' =$ 152,4 „	4,5 „	—	—	16,2 „
„ „	$9' =$ 228,6 „	6,5 „	—	—	35,2 „
„ „	$12' =$ 304,8 „	7,5 „	—	—	54,7 „
Spiral geschweißt . .	157 mm	3,5 „	30 Atm.	45 Atm.	15,0 „
„ „ . .	208 „	2,5 „	18 „	27 „	13,8 „
„ „ . .	311 „	5,0 „	24 „	34 „	42,0 „
„ „ . .	467 „	6,0 „	19 „	27 „	75,0 „
„ „ . .	571 „	3,5 „	9,5 „	14,5 „	53,3 „
„ „ . .	622 „	6,0 „	15 „	23 „	100,0 „

Einige Abmessungen von nahtlosen Stahldruckrohren.

Tatsächlicher Rohrdurchmesser in mm außen	Wandstärke im Schaft mm	Äußerer Flanschendurchmesser mm	Gesamtdruck (in kg) mit dem die Schrauben beansprucht werden kg
32	3,0	120	565
57	3,0	160	1135
89	3,25	200	2455
133	4,0	270	5090
191	5,5	335	8900
318	7,5	480	19795
420	9,0	550	33240

Kupferrohre (oft günstige chemische Eigenschaften, noch bei hoher Temperatur recht fest) empfehlen sich, wenn viele Krümmungen und Windungen in der Leitung vorhanden sind. Für überhitzten Dampf über 250° eignen sich Kupferrohre großen Querschnitts nicht, da sie zu weich werden.

Kupferrohre lassen sich bis zu Weiten von 10—15 mm kalt biegen (mit Sand füllen, damit das dünnwandige Rohr nicht einknickt; Kupferrohre größeren Durchmessers beim Warmbiegen mit geschmolzenem Fichtenharz ausgießen; durch Anwärmen das Harz nach dem Biegen ausschmelzen und das Rohr dann mit Sägemehl reinigen).

Kupferrohre werden entweder aus Blech und mit hartgelöteter Naht oder nach verschiedenen anderen Verfahren auch ohne Naht hergestellt (dann sehr viel sicherer und haltbarer, aber auch bedeutend teurer) oder autogen geschweißt.

Die Wandstärken der Kupferrohre sind $^1/_2$, $^3/_4$, 1, $1^1/_4$, $1^1/_2$, 2, $2^1/_2$, 3, $3^1/_2$ und 4 mm (DIN 1754). Rohre über 120 mm Durchmesser haben 2,5 mm geringste Wandstärke und solche von über 160 mm Durchmesser mindestens 3 mm. Die Fabrikationslänge ist 4—6 m. Das Gewicht der Kupferrohre ist annäherungsweise $0,03\, D \times W \times L$ kg, worin D den inneren Durchmesser, W die Wandstärke in mm und L die Rohrlänge in m bedeutet. Demnach würde ein Rohr von 15 mm innerem Durchmesser, 2 mm Wandstärke und 3 m Länge $0,03 \times 15 \times 2 \times 3 = 2,70$ kg wiegen (2,85 ist das tatsächliche Gewicht).

Einige weitere Gewichte nach dem DIN-Blatt 1754 sind folgende:

1914 kosteten 100 kg Kupferrohr 170—200 $\mathscr{M}$, heute dagegen um 232 $\mathscr{RM}$ (s. u. Kupfer).

Messing- und Bronzerohre. Messingrohre sind nach DIN 1755 genormt (5—80 mm Außendurchmesser, 0,4—3 mm Wandstärken, 0,06—6,17 kg je m Gewicht, Baulängen nicht unter 3 m).

Außen-durchmesser mm	Wandstärke mm	Gewicht kg je m
6,0	0,5	0,077
8,5	0,75	0,16
16,0	1,0	0,42
25,0	1,5	0,98
40,0	1,5	1,61
46,0	2,0	2,46
50,0	2,5	3,32
60,0	3,0	4,78
100,0	3,0	8,14

Bleirohre sind widerstandsfähig gegen Schwefelsäure, Chlor usw. und schnell zu verlegen (sehr biegsam; Rohrverbindung durch auf gesteckten Flanschenring bzw. Flanschbord). Die auf der einen Seite geschätzte Weichheit des Bleies wird zum Nachteil, wenn die Rohre Druck ausgesetzt und heiße Stoffe darin befördert werden sollen (sie werden weich, dehnen sich aus, deformieren sich und müssen sachgemäß armiert werden). In solchen Fällen sind z. B. homogen verbleite Eisen- oder Kupferrohre vorzuziehen.

Gepreßte Bleirohre sind den gezogenen überlegen, da sie frei von Höhlungen und dichter sind. Handelsübliche Abmessungen von Bleirohren sind 10—80 mm l. W. bei Wandstärken von 2,5—7,5 mm. Sie werden jedoch auch in kleineren und in wesentlich größeren Weiten hergestellt. Das Gewicht je 1 m ergibt sich aus folgender Zusammenstellung (DIN 1980) für Bleiabflußrohre (Weichblei) bzw. Bleidruck- oder Bleimantelrohre (Zinnrohr mit Bleimantel für Wasserleitungen):

Bleiabflußrohre:	Lichtweite	mm	25,0	32,0	40,0	50,0
	Wandstärke	„	3,0	3,5	4,0	4,0
	Gewicht	kg/m	3,0	4,2	6,3	7,0
Bleidruckrohre:	Lichtweite	mm	10,0	13,0	20,0	30,0
	Gewicht	kg/m	1,64	2,2	5,0	7,7
Bleimantelrohre:	Gewicht	kg/m	2,0	3,5	5,5	9,0

Die üblichen Längen betragen 5—15 m.

Homogen verbleite Rohre finden dann Verwendung, wenn die mechanische Festigkeit von Rohren aus gewöhnlichem oder aus Hartblei nicht ausreichen würde. In Berücksichtigung der verschiedenen spezifischen Gewichte und des Umstandes, daß die Wandungen der Bleirohre relativ viel stärker, als die der Kupferrohre sind, stellen sich Blei- und Kupferrohre ungefähr gleich teuer. Bleirohre werden autogen zusammengelötet (s. Blei). Elektrolytisch schwerverbleite Rohre führen sich ein.

Zinnrohre und innen verzinnte Bleirohre (s. o.) besonders für Wasserleitungen und Kühlschlangen von Destillierapparaten. Ihre große Biegsamkeit (gleich den Bleirohren) gestattet häufige Veränderungen der Anlagen. Für anhaltend hohen Druck und hohe Temperaturen sind sie zu weich. Das annähernde Gewicht der Zinnrohre ist bei einer Wandstärke von 3 mm $0,08\,D \times L$, worin D die lichte Weite in mm und L die Länge in m bedeutet (z. B. 5 m lang und 20 mm weit, $0,08 \times 20 \times 5 = 8,0$ kg). Die Zinnrohre werden in Weiten, die stets um 1 mm zunehmen und in verschiedenen Wandstärken (2, $2^1/_2$ und 3 mm) hergestellt. In den Baulängen entsprechen sie den Bleirohren.

Aluminiumrohre haben verschiedene Weiten. Ihre Verwendung ist zwar noch beschränkt, doch unterliegt es wohl keinem Zweifel, daß sie sich infolge der guten Eigenschaften des Metalles immer mehr einbürgern werden. Das Löten von Aluminium ist schwierig und auch das Schweißen nicht einfach. Preise s. Aluminium.

Glasrohre werden viel verwandt (so für Heber, Wasserstandsgläser usw.). Was vom Glase im allgemeinen gesagt wurde, gilt auch von den Glasrohren. Sie sollen gut gekühlt und bis zu einem gewissen Grade widerstandsfähig gegen schroffen Temperaturwechsel sein. Weite Rohre aus Natronglas lassen sich leichter biegen, als solche aus schwer schmelzbarem Kaliglas, die an dem höheren Gewicht und meist auch an der grünlichen Farbe erkennbar sind. Die Wasserstandsrohre für Dampfkessel werden aus besonders widerstandsfähigem Material angefertigt (s. Glas).

Glasrohre größeren Durchmessers lassen sich nicht mehr mit der Feile trennen. Um sie abzusprengen, wird ein fester Bindfaden einmal herumgeschlungen (ein Stück starkes um das Glasrohr gewickeltes Papier verhütet die seitliche Verschiebung des Bindfadens). Durch sägeartige Hin- und Herbewegung des Bindfadens wird die spätere Trennstelle sehr stark erhitzt, dann plötzlich abgekühlt und dadurch abgesprengt. Man kann auch die durchzusprengende Stelle im Abstande von etwa 3 mm gut mit Filtrierpapierbandagen von etwa 3 cm Breite umgeben und im Bunsenbrenner so erhitzen, daß das Filtrierpapier feucht und kalt bleibt. Das Glasrohr springt dann glatt in dem offen gelassenen Ringe ab.

Tonrohre (DIN 1203—1206) und **Porzellanrohre** ersetzen, da sie weniger zerbrechlich sind, Glasrohre sehr gut (Durchsichtigkeit!). Sie sind innen und außen glasiert und in kleineren Weiten als Mundstücke für Leitungen in Gebrauch. Die großen Weiten von 600 mm und mehr dienen der Abführung von Abwässern, Laugen und Säuren. Tonrohre lassen sich ebenso wie die übrigen Gegenstände aus Ton gut mit Meißel und Feile bearbeiten, wenn man das zu bearbeitende Stück weich (z. B. auf Säcken) lagert und nicht allzu gewaltsam verfährt.

Quarzrohre und **Magnesiarohre** sind zu Spezialzwecken vielfach im Gebrauch. Die Bearbeitung ist natürlich nicht so einfach, wie die der Glasrohre, dafür sind sie aber in erster Linie temperaturbeständig.

Holzrohre. Crotoginorohre sind Daubenrohre (Nut und Feder) mit Eisenmänteln, Wecorohre aus dem vollen Stamm gefräßte Holzrohre.

Zementrohre (Kanalisationsrohre aus Beton, DIN 1201) müssen vor dem Verlegen vollkommen erhärtet sein; die glatten, harten Innenflächen dürfen Flüssigkeiten nicht durchlassen. Sickerrohre sind Ton- oder Zementrohre mit runden Schlitzen. Dränrohre sollen aus kalk- und mergelfreiem Lehm oder Ton klingend hart gebrannt sein. Auch Betondränrohre müssen hell klingen (nicht für saure Böden geeignet). Schamotterohre, hitzebeständig, für Spezialzwecke. Für Steinzeug (Ton-) Rohre sind u. a. folgende Abmessungen üblich:

Lichter Durchmesser . mm	50	100	150	200	300	400	600	700	800	1000
Wandstärke . . . . . „	15	17	19	20	25	30	41	45	47	50

Außerdem werden Rohre in galvanischer Schwer-Veredlung (auch mit Chrom- oder Cadmiumüberzug) oder metallgespritzt bzw. in besonderen Legierungen (Ferrosiliciumguß, VA-Stähle usw.) ausgeführt.

Schläuche.

Schläuche (Hanf, Gummi, Leder oder Metall) finden teils als solche Verwendung, teils dienen sie zur Verbindung von Rohren u. dgl. Infolge der bequemen Handhabung leisten sie sehr gute Dienste, so daß sie nicht selten auch da benutzt werden, wo man sie durch weniger empfindliche und kostspielige Leitungen ersetzen könnte (sorgsam behandeln, vor dem Brechen zu schützen). Knicke in den Schläuchen sind zu vermeiden. Nach dem Gebrauch sind sie (besonders, wenn sie nicht immer gleichen Zwecken dienen sollen) mit Wasser auszuspülen und zusammengerollt (besser an einem Bügel hängend) aufzubewahren.

Hanfschläuche nässen, wenn sie trocken gewesen sind, mehr oder minder stark bis zu völligem Aufquellen der Faser.

Berieselungs- und **Druckschläuche** sind Gummischläuche mit 1 bis 4 Hanfeinlagen, je nach den an sie gestellten Druckanforderungen. Die Preise richten sich nach dem inneren Durchmesser und der Anzahl der Einlagen.

Metallumflochtene Schläuche werden bis auf 50 Atm. Druck geprüft. Sie dienen zur Leitung von Dampf, Wasser, Säuren und Gasen und sind noch sorgfältiger zu behandeln, wie die Gummischläuche.

Lederschläuche sind aus besten, ausgewaschenen und besonders vorgerichteten Häuten hergestellt und mittels Kupfernieten zusammengefügt.

Metallschläuche bestehen aus schraubenförmig aufgerolltem, profiliertem Metallband, dessen Ränder zwar beweglich sind, die aber sehr dicht ineinandergreifen (Abdichtung mit schmalem Asbest- oder Gummiband).

Sie sind infolge ihrer Asbesteinlage sehr widerstandsfähig, werden viel benutzt und können für Drucke bis 300 Atm. hergestellt werden. Die Metallschläuche lassen sich natürlich nicht so bequem, wie die gewöhnlichen Schläuche in beliebige Längen teilen und aufstecken, da ihre Enden (am besten mit Mundstück) verlötet werden müssen. Metallschläuche (mit Flanschen und Muffen) eignen sich vorzüglich zur Einschaltung in längere Rohrleitungen, um diesen die Starrheit zu nehmen (kein Undichtwerden).

Zu ihrer Herstellung dient verzinnter, vernickelter bzw. gewöhnlicher Stahl, Bronze usw. Die handelsüblichen Weiten sind 5—200 mm. Ihre Aufbewahrung (Einölen usw.) sollte stets sorgfältig überwacht werden. Die Straßenbenzinpumpen sind häufig mit Duroflexschläuchen (bis 100 mm mit Baumwollumwebung, bis 300 mm l. W. und mehr mit Eisen- oder Bronzedrahtpanzerung) ausgerüstet.

Rohrverbindungen und Abdichten (Verpacken) derselben.

Die einzelnen Rohre werden z. B. durch übergestülpte und festgebundene Schlauchstücke miteinander verbunden (Laboratoriumsglasrohre).

Diese, allerdings beweglichste Verbindung ist sehr wenig dauerhaft und sicher, sofern nicht die Schlauchstücke druckfest und mit Schlauchschellen befestigt sind. Widerstandsfähiger und starrer sind Flanschen- und Muffenverbindungen. Bei jeder dieser beiden Verbindungsarten muß der Abdichtung (s. d.) besondere Aufmerksamkeit geschenkt werden, da erst diese die Röhren zu einer wirklich geschlossenen Leitung vereinigt. Eisenrohre werden nur selten zusammengelötet (Auswechslung schwierig). Bei Blei- und Zinnrohren ist dagegen das Zusammenlöten mehr üblich.

Flanschenverbindungen.

Sie sind in chemischen Betrieben am häufigsten, obgleich sie teurer sind als die Muffenverbindungen (sehr drucksicher und schnelles Auswechseln der Rohre gestattend). Zwei mit scheibenförmigen Rändern, den Flanschen a (Abb. 28), versehene Rohrenden werden dadurch miteinander verbunden, daß man die mit entsprechenden Löchern versehenen Flanschen durch Schrauben fest aufeinanderpreßt. Die Flanschen selbst können fest mit dem Rohre verbunden, angelötet, angegossen, lose oder aufgeschraubt sein.

Häufig ist es zweckmäßiger und baulich einfacher, die Flanschen als drehbare Scheibenringe, d. h. beweglich auszuführen (Abb. 29). Der lose Flansch wird auf das Rohr aufgesteckt und dann dessen Rand entweder durch Um- börteln (bei Blei- und Zinnrohren) oder durch Auflöten eines ausgeschlagenen oder -gestanz- ten Scheibenringes, der Bordscheibe (bei Eisen- und Kupferrohren), mit einem Bord b versehen.

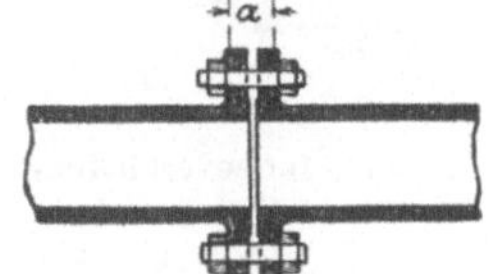

Abb. 28.
Feste Flanschenverbindung.

Solche Flanschrohre und Flanschen werden aus Guß- und Schmiedeeisen nach bestimmten Normalien für Größe und Bohrung der Schrau- benlöcher hergestellt. Die runden Flanschen haben je nach Größe 3, 4 und mehr Schrau- benlöcher. Für enge Rohre bis $2^1/_2''$ ver- wendet man auch ovale, sog. Ohrenflanschen, mit zwei Schraubenlöchern, wenn die Leitung nur auf geringen Druck beansprucht wird. Diese Art der Flanschenverschlüsse ist für fast alle Apparaturen in der chemischen In-

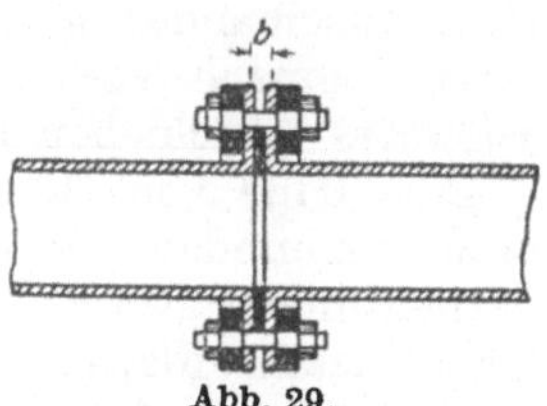

Abb. 29.
Lose Flanschenverbindung.

dustrie gebräuchlich. Hochdruckflanschen verlangen besonders sorgfältige Ausführung.

Ein Rohr ist blind verschraubt (Blindflansch), wenn es mit einem Rundbleche oder einer ovalen Scheibe durch Flanschenverbindung ab- gedichtet ist (z. B. zwecks späterer Rohranschlüsse oder nach dem Ab- nehmen überflüssiger Leitungen). Mittels Blindflansch oder Blind- scheibe werden häufig auch Teile von Rohrsträngen zwecks Repara- turen abgesperrt. Damit nun dieser in die Leitung gesteckte Blind- flansch nicht vergessen und übersehen wird (kommt sehr oft vor, Unfälle!), sollte er stets mit einem gut sichtbaren Stiele ver- sehen sein.

Muffenverbindungen.

In ihrer äußeren Form sieht die Muffenverbindung eleganter aus und kostet weniger. Sie läßt sich aber nicht so leicht auswechseln und widersteht im allgemeinen starken Innendrücken schlecht, wenn sie nicht durch Verschraubung verstärkt wird. Das stumpf abgeschnittene Ende eines Rohres r (Abb. 30) wird in den erweiterten und verstärkten Kropf eines zweiten Rohres hineingesteckt bzw. hineingeschraubt. Zwecks zentraler Führung des hineingesteckten Rohres ist die Muffe am Boden mit einem Wulst w versehen. Es leuchtet ein, daß der Aus- bau eines solchen Rohres aus einer Leitung umständlicher ist, als das Lösen von Flanschen.

Eine andere Muffenverbindung besteht aus einem kurzen, mit Innengewinde versehenen, weiteren Rohrstück, das zunächst auf das eine mit entsprechendem Gewinde versehene Rohrende aufgeschraubt und dann auf das andere, stumpf dagegengehaltene Rohr zurückgeschraubt wird. Diese Verbindung erleichtert das Herausnehmen eines Rohres (Gasrohrgewinde; seitliche Verschiebung beim Auswechseln nicht nötig).

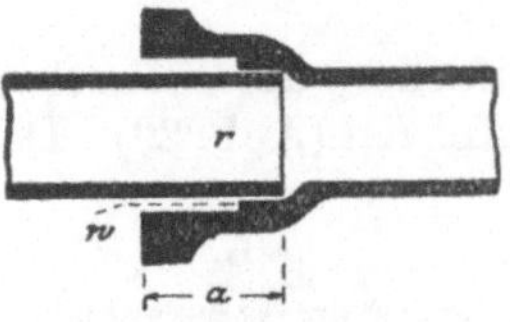

Abb. 30. Muffenverbindung.

Eine dritte Muffenkonstruktion unterscheidet sich von der zuletzt genannten dadurch, daß ein die Muffe bildendes kurzes Rohrstück halb mit Rechts- und halb mit Linksgewinde geschnitten ist (entsprechend den im gleichen Sinne geschnittenen Rohrenden). Durch die Schraubenbewegung einer solchen die Rohrenden fassenden Mutter werden diese gegeneinander gepreßt bzw. auseinander getrieben. Das Auswechseln einer solchen Muffe setzt demnach voraus, daß sich die Leitung um eine Muffenlänge seitwärts verschieben läßt.

Mit Hilfe von Gewindemuffen werden nur engere Röhren miteinander verbunden. Man wird also zwischen längere, gewindelose Muffenverbindungen zwecks leichterer Auswechslung einzelner Rohre vorteilhaft einzelne Flanschenrohre schalten.

Flanschenmuffen sind, wie der Name sagt, Vereinigungen von Flanschen und Muffen; sie dienen zur Herstellung ganz besonders fester und sicherer Rohrverbindungen.

Die Überwurfmutter, die auch hierzu gerechnet wird, besteht aus einer mit Innengewinde versehenen Kapsel, die auf das Rohrstück aufgeschraubt wird.

Die Flanschen- und Muffenverbindungen in Leitungen sollten in erster Linie als Rohrverbindung betrachtet und nicht auch als Versteifung des Rohrstranges benutzt werden. Eine Rohrverbindung, die gleichzeitig tragen soll, wird nicht sehr zuverlässig und dauerhaft (Dichtung!) sein. Rohrleitungen werden deshalb richtiger in gewissen Abständen, jedoch in der Nähe ihrer Verbindungsstellen, unterstützt.

Abdichten von Rohrverbindungen und Öffnungen.

Um die Flanschenverbindungen der Rohrleitungen vollkommen dicht zu machen, müssen zwischen die an und für sich schon möglichst ebenen, dicht aufeinanderstoßenden Flächen der Bordscheiben oder Flanschen elastische Dichtungen (Packungen) eingelegt werden. Je nach der mechanischen oder chemischen Beanspruchung (Versuch!) bestehen sie aus Pappe, Asbest, Kautschuk, Klingerit, Vulkanfiber, Blech, Blei, Kupfer, Aluminium usw.

Bei häufigem Auswechseln der Packungen empfehlen sich meistens billigere Pappringe, da die Wiederverwendung schon gebrauchter Verpackungen meist (nicht mehr elastisch genug) nicht genügende Sicherheit bietet. Asbestpappedichtungen sind wegen ihrer Widerstandsfähigkeit gegen Hitze und Chemikalien viel im Gebrauch, ebenso solche aus Gummi mit Leinwand- und Metalleinlagen. Auch dünnste Blech-, sowie Blei-, Aluminium- und profilierte Kupferringe werden häufig benutzt. Außer diesen Verpackungen kommt als Dichtungsmittel eingekochtes Leinöl bzw. steifer Bleiweiß- oder Mennigekitt in Frage, der mit Hilfe von Hanfsträhnen oder Bindfäden wulstförmig ausgerollt und nicht zu dick eingelegt wird.

Damit sich Pappe- oder Asbestdichtungen besser den abzudichtenden Flächen anpassen, werden sie vor dem Auflegen angefeuchtet (mit Öl, Graphitschmiere usw., die aufgeweichten Verpackungen sind sehr empfindlich). Um die großen teuren Dichtungen mehrere Male verwenden zu können, legt man ein Blatt Papier zwischen Verpackung und Rohrscheibe oder verhindert auf andere Weise (z. B. durch Einreiben mit Talkum oder Graphit) das Anbrennen der Dichtung, die sonst beim Lösen der Verflanschung meist zerreißen würde.

In sehr vielen Fällen werden die Verpackungen aus Asbest, Pappe o. dgl. nach Bedarf bzw. auf Vorrat ausgestanzt oder ausgeschlagen. Empfehlenswert sind daher Schablonen aller häufiger gebrauchten Verpackungen. Wenn in eiligen Fällen die Verpackungen erst zugeschnitten werden sollen, können oft bedenkliche Verluste entstehen.

Die Auswahl der im Handel angepriesenen Dichtungen ist sehr groß und das über sie in der Praxis gewonnene Urteil recht verschieden. In vielen Fällen dürfte der Grund zu Klagen über nicht befriedigende Dichtungen in ihrer mangelhaften Anwendung liegen. Nicht vollkommen ebene, verbogene oder mit Resten früherer Verpackungen bedeckte Dichtungsflächen, ungenaues Einlegen der Verpackungen oder falsches und ungleichmäßiges Anziehen der Flanschenschrauben sind nicht selten die Ursachen unvollkommener Abdichtungen!

Die Bestimmung der geeigneten Verpackung kann man wohl immer erfahrenen Meistern überlassen. Entschließt man sich in gewissen Fällen zu neuem Material, dann erprobe man es erst.

Die eine Abdichtung zusammenhaltenden Schrauben dürfen nie in der Weise befestigt werden, daß erst eine völlig angezogen wird und daß dann die anderen der Reihe nach in gleicher Weise folgen. Eine in dieser Weise behandelte Dichtung wird nie zuverlässig sein, denn die **Schrauben sollen nicht der Reihenfolge nach** angezogen werden, sondern es sind stets zwei gegenüberliegende so zu behandeln (nacheinander, anfangs mäßig, beim zweiten und dritten Male fester und unter Umständen erst nach dem Warmwerden ganz fest anziehen).

Zum Abdichten der gewöhnlichen Muffenverbindungen dienen geteerte Hanfstricke und Bleiringe, die verstemmt werden. Gewindemuffen werden mittels elastischer Metallringe oder einiger Mennigekitthanffäden dicht verpackt. Im Betrieb kommt es nicht selten zum „Herausfliegen" der Dichtungen. Man kann sich dann zur Not durch Eintreiben guter Eichenholzkeile helfen.

Befestigung der Rohrleitungen.

In den seltensten Fällen werden Leitungen ganz frei verlegt; meistens befestigt man sie in passender Weise. Rohrstränge mit oder ohne „Kompensation" müssen genügend Bewegungsfreiheit behalten. Gute Rohrverbindungen dürfen sich durch Rütteln der Leitung nicht lockern lassen. Die Rohre sollen nie auf den Flanschen der Muffen ruhen, sondern ihrem Gewicht entsprechend in bestimmten Abständen (nie zu weit entfernt von den Rohrverbindungen) unterstützt oder getragen werden. Frei liegende Leitungen werden allgemein in Rohrschellen befestigt (aus Bandeisen hergestellte, mittels Schrauben oder durch Scharniere und Schrauben zu vereinigende Halbringe, die einerseits das Rohr umfassen und die andererseits mit Mauereisen, Bandeisenwinkel, Schraubenbolzen u. dgl. in die Wand, die Decke oder die Mauer eingelassen sind). Seltener (weniger fest) werden die Leitungen in Schlingen aus Eisenband aufgehängt. Ein direktes Festlegen der Leitungen mittels eingeschlagener Haken oder halber Rohrschellen ist nur bei solchen ganz untergeordneter Art angebracht (bei jeder Reparatur müssen diese Befestigungen entfernt werden und außerdem wird die Mauer beschädigt).

Beim Anbringen von Rohrleitungen sollte man stets auf spätere Reparaturen Rücksicht nehmen und Muffen oder Flanschen nicht so versteckt anlegen, daß man später nicht mehr an sie herankommen kann. Rohrverbindungen gehören grundsätzlich nicht in die Mauer.

Bekleiden der Rohrleitungen (Isolieren).

Um Dampf oder heiße Flüssigkeiten nach Möglichkeit heiß zu halten, werden die Rohre mit Wärmeschutzmitteln umgeben.

Von wie hervorragend wirtschaftlichem Nutzen diese Maßregel ist, ergibt folgende kurze Berechnung: es kondensieren sich je m² Rohroberfläche (Gußeisen) stündlich je nach Lufttemperatur 3—5 kg Dampf von 7 Atm. Berechnet man 1 kg Dampf mit 0,5 Pf., dann beträgt der Jahresverlust bei 300 zehnstündigen Arbeitstagen gegen $300 \times 10 \times 1{,}5$ bis 2,5 Pf. $= 45—75 \,\mathscr{RM}$ je 1 m². Durch Umhüllung der Rohre mit guter Wärmeschutzmasse kann man den Wärmeverlust um 70—80% herabdrücken (isoliert man Flanschen und Ventile mit, dann lassen sich 90% erreichen).

Die Wärmeabgabe ist in Wärmeeinheiten:

$$Q = k \cdot F \cdot z\,(t - t'),$$

wo k die Wärmedurchgangszahl je m² Rohroberfläche in 1 Stunde bei 1° Temperaturunterschied, F die Rohroberfläche, z die Zeit, t die Oberflächentemperatur und t' die Lufttemperatur bedeutet. Eberle (Z. V. d. I. 1908, S. 481) hat solche Wärmedurchgangszahlen für ungeschützte Rohre bei 25 m Geschwindigkeit des überhitzten Dampfes ermittelt. Einige Werte folgen hier (Chemiehütte 1927, S. 639 u. 640):

Temperatur-gefälle zwischen Dampf und Luft in ° C.	Wärmedurch-gangszahl k	Wärmeverlust je h und m² Rohroberfläche in Wärme-einheiten	Temperatur-gefälle zwischen Dampf und Wandung in ° C.	Wandungs-temperatur
80	11,6	930	6	94
105	12,5	1310	9	116
130	13,4	1740	12	138
155	14,4	2230	15	160
205	16,2	3320	22	203
305	19,8	6050	40	285
380	22,6	8500	57	343

Den Untersuchungen über den Wirkungsgrad der verschiedenen Isoliermittel kommt also große Bedeutung zu. Ihre Widerstands-fähigkeit gegen dauernde Wirkung hoher Temperaturen sowie gegen chemische und mechanische Einflüsse, die Art der Anbringung, ihre Wiederverwendbarkeit, die Preise usw. sind in erster Linie wichtig. Während bei den Hauptdampfleitungen z. B. feste Iso-lierung angebracht ist, ist bei kurzen, wechselnden Rohrleitungen und Apparaten leichter austauschbare Isolierung vorzuziehen. Der Wert der Isoliermaterialien steht im umgekehrten Verhältnis zum Wärmeleitvermögen:

Baumwolle	0,054	Kieselgurmassen	0,122
Seidenabfälle	0,045	Lose Kieselgur	0,060
Filz	0,057	Sägemehl	0,055
Korkschalen	0,099	Hochofenschaumschlacke	0,095
Korkmehl	0,041	Asbest	0,153

Von der großen Zahl empfohlener Isoliermaterialien seien einige wenige näher gekennzeichnet. Die zwischen Weißblechmänteln (ein-fach und doppelt) eingeschlossene Luftschicht wirkt als schlechter Wärmeleiter. Zöpfe und Polster aus Seidenabfall widerstehen hoher Temperatur genügend und chemischen sowie mechanischen Ein-flüssen sehr gut. Ihre Anbringung ist einfach und sauber. Sie sind jedoch teuer. Korkisoliermasse, Korkschalen, -steine und -platten nutzen sich stärker ab, sind dafür aber billiger im Gebrauch und leicht. Kieselgurmassen in Pulver und in Teigform, mit und ohne Asbest oder Kamelhaaren als Bindemittel, werden sehr viel benutzt. Die Anbringung ist zwar nicht so reinlich (Teig), dafür aber können sie unter Umständen durch Pulverisieren der abgebrochenen Stücke und Wiederanmachen mit Wasser aufbereitet werden und sind nicht teuer. Mit 100 kg Kieselgurteig kann man 3 m² Rohrleitung 20 mm dick bekleiden. Um die Temperaturen von Leitungen und Appa-raten auf der gewünschten Höhe zu halten oder um Leitungen vorübergehend vor Frost zu schützen, umwickelt man sie manch-mal mit dünnem, etwa 10 mm starkem Bleirohr, durch das man Dampf streichen läßt, oder man legt unter die Leitung ein Dampf-rohr und packt das Heizrohr mit der Leitung zusammen ein. Wasser-leitungen werden häufig mit Strohseil umwickelt und mit Dachpappe verkleidet.

Verschlußapparate.

Unter diesen spielt die **Stopfbüchse** eine ebenso wichtige, wie ausgedehnte Rolle. Mit Bau und Instandhaltung soll der Betriebschemiker **unbedingt** vertraut sein. Die Stopfbüchse dient zur Abdichtung von bewegten Wellen o. dgl. gegen einen geschlossenen Raum und bildet einen muffenartig erweiterten Röhrenteil, eine Büchse, durch welche (luft-, wasser- und dampfdicht) die Welle oder das Rohr beweglich hindurchgeht. Ihr Hauptteil ist das Stopfbüchsengehäuse *b* (Abb. 31a), das in seinem unteren Teile die Welle *w* willig und mit oder ohne Spielraum hindurchgehen läßt, dagegen in seinem oberen Teile derartig erweitert ist, daß man die Verpackung *v* um die Welle herumlegen kann. Der Druckring *d* wird dann von der Stopfbuchsbrille aus durch Flanschenverschraubung mäßig stark angedrückt, um die Abdichtung herzustellen. Das Festdrücken der Verpackung erfolgt außer durch Druckschrauben auch durch Überwurfschrauben. In diesem

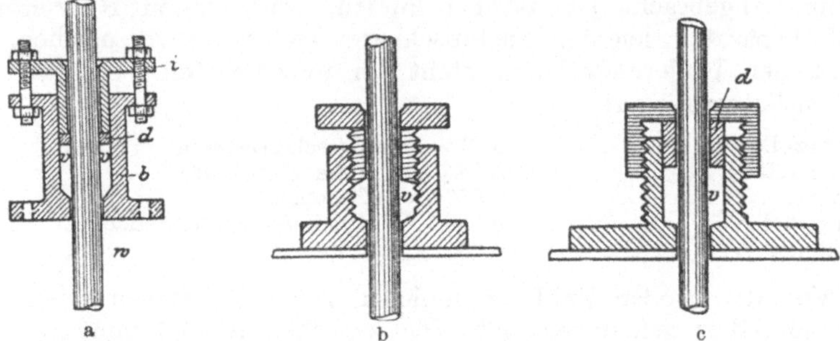

Abb. 31a—c. Stopfbüchsen.

Falle darf der niedergepreßte Druckring nicht an der Schraubenbewegung teilnehmen. Wichtig ist es, die Verpackung nicht allzu fest zu pressen, weil dadurch der sich bewegende Kolben gebremst und unnützen Mehrverbrauch an Kraft erfordern würde. Gleichmäßiges Anziehen der Druckschrauben ist auch hier erforderlich (durch schiefen Druck wird die Verpackung undicht und der Kolben verschleißt). Unreinigkeiten im Packmaterial riffeln häufig die Kolbenstange. Die Auswahl der Verpackung hängt von der Art der Beanspruchung ab (mit Talg oder besser Paraffin getränkte Hanfzöpfe, mit Graphit bestrichene Baumwollschläuche und Asbestschnüre, ferner viele fertig im Handel befindliche Stopfbuchspackungen). Auch bestimmt geformte Metallringe sind im Gebrauch.

Nach Abb. 31b gebaute Stopfbüchsen sind nicht sehr praktisch, da sich bei ihnen die Verpackung *v* leicht in das Gewinde hineindreht und dann ein ordentliches Anziehen der Druckschraube verhindert.

Besser sind die nach Abb. 31c gebauten Stopfbüchsen, bei denen eine als Überwurfmutter ausgebildete Schraube den Druckring *d* auf die Verpackung *v* preßt.

Hähne, Ventile, Schieber oder Drosselklappen dienen dazu, den Durchgang von flüssigen und gasförmigen Körpern zu regeln. Sie werden in Leitungen eingebaut oder an Apparaturen angebracht. Nach kürzerer oder längerer Zeit werden sie dadurch unbrauchbar, daß sich die abdichtenden Flächen abnutzen (verschleißen). Um diesen unvermeidlichen Verschleiß nicht noch zu begünstigen, sorge man dafür, daß sich in der Nähe nicht Wassersäcke bilden oder Flüssigkeiten ansammeln können, da die Verunreinigungen sich sonst besonders leicht als Fremdkörper zwischen die beweglichen Flächen legen und sie aufrauhen. Man unterscheidet je nach Bauart Hähne, die in der Dichtungsfläche rotieren, Ventile, die sich von der zu schließenden Öffnung abheben, Schieber, die mittels verschiebbarer Platten sowie Drosselklappen, welche durch drehbare Scheiben absperren. Die in Wasserleitungen häufig vorhandenen Niederschraubhähne sind also eigentlich Ventile. Hähne bewirken plötzlichen, Ventile und Schieber dagegen allmählichen Verschluß; beim Öffnen verhalten sie sich entsprechend. Ventile lassen also plötzliche Druckänderungen in den Leitungen nicht entstehen, wohl aber kann es bei schnellem Abstellen eines Hahnes in Druckwasserleitungen zu starken Schlägen (Wasserschläge oder hydraulische Stöße) kommen, welche die Haltbarkeit der Leitung gefährden. Aus diesem Grunde werden z. B. in die meisten städtischen Wasserleitungen Hähne nicht eingebaut.

Hähne werden in Kükenhähne, Stopfbuchs- oder Kappenhähne und in selbstdichtende Hähne eingeteilt (daneben heizbare Hähne usw.).

Zur Befestigung in der Leitung dienen Lötzapfen, Muffen, Flanschen usw. (Durchgangs- oder Ausflußhähne). Hähne mit zu breiten Flanschenringen sind sehr unbequem, weil bei ihnen die unbehinderte Handhabung der Griffe unmöglich ist.

Die gewöhnlichen Kükenhähne (Abb. 32) bestehen aus einem (rechtwinklig zur Durchgangsöffnung) konisch gebohrten Gehäuse, in welchem ein mit einer Querdurchbohrung versehener konischer Körper, der Hahnschluß oder das Küken, drehbar ist. Das Küken wird nach dem Hineinstecken in das Gehäuse durch Metallscheibe und Mutter festgehalten. Die nach diesem Prinzip gebauten wohlfeilen Hähne benutzt man für gewöhnliche Zwecke. Sie haben drei Stellen, an denen sie undicht werden können, nämlich am oberen und unteren Austritt des Kükens aus dem Gehäuse sowie in der Mitte um die Durchbohrungsöffnung herum (es tritt dann trotz Querstellung ein Durchsickern ein). Deshalb benutzt man in Dampf- oder Gasdruckleitungen die besser schließenden Stopfbuchshähne, deren Küken nicht durch den unteren Teil des Gehäuses hindurchtreten (mittels Stopfbüchse festgehalten). Selbstdichtende Hähne (Abb. 33) zeichnen sich im wesentlichen durch konische, unten breitere, seitlich angebohrte Küken aus. Diese werden

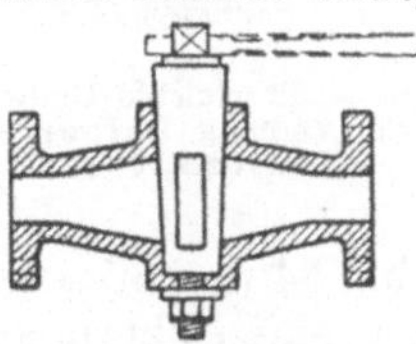

Abb. 32. Kükenhahn.

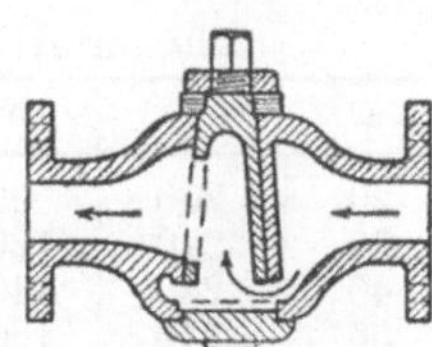

Abb. 33.
Selbstdichtender Hahn.

von unten in die Gehäuse hineingesteckt, die dann mittels Überwurfschrauben geschlossen werden. Durch den in der Leitung herrschenden Druck wird das Küken dicht gegen das Gehäuse gepreßt.

Die bisher geschilderten Hähne heißen Durchgangshähne, weil bei ihnen Zu- und Abfluß in einer geraden Linie liegen. Bilden letztere einen Winkel, dann nennt man sie Winkelhähne (Küken, wie bei Drei- und Mehrweghähnen entsprechend anders gebohrt).

Der zur Herstellung der Hähne dienende Baustoff ist u. a. von ihrer Verwendung abhängig. Messing und Rotguß rosten nicht. Für Laugen und solche Säuren, die Eisen nicht angreifen, verwendet man eiserne Hähne. Bei Benutzung von Hartbleihähnen mit Hartgummiküken ist zu beachten, daß das Gummiküken durch Hitze weich und unbrauchbar wird; man bedient sich deshalb öfters der Hartbleihähne mit Tonküken.

Am zerbrechlichsten (deshalb auch nur beschränkt im Gebrauch) sind Hähne aus Ton und Porzellan. Da sie sich aber nicht immer vermeiden lassen, schützt man sie in geeigneter Weise (Holzrahmen, Eisenarmierung o. dgl.).

In der Säureindustrie benutzt man vielfach Hähne aus VA-Stählen, Thermisilid usw. Die

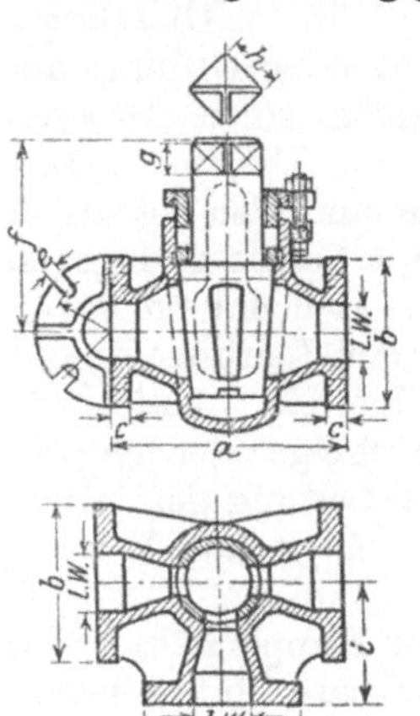

Abb. 34. Thermisilid-Dreiweghahn (Amag-Hilpert-Pegnitzhütte).

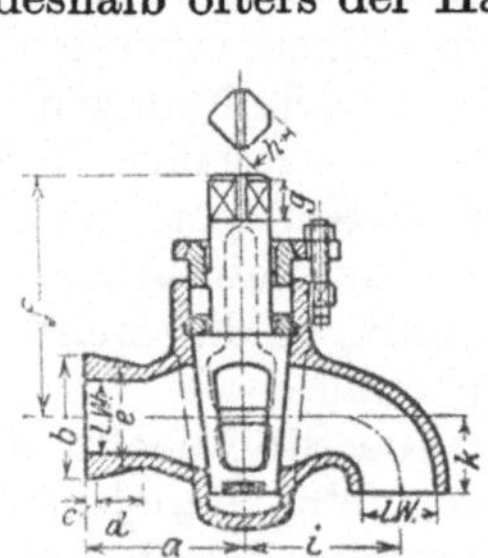

Abb. 35. Thermisilid-Auslaufhahn (Amag-Hilpert-Pegnitzhütte).

Abb. 34 und 35 zeigen z. B. einen Thermisiliddreiweghahn mit Flanschen bzw. einen Thermisilidauslaufhahn mit konischen Rohrenden der Amag-Hilpert-Pegnitzhütte, Nürnberg (Maßtabellen sind beigefügt).

Thermisilid-Dreiweghähne mit Flanschen (Abb. 34).

l. W.	a	b	c	d	e	f	g	h	i
20	200	95	18	70	12	145	30	30	100
30	220	120	20	90	15	170	35	40	110
40	240	140	20	110	15	190	35	40	120
50	270	160	20	125	19	215	40	55	135
70	290	185	23	145	19	240	50	60	145
80	310	200	25	160	19	270	60	70	155

Thermisilid-Auslaufhähne mit konischen Rohrenden (Abb. 35).

l. W.	a	b	c	d	e	f	g	h	i	k
20	85	60	10	30	40	135	24	24	75	45
30	95	70	10	30	50	160	25	28	85	45
40	100	80	10	30	60	185	30	30	100	50
50	110	90	10	30	70	210	35	40	110	55
70	150	120	10	37	95	235	40	55	150	75
80	175	150	15	53	115	270	45	55	175	85
100	195	170	15	53	135	295	50	60	195	95

Tonhähne werden als Zapfenhähne (Durchgangs- bzw. Schnabel-hähne) und zum Einschalten in Flanschenleitungen gebaut.

Holzhähne, die meist aus Pflaumenholz angefertigt werden, finden gelegentlich Verwendung, obgleich sie nicht sehr dauerhaft sind. Man achte darauf, daß sie nicht austrocknen. Küken und Gehäuse dürfen nie verschieden stark trocknen oder quellen, da sie sonst nicht mehr ineinander passen.

Für Einbau der Hähne in die Leitungen gilt das über Rohrverbindun-gen Gesagte (Muffenhähne, Flanschenhähne oder Muffen- und Flanschen-hähne). Hähne mit einarmigem Griff sind sehr verbreitet, obgleich sie stets eine ge-wisse Bruchgefahr in sich schließen, außer-dem kann sich das Küken eines liegenden Hahnes durch anhaltendes Rütteln der Leitung nach und nach von selbst drehen und dabei die Leitung entweder öffnen oder schließen (Betriebsstörungen).

Flanschenhähne sind natürlich teurer als Muffenhähne.

Ventile (selbsttätige und Spindelven-tile). In den Ausführungsformen sind sie unendlich vielgestaltig (wegen Einschal-tung in die Leitungen als Flanschen- und Muffenventile). Jedes Ventil besteht aus

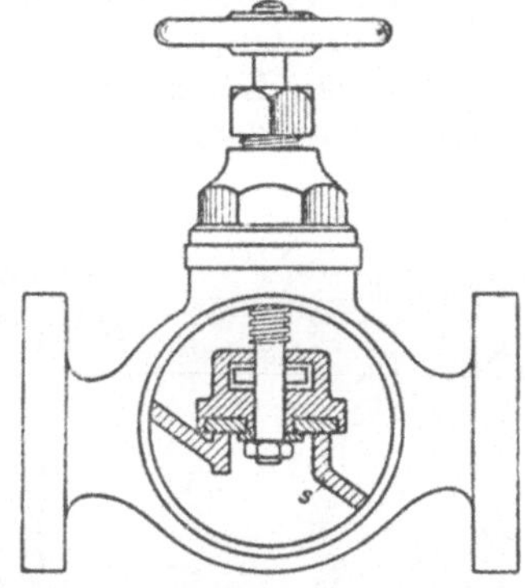

Abb. 36. Ventil.

dem Gehäuse, dem Körper und dem Sitz. Der Sitz ist die Fläche, auf welcher der den Verschluß bewirkende Körper ruht (Abb. 36).

Die selbsttätigen Ventile öffnen und schließen sich je nach den vorhandenen Druckverhältnissen (also ohne äußeren Mechanismus); sie werden hauptsächlich bei Pumpen verwandt. Zu ihnen gehören die Klapp-, Kugel-, Speise- und Kegelventile.

Wenn sich die Pumpenventile beim Ansaugen oder beim Empordrücken der zu fördernden Flüs-sigkeit öffnen, heißen sie Saug- oder Druckventile. Saugventile auf dem Grunde der Pumpen heißen auch Bodenventile. Haben die Klappenventile (nach der Klappenform des Verschlußteiles) einen größeren

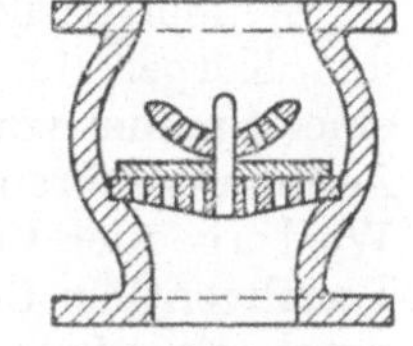

Abb. 37.
Klappenventil.

Durchmesser, dann nennt man sie auch Tellerventile; sie besitzen in der Regel einen zentral befestigten scheibenförmigen Ventilkörper, dessen Hub durch eine entsprechend geformte Metallfläche begrenzt wird (Abb. 37). Die Körper der Klappenventile sind Gummi- oder Leder-platten (um die Steifigkeit und das Gewicht zu erhöhen, wohl auch mit Metall belegt) oder es sind direkt auf den Sitz aufgeschliffene Metall-scheiben. Die auf der einen Seite des Ventilsitzes befestigten Platten legen sich so auf diesen, daß sie durch den von oben wirkenden Druck angedrückt, durch den von unten wirkenden aber aufgeklappt werden.

Die Kugel- und Speiseventile sind geradlinig bewegte Ventile (ebenso alle Spindelventile). Der eine Vollkugel aus Hartgummi, Metall, Pock-

holz, Elfenbein usw. bildende Ventilkörper der Kugelventile (Abb. 38)
ruht auf einem entsprechend geformten Sitz und wird an seitlicher
Abweichung durch Führungsstege (aus dem Gehäuse hervorspringende
Naben) und bezüglich der Hubhöhe durch den Anschlag (meist kreuz-
weis übergreifende Doppelbügel) begrenzt.

Bei den Rückschlagventilen (z. B. Speiseventile der Dampfkessel) sowie
allen folgenden wird der Ventilkörper Kegel genannt. Die Kegelbewegung
ist entweder im Sitz geführt oder sie hat eine besondere Führung im oberen
Ventilgehäuse. Die Hubbegrenzung des Kegels bildet teils ein Stift, der in
einer am Ventildeckel befindlichen Büchse gleitet (Abb. 39), teils ein
solcher, der aus dem Deckel in das Gehäuse hineinragt (Abb. 40).

Um den Kegel zudem noch von außen auf seinen Sitz pressen zu
können, wird der Stift als abgedichtete Spindel durch das Gehäuse geführt
und mittels Führungsschraube gegen den Deckel ge-
drückt. Bei Kegelventilen im engeren Sinne (Speiseventile) legen sich die Körper mit flach kegelförmi-
ger Fläche auf den entsprechenden konischen Sitz.

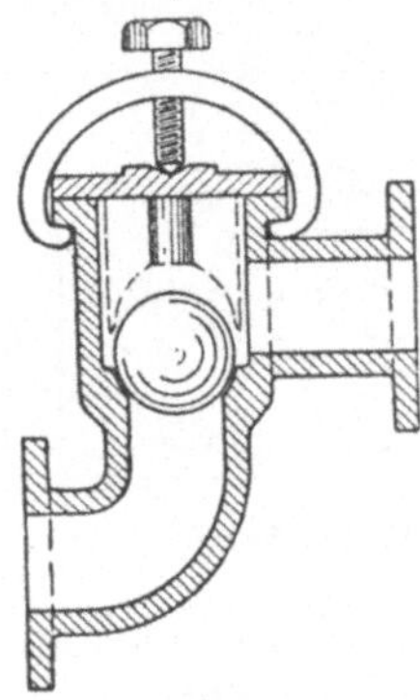

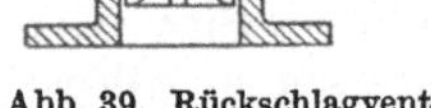

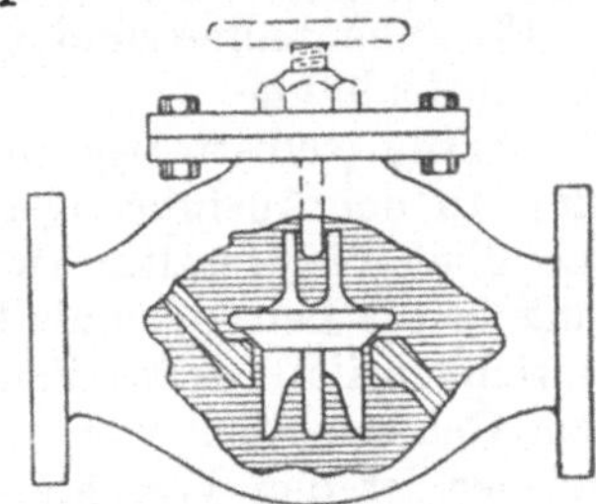

Abb. 38. Kugelventil.　　　Abb. 39. Rückschlagventil (Eckventil).　　　Abb. 40. Rückschlagventil.

Spindelventile sind im weiteren Sinne Kegelventile. Sie gestatten,
den Körper (im Gegensatz zu den selbsttätigen Ventilen) mit Hilfe
einer Spindel von außen in jeder Lage einzustellen (Leitung drosseln).
Zu ihnen gehören Niederschraub- und Bauchventile, Absperr-, Dreiweg-,
Wechsel- oder Eckventile usw. Bei den Niederschraub-, Absperr- und
Bauchventilen (letztere nach ihrer Form so benannt) ist das Gehäuse
durch eine in der Durchströmungsrichtung liegende Scheidewand s
(Abb. 36) in zwei Räume geteilt; die Durchlochung der letzteren bildet
dann den Sitz. Vermittels einer, durch Überwurfmutter abgedichteten
Spindel wird der Ventilkegel auf- und abbewegt.

Da der auf dem Ventilsitz ruhende Teil des Kegels sich weitaus
am schnellsten abnutzt, kann er meistens leicht ausgewechselt werden.
Die Jenkinsventile sind in dieser Hinsicht recht gut gebaut. Be-
festigungsart und Baustoff des Dichtungsringes sind sehr verschieden
(z. B. bei sehr engen Durchmessern zentral gehaltene Leder- oder
Gummiplatten usw.). Der Dichtungsring kann in geraden (Abb. 36)
oder schwalbenschwanzförmigen Nuten im Kegel befestigt sein. Auch
Abdichtung und Führung der Spindel im Kegel werden ganz verschieden
ausgeführt (bei kleineren Ventilen bis 30 mm Durchmesser Überwurfmutter; bis 50 mm Röhrenweite aufgeflanschter Eisendeckel und Über-

wurfmutter, Spindel oberhalb der Stopfbüchse hat Gewinde und Führungsmutter).

Es ist einleuchtend, daß man beim Bewegen der Spindelventile von Hand den in der Leitung herrschenden Druck überwinden muß. Wird dieser sehr groß, dann würde die Handhabung nur mit äußerster Kraftanstrengung geschehen können. Für solche Fälle gibt es Ventile mit entlasteten Kegeln, bei denen die in den Gehäusen vorhandenen Kegel ihrerseits nochmals als kleinere Ventilgehäuse mit Kegeln ausgebildet sind. Der Öffnung des Hauptventils geht also die des kleineren Ventils durch die gleiche Spindelbewegung voraus. Ferner gibt es Absperrventile, die allmähliches und augenblickliches Schließen des Kegels (selbst von einer entfernten Stelle aus) ermöglichen. Eine solche Einrichtung ist bisweilen bei eintretender Gefahr erwünscht, weil das Öffnen und Schließen sonst ziemlich lange dauert. Bei den Dreiweg- oder Wechselventilen ist die Form des Doppelkegels und der Sitze entsprechend geändert.

Eckventile (Abb. 39) sind sehr einfach gebaut. Ein gut abdichtender Kegel ist in dem einen Rohre so geführt, daß er das abzweigende Rohr schließen bzw. öffnen kann.

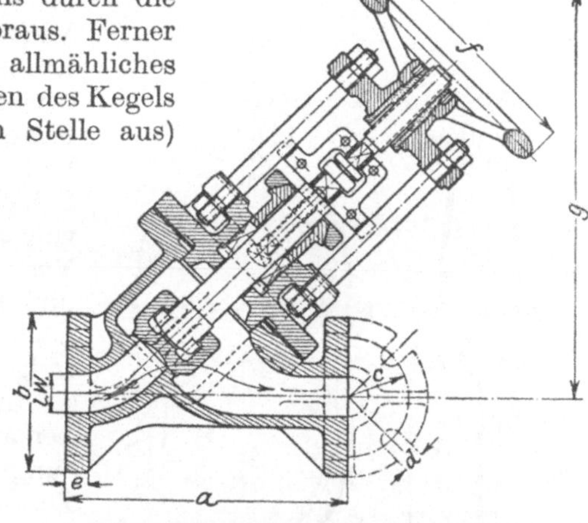

Abb. 41. Thermisilid-Schräg-Absperrventil (Amag-Hilpert-Pegnitzhütte).

Dampfdruckreduzierventile werden überall da eingeschaltet, wo Dampf, Luft oder Gas usw. mit völlig konstantem Druck durch eine Leitung strömen soll. Ein mit dem Ventil verbundener belasteter Hebelarm kann z. B. dem gewünschten Dampfdruck so das Gleichgewicht halten, daß sich bei Erhöhung des Dampfdruckes das Ventil schließt bzw. bei Verminderung öffnet.

Baustoff für Herstellung von Ventilen ist Eisen, Messing, Rotguß, Sonderstahl, Thermisilid usw. (auch Auskleidungen mit Blei, Hartblei, Zinn, Hartgummi o. dgl.).

Die Abb. 41 stellt z. B. ein Thermisilid-Schräg-Absperrventil (mit Maßtabelle) der Amag-Hilpert-Pegnitzhütte, Nürnberg, dar.

l. W.	a	b	c	d	e	f	g
20	190	95	35	15	16	180	280
25	200	110	40	15	16	180	290
30	210	120	45	15	17	180	300
40	240	140	55	15	18	220	350
50	265	160	62,5	19	21	220	380
70	300	185	72,5	19	23	220	420
80	345	200	80	19	25	280	480
100	370	230	90	23	27	280	510

Schieber. Die mit Muffen und Flanschen gebauten Schieber dienen hauptsächlich zum Absperren von Dampf-, Wasser- und Gasleitungen großer Durchmesser (bis hinab zu Rohrweiten von 40 mm). Sie bewirken keine Änderung in der Bewegungsrichtung des Durchflußgutes. Der Schieber bewegt sich senkrecht zu dieser Richtung, so daß der Strom bei ganzer Öffnung keine Querschnittstauung erfährt. Spindelführung und Dichtung gleichen jenen der großen Ventile. Da bei erheblichem Durchmesser und starkem Seitendrucke eine entsprechend große Kraft zur Betätigung des Schiebers nötig sein würde, sind auch Schieber gebaut worden, die geringeren Kraftaufwand erfordern. Vor dem Öffnen dieser Umlauf- und Entlastungsschieber wird zunächst ein Umlaufkanal o. dgl. freigegeben.

Im weiteren Sinne sind Schieber auch die Regulierungsvorrichtungen für die Beschickung von Zerkleinerungsmaschinen, für den Zug der Schornsteine und für die Steuerungsteile von Dampfmaschinen.

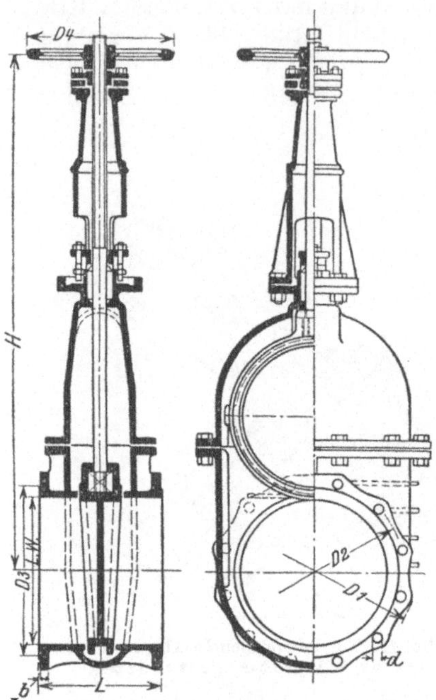

Abb. 42. Absperrschieber aus Kruppschem V2A-Stahl (Amag-Hilpert-Pegnitzhütte).

Einen Absperrschieber aus Kruppschem V2A-Chrom-Nickel-Stahl (Bock, Handrad und Stopfbüchse aus Gußeisen, Schrauben aus Schmiedeeisen, alle sonstigen Teile aus V2A), wie er u. a. von der Amag-Hilpert-Pegnitzhütte, Nürnberg, gebaut wird, zeigt Abb. 42 in zwei Schnitten mit Maßtabelle; für 300 und 600 mm l. W. entsprechen die Abmessungen der Anschlußflansche den Normalien der I. G. Farbenindustrie A.-G.; kleine Änderungen der Maße kommen vor.

L. W.	D_1	D_2	D_3	D_4	L	H	a	b	c	d
200	310	270	250	250	200	770	17	2	6	22
250	360	320	300	250	225	908	18	2	8	22
300	410	370	345	300	250	1055	18	2	12	22
400	510	470	445	425	280	1350	19	2	16	22
500	615	575	550	425	310	1637	20	2	20	22
600	725	680	652	550	340	1915	22	2	20	25

Drosselklappen eignen sich nicht zur Erzielung vollkommen dichter Verschlüsse (Regulierorgan). Nach Abb. 43 (Ringdrosselklappe) bilden sie ein zylindrisches Gehäuse, welches im Innern eine flache drehbare Scheibe trägt.

Kondenswasserableiter und **-abscheider.** Diese Apparate dienen dazu, das sich in den Dampf- oder Gasleitungen beständig bildende Kondens- und das mitgerissene Wasser zu entfernen, ohne jedoch Dampf oder Gas selbst aus der Leitung austreten zu lassen.

Die Kondenswasserableiter, auch Kondenstöpfe genannt, befinden sich am Ende einer solchen Leitung, während die Kondenswasserabscheider in der Mitte derselben eingeschaltet sind, um das Kondensat abzuführen.

Den sehr verschiedenartigen Konstruktionen der Kondenswasserableiter oder -töpfe liegen drei wesentlich verschiedene Prinzipien zugrunde, nach denen das den Wasseraustritt regelnde Ventil betätigt wird: nämlich erstens durch das Gewicht des Kondenswassers, zweitens durch seine Auftriebkraft und drittens durch die Ausdehnung von Metallen infolge der Wärme des Dampfes.

1. Im Kondenswasserableiter (Abb. 44) schwimmt, solange der Wasseraustritt unterbrochen ist, ein leerer Topf. Bis nahe auf den Boden des offenen Topfes führt von oben her ein zentral stehendes Rohr, welches dem Wasser durch ein

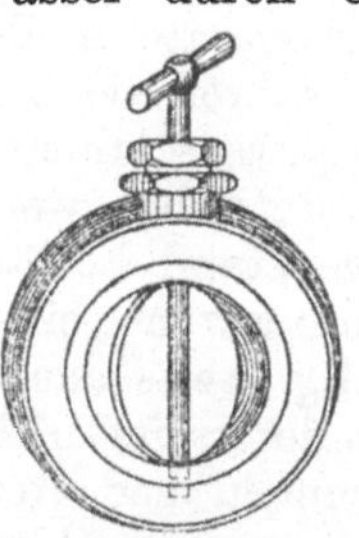

Abb. 43.
Ringdrosselklappe.

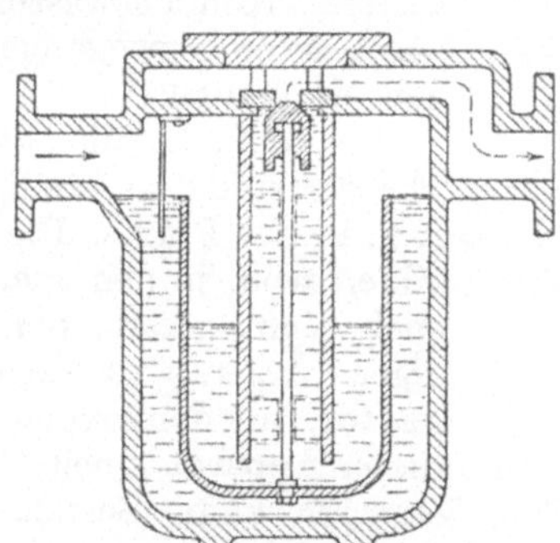

Abb. 44. Kondenstopf.

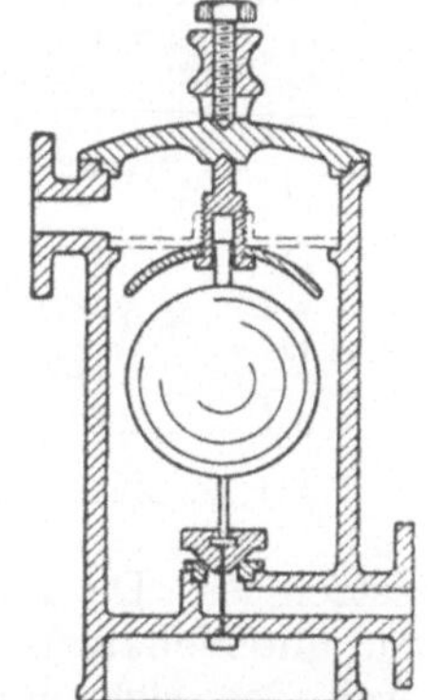

Abb. 45. Kondenstopf.

im Deckel des Apparates befindliches Ventil den Austritt ins Freie öffnet. Der Ventilkörper folgt den Bewegungen eines durch das zentrale Rohr hindurchgehenden Stabes. Bei wachsendem Wasserstande im Ableiter wird das Wasser sich schließlich in den Topf ergießen, ihn füllen und zum Sinken bringen. Dabei öffnet der sich senkende Stab das Ventil, durch welches nun das unter Dampf- oder Gasdruck stehende Wasser austritt, bis der Topf so weit entleert ist, daß er, dem Auftrieb folgend, sich wieder hebt und durch den Stab das Ventil schließt.

2. Die durch Auftrieb den Wasseraustritt ermöglichenden Ableiter befolgen konstruktiv das umgekehrte Prinzip (Abb. 45). Hier ist ein am Boden des Topfes sitzendes Ventil so mit einer Hohlkugel, dem geschlossenen Schwimmer, verbunden, daß es bei wenig Wasserinhalt auch geschlossen ist; mit zunehmendem Wasserstande erfährt der Schwimmer einen Auftrieb, dessen Kraft das Ventil öffnet und das Wasser austreten läßt. Das Ventil schließt sich wieder, wenn die Wassermenge bis zu einem bestimmten Grade abgenommen hat, d. h. der Schwimmer bis zu diesem Punkte gefallen ist. Um größeren Druck

zu überwinden, kann die Schwimmerbewegung der Hohlkugel mittels Hebelkonstruktion auf das Ventil übertragen werden.

3. Die dritte Art der Ventilbewegung erfolgt durch ein System von Metallstäben im Kondenstopf, die in gebogener Form so miteinander verbunden sind, daß sich die Ausdehnung der einzelnen Stäbe durch Erwärmung addiert und groß genug wird, um ein mit dem untersten Stabe verbundenes Ventil geschlossen zu halten (Abb. 46). Bei Füllung des Topfes mit Kondensat, das ja kälter als der Dampf usw. ist, ziehen sich die Stäbe zusammen und öffnen das Ventil.

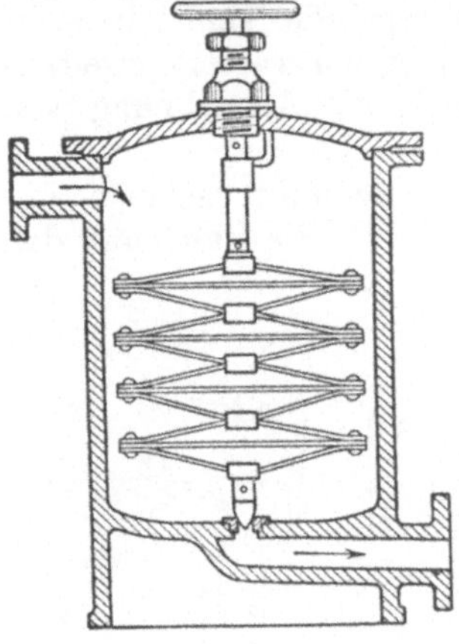

Abb. 46. Kondenstopf.

Eine andere recht handliche Ausführung (z. B. für Dampfheizungen) dieser Gruppe zeigt in halbkreisförmigem, flachem Gehäuse ein gekrümmtes Rohr mit ovalem Querschnitt (entsprechend der Einrichtung der Federmanometer), das unter dem Einfluß des heißen Dampfes gestreckt und durch das kältere Kondenswasser wieder gekrümmt wird; diese Bewegungen schließen und öffnen ein Ventil.

So einfach alle diese Apparate in der Theorie sind, so wenig bewähren sie sich z. T. in der Praxis. Die Dampfwasserableiter bilden wohl in den meisten Betrieben wenn auch nicht gerade den Gegenstand beständigen Ärgers, so doch mindestens einen Faktor, an dem recht häufig etwas auszusetzen ist. Die Rolle, die dieser Apparat spielt, ist andererseits nicht zu unterschätzen. Sein Versagen kann Betriebsstörungen bedeuten, weil das sich ansammelnde Kondenswasser die Leitung allmählich füllt und sie abkühlt. Anhaltendes Austreten von Dampf oder Gas (wenn sich das Ventil nicht mehr selbsttätig schließt) bringt bedeutende Verluste. Aus diesen Gründen müssen Dampfwasserableiter beständig beobachtet werden. Am sichersten ist es, das Kondenswasser aus den Ableitern frei durch einen Trichter in die Sammelleitung austreten zu lassen. Kondenstöpfe sollten nicht, wie es leider häufig der Fall ist, so versteckt oder so unzugänglich aufgestellt sein, daß man nur mit Mühe an sie herankommt und daß man sich kaum anders, als durch Fühlen mit der Hand von ihrem Arbeiten überzeugen kann. Wieviel eine solche oberflächliche Kontrolle wert ist, bedarf wohl keiner Erwähnung! Man kann auch der Konstruktion nicht immer Schuld geben, denn neue Apparate arbeiten immer gut. Wohl aber müßten die Kondenstöpfe (häufiger, als es in der Regel geschieht) von Zeit zu Zeit gründlich nachgesehen und gereinigt werden, denn die sich ansammelnden Unreinigkeiten müssen den Gang stören. Es werden sich also diejenigen Wasserableiter am besten bewähren, die am einfachsten gebaut sind und deren Ventile nicht beständig im Kondenswasser liegen. Am sparsamsten arbeiten die kontinuierlich wirkenden Töpfe, die das wenige, kondensierte Wasser sofort abgeben. Bei den periodisch wirkenden wird naturgemäß immer ein beträchtlicher Teil Dampf hinter dem Wasser ausströmen, bis sich der Topf wieder geschlossen hat.

Einen modernen **Schieberkondenstopf** der **Firma Klein, Schanzlin & Becker A.-G.**, Frankenthal (Pfalz), zeigt Abb. 47 (mit Maßtabelle). Der auf dem Schieberspiegel hin und her gleitende Schieber schleift sich ständig nach, verhindert Ansetzen von Fremdkörpern und bleibt daher dicht. Die Abdichtungsstelle besteht aus nichtrostendem Stahl. Nach Entfernung eines Deckels (ohne Abschrauben der Leitung) kann der Innenapparat leicht herausgenommen werden. Bei entsprechend großen Kondensatmengen arbeitet der Topf ununterbrochen. Zur zeitweiligen Öffnung des Abschlußschiebers (bei außergewöhnlich großen Kondensatmengen) dient ein Anlüfthebel. Für Betriebsdruck von 23—200 Atm. sind besondere Vorkehrungen notwendig.

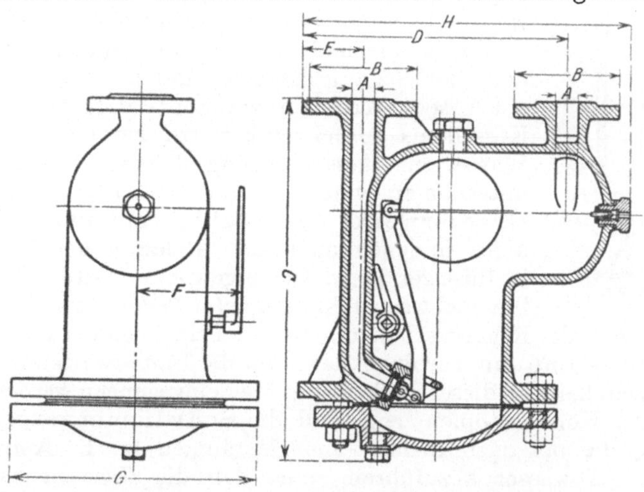

Abb. 47. Schieberkondenstopf (Klein, Schanzlin & Becker A.-G.).

Ausführung, Hauptabmessungen und Leistungen:
mit Gußeisengehäuse für Drücke von 8 bzw. 16 Atm. und Temperaturen bis 300⁰ C, mit Stahlgußgehäuse für Drücke bis 22 Atm. und Temperaturen bis 400⁰ C.

Größe		000	00	0	1	2	3	4
Höchste Leistung je Std. in Litern bei einem Betriebsdruck von	2 Atm.	740	1360	2600	4360	7900	13000	15300
	5 „	650	1300	2250	4050	9000	13200	21700
	8 „	350	650	1650	2900	6700	11400	16700
	12 „	250	700	1140	2000	3500	6300	10000
	16 „	175	300	510	1350	2900	5500	9400
	22 „	150	220	340	600	1075	1565	3120
Lichte Weite, Ein- und Austritt	A	16	20	25	32	40	50	60
Flanschdurchmesser	B	100	105	115	140	150	165	175
Baulänge	C	340	410	420	430	455	475	500
Bauhöhe bis Mitte Eintritt	D	230	270	285	305	350	380	405
Bauhöhe bis Mitte Austritt	E	60	70	75	85	90	100	105
Abstand des Anlüfthebels von Mitte Topf	F	100	110	110	110	135	135	165
Größte Breite	G	210	225	235	260	295	315	370
Größte Bauhöhe	H	285	325	350	390	430	470	510

Die Kondenswasserableiter haben ihren Platz am Ende der Dampfleitungen. Man gibt diesen daher und damit kein zurückfließendes Wasser Schläge in den Leitungen verursachen kann, stets schwaches Gefälle in Richtung des Dampfstromes.

Für Anschaffung eines Dampfwasserableiters ist die lichte Weite der Anschlußrohre und die Leistung desselben in Litern Kondensat je Stunde für eine gegebene Abkühlungsfläche maßgebend.

Beabsichtigt man, den Dampf an einer bestimmten Stelle der Leitung, z. B. vor der Dampfmaschine, zu entwässern, dann schaltet man dort einen Kondenswasserabscheider ein (Abb. 48), der den Dampf zwingt, bei nicht verringertem Gesamtquerschnitt gegen feste Flächen zu strömen. Das kondensierte Wasser fällt anprallend herunter, um weggeführt zu werden, während der entwässerte Dampf oben abströmt.

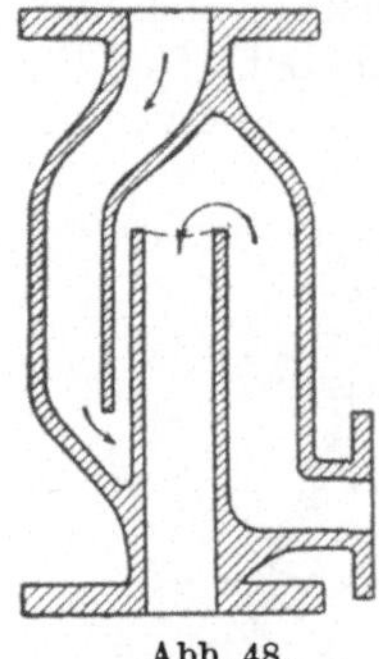

Abb. 48.
Kondenswasserabscheider.

Die Kondenswässer werden in großen und modernen Betrieben gesammelt und automatisch durch einen sog. Kondenswasserrückleiter in das Kesselhaus zurückgeführt, wo sie als sehr reines Wasser zur Kesselspeisung dienen. Für das Herunterkühlen von Kondenswässern müssen häufig Gradierwerke oder Kühltürme aufgestellt werden, in denen auch der Abdampf der Maschinen in flüssiger Form wiedergewonnen wird, wenn man ihn nicht sonst in geeigneter Weise nutzbar machen kann (sollte in der Regel geschehen). Auf die Prinzipien der Zwischendampfentnahme (an Turbinen usw., um die Dampfwärme möglichst auszunützen) kann an dieser Stelle nicht näher eingegangen werden (s. u.).

Mit den Kondenstöpfen usw. sind die Schwimmerverschlüsse verwandt, die oft dazu dienen, aus Gasräumen (z. B. Ammoniakabtreibern) Abwässer abzuführen, ohne daß die Gase nachströmen können. Auf ihre peinlichste Sauberhaltung ist größter Wert zu legen.

Zum Schluß seien einige Richtpreise mitgeteilt:

Flanschenabsperrventile, ganz in Rotguß,					
Handrad Gußeisen	65	mm Durchgang	=	50	$\mathcal{RM}$
Muffenventile, Rotguß	55 ,,	,,	=	12	,,
Schrägventile für Hochdruck, Gußeisen, {	200 ,,	,,	=	180	,,
Bronzesitz und -kegel . . . . . . {	300 ,,	,,	=	390	,,
Absperrflanschenventile in Eisen mit {	15 ,,	Durchmesser	=	10	,,
	50 ,,	,,	= 16—45		,,
Rotgußgarnitur . . . . {	150 ,,	,,	= 85—180		,,
Rückschlagventile, Eisengehäuse, Rot- {	100 ,,	Durchgang	=	45	,,
gußgarnitur . . . . {	200 ,,	,,	=	120	,,
Normalabsperrschieber, Gußeisen mit {	100 ,,	,,	=	35	,,
Rotgußgarnitur . . . . {	225 ,,	,,	=	100	,,
Gashaupthähne, je nach Ausführung . . {	$1^1/_4$ Zoll		=	4—8	,,
	3 ,,		= 30—40		,,
Ringdrosselklappen . . . . {	40 mm Durchgang		=	2,50	,,
	100 ,,	,,	=	5	,,
	150 ,,	,,	=	10	,,

Verschließen der Apparate.

Den Ausführungen über die Verschlußorgane sollen einige Angaben über das Verschließen der Apparate im allgemeinen folgen. Es besteht ein wesentlicher Unterschied zunächst darin, ob das Verschließen nur sehr selten und dann für längere Zeit geschieht oder ob es sich in begrenzten Zeitabschnitten regelmäßig und häufig wiederholt. Dauernder Verschluß wird auf die verschiedenartigste Weise bewirkt (Nageln, Nieten, Löten, Schrauben, Kleben, Kitten, Vermauern usw.). Bei allen diesen Arbeiten ist jedoch die Möglichkeit des späteren Öffnens zu berücksichtigen. Die Berechtigung dieses Hinweises erkennen namentlich alle diejenigen ohne weiteres an, die in ihrer Praxis einmal die „Komplimente" gehört haben, welche der mit der gelegentlichen Öffnung eines Gefäßes beauftragte Arbeiter demjenigen zu machen pflegt, der seinerzeit die Verschließung besorgt hat. Das Verschließen soll (weder mit oberflächlicher Leichtigkeit, noch mit übertriebener Sicherheit) so ausgeführt werden, daß ein später notwendig werdendes Wiederöffnen bequem und ohne unnötige Sachbeschädigung geschehen kann! Häufig zu benutzende Verschlußvorrichtungen sind, je nach den Ansprüchen, oft sehr geschickt konstruktiv durchgebildet (zahlreiche Patente). Möglichste Einfachheit in der Handhabung des Verschlusses soll sich mit Zuverlässigkeit vereinigen. Kleine, für den Verschluß unentbehrliche Gegenstände, wie Stifte, Splinte, Keile, Stopfen, Schrauben usw. sollen am besten am Gefäße selbst mit einer Kette o. dgl. befestigt oder mindestens an einem bestimmten Platze aufbewahrt werden. Die Muttern von herausgenommenen Schrauben werden sogleich wieder heraufgedreht; es ist auch zu markieren, für welche Löcher gewisse Schrauben bestimmt sind. Verschlußdeckel, Kappen u. dgl. werden, wenn sie abnehmbar sind und nicht schon durch ihre Gestalt die beim Auflegen einzunehmende Lage unzweideutig anzeigen, mit einem Zeichen (Einkerbung o. dgl.) versehen. Im anderen Falle sind Verzögerungen, unvollkommene Dichtung, Verbiegung der Verschlußteile usw. unvermeidlich.

Ebenso, wie es notwendig ist, die den Verschluß bildenden Flächen vor Beschädigung zu schützen, muß es zur Gewohnheit werden, sich vor dem Verschließen durch Befühlen der eigentlichen Verschlußflächen davon zu überzeugen, daß nicht kleine Unebenheiten oder Fremdkörper (abgeblätterter Rost, Verpackungsabfall o. dgl.) die Abdichtung hindern. Alle warm gewordenen Schrauben sind, um den Verschluß dicht zu machen, nachzuziehen (Verschlußschrauben nie in seitlicher Folge, sondern immer zwei gegenüberliegende nacheinander und nicht auf einmal ganz fest anziehen, s. o.).

Zeigt der Druckmesser nach dem Evakuieren eines verschlossenen Apparates eine Undichtigkeit an, dann befeuchte man z. B. die in Frage kommenden Verschlußstellen, um die undichte Stelle an dem Auftrocknen zu erkennen. Apparate, die einen bestimmten inneren Druck auszuhalten haben, müssen vor dem ersten Gebrauch auf entsprechenden Überdruck und auf ihre Dichtigkeit (in der Regel durch Einpressen von Wasser, Luft und Benetzen mit Seifenwasser) geprüft werden.

Sorgfältige Montage der Apparatur ist überall grundlegende Vorbedingung für gutes Arbeiten!

Meßapparate.

Waagen und Gewichte. Es erübrigt sich, auf die Konstruktion der für chemische Betriebe besonders wichtigen Waagen einzugehen. Über ihre Art, ihre Aufstellung und Behandlung seien immerhin einige Worte gesagt.

Hinsichtlich Genauigkeit und Empfindlichkeit unterscheidet das Eichamt Präzisions- und Handelswaagen. Die Analysenwaagen unterliegen nicht seiner Kontrolle.

Die in den Laboratorien benutzten technischen Waagen sind meist (oder sollten es wenigstens sein) Apothekerwaagen, die nach dem Gesetze Präzisionswaagen sein müssen. Diese tragen zum Unterschiede von den Handelswaagen in dem Eichstempel zwischen D und R einen Stern. Die bei der Eichung zulässigen Fehlergrenzen für Präzisionswaagen sind nach der Eichordnung vom 27. Dezember 1884 für jedes Gramm der größten zulässigen Last:

2,0 mg bei Belastung bis 20 g
1,0 „ „ „ von über 20 g bis 200 g
0,5 „ „ „ „ „ 200 „ „ 2 kg
0,2 „ „ „ „ „ 2 kg „ 5 „
0,1 „ „ „ „ „ 5 „

Die im Gebrauche befindlichen Präzisionswaagen dürfen eine doppelt so große Fehlergrenze haben.

Bei den Handelswaagen unterscheidet man gleicharmige und ungleicharmige. Zu den ersteren gehören die unterschaligen Tarier- und Handwaagen und die oberschaligen Balken- und Tafelwaagen, zu den ungleicharmigen dagegen die Dezimal- bzw. Zentesimalwaagen, die Läufer- und Briefwaagen.

Die Tarier- und Handwaagen unterscheiden sich von den Präzisionswaagen nur durch eine weniger sorgfältige Bauart und geringere Empfindlichkeit. Die oberschalige Tafelwaage ist infolge des komplizierten Übertragungssystems und des vervielfachten Reibungswiderstandes so wenig empfindlich, daß sie für das Wägen unter 100 g unbrauchbar wird und nur für nicht sehr genaue Gewichtsbestimmung verwendbar ist. Deshalb ist sie auch selten mit dem Eichstempel versehen.

Die Dezimalwaagen sind als Brücken- und als Dezimaltischwaagen gebaut. Letztere sind bei kleiner Platzbeanspruchung und großer Genauigkeit für das Wägen von 3 kg abwärts sehr geeignet und ersetzen vorteilhaft die unempfindlicheren Tafelwaagen.

Die römische oder Schnellwaage bildet einen ungleicharmigen Doppelhebel. Die Last hängt an einem Haken des kürzeren Hebels, während das Gewicht auf dem mit einer Skala versehenen längeren Hebel verschoben werden kann.

Die Fehlergrenze der Handelswaagen beträgt für je 100 kg der größten zulässigen Last:

0,20 g bis zu 200 g Belastung
0,10 „ „ „ 5 kg „
0,05 „ „ über 5 „ „

Die hauptsächlich in Betrieben im Gebrauche befindlichen Waagen sind wohl die als Brückenwaagen gebauten Dezimalwaagen. In kleiner Ausführung sind sie handlich und transportabel; sie müssen stets behutsam getragen und nicht roh behandelt werden. Die größeren Waagen haben meistens ihren ständigen Platz und sind in trockenen Räumen vorteilhaft so tief versenkt, daß die Plattform der Brücke zur leichten Zuführung der Lasten mit dem Flur des Raumes annähernd gleich hoch liegt. In Betriebsräumen mit Fußbodennässe ist die Versenkung nicht angebracht, da es sich dann kaum vermeiden läßt, daß sich dort Feuchtigkeit ansammelt, unter derem Einfluß sich dann der Rahmen der Waage verzieht. Um letzteres zu vermeiden, sollen die Waagen entweder eiserne oder hölzerne (gut geteerte) Füße haben. Die Waagenbrücken sind im allgemeinen rechteckig, seltener dreieckig (außerdem auch viel andere Formen).

Für häufigen Gebrauch dürften sich automatische Federwaagen gut eignen, welche schnelles Abwägen und bequemes und sicheres Gewichtablesen gestatten. Die automatischen Waagen, die an Chargiereinrichtungen, Absackmaschinen usw. eingebaut sein können, spielen in den modernen chemischen Fabriken eine große Rolle. Sie beruhen meist darauf, daß ein Laufgewicht selbsttätig stehen bleibt, sobald die belastete Waage einspielt. In neuerer Zeit haben sich Dezimalwaagen mit Laufgewicht sehr eingeführt, welche Gewichtssätze überflüssig machen oder wenigstens bis auf einige größere Stücke beschränken. Die Vervollständigung solcher Waagen mit einem Zähl- oder Druckapparat, welcher das gewogene Gewicht selbsttätig registriert, ist für viele Zwecke sehr empfehlenswert (auch halbautomatische Waagen, Doppelwaagen usw.) Die hier beigefügte Abb. 49 stellt die Vollzeiger-Schnellwaage „Fridopa" der Gebr. Dopp, A.-G., in Berlin, dar, die vollkommen selbsttätig ohne jeden Handgriff und ohne Lauf- oder Schaltgewichte arbeitet (Doppelpendelsystem, ohne Federn). Für 10—2000 kg Tragkraft beträgt die Brückengröße 50×50 bis 150×125 cm; 5 bzw. 1000 g sind noch an der Skala abzulesen.

In feuchten und von Säuregasen erfüllten Räumen wird die Skala der Laufstange solcher Waagen bald unleserlich (VA-Stahl!) und die Einstellung ungenau. Die Waagen müssen an hellem Ort stehen, damit die Skalenziffern sicher abgelesen werden können.

In Fabriken mit größerem Lastenverkehr werden Fuhrwerke und Eisenbahnwaggons auf Zentesimalwaagen gewogen. Eine solche Waage ist zwar etwas teuer, stellt aber eine wertvolle Kontrolle dar (man kann auch eisenbahnamtliche Wägung beantragen).

Alle Waagen sollten sich stets in gutem Zustande befinden; sie müssen rein und frei von Staub oder Schmutz sein. Der Aufstellungsort sei hell und nicht Wind und Wetter ausgesetzt.

Zwischen Wägen und Wägen ist ein großer Unterschied! Die Waage darf nie länger, als zur Ermittlung des Gewichtes notwendig ist, auf den Schneiden pendeln. Zur Selbstkontrolle bei Gewichtsfeststellung ist sehr zu empfehlen, die Größe der Gewichte bei Auflegen auf die Waage laut zu nennen und nachher das Gesamtgewicht durch lautes Addieren der Einzelgewichte zu ermitteln. Die mit Wägungen betrauten Arbeiter sind gut anzulernen.

Die Gewichte befinden sich immer in dem dafür bestimmten Kasten, erh so eingerichtet ist, daß man sich mit einem Blick von der Vollzähligkeit des Satzes überzeugen kann. In gewissen Zwischenzeiten ist es

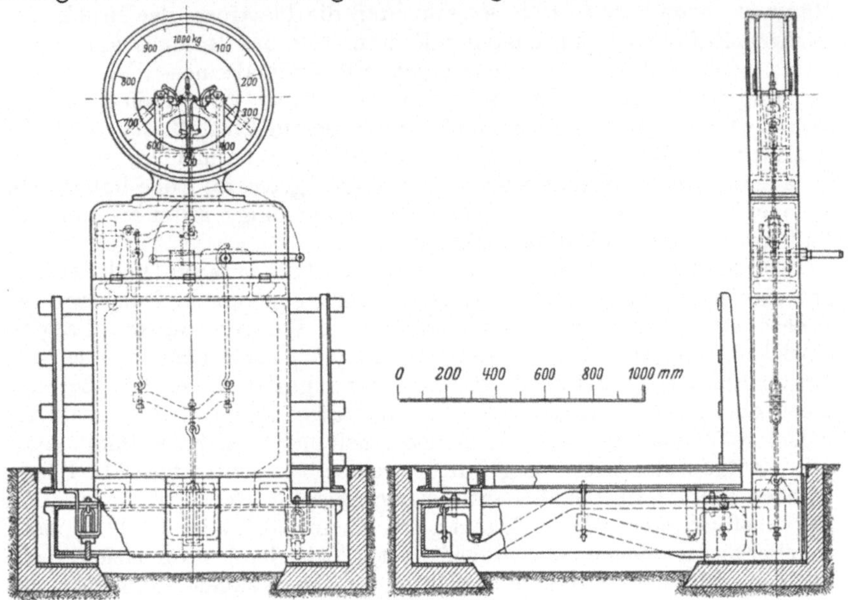

Abb. 49. Vollzeiger-Schnellwaage „Fridopa" (Gebr. Dopp A.-G.).

angebracht (abgesehen von den darüber bestehenden Polizeivorschriften), sämtliche in den Betrieben vorhandenen Gewichte mit einem Normalsatze zu vergleichen. Schließlich sei noch bemerkt, daß ihre gelegentliche Verwendung zu anderen Zwecken (zur Beschwerung, als Hammer usw.) eine recht verbreitete Unsitte ist.

Bei Einkauf der Gewichte achte man darauf, daß die Gewichtsstücke der ganzen Fabrik von gleicher Form sind. Es wird nämlich schnell zur Gewohnheit, das Gewicht nach der Größe des Gewichtsstückes zu bestimmen, statt die daran befindliche Zahl abzulesen. Ist die letztere auch auf dem Gewichtsknopf vorhanden — für Dezimalwaagen verzehnfacht —, so bietet sich eine noch größere Gewähr für richtiges Wägen.

Thermometer und Pyrometer. Es gibt wohl nur wenige chemische Prozesse, deren Verlauf nicht durch Temperaturmessungen kontrolliert werden braucht. Vor Benutzung werden die Thermometer (gewöhnlich in größerer Zahl) auf Richtigkeit geprüft, sofern nicht schon die Bezugsquelle dafür bürgt oder Garantie leistet. Den jeweiligen Zwecken und Apparaturen entsprechend, werden sie in den verschiedensten Formen, meist als Quecksilber-, seltener als Metallthermometer, mit geradem und winkeligem, kurzem und langem Stock, mit verkürzter oder anders geformter Skala für die verschiedensten Temperaturgrenzen angefertigt. Man achte besonders darauf, daß die in oder an dem Thermometer befindliche Skala genügend fest angebracht ist!

Die für Betriebszwecke nötigen Thermometer werden meist nach Bestellung angefertigt. Man vergesse bei diesen Bestellungen nicht, außer dem gewünschten Temperaturintervall (mit Rotstrichen für bestimmte Grade) die Skala- und Stocklänge sowie Stockdicke anzugeben (Musterexemplar einsenden, wenn es auch zerbrochen ist).

Nicht selten ist es von Wert, noch nachträglich die Grenztemperaturen zu erfahren, die während einer Reaktion geherrscht haben (Maximum- und Minimumthermometer). Handelt es sich darum, die Temperatur beständig beobachten zu können, dann sind die zwar teuren, aber ausgezeichnete Dienste leistenden Registrierthermometer am Platze, welche auch als Fernthermometer (Ablesung der Temperatur an einem beliebig entfernten Orte, im Bureau usw.) gebaut werden.

Zur Wahrung des Betriebsgeheimnisses gibt es auch Thermometer und Manometer mit falscher, absichtlich verschobener Skala, nach der sich der Arbeiter zu richten hat. Die Angaben müssen dann von dem Eingeweihten umgerechnet werden. Natürlich ist dafür zu sorgen, daß der Arbeiter keine Gelegenheit hat, ein solches Thermometer auch für andere Zwecke zu gebrauchen.

Die Anbringung der Thermometer an den Apparaten bietet gewisse Schwierigkeiten, wenn die Temperatur z. B. an Stellen gemessen werden soll, welche im Bereich von Rührschaufeln liegen. Obgleich die Thermometer für den Betrieb kräftiger gebaut sind, sind sie doch noch immer sehr zerbrechlich und müssen daher mit Schutzvorrichtungen versehen sein. Der aus dem Apparate herausragende Teil wird z. B. mit einer die Skala freilassenden Schutzhülse umgeben, welche mit dem Apparate fest verbunden ist. Wenn es angängig ist und kein Überdruck in dem Apparate herrscht, kann das Thermometer direkt in denselben hineingesteckt werden. Daß die Thermometer und die Apparate zu diesem Zwecke bisweilen in bestimmtem Sinne gebaut sein müssen (Rührwerk u. dgl.), ist jedem Praktiker vertraut. Um den Thermometerstock vor dem Zerbrechen durch in starker Bewegung befindliche Massen zu schützen, bringt man in der Bewegungsrichtung vor dem Thermometer ein Blech oder eine Latte an oder man führt ein gut befestigtes Rohr ein, in welches das Thermometer hineingestellt wird. Unversteifte Blei- oder Zinnrohre dürfen zu diesem Zwecke nicht verwandt werden, da sie sich verbiegen könnten und der Thermometerstock dann oder beim Herausziehen abbrechen würde. Ein solches Schutzrohr wird, wenn Überdruck im Apparate herrscht oder andere Gründe es verlangen, unten geschlossen und gasdicht durch die Gefäßwand geführt. Zur schnelleren Wärmeübertragung auf das im Rohr stehende Thermometer kann es mit einer geeigneten Flüssigkeit, wie Glyzerin, Rüböl bzw. Eisenpulver o. dgl. gefüllt werden.

Die nicht in Gebrauch befindlichen Thermometer haben ihren bestimmten Platz (am besten in einem entsprechend gebauten, langen, schmalen, an der Wand hängenden Kasten, dessen Boden mit Filz oder Watte belegt ist). Das Anhängen mittels Schnur an einem Nagel ist unvorteilhaft und unsicher. Ebenso ist das Hinlegen der Thermometer auf die Arbeitstische unstatthaft, weil sie dort leicht übersehen und zerdrückt werden.

Zum Messen höherer Temperaturen dienen die Pyrometer. In ihrer Konstruktion beruhen sie auf Ausdehnung eines heiß werdenden Metallstabes, ungleicher Ausdehnung verschiedener Metalle bzw. ihren verschiedenen Schmelzpunkten, ferner auf Ausdehnung der Luft (Luftthermometer), auf Änderung des elektrischen Leitungswiderstandes, auf dem Entstehen thermoelektrischer Ströme (elektrische Thermometer) oder dem Lichtausstrahlungsvermögen glühender Körper (optische Pyrometer, Wannerpyrometer). Die Instrumente sind je nach der Ausführung und dem durch praktischen Gebrauch bedingten Verschleiß mehr oder minder zuverlässig; sie müssen jedenfalls häufig nachgeeicht werden. Sie werden heute in mustergültiger Weise mit Registrierapparaten, Fernablesung usw. ausgestattet. Segerkegel werden vielfach benutzt. Es schmilzt z. B.:

Nr. 022	bei etwa	600°	Nr. 1a	bei etwa	1100°	Nr. 27	bei etwa	1610°
„ 016	„ „	750°	„ 6a	„ „	1200°	„ 32	„ „	1710°
„ 011a	„ „	880°	„ 10	„ „	1300°	„ 36	„ „	1790°
„ 008a	„ „	940°	„ 14	„ „	1410°	„ 40	„ „	1920°
„ 005a	„ „	1000°	„ 18	„ „	1500°	„ 42	„ „	2000°

Aräometer dienen zur Bestimmung des spezifischen Gewichts von Flüssigkeiten; man unterscheidet Skalenaräometer, wenn ein Schwimmkörper von unveränderlichem Gewicht verschieden tief in die Flüssigkeiten einsinkt und das Gewicht auf einer empirisch hergestellten Skala abzulesen ist, sowie Gewichtsaräometer, wenn der Schwimmkörper in verschiedenen Flüssigkeiten stets bis zum gleichen Punkte (durch Gewichtsbelastung) zum Niedersinken gebracht wird. Die Skalenaräometer sind wohl fast ausschließlich im Gebrauch; sie müssen auf ihre Richtigkeit hin nachgeprüft werden. Bekannt sind die Alkoholometer von Richter und Tralles. Erstere zeigen den Alkoholgehalt in Gewichtsprozenten; die Grade 0, 5, 10, 15 usw. sind genau ermittelt und die übrigen durch Teilung erhalten; letztere dagegen geben ihn in Volumprozenten an, die in allen Graden mit der wirklichen Einsenkung übereinstimmen.

Ferner gehört die noch sehr verbreitete Bauméspindel hierher. Die Gradeinheit derselben wird vom zehnten Teil einer Skalalänge gebildet, deren Endpunkte durch Eintauchen der Spindel in destilliertes Wasser (Temp. 12,5 bzw. 17,5°; spez. Gew. 1,000) und in eine bei derselben Temperatur hergestellten 10proz. Kochsalzlösung ermittelt werden. Bei der gleichen Gradlänge unterscheidet sich die eigentliche Bauméspindel von der rationellen Bauméspindel (Lunge) dadurch, daß bei der ersteren der

Rationelle Baumé-Grade	Spez. Gewicht	Alte Grade Baumé	Rationelle Baumé-Grade	Spez. Gewicht	Alte Grade Baumé	Rationelle Baumé-Grade	Spez. Gewicht
—50	0,743	—60	11	0,929	21	28	1,241
49	0,747	59	10	0,935	20	29	1,252
48	0,750	58	9	0,941	19	30	1,263
47	0,754	57	8	0,947	18	31	1,274
46	0,758	56	7	0,954	17	32	1,285
45	0,762	55	6	0,960	16	33	1,297
44	0,766	54	5	0,967	15	34	1,308
43	0,770	53	4	0,973	14	35	1,320
42	0,775	52	3	0,980	13	36	1,332
41	0,779	51	2	0,986	12	37	1,345
40	0,783	50	1	0,993	11	38	1,357
39	0,787	49	± 0	1,000	10	39	1,370
38	0,792	48	+ 1	1,007	9	40	1,384
37	0,796	47	2	1,014	8	41	1,397
36	0,800	46	3	1,021	7	42	1,411
35	0,805	45	4	1,028	6	43	1,424
34	0,809	44	5	1,036	5	44	1,439
33	0,814	43	6	1,043	4	45	1,453
32	0,818	42	7	1,051	3	46	1,468
31	0,823	41	8	1,059	2	47	1,483
30	0,828	40	9	1,067	1	48	1,498
29	0,833	39	10	1,074	± 0	49	1,514
28	0,837	38	11	1,083	+ 1	50	1,530
27	0,842	37	12	1,091	2	51	1,547
26	0,847	36	13	1,099	3	52	1,563
25	0,852	35	14	1,107	4	53	1,581
24	0,857	34	15	1,116	5	54	1,598
23	0,863	33	16	1,125	6	55	1,616
22	0,868	32	17	1,134	7	56	1,634
21	0,873	31	18	1,143	8	57	1,653
20	0,878	30	19	1,152	9	58	1,672
19	0,884	29	20	1,161	10	59	1,692
18	0,889	28	21	1,170	11	60	1,712
17	0,895	27	22	1,180	12	61	1,732
16	0,900	26	23	1,190	13	62	1,753
15	0,906	25	24	1,200	14	63	1,775
14	0,912	24	25	1,210	15	64	1,797
13	0,917	23	26	1,220	16	65	1,820
12	0,923	22	27	1,230	17	66	1,843

durch Eintauchen in destilliertes Wasser ermittelte Grad die Ziffer 10 und bei der rationellen Baumé spindel die Ziffer 0 erhält. Daraus ergibt sich ein Unterschied um 10° für dieselbe Flüssigkeit, wenn sie leichter als Wasser ist und mit der einen oder der anderen Spindel gemessen wird. Zum Messen von Flüssigkeiten, die schwerer als Wasser sind, ist wohl nur die rationelle Baumé spindel in Gebrauch. Eine für diesen Zweck etwa benutzte eigentliche Baumé spindel würde natürlich für die entsprechenden Flüssigkeiten um 10° niedrigere Ziffern angeben. In Frankreich ist neuerdings die Baumé spindel offiziell verboten worden und auch bei uns[1] sollte man sich daran gewöhnen, die Angabe

---

[1] Z. Spiritusind., Nr. 31 vom 24. September 1925; Z. angew. Chem. 1927, S. 1350 u. 1596; Chemische Fabr. 1927, S. 58, 168 u. 602; Chemiker-Ztg 1927, S. 927.

des spezifischen Gewichts in absolutem Maß zu bevorzugen, zumal außer den obigen Skalen noch mehrere andere Baumé-Teilungen, Twaddell-Teilungen (10⁰ Tw = 1,05 spez. Gew.; 20⁰ = 1,10; 30⁰ = 1,15 usw.) usw. vorkommen.

Aus vorstehender Tabelle ergibt sich das Verhältnis des spezifischen Gewichts zu den Ablesungen an der rationellen und der alten Baumé-spindel.

Anderen Sonderzwecken dienen das Saccharometer oder Laktometer und die Mostwaage, welche empirisch geeicht werden.

Die **hydrostatischen Waagen** sind als Mohrsche und Westphalsche Waage bekannt; letztere ist einfacher als erstere; sie hat einen 10 g schweren, mit Thermometer versehenen Senkkörper, der 5 g Wasser verdrängt. Reitergewichte kann man sich nötigenfalls selbst herstellen. Waagen von noch kleineren Abmessungen gestatten, ganz geringe Flüssigkeitsmengen zu verwenden. Bei noch kleineren Mengen muß das Pyknometer benutzt werden, mit dem man ja sowieso die genauesten Resultate erhält.

Die im Handel befindlichen gewöhnlichen Aräometer und die sonstigen Spindeln und Meßapparate, welche als Massenartikel hergestellt werden, lassen oft an Genauigkeit zu wünschen übrig. Es ist daher gut, dieselben mit einem geeichten oder sonst als richtig ermittelten Eichinstrument zu vergleichen, selbst wenn es sich nicht um sehr große Genauigkeit handeln soll. Die geringe Mehrarbeit wird durch die erlangte Gewißheit, mit richtigen Instrumenten zu messen, reichlich aufgewogen.

Manometer. Die zum Messen des Druckes von Gasen und Dämpfen dienenden Manometer sind entweder Flüssigkeits- oder Federmanometer. Die ersteren, in ∪-Röhrenform mit einer geeigneten Flüssigkeit, z. B. Quecksilber, als Absperrungsmittel, dienen zum Messen geringen Druckes. Von den letzteren zeichnet sich das Bourdonsche Röhrenfedermanometer (Abb. 50) durch eine hohle, spiralförmig gebogene Metallröhre a von ovalem Querschnitt aus. In einer anderen sehr brauchbaren Ausführungsform hat die Metallröhre ovalen, wellig gerippten Querschnitt b. Wenn in dieses Spiralröhrchen Flüssigkeit hineingelangt und der Druck steigt, ändert sich der Querschnitt der Röhre und damit auch ihre Form. Diese Formänderung wird durch eine Zeigerbewegung auf einer Skala gemessen.

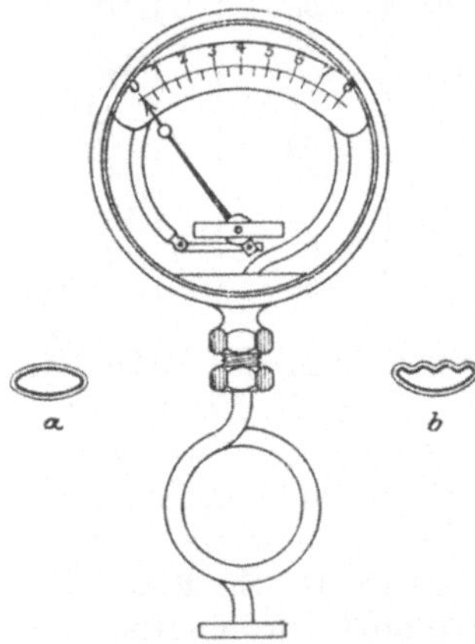

Abb. 50. Röhrenfedermanometer.

Bei den Plattenfedermanometern (Abb. 51) wirkt der Druck durch die Absperrflüssigkeit auf eine wellig gebogene runde Stahlplatte, die dadurch mehr oder minder durchgebogen wird.

Diese Durchbiegung wird mittels eines auf dem Plättchen stehenden Stiftes auf ein Zeigerwerk übertragen. Die Platte besteht aus nicht rostendem Metall oder ist durch eine untergelegte Kautschukscheibe vor dem Rosten geschützt, wenn die Absperrflüssigkeit Wasser ist (in nicht frostfreien Räumen Glyzerin, Öl o. dgl.). Man beachte, daß bei Montage derartiger Manometer die Absperrflüssigkeit nicht vergessen wird. Zur Aufnahme der letzteren dienen U- oder ringförmig gebogene Verbindungsrohre. Der Zeiger muß im Ruhestadium immer genau auf 0 zurückgehen. Ferner muß an jedem der Eichung unterworfenen Betriebsmanometer für die Nachmessung durch den revidierenden Beamten ein Kontrollflansch in behördlich vorgeschriebenen Abmessungen (Abb. 52) vorhanden sein, damit das amtlich vorgeschriebene Kontrollmanometer daran angebracht werden kann.

Vervollkommnungen der Manometer bestehen darin, daß sie als Maximum- und Minimummanometer bzw. auch als Registriermanometer gebaut werden (ähnlich dem Apparat zur Aufzeichnung des Dampfmaschinendiagramms). Ferner gibt es gleich den Fernthermometern konstruierte Fernmanometer. Die Manometer in Deutschland zeigen den Überdruck an. Ihre Skala beginnt mit 0; der Zeiger rückt in dem Augenblick vorwärts, wo der Siedepunkt des Wassers über 100° C steigt, so daß z. B. bei einem

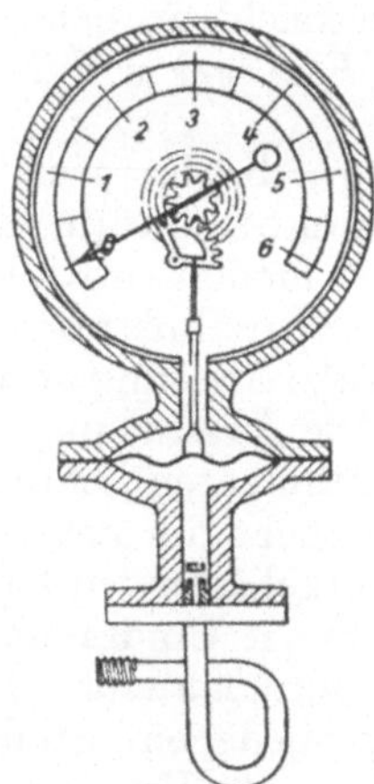

Abb. 51.
Plattenfedermanometer.

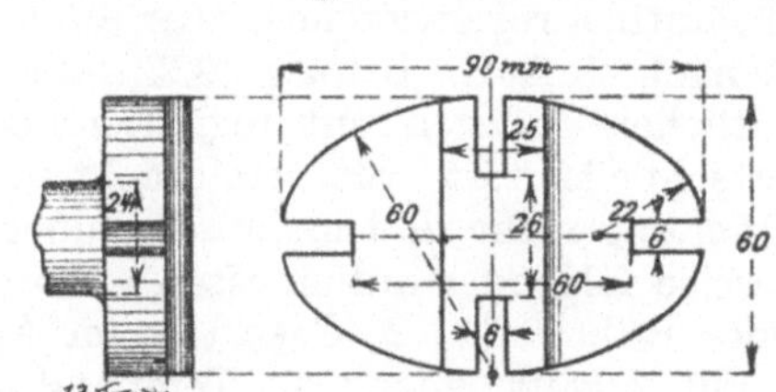

Abb. 52. Kontrollflansch.

Manometerstand von 4 Atm. im Dampfkessel ein Überdruck (Atü) von 4 Atm. (auf den z. B. die Kesselbleche geprüft werden), aber eine wirkliche Dampfspannung von 5 Atm. herrscht und der entsprechende Siedepunkt des Wassers 150,99° C ist (in Frankreich zeigen die Manometer den wirklichen Druck, also 1 Atm. mehr an, als die unsrigen).

1 Atm. entspricht dem Druck von rund 1 kg auf 1 cm² (Barometerstand 735,5 mm bei 0° C); über den Siedepunkt des Wassers für verschiedenen Druck vgl. die später gegebene Tabelle.

Die **Vakuummeter** entsprechen den Manometern mit dem selbstverständlichen Unterschied, daß hier der Grad des Vakuums vom äußeren Überdruck der Atmosphäre abhängig ist. Die Vakuummeter sind also, da sich ihr Zeigermechanismus innerhalb der Veränderungen des Druckes einer Atmosphäre betätigen soll, viel empfindlicher gebaut. Für die meisten Zwecke sind die selbst herstellbaren und nie versagenden (z. B. mit Quecksilber oder gefärbter Flüssigkeit gefüllten) engen U-Röhren mit einer Schenkellänge von 80—90 cm (für etwaige Schwankungen der Quecksilbersäule) brauchbar, die an einem schwarz angestrichenen Brett mit Skala befestigt werden.

Selbsttätige und unter Umständen auch registrierende **Analysiervorrichtungen** erfreuen sich vielseitigster Anwendung. Sehr gebräuchlich sind die Rauchgasprüfer (z. B. Adosapparate), die eine dauernde Kontrolle der Zusammensetzung der Feuerungsabgase gestatten. Auch die Abgase technischer Großapparate werden durch automatische Kontrollvorrichtungen laufend geprüft. Es handelt sich häufig nur um den qualitativen Nachweis von geringen Mengen H_2S, CO, CO_2, Cl_2, H_2 usw., vielfach läßt aber z. B. der kolorimetrische Vergleich mit Standardproben auch Rückschlüsse auf die Mengenverhältnisse zu. Selbsttätige Analysiervorrichtungen müssen sorgsam in Stand gehalten werden, sollen sie zuverlässig arbeiten. Da sie nur zu gern von unberufener oder an den Resultaten interessierter Seite beeinflußt werden, ist bei der Anbringung von vornherein darauf Rücksicht zu nehmen. **Warnapparate** zeigen Ausströmungen von CO, Knallgas u. dgl. an und prüfen z. B. Abwässer.

Sehr wichtig sind **Wassermesser, Gasuhren** usw., die für vielerlei Zwecke Verwendung finden. Die gewaltigen Gasmengen (in den Leunawerken täglich weit mehr als 2,5 Mill. m³) der modernen Riesenbetriebe bedürfen zu ihrer Messung besonderer Spezialinstrumente (wohl sämtlich registrierend), über die u. a. Litinsky: Messung großer Gasmengen, 1. Aufl., Leipzig 1922, berichtet hat. Die Ausstattung der neuzeitlichen Anlagen mit registrierenden Meßinstrumenten schreitet immer schneller fort. Sie vereinfacht und vereinheitlicht die Betriebsüberwachung mehr und mehr. An einem Druckrührbehälter wird beispielsweise folgendes automatisch aufzuzeichnen sein: 1. Umdrehungszahl des Rührwerks, 2. Gasdruck im Apparat, 3. durchlaufende Gas- und Flüssigkeitsmenge, 4. Temperatur an verschiedenen Stellen, 5. Zusammensetzung der ein- und austretenden Gase, 6. Feststellung des Gehalts an wertvollen Körpern in der Ablauge.

Automatische Probenehmer werden beim Einstapeln von Salzen, Düngemitteln, Erzen vielfach verwandt, da sie sehr zuverlässig arbeiten.

Über die besonderen Anforderungen der Hochdrucktechnik vgl. Metallbörse 1928, S. 231 und Chem. Zbl. 1928, Bd. 1, S. 745.

C. Maschinelle Hilfsmittel.

Kraftquellen.

Dampf ist eines der wichtigsten Betriebsmittel für die chemische Industrie. Zunächst seien daher Heizmaterialien, Dampfkessel, die Umwandlung der thermischen in mechanische Energie, bautechnische Elemente der Heizungsanlagen usw. so weit kurz besprochen, wie sie dem Betriebschemiker bekannt sein sollen, damit er diese Einrichtungen einigermaßen sachgemäß zu beurteilen vermag.

Das Wasser liefern hauptsächlich Flüsse (Klärbecken, Enteisenung usw.) und Brunnen. Der Brauchbarkeit für technische Zwecke sind

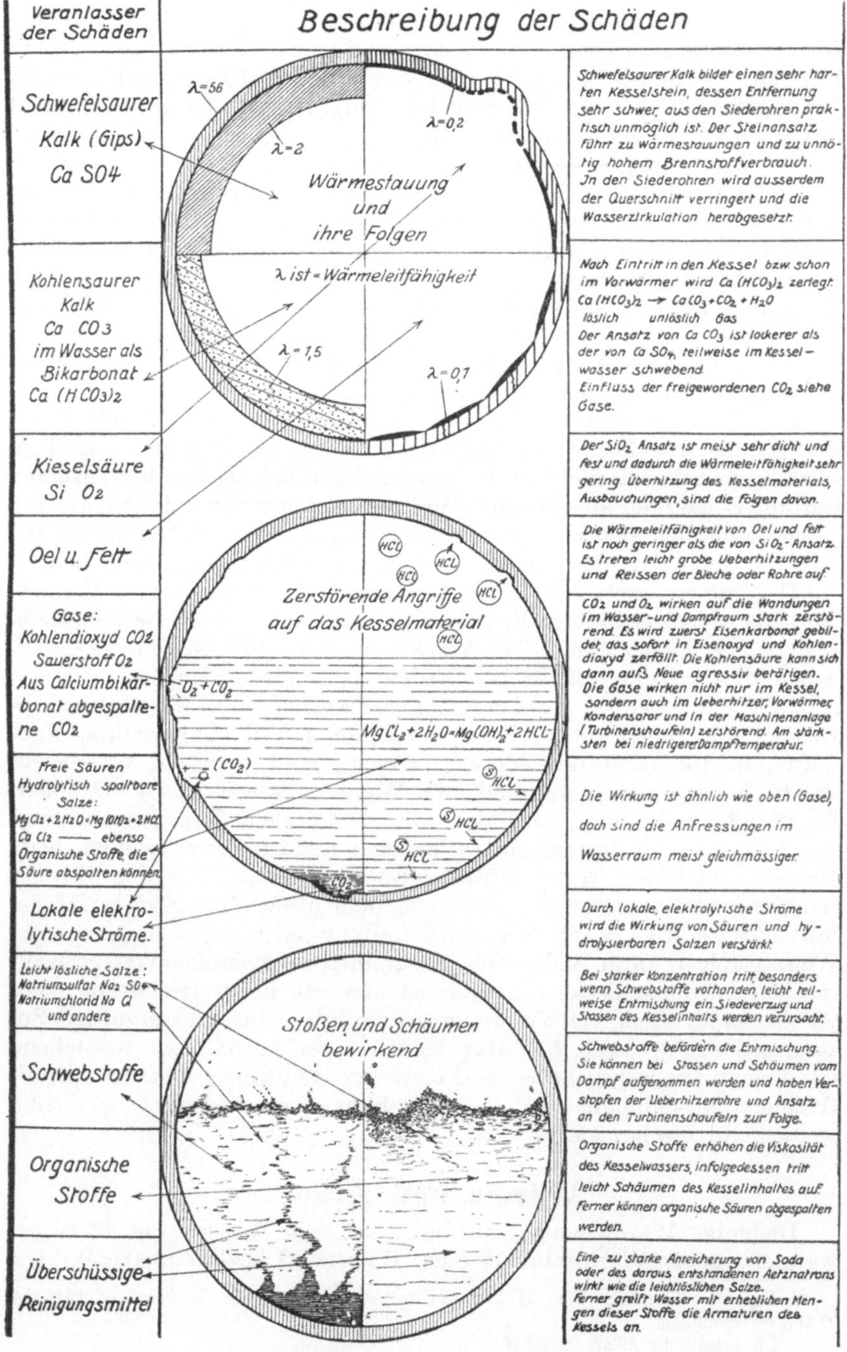

Abb. 53. Merkblatt der Hanomag-Versuchsanstalt über Kesselwässer.

weitere Grenzen gesteckt, als bei Trinkwasser. Für gewisse Industrien, wie Brennereien, Gerbereien, Stärke-, Zucker-, Papier- und andere Fabriken werden jedoch auch ganz besondere Anforderungen gestellt. Im allgemeinen kommt es hier jedoch lediglich auf die Brauchbarkeit des Wassers zur Kesselspeisung an[1].

Bei Beurteilung eines Kesselspeisewassers (Wassermesser einbauen!) ist zu berücksichtigen, in welchem Maße es die Kesselbleche angreifen und Kesselstein bilden kann. Chlormagnesium, sowie ein Gehalt an Luft und Kohlensäure begünstigen namentlich die Zerstörung der Bleche. Ein Zuckergehalt kann — in den Zuckerfabriken — dem Kessel gefährlich werden. Fetthaltiges Wasser ist ebenfalls zur Kesselspeisung ungeeignet. Als Kesselsteinbildner sind besonders schwefelsaures Calcium, kohlensaures Calcium und kohlensaures Magnesium anzusehen. Wichtig sind daneben Gas- und Ölgehalt[2].

Die Zusammensetzung des Wassers sollte auf jeden Fall durch eine genaue analytische Untersuchung ermittelt und laufend kontrolliert werden, damit man nicht in den etwa erforderlich werdenden Zusätzen nur auf Schätzung angewiesen bleibt. Abgesehen von einer richtigeren Einstellung der Wässer wird man in den meisten Fällen durch die Analyse auch eine dauernde Ersparnis an Zusatzmitteln erreichen.

Der immer zuerst in Frage kommende Härtegrad eines Wassers wird nach dem Gehalt an Erdalkalien bestimmt. Der deutsche Härtegrad 1 bezeichnet einen Teil Ätzkalk CaO in 100000 Teilen Wasser, wobei die anderen alkalischen Erden nach ihrem Molekulargewicht in Kalk umgerechnet werden. Ein französischer Härtegrad (auch in Deutschland noch gebräuchlich) bedeutet 1 Teil kohlensauren Kalk $CaCO_3$ in 100000 Teilen Wasser. Weich nennt man ein Wasser bis zu 10 Härtegraden, während ein Wasser, dessen Härte 20 nicht übersteigt, wohl hart, aber für alle technischen Zwecke noch verwendbar ist. Vorübergehende (Carbonat-) Härte verschwindet beim Kochen, bleibende Härte (Erdalkalisulfate) nicht. Mit der Wasserreinigung und -enthärtung, die nach dem alten Kalk-Sodaverfahren, mittels Permutit, durch Wärmebehandlung oder sonst in geeigneter Weise erfolgen kann, sollte sich jeder junge Betriebschemiker vertraut machen. Die chemische Kontrolle ist hier von hoher Bedeutung, wird jedoch leider noch viel zu wenig gewürdigt. Eine mustergültige Zusammenstellung (Abb. 53) über Kesselwässer[3] enthält ein umstehend im Auszug wiedergegebenes Merkblatt der Hanomag-Versuchsanstalt (Hannov. Maschinenbau A.-G.). Moderne Kesselwasserreiniger sind weitgehend mechanisiert.

Wärme und Arbeit.

Diejenige Wärmemenge, die nötig ist, 1 kg Wasser um 1° zu erwärmen, heißt Wärmeeinheit oder Kalorie (1 kcal = 1000 cal). Die

---

[1] Vgl. R. Klein: Das Kesselspeisewasser und seine Bedeutung für die Wärmewirtschaft.

[2] Chemiehütte 1927, S. 57 ff.

[3] Vgl. auch Wiegleb: Chemiker-Ztg. 1928, S. 922.

der Kraft einer Kalorie entsprechende mechanische Arbeit ist gleich 426,9 kgm. Sie stellt den Arbeitswert der Wärmeeinheit dar und wird als mechanisches Wärmeäquivalent bezeichnet. Demnach ist 1 kgm $\frac{1}{42}$ kcal äquivalent. Der Arbeitswert der gesetzlichen kcal (Gesetz vom 7. Aug. 1924) ist 426,9 kgm, wenn die normale Fallbeschleunigung 980,665 cm je Sekunde zugrunde gelegt wird (DIN 1309).

Um Wasser von 100^0 in Dampf von 100^0 überzuführen, werden 539 Kal. und demnach, um Wasser von 0^0 in Dampf von 100^0 überzuführen, 639 Kal. verbraucht. Zur Erhöhung der Temperatur von 1 kg Dampf um 1^0 sind 0,305 Kal. nötig. Um m kg Wasser von 0^0 in Dampf von t^0 überzuführen, sind also

$$m \cdot (606,5 + 0,305\, t)\ \text{kcal}$$

erforderlich.

Wenn also z. B. in einem Kessel 500 kg Wasser von 40^0 in Dampf von 150^0 verwandelt werden sollen, würden theoretisch

$$500 \cdot (606,5 + 0,305 \cdot 150 - 40) = 306\,125\ \text{kcal}$$

verbraucht werden.

Die Wärme, welche zur Erhöhung der Wassertemperatur dient, heißt (sensible oder) Flüssigkeitswärme und diejenige, welche den Aggregatzustand ändert, ohne die Temperatur zu erhöhen, (latente oder) Verdampfungswärme (innere und äußere Verdampfungswärme).

Die Spannkraft des Dampfes wird ausgedrückt in Atmosphären oder in kg, denn der Druck einer technischen Atmosphäre ist 1 kg je cm² (genau 1,03 kg).

Mit Hilfe des Dampfmessers läßt sich der Dampfverbrauch, die Dampfspannung, die Dampfgeschwindigkeit und die durchströmende Dampfmenge feststellen. Man erhält dadurch einen Überblick über die Wirtschaftlichkeit der Dampfanlage bzw. der Kessel, über die Kohlenkosten, den Wirkungswert der Maschinen und über die einzelnen Teile des Leitungsnetzes, die Güte der Isolierungen u. dgl.

Mit Erhöhung der Verdampfungstemperatur (oder des Siedepunktes von Wasser) wächst die Spannkraft (also der Druck) und das spez. Gew. des gesättigten Dampfes, wie es die Tabelle (S. 112) nach Zeuner (abgerundet) veranschaulicht.

Wenn (in den Dampfkesseln stets) Wasser und Dampf im geschlossenen Raume bei bestimmten Temperaturen (z. B. 145^0) zusammen vorliegen, besteht ein Gleichgewichtszustand; es herrscht solange sich sonst nichts ändert, ein bestimmter Druck (4 Atm. am Manometer also 3 Atm. Überdruck), welcher der Spannkraft des gesättigten Dampfes bei der betreffenden Temperatur entspricht. Sobald eine Zustandsänderung eintritt (z. B. Druckverminderung durch Öffnen eines Ventils) betätigen sich sofort Kräfte, die den alten Gleichgewichtszustand wiederherstellen wollen. Es verwandelt sich so viel Wasser in Dampf, daß der Dampf im Raume oberhalb des Wasserspiegels wiederum gesättigt ist. Durch das Verdampfen des Wassers sinkt die Temperatur und der Kessel muß entsprechend geheizt werden.

Absolute Spannung p in		Temperatur Grad Celsius	Kalorien für 1 kg (kcal)			Gesamtwärme für 1 m³ Dampf, kcal.	Gewicht von 1 m³ Dampf in kg	Volumen von 1 kg Dampf in m³
Atm.	kg für 1 cm²		Flüssigkeitswärme	innere Verdampfungswärme	äußere Verdampfungswärme			
0,1	0,10	46	46,0	539,0	35,4	42,6	0,06	14,55
0,5	0,51	81	81,0	511,0	38,6	199,0	0,31	3,17
1,0	1,03	99	92,6	497,0	40,1	385,9	0,60	1,65
1,5	1,55	111	111,4	487,8	41,1	568,4	0,88	1,12
2,0	2,06	120	120,4	480,8	41,8	748,2	1,16	0,85
2,5	2,58	127	127,7	475,2	42,3	925,9	1,43	0,69
3,0	3,10	133	133,9	470,4	42,8	1102,0	1,70	0,58
3,5	3,61	138	139,3	466,2	43,2	1276,9	1,96	0,50
4,0	4,13	143	144,1	462,4	43,6	1450,5	2,23	0,44
4,5	4,66	147	148,5	459,1	43,9	1623,6	2,49	0,40
5,0	5,16	151	152,5	455,6	44,1	1795,7	2,75	0,36
5,5	5,68	155	156,2	453,1	44,4	1967,0	3,00	0,33
6,0	6,20	158	159,6	450,5	44,6	2137,9	3,26	0,30
6,5	6,71	161	162,9	448,0	44,8	2307,5	3,51	0,28
7,0	7,23	164	165,9	445,7	45,0	2477,1	3,77	0,26
8,0	8,26	169,5	171,5	441,4	45,3	2815,7	4,27	0,23
9,0	9,30	175	177,0	437,5	45,6	3150,8	4,77	0,20
10,0	10,33	179	181,2	433,9	46,0	3487,0	5,27	0,18
11,0	11,36	183	185,6	430,6	46,2	3820,0	6,76	0,17
12,0	12,40	187	189,6	427,5	46,4	4152,3	6,25	0,15
13,0	13,43	191	193,3	424,7	46,6	4484,7	6,74	0,14
14,0	14,46	194	196,9	422,0	46,8	4816,6	7,22	0,13

Wird ein Ventil sehr schnell aufgerissen oder kommt es sonst zu übergroßer Dampfentnahme, die ein sehr rasches Sinken des Druckes zur Folge hat, dann kann der Druck durch plötzliches Verdampfen erheblicher Wassermengen mit einem Male so gewaltig zunehmen, daß dadurch eine Explosion verursacht werden kann. Jede übermäßig schnelle und plötzliche Dampfentnahme aus dem Kessel ist daher zu vermeiden.

Denkt man sich beim obigen Beispiel Dampf und Wasser voneinandergetrennt, dann kann sich bei vermindertem Dampfdruck (z. B. 3 Atm.) der Gleichgewichtszustand nicht wiederherstellen. Der Dampf wird für die Temperatur von 145⁰ ungesättigt, er hat dann nicht mehr die höchste Spannkraft. Nun entspricht aber ein Druck von 3 Atm. der Spannung eines gesättigten Dampfes von etwa 133⁰. Dieselbe eingeschlossene Dampfmenge also, die bei 145⁰ ungesättigten Dampf darstellt, wird beim Sinken der Temperatur gesättigt. Umgekehrt hätte man (in unserem Beispiel) den bei 145⁰ gesättigten Dampf von 4 Atm. Spannung auch dadurch in ungesättigten überführen können, daß man bei gleichbleibendem Drucke die Temperatur steigerte. Für 151⁰ z. B. beträgt die Spannkraft des gesättigten Dampfes 5 Atm. und ein Dampf von 4 Atm. ist bei dieser Temperatur ungesättigt. Dampf, der durch Steigerung der Temperatur in ungesättigten Zustand übergeführt ist, heißt überhitzter Dampf. Die Spannkraft überhitzten Dampfes ist demnach gleich der eines Dampfes von derjenigen Temperatur, bei welcher der überhitzte Dampf in gesättigten übergeht. Der überhitzte Dampf ist, wie aus dem vorhergehenden erhellt, dadurch ausgezeichnet, daß er Wärme abgeben muß, um in gesättigten Dampf überzugehen. Er ist daher absolut trocken und wird auch in kälteren Leitungen nicht sofort durch Kondensation feucht. Er kann auch mehr Arbeit leisten, als gesättigter Dampf, ehe er aus dem Dampfzustande in den tropfbar flüssigen übergeht. Da die Überhitzung des Dampfes mit einer Volumenvermehrung verbunden ist, ist zur Füllung gleich großer Räume eine entsprechend geringere Gewichtsmenge Dampf erforderlich; deshalb ist überhitzter Dampf zur Verwendung in den Dampfmaschinen hervorragend geeignet. Aber auch der Kesselbetrieb wird wegen der geringeren Leistung, die gefordert wird sparsamer; die Leistung einer bestehenden Anlage läßt sich durch Einbau eines Überhitzers wesentlich steigern.

Die Verwendung des überhitzten Dampfes in der Praxis hat sich immer mehr eingebürgert, da sie eine Ersparnis an Feuerungsmaterial bedeutet; die anfänglichen Nachteile konstruktiver Art sind seit langem überwunden (Schwierigkeit der Dichtung und Schmierung). Metall, das für gewöhnliche Dampfspannungen widerstandsfähig genug ist, ist in überhitzten Dämpfen (über 200—350^0) nicht mehr fest. Kupferrohre werden bei so hoher Temperatur zu weich; die Spindeln der gußeisernen Ventile müssen aus Nickelstahl bestehen.

In vielen Fällen benutzt man heute in der Großtechnik Dampf von sehr hoher Spannung (bis 100 Atm.) (Hochdruckdampf), der kleine Leitungen erfordert, entsprechend heiß ist und auch sonst viele Vorzüge hat. Die Siedetemperatur des Wassers ist bei 18 Atm. 206,1^0, bei 20 Atm. 211,4^0, bei 22 Atm. 216,2^0, bei 25 Atm. 222,9^0 und bei 27 Atm. 227^0. Frischdampf von 100 Atm(abs). hat 475^0 Temperatur. Die Wärmeersparnis bei Krafterzeugung beträgt bei Hochdruckdampf von 30 Atm. 9,9%, von 60 Atm. 18,8% und von 100 Atm. 24,6% gegenüber Dampf von 15 Atm. (Münzinger: Höchstdruckdampf, Berlin 1924).

Zwischendampfentnahme aus einer Verbundmaschine oder einer beliebigen Stufe einer Turbine macht hinsichtlich Heizdampfentnahme weitgehend unabhängig von der Belastung der Maschine und bedeutet bei völliger Abschaltung beste Ausnützung der Kraftanlage in einem Kondensationsbetrieb. 10% Zwischendampfentnahme erhöht den Dampfverbrauch einer Kolbenmaschine nur um 5%.

Verbrennung.

Der Wert der Brennstoffe steigt naturgemäß mit dem Gehalt an Kohlenstoff sowie Wasserstoff und sinkt durch den vermehrten Gehalt an Sauerstoff und mechanisch gebundenem Wasser. Der Sauerstoff ist deshalb schädlich, weil er so viel Wasserstoff bindet, wie zur Bildung von Wasser nötig ist. Das mechanisch gebundene Wasser (Feuchtigkeit der Heizstoffe) wird in Dampf verwandelt und verbraucht dabei eine bestimmte Wärmemenge. Stickstoff und Asche wirken als wärmefressender Ballast, der zur Wärmeentwicklung selbst nichts beiträgt und die Transportkosten erhöht.

Die bei der Verbrennung des Heizmaterials frei werdende Wärmemenge (in Kal. ausgedrückt) läßt sich sowohl rechnerisch ermitteln, als auch experimentell feststellen. Als Durchschnittsergebnis einer Reihe von Versuchen ist von dem Verein deutscher Ingenieure und dem Internationalen Verbande der Dampfkesselüberwachungsvereine eine Verbandsformel, die Dulongsche Formel, eingeführt worden, die den unteren Heizwert (Heizwert bezogen auf Wasser in Dampfform) H_u eines Kilogramms Brennstoff ausdrückt:

$$H_u = 8100 \, C + 29000 \left[H - \frac{O}{8} \right] + 2500 \, S - 600 \, W.$$

Darin bedeutet:

8100 die abgerundete Verbrennungswärme des Kohlenstoffs zu Kohlensäure,
29000 die abgerundete Verbrennungswärme des Wasserstoffs zu Wasserdampf,
2500 die abgerundete Verbrennungswärme des Schwefels zu Schwefeldioxyd,
600 die abgerundete Verdampfungswärme des Wassers,
C den Kohlenstoffgehalt,

$\left[H - \dfrac{O}{8} \right]$ den verfügbaren Wasserstoffgehalt, der von dem Gesamtwasserstoff nach Abzug des von dem vorhandenen O zur Wasserbildung verbrauchten H übrigbleibt,

S den Schwefelgehalt und
W den Gehalt an Feuchtigkeitswasser.

An einem Beispiel mag die Formel erläutert werden. Eine oberschlesische Kohle enthält nach Bunte in einem Gewichtsteile:

$$\left. \begin{array}{lll} 0{,}778 \; C & 0{,}058 \; H & 0{,}101 \; O \\ 0{,}006 \; S & 0{,}017 \; H_2O & 0{,}050 \; \text{Asche} \end{array} \right\} = 1{,}010.$$

Demnach ist der Wärmeeffekt oder der Heizwert H_u dieser Steinkohle:

$$H_u = 8100 \cdot 0{,}778 + 29000 \left[0{,}058 - \frac{0{,}101}{8} \right] + 2500 \cdot 0{,}006 - 600 \cdot 0{,}017 = 7633.$$

Zuverlässiger ist die Heizwertbestimmung durch Verbrennung mittels komprimierten Sauerstoffes in der kalorimetrischen Bombe.

Die unteren Heizwerte einiger Brennstoffe sind folgende (Chemiehütte 1927, S. 620):

1 kg	lufttrocknes Holz	2730	kcal
1 „	Preßtorf	3800	„
1 „	Förderbraunkohle	2000—2500	„
	mitteldeutsche	2100—2300	„
	rheinische	2350	„
	böhmische	3800—6300	„
1 „	Braunkohlenbriketts	3750	„
1 „	Steinkohle	7500	„
	westfälischer Anthrazit	8000	„
	Förderkohle	7400—7900	„
	Saar	5800—7400	„
	schlesische	6100—7200	„
	sächsische	6000—6100	„
1 „	Holzkohle	7000	„
1 „	Koks	6600—7200	„
1 „	Heizteer	8850	„
1 „	Masut	9850	„
1 „	Heizöl (Mexiko)	9600	„

1 m³ Leuchtgas   5000   kcal
1 „ Kokereigas . . . . 4000—5000   „
1 „ Gichtgas   1014   „
1 „ Generatorgas
    aus Steinkohle   1176   „
      „ Koks   1148   „
      „ Braunkohlenbriketts   1365   „
      „ Torf   1058   „

Die Heizwerte der verschiedenen Brennstoffgattungen unterliegen beträchtlichen Schwankungen. Es gibt z. B. Steinkohlen mit 5500 und solche bis zu 8000 Kal. Heizwert.

Aus vorstehenden Zahlen läßt sich errechnen, wieviel Wasser von 0^0 ein Brennstoff theoretisch in Dampf von t^0 verwandeln kann, nämlich:

$$\frac{\text{Brennstoff}}{606,5 + 0,305\ t}\ \text{kg}.$$

In der Praxis ist es natürlich unmöglich, diesen Wert zu erreichen. Der für die Verbrennung notwendige Sauerstoff wird als atmosphärische Luft $\left(L_{min} = \frac{2,667 \cdot C + 8H + S - O}{0,232}\ \text{kg}\right)$ zugeführt. In Wirklichkeit genügt die berechnete Luftmenge (für 1 kg hochwertige Kohle = 11,0 kg oder 9,3 m³ Luft) fast nie zur vollständigen Verbrennung, weil eine so innige Mischung der Gase schwer zu erreichen ist und weil dabei die Temperatur so hoch steigen könnte, daß Kessel und Ofen stark angegriffen werden würden. Die tatsächlich zuzuführende Luftmenge beträgt vielmehr je nach Feuerungsanlagen und Bedienung das $1^1/_2$ bis 2fache (für feste Brennstoffe, für flüssige das 1,1—1,2fache, für gasförmige das 1—1,1fache), unter ungünstigeren Verhältnissen sogar das 3—4fache und mehr. Die überschüssige Luftmenge wird dabei mit erwärmt und drückt notwendigerweise die Feuerungstemperatur herab. Der Wärmeverlust durch Luftüberschuß ist um so größer, je heißer die entweichenden Abgase sind; daher ist es wichtig, deren Temperatur bei Kesselanlagen usw. durch dicht hinter dem Schieber in den Rauchkanal eingebaute Thermometer (Registrierinstrumente, Fernablesung) zu kontrollieren. Noch wirksamer ist die ständige Beobachtung des Luftüberschusses in den Abgasen (Rauchgasanalysen, Ados apparate usw.). Durchschnittlich beträgt die Temperatur von Kesselabgasen ohne Economiser bei Eintritt in den Schornstein gegen 250^0. Außerdem entsteht Wärmeverlust durch Strahlung und Leitung, so daß die wirklich erreichte Verdampfung hinter der berechneten durchschnittlich um etwa $1/_3$—$1/_4$ zurückbleibt, wie aus folgender Zusammenstellung ersichtlich ist:

		theoretisch	praktisch	
1 kg lufttrockenes Holz	liefert etwa	5,0	3,0—3,75 kg Dampf	
1 „ Preßtorf	„ „	6,2	4,0—4,5 „	„
1 „ Förderbraunkohle	„ „	3,0	1,5—2,5 „	„
1 „ Steinkohle	„ „	11,8	7,0—9,0 „	„
1 „ Koks	„ „	11,0	8,0 „	„

Die Erfahrung der Praxis entscheidet am sichersten über die zweckmäßigste Luftmenge, die für jeden Brennstoff und jede Kesselanlage notwendig ist, um mittels 1 kg Kohle die größtmöglichste Menge Wasser zu verdampfen. Die Bewertung der Heizmaterialien für eine gegebene Kesselanlage ergibt sich demnach letzten Endes aus den Erzeugungskosten von 1 kg Dampf. Durchschnittlich konnte man 100 kg Dampf 1914 unter Ansetzung der Verzinsung und Amortisation des Anlagekapitals für Kessel und Kesselhaus mit 10% für 25—30 Pf. herstellen, während man heute etwa 0,40—0,60 $\mathscr{RM}$ rechnen muß.

Brennstoffe.

Die für Kesselfeuerungen in Betracht kommenden Brennstoffe sind Holz, Torf, Braunkohle, Steinkohle, Koks, Leucht-, Wasser- oder Generatorgas, Rohöle usw. Da die in ihnen enthaltenen Mengen Kohlenstoff, Wasserstoff, Sauerstoff und Asche (letztere nur in einigen Braunkohlensorten wesentlich ins Gewicht fallend, aber z. B. auch in einigen Deisterkohlen 2,4% erreichend) für ihre Heizkraft bestimmend sind, so läßt sich diese durch quantitative Analyse rechnerisch ermitteln.

Holz. Die als Brennholz verwandten Hölzer sind in ihren Gehalten an Kohlenstoff, Wasserstoff und Sauerstoff nahezu gleich. Dagegen ist ihr Wassergehalt sehr wechselnd. Frisch gefälltes Holz enthält 20—50%, lufttrockenes noch 16—18% Wasser. Künstlich getrocknetes Holz (Feuchtigkeit bis 12%) ist hygroskopisch.

Wasserfreie Holzmasse enthält durchschnittlich 50% Kohlenstoff, 6% Wasserstoff, 41% Sauerstoff und 3% Asche.

Ein Raummeter geschichteten Holzes umfaßt an Holzmasse 75% Kloben- oder Scheitholz, 70% starkes bzw. 60% schwaches Knüppelholz und 50% Stockholz; er hat als Kiefernholz an 320 kg, als Erlen- und Birkenholz an 350 kg, als Buchenholz (in Scheiten) an 400 kg und als Eichenholz (in Scheiten) an 420 kg Schüttgewicht/m^3.

Für Kesselfeuerungen ist Holz meistens zu teuer; höchstens wird Abfall (Säge- und Hobelspäne, unter Umständen in Brikettform) verfeuert.

Auch **Holzkohle** (Schüttgewicht um 150—220 kg/m^3) kommt für Kesselfeuerungen nicht in Betracht, da sie zuviel kostet. Sie wird aber zu vielen anderen Zwecken in der chemischen Industrie verwandt. 100 kg trockene Holzkohle enthalten gegen 85—87 kg Kohlenstoff.

Torf ist äußerst verschieden in seinem Heizwert; Schüttgewicht, lufttrocken, 330—410 kg/m^3. Er kann besser als Holz, aber auch viel minderwertiger sein. Sein Aschengehalt schwankt zwischen 1 und 50%; ein Gehalt unter 10% charakterisiert ihn noch als gute Sorte. Lufttrockener Torf enthält nach Abzug des Aschen- und Wassergehaltes im Durchschnitt 60% Kohlenstoff, 6% Wasserstoff und 34% Sauerstoff.

Der Preßtorf ist wertvoller als gewöhnlicher Torf (3000 kcal gegen sonst um 2700 kcal).

Braunkohle. In der Qualität ansteigend, unterscheidet man Moorkohle oder erdige, Lignit oder holzartige und schiefrige massige Braunkohle, von denen in dieser Reihenfolge 100 kg der wasserfreien Substanz enthalten:

	kg	60	65	70
Kohlenstoff	kg	60	65	70
Sauerstoff	„	30	25	20
Wasserstoff und Rückstände	„	—	—	je 5

Da Braunkohle beim Lagern oder Trocknen zerfällt sowie an Heizkraft verliert und auch Selbstentzündung vorkommen kann, wird sie bald nach der Förderung und hauptsächlich in der Umgebung der Bergwerke (Tagebau) verwandt. Auch ihres hohen Wassergehaltes (20—45%) und ihres geringen Heizwertes halber vertragen die Braunkohlen keine erheblichen Frachtkosten. Die großen mitteldeutschen und niederrheinischen Braunkohlenkraftzentralen liegen daher meist direkt am Tagebau oder in seiner nächsten Nachbarschaft. Das Werk Golpa-Zschornewitz bei Bitterfeld ist die größte elektrische Dampfzentrale der Erde. 1 m³ Braunkohle enthält 650—800 kg (Schüttgewicht).

Von den Braunkohlenbriketts sind die trocken gepreßten vorzuziehen, da sie kein überflüssiges Wasser als Ballast enthalten und einen höheren Heizwert, als die Braunkohle selbst besitzen. Braunkohlenbriketts kosten heute etwa 13—14 $\mathscr{RM}$ die Tonne; Förderbraunkohlen etwa 3,50 $\mathscr{RM}$ je t (Frachtkosten sind ausschlaggebend; entspr. Preise 1914: 9,60 bzw. 2,20 $\mathscr{M}$).

Steinkohlen. Ihre wechselnde Zusammensetzung und besonders der Gehalt an freiem Wasserstoff bestimmen die verschiedenen Verwendungsmöglichkeiten.

Nach ihrer Stückgröße unterscheidet man Stück-, Nuß- oder Staubkohle und Kohlenklein.

Die gasreiche Sinterkohle brennt mit langer Flamme, raucht stark und sintert zusammen; sie eignet sich gut für Kesselfeuerungen.

Backkohle oder fette Steinkohle eignet sich mehr für Vergasung und als Schmiedekohle.

Magere Steinkohle oder Sandkohle hat ähnliche Eigenschaften, wie Anthrazit, welcher fast ohne Flamme und ohne zu backen oder mürbe zu werden brennt.

Die durchschnittliche chemische Zusammensetzung ist folgende:

	Gaskohle %	Fettkohle %	Magerkohle %	Anthrazit %
Kohlenstoff	75	80	85	90
Wasserstoff	5	4,5	4	3
Sauerstoff und Stickstoff	8	5	3	2
Schwefel	1	1	1	1
Asche	7	7	5	3
Wasser	4	2,5	2	1

Nach dem Aussehen unterscheidet man auch Glanz- und Mattkohle, je nachdem sie glas- oder pechartig glänzt bzw. gestreift erscheint.

Da die Verwendung langflammiger Kohle unwirtschaftlich ist, weil sie leicht unvollkommen verbrennt (deshalb Wärmeeffekt ungünstig und Rauchentwicklung stark) vermischt man sie mit schwer brennender kurzflammiger Backkohle.

Schlechte Steinkohlensorten (Abfall) haben einen größeren Aschengehalt, der bis 15% und darüber gehen kann. Das Schüttgewicht in kg je m³ ist für Ruhrkohle 800—860 kg, Saarkohle 720—800 kg, Zwickauer Kohle um 750 kg, ober- bzw. niederschlesische Kohle 760—870 kg. Ein 10 t-Waggon enthält durchschnittlich 13 m³ Steinkohle.

Die Steinkohlenpreise (Industriepreise des Reichskohlenverbandes; 1912 etwa 12—14 ℳ je t) schwanken heute je nach Sorten (Fettförder-, Fettnuß-, Gas-, Gasflamm-, Stückflamm-, Kleinflammkohle, gewaschen und ungewaschen) und Herkunft (Ruhr, Oberschlesien, Niederschlesien, Aachen, Sachsen) um 12—25 ℛℳ je 1 t, ab Grube, einschl. Umsatzsteuer und Handelsaufschlag. Gute englische Steinkohlensorten (Durham best coking, Cardiff best dry large, Durham best gas unscreened, Durham furnace coke, Lankashire best navigation screened) kalkulieren sich in deutscher Währung ab Werk zu 13,10—17,50 ℛℳ die Tonne. Sie können also in frachtlich günstig liegenden Orten (Wasserverladung) mit den einheimischen Kohlen in Deutschland konkurrieren.

Steinkohlenbriketts werden aus Mager- und aus Fettkohlen unter Anwendung von Steinkohlenpech als Bindemittel in Stückgewichten von 2—6 kg hergestellt (auch in Form von Eierbriketts). Wegen ihrer guten Heizkraft sind sie sehr geschätzt. Die Tonne kostet etwa 23 ℛℳ ab Grube.

Koks wird durch Verkokung von Steinkohlen gewonnen; er enthält fast keinen Wasserstoff und Sauerstoff mehr, sondern nur noch gegen 82—85% Kohlenstoff und 7—10% Asche (Halbkoks hat um 75% C, 3% H und 7% O + N). Der Rest ist Wasserstoff, Sauerstoff, Schwefel und Wasser. Man unterscheidet Hüttenkoks und Gaskoks. Für Kesselfeuerungen ist Koks weniger wichtig, als für verschiedene metallurgische Zwecke und zur Erzeugung hoher Ofen-Temperaturen (Durchführung chemischer Reaktionen). Er brennt fast ohne Flamme, ist verhältnismäßig schwer zu entzünden und verlangt zur guten Verbrennung dicke Schichten bei lebhaftem Zug. 1 m³ ist gleich etwa 360—470 kg Gas- und 380—530 kg Hüttenkoks. Preis um 30 ℛℳ je Tonne.

Leuchtgas oder anderes Kraftgas dient zum Antrieb von Motoren. Seine Verwendung hängt von verschiedenen Umständen und von der Möglichkeit der Rentabilität ab. Sie muß für den besonderen Fall berechnet werden und ergibt beim gegenwärtigen Stande des Motorenbaues im allgemeinen günstige Resultate; für Gasverwendung sprechen außerdem Einfachheit der Wartung, stete Betriebsbereitschaft und die Sauberkeit im Betriebe. 1 kg Leuchtgas entwickelt bei vollständiger Verbrennung (mit 14,2 kg Luft) 10000 kcal.

Die Frage der Ferngasversorgung (Anschluß Nord- oder Mitteldeutschlands usw. an die Kokereien Westfalens oder Oberschlesiens bzw. an die Braunkohlenschwelereien mitteldeutscher Bezirke; Beispiel der Ver. Staaten von Nordamerika) ist auch für die chemische Industrie in vieler Hinsicht interessant (Industriegruppierung um Magdeburg).

Auf Generatorgas usw. wird noch weiter unten eingegangen werden.

Der Benzin- und Heißluftmotor hat nur für kleinere Fabriken Interesse, dagegen werden Sauggasanlagen auch für Großbetriebe errichtet. Die Dieselmaschinen arbeiten direkt mit Rohölen als Brennstoff und sind namentlich dann rentabel, wenn kein Dampf gebraucht

wird. Die Zusammensetzung des Steinkohlengases schwankt naturgemäß. Seine Hauptbestandteile in Volumenprozenten sind im Durchschnitt 30—40 Methan, 45 Wasserstoff und 10 Kohlenoxyd. 1 m³
Leuchtgas wiegt 0,5 kg; die Preise sind ganz verschieden (um 0,20 $\mathscr{RM}$
je m³). Kokereigas kostet an Ort und Stelle höchstens einige Pfennige
je m³.

Petroleum wird bei uns nur in geringem Maße zum Betreiben von
Petroleummotoren verwandt (hoher Preis). Dagegen wird es roh als
Naphtha benutzt. Der Destillationsrückstand des Rohpetroleums, das
Masut, dient in Gegenden mit Petroleumgewinnung viel und mit Vor-
teil zur Kesselfeuerung; es wird dort mittels Düsen unter den Kessel
geblasen. Heizwert des Masuts um 10000 kcal. Paraffin-, Gas-, Heiz-,
Solar- und Gelböle aus Braunkohlenteer kosten nur 13,75—17 $\mathscr{RM}$ je
100 kg ab mitteldeutschem Werk bei Bezug von mindestens 10—15 t.

Neuerdings bürgern sich Ölfeuerungen bei uns mehr ein (z. B. für
Schiffe), seit man auch Braunkohlenteeröle usw. zu benutzen gelernt hat.

Das spez. Gew. des Petroleums ist 0,8, das von Masut 0,91 und das
von Heizteer 1,12.

Kohlenstaub (Bahnversand in Spezialkesselwagen; Entladung meist
pneumatisch) spielt heute zum Heizen von Kesseln, Drehöfen usw.
eine große Rolle. Seine Verwendung macht von der Güte der Kohle
unabhängig, bedingt geringe Anheizverluste und schnelle Betriebsbereitschaft, läßt hohe Temperaturen erzielen, gibt wenig Rauch und
ermöglicht große Einheiten, ist aber wegen der Staubherstellung (für
1 t Staub 15—30 kWh je nach Mühlentyp) und der sorgfältigen Wartung teuer (Entaschung schwierig; lange Brennzeit des Staubes). Bei
Steinkohlen entspricht die Mahlfeinheit i. M. 10% Rückstand auf
4900-Maschensieb (je cm²), bei Braunkohle 15—20%. Die Staub-
brenner ähneln den Zerstäubungsbrennern für flüssige Brennstoffe
(Staubkohle mit Preßluft in den Brennraum geblasen). Da die Wandungen des Feuerraumes stark beansprucht werden (300000 kcal je m³
Brennraum und Stunde bei Kesseln, 400000—700000 kcal je m³ und
Stunde bei Öfen) sind besonders bei Kesselfeuerungen Spezialausführungen notwendig[1]. Der Wirkungsgrad von modernsten Kohlen-
staubdampfkesseln erreicht mit Economiser rund 88%, ohne Economiser rund 83%.

Dampfkessel.

Die Wirtschaftlichkeit einer Kesselanlage zur Erzeugung von Dampf
bestimmter Spannung hängt von drei Faktoren ab, nämlich vom
Heizwert des Brennstoffes, vom Wirkungsgrad der Verbrennung, d. h.
von der möglichsten Annäherung des praktisch erreichten Heizeffekts
an den theoretisch erreichbaren des Brennstoffes, und von der tunlichst
vollkommenen Übertragung der erzeugten Hitze auf das Kesselwasser.

---

[1] Vgl. L o s c h g e : Achema-Jahrbuch 1926/27, S. 112ff. und M ü n z i n g e r:
Die Kesselanlage des Großkraftwerkes Klingenberg, Z. V. d. I. 1927, S. 1855
bis 1868.

Preiswerte Brennstoffe, rationelle Feuerung und vorteilhafte Kesselanlage sind also die Hauptforderungen.

Diesen für alle Dampfkessel gültigen Sätzen schließen sich dann die für den jeweiligen Fall zu berücksichtigenden besonderen Forderungen bezüglich des Raumes, der Betriebs- oder Sicherheitsverhältnisse usw. an.

Jedes Kesselhaus umfaßt den eigentlichen Dampfkessel mit den Armaturen, die Feuerungsanlage einschließlich Einmauerung und den Schornstein. Die Abb. 54 stellt das Schema einer modernen Wasserrohrkessel-Anlage (amerikanisches Kraftwerk Lakeside; Kohlenstaubfeuerung, Kesselheizfläche 1215 m²; Vorwärmerheizfläche 707 m²; Feuerraumvolumen 198,2 m³) mit allen Nebenteilen nach Loschge[1] dar. Die Hauptbezeichnungen sind eingeschrieben, um den Überblick zu erleichtern.

Der Baustoff der Dampfkessel. Ein Kesselblech ist um so geeigneter, je größer die Festigkeit, die Dehnbarkeit bei den Betriebstemperaturen, die Dauerhaftigkeit bzw. das Wärmeleitungsvermögen und je geringer der Preis ist.

Zur Verwendung kommt durch den Puddelprozeß hergestelltes gewalztes Schweiß- und Flußeisen, das vor dem ersteren (als vollkommen schlackenfrei) den Vorteil größerer Festigkeit voraus hat, aber andererseits geringere Schweißbarkeit besitzt. Gußstahl unterscheidet sich von Flußeisen nur durch einen etwas höheren Kohlenstoffgehalt. Obgleich von größerer Zugfestigkeit, als das Schmiedeeisen, scheint der Stahl häufig den durch die Wärmeausdehnungen bedingten sehr starken Beanspruchungen gegenüber nicht gleichmäßig zäh genug zu sein. Auch machen sich Einwirkungen des Wassers bei Stahl mehr geltend, als bei Schmiedeeisen.

Im Kleingefügebild zeigen gute Kesselbleche Ferrit und Perlit in regelloser Lagerung bei Korngrößen von etwa 0,03 mm (Zerreißfestigkeit 35—41 kg, Dehnung 28—25%; C = 0,10%, Si = 0,01%, Mn = 0,65%). Starke Seigerung, Lunker (Glasblasen), grobe Körnung, Sulfid- oder Schlackeneinschlüsse und Phosphorseigerung dürfen sich bei der metallographischen Prüfung nicht zeigen. Kaltbearbeitung (gleichgerichtetes Kristallgefüge) ist unzweckmäßig; an den (zu kalt gebogenen) Kanten dürfen die sog. Fryschen Kraftlinien nicht zu bemerken sein. Zu starkes Verstemmen und zu großer Nietdruck sind schädlich. Die Beschlüsse des Deutschen Dampfkesselausschusses vom 18. Juni 1926 über „Werkstoff- und Bauvorschriften für Landdampfkessel" sind im Deutschen Reichsanzeiger Nr. 238 vom 12. Februar 1926 veröffentlicht[2].

Kupfer findet wegen seines höheren Preises nur beschränkte Verwendung, obgleich es sonst ein vorzügliches Kesselmaterial wäre (Wärmeleitung; Explosionsgefahr geringer).

Messingbleche sind nicht geeignet; ihre Verwendung ist sogar verboten und nur für nicht über 10 cm weite Siede- und Feuerrohre gestattet.

---

[1] Achema-Jahrbuch 1926/27, S. 113.
[2] Sonderdruck Beuth-Verlag, Berlin. S 14.

Gußeisen ist im allgemeinen ebenfalls ungeeignet und darf für feuerberührte Kesselteile (Erlaß vom 29. Mai 1871) nur verwandt werden, wenn die lichte Weite 25 cm bei Zylinder- und 30 cm bei Kugelform nicht übersteigt. Seine Anwendung in Verbindung mit Schweißeisen

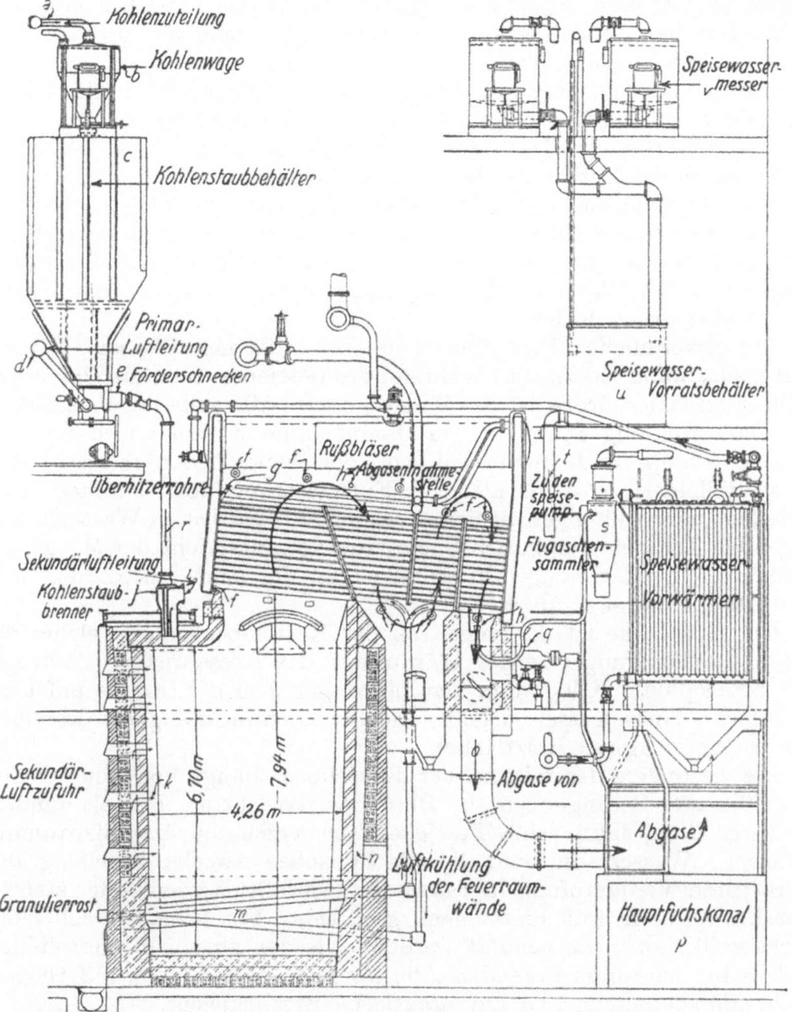

Abb. 54. Moderne Wasserrohrkesselanlage mit Kohlenstaubfeuerung und allem Zubehör.

ist wegen der verschiedenen Ausdehnung beider Metalle nicht empfehlenswert. Aus Gußeisen hergestellte Dampfgefäße bringen bei Explosionen verheerende Wirkungen hervor.

Für die Beurteilung der Baustoffe für Dampfkessel, also Kesselbleche, Feuerbleche, Winkeleisen, Nieteisen, Nieten usw., sind von den Dampfkesselüberwachungsvereinen Grundsätze (s. o.) vereinbart, die

ganz bestimmte Forderungen bezüglich der Zug-, Biegungs-, Zerreiß-
und anderer Festigkeit festlegen.

Jeder Dampfkesselbesitzer sollte es sich zur Pflicht machen (auch
außer den vorgeschriebenen Kesselrevisionen), den Zustand der Kesselbleche sowohl beim Ankauf, als auch während des Betriebes sorgfältig
zu überwachen. Bei Erwerb alter Kessel gehe man mit größter Vorsicht zu Werke und entschließe sich nur dann dazu, wenn man über
Herkunft, bisherige Leistung, Zustand und Revisionsbefund mit völliger
Sicherheit Auskunft erhalten kann. Der Dampfkessel ist das Herz
einer jeden industriellen Anlage; deshalb gefährdet eine Vernachlässigung seines Zustandes den ganzen Betrieb.

Dampfkesselarten. Alle Dampfkessel haben zylindrische Gestalt,
welche nach der praktisch kaum ausführbaren Kugelform, die größte
Festigkeit bietet. Andere Bauarten, wie die Kofferform sind veraltet.
Dagegen spielen Wasserrohrkessel (mit zylindrischen Ober- bzw. Unter-
teilen) eine große Rolle.

Am gewöhnlichen Dampfkessel unterscheidet man Wasser-, Dampf-
und Speiseraum. Ersterer ist während des Betriebes stets mit Wasser gefüllt. Von seiner Größe ist die Menge und vor allem die Regelmäßigkeit
der Dampfbildung abhängig. Im Dampfraume sammelt sich der entwickelte Dampf und trennt sich von den beim Sieden mitgerissenen
Wasserteilchen; er dient also zur Entwässerung des Dampfes. Den
zwischen dem zulässigen höchsten und dem niedrigsten Wasserstande
liegenden Teil nennt man den Speiseraum; er entspricht der Menge des
verdampften, frisch zugeführten Wassers, das zum Ersatz der verdampften Flüssigkeit dient.

Die Heizfläche ist derjenige Teil der Kesseloberfläche, welcher die
durch die Feuerung erzeugte Wärme auf das Kesselwasser überträgt.
Die Bezeichnung Kilogramm Dampferzeugung in der Stunde auf 1 m²
Heizfläche eines Kessels drückt also die Leistungsfähigkeit desselben
aus (Formel: kg/m² Heizfläche).

Die besondere Gestaltung der Kesselform hängt von einer Reihe
zu erfüllender Bedingungen ab. Ohne das Gewicht des Kessels unnötig
zu vergrößern, muß seine Festigkeit der erzeugten Dampfspannung
genügen. Wasserraum und Heizfläche sollen zwecks Erzielung der
günstigsten Verdampfung in passendem Verhältnis zueinander stehen.
Der Dampfraum muß hinreichend groß sein. Die Feuerung soll möglichst vollkommen ausgenutzt werden. Die den einzelnen Kesselteilen
und -arten zugrunde liegenden Abmessungen stützen sich auf theoretische Berechnungen und auf praktische Erfahrungen.

Von den verschiedenen Typen und Ausführungsarten der ortsfesten
Dampfkessel (im Gegensatz zu den hier weniger interessierenden Lokomobilen) sind die Walzen- und Flammrohrkessel, die Heiz- und Siederohrkessel sowie die zusammengesetzten Systeme am bemerkenswertesten.

Walzenkessel (Batteriekessel) bestehen aus vorn und hinten geschlossenen zylindrischen Rohren. Sie haben den Vorteil, billig und
einfach in der Behandlung zu sein, sich leicht reinigen zu lassen und

wenig Reparaturen zu erfordern, andererseits besitzen sie trotz des großen beanspruchten Raumes eine nur verhältnismäßig geringe Heizfläche und nutzen die Wärme schlecht aus (langes Anheizen). Um eine Vergrößerung der Heizfläche zu erreichen, sind oft mehrere solcher Kessel übereinandergelegt und in zweckmäßiger Weise miteinander verbunden, damit die Wasserzirkulation bzw. die Dampfbildung und Sammlung in dem obersten Kessel besser ermöglicht wird. Bis zu 100 m² Heizfläche rechnet man 2 Ober- und 2 Unterkessel, bis zu 160 m² 2 Ober-, 2 Mittel- und 2 Unterkessel (vgl. Chemiehütte 1927, S. 633).

Flammrohrkessel (Großwasserraumkessel). Sind zur Vergrößerung der Heizfläche in der Längsrichtung des Zylinders sog. Flammrohre eingebaut, so daß der Rost entweder in den Flammrohren (was meistens geschieht) oder vor diesen angelegt werden kann, dann erhalten wir den Typ der sehr verbreiteten zweiten Gruppe, der Flammrohrkessel. Kessel mit einem Flammrohr werden (Cornwall- oder) Einflammrohrkessel (Abb. 55a) und solche mit zwei Flammrohren (Fairbairn-Lanca-

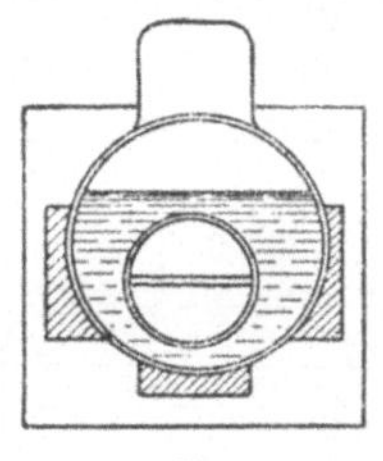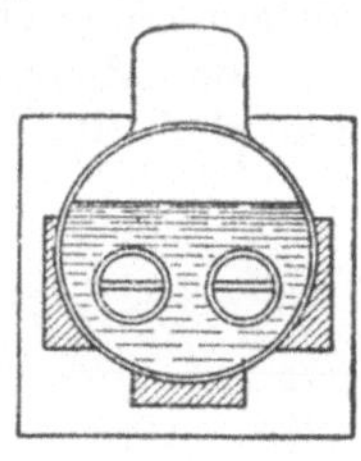

Abb. 55. Flammrohrkessel.

shire oder) Zweiflammrohrkessel (Abb. 55b) genannt (bis 50 m² Heizfläche Einflammrohr-, 50—100 m² Zweiflammrohr-, 100—200 m² die seltenen Dreiflammrohrkessel). Die Flammrohre, deren Nieten nicht im Feuerraume liegen sollen, sind sehr verschiedenartig gestaltet und charakteristisch für bestimmte Konstruktionen.

Sie bilden den gefährdetsten Teil dieser Kessel und deshalb ist ihr Zustand mit besonderer Aufmerksamkeit zu überwachen. Durch Betriebsunterbrechungen werden infolge der Abkühlung Kürzung und nachherige Streckung bei wieder beginnender Heizung häufig miteinander abwechseln, was zum Undichtwerden der Vernietung von Flammrohren und Zylinderböden führen kann. Bedenklicher ist die Möglichkeit, daß die Flammrohre durch den Dampfdruck flach gedrückt werden und dann zur Explosion Veranlassung geben können. Es ist nämlich eine auch durch den Versuch bewiesene Tatsache, welcher selbstverständlich bei der Berechnung der Blechstärke Rechnung getragen wird, daß die Rohre gegen äußeren Druck weniger widerstandsfähig sind, als gegen inneren. Zur Erhöhung der Widerstandsfähigkeit der Flammrohre sollten diese immer (in manchen Gegenden ist es Vorschrift) durch Verstärkungsringe versteift sein.

Auch die Kesselsysteme von Fox und Galloway sind nach dieser Richtung vervollkommnete Flammrohrkessel. Der Foxsche Wellrohrkessel ist ein Einflammrohrkessel mit seitlich im Zylinder angeordnetem und gewelltem Flammrohr (daher auch Seitenrohrkessel). Das Foxsche Flammrohr ist ein Wellrohr, dessen Wellen in der zur Rohrachse senkrechten Ebene um das Rohr herumlaufen und diesem eine außerordentliche Steifigkeit gegen äußeren Druck verleihen. Diese

Kessel haben sich bei Druckbeanspruchungen bis 15 Atm. sehr gut bewährt. Es werden 70—75% der theoretischen Ausnutzung des Brennstoffheizwertes und 20—30 kg stündliche Dampfleistung auf 1 m² Heizfläche erreicht. Der Gallowaykessel hat quer durch das Flammrohr gelegte konische Verbindungsrohre, welche, da sie von den Heizgasen rechtwinklig getroffen werden, die Heizfläche vergrößern (um etwa $^1/_3$—$^1/_2$ m² für jedes Verbindungsrohr) und vor allem die Widerstandsfähigkeit der Flammrohre beträchtlich erhöhen. Außerdem beeinflussen diese Verbindungsrohre die Wasserzirkulation ebenso günstig, wie sie die Verdampfung verstärken. Der zu dieser Gruppe gehörende Paukschkessel hat Flammrohre, die aus einzelnen enger werdenden Rohrschüssen zusammengesetzt sind.

Die Ablagerung von Flugasche in den Flammrohren vermindert natürlich die Ausnutzung der Feuergase (besondere Schutzeinbauten!).

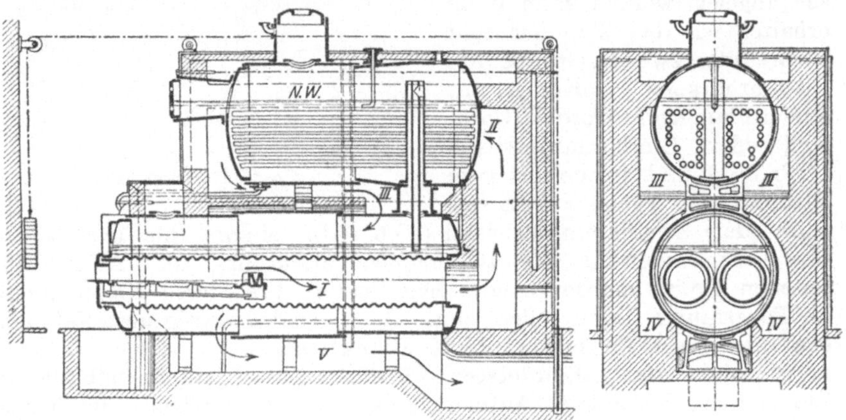

Abb. 56. Vereinigter Flammrohr-Rauchrohrkessel.

Alle Flammrohrkessel gestatten stark wechselnde Dampfentnahme; sie sind gut zu reinigen und verhältnismäßig unempfindlich gegen hartes Speisewasser.

Die **Heizrohrkessel** (Rauchrohrkessel) sind aus den Flammrohrkesseln in der Weise entstanden, daß das große Flammrohr durch eine entsprechende Anzahl von Röhren kleineren Durchmessers (50—100 mm l. W.) ersetzt ist, wodurch auf demselben Raum eine sehr viel größere Heizfläche geschaffen ist. Die Feuerung befindet sich dann meistens unter, selten vor dem Kessel. Solche Kessel mit dünnwandigen Heizröhren werden in liegender und stehender Form gebaut. Lokomobilen und Lokomotiven haben Heizrohrkessel. Die Einwalzstellen der vielen Rohre (Kupferbleche) sind schwer dicht zu halten. Gutes Speisewasser ist erforderlich. Kommen auch als Abhitzekessel in Betracht.

Die Abb. 56 zeigt einen vereinigten Flammrohr-Rauchrohrkessel (bis 500 m² Heizfläche). Bei günstigem Wirkungsgrad sind auf gleicher Grundfläche viel größere Heizflächen unterzubringen.

Die **Wasserrohrkessel** (Siederohrkessel) sind aus dem Gedanken entstanden, den großen Wasserraum des Walzenkessels durch eine Anzahl kleinerer Wasserrohre zu ersetzen. Diese liegen sämtlich in der gemeinsamen Feuerung, um schnell Dampf zu geben, eine große Heizfläche auf kleinem Raum unterzubringen und die Explosionsgefahr herabzusetzen. Je kleiner der Durchmesser der Wasserrohre ist, desto geringer

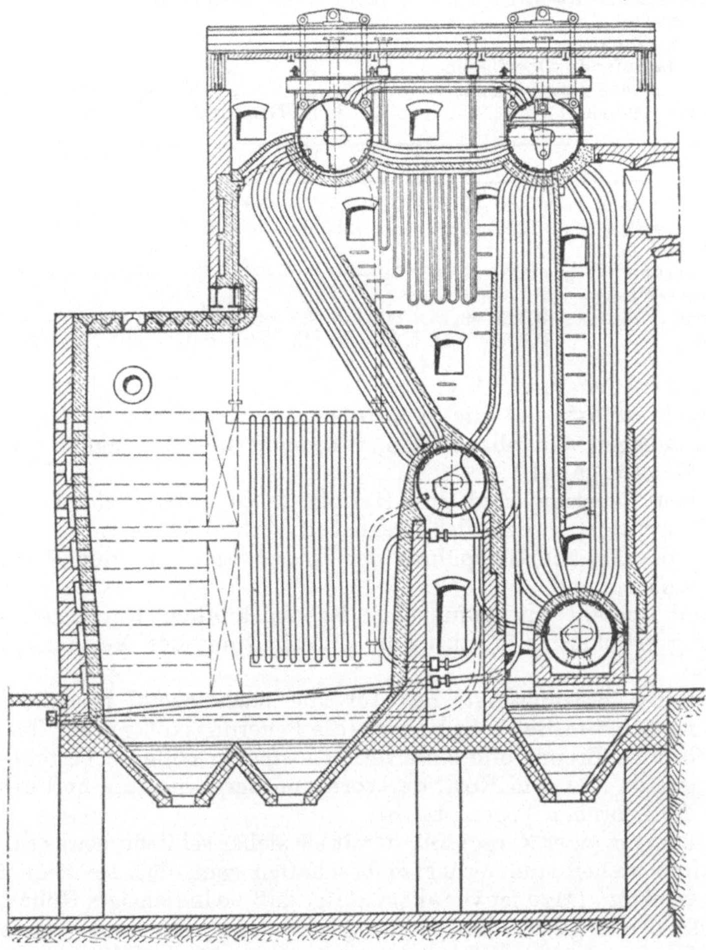

Abb. 57. Steilrohrkessel von L. & C. Steinmüller.

braucht ihre Wandstärke zu sein, damit sie einem hohen inneren und äußeren Druck widerstehen können.

Zur Speisung wird reineres Wasser erfordert, als bei Walzen- und Flammrohrkesseln.

Die Anzahl der Spezialtypen von Kesseln ist außerordentlich groß (z. B. Zweikammerwasserrohrkessel, Großkammerkessel für Hochdruck, Steilrohrkessel usw.). Die Abb. 57 zeigt einen Steilrohrkessel der Firma

L. & C. Steinmüller, Gummersbach, für hohen Druck mit Kohlenstaubfeuerung. Solche Großkessel haben Heizflächen bis 1600 m² und geben Dampf bis 37 oder 40 Atm. Überdruck (atü).

Nach der „Hütte" (25. Aufl., Bd. 2, S. 298ff.) seien folgende Kennziffern einiger Kesseltypen zusammengestellt:

F = Grundflächenbedarf . . . . . für 1 m² Heizfläche in m²,
I_w = Wasserinhalt . . . . „ 1 „ „ „ l,
I_d = Dampfinhalt . . . . „ 1 „ „ „ l,
O = Verdampfende Oberfläche . . „ 1 „ „ „ m²,
M = Erzeugbare Dampfmenge . . „ 1 „ „ und 1 Stunde in kg,
M/F = Dampfmenge . . . . „ 1 „ Grundfläche in kg.

Kesselart	F	I_w	I_d	O	M	M/F
Einflammrohrkessel .	0,50—0,70	200—250	75—90	0,25—0,30	20—25	40
Zweiflammrohrkessel .	0,45—0,50	180—220	80—100	0,22—0,30	22—28	45
Heizrohrkessel mit Unterfeuerung . . .	0,20—0,30	70—80	40—50	0,06 —0,08	15—18	75
Zweikammer-Wasserrohrkessel	0,125—0,15	50—75	25—40	0,075—0,10	20—22	150
Steilrohrkessel	0,075—0,15	35—60	15—20	0,02—0,03	30—40	400

Dampfkesselfeuerung. Von fast noch größerer Wichtigkeit als bei den Kesseln selbst, ist die Kontrolle der Betriebskosten bei den Feuerungsanlagen. Unvollkommenheit bedeutet hier sich täglich wiederholende Mehrausgabe!

An jeder Feuerung sind drei Hauptteile zu unterscheiden:

der Feuerraum, in dem der Brennstoff verbrannt wird,

die Zugkanäle zur Umspülung der Kesselwände mit den Verbrennungsprodukten und

der Schornstein zur Abführung der abgekühlten Rauchgase und Ansaugung frischer Luft, also zur Unterhaltung des Verbrennungsprozesses.

Für festes Heizmaterial, das für die nachstehend geschilderten Anlagen zunächst in Betracht kommt (die Feuerungsanlagen für flüssige und gasförmige Brennstoffe sind verhältnismäßig einfach) besteht der Feuerungsraum aus dem Rost, der vorn von der Feuertüre und hinten von der Feuerbrücke begrenzt wird.

Die Feuertür (oder Zarge) soll, damit sie sicher schließt, etwas schräg nach hinten stehen und ferner so beschaffen sein, daß sie bequemes Heizen gestattet. Dazu ist vor allem nötig, daß sie in richtiger Höhe über dem Fußboden liegt und daß sie im geschlossenen Zustande entweder keine Luft oder nur so viel in genau regelbarer Menge eintreten läßt, wie dem jeweiligen Bedarf entspricht. Zur Beobachtung des Feuers soll sie mit einem kleinen verschließbaren Schauloch versehen sein. Um ein Werfen der Türe durch die Hitze zu verhindern, kann sie als Doppeltür gebaut und mit durch Stehbolzen gehaltenen Schutzplatten ausgerüstet sein. Bei zwei Flammrohren sind Winkelriegel für die nebeneinanderliegenden Türen angebracht, so daß leicht zu erkennen ist, welche Feuerung zuletzt beschickt wurde. Die automatische Rostbeschickung hat zum Ziel, die Kohle, der fortschreitenden Verbrennung folgend, bei geschlossener Türe ununterbrochen aufzugeben. Der Verlauf der Verbrennungsvorgänge ist regelmäßiger, als bei periodischer Beschickung von Hand.

Die Feuerbrücke am Ende des Rostes soll bessere Gas- und Luftmischung bewirken und dadurch die Vollkommenheit der Verbrennung erhöhen. Sie ist in der Regel aus feuerfesten Steinen gemauert, muß aber trotzdem, da die Einwirkung der Hitze sehr groß ist, von Zeit zu Zeit erneuert werden.

Im Feuerraum geht die Verbrennung vor sich. Damit diese möglichst vollkommen verläuft, müssen die festen Brennstoffe unter weitgehendster Anpassung der gebildeten Gasmenge an den jeweiligen Bedarf innigst mit Luft gemischt und vergast werden, wobei die Luftzufuhr der Gasmenge genau entsprechen muß. Luftmangel bedeutet Rauchbildung und Vergeudung an Heizstoffen, Luftüberschuß Abkühlung der Heizgase und Erhöhung des unsichtbaren Wärmeverlustes im Schornstein!

Trotz sorgfältiger Innehaltung dieser Bedingungen werden bei guten Anlagen durchschnittlich nur 70% der erzeugten Hitze nutzbar gemacht. Etwa 16% gehen durch den Schornstein verloren, 10% Verlust entstehen durch Strahlung und Ableitung und 4% werden mit der Asche, mit unverbrannter Kohle u. a. nutzlos entfernt.

Die Verbrennung muß mit dem Dampfverbrauch gleichen Schritt halten, um in Dampfdruck und -menge keine Schwankungen eintreten zu lassen (Folgen mangelhafter Kesselwartung).

Der Rost ist der wichtigste Teil des Feuerraumes für feste Heizstoffe. Er trägt das Brennmaterial und läßt die Luft möglichst gleichmäßig verteilt sowie in richtiger Menge in den Feuerraum gelangen. Zur Erreichung dieser Ziele sind die Roststäbe sehr verschieden konstruiert. Wichtig ist, daß der Rost 1. genügend viel Luft durchläßt (für Steinkohle Summe der Rostspalten $^1/_4$—$^1/_3$, für Holz und Torf $^1/_5$ der ganzen Rostfläche), 2. nicht zuviel Kohle zwischen den Roststäben hindurchfallen läßt, 3. leicht von Asche und Schlacken gereinigt werden kann, 4. sich nicht verzieht, schmilzt oder verbrennt (Speziallegierungen; die Roststabbreite ist zur Abkühlung nötig) und endlich 5. in der Gesamtfläche so groß ist, daß er stündlich die erforderliche Menge Brennstoff gut verbrennen kann. Die Länge des Rostes ist durch die Forderung begrenzt, daß er übersichtlich und leicht zu bedienen ist. Bei horizontalen Rosten sollten 1800 mm, bei schrägen Rosten 2000 mm nicht überschritten werden. Die in einer Zeiteinheit auf einem Quadratmeter Rostfläche verbrannte Menge Kohlen ist abhängig von der Zugstärke und der Dicke der Brennmaterialschicht auf dem Rost, die gewisse Grenzen nicht überschreiten darf und die mit der Zugstärke im Einklang stehen muß. Die Ermittlung der zweckmäßigsten Höhe der Brennstoffschicht ist für sparsames Heizen von großer Wichtigkeit. Wird sie überschritten, so tritt aus Mangel an genügendem Zug, der von der Essenhöhe abhängig ist, unvollkommene Verbrennung ein, die ein Qualmen des Schornsteins verursacht.

Man kann sagen, daß durchschnittlich bei natürlichem Schornsteinzug auf 1 m² Rostfläche 60—80 kg Steinkohle, 90—120 kg Gaskohle,

120—180 kg Braunkohlenbriketts, 170—250 kg Braunkohle (deutsche) oder 120—180 kg Torf bzw. Holz verbrannt werden können (bei künstlichem Zug oder Gebläse mehr).

Man unterscheidet hauptsächlich Planroste, bei denen die hochkant nebeneinanderliegenden Roststäbe eine Ebene oder fast eine Ebene bilden, ferner Treppen- und Schrägroste. Bei ersteren bilden die treppenartig übereinanderliegenden Roststäbe eine um 30—40° geneigte Fläche. Sie werden für Brennstoffe von geringerem Heizwert (rohe Förderbraunkohle u. dgl.) angewandt. Schrägroste werden meist für hochwertigere Brennstoffe gebraucht und dann mit 42—45° Neigung angelegt. Von automatischen Feuerungen kommen **Wurf**- oder **Unterschubfeuerungen** bzw. **Wander**- und **Schwingroste** in Frage.

Nach Lage des Rostes zum Kessel unterscheidet man:

Vorfeuerung, bei welcher der rings mit Mauerwerk umgebene Feuerraum vor dem Kessel liegt. Sie ermöglicht bei sehr hoher Temperatur ziemlich vollkommene Verbrennung, erfordert aber große Unterhaltungskosten und läßt durch Ausstrahlung an das Mauerwerk einen beträchtlichen Teil der Wärme verlorengehen.

Innenfeuerung mit dem Rost im Flammenrohr selbst. Sie gewährleistet sehr gute Ausnutzung der entwickelten Wärme durch Strahlung und Leitung, so daß die Temperatur im Feuerraum wesentlich niedriger bleibt; infolgedessen kommt es aber auch leicht zu unvollkommener Verbrennung.

Unterfeuerung mit dem Rost unter dem Kessel, stellt ein Mittelding zwischen den ersteren dar.

Die gute Ausnutzung der auf dem Roste entwickelten Verbrennungswärme hängt weiterhin von der Ausgestaltung der Kesselanlage ab. Die Verbrennungsgase werden an den Kesselwandungen in Kanälen entlang geführt (Feuerzüge oder einfach Züge). Die von der Kesselwand gebildete Fläche der Feuerzüge (in der ganzen Länge) nennt man die Heizfläche des Kessels, zu welcher die Größe der Rostfläche immer in bestimmtem Verhältnis steht. Bei kleinen Flammrohr- und Wasserrohrkesseln ist die Rostfläche $^1/_{25}$ der Heizfläche; bei großen Kesseleinheiten steigt diese Verhältniszahl bis 1 zu 40; bei kombinierten Kesseln beträgt sie $^1/_{50}$—$^1/_{70}$.

Die Heizfläche muß während des Betriebes stets mit Wasser bedeckt sein, um das Glühendwerden auszuschließen (erhebliche Schwächung der Feuerbleche) und die Wärmeübertragung möglichst vollkommen zu machen. Die oberen Begrenzungsflächen dürfen bei kleinen Kesseln nicht als Heizflächen benutzt werden (unwirtschaftlich und Explosionsgefahr). Die Wärmeübertragung ist um so besser, je bedeutender das Temperaturgefälle zwischen Kesselwasser und Heizkanälen bzw. je größer die Heizfläche ist. Strömung und Wärmeabgabe des Kesselwassers sind in der Nähe der Feuerung am stärksten, also wächst auch die Durchschnittsleistung der Heizfläche mit der besseren Kühlung der Gase (Ausnutzung der Wärme). Zur Erzeugung des nötigen Zuges müssen die Gase indessen stets noch heiß in den Schornstein eintreten.

Die Decke der oberen Züge muß mindestens 10 cm unter dem niedrigsten Wasserstand liegen (Dampfkesselgesetz). Die Kanäle selbst müssen innen glatt sein und Einsteigelöcher besitzen, die für die Betriebsdauer vermauert bleiben. Ihre Größen- und Längenverhältnisse hängen vom Kohlendurchsatz der Feuerung ab und werden von den Fachleuten für jede Kesselanlage berechnet. An den Krümmungen befinden sich tiefe Aschensäcke zum Abfangen der Flugasche. Beim Verfeuern von Braunkohlen wird viel Flugasche abgeworfen; es sind daher zum Abfangen und bequemen Entfernen der letzteren noch besondere Vorkehrungen zu treffen.

Zur Regelung der für die Verbrennung nötigen Luftmenge dient ein Schieber, der in dem zwischen Kessel und Schornstein befindlichen Teile des Zuges, dem Fuchs, eingebaut ist. Dieser Schieber muß bei leichter Beweglichkeit sicheres Abstellen gestatten und möglichst vom Standort des Heizers aus vermittels einer Kette oder eines Gestänges verstellbar sein. Im Hinblick auf die Tatsache, daß seine richtige Bedienung von sehr großer Bedeutung ist, sind verschiedene Übertragungssysteme eingeführt worden, um teils die Schieberstellung und das Öffnen bzw. Schließen der Feuertür voneinander abhängig zu machen, teils die Schieberstellung der fortschreitenden Verbrennung automatisch anzupassen. Eine zweckmäßige Schieberkonstruktion hat jedes Zuviel und Zuwenig für die Luftzufuhr nach Möglichkeit auszuschließen.

Der Schornstein (Esse, Saugzug) soll nicht nur die zur Verbrennung nötige Luft ansaugen, sondern auch die Verbrennungsprodukte so hoch abführen, daß sie keine Belästigung mehr verursachen können (Gewerbepolizeivorschriften). Über Form des Schornsteins (rund oder quadratisch), Baustoffe (Stein oder Eisenblech), Weite und Fundamentierung finden sich eingehende Angaben in Spezialwerken („Hütte" usw.). Zur Unterstützung oder auch Beförderung des Zuges werden zuweilen Blasrohre (z. B. in den Lokomotivschornsteinen) und Ventilatoren in bzw. an den Essen angebracht (s. u.).

Querschnitt und Höhe des Schornsteins stehen zur Kesselanlage und zur Größe der Rostfläche in bestimmtem Verhältnis. Bei Steinkohlenfeuerung ist die Weite an der Mündung des Schornsteins so groß, daß die Querschnittsfläche bei einer Höhe von 25 oder 30 und mehr Metern $^1/_4$, $^1/_5$ bzw. $^1/_6$ der Rostfläche beträgt. Die Höhe des Schornsteins wird etwa das 25—50fache des oberen Durchmessers erreichen. Überschläglich setzt man für den Schornsteinquerschnitt F in m^2:

$$F = \frac{B \cdot V(273 + t_s)}{3600 \cdot c \cdot 273},$$

wo B die Brennstoffmenge in kg/h, V die m^3 Rauchgas aus 1 kg Brennstoff bei 0°, t_s die Schornsteintemperatur (250—300° am günstigsten) und c die Geschwindigkeit der Rauchgase im Schornstein bedeutet (i. M. = 4). Die Schornsteinhöhe (d = lichter Durchmesser des Schornsteins) ist für $d \leq 2,5$ m gleich $25 \times d$ bis $30 \times d$ bzw. für $d \geq 2,5$ m gleich $20 \times d$.

Gemauerte Schornsteine sind nicht nur billiger herzustellen, als eiserne, sie sind auch dauerhafter und wirken günstiger, weil der Zug nicht von der äußeren Temperatur abhängig ist, wie bei nichtummantelten eisernen Essen.

Das Reinigen der Schornsteine geschieht z. B. durch Abschießen einer nicht zu großen Pulvermenge im Schornstein bei geschlossenem Schieber, wobei der Ruß infolge der Lufterschütterung abgelöst wird. Schornsteinbrände können durch Verbrennen von Schwefel gelöscht werden, da die schweflige Säure das Feuer erstickt.

Der natürliche Zug ist weitaus am billigsten. Bei Platzmangel, großem Zugwiderstand oder starker Abkühlung der Rauchgase kommt direkter (ein Ventilator saugt alle Abgase ab und drückt sie in die Esse) oder indirekter (injektorartige Wirkung im Kamin) Saugzug oder Unterwind in Frage, der unter die Roste geblasen wird (Leistungssteigerung, Unabhängigkeit vom Essenzug). Ist h der Gegendruck in mm W. S.[1], Q die Luftmenge in m³/min (0°, 760 mm), η der Wirkungsgrad (0,4—0,6 bei kleinen, 0,8 bei großen Ventilatoren), dann ist der Kraftbedarf eines Ventilators in PS gleich $\dfrac{Q \cdot h}{4500 \cdot \eta}$.

Öl- und Teerfeuerungen bieten ähnliche Vorteile, wie die Kohlenstaubbrenner. Für Öldruckzerstäubung kommen 100—2500 mm W. S. Preßluftdruck in Frage. Dampfverwendung statt Preßluft erhöht u. a. die Betriebskosten.

Gasfeuerungen kommen für eigentliche Kessel im allgemeinen weniger in Betracht. Sie haben den Vorteil, außerordentlich leicht regulierbar zu sein und kaum Rauch zu geben. Setzt sich ein Volumen des Gases (in Raumteilen) aus $(CO + H_2 + CH_4 + C_2H_4 + CO_2 + O_2 + N_2)$ zusammen, dann ist der Bedarf an Verbrennungssauerstoff im Minimum:

$$V = 0{,}5(CO + H_2) + 2CH_4 + 3C_2H_4 - O_2$$

bzw. an Luft gleich $\dfrac{V}{0{,}21}$.

Die Entaschung der Feuerungsanlagen, die bei großen Kesselhäusern gewisse Schwierigkeiten macht, spielt bei Verbrennung von Öl oder Gas keine Rolle. In modernen Anlagen wird die Asche übrigens weggespült oder pneumatisch abgesaugt (s. u.). Besondere, vielgestaltige Abblasevorrichtungen dienen dazu die Heizflächen der Rohre und Kessel von Ruß und Flugasche zu befreien (meist mittels Düsendampfrohren).

Große Luftüberschüsse, hohe Feuchtigkeitsgehalte, viel Abgase, Ruß, Asche und Schlacken, sowie Wärmeausstrahlung und -ableitung bedeuten die Hauptverlustquellen für die Feuerung. Um die Wärme möglichst auszunutzen (normales Rostfeuer hat 1500°, Kohlenstaubfeuerungen lassen 2000° erreichen) benutzt man Rauchgasvorwärmer zur Anwärmung von Speisewasser (Economiser) oder zur Vorwärmung der Verbrennungsluft. Moderne Speisewasservorwärmer oder Economiser bestehen aus einem System von besten Gußeisenrohren, die im Rauchgasstrom hinter den Kesseln liegen; sie sind mit Rußabkratzvorrichtungen ausgestattet. Ihre Heizfläche beträgt $^1/_2$—$^2/_3$ der

---

[1] W. S. = Wassersäule.

Kesselheizfläche. Die Rauchgase hinter dem Economiser haben bei Schornsteinzug etwa 150°. Wie bedeutend die Ersparnisse sein können zeigt eine Tabelle über Anlagen der Firma L. u. C. Steinmüller, Gummersbach.

Tabelle der durch den Einbau eines Economisers zu erzielenden Kohlenersparnisse (in %).
Betriebsdruck 10 Atm.

Wasserwärme beim Austritt aus dem Economiser in ° C	Wasserwärme beim Eintritt in den Economiser in ° C						
	30	35	40	45	50	55	60
60	4,74	4,00	3,21	2,43	1,63	0,82	—
70	6,32	5,58	4,82	4,05	3,26	2,47	0,165
80	7,90	7,17	6,42	5,67	4,90	4,11	3,29
90	9,50	8,76	8,03	7,29	6,53	5,76	4,94
100	11,00	10,30	9,65	8,90	8,16	7,40	6,58
110	12,65	11,95	11,24	10,53	9,81	9,05	8,23
120	14,23	13,55	12,85	12,15	11,40	10,70	9,88
130	15,51	15,14	14,46	13,76	13,06	12,35	11,52
140	17,39	16,73	16,07	15,39	14,70	14,00	13,17
150	18,98	18,33	17,67	16,03	16,33	15,64	14,81

Vielfach benutzt man auch Wärmespeicher, um Belastungsschwankungen besser ausgleichen zu können.

Dampfkesselleistung. Die wichtigsten Kennziffern sind schon oben mitgeteilt. Die Angaben über die stündliche Leistung von 1 m² Heizfläche (in kg Dampf) schwanken naturgemäß (außer den obigen Zahlen findet man für Flammrohrkessel 15—20 kg, für kombinierte Flammrohr-Heizrohrkessel 10—15 kg, für Wasserrohrkessel 12—20 kg Dampf/Std./1 m²); noch ungenauer und wechselnder sind die Ziffern, welche die Heizfläche auf die in der Dampfmaschine zu leistenden PS beziehen (bei 6—30 kg Dampfverbrauch je PS kann man auf 1 m² Heizfläche vielleicht im rohen Überschlag 0,5—1 PS rechnen).

Einige Maßzahlen verbreiteter kleiner Betriebskessel sind in folgender Tabelle enthalten:

Heizfläche	Abmessungen			Gewicht bei 8 Atm. Druck (abgerundet)
	Länge des Kessels	Durchmesser des Kessels	Durchmesser des Flammrohres	
m²	m	m	m	kg
Walzenkessel mit 1 Flammrohr:				
5	1,9	0,9	0,4	950
10	3,4	1,1	0,5	2000
20	5,0	1,3	0,65	3700
40	8,0	1,6	0,8	8500
Walzenkessel mit 2 Flammrohren:				
20	4,0	1,5	0,5	4300
40	6,0	1,7	0,6	7000
60	8,0	1,9	0,7	12000
85	10,0	2,1	0,8	19000
105	11,0	2,3	0,85	25500

Dampfkesselarmaturen. Damit ein Dampfkessel betriebsfähig wird, muß er mit einer Anzahl kleiner Apparate versehen sein, von deren einwandfreiem Arbeiten die Sicherheit des Kessels abhängt. Da also ihre Unvollkommenheit eine Reihe von Gefahren in sich schließen kann, sind die betreffenden Teile verschiedenen gesetzlichen oder gewerbepolizeilichen Bestimmungen unterworfen.

Wir erwähnen hierunter kurz:

a) die Kesselspeisung,

b) die Vorwärmung des Speisewassers,

c) die Beobachtung des Wasserstandes im Kessel,

d) die Dampfleitung,

e) die Beobachtung des herrschenden Dampfdruckes,

f) die Sicherung gegen Überschreitung der vorgeschriebenen Druckgrenzen,

g) die Entleerung des Kessels.

Weitere Einzelheiten müssen dem Ingenieur überlassen bleiben.

Dampfkesselspeisung. Das Kesselwasser muß in dem Maße, wie es verdampft, ersetzt werden (und zwar während des Betriebes, d. h. das Speisewasser muß unter einem Eigendruck zugeführt werden, welcher den des Kesseldampfes übersteigt). Man bedient sich zu diesem Zwecke der Speisepumpe und des Injektors (s. d.). Die polizeiliche Vorschrift verlangt, daß jeder Kessel mit zwei zuverlässigen, hinreichend leistungsfähigen Speisevorrichtungen zu versehen ist, die nicht von derselben Betriebsvorrichtung abhängig sind; sie fordert ferner, daß jeder Kessel ein Speiseventil trägt, das durch den Dampfdruck selbsttätig geschlossen wird.

Es versteht sich wohl von selbst, daß sich die beiden voneinander unabhängigen Speisevorrichtungen stets in gebrauchsfertigem Zustande befinden müssen.

Außer dem automatischen Speiseventil befindet sich aus Sicherheitsgründen vor dem Kessel meist noch ein weiteres Absperrventil. Auf die Möglichkeit der Kesselsteinablagerung in diesen Ventilen, ist zu achten (selbst in der Speisepumpe und im Injektor möglich). In die Speiseleitung ist zur Erhöhung der Betriebssicherheit oft ein Windkessel und ein Wassermesser eingebaut (Messung der Verdampfung, also Kontrolle der Kesselleistung). Die übliche Art der Wassermesseranordnung, die seine Ein- und Ausschaltung vom Betrieb unabhängig macht, geht aus Abb. 58 hervor; es sind nur drei Ventile (u. U. plombiert) a, b, c umzustellen. Bei vorhandenen Vorwärmern hat der Wassermesser seine Stelle vor diesem. Von den verschiedenen Konstruktionen sind diejenigen die besten, deren Genauigkeit weder durch die wechselnde Durchgangsgeschwindigkeit, noch durch die Temperaturänderung des Speisewassers beeinflußt wird. In gewissen Zwischenräumen müssen die Messer nachgeprüft werden.

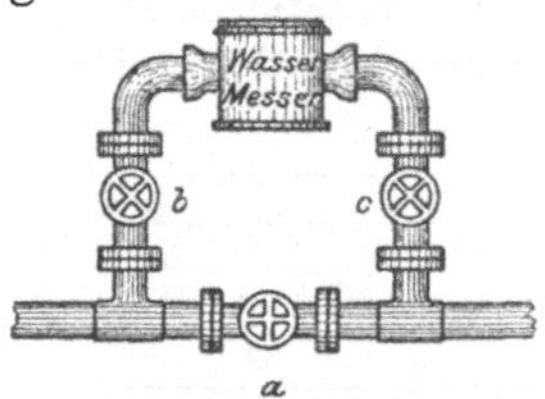

Abb. 58. Wassermesser.

Eine sog. Flüssigkeitswaage Stein-
müllerscher Bauart ist in Abb. 59a—b
gezeigt.

Die Steinmüller-Flüssigkeitswaage be-
ruht auf dem Prinzip der selbsttätigen Wägung mit Hilfe von zwei Kippgefäßen, welche durch eine selbstum-steuernde Verteilungs-schale abwechselnd ge-füllt werden. Die Kipp-gefäße $A1$ und $A2$ sind nach Art einer empfind-lichen Waage auf gehär-teten Schneiden $c1$ und $c2$ drehbar in der Weise gelagert, daß die Lage-rung aus der senkrech-ten Mittelachse der Kä-sten verlegt und das so entstehende einseitige Übergewicht der Flüs-sigkeit bei einer ganz bestimmten Füllung durch ein an der Rück-wand befestigtes Gegen-gewicht b genau ausge-glichen wird. Ist die diesem Gegengewicht entsprechende Flüssig-keitsmenge eingeflossen, dann befindet sich das Kippgefäß einen Augen-blick lang im labilen Gleichgewicht, um gleich darauf nach vorn überzukippen und sei-nen Inhalt durch das Rohr a in den darunter befindlichen Speise-behälter o. dgl. zu ent-leeren. Gleichzeitig wird jedoch automatisch die Verteilungsschale $B1$ nach der anderen Seite umgelegt und beginnt das andere Kipp-gefäß zu füllen, indem die große Verteilungs-schale $B1$ durch die Kippbewegung des Gefäßes A direkt mit-genommen und gleichfalls gekippt wird. Schon diese Ausführung

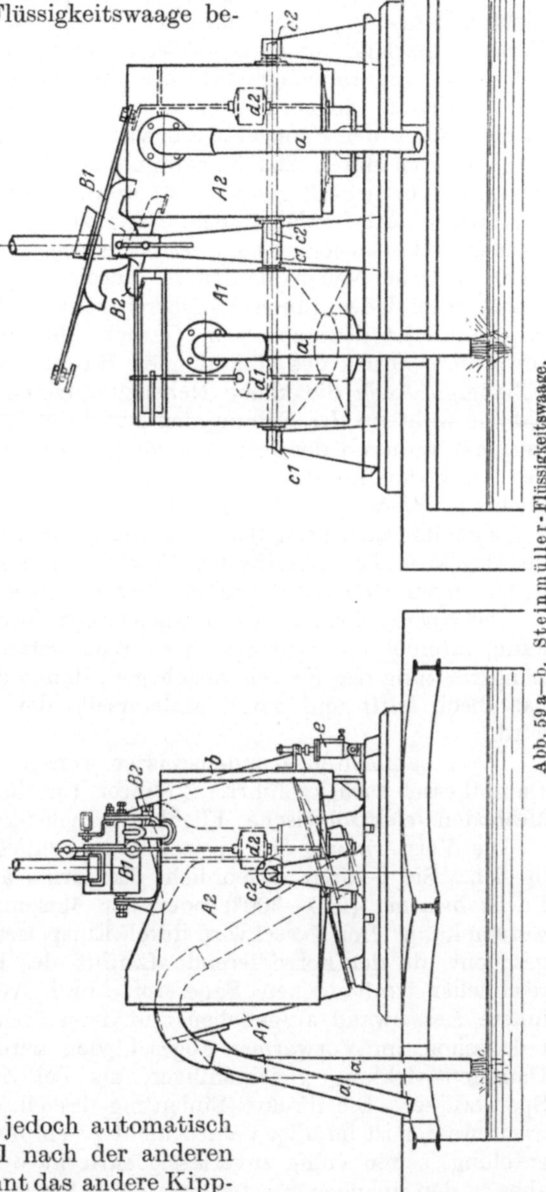

Abb. 59 a—b. Steinmüller-Flüssigkeitswaage.

ermöglicht eine Meßgenauigkeit von $\pm$ 1 %. Durch eine andere, verbesserte Ausgestaltung dieses Apparates ist es jedoch möglich geworden, eine zehnmal so große Genauigkeit zu erzielen, so daß der Meßfehler nur $^1/_{10}$ % und darunter beträgt. Zu diesem Zweck wird die Verteilungsschale aus einer größeren Haupt- und einer kleinen Nebenzulaufrinne zusammengesetzt, die unabhängig voneinander um ihre Achse drehbar angeordnet sind. Die Hauptzulaufrinne, welche das rasche Füllen der Kippgefäße bewirkt, wird noch vor dem Umkippen der letzteren durch den Schwimmer $d1$ bzw. $d2$ umgelegt, während der „in Nebenschluß geschaltete" dünne Wasserstrahl aus der Nebenzulaufrinne $B2$ fortfährt, das Gefäß zu füllen. In dem Augenblick, wo das volle Gewicht im Kippgefäß erreicht ist und dasselbe sich umlegt, wird die Nebenzulaufrinne (durch den kippenden Kasten) umgesteuert und der dünne Flüssigkeitsstrom scharf abgeschnitten. Das Kippgefäß ist demnach vom Gewicht der großen Hauptzulaufrinne, sowie vom Druck des einlaufenden Hauptstromes der Flüssigkeit unabhängig. Auch die kleine Nebenzulaufrinne $B2$ ist derart gelagert, daß sie während der Füllung den Rand des Kippgefäßes nicht berührt und erst während der Kippbewegung mitgenommen wird (Widerstand des durch die Hauptzulaufrinne betätigten Zählwerkes usw. ist ausgeglichen). Hieraus erklärt sich die große Genauigkeit der selbsttätigen Flüssigkeitswaage (von Schwankungen der Temperatur, der Leistung, des Drucks und des spezifischen Gewichts unbeeinflußt, da nicht Flüssigkeitsmengen, sondern tatsächliche Flüssigkeitsgewichte gemessen werden).

Das Speiserohr, das sich übrigens auch durch Kesselstein verstopfen kann, mündet unter dem tiefsten Wasserstand und ist vorteilhaft in Längsrichtung des Kessels abgebogen, damit das kältere Wasser nicht das Blech trifft und damit andererseits der Wasserumlauf verstärkt wird.

Die gesammelten Kondenswässer werden oft automatisch in den Dampfkessel zurückgeführt. Zu ihrer Entölung gibt es verschiedene Methoden (elektrolytische, Fliehkraftabscheider usw.).

Die Vorwärmung des Speisewassers schließt verschiedene Vorteile in sich. Sie bedingt ansehnliche Ersparnis an Brennstoff, wenn die Fuchsabwärme (250—300°) oder der Maschinenabdampf ausgenutzt werden kann. Der Kessel wird durch Einspeisen vorgewärmten Wassers geschont, da der korrodierende Einfluß des in jedem kalten Wasser reichlicher vorhandenen Sauerstoff- und Kohlensäuregases auf die innere Kesselwand aufgehoben und der störende Kesselstein größtenteils schon im Vorwärmer abgeschieden wird. Schließlich wird die Dampfentwicklung gleichmäßiger, als bei Zuführung von kälterem Speisewasser. Die direkte Einleitung des Maschinenabdampfes in das Speisewasser ist im allgemeinen nicht zu empfehlen, da das Öl (Dampfentölung) selten völlig zuverlässig entfernt werden, ölhaltiges Wasser aber zu den unangenehmsten Störungen Veranlassung geben kann. Die Economiser selbst sind schon besprochen.

Wasserstandsanzeiger. Die Beobachtung des Wasserstandes ist von großer Wichtigkeit (Wasserstandsgläser und Probierhähne).

Nach gesetzlicher Vorschrift muß jeder Dampfkessel mit mindestens zwei getrennten Vorrichtungen (Wasserstandsglas, Probierhähne, Schwimmer) zur Kennzeichnung des Wasserstandes versehen sein, wenn nicht die gemeinsame Verbindung (also z. B. des Wasserstandsgläserpaares) mit dem Kesselinneren durch ein Rohr von mindestens 60 cm² lichtem Querschnitt hergestellt ist. Die Wasserstandsgläser (meist zu zweien an einem Kessel) müssen aus bestgekühltem Glase (s. d.) bestehen, leicht ausgewechselt werden können und von einer durchsichtigen Schutzhülle umgeben sein, die möglichst bruchsicher (Drahtglas) ist. Die niedrigsten und höchsten Wasserstände sind am Wasserstandsglase durch einen Zeiger und am Kesselboden durch eine Marke angedeutet. Um das Erkennen der Wassersäule zu erleichtern, finden Wasserstandsgläser Verwendung, die in bestimmtem Sinne geschliffen bzw. mit Längsrillen versehen sind. Infolge der Strahlenbrechung erscheint dabei die Wassersäule schwarz auf hellem Hintergrund.

Das Anbringen der Wasserstandsgläser, die entweder gut abgeschliffene oder umgeschmolzene Schnittflächen haben müssen, muß sorgfältig vorgenommen werden. Als Dichtungsmaterial eignet sich dreisträhnig geflochtener, eingetalgter Lampendocht sehr gut. Gummiringe sind nicht geeignet, weil sie sich leicht vor die Glasrohröffnungen schieben, außerdem hart werden, das Glas festklemmen und Bruch begünstigen (Verhinderung freier Ausdehnung).

Beim Prüfen des Wasserstandes (Untersuchung, ob die Hähne der Wasserstandsgläser nicht verstopft sind), sind zunächst Dampf- und Wasserhahn zu schließen, dann ist der Ablaßhahn und nun abwechselnd der Dampf- und Wasserhahn zu öffnen. Nachdem beide geöffnet und wieder geschlossen sind, wird der Ablaßhahn geschlossen, darauf werden die beiden anderen Hähne geöffnet.

Probierhähne gehören stets zu je zwei zusammen; sie sind in Höhe des niedrigsten und des höchsten Wasserstandes angebracht, so daß bei Öffnung des obersten Dampf und des untersten Wasser austreten muß. Laut Vorschrift sind sie so gebaut, daß sie behufs Reinigung von Kesselstein in gerader Richtung durchstoßen werden können.

Schwimmer sind seltener im Gebrauch. Sie gestatten nur eine indirekte Wasserstandsablesung und verlangen in jedem Falle sorgfältige Instandhaltung und Beobachtung.

Außer diesen Wasserstandsanzeigern gibt es in der Praxis noch andere, die gleichzeitig als Alarm- und Signalapparate bei eintretendem niedrigsten oder höchsten Wasserstande dienen. Unter diesen sei die Schwartzkopffsche Sicherheitsvorrichtung genannt. Sie warnt dadurch, daß ein Tropfen einer bestimmten Legierung zum Schmelzen gebracht wird und dabei den Strom eines elektrischen Läutewerkes schließt. Nach jeder Betätigung des Apparates ist der Schmelztropfen zu erneuern. Die Reservetropfen befinden sich entweder in Verwahrung des Betriebsleiters oder sind der Stückzahl nach vom Heizer zu buchen.

Dampfleitung. Es ist in jedem Falle anzustreben, daß der den Kessel verlassende Dampf möglichst trocken ist. Zu diesem Zweck müssen besondere Einrichtungen entweder am Kessel selbst oder in der Dampfleitung angebracht werden. Häufig wird der Kessel mit einem Dom über dem am ruhigsten siedenden Wasserteile versehen (Vergrößerung des Dampfraumes). Die sonstigen zwecks Wasserabscheidung empfohlenen Apparaturen beruhen auf dem Prinzip, dem mit Wasser beladenen Dampf Hindernisse entgegenzustellen, gegen welche er anprallen muß. Er scheidet dabei einen Teil seines Wassers ab. Man verlangsamt auch den Gang des Dampfes durch Einschaltung eines erweiterten senkrechten Rohrstückes, so daß das Wasser seine Beschleunigung verliert und sich auf dem Boden des Rohrstückes ansammelt, von wo es durch den Dampfwasserableiter abgeführt wird. Überhitzter Dampf ist stets trocken und bedarf daher dieser Behandlung nicht. Mit dem mitgerissenen Kesselwasser ist das durch Kondensation des Dampfes in den Leitungsrohren entstehende nicht zu verwechseln (vgl. Dampfleitungen).

Dampfmesser (Rhenania-, Bayer-, Gehre-Messer usw.) dienen seltener dazu, die gesamte Dampfmenge festzustellen, als zur Kontrolle des Verbrauchs einzelner Apparate (registrierende Aufzeichnung).

An jedem Kessel muß mindestens ein Dampfabsperrschieber vorhanden sein. Sind mehrere Kessel einer Anlage durch Dampf- und Wasserrohre miteinander verbunden, dann muß für ganz zuverlässige Abschaltung der einzelnen Kessel gesorgt sein, damit während der Kesselreinigung, Revision usw. Unglücksfälle ausgeschlossen bleiben.

Zur Vermeidung einer Vakuumbildung nach Einstellung des Betriebes befindet sich an jedem Kessel ein Ventil, um das Eintreten atmosphärischer Luft zu gestatten.

Manometer dienen zur Beobachtung des herrschenden Dampfdruckes; sie sind für den Heizer am wichtigsten, weil sie ihm über den Stand des Kessels Aufklärung geben (Röhrenfedermanometer, Plattenfedermanometer usw.). Der heiße Dampf darf niemals direkt auf den Mechanismus einwirken können (Manometeransatzrohr ständig mit Absperrwasser gefüllt). An jedem der behördlichen Kontrolle unterliegenden Manometer muß ein Flansch vorgeschriebener Größe und Abmessung (s. o.) vorhanden sein, der die Befestigung des amtlichen Kontrollmanometers gestattet. Die Manometer tragen als Marke des höchst-zulässigen Kesseldruckes einen roten Strich an ihrer Skala.

Sicherheitsventile. Zur Sicherung gegen Überschreitung des vorgeschriebenen Höchstdruckes dienen Sicherheitsventile, von denen meist diejenigen mit indirekter Belastung (mit Hebel und Gewicht) in Gebrauch sind. Jeder Dampfkessel muß nach Vorschrift mindestens ein Sicherheitsventil haben. Die geringe Zuverlässigkeit der in der Praxis manchmal vorhandenen Sicherheitsventile steht im Gegensatz zu ihrer Bedeutung für die Betriebssicherheit des Kessels. Von einem im guten Zustande befindlichen Ventil ist zu verlangen, daß es ohne Reibung im Gehäuse beweglich ist, daß seine Belastung den Druckverhältnissen entspricht und daß der Dampf weder zu langsam, noch (bei weiterem Öffnen des Ventils) zu stark entweicht. Für die Verpackung der Sicherheitsventile gilt das über Ventile im allgemeinen Gesagte.

Zur weiteren **Kontrolle des Kesselbetriebes** dienen Thermometer (registrierend) für Messung der Fuchstemperaturen, Rauchgasprüfer für Feststellung des Verhältnisses $CO : O : CO_2$ in den Verbrennungsgasen (oft automatisch) und Zugmesser.

Das **Entleeren** des Kessels nennt man Ablassen oder Abblasen. Die dazu vorhandenen Einrichtungen sind sorgfältig zu beaufsichtigen, denn ein Undichtwerden kann die größte Gefahr für den Kessel zur Folge haben. An jedem Dampfkessel befindet sich ein Fabrikschild mit Angabe der zulässigen höchsten Dampfspannung, des Namens der kesselbauenden Firma, der laufenden Fabriksnummer und des Baujahres[1].

Kesselsteinbildung. Auf die zahlreichen Methoden, die für die Beseitigung des Kesselsteins oder seine Unschädlichmachung in Frage kommen, kann hier nicht eingegangen werden; sie sind zum Teil auch schon oben gestreift. Den sog. „Universalmitteln" begegne man mit Mißtrauen, denn es ist zunächst immer nötig zu wissen, welche chemische Zusammensetzung das Wasser und der Kesselstein besitzt, um eine wirkliche Beseitigung bzw. Reinigung zu erreichen. Die Reinigung des Wassers erfolgt in der Regel außerhalb des Kessels (d. h. vor Eintritt des Speisewassers). Die innerhalb des Kessels angewandten, chemischen und mechanischen Mittel sind oft unvollkommen. Die Dampfenthärtung des Speisewassers im Dampfraum des Kessels selbst wird allerdings heute unter gewissen Verhältnissen empfohlen. Das für die meisten Fälle geeignetste und billigste Mittel zur Verhinderung der Kesselsteinbildung ist ein Zusatz von Kalk und Soda, welche kohlensauren Kalk und Gips fällen. Enthärtung des Speisewassers durch Barythydrat, nach dem Permutitverfahren usw. ist eigentlich nur für Sonderzwecke üblich.

Zur Beseitigung des Kesselsteins klopft man ihn, wenn er sich in Schichten von etwa 3—5 mm angesetzt hat, von der Kesselwand mit einem stumpfen Hammer ab. Dünnere Schichten zu entfernen, kostet oft mehr, als es dem Wert der durch verringerten Wärmefluß verlorenen Kohle entspricht. Das Abklopfen wird erleichtert, wenn der Kessel vor Inbetriebsetzung mit einer nicht klebenden Schicht von Graphit, Teer, Petroleum, Siderosthen, Rostschutzfarbe usw. angestrichen wurde. Die Anwendung von Teer und Petroleum, das überdies wegen der Feuersgefahr mit der größten Vorsicht zu benutzen ist, verbietet sich natürlich, wenn der Dampf zu anderen, als Kraftzwecken verwendet werden soll. Die Reinigung der Siederohre geschieht mittels besonderer Rohrreiniger (kleine Klopfapparate, die durch die Rohre hindurchgeführt werden können).

Bei Neuanlagen oder bei unbekanntem Speisewasser sollte man die erste Kesseluntersuchung nach spätestens zwei Wochen vornehmen und durch wochenweise Beobachtung die richtige Zeit für regelmäßige Reinigung feststellen.

Wird die Kesselsteinschicht zu dick, dann kann sie sich gelegentlich von selbst ablösen und durch Übereinanderlagerung die Bildung sehr

---

[1] Vgl. A. v. Ihering: Maschinenkunde für Chemiker, Leipzig 1906, und Spezialwerke.

starker Schichten, der sog. Kesselsteinkuchen, veranlassen. Diese schaden sehr, weil es unter ihnen zum Durchbrennen oder Erglühen der Kesselbleche kommen kann.

Man sollte es sich nicht verdrießen lassen, die Kessel von Zeit zu Zeit einer genauen äußeren und inneren Besichtigung (Befahrung) zu unterziehen, um sich von ihrem Zustande zu unterrichten.

Betriebsstörungen und **Explosion.** Wenn auch der Dampfkessel die kalte Druckprobe einwandfrei bestanden hat, so treten doch durch verschiedene Ausdehnung der Bleche, durch Dampfstöße oder Kesselsteinablagerung usw. oft ganz veränderte Betriebsverhältnisse auf, die sich schädlich auswirken können. Deshalb erfordert es die Betriebssicherheit, daß kleinere Ersatzteile (bei Röhrenkesseln auch einige Rohre) vorrätig sind, um Reparaturen ohne Aufschub und Unterbrechung ausführen zu können.

Hauptursachen von Kesselexplosionen sind Wassermangel (Heizfläche wird ganz oder teilweise bloßgelegt und glühend), plötzliches Ablösen größerer Flächen Kesselstein, unter dem die Platten glühen sowie abgenutzte oder durch Korrosion geschwächte Kesselbleche. Äußere Verletzungen sind erfahrungsgemäß viel weniger bedrohlich. Sehr verderblich sind weiter Sphäroidalzustand des Kesselwassers im Sinne des Leidenfrostschen Phänomens, Siedeverzug (besonders durch öliges und unreines Wasser) und endlich übermäßiger Dampfdruck (innere und äußere Erschütterungen des Kessels). Zur Explosion eines Gemisches von brennbaren Gasen mit Luft in den Zügen der Feuerung kann es dann kommen, wenn das Feuer während einer längeren Pause „gedeckt" (mit einer größeren Menge frischen Brennstoffs überschüttet) und dadurch im Glimmzustand erhalten wird.

Sinkt der Wasserstand trotz aufmerksamer Wartung unter den zulässigen niedrigsten Stand, dann ist Gefahr im Verzuge! Um dieser zu begegnen, muß der Heizer versuchen (vorausgesetzt, daß die Flammrohre noch nicht glühend sind), durch energisches Speisen den Wasserstand zu halten, während er das Feuer herausreißt und alle Zugtüren weit öffnet, um die Kesselwandungen möglichst abzukühlen. Die Betriebsleitung ist unverzüglich in Kenntnis zu setzen. Die Dampfentnahme zum Betrieb der Maschine usw. darf nicht verringert werden. Das Sicherheitsventil ist vorsichtig und langsam zu öffnen (bei schnellem Öffnen wird die Explosionsgefahr gesteigert). Zu beachten ist ferner, daß bei eintretender Gefahr im allgemeinen der Platz vor den Feuertüren der gefährlichste ist. Ist der kritische Zustand vorüber, dann ist der Kessel zu untersuchen und bis zur Beseitigung der störenden Ursache (Undichtigkeit von Nieten usw.) stillzulegen.

Aus der Erkenntnis der Ursachen ergeben sich die Maßregeln, die zur Verhütung dieser Gefahren getroffen werden können (gute Beschaffenheit der Sicherheitsventile, Speiseapparate und Wasserstandsanzeiger, sorgfältige Überwachung des Wasserstandes, regelmäßige Befeuerung, Vermeidung aller Stöße und Erschütterungen, langsames Öffnen und Schließen der Ventile, sorgfältiges Entfernen von Kesselstein, unverzügliche Reparatur aller Schäden). Der Betrieb eines in gutem Zustande erhaltenen und regelmäßig bedienten Kessels bietet im allgemeinen keine Gefahren.

Für Bedienung des Kessels ist also ein gewissenhaftes und intelligentes Personal erforderlich.

Im Kesselhause soll es stets ordentlich aussehen. Für den Heizer muß Sitz- und Waschgelegenheit vorhanden sein. An der herrschenden Ordnung und Sauberkeit erkennt man die Gewissenhaftigkeit des Heizers. Vor Beginn des Heizens ist nach dem Wasserstand und dem noch vorhandenen Kesseldruck zu sehen, ferner sind Hähne, Ventile, Wasserstandsanzeiger, Manometer, Rauchgasprüfer usw. zu untersuchen. Eine sparsame und rationelle Heizung verlangt, daß der Rost überall gleichmäßig bedeckt ist, daß die in mäßigen Mengen frisch aufgeworfenen Brennstoffe immer vorn an der Tür liegen und daß die Schlacke unter dem Rost sich nicht häuft. Von der Wichtigkeit, den Rauchschieber vor jedesmaligem Öffnen der Feuertüre zu schließen, wurde schon gesprochen. Wenn mehrere miteinander verbundene Kessel geheizt werden, muß der Druck bei allen gleichmäßig zunehmen, anderenfalls werden die Verbindungsventile nicht eher geöffnet, als bis alle Kessel gleichen Druck haben. Vor kurzen Ruhepausen wird der Schieber geschlossen, der Kessel regelrecht mit Wasser beschickt, das Feuer nicht geschürt und nur nötigenfalls mit nassen Kohlen oder angefeuchteter Asche gedämpft. In Anbetracht der erwähnten Explosionsgefahr ist nämlich ein „Decken" des Feuers im allgemeinen nicht zu empfehlen. Soll der Kessel für längere Zeit außer Betrieb genommen werden, dann ist alles vollkommen in Ordnung zu bringen; niemals darf man den Kessel in dem Zustande belassen, in welchem er sich bei Betriebsschluß gerade befindet. Er muß stets gebrauchsfertig sein. Im Winter ist dabei das mögliche Einfrieren freiliegender Teile zu bedenken.

Von welcher Wichtigkeit ein richtiges und sparsames Heizen ist und bis zu welchem Grade dasselbe von der Sachkenntnis und Gewissenhaftigkeit des Heizers abhängt, das zeigen die Resultate einer Reihe von Wertheizungen, die vor Jahren von 11 geübten Heizern unter Zusicherung von Geldprämien ausgeführt wurden. Unter den gegebenen Verhältnissen hatte der beste Heizer mit 1 kg Steinkohlen 6,89 und der schlechteste nur 4 kg Wasser verdampft.

Bei mechanisch beschickten Rosten liegen die Bedingungen natürlich wesentlich anders.

Leider wird in Kleinbetrieben auch heute noch mancher Kessel von nicht gründlich ausgebildeten Heizern bedient. Noch immer wird die Wichtigkeit rationeller Feuerung sowie fachkundiger Kesselwartung und Überwachung unterschätzt.

Das Berliner Polizeipräsidium hat schon vor Jahren verfügt, daß bei Revision der Dampfkessel auch die Fähigkeiten der Kesselwärter geprüft werden sollen und daß unfähige Heizer ihrer Posten zu entheben sind. Gleichzeitig weist es auf die staatlichen Heizerkurse hin, an denen teilzunehmen dringend empfohlen wird.

Der sächsische Kesselrevisionsverein hat folgende Vorschriften für Beschickung des Planrostes ausgearbeitet:

Die Aufgabe der Kohle auf die Rostfläche hat derart zu erfolgen, daß alle Teile derselben gut bedeckt werden. Bleiben Roststellen unbedeckt, dann wird die Heizwirkung der Kohle durch die einströmende kalte Luft vermindert. Kommt Stückkohle zur Verwendung, so ist dieselbe mindestens bis auf Faustgröße zu zerschlagen. Ein Aufstechen und Schüren des Feuers hat nur so oft zu erfolgen, als es die Art der Kohle unbedingt erfordert; bei Kohle mit geringer Schlackenbildung kann es sogar fast ganz unterbleiben. Jedes Aufbrechen der Kohle, Aufrühren des Feuers mit Schüreisen oder Krücke hat starke Rauchentwicklung zur Folge und ist daher tunlichst zu vermeiden. Das Abschlacken der Rostfläche hat in bestimmten Zeitabschnitten zu geschehen. Sind in einer Anlage mehrere Kessel in Betrieb, so ist das Abschlacken der Roste der einzelnen Kessel nicht unmittelbar nacheinander, sondern in angemessenen Zwischenräumen vorzunehmen. Der Schornsteinzug ist durch richtige Einstellung des Schiebers dem Dampfverbrauche anzupassen. Der Schieber ist nicht weiter zu öffnen, als für den Betrieb unbedingt notwendig ist. Der Schieber ist bei Eintritt größeren Dampfverbrauches mehr aufzuziehen und bei Verminderung desselben weiter zu schließen. In der richtigen Handhabung des Schornsteinschiebers liegt der Schwerpunkt sparsamen Kesselbetriebes. Der Schieber muß durch Gegengewicht leicht beweglich gemacht und leicht gangbar gehalten werden. Es empfiehlt sich, hinter der Zugkette bzw. hinter dem Gegengewicht eine Skala anzubringen, an der die Größe der Schieberöffnung sofort abgelesen werden kann.

Die Beschickung der Rostfläche hat nach einer der nachstehenden zwei Bedienungsarten zu erfolgen:

1. Die Kohle ist dünn und gleichmäßig über die ganze Rostfläche verteilt aufzugeben. Das Aufwerfen der Kohle hat oft und in kleinen Mengen zu geschehen. Um ein gutes Bestreuen der Rostfläche mit Kohle zu ermöglichen, darf die Schaufel nicht gehäuft voll genommen, sondern nur flach mit Kohlen bedeckt werden. Besitzt die Feuerung zwei Feuerungstüren, dann sind die beiden Rostseiten nicht unmittelbar nacheinander, sondern in gleichen Zwischenräumen abwechselnd mit Kohle zu beschicken, damit auf einer Seite stets helles durchgebranntes Feuer sich befindet, welches die raucherzeugenden Gase, die sich auf der anderen, frisch beschickten Seite entwickeln, entzündet und verbrennen kann.

2. Die Kohle ist nur auf den vordersten Teil der Rostfläche sowie auf die vorliegende Rostplatte aufzuwerfen und erst später, unmittelbar vor der neuen Beschickung, nach hinten zu schieben bzw. über die ganze Rostfläche auszubreiten. Diese Bedienungsweise hat den Zweck, die frische Kohle vorzuwärmen, die Gase, welche hauptsächlich Rauch und Ruß erzeugen, auszutreiben, sie über dem hellen Feuer der hinteren Rostfläche zu entzünden und zu verbrennen. Das Hinterschieben mit der Krücke hat derart zu erfolgen, daß die Kohle nicht überstürzt und aufgerührt wird. Die Kohle ist, von hinten anfangend, gleichmäßig über die Rostfläche auszuziehen. Um dies zu erreichen, ist mit der Krücke zuerst der hintere Teil des vorn aufgegebenen Kohlenberges auf das hinterste Ende der Rostfläche zu schieben, alsdann ist der nächstfolgende Teil des Kohlenberges nach hinten zu stoßen und so weiter, bis der vordere Teil des Rostes und die Vorplatte von Kohlen freigelegt ist. Die frische Kohle ist hierauf sofort vorn aufzugeben.

Regelrechtes Auseinanderziehen der vorn aufgegebenen Kohlen, Vermeiden jeder Überstürzung, jedes Aufrührens und Zurückziehens der Kohle sind unerläßliche Bedingungen zur Erzielung guter Verbrennung. Um die Krücke leicht handhaben zu können, empfiehlt es sich, den Stiel derselben aus Gasrohr herzustellen.

Über die **Auswahl des Kesselsystems** können nur die jeweiligen Verhältnisse entscheiden. Je einfacher der Kessel ist, desto sicherer ist der Betrieb und desto kleiner sind die Amortisationskosten. Entscheidend sind aber nicht diese Punkte, sondern die Art der Dampfentnahme und -verwendung, die Eignung des Speisewassers, der zur Verfügung stehende Platz und der Brennstoff.

Für Maschinenbetrieb, bei reinem, weichem Speisewasser, reichlichem Platz und gutem Brennstoff ist schließlich jede Kesselform geeignet. In den seltensten Fällen werden jedoch die Verhältnisse so günstig liegen; meistens wird der eine oder andere Punkt mehr oder minder zu berücksichtigen sein. Soll der Dampf hauptsächlich Arbeitsmaschinen antreiben und nur zum kleinsten Teile für Koch- und Heizzwecke verwandt werden (also regelmäßiger Dampfverbrauch), dann werden Kessel mit geringem Wasserraum, also Röhrenkessel, recht geeignet sein. Bei großem und stark wechselndem Dampfverbrauch für Heiz- und Kochzwecke neben Maschinenbetrieb sind nur Kessel mit großem Wasserraum, also Walzen- oder Röhrenkessel mit Oberteil zu empfehlen. Bei sehr wechselndem Dampfverbrauch kann man nur durch genügend großen Wasserraum (gewissermaßen Wärmespeicher) Dampfdruck und Wasserstand ohne große Mühe auf annähernd gleicher Höhe halten.

Ferner spielt das zur Verfügung stehende Speisewasser bei Auswahl des Kesselsystems insofern eine wichtige Rolle, als stets eine Reinigung des Kesselinnern (in gewissen Zeitabschnitten) nötig wird, wobei es dann auf die bequeme Zugänglichkeit der zu reinigenden Teile sehr ankommt. Steht Wasser zur Verfügung, das Schlamm und nicht Kesselstein absetzt, dann ist die Reinigung einfacher, da sich der Schlamm rascher und bequemer entfernen läßt. Für Hochdruckkessel kommen nur sorgfältig gereinigte Wässer und modernste Bauformen in Betracht.

Schließlich ist zu berücksichtigen, daß die Wartung der Röhrenkessel ein geschulteres Personal verlangt, als die der älteren Flammrohrkessel und daß in bestimmten Fällen das Kesselsystem behördlich vorgeschrieben ist (Dampfkesselgesetze).

Bei **Beschaffung neuer Kessel** sind noch eine Reihe weiterer Umstände zu berücksichtigen (Beratung durch Dampfkesselrevisionsverein usw. zu empfehlen).

Soll der neue Kessel zur Ergänzung oder zum Ersatz eines schon in Betrieb befindlichen dienen und sind Art und Größe sowie die auf Speisewasser und Brennstoff zu nehmenden Rücksichten bekannt, dann wird die Auswahl des Kessels leicht sein. Anders liegt die Frage bei Beschaffung eines neuen Kessels für einen neuen Betrieb. Außer dem von der Maschine verbrauchten Dampf muß man die Menge schätzen, die man zum Kochen, Heizen usw. nötig hat, um daraus Kesselleistung und -abmessungen zu berechnen (auch stark wechselnder Dampfverbrauch ist besonders zu berücksichtigen). In den meisten Fällen wird also ein Kessel mit großem Wasserraum in Frage kommen. Bei gutem Speisewasser kann ein Röhrenkessel gewählt werden, sonst sind namentlich in kleinen Betrieben Flammrohrkessel vorzuziehen. Die Art der Feuerungsanlage richtet sich nach den Brennstoffen (Treppenrost, Planrost usw.).

Für die Gestehungskosten des Dampfes gilt im allgemeinen die Regel, daß zur Erzeugung billigen Dampfes kostspieligere Anlagen nötig sind, und daß umgekehrt geringere Anlagekosten höhere Betriebsausgaben bedingen. Unter Umständen genügt für ein Provisorium eine Lokomobile, die vielleicht auch leihweise beschafft werden kann.

Man verlange von der den Kessel liefernden Firma Garantie für den geringsten Kohlenverbrauch bei feststehender Kohlensorte, bestimmter Dampfspannung und gegebener Temperatur des Speisewassers. Auch versäume man nicht, in den Liefervertrag aufzunehmen, ob Transport- und Aufstellungskosten inbegriffen sind und welche Armaturteile mitgeliefert werden müssen.

Daß unter eingehenden Offerten nicht unbedingt die billigsten den Vorzug verdienen, dürfte bekannt sein; solche mit weitgehenden (sicheren!) Garantien hinsichtlich Kohlenverbrauch, guter Verbrennung und Trockenheit des Dampfes sind jedenfalls die besten.

Bei **Inbetriebsetzung eines neuen Kessels** (nach der Abnahme) wird er zunächst einige Zentimeter über den normalen Wasserstand gefüllt. Es wird dann ein ganz gelindes Feuer unterhalten, ohne das schon am ersten Tage das Wasser kochen darf; die Feuertür bleibt offen, damit die Temperatur durch reichlichen Luftzutritt gemäßigt und zugleich die Austrocknung des frischen Mauerwerks vorteilhaft gefördert wird (sie kann Tage erfordern und sollte nicht überstürzt werden). Solange dieses sehr feucht ist, entströmen dem Schornstein deutliche Dampfwolken. Am nächsten Tage wird die Feuerung etwas verstärkt usw. bis der regelmäßige Gang erreicht ist.

Fast bei jeder neuen Kessel- und Schornsteinanlage wird das Feuer aus Mangel an Zug (zu starke Abkühlung der noch feuchten Wände) zunächst nicht ordentlich brennen. Es bleibt dann weiter nichts übrig, als im Schornsteinfuße Bündel von Stroh zu verbrennen.

Hat der Kessel Druck, dann muß man sich vom richtigen Arbeiten der Armaturen (Sicherheitsventil, Manometer, Probierhähne, Wasserstandsrohre, Speisevorrichtung, Absperrventile usw.) überzeugen. Auch die Flanschen der Dampfleitung werden nachzuziehen sein.

Dampfkesseljournal, Dampfkesselbetriebsberichte. Das Kohlenkonto nimmt oft unter den Betriebsunkosten den ersten Platz ein. Es ist daher wichtig, über Kohlenverbrauch und Dampfmengen genau Buch führen zn lassen (Heizer, Maschinist usw.).

Ein solches Tagebuch enthält auf dem ersten Blatt die Kesselnummern und verzeichnet weiter System, Fabrikschild, Datum der Aufstellung, Gewicht, Abmessung, Wasserinhalt, Heizfläche, Rostfläche, Betriebsdruck, Datum der Revisionen usw. (s. Beispiel).

Eine Betrachtung der Zahlen des Kesselbuches läßt u. a. erkennen, ob etwa außergewöhnliche Arbeiten oder Zwischenfälle eingetreten sind. So hat beispielsweise die Wasserpumpe am 5. März außergewöhnlich lange, nämlich 8 Stunden gearbeitet, um, wie aus den „Bemerkungen" hervorgeht, für die nächsten Tage (Reinigung eines Kessels) einen genügenden Wasservorrat in den Hochbehälter zu fördern. Aus dem aufgegebenen Kohlenverbrauch läßt sich der jeweilige Bestand an Kohle sofort errechnen. Ferner ist es auf Grund der Buchungen leicht, die notwendigen Daten für Berechnung einer unter Umständen zu gewährenden Kohlenprämie zu finden (Kontrolle dieser Buchungen angezeigt).

Wichtig ist, daß über dem Heizer noch ein sachverständiger Aufsichtsbeamter steht, dem u. a. die dauernde Beobachtung der Abgase obliegt (Analysenbuch; Einfluß auf die Prämien für den Heizer).

Für den Betriebsleiter empfiehlt sich die Führung eines Hauptbuches, in das er die wichtigsten Daten aus dem Kesselbuch und weiter kurze

Monat März	1.	2.	3.	4.	5.	6.	7.	8.	9.	10.	11.	12.	13.	14.	15.	16.
	Betriebsstunden der Kessel		Kohlenverbrauch	Stand des Wassermessers	Verdampfte Wassermenge	Verdampfung	Dampfüberhitzer	Hauptmaschine	mit + ohne − Kondens.	Vakuum	Dampfverbrauch für Dynamomaschine — Licht	Akkumulatoren	Kran	Wasserpumpe	Sonstiger Kohlenverbrauch	Bemerkungen
	1	2	kg		l		Grad	Std.		cm	Std.	Std.	Std.	Std.	kg	
1.				912600												Kessel 2 neue Mannloch-packung
2.	12	12	2000	928750	16150	8,07	290	9	+	690	4	4	—	$3^1/_2$	—	Revision durch Kessel-ingenieur
3.	12	12	2100	945250	16500	7,68	300	10	+	680	4	3	—	$3^1/_2$	500	
															Sublimat.	
4.	12	12	1900	961230	15980	8,41	—	12	+	680	4	3	4	4	—	Kessel 1 innen und außen ge-reinigt
5.	12	12	2000	977250	16020	8,01	—	12	—	690	3	—	—	8	—	
6.	—	14	950	984750	7500	7,90	—	8	$\frac{3+}{5-}$	700	3	6	—	$2^1/_2$	300 Destillierbl.	
7.	—	14	1000	992850	8100	8,10	320	10	—	—	3	4	2	$2^1/_2$	—	
8.	.	.	.	.	.	.	.	.	.	.	.	.	.	.	.	
.	.	.	.	.	.	.	.	.	.	.	.	.	.	.	.	
31.				1344200												Zugang 150 t Kohlen
Ge-samt	306	324	52450		431600	8,23		284	268+		102	80	27	105	2300	
	630		2300						16−							
			54750													

Vermerke (z. B. über Dampf, der nicht zum Betrieb der Maschinen verwandt wurde), einträgt. Nur so ist ein dauernder Überblick über Kohlenkosten, Dampfverbrauch (Dampfvergeudung, Verlust durch Undichtigkeiten usw.) zu behalten. Die Kohlenbestandsaufnahme hat z. B. auszuweisen:

Kohlenbestand Ende Februar	65350 kg
Kohlenverbrauch im März	54750 „
Demnach Bestand Ende März	10600 kg
Dazu erhalten am 31. März	150000 „
Am 31. März Gesamtbestand	160600 kg

Dampfkesselgesetze[1].

Jeder Dampfkessel ist nach der Gewerbeordnung genehmigungspflichtig.

Sein Bau, seine Ausrüstung, Prüfung und Aufstellung unterliegen ebenso gesetzlichen Bestimmungen, wie seine Inbetriebsetzung und sein Betrieb selbst.

Die in Betracht kommenden Grundgesetze und wichtigsten Verordnungen sind:

1. §§ 24 und 25 der Reichsgewerbeordnung über die Genehmigungspflicht.

2. Allgemeine polizeiliche Bestimmungen über Anlage von Dampfkesseln vom 5. August 1890.

3. Vereinbarungen vom 3. Juli 1890 zwecks einheitlicher Regelung der Kesselüberwachung (Genehmigung, Prüfung und Revision) im deutschen Reich.

4. Preußisches Gesetz vom 3. Mai 1872, über Betrieb von Dampfkesseln und Pflichten der Kesselbesitzer sowie Wärter.

5. Preußischer Erlaß vom 16. März 1892, betreffend die Genehmigung und Untersuchung der Dampfkessel.

6. Zahlreiche weitere Ministerial- und sonstige Erlasse.

A. Genehmigung der Dampfkessel.

1. Wann muß eine Genehmigung nachgesucht werden?

Der § 24 der Gewerbeordnung (1900, 1905, 1907, 1908, 1911) lautet: „Zur Anlegung von Dampfkesseln, dieselben mögen zum Maschinenbetriebe bestimmt sein oder nicht, ist die Genehmigung der nach den Landesgesetzen zuständigen Behörde erforderlich" usw.

Im § 25 der Gewerbeordnung heißt es: . . . „Sobald aber eine Veränderung der Betriebsstätte vorgenommen wird, ist dazu die Genehmigung der zuständigen Behörde . . . notwendig."

Dampfkessel im Sinne des Gesetzes sind alle geschlossenen Gefäße, in denen Wasser in Dampf von höherer als atmosphärischer Spannung verwandelt wird. Eine gesetzliche Definierung des Begriffes Dampf-

---

[1] Sprenger: Winke für Gewerbeunternehmer. Berlin 1893. — Hartmann: Sicherheitsvorrichtungen in chemischen Betrieben, S. 171ff. Leipzig 1911. — Spezialwerke.

kessel fehlt. Für die chemische Industrie ist wichtig, daß die meisten „Dampf-(Druck-)Fässer" unter das Gesetz fallen.

Im § 22 der Bestimmungen vom 5. August 1890 (s. d.) sind die Ausnahmen angeführt, welche zur Einschränkung des Begriffes Dampfkessel dienen.

Einer erneuten Genehmigung bedürfen:

a) Dampfkessel, welche wesentlich verändert sind.

b) Dampfkessel, welche wieder in Betrieb genommen werden sollen, nachdem die früher erteilte Genehmigung wegen unterlassenen Betriebes nach § 49 der Gewerbeordnung erloschen ist (z. B. nach dreijähriger Betriebspause und dann, wenn von der erteilten Genehmigung innerhalb eines Jahres kein Gebrauch gemacht worden ist).

c) Feststehende Dampfkessel, welche wesentliche Änderungen hinsichtlich Lage oder Beschaffenheit der Betriebsstätte erfahren haben.

d) Kessel, bei denen die in der Genehmigungsurkunde festgesetzte zulässige Dampfspannung erhöht oder eine Bedingung in der Genehmigungsurkunde geändert worden ist.

2. Antrag auf Genehmigung des Kessels.

Form und Inhalt des Antrages. Die Genehmigung wird nur für einen bestimmten, genau darzustellenden und mit dem Namen des Fabrikanten und der Fabriknummer zu bezeichnenden Kessel erteilt; sie schließt die Bauerlaubnis für das Kesselhaus nicht ein. Die Ausarbeitung der für den Antrag erforderlichen Unterlagen (Kesselzeichnung und Beschreibung, Lageplan der Betriebsstätte, Bauriß des Kessel- und Maschinenhauses) in doppelter Ausführung werden gewöhnlich der Kesselfabrik bzw. dem Bautechniker überlassen und vom Bauherrn nur unterzeichnet. Für letzteren sind hauptsächlich folgende Bestimmungen von Interesse:

a) Aufstellungsort. „Dampfkessel, welche für mehr als 6 Atm. Überdruck bestimmt sind und solche, bei welchen das Produkt aus der feuerberührten Fläche in Quadratmetern und der Dampfspannung in Atmosphären Überdruck mehr als dreißig beträgt, dürfen unter Räumen, in welchen sich Menschen aufzuhalten pflegen (auch Lager, Trockenräume, Schuppen) nicht aufgestellt werden. Innerhalb solcher Räume ist ihre Aufstellung unzulässig, wenn dieselben überwölbt oder mit fester Balkendecke versehen sind ... Dampfkessel welche aus Siederöhren von weniger als 10 cm Weite bestehen ... unterliegen diesen Bestimmungen nicht."

b) Arbeiterschutz. Das Kesselhaus darf nicht zu eng (mindestens 3—4 m Raum vor einem größeren Kessel) und nicht zu niedrig (mindestens 2 m Höhe über dem Kessel) sein und muß sich durch reichliche Dachfenster gut lüften lassen. Die Kesselflächen sind durch Wärmeschutzmittel gut zu umkleiden; alle Punkte, an denen der Wärter zu arbeiten hat, müssen über feste Leitern oder Galerien bequem zugänglich sein. Die Sicherheitsvorrichtungen (Wasserstandsanzeiger, Manometer usw.) sollen hell beleuchtet und die Wasserstandsgläser gut geschützt sein. Endlich sind möglichst zwei Ausgänge auf verschiedenen Seiten des Kesselhauses vorzusehen.

c) **Um die Nachbarn vor Schaden und Belästigung zu schützen**, wird bei der Genehmigung stets die Bedingung gestellt, daß starke Rauchentwicklung und Auswerfen von Funken, Ruß und Flugasche nicht eintreten dürfen.

d) **Bei Neuaufstellung gebrauchter Kessel** sind die Erbauer, die früheren Betriebsstätten, die Betriebszeit und die Gründe nachzuweisen, welche zur Außerbetriebsetzung geführt haben. Diese Ermittlungen, für welche die alten Genehmigungs- und Revisionspapiere gewissen Anhalt bieten, sind natürlich auch bei Kauf alter Kessel **außerordentlich wichtig**. Dem Genehmigungsantrag ist ein Zeugnis über die amtliche innere Untersuchung des Kessels beizulegen, auf Grund dessen (falls die Genehmigung überhaupt erteilt werden kann) die höchste zulässige Dampfspannung festgesetzt wird.

e) **Zuständigkeit.** Über die Genehmigung beschließt der Landrat in Landkreisen und der Magistrat oder die Polizeibehörde in Stadtkreisen nach Anhören der Gewerbeaufsichtsbehörde. Maßgebend ist bei feststehenden Kesseln der Ort der Errichtung und bei beweglichen Kesseln der Wohnsitz des Antragstellers. Einzureichen ist der an diese Behörden zu richtende Antrag, je nachdem der Antragsteller einem Kesselüberwachungsverein angehört oder nicht, bei dem zuständigen Vereinsingenieur oder dem sonst zuständigen Kesselrevisor (Gewerbeaufsichtsamt).

Kesselrevisoren sind die Gewerbeinspektoren und für die Dampfkessel-Überwachungsvereine deren Ingenieure. Einzelnen großen Gesellschaften ist außerdem gestattet worden, ihre Kessel von eigenen Beamten untersuchen zu lassen.

f) **Genehmigungsverfahren.** Die Behörde prüft die Zulässigkeit der Anlage nach den bestehenden bau-, feuer- und gesundheitspolizeilichen Vorschriften und den allgemeinen Bestimmungen über Anlage von Dampfkesseln. Demgemäß sendet der Kesselrevisor den Antrag nach Prüfung an die obige Beschlußbehörde und diese gibt den Bescheid. In dringenden Fällen kann der Vorsitzende der Beschlußbehörde einen Vorbescheid erteilen.

Im Durchschnitt werden 4—6 Wochen auf die Dauer des ganzen Verfahrens zu rechnen sein; eine öffentliche Bekanntmachung der Anträge findet nicht statt.

Innerhalb 14 Tage (wenn nicht eine Nachfrist bewilligt wird) nach Zustellung des Bescheides kann der Antragsteller entweder Beschwerde an den Minister für Handel und Gewerbe einlegen oder zunächst erst mündliche Verhandlung bei der Beschlußbehörde beantragen.

B. Inbetriebsetzung von Dampfkesseln.

Nach der Montage, jedoch vor Einmauerung oder Ummantelung, ist jeder Kessel einer technischen Untersuchung (Wasserdruckprobe) durch den zuständigen Revisor zu unterziehen; diese kann auch in der Kessel-

fabrik vorgenommen werden. Der Beamte versieht die Befestigungs-
niete des Kesselschildes mit dem amtlichen Stempel und stellt ein Zeugnis aus. Wird der Kessel beim Transport beschädigt, dann kann diese
Druckprobe wiederholt werden.

Nach vollkommener Fertigstellung der Kesselanlage muß diese vom
Revisor abgenommen, d. h. ihre Übereinstimmung mit der Genehmigung
muß festgestellt werden; Zeugnisse über frühere Untersuchungen und
Genehmigungsurkunden sind dabei vorzulegen. Auskunft über die sonst
zu treffenden Vorbereitungen ist vom Revisor zu erbitten. Oft ist auch
eine baupolizeiliche Abnahme des Kesselhauses nötig. Auf Grund der
vom Kesselrevisor bescheinigten Abnahmeprüfung darf der Kessel ohne
weiteres in Betrieb genommen werden. Die Bescheinigung ist der Genehmigungsurkunde anzuheften. Die in einem deutschen Einzelstaate
erteilten Genehmigungen und Untersuchungszeugnisse werden im ganzen
Reich anerkannt. Kessel aus dem Auslande müssen in Deutschland der
Druckprobe unterworfen und genehmigt werden.

Vor Inbetriebsetzung eines beweglichen Kessels an einem dritten
Ort ist der betreffenden Ortspolizeibehörde unter Angabe des Aufstel-
lungsplatzes Anzeige zu machen.

C. Betrieb der Dampfkessel.

1. Wartung des Kessels. Der Kesselbesitzer muß sich stets bewußt
sein, daß überall, wo Druck herrscht, hierdurch und auch durch die
Kesselfeuerung Gefahren entstehen können. Er wird deshalb dafür zu
sorgen haben, daß alle Teile des Kessels sorgfältig instand gehalten
werden (besonders die in den allgemeinen polizeilichen Bestimmungen
und in der Genehmigung ausdrücklich bezeichneten Sicherheitseinrichtungen, wie namentlich Wasserstandsanzeiger, Manometer, Sicherheitsventile, Speisepumpen usw.).

Um diesen Verpflichtungen nachzukommen, wird der Kesselbesitzer

a) einen durchaus zuverlässigen, sachkundigen Wärter anzustellen
haben, der für gute Instandhaltung der Anlage mitverpflichtet ist.
Jugendliche Personen scheiden durch preußischen Ministerialerlaß als
Kesselwärter aus.

b) Der Kesselbesitzer oder sein Vertreter müssen sich von der sorgfältigen Wartung des Kessels und der guten Instandhaltung aller Teile
überzeugen. Die vom Kesselüberwachungsverein erlassenen Vorschriften
für den Kesselwärter müssen diesem stets zugänglich sein. Buchform ist
für diese Vorschriften dem Druckplakat deshalb vorzuziehen, weil
Plakate mit langem Text (kleiner Drucke) selten gelesen werden und
schließlich nur als „Wanddekoration" dienen. Ein Plakat, welches in
einem kurzen Satze fordert, daß die betreffenden Vorschriften sich stets
im Besitze des Kesselwärters finden müssen, ist entschieden richtiger.
Wirkungsvoll sind Warnplakate in Bildform. Von hohem Wert sind
gelegentliche kurze Vorträge (Rundfunk).

c) Die regelmäßigen inneren und äußeren Kesselreinigungen sind
besonders wichtig. Bei diesen Gelegenheiten soll auch stets eine genaue

Besichtigung des Kessels (Beschaffenheit, Leckstellen, Rostbeschädigungen usw.) erfolgen. Besitzt der Wärter nicht das erforderliche Verständnis, dann ist ihm sachkundige Hilfe zu geben. Bei Zweifeln oder gefahrdrohenden Erscheinungen ist der Rat des Revisors einzuholen.

2. Amtliche Untersuchung des Kessels. Die regelmäßigen Prüfungen bestehen in der unangemeldeten äußeren Untersuchung, der inneren Untersuchung und der Wasserdruckprobe, welche in zeitlich begrenzten Zwischenräumen ausgeführt werden müssen. Die beiden letzteren Untersuchungen sind dem Kesselbesitzer mindestens 4 Wochen vorher anzuzeigen (unter Bekanntgabe der erforderlichen Vorbereitungen und Berücksichtigung tunlichst kleiner Beeinträchtigung (s. u.) des laufenden Betriebes). Bei allen wesentlichen Ausbesserungen des Kessels empfiehlt sich die Zuziehung des Revisors, um ungeschickte Reparaturen zu vermeiden und bei der notwendig werdenden Baugenehmigung keine Schwierigkeiten zu erleben.

Das preußische Gesetz[1] betreffend den Betrieb der Dampfkessel vom 3. Mai 1872 besagt in seinen wesentlichen Punkten folgendes:

§ 1. Die Besitzer von Dampfkesselanlagen oder die an ihrer Stelle zur Leitung des Betriebes bestellten Vertreter sowie die mit der Wartung von Dampfkesseln beauftragten Arbeiter sind verpflichtet, dafür Sorge zu tragen, daß während des Betriebes die bei Genehmigung der Anlage oder allgemein vorgeschriebenen Sicherheitsvorrichtungen bestimmungsmäßig benutzt und Kessel, die sich nicht in gefahrlosem Zustande befinden, nicht im Betrieb erhalten werden.

§ 2. Wer den ihm nach § 1 obliegenden Verpflichtungen zuwider handelt, verfällt in eine Geldstrafe bis zu 200 Talern oder in eine Gefängnisstrafe bis zu drei Monaten.

§ 3. Die Besitzer von Dampfkesselanlagen sind verpflichtet, eine amtliche Revision des Betriebes durch Sachverständige zu gestatten, die zur Untersuchung der Kessel benötigten Arbeitskräfte und Vorrichtungen bereitzustellen und die Kosten der Revision zu tragen.

Die näheren Bestimmungen über die Ausführung dieser Vorschrift hat der Minister für Handel, Gewerbe und öffentliche Arbeiten zu erlassen.

§ 4. Alle mit diesem Gesetze nicht im Einklang stehenden Bestimmungen, insbesondere das Gesetz, den Betrieb der Dampfkessel betreffend, vom 7. Mai 1856, werden aufgehoben.

Das vorstehende Gesetz wird durch Ausführungsbestimmungen gleichen Datums ergänzt. Wenn diese auch in einzelnen Punkten inzwischen ein wenig geändert worden sind, so sind sie doch wichtig genug, um hierunter im Auszug wiedergegeben zu werden:

1. Ein jeder im Betriebe befindliche Dampfkessel soll von Zeit zu Zeit einer technischen Untersuchung unterzogen werden.

Es bleibt vorbehalten, Ausnahmen hiervon zuzulassen, insoweit dies im Interesse der öffentlichen Sicherheit unbedenklich erscheint.

2. Die technische Untersuchung hat den Zweck, den Zustand der Kesselanlage überhaupt, deren Übereinstimmung mit dem Inhalte der Genehmigungsurkunde und die bestimmungsmäßige Benutzung der bei Genehmigung der Anlage oder der allgemein vorgeschriebenen Sicherheitsvorrichtungen festzustellen.

3. Die Untersuchung erfolgt hinsichtlich der Dampfkessel auf Bergwerken ... durch die Bergrevierbeamten, im übrigen durch die von der zuständigen Staatsbehörde dazu berufenen Sachverständigen. Namen und Wohnort der-

---

[1] Hilliger: Die Bestimmungen über die Anlegung, Genehmigung und Untersuchung der Dampfkessel in Preußen. München u. Berlin 1920.

selben wird, unter Bezeichnung des Bezirkes, auf welchen ihr Auftrag sich erstreckt, durch das Amtsblatt bekanntgemacht.

Bewegliche Dampfkessel gehören zu demjenigen Bezirke, in welchem ihr Besitzer oder dessen Vertreter wohnt.

4. Dampfkessel, deren Besitzer Vereinen angehören, welche eine regelmäßige und sorgfältige Überwachung der Kessel vornehmen lassen, können mit Genehmigung des Ministeriums für Handel usw. von der amtlichen Revision befreit werden.

Es bedarf einer öffentlichen Bekanntmachung durch das Amtsblatt, wenn einem Vereine eine solche Vergünstigung gewährt oder dieselbe wieder entzogen worden ist.

Ausnahmsweise kann auch einzelnen Dampfkesselbesitzern, welche für eine regelmäßige Überwachung ihrer Kessel entsprechende Einrichtungen getroffen haben, die gleiche Vergünstigung zuteil werden.

5. Die vorgedachten Vereine haben den betreffenden Regierungen (bzw. Landratsämtern, Oberbergämtern, in Berlin dem Polizeipräsidium) ein Verzeichnis der ihnen angehörenden Kesselbesitzer unter Angabe der Anzahl der von demselben im Bezirke betriebenen Kessel sowie eine Übersicht aller im Laufe des Jahres ausgeführten Untersuchungen, welche zugleich deren Art und Ergebnis ersehen läßt, am Jahresschluß einzureichen. Sie haben ferner von jeder Aufnahme eines Kessels in den Verband und von jedem Ausscheiden aus demselben dem zur amtlichen Untersuchung der Dampfkessel in dem betreffenden Bezirke berufenen Sachverständigen unverzüglich Nachricht zu geben.

Die veröffentlichten Jahresberichte sind regelmäßig dem Ministerium für Handel usw. vorzulegen.

Die Vorschriften im ersten Absatz finden auch auf einzelne von der amtlichen Aufsicht befreite Kesselbesitzer (4) Anwendung.

6. Die amtliche Untersuchung der Dampfkessel ist eine äußere und eine innere. Jene findet alle zwei Jahre, diese alle sechs Jahre statt und ist dann mit jener zu verbinden.

7. Die äußere Untersuchung besteht vornehmlich in der Prüfung der ganzen Betriebsweise des Kessels; eine Unterbrechung des Betriebes darf dabei nur verlangt werden, wenn Anzeichen gefahrbringender Mängel, deren Dasein und Umfang anders nicht festgestellt werden kann, sich ergeben haben.

Die Untersuchung ist vornehmlich zu richten: auf die Vorrichtungen zum regelmäßigen Speisen der Kessel; auf die Ausführung und den Zustand der Mittel, den Normalwasserstand im Kessel zu allen Zeiten mit Sicherheit beurteilen zu können; auf die Vorrichtungen, welche gestatten, den etwaigen Niederschlag an den Kesselwandungen zu entdecken und den Kessel zu reinigen; auf die Vorrichtungen zum Erkennen der Spannung der Dämpfe im Kessel; auf die Ausführung und den Zustand der Mittel, den Dämpfen einen freien Ausgang zu gestatten, wenn die Normalspannung überschritten wird; auf die Ausführung und den Zustand der Feuerungsanlage selbst, die Mittel zur Regelung und Absperrung des Zutritts der atmosphärischen Luft und zur tunlichst schnellen Beseitigung des Feuers.

Auch ist zu prüfen, ob der Kesselwärter die zur Sicherheit des Betriebes erforderlichen Vorrichtungen kennt und anzuwenden versteht.

8. Die innere Untersuchung erstreckt sich auf den Zustand der Kesselanlage überhaupt; sie umfaßt auch die Prüfung der Widerstandsfähigkeit der Kesselwände und des Zustandes des Kesselinnern. Sie ist stets mit einer Probe durch Wasserdruck nach § 11 der allgemeinen Bestimmungen für die Anlage von Dampfkesseln (29. Mai 1871) zu verbinden. Behufs ihrer Ausführung muß der Betrieb des Kessels eingestellt werden.

Die Untersuchung ist vornehmlich zu richten: auf die Beschaffenheit der Kesselwandungen, Nieten und Anker im Äußeren, wie im Inneren des Kessels, sowie der Heiz- und Rauchrohre, der Verbindungsstutzen, wobei zu ermitteln ist, ob die Dauerhaftigkeit dieser Teile durch den Gebrauch gefährdet ist und die nach Art der Lokomotivfeuerröhren eingesetzten Röhren nötigenfalls herauszuziehen sind; auf das Vorhandensein und die Natur des Kesselsteines; auf den Zustand der Wasserleitungsröhren und der Reinigungsöffnungen; auf den Zustand der Speise- und Dampfventile; auf den Zustand der Verbindungsröhren zwischen Kessel und Manometer bzw. Wasserstandsanzeiger sowie der übrigen Sicherheitsvorrichtungen; auf den Zustand des Rostes, der Feuerbrücke und der Feuerzüge außerhalb, wie innerhalb des Kessels.

Die Ummauerung oder Ummantelung des letzteren muß, wenn die Untersuchung sich durch Befahrung der Züge oder auf andere einfache Weise nicht bewirken läßt, an einzelnen zu untersuchenden Stellen, oder wenn es sich als notwendig herausstellt, gänzlich beseitigt werden.

9. Werden bei einer Untersuchung erhebliche Unregelmäßigkeiten in dem Betriebe ermittelt, so kann nach Ermessen des Beamten in dem folgenden Jahre die äußere Untersuchung wiederholt werden.

Hat eine Untersuchung Mängel ergeben, welche Gefahr herbeiführen können, und wird diesen nicht sofort abgeholfen, so muß nach Ablauf der zur Herstellung des vorschriftsmäßigen Zustandes erforderlichen Frist die Untersuchung von neuem vorgenommen werden.

Befindet sich der Kessel bei der Untersuchung in einem Zustande, welcher eine unmittelbare Gefahr einschließt, so ist die Fortsetzung des Betriebes bis zur Beseitigung der Gefahr zu untersagen. Vor der Wiederaufnahme des Betriebes ist in diesem Falle die ganze Untersuchung zu wiederholen und der vorschriftsmäßige Zustand der Anlage festzustellen.

10. Die äußere Untersuchung erfolgt ohne vorherige Benachrichtigung des Kesselbesitzers.

Von der bevorstehenden inneren Untersuchung des Kessels ist der Besitzer mindestens vier Wochen vorher zu unterrichten; über die Wahl des Zeitpunktes für diese Untersuchung soll der Sachverständige sich mit dem Besitzer zu verständigen suchen, um den Betrieb der Anlage so wenig wie möglich zu beeinträchtigen.

Bewegliche Dampfkessel sind von den Besitzern oder deren Vertretern im Laufe des Revisionsjahres nach ergangener Aufforderung an einem beliebigen Orte innerhalb des Revisionsbezirkes für die Untersuchung bereitzustellen.

Durch die Untersuchung der Dampfschiffskessel dürfen die Fahrten der Schiffe nicht gestört werden usw.

Falls ein Kesselbesitzer den Anforderungen des zur Untersuchung berufenen Beamten, den Kessel für die Untersuchung bereitzustellen, nicht entspricht, so ist auf Antrag des Beamten der Betrieb des Kessels bis auf weiteres polizeilich stillzulegen.

Die zur Ausführung der Untersuchung erforderliche Arbeitshilfe hat der Besitzer des Kessels den Beamten auf Verlangen unentgeltlich zur Verfügung zu stellen.

11. Für jeden Kessel hat der Besitzer ein Revisionsbuch zu halten, welches bei dem Kessel aufzubewahren ist. Dem Buche ist die (nach Maßgabe der Nr. 6 der Anweisung zur Ausführung der Gewerbeordnung vom 21. Juni 1869 oder der früheren entsprechenden Bestimmungen) erteilte Abnahmebescheinigung anzuhängen.

Der Befund der Untersuchung wird in dieses Revisionsbuch eingetragen. Abschrift des Vermerkes sendet der Sachverständige der Polizeibehörde des Ortes, an welchem der Kessel sich befindet. Diese hat für die Abstellung der festgesetzten Mängel und Unregelmäßigkeiten Sorge zu tragen.

12. Der Sachverständige überreicht am Jahresschluß der Regierung (Landratsamt) des Bezirkes, in Berlin dem Polizeipräsidium, eine Nachweisung der von ihm im Laufe des Jahres untersuchten Dampfkessel, welche den Namen des Ortes, an welchem der Kessel sich befindet, den Namen des Kesselbesitzers, die Bestimmung des Kessels, den Tag der Revision und in kurzen Worten den Befund derselben ersehen läßt.

13. Für die äußere Untersuchung eines jeden Dampfkessels ist eine Gebühr von 5 Talern zu entrichten. Gehören mehrere Dampfkessel zu einer gewerblichen Anlage, so ist nur für die Untersuchung des ersten Kessels der volle Satz, für die jedes folgenden aber nur die Hälfte zu entrichten, wenn die Untersuchung innerhalb desselben Jahres erfolgt. Letzteres hat zu geschehen, sofern erheb-

liche Anstände nicht obwalten. Ist die Untersuchung zugleich eine innere, so beträgt die Gebühr in allen Fällen 10 Taler für jeden Kessel.

14. Bei denjenigen außerordentlichen Untersuchungen (9), welche außerhalb des Wohnortes des Sachverständigen erfolgen, hat dieser auch auf die bestimmungsmäßigen Tagegelder und Reisekosten Anspruch.

Gebühren und Kosten (13, 14) werden bei der Polizeibehörde des Ortes, wo die Untersuchung erfolgt ist, liquidiert, durch diese festgesetzt und von dem Kesselbesitzer eingezogen.

Eine weitere Bekanntmachung vom 5. August 1890 betrifft die allgemeinen polizeilichen Bestimmungen über Anlage von Dampfkesseln; sie sieht in der Hauptsache folgendes vor:

1. Bau der Dampfkessel.

Kesselwandungen.

§ 1. Die vom Feuer berührten Wandungen der Dampfkessel, der Feuerröhren und der Siederöhren dürfen nicht aus Gußeisen hergestellt werden, sofern deren lichte Weite bei zylindrischer Gestalt 25 cm, bei Kugelgestalt 30 cm übersteigt.

Die Verwendung von Messingblech ist nur für Feuerröhren, deren lichte Weite 10 cm nicht übersteigt, gestattet.

Feuerzüge.

§ 2. Die um oder durch einen Dampfkessel gehenden Feuerzüge müssen an ihrer höchsten Stelle in einem Abstand von mindestens 10 cm unter dem festgesetzten niedrigsten Wasserspiegel des Kessels liegen.

Diese Bestimmungen finden keine Anwendung auf Dampfkessel, welche aus Siederöhren von weniger als 10 cm Weite bestehen, sowie auf solche Feuerzüge, in welchen ein Erglühen des mit dem Dampfraum in Berührung stehenden Teiles der Wandungen nicht zu befürchten ist. Die Gefahr des Erglühens ist in der Regel als ausgeschlossen zu betrachten, wenn die vom Wasser bespülte Kesselfläche, welche von dem Feuer vor Erreichung der vom Dampf bespülten Kesselfläche bestrichen wird, bei natürlichem Luftzug mindestens zwanzigmal, bei künstlichem Luftzug mindestens vierzigmal so groß ist, als die Fläche des Feuerrostes.

2. Ausrüstung der Dampfkessel.

Speisung.

§ 3. An jedem Dampfkessel muß ein Speiseventil angebracht sein, welches bei Abstellung der Speisevorrichtung durch den Druck des Kesselwassers geschlossen wird.

§ 4. Jeder Dampfkessel muß mit zwei zuverlässigen Vorrichtungen zur Speisung versehen sein, welche nicht von derselben Betriebsvorrichtung abhängig sind und von denen jede für sich imstande ist, dem Kessel die zur Speisung erforderliche Wassermenge zuzuführen. Mehrere zu einem Betriebe vereinigte Dampfkessel werden hierbei als ein Kessel angesehen.

Wasserstandsanzeiger.

§ 5. Jeder Dampfkessel muß mit einem Wasserstandsglase und mit einer zweiten geeigneten Vorrichtung zur Erkennung seines Widerstandes versehen sein. Jede dieser Vorrichtungen muß eine gesonderte Verbindung mit dem Innern des Kessels haben, es sei denn, daß die gemeinschaftliche Verbindung durch ein Rohr von mindestens 60 cm² lichtem Querschnitt hergestellt ist.

§ 6. Werden Probierhähne zur Anwendung gebracht, so ist der unterste derselben in der Ebene des festgesetzten niedrigsten Wasserstandes anzubringen. Alle Probierhähne müssen so eingerichtet sein, daß man behufs Entfernung von Kesselstein in gerader Richtung hindurchstoßen kann.

Wasserstandsmarke.

§ 7. Der für den Dampfkessel festgesetzte niedrigste Wasserstand ist an dem Wasserstandsglase sowie an der Kesselwand oder dem Kesselmauerwerk durch eine in die Augen fallende Marke zu bezeichnen.

Sicherheitsventil.

§ 8. Jeder Dampfkessel muß mit wenigstens einem zuverlässigen Sicherheitsventil versehen sein.

Wenn mehrere Kessel einen gemeinsamen Dampfsammler haben, von welchem sie nicht einzeln abgesperrt werden können, so genügen für dieselben zwei Sicherheitsventile.

Die Sicherheitsventile müssen jederzeit gelüftet werden können. Sie sind höchstens so zu belasten, daß sie beim Eintritt der für den Kessel festgesetzten Dampfspannung den Dampf entweichen lassen.

Manometer.

§ 9. Auf jedem Dampfkessel muß ein zuverlässiges Manometer angebracht sein, an welchem die festgesetzte höchste Dampfspannung durch eine in die Augen fallende Marke zu bezeichnen ist.

Fabrikschild.

§ 10. An jedem Dampfkessel muß die festgesetzte höchste Dampfspannung, der Name des Fabrikanten, die laufende Fabriknummer und das Jahr der Anfertigung usw. auf eine leicht erkennbare Weise angegeben sein.

Diese Angaben sind auf einem metallenen Schilde (Fabrikschild) anzubringen, welches mit Kupfernieten so am Kessel befestigt ist, daß es auch nach der Ummantelung oder Einmauerung des letzteren sichtbar bleibt.

3. Prüfung der Dampfkessel.

Druckprobe.

§ 11. Jeder neu aufzustellende Dampfkessel muß nach seiner letzten Zusammensetzung vor der Einmauerung oder Ummantelung unter Verschluß sämtlicher Öffnungen mit Wasserdruck geprüft werden.

Die Prüfung erfolgt bei Dampfkesseln, welche für eine Dampfspannung von nicht mehr als 5 Atm. Überdruck bestimmt sind, mit dem zweifachen Betrage des beabsichtigten Überdrucks, bei allen übrigen Dampfkesseln mit einem Druck, welcher den beabsichtigten Überdruck um 5 Atm. übersteigt. Unter Atmosphärendruck wird ein Druck von 1 kg auf 1 cm^2 verstanden.

Die Kesselwandungen müssen dem Probedruck widerstehen, ohne eine bleibende Veränderung ihrer Form zu zeigen und ohne undicht zu werden. Sie sind für undicht zu erachten, wenn das Wasser bei dem höchsten Druck in anderer Form als der von Nebel oder feinen Perlen durch die Fugen dringt.

Nachdem die Prüfung mit befriedigendem Erfolge stattgefunden hat, sind von dem Beamten oder staatlich ermächtigten Sachverständigen, welcher dieselbe vorgenommen hat, die Nieten, mit welchem das Fabrikschild am Kessel befestigt ist (§ 10), mit einem Stempel zu versehen. Dieser ist in der über die Prüfung aufzunehmenden Verhandlung (Prüfungszeugnis) zum Abdruck zu bringen.

§ 12. Wenn Dampfkessel eine Ausbesserung in der Kesselfabrik erfahren haben oder wenn sie behufs einer Ausbesserung an der Betriebsstätte ganz bloßgelegt worden sind, so müssen sie in gleicher Weise, wie neu aufzustellende Kessel, der Prüfung mittels Wasserdrucks unterworfen werden.

Wenn bei Kesseln mit innerem Feuerrohr ein solches Rohr und bei den nach Art der Lokomotivkessel gebauten Kesseln die Feuerbüchse behufs Ausbesserung oder Erneuerung herausgenommen, oder wenn bei zylindrischen und Siedekesseln eine oder mehrere Platten neu eingezogen werden, so ist nach der Ausbesserung oder Erneuerung ebenfalls die Prüfung mittels Wasserdrucks vorzunehmen. Der völligen Bloßlegung des Kessels bedarf es hier nicht.

Prüfungsmanometer.

§ 13. Der bei der Prüfung ausgeübte Druck darf nur durch ein genügend hohes offenes Quecksilbermanometer oder durch das von dem prüfenden Beamten geführte amtliche Manometer festgestellt werden.

An jedem Dampfkessel muß sich eine Einrichtung befinden, welche dem prüfenden Beamten die Anbringung des amtlichen Manometers gestattet.

4. Aufstellung der Dampfkessel.

Aufstellungsort.

§ 14. Dampfkessel, welche für mehr als 6 Atm. Überdruck bestimmt sind, und solche, bei welchen das Produkt aus der feuerberührten Fläche in m² und der Dampfspannung in Atmosphärenüberdruck mehr als 30 beträgt, dürfen unter Räumen, in welchen Menschen sich aufzuhalten pflegen, nicht aufgestellt werden. Innerhalb solcher Räume ist ihre Aufstellung unzulässig, wenn dieselben überwölbt oder mit fester Balkendecke versehen sind.

An jedem Dampfkessel, welcher unter Räumen, in welchen Menschen sich aufzuhalten pflegen, aufgestellt wird, muß die Feuerung so eingerichtet sein, daß die Einwirkung des Feuers auf den Kessel sofort gehemmt werden kann.

Dampfkessel, welche aus Siederöhren von weniger als 10 cm Weite bestehen, und solche, welche unterirdisch in Bergwerken oder in Schiffen aufgestellt werden, unterliegen diesen Bestimmungen nicht.

Kesselmauerung.

§ 15. Zwischen dem Mauerwerk, welches den Feuerraum und die Feuerzüge feststehender Dampfkessel einschließt, und den dasselbe umgebenden Wänden muß ein Zwischenraum von mindestens 8 cm verbleiben, welcher oben abgedeckt und an den Enden verschlossen werden darf.

5. Bewegliche Dampfkessel (Lokomobilen).

§ 16. Bei jedem Dampfentwickler, welcher als beweglicher Dampfkessel (Lokomobile) zum Betriebe an wechselnden Betriebsstätten benutzt werden soll, müssen sich befinden:

1. Eine Ausfertigung der Urkunde über seine Genehmigung, welche die Angaben des Fabrikschildes (§ 10) enthält und mit einer Beschreibung und maßstäblichen Zeichnung, dem Prüfungszeugnis (§ 11 Abs. 4), der im § 24 Abs. 3 der Gewerbeordnung vorgeschriebenen Bescheinigung und dem Vermerk über die zulässige Belastung der Sicherheitsventile verbunden ist.

2. Ein Revisionsbuch, welches die Angaben des Fabrikschildes (§ 10) enthält. Die Bescheinigung über die Vornahme der in § 12 vorgeschriebenen Prüfungen und der periodischen Untersuchungen muß in das Revisionsbuch eingetragen oder demselben beigefügt sein.

Die Genehmigungsurkunde und das Revisionsbuch sind an der Betriebsstätte des Kessels aufzubewahren und jedem zur Ansicht zuständigen Beamten oder Sachverständigen auf Verlangen vorzulegen.

§ 17. Als bewegliche Dampfkessel dürfen nur solche Dampfentwickler betrieben werden, zu deren Aufstellung und Inbetriebnahme die Herstellung von Mauerwerk, welches den Kessel umgibt, nicht erforderlich ist.

§ 18. Die Bestimmungen der §§ 16 und 17 treten außer Anwendung, wenn ein beweglicher Dampfkessel an einem Betriebe zu dauernder Benutzung aufgestellt wird.

Der 6. Abschnitt handelt von den uns nicht interessierenden Dampfschiffskesseln.

7. Allgemeine Bestimmungen.

§ 20. Wenn Dampfkesselanlagen, die sich zur Zeit bereits im Betriebe befinden, den vorstehenden Bestimmungen aber nicht entsprechen, eine Veränderung der Betriebsstätte erfahren sollen, so kann bei deren Genehmigung eine Abänderung in dem Bau der Kessel nach Maßgabe der §§ 1 und 2 nicht gefordert werden. Im übrigen finden die vorstehenden Bestimmungen auch für solche Fälle Anwendung, jedoch mit der Maßgabe, daß für Lokomobilen und Schiffskessel den Vorschriften in den §§ 10, 11 und 16 bis zum 1. Januar 1892 zu entsprechen ist.

§ 21. Die Zentralbehörden der einzelnen Bundesstaaten sind befugt, in einzelnen Fällen von der Beobachtung der vorstehenden Bestimmungen zu entbinden.

§ 22. Die vorstehenden Bestimmungen finden keine Anwendung:

1. auf Kochgefäße, in welchen mittels Dampfes, der einem anderweitigen Dampfentwickler entnommen ist, gekocht wird;

2. auf Dampfüberhitzer oder Behälter, in welchen Dampf, der einem anderweitigen Dampfentwickler entnommen ist, durch Einwirkung von Feuer besonders erhitzt wird;

3. auf Kochkessel, in welchen Dampf aus Wasser durch Einwirkung von Feuer erzeugt wird, wofern dieselben mit der Atmosphäre durch ein unverschließbares, in den Wasserraum hinabreichendes Standrohr von nicht über 5 m Höhe und mindestens 8 cm Weite oder durch eine andere von der Zentralbehörde des Bundesstaates genehmigte Sicherheitsvorrichtung verbunden sind.

§ 23. In bezug auf die Kessel in Eisenbahnlokomotiven bleiben die Bestimmungen des Bahnpolizeireglements für die Eisenbahnen Deutschlands in der Fassung vom 30. November 1885 und der Bahnordnung für deutsche Eisenbahnen untergeordneter Bedeutung vom 12. Juni 1878 in Geltung.

§ 24. Die Bekanntmachung, betreffend allgemeine polizeiliche Bestimmungen über die Anlegung von Dampfkesseln, vom 29. Mai 1871 und die diese Bekanntmachung abändernden Bekanntmachungen vom 18. Juni 1883 und vom 27. Juli 1889 werden aufgehoben.

Zwischen den Regierungen der deutschen Einzelstaaten ist unter dem 3. Juli 1890 eine Vereinbarung über Genehmigung, Prüfung und Revision von Dampfkesseln getroffen worden, die in erster Linie nachstehende Punkte aufführt:

1. Dampfkessel im allgemeinen.

1. Dampfkessel aus dem Auslande müssen der Druckprobe nach den Vorschriften im § 11 der allgemeinen polizeilichen Bestimmungen vom 5. August 1890 im Inlande unterworfen werden.

Dampfkessel, welche in einem Bundesstaate am Verfertigungsort von einem hiermit beauftragten Beamten oder staatlich ermächtigten Sachverständigen nach §§ 11 und 13 der allgemeinen polizeilichen Bestimmungen vom 5. August 1890 oder nach Vornahme einer Ausbesserung in Gemäßheit des § 12 geprüft und den Vorschriften unter § 11 Abs. 4 entsprechend abgestempelt worden sind, unterliegen, sobald sie im ganzen nach ihrem Aufstellungsorte transportiert werden, auch wenn dieser in einem anderen Bundesstaate gelegen ist, einer weiteren Wasserdruckprobe vor ihrer Einmauerung bzw. vor ihrer Wiederinbetriebsetzung nur dann, wenn sie durch den Transport oder aus anderer Veranlassung Beschädigungen erlitten haben, welche die Wiederholung der Probe geboten erscheinen lassen.

2. Bewegliche Kessel.
(Lokomobilen, §§ 16ff. der allgemeinen polizeilichen Bestimmungen
vom 5. August 1890.)

2. Bewegliche Kessel, deren Inbetriebnahme in einem Bundesstaate auf Grund des § 24 der Gewerbeordnung und der allgemeinen polizeilichen Bestimmungen genehmigt worden ist, können in allen anderen Bundesstaaten ohne nochmalige vorgängige Genehmigung in Betrieb gesetzt werden, sofern seit ihrer letzten Untersuchung nicht mehr als ein Jahr verflossen ist.

Hinsichtlich der örtlichen Aufstellung und des Betriebes kommen die polizeilichen Vorschriften desjenigen Bundesstaates zur Anwendung, in welchem der Kessel benutzt wird.

3. Die Genehmigung kann für mehrere bewegliche Kessel von übereinstimmender Bauart, Ausrüstung und Größe, welche in einer Fabrik im Laufe eines Kalenderjahres hergestellt werden, gemeinsam im voraus beantragt und durch eine Urkunde erteilt werden.

Für jeden auf Grund dieser Genehmigungsurkunde hergestellten beweglichen Kessel ist eine mit der Fabriknummer zu versehende beglaubigte Abschrift der Genehmigungsurkunde und ihrer Zubehörungen anzufertigen. Dieselbe gilt als Genehmigungsurkunde für den Kessel, dessen Fabriknummer sie trägt.

Die Beglaubigung der Abschrift kann durch den Beamten oder staatlich ermächtigten Sachverständigen, welcher die im § 11 der allgemeinen polizeilichen Bestimmungen vorgesehene Untersuchung vornimmt, geschehen.

4. Bevor ein beweglicher Kessel im Bezirk einer Ortspolizeibehörde in Betrieb genommen wird, ist der letzteren von dem Betriebsunternehmer oder dessen Stellvertreter unter Angabe der Stelle, an welcher der Betrieb stattfinden soll, Anzeige zu erstatten.

5. Jeder bewegliche Kessel ist mindestens alljährlich einer äußeren Revision und alle drei Jahre einer inneren Revision oder Wasserdruckprobe zu unterwerfen. Die innere Revision kann der Revisor nach seinem Ermessen durch eine Wasserdruckprobe ergänzen. Die äußere Revision kommt jedoch in demjenigen Jahre in Fortfall, in welchem eine innere Revision oder Wasserdruckprobe vorgenommen wird.

Die Wasserdruckprobe erfolgt bei Kesseln, welche für eine Dampfspannung von nicht mehr als 10 Atm. Überdruck bestimmt sind, mit dem anderthalbfachen Betrage des genehmigten Überdruckes, bei allen übrigen Kesseln mit einem Drucke, welcher den genehmigten Überdruck um 5 Atm. übersteigt. Bei der Probe ist, soweit dies von dem Revisor verlangt wird, die Ummantelung des Kessels zu beseitigen.

6. Der Betriebsunternehmer oder dessen Vertreter hat dem zuständigen Revisor zu der Zeit, zu welcher die innere Revision oder Wasserdruckprobe auszuführen ist, davon Anzeige zu erstatten, wann und wo der Kessel bereit steht.

7. Die nach Maßgabe des § 24 Abs. 3 der Gew.O. von einem hierzu ermächtigten Beamten oder Sachverständigen eines Bundesstaates ausgestellten Bescheinigungen, die Bescheinigungen über die in Gemäßheit des § 12 der allgemeinen polizeilichen Bestimmungen vom 5. August 1890 vorgenommenen Wasserdruckproben und die Bescheinigung über die Vornahme periodischer Untersuchungen werden in allen anderen Bundesstaaten anerkannt.

Der Teil 3 handelt von Dampfschiffskesseln.

Die wichtigsten Punkte der Dampfkesselvorschriften sind die folgenden:

A. Für Bau und Betrieb. Bei jeder Kesselanlage ist eine Dienstvorschrift für Kesselwärter an einer in die Augen fallenden Stelle in Plakatform anzubringen und in lesbarem Zustande zu erhalten. Ist eine solche von den zuständigen Behörden nicht erlassen, dann sind die von der Berufsgenossenschaft herrührenden Vorschriften für Arbeitnehmer als Dienstvorschriften zum Aushang zu bringen.

Bei beweglichen Kesseln ist die Dienstvorschrift dem Revisionsbuche anzuheften.

Jede absichtliche Überschreitung des erlaubten höchsten Dampfdrucks, insbesondere jede eigenmächtige Überlastung des Sicherheitsventils ist zu verbieten.

Es ist Sorge zu tragen, daß, sofern die Wasserstandsgläser mit Schutzhülsen versehen sind, diese die Beobachtungen des Wasserstandes nicht wesentlich beeinträchtigen.

Das Manometer des Kessels und der Wasserstandsanzeiger müssen vom Heizerstand aus kontrollierbar sein.

Die Abblasevorrichtungen sind so einzurichten, daß ein Verbrühen von Personen beim Abblasen ausgeschlossen ist.

Das Betreten des Kesselraumes und der Aufenthalt in demselben ist Unbefugten zu verbieten.

Es ist Sorge zu tragen, daß aus der unmittelbaren Umgebung des Kessels alles ferngehalten wird, wodurch der Zugang zu demselben, insbesondere aber zu den Sicherheitsapparaten, erschwert werden kann.

Für ausreichende Beleuchtung der Kesselanlage bzw. in erster Linie der Wasserstandsanzeiger und Manometer, ist Sorge zu tragen.

Die sorgfältige Reinigung des Kessels ist in angemessenen Zwischenräumen zu veranlassen. Der zu befahrende Kessel ist von den gemeinsamen Ablaß-, Dampf- und Speiseleitungen in geeigneter Weise abzuschließen. Ebenso sind die gemeinsamen Feuereinrichtungen sicher abzusperren.

Die im Verkehrsbereiche liegenden Dampf- und Heißwasserleitungen sind zur Verhütung von Verbrennungen zweckentsprechend zu verkleiden.

B. Für die Bedienungsleute. Die Kesselanlage ist stets rein und in Ordnung zu halten.

Der Kesselwärter darf Unbefugten das Betreten des Kesselraumes und den Aufenthalt in demselben nicht gestatten.

Der Kesselwärter darf während des Betriebes seinen Posten, solange nicht für Ablösung gesorgt ist, nicht verlassen und ist für die Wartung des Kessels verantwortlich.

Der Kesselwärter muß während des Betriebes den Ausgang stets frei und unverschlossen halten.

Der Kesselwärter hat bei eintretender Dunkelheit für die Beleuchtung der Kesselanlage, insbesondere der Wasserstandsanzeiger und Manometer, Sorge zu tragen.

Der Kesselwärter hat sich vor dem Füllen des Kessels von dem ordnungsmäßigen Zustande desselben sowie sämtlicher Armaturen zu überzeugen.

Das Anheizen darf erst erfolgen, nachdem der Kessel genügend mit Wasser gefüllt ist.

Während des Anheizens soll das Dampfventil geschlossen, das Sicherheitsventil dagegen so lange geöffnet bleiben, bis Dampf entweicht.

Das Nachziehen der Dichtungen hat während des Anheizens zu erfolgen.

Dampfabsperrventile sind langsam zu öffnen und zu schließen.

Der Kesselwärter darf den Wasserstand nicht unter die Marke des niedrigsten Standes sinken lassen; geschieht dies dennoch, so ist die Einwirkung des Feuers aufzuheben und dem Vorgesetzten Mitteilung zu machen.

Die Wasserstandsanzeiger sind unter Benutzung sämtlicher Hähne und Ventile täglich wiederholt zu prüfen. Sind zwei Wasserstandsgläser vorhanden, dann sind beide dauernd zu benutzen.

Sämtliche Speisevorrichtungen sind täglich zu benutzen und stets in brauchbarem Zustande zu halten.

Das Manometer ist zeitweise daraufhin zu prüfen, ob der Zeiger bei Absperrung des Druckes auf Null zurückgeht.

Der Dampfdruck soll die festgesetzte höchste Spannung nicht überschreiten.

Die Sicherheitsventile sind täglich durch vorsichtiges Anheben zu lüften. Jede Vergrößerung der Belastung der Sicherheitsventile ist verboten.

Kurz vor oder während der Stillstandspausen ist der Kessel über den normalen Wasserstand zu speisen und der Zug zu vermindern.

Beim Schichtwechsel darf der abtretende Wärter sich erst dann entfernen, wenn der antretende Wärter den Kesselbetrieb übernommen hat.

Steigt der Dampfdruck über die zulässige Spannung, so ist der Kessel zu speisen und der Zug zu vermindern. Genügt dies nicht, dann ist die Einwirkung des Feuers aufzuheben.

Gegen Ende der Arbeitszeit hat der Wärter den Dampf tunlichst aufzubrauchen, das Feuer allmählich zu mäßigen und eingehen zu lassen, bzw. vom Kessel abzusperren. Außerdem muß der Rauchschieber geschlossen und der Kessel bis über den normalen Stand gespeist werden.

Bei außergewöhnlichen Erscheinungen, wie Undichtigkeiten, Beulen, Erglühen von Kesselteilen usw., ist die Einwirkung des Feuers sofort aufzuheben und dem Vorgesetzten unverzüglich Meldung zu machen.

Das vollständige Entleeren des Kessels darf erst vorgenommen werden, nachdem das Feuer entfernt und das Mauerwerk möglichst abgekühlt ist. Muß die Entleerung unter Dampfdruck erfolgen, so darf solches mit höchstens 1 Atm. Druck geschehen.

Das Einlassen von kaltem Wasser in den entleerten heißen Kessel ist verboten.

Der zu befahrende Kessel muß von anderen im Betriebe befindlichen Kesseln in sämtlichen Rohrverbindungen und Feuerungseinrichtungen sicher abgesperrt werden.

Beim Befahren des Kessels und der Feuerzüge ist die Benutzung von Petroleum und ähnlichen, bei höherer Temperatur leicht entzündlichen Beleuchtungsstoffen verboten.

Die „Berufsgenossenschaft der Chemischen Industrie"[1] hat am 1. Januar 1912 „Besondere Unfallverhütungsvorschriften für den Betrieb von Dampffässern und sonstigen Gefäßen unter Druck" erlassen (Nachtrag 1. Oktober 1914). Unter diese fallen u. a. Dampfkessel und -überhitzer, Wasservorwärmer, Heizkessel und -körper, Druckleitungsrohre, Transportgefäße für verflüssigte und verdichtete Gase, Trockendarren und Wärmplatten, Dampffässer oder Dampfmäntel, in denen der Überdruck 0,5 Atm. nicht übersteigt, alle Dampffässer unter 50 l Inhalt sowie solche, bei denen das Produkt aus dem Inhalt des Beschickungsraumes in Litern und der in ihm zu erzeugenden Betriebsspannung in Atmosphären weniger als 300 beträgt bzw. endlich sonstige Apparate, bei denen dieses Produkt 500 nicht übersteigt. Die §§ 2—18 betreffen Prüfungspflicht, Bau und Ausrüstung, Anlegung und Inbetriebsetzung, Betrieb und technische Untersuchung, Vorschriften für Arbeitnehmer sowie Ausführungs- und Strafbestimmungen (für Genossenschaftsmitglieder bis zu 1000 $\mathscr{RM}$ Geldstrafe); s. a. unten.

Kraftmaschinen.

Dampfmaschinen.

In den Dampfmaschinen wird die Kraft des gespannten Dampfes in Arbeit und Bewegung umgesetzt. Bei allen Arten von Dampfmaschinen (ortsfest oder beweglich, liegend oder stehend) bestimmt sich die Leistung nach dem Dampfverbrauch (relative Arbeitsleistung). Außer dieser interessiert die meist in Pferdestärken angegebene effektive Arbeitsleistung. Der Dampfverbrauch bei kleinen Dampfmaschinen ist relativ beträchtlicher als bei großen.

Die Konstruktion der gewöhnlichen Zylinderdampfmaschine wird in ihren Hauptzügen als bekannt vorausgesetzt. Es sollen deshalb nur die Punkte erörtert werden, deren Kenntnis (zwecks Bewertung und Kontrolle von Leistung, Betriebskosten und -führung) unbedingt nötig ist[2].

---

[1] Vgl. „Die Unfallverhütungsvorschriften der Berufsgenossenschaft der chemischen Industrie". Berlin 1916 (Neudruck 1925).

[2] Vgl. allgemein v. Jhering: Maschinenkunde für Chemiker, Leipzig 1906, sowie die betreffenden Kapitel in Ullmanns Enzyklopädie der technischen Chemie.

Teile der Dampfmaschinen: 1. Zylinder mit Steuerungsmechanismus; dieser letztere bewirkt durch rechtzeitiges Öffnen und Schließen der Verbindungen (Dampfabschlußorgane: Schieber, Hähne, Ventile) die Füllung und Leerung des Zylinders (Kolbenbewegung); 2. die zwangläufige Vereinigung des Kolbens mit Kurbel und Schwungradwelle durch Kolbenstange, Kreuzkopf und Pleuelstange (Umformung der geradlinigen Bewegung des Kolbens in die drehende des Schwungrades und Ausgleich der Unregelmäßigkeiten in der Umdrehungsgeschwindigkeit); 3. der von dieser abhängige Regulator zur selbsttätigen Aufrechterhaltung gleichmäßiger Schwungradbewegung (Änderung der Dampffüllung bei wechselnder Belastung).

Arten von Dampfmaschinen. Je nach horizontaler oder vertikaler Stellung des Zylinders teilt man sie in liegende und stehende Maschinen ein. Zu letzteren zählt man auch die kleineren, leicht an Gebäudemauern anzubringenden Wanddampfmaschinen. Sind mehrere gleichwirkende Zylinder vorhanden, von denen jeder seinen Dampf für sich aus dem Kessel erhält, dann nennt man die Dampfmaschinen Zwillings- bzw. Drillingsmaschinen. Geht der Dampf nacheinander durch mehrere Zylinder (stufenweise Expansion) dann entstehen Zweifach- oder Dreifachexpansionsmaschinen (Verbund- oder Compoundmaschinen u. dgl.). Im Gegensatz zu den Expansionsmaschinen, bei denen die Zufuhr des Kesseldampfes vorzeitig abgesperrt wird und der Kolben sich durch Expansion vorwärts bewegt, wird bei den wenig verwandten Volldruckmaschinen der Kolben bis an das Ende des Hubes vom zuströmenden Kesseldampf selbst angetrieben. Je nachdem der Dampf durch Kühlung kondensiert wird oder nicht, redet man von Kondensations- oder Auspuffmaschinen. Nach der Art der Steuerung unterscheidet man Schieber-, Ventil-, Hahnsteuerungen bzw. -maschinen.

Die Bezeichnungen Transmissionsdampfmaschinen, Werkzeugmaschinen usw. beziehen sich auf die zu leistenden Arbeiten.

Ortsfeste Dampfmaschinen ruhen auf festem, gemauertem Fundament und sind nur durch das Dampfrohr mit dem fest eingemauerten Kessel verbunden. Die Lokomobilen sind bewegliche Motoren, bei denen Dampfkessel und Maschine baulich ein Ganzes bilden. Diese Vereinigung gibt die Möglichkeit zu bequemer Ortsveränderung und bedingt Brennstoffersparnis bzw. geringeren Raumbedarf. Die Lokomobilen tragen diesen Namen, weil sie früher stets fahrbar (Rädergestell) waren. Heute baut man auch ortsfeste Lokomobilen, für die dann nur die enge Verbindung von Kessel und Maschine charakteristisch ist.

Welcher Dampfmaschinentyp sich als Kraftquelle für einen chemischen Fabrikbetrieb eignet, kann nicht ohne weiteres angegeben werden. In jedem Falle ist es wünschenswert, daß die Maschine gut gebaut und nicht zu kompliziert ist (Reparaturen!). Außerdem muß sie meist ziemlich wechselnde Beanspruchung vertragen können. Abgesehen von bestimmten Sonderzwecken dürfte die für kleine und mittlere Betriebe übliche Maschine also eine ortsfeste Transmissionsdampfmaschine mit Expansion sein.

Expansion (die beste Ausnutzungsform des Dampfes) wird unter allen Umständen zu wählen sein. Die Verwertung des Maschinenabdampfes zur Heizung, zur Vorwärmung des Kesselspeisewassers, zum Betrieb von Lösegefäßen usw. gestaltet sich meist wirtschaftlicher, als die Kondensation. Bei einem Kraftbedarf unter 2 PS sind Gas- oder Elektromotoren vorzuziehen. Für nicht ständig in Betrieb befindliche Anlagen ist eine billigere Maschine geeigneter, weil sich dort die an sich bessere Dampfausnutzung einer teueren Maschine weniger bezahlt machen würde.

Leistung und Dampfverbrauch einer Dampfmaschine. Zwecks überschläglicher Berechnung sei auf folgendes Zahlenbeispiel verwiesen (Volldruckdampfmaschine).

Bei einem Zylinderdurchmesser von 20 cm und 50 cm Kolbenhub (gegenseitige Entfernung der Umkehrpunkte des Kolbens im Zylinder), soll der Dampf mit einem Überdruck von 5 Atm. in den Zylinder eintreten und das Schwungrad 120 Umdrehungen machen (mithin der Kolben 120 Doppelhube in der Minute). Der Druck von 5 Atm. beträgt je 1 cm² 5 kg, ist also für die Kolbenfläche $5\pi r^2 = 5 \cdot 3{,}14 \cdot 10^2$ = 1570 kg. Die Arbeit, welche der Dampf beim Vorwärtsschieben des Kolbens um 50 cm, d. h. bei jedem einfachen Hub, leistet, ist gleich 1570 · 0,5 kgm bzw. bei jedem Doppelhub gleich 1570 kgm. In der Minute macht die Welle 120 Umdrehungen, in der Sekunde also 2 Umdrehungen = 2 Doppelhube; folglich ist die Leistung der Maschine 2 · 1570 = 3140 kgm/s oder, da 75 kgm/s eine Pferdekraft sind, $\frac{3140}{75}$ = rund 42 PS.

Für die Berechnung der theoretischen Leistungen einer Einzylinderdampfmaschine (die gebremste Pferdekraft ist um etwa 20 % niedriger) kann demnach die Überschlagsformel:

$$n = \frac{Q(d-g)M}{60 \cdot 75}$$

aufgestellt werden, in der Q den Querschnitt des Dampfzylinders in cm², d die mittlere Dampfspannung, g den Gegendruck je 1 cm² und M die Kolbengeschwindigkeit je 1 Minute bedeutet.

Die 42 PS unseres Beispiels sind die **indizierte Stärke** der Maschine. Von dieser gehen annähernd $^1/_5$ durch Reibung in der Maschine verloren, so daß der Welle gegen 33 PS entnommen werden können (**effektive Stärke** oder **Nutzleistung** der Maschine) $\left(\frac{\text{Indizierte Leistung}}{\text{Nutzleistung}} = \text{Widerstandsquotient}\right)$.

Daraus folgt, daß eine Dampfmaschine verhältnismäßig um so billiger arbeitet, je stärker sie belastet ist (der immer gleichbleibende innere Kraftverbrauch wird dann relativ geringer).

Zur Berechnung des **Dampf-** und **Wärmeverbrauchs** der 33pferdigen Maschine ist zunächst das Gewicht des Dampfes einer Zylinderfüllung und sein Wärmeinhalt zu ermitteln.

Der für einen Kolbenhub (eine Zylinderfüllung) notwendige Raum ist nach obigem $\pi r^2 l = 3{,}14 \cdot 1^2 \cdot 5 = 15{,}7$ l; das spez. Gew. von Dampf mit 6 Atm. Spannung ist 0,00326, demnach ist das Gewicht des Dampfes für einen Kolbenhub 0,0512 kg. Da die 33pferdige Maschine in der Minute 240, in der Stunde also 14400 Hube macht, wird sie je Stunde und Pferdekraft

$$\frac{14400 \cdot 0,0512}{33} = 22,3 \text{ kg Dampf}$$

verbrauchen.

0,0512 kg Dampf entsprechen (Formel s. o.) 0,0512 (606,5 + 0,305 · 158) = 33,6 kcal und die Arbeit des Kolbenhubes ist = 1570 · 0,5 = 785 kgm, demnach leisten 33,6 kcal 785 kgm oder 1 kcal ist gleich 23,4 kgm. Nun entspricht aber tatsächlich 1 WE = 426,9 kgm, mithin leistet die Maschine nur 5,48% der theoretischen Arbeit.

Davon ist noch der Dampfverlust abzuziehen, als dessen Hauptursachen der durchschnittlich $1/20$ der Zylinderfüllung betragende schädliche Raum sowie die Kondensation des Dampfes an den Zylinderwänden gelten können. Es ergibt sich daraus die Notwendigkeit, den Zylinder entweder mit einem Dampfmantel oder einem Isolierschutz zu umgeben. Die Undichtigkeiten des Kolbens und der Steuerung können bei sorgfältiger Ausführung der Maschinen fast auf 0 sinken.

Wenn schließlich noch berücksichtigt wird, daß durchschnittlich nur 75% des Brennstoffs nutzbar gemacht werden, verringert sich die Leistung abermals (um einige Bruchteile von Prozenten).

Die oben durchgeführten Berechnungen gelten für Auspuffmaschinen ohne Kondensation und Expansion.

Durch Kondensation des aus der Maschine austretenden Dampfes kann vor dem Kolben ein Vakuum erzeugt und der sonst infolge des Gegendrucks der atmosphärischen Luft verlorengehende Dampf nutzbar gemacht werden. Bei obigem Beispiel würde die Erhöhung der Arbeitsleistung $1/6$ betragen (vermindert um die Arbeit, welche die Wasserpumpe zu leisten hat). Da also durch Kondensation die Leistung stets im Verhältnis von etwa 1 Atm. erhöht wird, fällt sie bei hohen Spannungen weniger ins Gewicht, als bei niedrigen. Kondensation bedeutet mithin an und für sich eine Ersparnis. Ob eine solche auch in der Praxis eintreten wird, kann nur eine Berechnung lehren (Pumpenanlage, Amortisation, Kühlwasser usw. berücksichtigen).

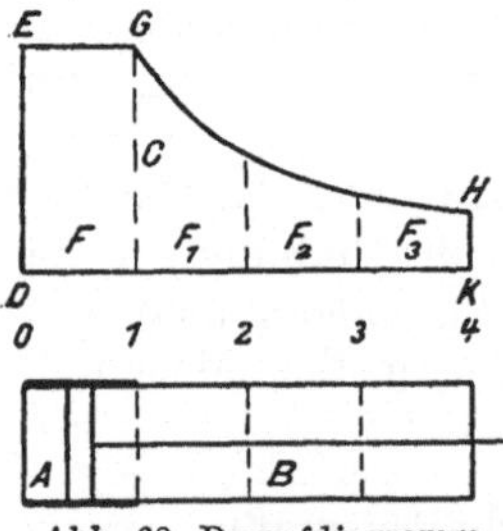

Abb. 60. Dampfdiagramm.

Auch die Expansionskraft des Dampfes von 6 Atm. kann zwecks weiterer Ersparnis noch nutzbar gemacht werden. Das Diagramm Abb. 60 stellt eine 4fache Expansion dar. Die Abmessungen und Größen entsprechen dem bisherigen Beispiel. A ist der Zylinder und B seine 3fache, vollkommen luftleer gedachte Verlängerung. Der Kolben wird durch den Druck 6 · 314 = 1884 kg von (0) nach (1) geschoben. Diesen Volldruck zeigt Linie C. Wird nun die Dampfzufuhr unterbrochen, so daß der in A vorhandene Dampf nur die seiner Tension entsprechende Druckkraft besitzt, dann kann dadurch noch eine bestimmte Arbeit geleistet werden. Der Kolben wird nämlich in die Verlängerung des Zylinders hineingedrückt; ist er bei (2) angekommen, dann ist der Druck nach dem Mariotteschen Gesetz nur noch halb so groß $= \frac{C}{2}$ und in (3) wird er nur noch $= \frac{C}{3}$, in (4) $= \frac{C}{4}$ usw. sein. Die Fläche F stellt also die Volldruckarbeit und die Summe der Flächen F_1, F_2, F_3 die Expansionsarbeit ΣF der Maschine dar.

Das Größenverhältnis beider $\frac{F}{\Sigma F}$ kann daraus berechnet werden; es entspricht (bei vollkommener Kondensation) folgenden Werten:

Expansion		Füllung		Füllungsgrad $\frac{F}{\Sigma F}$	
1 fach	oder	$^1/_1$ [1]) oder	1		$= 1 : 0$
2 ,,	,,	$^1/_2$	,,	0,5	$= 1 : 0,693$
3 ,,	,,	$^1/_3$	,,	0,33	$= 1 : 1,099$
4 ,,	,,	$^1/_4$	,,	0,25	$= 1 : 1,386$
5 ,,	,,	$^1/_5$	,,	0,20	$= 1 : 1,609$
6 ,,	,,	$^1/_6$	,,	0,166	$= 1 : 1,792$
7 ,,	,,	$^1/_7$	,,	0,143	$= 1 : 1,946$
8 ,,	,,	$^1/_8$	,,	0,125	$= 1 : 2,079$
9 ,,	,,	$^1/_9$	,,	0,111	$= 1 : 2,197$
10 ,,	,,	$^1/_{10}$	,,	0,100	$= 1 : 2,303$

Die ganze vom Dampf geleistete Arbeit wäre also bei 4facher Expansion und Kondensation $(1 + 1,386) = 2,386$ mal so groß wie die Arbeit, die eine gleiche Dampfmenge in einer Volldruckmaschine leisten würde.

Betrachten wir obiges Beispiel unter der Voraussetzung, daß die Maschine mit 4facher Expansion und Kondensation arbeitet, dann zeigt sich, daß infolge der Kondensation (absolutes Vakuum angenommen) der Dampf mit 1 Atm. Überdruck (also mit insgesamt 6 Atm.) mehr zur Wirkung gelangen kann. Die Dampfmenge ist dagegen nur ein Viertel der im ersten Beispiel angenommenen. Der Druck auf die Kolbenfläche ist also

$$6 \pi r^2 = 6 \cdot 3{,}14 \cdot 10^2 = 1884 \text{ kg}.$$

Dieser Druck bleibt auf einem Kolbenweg von 12,5 cm bestehen. Die später bis zum Schluß des Hubes geleistete Arbeit ist 1,386 mal größer als die Volldruckarbeit, d. h. die Gesamtarbeit bei einem Hube ist

$$1884 \cdot 0{,}125 \cdot 2{,}386 = 561{,}9 \text{ kgm}.$$

Die Geschwindigkeit des Kolbens (und damit die Hubzahl) ist bei Viertelfüllung natürlich in Anbetracht des geringeren Durchschnittsdruckes kleiner als bei Volldruck. Der einer Viertelfüllung entsprechende Durchschnittsdruck, der Expansionskoeffizient, ist $\frac{2{,}386}{4} = \approx 0{,}6$. Da der Dampf aber mit 6 statt mit 5 Atm. Überdruck arbeitet, erhöht sich

---

[1]) Der Dampfeintritt hört auf, nachdem der Kolben $^1/_1$, $^1/_2$ usw. seines Weges zurückgelegt hat.

dieser Koeffizient auf $\approx 0,7$. Demnach ist die Zahl der Hube $4 \cdot 07$ $= 2,8$, und die Maschine leistet:

$$2,8 \cdot 561,9 = 1573,3 \text{ kgm} = \text{rund } 21 \text{ PS}.$$

Diese 21 indizierten Pferdekräfte werden aber nur mit dem vierten Teil des Dampfes erzeugt, den die Volldruckmaschine (s. o.) für ihre 42 indizierten Pferdekräfte verbraucht. Der durch die Expansion erzielte Wirkungsgrad ist daher $21,4 : 42 = 2$mal so groß.

Bei 21 indizierten Pferdestärken ist die Nutzleistung etwa 16 PS und der Dampfverbrauch je Hub $\dfrac{0,0512}{4} = 0,0128$ kg. In gleicher Weise, wie oben, läßt sich berechnen, daß für die 0,0128 kg Dampf je Hub 8,4 WE verbraucht werden. Die geleistete Arbeit ist 561,9 kgm, also entsprechen einer WE 66,9 kgm $= 15,67\%$ der Theorie (davon ist der erwähnte unvermeidliche Dampfverlust abzuziehen).

Der für die PS-Stunde (PSh) verbrauchte Dampf ergibt sich aus der Anzahl der Hube und ist $\dfrac{0,7 \cdot 0,0128 \cdot 14\,400}{16} = 8,06$ kg.

Da die Kondensation niemals eine vollständige ist und auch der für den Betrieb der Pumpe erforderliche Dampf zu berücksichtigen bleibt, stellt sich der Bruttodampfverbrauch bei einer 16pferdigen Maschine mit 4facher Expansion je Stunde auf etwa 20 kg.

Wenn die Expansion ohne Kondensation arbeitet, leistet sie wesentlich weniger. In Abb. 61 bedeutet nämlich die rechts von der punktierten Linie gelegene Fläche die durch Überwindung des atmosphärischen Gegendruckes verlorene Arbeit; das Verhältnis wird mit zunehmender Expansion ungünstiger.

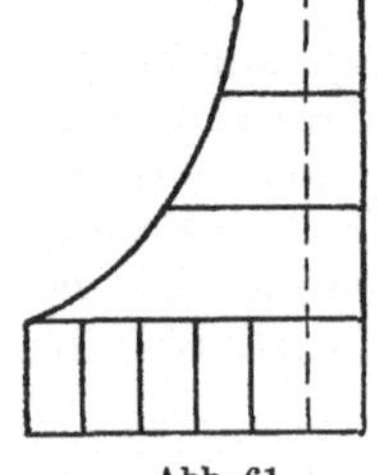
Abb. 61.
Dampfdiagramm.

Der relative Dampfverbrauch der Maschine sinkt mit der steigenden Zahl der Pferdestärken. Für eine 10pferdige Expansionsmaschine ohne Kondensation kann man 20—25 kg Dampf je gebremste Pferdestärke rechnen, für 2—5pferdige Maschinen dagegen etwa 30 kg. Kondensationsmaschinen brauchen das 25- bis 30fache des Dampfgewichtes an Kühlwasser (Dampfersparnis 20—35%). Einzylinderkondensationsmaschinen von über 50 PS kommen auf 10 kg und stark expandierende Auspuffmaschinen auf 12—16 kg Dampfverbrauch je PS.

Mit überhitztem Dampf (besondere Zylinder) erzielt man beträchtliche Dampfersparnis. Liefert z. B. der Überhitzer 300⁰ heißen Dampf, dann läßt er dadurch den Dampfverbrauch bis zu 20% (gegenüber gesättigtem Dampf) sinken.

Bestimmung des Verbrauchs an Maschinendampf in der Praxis. Für kleinere Auspuffmaschinen kann der Dampfverbrauch ohne theoretische Berechnung (niemals genaue Resultate) ermittelt werden, indem der abgehende Maschinendampf während einer gewissen Arbeitszeit mittels eines Kühlers oder durch Einleiten in eine bestimmte Menge von kaltem Wasser kondensiert und dann gewogen wird. Bei größeren Dampfmaschinen muß die während der Versuchszeit im Kessel verdampfte Wassermenge bestimmt werden. Bei diesen Versuchen wird natürlich das schon vor Eintritt in die Maschine in der Dampfleitung kondensierte Wasser mitgemessen (nicht eigentlicher Maschinenverbrauch, aber doch die Unkosten erhöhend). Der unter Umständen von der Speisepumpe verbrauchte Dampf ist dagegen, wenn er aus demselben Kessel stammt, in Abzug zu bringen. Während des Versuchs müssen sich Maschine und Kessel bei möglichst gleichmäßiger Belastung dauernd im Beharrungszustande befinden.

Der Bestimmung des mitgerissenen Wassers dienen verschiedene Methoden und Apparate; erwähnt sei nur das sehr sichere Resultate liefernde, chemische Verfahren. In den Kessel bringt man z. B. eine gewisse Menge Natriumsulfat und entnimmt während der Verdampfung aus der Dampfleitung und dem Kesselinnern (Wasserstandshahn) Proben des Kondensats. Die Bestimmung der Schwefelsäuregehalte gestattet dann einen direkten Schluß auf die Menge des mitgerissenen Wassers.

Der Indikator. Die bisherigen Berechnungen von Leistung und Dampfverbrauch setzen voraus, daß Anlage und Bauart der einzelnen Maschinenteile richtig sind, daß also die Maschine an sich einwandfrei arbeitet. Ob diese Voraussetzung zutrifft, kann mit Hilfe des Indikatordiagrammes ermittelt werden.

Der Indikator ist ein mit dem Dampfzylinder in Verbindung stehendes Manometer, das die jeweilige Dampfspannung im Laufe einer Kolbenbewegung graphisch (in vertikaler Richtung) auf einer Fläche aufzeichnet, die gleichzeitig im Sinne der Kolbenbewegung horizontal verschoben wird. Unter dem Einfluß dieser zwei Bewegungsrichtungen wird, sobald die wirklichen Spannungsverhältnisse den theoretischen entsprechen, ein der Abb. 60 ziemlich ähnliches Kurvenbild $DEGHKD$ entstehen, welches man Indikatordiagramm nennt. Die auf den beiden Zylinderseiten aufgenommenen Diagramme sind Spiegelbilder.

Die Abszissen der Diagramme entsprechen den verschiedenen Kolbenstellungen, die Ordinaten den jeweilig herrschenden Drucken. Sehr empfehlenswert sind diejenigen Indikatoren, bei denen als Ordinaten die Differenzen der auf beiden Seiten des Kolbens herrschenden Drucke (d. h. die tatsächlich wirksamen Überdrucke) verzeichnet werden. Der Vergleich des bei normaler Belastung der

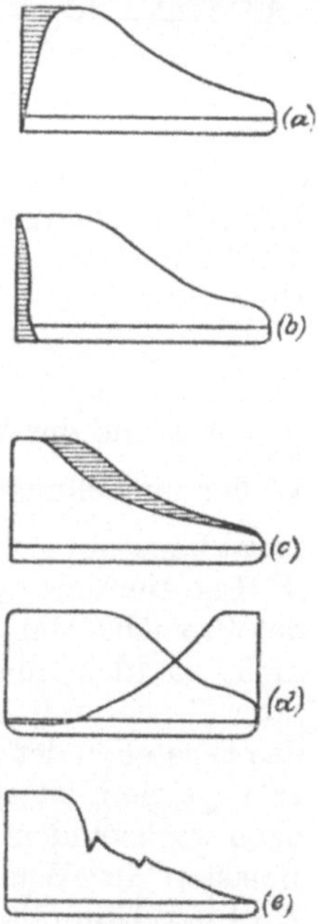

Abb. 62.
Indikatordiagramme.

Maschine aufgezeichneten Bildes mit dem theoretischen zeigt die inneren Vorgänge im Zylinder und in der Steuerung.

In einigen fehlerhaften Diagrammen (Abb. 62) lassen die schraffierten Flächen ohne weiteres den Arbeitsverlust erkennen, und zwar erfolgt bei (a) der Dampfeintritt zu langsam, bei (b) zu zeitig, bei (c) strömt Dampf durch den undichten Schieber während der Expansion nach, bei (d) füllen sich beide Zylinderseiten verschieden stark (unregelmäßiger Gang, zu hoher Dampfverbrauch) und bei (e) arbeitet der Indikatorapparat fehlerhaft (Festklemmen des mit dem Stift verbundenen Indikatorkolbens).

Mit Hilfe solcher Indikatordiagramme läßt sich die „indizierte" Leistung einer Maschine genau bestimmen.

Das Bremsdynamometer. Zur sicheren Ermittlung der effektiven oder nutzbaren Leistung der Maschine an irgendeinem Teile der Welle dient das Bremsdynamometer, das die „gebremste Pferdestärke" einer Maschine feststellt.

Das häufig gebrauchte Pronysche Bremsdynamometer, auch Pronyscher Zaum genannt (Abb. 63) besteht aus zwei Bremsbacken a,

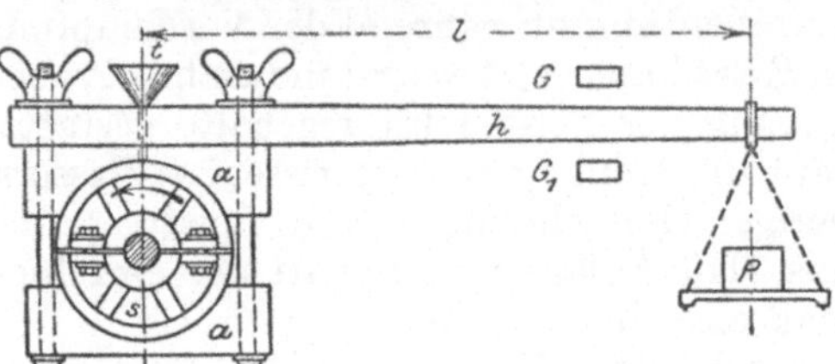

Abb. 63. Bremsdynamometer nach Prony.

welche die Scheibe s einer Welle umfassen. Die obere Bremsbacke hat als Verlängerung einen Hebel h, an dessen Ende eine Waageschale zur Aufnahme der Last P hängt. Werden nun die Bremsbacken mit Hilfe der Flügelschrauben so gegen die Scheibe gepreßt, daß der Hebel nicht mit herumgeschleudert wird, sondern bei entsprechender Belastung der Waageschale horizontal schwebt, dann wird die Reibung der Bremse der Arbeit der Maschine an dieser Stelle entsprechen. Die Reibungsarbeit A ist dann, in Pferdekräften und Sekunden ausgedrückt:

$$A = \frac{\pi \cdot l}{75 \cdot 30} P \cdot n,$$

($l =$ Abstand der Waageschale vom Wellenmittelpunkt; $n =$ Anzahl der Wellenumdrehungen in der Minute). Da nun der Bruch $\frac{\pi \cdot l}{75 \cdot 30}$ für jeden Apparat konstant ist, hat man diesen Wert nur mit P und n zu multiplizieren.

Bei Ausführung des Versuches ist darauf zu achten, daß die Reibung der Bremsbacken auf der Scheibe nicht zu stark wird (letztere daher nicht zu klein machen). Zwecks Dämpfung der Reibungswärme läßt man (Trichter t) Seifenwasser auf die Scheibe fließen. Um den durch das Einstellen der Flügelschrauben bedingten Schwankungen des Hebels zu begegnen, ist eine Arretierungsvorrichtung $G G_1$ angebracht. Sobald nach wechselndem Anziehen und Lockern der Schrauben bzw. richtigem Belasten der Waageschale Gleichgewicht herrscht, bestimmt man die Zahl der Umdrehungen je Minute; der Versuch ist dann beendet.

Will man die von einer Arbeitsmaschine verbrauchten PS ermitteln, dann bremst man zuerst die leere Transmission und erniedrigt nun die Bremsbelastung nach Einschaltung der Arbeitsmaschine entsprechend. Die von der Arbeitsmaschine verbrauchten PS ergeben sich aus der Gewichtsverringerung.

Für Anschaffung einer neuen Maschine ist eine Reihe von Punkten zu berücksichtigen, die man am besten mit einem Ingenieur durchspricht.

Der Preis des Brennstoffes und damit der des Dampfes, die Art des Kühlwassers, die Betriebsdauer, der Gleichförmigkeitsgrad und die Geschwindigkeit sind zu berücksichtigen. Billiges, reines Kühlwasser spricht für Kondensation; teure Kohlen lassen die Expansion günstig erscheinen (für nicht ganz kleine Betriebe am besten).

Die erforderliche Maschinenstärke möglichst sicher festzustellen, ist bei Neuanlagen oft nicht einfach. Im allgemeinen ist die Ausführung am geeignetsten, deren Leistungsfähigkeit durch späteren Einbau eines zweiten Zylinders, eines weiteren Expansionszylinders oder einer Kondensationsanlage leicht erhöht werden kann (Maschine eher reichlich groß, als zu klein; doch nicht übertreiben, da sonst unwirtschaftlich).

Die Lage des Maschinenraums richtet sich nach dem Kesselhaus und der Transmission für die einzelnen Arbeitsmaschinen. Die Rohrverbindungen zwischen Kessel und Maschine dürfen nicht unnötig lang sein, aber auch die Entfernung bis zu den hauptsächlichen Arbeitsmaschinen darf nicht zu groß werden, denn jede umständliche Übertragung ist eine dauernde Verlustquelle.

Bei Kauf der Maschine sind im Liefervertrag (Scholl, Führer der Maschinisten) mindestens folgende Vereinbarungen zu treffen bzw. folgende Fragen zu berücksichtigen:

1. System der Maschine und Steuerung, Dampfdruck im Kessel;

2. Mittlere und höchste Arbeitsleistung (Bremsleistung);

3. Kolbendurchmesser, Hub und Umdrehungszahl je Minute;

4. Baustoffe für die verschiedenen Hauptteile;

5. Dampfverbrauch je effektive Pferdestärke; Garantien für Innehaltung dieser Zahlen; Angabe, wie der Dampf gemessen werden soll;

6. Ungleichförmigkeitsgrad;

7. Liefertermin (unter Umständen Vertragsstrafe);

8. Preis (sind Rohrleitungen, Schwungrad, Armaturen, Werkzeuge, Aufstellung und Transport o. dgl. eingeschlossen?; da sich die Größe des Schwungrades häufig nach der Art des Betriebes richtet, wird es oft besonders berechnet);

9. Garantiezeit (z. B. 6 Monate; während dieser Zeit hat der Lieferant alle durch ihn verschuldeten Fehler und Schäden, die sich herausstellen, auf seine Kosten zu beseitigen; für Zeitverluste und Betriebsstörungen wird er die Verantwortung ablehnen; für Monteure usw. Pflichten und Lohn genau festlegen);

10. Verfahren bei Unstimmigkeiten (meist werden als Schiedsrichter zwei Sachverständige und ein Obmann bezeichnet);

11. Fundamentzeichnung, die zu bestimmter Zeit geliefert sein muß (Zeichnung der Maschine wird nicht immer verlangt).

Eine liegende 1-Zylinderdampfmaschine mit Kondensation von 20 bis 60 PS kostete 1913/14 etwa 300 bis 200 ℳ je 1 PS Leistungsfähigkeit; heute beträgt ihr Preis um 500 ℛℳ.

Die jährlichen Betriebskosten einer 25pferdigen Auspuffmaschine setzen sich z. B. aus folgenden Einzelsummen zusammen (300 Arbeitstage zu nur 10 Betriebsstunden angenommen):

	1913/14	1929
1. Kohlenverbrauch. Stündlich je effektiver Pferdestärke 2 kg, jährlich $2 \cdot 25 \cdot 10 \cdot 300 = 150000$ kg; 1913/14 je 100 kg = 1,80 $\mathscr{M}$	2700 $\mathscr{M}$	4050 $\mathscr{RM}$
2. Verbrauch an Speisewasser. Das 6—7fache des Kohlenverbrauchs, rund 1000 m³; 1 m³ = 0,10 $\mathscr{M}$	100 ,,	100 ,,
3. Schmieröl, Putzwolle, Verpackungsmaterial u. a.	330 ,,	600 ,,
4. Feuerversicherung	200 ,,	350 ,,
5. Amortisation der Dampfmaschinenanlage mit rund 6 % von 12000 $\mathscr{M}$ (1913/14)	720 ,,	1440 ,,
6. Amortisation des 1913/14 auf 5000 $\mathscr{M}$ veranschlagten Maschinen- und Kesselhauses mit 2 %	100 ,,	250 ,,
7. Verzinsung des ganzen Anlagekapitals von (1913/14) 17000 $\mathscr{M}$ mit 5 %	850 ,,	3400 ,,
8. Lohn für Maschinisten und Heizer	2500 ,,	6000 ,,
	7500 $\mathscr{M}$	16190 $\mathscr{RM}$

Demnach kostete eine gebremste Pferdestärke ohne Reparaturen, Generalia, Steuern, Verwaltungskosten und dergl. 1913/14 jährlich $\frac{7500}{25} = 300\,\mathscr{M}$ und stündlich 0,10 $\mathscr{M}$; die für heutige Verhältnisse gültigen Preise dürften bei dieser ungünstigen Ausnutzung 647,60 $\mathscr{RM}$ je PS-Jahr bzw. rund 0,22 $\mathscr{RM}$ je Stunde betragen. Bei noch kleineren Maschinen hat man mindestens mit Zuschlägen von 15 bis 16 % , bei großen (Kondensation, überhitzter Dampf usw.) dagegen mit Preisen zu rechnen, die um 30 bis 50 % niedriger sind.

Die Wartung der Dampfmaschine (gleich der des Dampfkessels) darf nur zuverlässigen Maschinisten anvertraut werden (Gesundheit, Behendigkeit, Ausdauer, Zähigkeit, schnelle Auffassungsgabe, Reinlichkeitssinn, Ordnungsliebe usw.). Leute mit solchen Eigenschaften werden auch das notwendige Maß von Mut, Umsicht, Kaltblütigkeit und Gewandtheit besitzen, das stets erforderlich ist.

Wegen der Ausführung kleinerer Reparaturen ist es vorteilhaft, wenn der Maschinenwärter gelernter Schlosser oder Schmied ist und wenn er mit bei Montage der Maschine geholfen hat. Er hat so die beste Gelegenheit, sich über viele Einzelheiten und Kleinigkeiten zu unterrichten. Die geringsten Unregelmäßigkeiten und Fehler im Betrieb der Maschine sollen ihm sofort und auf den ersten Blick auffallen.

Ein Wärter, der seine Pflichten in dieser Weise erfüllt, muß in seiner Stellung entsprechend gestützt werden, weil sonst selbst die willigsten Leute unlustig und pflichtvergessen werden können. Er soll, wenn anders unliebsame Zwischenfälle vermieden werden sollen, zu den übrigen Arbeitern in gutem Verhältnis stehen. Außer seinen (bestimmt bezeichneten) Vorgesetzten (so wenig, wie möglich!) ist der Maschinist niemandem Rechenschaft schuldig, denn es ist undenkbar, daß er alle Wünsche befriedigen kann.

Dem Betriebsleiter ist zu empfehlen, Maschinen- und Kesselhaus täglich zu besuchen und sich persönlich vom guten Zustand aller Teile zu überzeugen. Auch sehe er darauf, daß die zu führenden Bücher wirklich in Ordnung sind und nicht Phantasiezahlen enthalten.

Dampfturbinen.

Die Dampfturbinen[1] ähneln im Prinzip den Wasserturbinen (s. u.), denen sie auch konstruktiv unter Berücksichtigung des Umstandes, daß der treibende Dampf im Gegensatz zu Wasser elastisch ist, nachgebildet sind. Vor den Kolbendampfmaschinen haben die Dampfturbinen billigeren Preis, geringeres Gewicht, geringeren Raumbedarf, einfachere Bedienung und höhere Betriebssicherheit voraus. Von 300 PS an aufwärts können sie, abgesehen von Sonderzwecken, wirtschaftlich mit den Dampfmaschinen in Wettbewerb treten. Ihre sehr hohe Umdrehungszahl zieht ihrer Verwendbarkeit bestimmte Grenzen (Dynamomaschinen o. dgl., Zentrifugalpumpenantrieb auch in kleinsten Modellen usw.). Die Hauptbetriebsmaschine einer kleinen oder mittleren chemischen Fabrik mit ihren mannigfachen Verwendungszwecken kann die Turbine schlecht ersetzen.

Auf die Besprechung der verschiedenen Arten der Dampfturbinen kann hier nicht näher eingegangen werden. Die Lavalturbine ist eine axiale Druckturbine mit wagerechter Achse. Sie macht 20000 und mehr Umdrehungen und wird in Größen von 5—300 PS gebaut. Die Parsonsturbine ist eine axiale Überdruckturbine mit liegender Welle; sie hat 20—60 Turbinenräder, die der Dampf wie bei den Expansionsmaschinen nacheinander in mehreren Laufrädergruppen und in fortschreitender Expansion durchströmt. Ihre Tourenzahl beträgt 3500 bis 700. Sie ist zum direkten Antrieb von Dynamomaschinen besonders geeignet. Neuere Typen sind die Turbinen von Rateau, Riedler, Stumpf, Zölly u. a.

Der Dampfverbrauch der Turbinen ist um so geringer, je trockner der Dampf und je höher sein Druck ist. Daher ist die Verwendung überhitzten Dampfes geboten (um so mehr, als damit keinerlei Übelstände irgendwelcher Art bezüglich Baustoff, Schmierung oder Betrieb verbunden sind).

Auch bei den Turbinen wird das Druckgefälle ähnlich, wie bei den Verbundmaschinen in mehrere gleiche Teile zerlegt. Die Turbinen arbeiten auf Kondensation, wenn ihr Abdampf durch Kondensation auf unter 1 Atm. abs. entspannt wird; Gegendruckturbinen haben höhere Endspannungen als 1 Atm. abs. Die modernen Großturbinen sind wahre technische Kunstwerke. Einer Beschreibung von Kraft in der Z. V. d. I. 1927, S. 1869—1876, sind z. B. folgende Daten über die Turbinenanlagen des Großkraftwerks Klingenberg (Berlin-Rummelsburg) entnommen. Der Frischdampf strömt mit 33,5 Atm. abs. einer Hochdruckturbine zu (2-kränziges Geschwindigkeitsrad, 1000 mm mittlerer Durchmesser, 14 1-kränzige Gleichdruckstufen), den er mit etwa 14 Atm. abs. verläßt, um in die Mitteldruckturbine des gleichen Maschinensatzes überzutreten (16 1-kränzige Gleichdruckstufen, 1400 mm Durchmesser), die ihn bis auf etwa 2,3 Atm. abs. ausnutzt; mit diesem Druck gelangt er in die beiden Niederdruckturbinen (je 24 Überdruck-Trommelstufen,

---

[1] Vgl. Loschge: Achema-Jb. 1925, S. 51ff.

1360—2900 mm Durchmesser), die ihm seine bei der restlichen Entspannung bis auf 96 % Luftleere frei werdende Energie entziehen. Jede dieser Dreifachexpansionsmaschinensätze aus (je) vier Einzelturbinen leistet 80000 kW; im ganzen sind drei vorhanden. Die Kosten eines solchen Kraftwerks betragen im wesentlichen:

	Bauten in Mill. $\mathscr{RM}$	Einrichtung in Mill. $\mathscr{RM}$	Gesamtkosten in Mill. $\mathscr{RM}$
Hauptmaschinenanlagen mit Kühlwasserversorgung	5,540	11,135	16,675
Vorwärmeanlage mit Wasseraufbereitung	2,000	3,590	5,590
Kesselanlage mit Entaschung . . .	6,090	17,640	23,730
Kohlenaufbereitung mit Staubförderung.	2,560	1,700	4,260
Kohlenförderanlage usw..	2,830	—	2,830
Schaltanlage usw..	0,535	2,765	3,300
Hochhaus	1,430	0,100	1,530
Werkstatt, Lager usw..	1,530	0,270	1,800
Grunderwerb, Straßen usw.	1,570	—	1,570
Bauzinsen	1,320	2,040	3,360
	25,405	39,240	64,645

Die weiteren Gesamtkosten der Erweiterungen bzw. einer 30 kV-Schaltanlage mit Transformatoren belaufen sich auf (2,675 + 6,745 =) 9,420 Mill. $\mathscr{RM}$. Klingenberg rechnet für Kraftwerke ohne Vorwärmung mit Kettenrostfeuerung bei 20000 kW-Maschinen mit einem Nettopreis von 150 $\mathscr{M}$ je kW, Preisbasis 1913/14 (Vollastwärmeverbrauch 5174 kcal je kWh). Der Bau des Kraftwerks Rummelsburg (1926/27) kostet 244 $\mathscr{RM}$ je kW (Vollastwärmeverbrauch 3564 kcal je kWh; Leerverbrauch 337 kcal je kWh).

Maschinenart	In Nutzarbeit nicht umsetzbar kcal/PSh	Nutzbare Abwärme kcal/PSh (in %)
Gegendruckturbine:		
5 Atm. abs. Gegendruck	11500	11380 (99,0)
2 ,, ,, ,, ...	6900	6780 (98,5)
Gegendruckmaschine:		
5 Atm. abs. Gegendruck	9200	9085 (98,8)
2 ,, ,, ,, ...	6500	6380 (98,0)
Auspuffturbine:		
Sattdampf	6400	5950 (93,0)
Heißdampf	5000	4880 (97,5)
Auspuffmaschine:		
Sattdampf	6500	5950 (91,50)
Heißdampf	4900	4780 (97,50)
Kondensationsmaschine:		
Sattdampf	4650	4000 (86,0)
Heißdampf	3600	3430 (96,0)

Die Turbinen sind für Zwischendampfentnahme (für Heizzwecke in der Fabrik) sehr geeignet. Die Schaltung ist dann derart, daß dem Hochdruckteil die gesamte und dem Niederdruckteil nur die nach Ableitung des abgezapften Dampfes übrigbleibende Dampfmenge zuströmt („Chemiehütte" 1927, S. 646—648). Ein Bild über die Möglichkeit der Abwärmeausnutzung (Dampf 12 Atm. abs., 280°) gibt die vorhergehende Tabelle.

Ganz kleine Turbinen werden heute in chemischen Fabriken, z. T. vielfach in direkter Kupplung, als Ersatz für Elektromotoren benutzt (Unabhängigkeit von Stromstörungen), um wichtige Pumpen, Ventidie latoren, Rührwerke usw. anzutreiben.

Explosionsmotoren.

Sie wurden früher in chemischen Betrieben nur in Ausnahmefällen (an Kränen, Dynamos oder Arbeitsmaschinen) gebraucht, kommen heute aber mehr in Aufnahme.

Zum Antrieb solcher Explosionsmotoren dienen hauptsächlich Benzin, Benzingemische, Spiritus, Leuchtgas, Kraftgas, Petroleum usw. Leuchtgas-Luftgemische sind zwischen 8—19% Gasgehalt (Explos.-Temp. 1255°) explosiv.

Von den Gasmotoren ist der von Otto weit verbreitet (in Größen von $^1/_3$ bis 100 PS und mehr). Aus Betriebssicherheitsgründen muß die Gasleitung außerhalb des Motorraumes leicht abzustellen sein.

Der Ottosche Motor (andere Konstruktionsformen sind prinzipiell ähnlich) ist eine einseitig wirkende Kolbenmaschine, in der ein Gemisch von Gas und Luft im Viertakt zur Explosion gebracht wird. Beim ersten Hub des Kolbens wird der Zylinder zur Hälfte mit Luft und darauf mit einem Gemisch von Gas und Luft gefüllt. Beim darauffolgenden Rückgang wird dieses Gemisch komprimiert. Der zweite Hub des Kolbens erfolgt durch die am toten Punkt eintretende Explosion (mittels einer Flamme, eines elektrischen Funkens o. dgl.); durch den zweiten Rückgang werden die Verbrennungsgase bis auf einen geringen Rest aus dem Zylinder hinausbefördert. Der Steuerungsapparat macht also nur halb so viele Umdrehungen als das Schwungrad, und in der Explosions- oder Arbeitsperiode müssen zwei Umdrehungen des Schwungrades zustande gebracht werden.

Dauernde Betriebsbereitschaft, Gefahrlosigkeit, keine besondere Wartung durch geschultes Personal und kein Konzessionszwang bei Aufstellung (Wegfall des genehmigungspflichtigen Dampfkessels) sind die Hauptvorteile aller Motoren.

Bei voller Belastung verbraucht eine Pferdekraftstunde eines 8 bis 10pferdigen Motors an 0,8 m³ Gas, bei geringerer Belastung mehr. Der relative Gasverbrauch nimmt mit steigender Leistung ab, so daß ein 2pferdiger Motor etwa 1,8 und ein 30—50pferdiger gegen 0,5 m³ je PSh erfordert.

Die Petroleum- und Benzinmotoren unterscheiden sich konstruktiv kaum von den Gasmotoren. Sie besitzen nur noch einen Vergaser, in dem das Heizmaterial vergast wird. Vor den Gasmotoren haben sie den Vorzug, nicht an eine Gasleitung gebunden zu sein und sich daher überall leicht aufstellen zu lassen.

Bei den Sauggasmotoren (sparsamer Betrieb) ist Verschmutzung der Generatorventile durch unreine Gase möglich.

Beim **Heißluftmotor** dient atmosphärische Luft als Betriebsmittel. Sie wird in einem geschlossenen Raume erhitzt und treibt durch Drucksteigerung den Kolben im Zylinder vorwärts. Hierbei expandiert die heiße Luft, kühlt sich ab und verläßt am Ende des Kolbenhubs den Zylinder; er kann als Kleinmotor mit der Dampfmaschine vorteilhaft in Wettbewerb treten, als Ersatz für größere Aggregate jedoch nicht in Betracht kommen. Die Pferdekraftstunde verlangt 8—3 kg Kohle; mit steigender Leistung wird der Verbrauch geringer.

Sehr wichtig sind die **Dieselmotoren** (**Dieselmaschinen**), die mit Roh- oder Teeröl betrieben werden und die sich sinngemäß den Petroleummotoren usw. anschließen; sie arbeiten äußerst billig und können überall da Verwendung finden, wo man sich hinsichtlich Kraftversorgung unabhängig von Überlandleitungen machen, aber einen Dampfkessel (z. B. wegen fehlender Verwertung für Abdampf) nicht aufstellen will. Auf die Möglichkeit, Kohlenstaub in der Dieselmaschine verwenden zu können, sei hingewiesen.

Die Welterdölförderung hat außerordentlich rasch zugenommen (1896: 15, 1913: 51, 1925: 140, 1927: 155 Mill. t), weil die Zahl der Explosionsmotoren eine sehr erhebliche geworden ist. Auch bei der Kohlendestillation fallen gewaltige Mengen Teeröl, Benzol, Benzin usw. ab. Die synthetische Herstellung von Methanol im großen ist gelungen und an dem umfassenderen Problem der Verflüssigung der Kohle durch Hydrierung arbeitet man lebhaft (große wirtschaftliche Bedeutung für Deutschland).

Motorenbenzol kostet gegenwärtig um 45—46 $\mathcal{RM}$ je 100 l, Benzin-Benzolgemisch 37—39 $\mathcal{RM}$ je 100 l, Motorenbenzin 33—35 $\mathcal{RM}$ je 100 l ab Tankstelle je nach Ortslage; ab Straßenpumpe Berlin wird 1 l Autobenzin (0,73—0,74) zu 0,33 $\mathcal{RM}$, Benzol zu 0,44 $\mathcal{RM}$ und Benzin-Benzolgemisch zu 0,37 $\mathcal{RM}$ verkauft. Amerikanisches Leuchtpetroleum kostet in Kesselwagen, ab Tank Hamburg, unverzollt 13,50 $\mathcal{RM}$ je 100 kg; Gasöl, ab Tank Hamburg, unverzollt, um 7,50—8 $\mathcal{RM}$ je 100 kg sowie Heizöl, desgleichen, \$ 13,60 je 1000 kg; im Inland notiert rein mineralisches Gasöl um 13,25 $\mathcal{RM}$, Putzöl (Waschpetroleum) um 25 $\mathcal{RM}$ und Petroleum 0,810/20 um 29,60 $\mathcal{RM}$ je 100 kg.

Wasserkraftmotoren.

Die Kraftausnützung des fließenden und fallenden Wassers findet immer mehr Verbreitung (besonders in Verbindung mit elektrischer Kraftübertragung). Motoren sind die stets vertikal stehenden Wasserräder und die Turbinen mit meist horizontalem Rade.

Die Größe der Wasserkraft wird gefunden, wenn die Wassermenge je Sekunde mit dem Gefälle multipliziert wird (75 kg je Sekunde und Meter sind 1 PS = 0,736 kW). Unter Gefälle ist dabei der senkrechte Abstand der Wasserspiegel vor und hinter dem Motor (zwischen Ober- und Untergraben) zu verstehen.

Der Nutzeffekt ist kleiner. Nutzeffekt ist derjenige Teil der insgesamt vorhandenen Energie, der wirklich aufgenommen wird und mit dem Bremsdynamometer gemessen werden kann. Das Verhältnis dieser

beiden Größen zueinander stellt den **Wirkungsgrad** des Motors dar
(je nach Konstruktion 30—80%, meist 70—80%).

Wasserräder heißen oberschlächtig, rückschlächtig, mittel-
schlächtig und unterschlächtig, je nachdem das Wasser auf der
oberen bzw. der unteren Hälfte oder in der Mitte auf das Rad aufschlägt.
Zwischen Becher- oder Schaufelrädern unterscheidet man, wenn das
Wasser in einem schmalen oder in einem breiten Gerinne zugeführt
wird; die Schaufeln selbst können gekrümmt oder gerade sein; bei den
oberschlächtigen Rädern erfolgt die Umdrehung entgegengesetzt zu der
der mittel- oder unterschlächtigen.

Bei den oberschlächtigen Rädern wirkt das Wasser durch das Gewicht, bei den unterschlächtigen mehr durch seine lebendige Kraft.
Der Wirkungsgrad ist bei den oberschlächtigen Rädern im allgemeinen
bedeutend günstiger, aber ihre Anlage ist teurer; bei den mittelschläch-
tigen Rädern wirken je nach Konstruktion beide Faktoren (Gewicht
und Kraft). Die besten Wasserräder arbeiten mit einem Nutzeffekt
von 80—90% (unterschlächtig).

Bei den **Druckwasserrädern** strömt das Wasser aus Druckrohren gegen eigentümlich geformte Schaufeln.

Wasserturbinen unterscheiden sich von den Wasserrädern dadurch
in der Wirkungsweise, daß bei ihnen in erster Linie die lebendige Kraft
des Wassers, das Gefälle, ausgenutzt wird. In den Turbinen durchfließt
(im Gegensatz zu den Wasserrädern) das Wasser stets das ganze Rad,
dessen Schaufelkonstruktionen genaue Berechnungen zugrunde liegen,
um den Druck des Wassers möglichst stoßfrei aufnehmen zu können.

Alle neueren Wasserturbinen besitzen ein **Leitrad** mit bestimmt
geformten und abstellbaren Rinnen, das entweder seitlich um den Lauf-
radkranz oder inner- bzw. außerhalb desselben angeordnet ist. Dieses
Leitrad hat den Zweck, das Wasser in der richtigsten Weise auf die
Schaufeln des Laufrades aufströmen zu lassen. Wird das Druckwasser
den Turbinen in geschlossenen Rohren zugeführt, dann zeigt ein Manometer (am Turbinengehäuse) das wirksame Gefälle an.

Nach der Durchgangsrichtung des Wassers durch das Turbinenrad
unterscheidet man **Axialturbinen** oder **Radialturbinen** (je nachdem
das Wasser in Richtung der Achse oder in der des Radhalbmessers
hindurchströmt. Liegt das Leitrad inner- oder außerhalb des Laufrades,
dann spricht man von innerer oder äußerer Beaufschlagung der Turbine.

Tritt das Wasser mit einer seinem ganzen Gefälle entsprechenden
Geschwindigkeit ein, dann sind die Turbinen **Aktions-**, **Druck-** oder
Freistrahlturbinen. Bei den **Reaktions-** oder **Überdruck-
turbinen** entspricht die Eintrittsgeschwindigkeit nur einem Teil des
Wassergefälles, während der andere Teil desselben zur Vermehrung
des Druckes gegen die Schaufeln dient. Bei den Aktionsturbinen muß
das Laufrad stets über dem Unterwasserspiegel bleiben; bei den Reaktionsturbinen kann es auch in ihm liegen.

In den **Vollturbinen** durchströmt das Wasser stets alle Rinnen
der Turbine, in den **Partialturbinen** trifft es nur einen verstellbaren

Teil des Turbinenkranzes (vollbeaufschlagte und teilweise beaufschlagte Turbinen).

Die älteren Reaktionsturbinen arbeiten nur bei annähernd gleichbleibendem Wasserzufluß gut und sind deshalb von den neueren Aktionsturbinen verdrängt worden, weil diese infolge ihrer besonderen Schaufel- und Kranzform auch bei wechselndem Wasserzufluß einen guten Nutzeffekt haben.

Eine axiale Überdruckturbine ist z. B. die von Jonval (Abb. 64), während die von Girard eine axiale Druckturbine (Abb. 65) und die

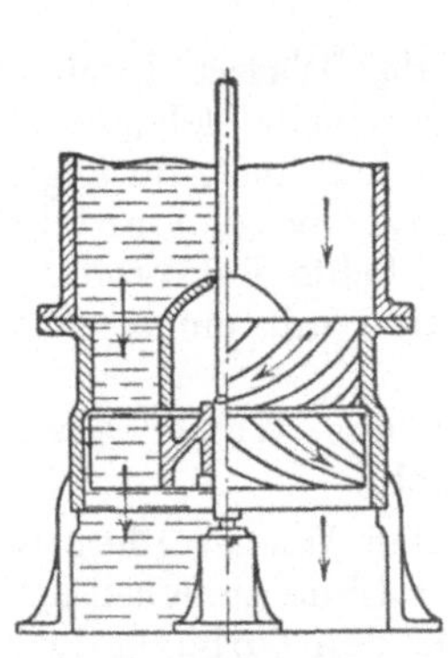

Abb. 64. Jonval-Turbine.

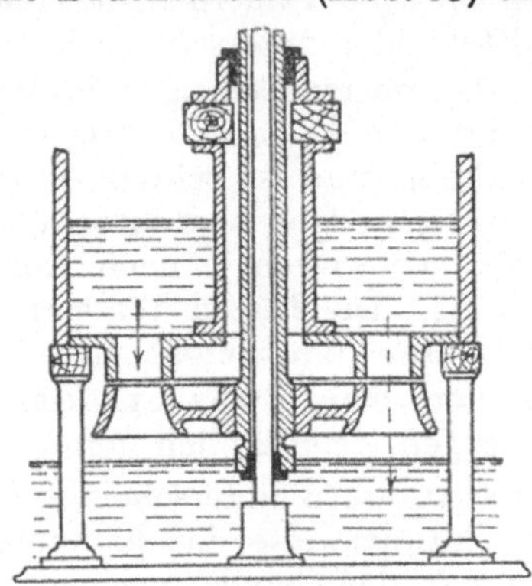

Abb. 65. Girard-Turbine.

von Poncelet eine radiale Druckturbine (Abb. 66) darstellt. Der Wirkungsgrad moderner Kaplan-Turbinen erreicht 89% (Wasserkraftjahrbuch 1925/26, S. 296ff.).

Die sich langsam drehenden Wasserräder haben relativ schwer gebaute Getriebe; sie brauchen für einigermaßen großen Betrieb (bezüglich Wassermenge oder Gefälle) viel Platz.

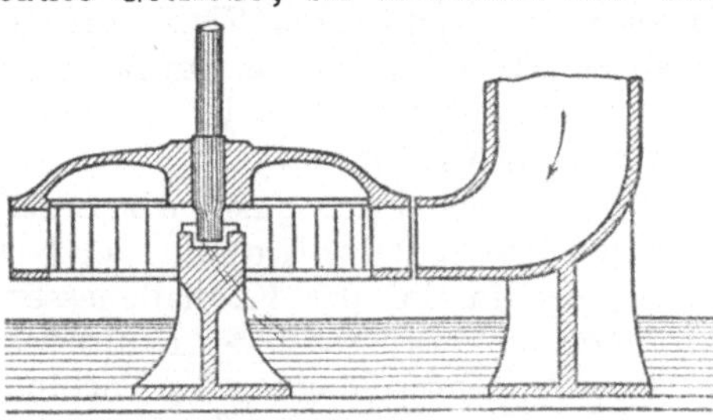

Abb. 66. Poncelet-Turbinen.

Ihr Wirkungsgrad ist bei hohem Gefälle verhältnismäßig günstiger als bei niedrigerem und nimmt bei kleiner werdendem Wasserzufluß nur wenig ab.

Die schnellaufenden Wasserturbinen brauchen nur mit leichten Transmissionen ausgerüstet zu sein; ihr Raumbedarf ist gering. Ihr Wirkungsgrad ist für alle Gefälle nahezu der gleiche (nicht größer als bei Wasserrädern mit Gefällen über 5 m; mit der Wassermenge abnehmend).

Bei Gefällen von 5—10 m und bei stark wechselndem Wasserzufluß, dürften also Wasserräder den Turbinen vorzuziehen sein. Bei Gefällen über 10 m kommen dagegen nur noch Turbinen in Frage. Reparaturen an Turbinen sind häufiger und oft auch schwieriger als an Wasserrädern.

Die Auswahl der geeignetsten Wasserkraftmaschinen muß in jedem
Falle den fachkundigen Technikern überlassen bleiben, welche auch die
meist recht umfangreichen Wasserbauten zur Sicherung der Wasserversorgung auszuführen haben. Allgemeine Zahlen für die Kosten einer
Wasserkraft lassen sich nicht aufstellen, weil die wasserbaulichen Anlagen ganz verschieden sind. Heute neu gebaute Wasserkraftzentralen
können den elektrischen Strom nicht billiger abgeben, als Dampf-
zentralen auf Braunkohlenbasis; nur in besonders günstigen Fällen
sinkt der Kilowattstundenpreis unter 1 *Rpf* (so in Norwegen, Finnland
usw.). Außerdem sind Wasserkraftzentralen oft abhängig von Sommer-
dürre und Winterfrösten.

Wassersäulenmaschinen (für kleineren Betrieb) sind den Dampf-
maschinen ähnlich (meist etwa 2 PS); sie nutzen an Stelle des Dampfes
Druckwasser zur Bewegung des Kolbens aus (z. B. Anschluß städtischer
Wasserleitungen), sind aber selbst bei mäßigen Wasserpreisen von allen
Kleinmotoren im Betrieb am teuersten.

Kraftverbrauch und Betriebskosten verschiedener Motoren.

In den gewöhnlichsten Dampfmaschinen werden i. M. 13—15% der
Arbeit, welche der in der Kohle aufgespeicherten Wärme entspricht,
nutzbar gemacht; die übrigen 85—87% gehen als Rauch, Wärme und
Reibung verloren. Die Großgasmaschinen setzen etwa 27% der im
Leuchtgas enthaltenen Kalorien in mechanische Arbeit um, die Petro-
leum-, Spiritus- und Benzinmotoren etwa 20% und die Dieselmaschine
etwa 30%.

Auf eine Stundennutzpferdestärke werden verbraucht:

in Kleindampfmaschinen mit freiem Auspuff	um	30,0	kg Dampf
„ größeren Einzylinderauspuffmaschinen .	„	14,0	„ „
„ „ Einzylinderkondensationsma-schinen	„	10,0	„ „
„ Zweifachexpansionsmaschinen mit über-hitztem Dampf	„	6,5	„ „
„ 10—15pferdigen Lokomobilen (Auspuff)	„	14,5	„ „
„ 120 „ „ (Verbund-kondensationsmaschinen)	„	6,5	„ „
„ Dampfturbinen	„	5,0—8,0	„ „
„ 10pferdigen Gasmotoren (Leuchtgas) . .	„	700,0	l Gas
„ 60 „ „ „ . .	„	450,0	l „
„ Kraftgasmaschinen	„	0,6	kg Anthracit
„ Benzinmotoren (stark mit der Größe schwankend)	„	0,5	l Benzin
„ Petroleummotoren	„	0,35—0,5	kg Petroleum
„ Spiritusmotoren	„	0,5	kg Spiritus
„ Heißluftmotoren (Lufterhitzung)	„	6,0	„ Gaskohle
„ Wassersäulenmaschinen	„	5,0	m³ Druckwasser.

Die gesamten Betriebskosten der Kleinmotoren, die den Preis des
Kraftmittels, Reparaturkosten, Zinsen, Abschreibung, Bedienungs-
kosten, Schmier- und Putzmaterial usw. umfassen, betrugen bei 10stün-
diger Betriebszeit für die Pferdekraftstunde 1913—1914 in Pfennigen
(sie sind etwa mit 1,75 zu multiplizieren, um für heute gültig zu sein):

	Leistung in PS				
	$^1/_2$	1	2	4	6
Dampfmaschinen	—	30	22,4	17,2	15
Gasmotoren	37	24,5	20	17	15
Heißluftmotoren	34	23	18	—	—
Wassermotoren	82	76	72	—	—
Druckluftmotoren	30	28	20	18	17,5
Elektromotoren	55—90	46—83	46—75	35—70	30—60

Hiernach sind für Kleinbetrieb die Gasmotoren bis etwa 10 PS am vorteilhaftesten. Im Großbetrieb können die verschiedenen Arten von Gaskraftmaschinen wirtschaftlich gut mit den Dampfmaschinen in Wettbewerb treten, sobald besondere Umstände nicht auch gleichzeitig Dampf für andere Zwecke erforderlich machen. Bei Beurteilung der Frage, wie Maschinengröße und Abdampfverwertung einander anzupassen sind, sollte stets ein Fachingenieur gehört werden.

Innerhalb kurzer Betriebsperioden arbeiten die Explosionsmotoren wirtschaftlicher als die Dampfmaschinen.

Außerordentlich wichtig ist die **Wärmewirtschaft** der Fabrikbetriebe. Es ist erstaunlich, wieviel gerade auf diesem Gebiete noch gesündigt wird. Dabei liegt oft der durch zweckmäßige Isolierung oder Abwärmeverwendung zu erzielende gute Effekt auf der Hand. In großen Werken sind zentrale „Wärmestellen" mit besonderen „Wärmeingenieuren" ins Leben gerufen worden. Auch der Chemiker des mittleren oder kleineren Betriebes sollte sich mehr, als es heute noch geschieht, über die Wärmewirtschaft der Apparaturen und Prozesse Rechenschaft ablegen. Das Aufstellen einer **Wärmebilanz** zeigt in vielen Fällen, wie groß der Energiebetrag ist, der mit den Abgasen oder Abwässern verlorengeht!

Elektrische Kraftquellen.

Wenngleich auch die Dynamos, Wechselstrommaschinen, Elektromotoren, Leitungsnetze usw. eigentlich in verschiedenen Kapitel zu besprechen sein würden, ist es praktischer, auf sie gemeinsam mit einigen Worten einzugehen.

Zweck der **Dynamomaschine** ist die Umwandlung von mechanischer Energie in Elektrizität. Ihre Konstruktion ist durch die altbekannte Erscheinung gegeben, daß in einem elektrischen Leiter Ströme entstehen, sobald er in irgendeiner Weise gegen einen Magneten bewegt wird. Die Bewegung (Nähern und Wiederentfernen) des Anker genannten Leiters erfolgt bei allen Strom erzeugenden Maschinen durch Rotation (entweder des Ankers oder des Magneten). Der Magnet der alten magnetelektrischen Maschinen wurde später durch einen Elektromagneten ersetzt, der nach dem Siemensschen Dynamoprinzip mit Hilfe des stets im Eisen zurückbleibenden Magnetismus seinen Strom selbst wiederzuerzeugen imstande ist. Vom Anker wird der Strom in den mitrotierenden Kollektor geleitet und von diesem durch Schleifkontakte (Bürsten) abgenommen.

Abb. 67 zeigt eine zweipolige Gleichstromdynamomaschine im rohen Schema (Hauptschlußdynamo). Bei mehrpoligen Gleichstrommaschinen ist die Anzahl der Abnahmestellen des Stromes gleich der Anzahl der Pole. Es bedeutet A den Anker, El den induzierenden Elektromagneten, K die beiden Klemmen, an welche der äußere Stromkreis S angeschlossen ist, C den Kollektor, von dem mittels der Bürsten B der Strom abgenommen wird. Bei der gewählten Schaltung fließt der Strom von der einen Bürste durch die Windungen des Elektromagneten nach Klemme K_1, von dort durch den äußeren Stromkreis nach Klemme K_2 und von dieser durch die zweite Bürste in den Kollektor zurück. Abb. 68 stellt einen Nebenschlußdynamo dar, bei dem sich der Ankerstrom an den Klemmen teilt. Der Hauptstrom durchfließt den äußeren Kreis, während ein abgezweigter Teil durch die Wicklungen des Magneten läuft. In Abb. 69 ist eine Verbund- oder Doppelschluß-

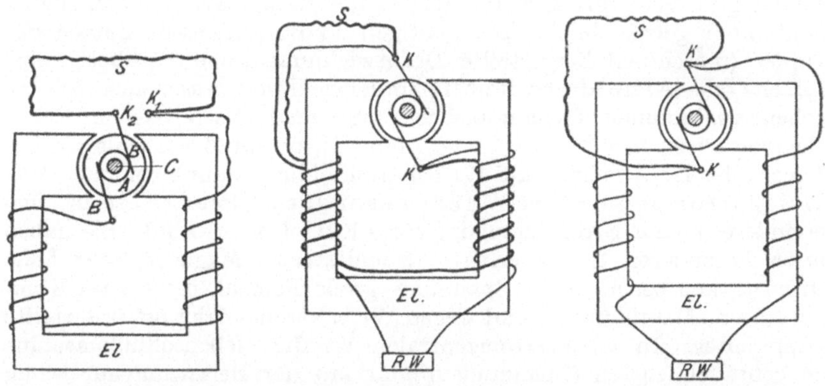

Abb. 67. Hauptschlußdynamo.   Abb. 68. Nebenschlußdynamo.   Abb. 69. Verbunddynamo.

dynamomaschine skizziert, bei der Haupt- und Nebenstrom durch die Wicklungen des Magneten kreisen. RW ist der stets in der Nebenschlußwicklung liegende Widerstand, der zur Reglung der Klemmenspannung der Maschine dient.

Welche von diesen verschiedenen Gleichstrommaschinen im gegebenen Falle am geeignetsten sein wird oder ob man besser Wechsel- bzw. Drehstrommaschinen verwendet, das wird man den Fachmann entscheiden lassen, falls nicht chemische Gesichtspunkte (Elektrolyse!) allein ausschlaggebend sind.

Es kann nicht der Zweck vorliegenden Buches sein, einen auch nur andeutungsweise erschöpfenden Überblick über die unendlich vielgestaltigen Konstruktionsformen der Elektrotechnik zu geben. Man unterscheidet prinzipiell Außenpolmaschinen (Magnete auf dem festen Außengehäuse, dem Stator, in dem sich der Rotor oder Anker dreht) und Innenpolmaschinen (Magnete sind Rotore, der Anker ist zum Stator geworden). Gleichstrommaschinen sind stets Außenpolmaschinen, Wechselstrommaschinen meist Innenpolmaschinen (Chemiehütte 1927, S. 705ff.).

Der Wirkungsgrad, der für große Maschinen 0,9—0,95 ist, sinkt für kleine bis 0,5 bei Vollast. Die gesamten Verluste setzen sich im einzelnen aus Kupferverlusten durch Joulesche Wärme (3—8%), Eisenverlusten durch Ummagnetisieren und Erwärmen (1—2%), Stromübergangsverlusten (1%)[1], an Kommutator (Stromwender, Kollektor) und Bürsten, die meist aus Graphit bestehen, sowie Reibungs- oder mechanischen Verlusten zusammen.

Prinzipiell liefern alle rotierenden elektrischen Stromerzeuger Wechselspannungen. Bei den Gleichstromdynamos wird jedoch der negative Teil der Stromkurve durch Stromwender, Kommutator oder Kollektor (unterteilter Ring mit Kupferlamellen oder Segmenten, zwischen denen Isolierplättchen aus Glimmer o. dgl. liegen) gleich gerichtet. Die stromabnehmenden Bürsten liegen in der neutralen Zone, d. h. an den Punkten, in denen der Strom gerade seine Richtung ändern will. Die Ausführung des Ankers als Ringanker ist nicht mehr gebräuchlich. Die heutigen Trommelanker nutzen das Kupfer (maschinell hergestellte Drahtwicklung, reine Parallel-, reine Reihen- oder Arnoldsche Reihenparallelwicklung) besser aus. Sie bestehen aus dünnen Dynamoblechen (aus magnetisch bestem Eisen, Elektrolyteisen usw.) von 0,35—0,7 mm Dicke mit Zwischenlagen aus Papier oder Isolierlacken, um Wirbelstrombildung zu unterbinden. Von Gleichstromgeneratoren für besondere Zwecke seien insbesondere die zur Stromerzeugung für Elektrolyse erwähnt. Sie haben durch besonderen Strom erregte (fremderregte) Magnete, sehr hohe Stromstärken bei niedriger Spannung, große Polzahl, meist zwei Kommutatoren, Metallbürsten und wegen Wirbelstromgefahr oft unterteilte Kupferleiter. In Gleichstromzentralen ist die Nebenschlußmaschine am gebräuchlichsten (Spannung nimmt mit der Belastung nur wenig ab). Das in den Zentralen erforderliche Parallelschalten der Maschinen ist im allgemeinen nur bei Spannungsgleichheit möglich (Zweileiteranlage: + - und —-Pole der Maschine liegen an den entsprechenden Polen des Leitungsnetzes; Dreileiteranlage: je zwei Maschinen hintereinander, die beiden freien Pole liegen an den + - und —-Schienen, an der Verbindungsstelle der Maschine befindet sich die Nulleitung, Ersparnis an Kupfer).

Nach den Normen des Verbandes deutscher Elektrotechniker (VDE) sind 100, 110, 220, 440, 550, 750, 1100, 1500, 2200 und 3000 V als übliche Betriebsspannungen anzusehen. Gleichstrom kommt für Fernleitungsnetze nicht in Frage, läßt sich dagegen ausgezeichnet akkumulieren und leicht zum Antrieb von Motoren verwenden.

Wechselstrom- und Drehstrommaschinen. Abgesehen von Elektrolyse, finden sie in ausgedehntestem Maße Verwendung (Überlandleitungen, Erzeugung von Lichtbögen für z. B. Karbid-, Salpetersäure- oder Aluminiumdarstellung, Licht- und Kraftversorgung).

Auf Einzelheiten der Wechsel- und Drehstrommaschinen einzugehen, würde hier zu weit führen. Es genüge, darauf hinzuweisen, daß Wechsel-

---

[1] Bei Niedervoltmaschinen für Elektrolyse usw. bedeutend höher

ströme Ströme sind, die, von 0 ansteigend, eine bestimmte Stärke erreichen, darauf wieder bis 0 abnehmen, ihre Richtung ändern und nun in negativem Sinne abermals diese Stärke bekommen, um darauf wieder bis 0 abzunehmen und dieselbe Periode von neuem zu durchlaufen. Die Anzahl dieser Perioden (sehr groß) hängt ebenso, wie das Maximum der Spannung, von den Dimensionen (Anzahl der Pole) der Maschine sowie der Anzahl der Umdrehungen ab; sie beträgt bei mittleren Maschinen etwa 50—100 in der Sekunde.

Die Generatoren für ein- und mehrphasigen Wechselstrom (vgl. Chemiehütte 1927, S. 712ff.) werden fast immer als Innenpolmaschinen gebaut (nur solche kleinster Leistung besitzen rotierende Anker). Das Magnetrad wird über zwei Schleifringe von besonderen Erregermaschinen (meist direkt gekuppelt mit betriebssicherer, besonderer Antriebsmaschine, Umformer oder Akkumulatorenspeisung) mit Gleichstrom versorgt. Die Wicklung der Trommelanker kann in verschiedenster Weise ausgeführt sein. Ist die Frequenz v des in den Ankerdrähten zu erzeugenden Wechselstromes und die Zahl der Polpaare p gegeben, dann liegt auch die Umlaufzahl n der Maschine fest. Ist z. B.:

$$v = 50 \quad \text{und} \quad p = \quad 1 \qquad 2 \qquad 3 \qquad 4,$$
$$\text{dann ist } n = 3000 \quad 1500 \quad 1000 \quad 750/\text{min.}$$

Dieser Synchronimus erfordert genaue Drehzahlreglung der Antriebsmaschine. Turbodynamos sind Generatoen, bei denen p gleich 1 oder 2 ist. Wegen ihrer hohen Umlaufzahl eignen sie sich zum Antrieb durch schnellaufende Turbinen (verhältnismäßig kleine Durchmesser, langgestreckte Bauart; Durchlüftung und Kühlung wichtig). Beim Parallelschalten von Wechselstrommaschinen ist gleiche Frequenz und Phasenzahl, annähernd gleiche Spannung und (bei Mehrphasenaggregaten) gleiche Drehfeldrichtung Voraussetzung. Ein Synchronismusanzeiger (Spannungsmesser oder Lampe, letztere je nach Art der Maschinenschaltung in Dunkel- oder Hellschaltung) regelt die Phasengleichheit. Die synchronisierende Kraft hält parallel geschaltete Maschinen im Takt.

Bei **Drehströmen** sind die einzelnen Phasen infolge der eigenartigen Wicklung des Ankers räumlich und zeitlich zueinander verschoben (120°). Wenn z. B. innerhalb der Periode des einen Wechselstromstoßes noch zwei andere in gleichen Intervallen den Nullpunkt durchlaufen und der vierte wieder mit dem ersten zusammenfällt, dann hat man die viel verwandten sog. Dreiphasenströme (dreifache Leitung).

Eine **Akkumulatorenanlage** (Chemiehütte 1927, S. 715) benutzt man manchmal in Fällen, in denen der Stromverbrauch hinsichtlich Zeit und Menge stark wechselt. Die Akkumulatoren sind imstande, einen in sie hineingeschickten Strom durch chemische Vorgänge aufzuspeisen und ihn nach beliebiger Zeit wieder in Form eines entgegengesetzt gerichteten, elektrischen Stromes abzugeben. Die Akkumulatorenbatterie besteht aus Elementen, Zellen, in Form von Glas- oder anderen Kästen, in denen Bleiplatten in verdünnte Schwefelsäure tauchen. In einer Zelle befindet sich gewöhnlich eine ungerade Zahl von Platten. 1, 3, 5 ... sind

die negativen, 2, 4, 6 ... die positiven Platten; die negativen und die
positiven Platten sind gegeneinander isoliert, unter sich aber verbunden.
Entweder sind zunächst alle Polplatten mit Bleioxyd bedeckt (Formie-
rung beim Laden) oder die im Ladungssinne positiven tragen auf einer
porösen Bleigrundlage eine Bleisuperoxydschicht bzw. die negativen
eine Füllung von Bleischwamm; als Elektrolyt dient reine verdünnte
Schwefelsäure von 1,14—1,17 Dichte im entladenen bzw. 1,2 im ge-
ladenen Zustand. Die wichtigsten Plattentypen sind die Großober-
flächen- oder Planté-Platten und die gepasteten Gitterplatten nach
Faure (für Schwachstromtechnik und Pufferbatterien Gitterplatten,
für ortsfeste Batterien +-Großoberflächen- und —-Gitterplatten). Aufstellen der Zellen auf geteerten oder mit Paraffinöl getränkten Gestellen
(sorgfältige Isolierung); Abstände der Platten durch Glasröhren, Hart-
gummileisten, dünne Holzbrettchen o. dgl. aufrechterhalten; erste
Ladung mindestens 24—48 Stunden; zweckmäßig zwischen der Normal-
arbeit in jedem Vierteljahr eine größere Ladung mit Ruhepausen;
einzelne neue Zellen, die in gesunde Batterien eingebaut sind, müssen
zunächst stark überladen werden. Der Raumbedarf F (in m²) einer
ortsfesten Batterie beträgt einschließlich Bedienungsgängen bei einem
Gewicht G (in kg) einer Zelle und 3stündiger Kapazität K (in Ah):

K	50	100	200	500	1000	2000	5000	10000	15000
G	22	37	60	145	295	560	1350	2600	3800
F	0,12	0,2	0,2	0,36	0,46	0,83	1,25	1,9	2,4

Die „Krankheiten" der Bleiakkumulatoren bestehen hauptsächlich
in Lade- und Entladefehlern (Sulfatisieren; Verlust an wirksamer Masse
durch zu tiefe Entladung o. dgl.), in Dichte- und Reinheitsschwan-
kungen der Säure sowie in Kurzschluß und Zusammenballen des Blei-
schwammes zu dichten Massen (= „Verbleiung").

Die sich beim Laden oder Entladen vollziehenden Vorgänge dürfen
hier als bekannt vorausgesetzt werden. Beim Laden steigt die Spannung
schnell auf 2,1—2,12 V, dann langsam auf 2,2 V; bei 2,3 V beginnt
die Gasentwicklung („Kochen") zuerst am +-, dann am —-Pol; man
ladet bei 15° Säuretemperatur und höchster Ladestromstärke auf 2,7
bis 2,75 V bei Akkumulatoren mit Glasrohr- bzw. auf 2,8—2,85 V bei
solchen mit Brettcheneinbau; die Ladung ist beendet, wenn beide
Platten unter nicht mehr steigender Spannung lebhaft gasen und die
Säuredichte 1,18—1,2 geworden ist. Man kann die Ladestromstärke
ungefähr nach der Faustregel bestimmen, daß 0,8—1,2 Amp auf 1 dm²
Plattenoberfläche kommen. Die Spannung sinkt schnell von selbst auf
den Normalwert, welcher der Säuredichte entspricht (2—2,1 V):

Säuredichten	1,05	1,1	1,2	1,3	1,55
Spannungen (Volt) .	1,896	1,942	2,033	2,125	2,350

Für die Entladung gilt sinngemäß das über die Ladung Gesagte;
der Höchstwert der Entladestromstärke deckt sich in der Regel mit
dem der Ladestromstärke. Die Stromentnahme muß aufhören, wenn
die Klemmenspannung auf 1,8—1,83 V gesunken ist.

Die Kapazität der Akkumulatoren (= $J \times t$, wenn J die Stromstärke,
und t die Entladungsdauer ist) steigt mit der Menge der aktiven Masse,

mit der abnehmenden Entladestromstärke, sowie mit zunehmender Säuretemperatur (ein Akkumulator wird schon bei 30—40°, statt 15°, mit weit mehr als 100% der garantierten Kapazität beansprucht) bzw. -dichte. Der Temperaturkoeffizient für die elektromotorische Kraft eines Akkumulators ist nach beendeter Ladung annähernd gleich 0,0004 V je Grad. Der Nutzeffekt beträgt für Fahrzeugbatterien 70%, für Lichtbatterien 73—75% und für Pufferbatterien (s. u.) 85%. Um die Ursachen von Kapazitätseinbußen zu erkennen, mißt man die Potentialdifferenz der Platten gegen eine Hilfselektrode (amalgamiertes Zinkstäbchen oder Cadmiumblech).

Ortsfeste Akkumulatorenbatterien dienen als Puffer zum Ausgleich schnell aufeinanderfolgender Belastungsschwankungen, als Speicher, um die Spitzenleistungen decken zu können, und als Stromquelle für die verschiedensten Zwecke (Triebwagen der Eisenbahn, Beleuchtung, Telegraphen- und Telephonanlagen usw.).

Die Edison-Akkumulatoren enthalten (in Zellen aus vernickeltem Stahlblech) in den positiven Rahmenelektroden aktives $Ni(OH)_2$ und in den negativen fein verteiltes Eisen oder $Fe(OH)_3$ als wirksame Bestandteile; ihr Elektrolyt ist 20proz. Kalilauge ($D^{15}_4 = 1,12$; geringer Zusatz von Li-Verbindungen); höchste Ladespannung 1,8 V; Nutzentladespannung etwa 1,23 V; Nutzeffekt etwa 50%; „Taschenzellen" mit 18 positiven und 9 negativen Platten auf 10 cm × 13 cm Grundfläche; Gewichtsersparnis.

Der Jungner-Akkumulator ist ähnlich.

Elektromotoren (Schaltung z. B. + -Pol des Generators, Elektromotor, — -Pol des Generators) dienen zur Umwandlung der Strom-

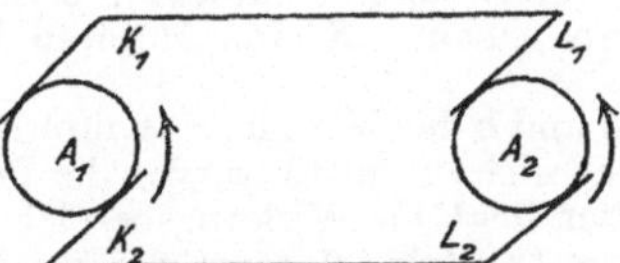

Abb. 70. Elektromotorenschaltung.

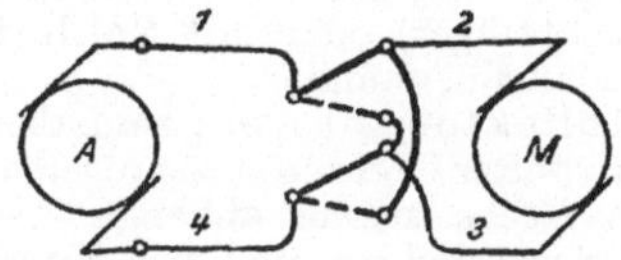

Abb. 71. Elektromotorenschaltung.

energie in Bewegung. Prinzipiell kann z. B. jede Dynamomaschine als Motor betrachtet werden. Schickt die in Pfeilrichtung rotierende Dynamomaschine A_1 (Abb. 70) einen Strom von K_1 über L_1 durch den Motor A_2 (dadurch in Richtung des Pfeiles rotierend) und über L_2 nach K_2 zurück, dann würde auch umgekehrt (A_2 Dynamo; A_1 Motor; A_2 durch eine äußere Kraft in Pfeilrichtung rotierend) ein Gegenstrom entstehen können, der jetzt A_1 in entgegengesetzter Richtung in Umdrehung versetzt. Durch einfache (Abb. 71) Umschaltung kann man die Drehrichtung des Motors ändern. Wenn der Strom (Abb. 71: Linien —) $A12\,M\,34$ den Motor M in Richtung des Pfeiles der Abb. 70 bewegt, dann genügt die Umschaltung (Abb. 71: Linien – – –) nach $A13\,M\,24$, um den Motor entgegengesetzt laufen zu lassen. Der bei allen Elektromotoren (zur langsamen Einschaltung des Stromes) stets vorhandene Anlaßwiderstand ist in den Skizzen weggelassen. Die durch zu schnelles Anlassen entstehenden Stromstöße sind den Elektromotoren sehr schädlich.

Die Schaltungsarten der Gleichstrommotoren entsprechen denen der Gleichstromgeneratoren. Hauptstrommotoren entwickeln bei Anlauf große Zugkraft („Durchgehen“ bei Leerlauf; besonders für Bahnen, Kräne, Ventilatoren, Pumpen u. dgl.); die Nebenschlußmotoren (annähernd gleich bleibende, leicht zu ändernde Umlaufzahl) werden am meisten verwandt (Transmissionen, Werkzeugmaschinen); die kompliziert gestalteten Doppelschlußmotoren vereinigen beide Eigenschaften, empfehlen sich jedoch nur unter besonderen Verhältnissen. Die Motoren werden in offener, halbgeschlossener, geschlossener, gas- und flüssigkeitsdicht gekapselter sowie gekühlter Bauart ausgeführt.

Bei den Wechselstrommotoren (Drehstrommotoren) unterscheidet man drei Hauptgruppen, nämlich:

a) Synchronmotoren; sie sind die unmittelbaren Umkehrungen der Wechsel- oder Drehstromgeneratoren; ihre minutliche Umdrehungszahl ist (nach den oben gewählten Bezeichnungen):

$$n = \frac{60 \cdot v}{p}.$$

Der synchrone Einphasenmotor kann nicht von selbst anlaufen, der entsprechende Mehrphasenmotor nur unter bestimmten Bedingungen.

b) Asynchronmotoren; sie werden am häufigsten benutzt und sind einfach sowie betriebssicher; nur in den Stator wird Wechsel- oder Drehstrom geschickt, der Rotorstrom entsteht durch Induktion (Induktionsmotoren). Die wirkliche Drehzahl bleibt hinter der durch die Periodenzahl des Wechselstroms gegebenen Leerlaufdrehzahl n (= synchrone Umlaufzahl) um $(n - n')$ zurück; den Quotienten $\left(\dfrac{n - n'}{n}\right)$ bezeichnet man als Schlüpfung des Motors. Die Motoren werden entweder mit Kurzschlußanker (konstruktiv einfacher, elektrotechnisch nachteiliger) oder mit Schleifringen gebaut. Kleine Motoren besitzen keine Anlaßwiderstände.

c) Kollektormotoren; sie haben vor a und b den Vorzug, daß ihre Drehzahl innerhalb weiter Grenzen stetig regelbar ist und nicht unmittelbar von der Periodenzahl des Wechselstroms abhängt. Der Anker liegt im Wirkungsbereich magnetischer Wechselfelder, und der Kommutator (Kollektor) sorgt dafür, daß sich das Verhältnis der Induktion der Ankerstromkreise zu den wechselnden Magnetfeldern nicht verschiebt.

Unter den elektrischen Maschinen sind ferner die **Umformer** und **Transformatoren** zu erwähnen.

Rotierende Umformer dienen in erster Linie zum Umformen von Wechsel- oder Dreh- in Gleichstrom und umgekehrt oder von Gleichstrom mit der Spannung a in ebensolchen mit der Spannung b. Man bedient sich eines Motorgenerators (Motor in Kupplung mit Dynamo), eines Einankerumformers (Drehstrom- und Gleichstromwicklung auf einem Anker usw.; in den Schleifringanker einer Gleichstrommaschine z. B. Drehstrom leiten, am Stromwender Gleichstrom abnehmen), eines Kaskadenumformers (Asynchronmotor plus Gleichstromgenerator; besonders für Einphasenstrom; billiger und von höherem Wirkungsgrad, als der Motorgenerator) oder eines Quecksilberdampfgleichrichters (Einphasen- bzw. Drehstrom in Gleichstrom; Ventilwirkung des Quecksilberlichtbogens im Vakuum; für Gleichstrom 5—150 A und bis 500 V in Glas; Lebensdauer etwa 8000 Stunden; bei höheren Stromstärken einzelne Aggregate in Parallelschaltung; für über 100 kW mit Eisenkörpern; gebaut für 300—1000 A bzw. bis 1100 V Gleichstrom).

Transformatoren sind ruhende Umformer, die ein- oder mehrphasigen Wechselstrom in solchen anderer Spannung aber gleichen Frequenz umformen. Die Primärwicklungen liegen an der Wechselspannung, die Sekundärwicklungen sind nur magnetisch durch den Kraftlinienfluß mit ihr erkettet[1]. Kühlung durch Einsetzen in luftdichte Wellblechgefäße mit (sog. Transformatoren-) Öl von hoher Isolierkraft. Wirkungsgrad bei Vollast 93—99%. Überlandzentralen, die Primärstrom bis etwa 10000 V erzeugen, transformieren ihn auf 50000 bis 100000 V, ehe sie ihn in das Leitungsnetz fließen lassen (Stromstärke bei den hohen Spannungen nur gering, daher wird an Kupfer gespart). Am Verbrauchsort transformiert man entsprechend dem Verwendungszweck zurück. Je nach Aufbau des Magnetkörpers unterscheidet man **Kern-** und **Manteltransformatoren**, bzw. nach der Art der Spulenwicklung **Zylinder-** und **Scheibenwicklung.** Auf die verschiedenen **Wicklungsschaltungen** (Stern-Stern, Stern-Dreieck usw.) und die besonderen Abarten der Transformatoren (Klingeltransformatoren, Drehtransformatoren, Ofentransformatoren usw.) kann hier nicht eingegangen werden.

Um den **voraussichtlichen Bedarf einer Neuanlage an elektrischer Energie** wenigstens ungefähr schätzen zu können, sind einige Kennziffern wichtig:

$$1\ \text{kW} = 1{,}36\ \text{PS} = 102\ \text{kgm/s},$$
$$1\ \text{PS} = 0{,}736\ \text{kW},$$
$$1\ \text{PSh} = 75\ \text{kgm/s} \times 3600 = 270000\ \text{kgm/h},$$
$$1\ \text{kWh} = 1{,}36\ \text{PS/h} = 367900\ \text{kgm/h},$$
$$1\ \text{kcal (oder 1 WE)} = 426{,}9\ \text{kgm} = \approx 427\ \text{kgm},$$
$$1\ \text{PSh} = 632\ \text{kcal},$$
$$1\ \text{kWh} = 860\ \text{kcal}.$$

Bei Glühlampenbeleuchtung (s. u.) rechnet man überschläglich für Fabrikanlagen 1—2 Lux (1 Lx ist die von 1 Hefnerkerze, HK, im Abstand von 1 m erzeugte Helligkeit; 1 HK = Lichtstärke einer 40 mm hohen Amylacetatflamme von 8 mm Dochtdurchmesser in kohlensäurefreier Luft bei 8,8 l H_2O im m³ Luft, $b = 740 - 780$ mm Hg), für Hallen 6—8 Lx, für Fabrikstraßen 4 Lx und für Werkstätten 15—20 Lx. Division durch 5 ergibt die Lichtstärken in HK je m² Bodenfläche. Es brauchen (etwa) Kohlenfadenlampen 3,5 W, Metallfadenlampen 1,5 W, Metalldrahtlampen 1—1,4 W und geschlossene Bogenlampen 0,25—0,4 W je HK. Der Wirkungsgrad für große Stromgeneratoren und beste Motoren ist 90—95% und für Transformatoren 93—99%; Leitungsnetzverlust um 10%. Maßgebend für den Gesamtenergieverbrauch einer Fabrik sind insbesondere große Motoren und Elektroöfen.

Deutschland wird, besonders im Anschluß an die Braunkohlenzentralen Mitteldeutschlands, die Gichtgaszentralen des Westens und die Wasserkraftwerke Oberbayerns, mit einem immer enger werdenden Netz von Hochspannungsleitungen bedeckt, das der Industrie günstige Anschlußmöglichkeiten gewähr-

---

[1] „Chemiehütte" 1922, S. 711.

leistet. Es kann daher nicht verwundern, daß auch die Elektrifizierung der Fabriken, begünstigt durch die große Anpassungsfähigkeit der elektrischen Energie, rasche Fortschritte macht. Um welche ungeheuren Elektrizitätsmengen es sich dabei handelt, zeigt die nachstehende Tabelle (nach Wasserkraftjahrbuch 1925/26) über den kWh-Verbrauch je Einwohner in einigen Hauptländern:

	In öffentlichen bzw. von der Statistik erfaßten Kraftwerken		Einschl. Erzeugung in Eigenanlagen der Industrie
	insgesamt mit Industrie und Bahnen	reine Allgemeinversorgung	
Deutschland	189	176	600
Schweiz	770[1]	530	980[1]
Italien	141	96	—
Frankreich	150	95	—
Schweden	—	380	780
Norwegen	—	463	1880
Ver. Staaten	485	323	760

Von den Gesamtzahlen entfallen auf Wasserkraftenergie in Deutschland 57 (Bayern 239), der Schweiz 770, in Italien 149, Frankreich 147, Schweden 780, Norwegen 1880 und in den Ver. Staaten 180 kWh.

Deutschland hat 1924 9 Milld. kWh mechanische und 36 Milld. kWh elektrische Energie verbraucht; die öffentlichen Elektrizitätswerke lieferten 11 Milld. kWh (je 40 % aus Stein- bzw. Braunkohle, 20 % aus Wasserkraft); die elektrochemischen Anlagen nahmen 3,5 Milld. kWh auf (je 42,8 % aus Braunkohle und Wasserkraft, 14,4 % aus Steinkohle); die Reichsbahn verbrauchte 0,15 Milld. kWh; die restlichen 21,35 Milld. kWh wurden in werkseigenen Zentralen für Selbsterzeugung hergestellt; sie entstammten, vermehrt um die zuerst genannten 9 Milld. kWh mechanischer Energie, zu 93 % aus Stein- bzw. Braunkohle und nur zu 7 % aus Wasserkraft. Die deutschen öffentlichen Elektrizitätswerke, elektrochemischen Fabriken, Reichsbahn- und Eigenanlagen gewannen im ganzen rund 6 Milld. kWh aus Wasserkraft; weitere 22 Milld. kWh erscheinen noch ausbaumöglich.

1923 fabrizierte die nordamerikanische Union etwa 250 Mill. und Deutschland (1922) etwa 136 Mill. Glühlampen.

Bei der Vielgestaltigkeit der elektrotechnischen Erzeugnisse lassen sich allgemeine Richtpreise schlecht geben. Es kosten etwa:

Installationsleitungen	1—1,5 mm²	80—90	$\mathcal{RM}$ je 1000 m
Gummiaderschnüre.	2×1 ,,	225—260	,, ,, 1000 ,,
Pendelschnüre	2×0,75 ,,	220	,, ,, 1000 ,,
Fassungsadern	2×0,5 ,,	85—110	,, ,, 1000 ,,

Anthygronrohrdraht:
     SSW 1 mm², Außendurchmesser 9 mm   492   ,, ,, 1000 ,,

Drehstrommotoren mit Kurzschlußanker:
     0,7 PS, Drehzahl 1500   120   ,,
     2   ,,   ,,   1500   175   ,,

Drehstrommotoren mit Schleifringanker:
     2   PS, Drehzahl 1500   225   ,,
     3   ,,   ,,   1500   285   ,,
     7,5 ,,   ,,   1500   500   ,,

Gleichstromnebenschlußmotoren 220/400 V:
     1   PS, Drehzahl 2000   180   ,,
     3   ,,   ,,   1420   340   ,,
     5,5 ,,   ,,   1430   455   ,,
     10   ,,   ,,   1440   630   ,,

---

[1] Davon etwa 150 kWh ausgeführt.

Glühlampen, luftleere Drahtlampen, Birnenform:

20—260 V,	5—25 HK	1,30	$\mathscr{RM}$ (Kugelf. 1,50)
50—260 „	32—50 „	1,50	„ („ 1,80)

Glühlampen, gasgefüllte Lampen, hell:

100—130 V,	25 W	1,30	„
100—260 „	75 „	2,40	„ (Opal 3,—)
100—260 „	150 „	4,50	„ („ 5,65)
100—260 „	500 „	11,50	„
100—260 „	1000 „	17,—	„
100—260 „	1500 „	23,—	„

Man unterscheidet in den Fabrikbetrieben elektrischen **Einzel-** und **Gruppenantrieb.** Bei ersterem hat jeder zu betreibende Apparat seinen Motor für sich, bei letzterem versorgt ein Motor durch Transmission und Riemen oder in sonst geeigneter Weise eine Gruppe von Apparaten. Die größere Anzahl von anzuschaffenden Motoren wird im ersten Fall durch vermehrte Betriebssicherheit aufgewogen.

Von den Hilfsmitteln der **Schwachstromtechnik, Alarm-** und **Signalvorrichtungen, Fernmeldern** und **Telephonen** sollte ein moderner Betrieb stets soviel als möglich Gebrauch machen.

Die **Stromleitung** geschieht im Freien durch Leitungen aus reinstem Kupfer oder Aluminium. Auf die Einzelheiten des Leitungsbaues einzugehen, ist hier nicht der Ort. Im Innern der Fabrikräume werden meist isolierte Leitungen zu verwenden sein. In Räumen, in denen die Leitungen dem Einflusse von Säuredämpfen ausgesetzt sind, müssen Bleikabel oder Anthygronrohrdrähte SSW benutzt werden. Diese werden mit oder ohne Nulleiter bis zu 4×6 mm Querschnitt und bis zu Außendurchmessern von 18,5 bis 21,5 mm ausgeführt (1000 m rund 3750 $\mathscr{RM}$). Da, wo durch etwa überspringende Funken Feuersgefahr eintreten kann, sind die Leitungsstellen gut zu verlöten und alle Einschaltkontakte u. dgl. zu vermeiden. Der Strom wird dann außerhalb der Räume geschaltet und unterbrochen. Die Verteilungsdosen (Kreuz-, Zwischen-, T-Dosen u. dgl.) der elektrischen Leitungen sind immer an solchen Stellen anzubringen, die stets zugänglich bleiben. Ein Kabel- und Leitungsplan (Schaltungsschema) sollte stets zur Hand sein! Die genormten Schaltzeichen und Schaltbilder (DIN-Taschenbuch 2; **Beuth-**Verlag, Berlin) werden dabei gute Dienste leisten.

Vom Verbande deutscher Elektrotechniker sind Sicherheitsvorschriften herausgegeben, die für den Bau und die Wartung elektrischer Anlagen zur Richtschnur zu nehmen sind. Ein Aushang über die Anleitung zur ersten Hilfeleistung bei Unfällen in elektrischen Betrieben ist in den betreffenden Räumen anzuschlagen. Funkenbildende Apparate dürfen nur in Räumen aufgestellt werden, in denen Explosion von Gas oder Staub ausgeschlossen ist. Schmelzsicherungen müssen so geschützt sein, daß beim Abschmelzen Gefahren durch Lichtbögen oder Metallspritzen nicht entstehen können. Für Akkumulatorenräume und Handlampen (Außenerdung nicht immer zuverlässig) gelten besondere Vorschriften. Vor Inangriffnahme von Arbeiten an spannungführenden Teilen sind diese allpolig auszuschalten; Hochspannungsanlagen müssen außerdem an der Arbeitsstelle selbst kurz geschlossen und geerdet werden.

Als Kennfarben und -zeichen dienen (DIN, VDE 705):

Gleichstrom:
    Positive Leitung P Rot 25   der 100teiligen Ostwaldschen Farbenskala
    Negative   ,, N Ublau 54 ,,   ,,   ,,   ..

Drehstrom:
    Phase 1 . . . . R Gelb 00 ,,   ,,   ,,   ..
    ,, 2 . . . . S Laubgrün 88 der ,,   ,,   ,,
    ,, 3 . . . . T Veil (= Viol.) mit Weiß 38 Ia der 100teiligen Ost-
              waldschen Farbenskala

Wechselstrom:
    Phase 1 . . . . R Gelb 00 der 100teiligen Ostwaldschen Farbenskala
    ,, 2 . . . . T Veil mit Weiß 38 Ia der 100teiligen Ostwaldschen
              Farbenskala

Geerdete Leitungen (je nach Umgebung), weißer, hellgrauer oder schwarzer
    Grundanstrich mit Querstreifen in Laubgrün 88,

Ungeerdete Nulleiter (je nach Umgebung), weißer, hellgrauer oder schwarzer
    Grundanstrich mit Querstreifen in Rot 25.

Sollen in einer Fabrik ohne Hilfe eines Elektrotechnikers Änderungen
im Leitungsnetze vorgenommen werden, dann ist darauf zu achten, daß
die Leitungsdrähte sehr sorgfältig miteinander verbunden werden
(Drähte ganz blank putzen, fest gegeneinanderpressen oder noch besser
verlöten und dann wieder mit Isoliermasse bewickeln). Die sog. Ver-
bindungs- oder Abzweigmuffen werden mit Isoliermasse ausgegossen.
Bei fehlerhafter Ausführung können Funken und Brände entstehen,
deshalb ist es besser, solche Arbeiten gelernten Elektrotechnikern zu
überlassen.

Elektrotechnische Maßeinheiten.

Volt (V) ist die Einheit der Spannung. 1 V erzeugt in einem Leiter vom
Widerstand 1 Ω die Stromstärke 1 A.

Ampere (A) ist das Maß für die Stromstärke. 1 A scheidet aus Silbernitrat-
lösung in 1 s 1,118 mg Ag aus.

Ohm (Ω) ist die Einheit des Widerstandes. 1 Ω ist gleich dem Widerstande
einer Quecksilbersäule von 1,063 m Länge und 1 mm² Querschnitt bei 0° C
(14,4521 g Gewicht).

Watt (W) ist die Leistung eines elektrischen Stromes von 1 A bei 1 V
Spannung (= 1 A × 1 V: Volt-Ampere). 1 Kilowatt (kW) = 1000 W;
736 W = 1 PS; 1 W = 1 J/s.

Wattstunde (Wh) ist die Leistung eines Stromes von 1 A Stärke bei 1 V
Spannung in 1 Stunde (h); 1 kWh = 1000 Wh.

Coulomb (C) ist die Elektrizitätsmenge, welche der Stromstärke 1 A und
1 Sekunde (s) entspricht.

Farad (F) ist die Einheit der Kapazität, die ein Kondensator besitzt, der
durch 1 C auf 1 V geladen wird. Bei Akkumulatorenbatterien mißt man die
„Kapazität" nach Ah; 1 Ah = 3600 C.

Joule (J) ist die Einheit der elektrischen Arbeit; sie ist gleich 1 Ws
= 0,102 kgm = 4,16 cal.

Sämtliche Abkürzungen sind nach den DIN-Vorschriften genormt.

Kraftübertragungen.

Die Übertragung der Kraft vom Orte der Erzeugung nach dem des
Verbrauches erfolgt außer in Form von Dampf oder Elektrizität durch
Transmissionen, Druck- oder Gasleitungen.

Transmissionen.

Die Transmission war vor durchgreifender Elektrifizierung die verbreitetste Art der mechanischen Kraftübertragung in chemischen Betrieben und sie spielt auch heute noch eine nicht unwesentliche Rolle.

Zu einer Transmissionsanlage gehören Wellen und deren Lager, Räder und Scheiben. Nach der Kraftübertragungsart unterscheidet man Zahnräder- oder Friktionsräderantriebe, Ketten- bzw. Riemenantriebe sowie Hanf- und Seilantriebe.

Durchmesser der Wellen in mm.

PS	Umdrehungen in der Minute																	
	20	40	60	80	100	120	140	160	180	200	220	240	260	280	300	320	340	400
1	60	50	45	40	40	40	40	35	35	34	35	35	30	30	30	30	30	30
2	70	60	55	50	45	45	45	40	40	40	40	40	40	35	35	35	35	35
3	75	65	60	55	50	50	50	45	45	45	45	40	40	40	40	40	40	40
4	85	70	65	60	55	55	50	50	50	45	45	45	45	45	45	45	45	40
5	85	75	65	60	60	55	55	55	50	50	50	45	45	45	45	45	45	45
6	90	75	70	65	60	60	55	55	55	50	50	50	50	50	45	45	45	45
7	95	80	70	70	65	65	60	55	55	55	55	55	50	50	50	50	50	45
8	100	85	75	70	65	65	60	60	60	55	55	55	50	50	50	50	50	45
9	100	85	75	70	70	65	60	60	60	60	55	55	55	55	50	50	50	50
10	105	90	80	75	70	65	65	65	60	60	60	55	55	55	55	55	55	50
11	105	90	80	75	70	70	65	65	60	60	60	60	55	55	55	55	55	50
12	110	90	85	75	75	70	70	65	65	60	60	60	60	55	55	55	55	50
13	110	95	85	80	75	75	70	70	65	65	65	60	60	60	60	60	60	55
14	110	95	85	80	75	75	70	70	65	65	65	60	60	60	60	60	60	55
15	115	95	85	80	75	75	70	70	65	65	65	60	60	60	60	60	60	55
20	125	105	95	85	85	80	75	75	70	70	70	65	65	65	65	65	65	60
25	130	110	100	90	85	85	80	80	75	75	70	70	70	70	65	65	65	60
30	135	115	105	95	90	85	85	80	80	75	75	75	70	70	70	70	65	60
35	140	120	105	100	95	90	85	85	80	80	80	75	75	75	75	75	70	70
40	145	120	110	105	100	95	90	85	85	85	80	80	80	75	75	75	70	70
45	150	125	115	105	100	95	95	90	85	85	85	80	80	80	75	75	75	70
50	155	130	115	110	105	100	95	90	90	85	85	85	80	80	80	80	75	75
60	160	135	125	115	110	105	100	95	95	90	90	85	85	85	85	85	80	75
70	165	140	125	120	110	105	105	100	95	95	95	90	90	85	85	85	80	80
80	170	145	130	125	115	110	105	100	100	100	95	95	90	90	90	90	85	85
90	175	150	135	125	120	115	110	105	105	100	100	95	95	95	90	90	85	85
100	180	155	140	130	125	115	115	110	105	105	100	100	95	95	95	95	90	85
125	190	160	145	135	130	125	120	115	110	110	105	105	105	100	100	95	90	90
150	200	170	155	145	135	130	125	120	115	115	110	110	105	105	105	100	95	90
175	210	175	160	150	140	135	130	125	120	120	115	115	110	110	105	105	105	105
200	220	180	165	155	145	140	135	130	125	125	120	115	115	115	110	105	105	105

Die **Wellen** (Berechnung Chemiehütte 1927, S. 420) sollen ebenso, wie die Scheiben, nicht schwerer sein, als es die Festigkeit verlangt (sonst nutzloser Kraftverbrauch). Als Baustoff dient gewöhnlich Schmiedeeisen; bei auf Drehung beanspruchten Wellen benutzt man gern Walzeisen oder Stahl und bei auf Biegung beanspruchten (durch Scheiben, Riemen oder Seilantriebe) auch geschmiedeten Gußstahl.

Der Wellendurchmesser d für N Pferdestärken und n Umdrehungen in der Minute kann nach Formel

$$d = 120 \sqrt[4]{\frac{N}{n}}$$

berechnet werden.

Die in der Tabelle angegebenen Wellendurchmesser gelten für schwere, unruhig arbeitende Wellen aus Schmiedeeisen (für solche mit gleichmäßigem Widerstande mit 0,75 multiplizieren). Gußeiserne Wellen erhalten die doppelte Stärke, aus Stahl hergestellte können um 20 bis 30% schwächer sein, so daß z. B. eine Stahlwelle bei gleichmäßig ruhigem Gang und 100 Umdrehungen in der Minute für 5 PS nicht 60, sondern nur:

$$60 \cdot \frac{3}{4} \cdot \frac{3}{4} = 34 \,\text{mm}$$

stark sein braucht. Schneller laufende Wellen können bei gleicher Beanspruchung leichter gebaut werden, als langsamer laufende. Sie werden also billiger sein; dafür aber müssen sie (und ihre Scheiben) sorgfältiger montiert und ausgewuchtet werden, weil alle Ungleichheiten mit der Steigerung der Geschwindigkeit die Erschütterungen erhöhen. 150 Umdrehungen in der Minute kommen häufig vor.

Sehr lange Wellenstränge können im Verhältnis der geringer werdenden Belastung in ihren Durchmessern verkleinert werden. Glatte Wellenstränge müssen wegen der seitlichen Verschiebungen mit wenigstens zwei schmiedeeisernen Stellringen versehen sein (s. u.).

Der Abstand der Lager richtet sich nach der Beanspruchung und den Durchmessern der Wellen. Er beträgt ungefähr:

Wellendurchmesser . . . . . mm	30	50	70	100	130	150
Lagerentfernung . . . . . . „	1700	2000	2400	2700	3000	3200

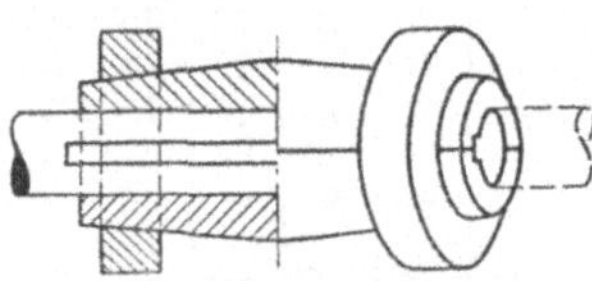

Abb. 72. Kupplung.

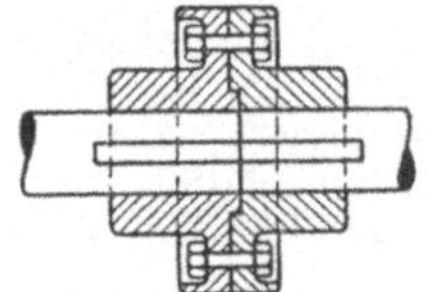

Abb. 73. Kupplung.

Der sich im Lager drehende Wellenteil heißt der Wellenhals oder die Laufstelle (niemals schwächer, als die Welle selbst). Die einzelnen 4—6 und auch (bei über 50 mm Durchmesser) 8 m langen Wellenstücke laufen stets mindestens in zwei Lagern und sind miteinander durch in der Nähe der Lager befindliche Kupplungen verbunden, die fest, etwas beweglich oder durch Ausrückvorrichtungen lösbar sind. Feste Kupplungen haben meist die Form von Hülsen, Schalen oder Scheiben (Abb. 72 und 73). Die beweglichen Kupplungen gestatten eine kleine Bewegung der Wellenenden zueinander (Ausdehnungs- und Gelenkkupplungen). Die Ausrückkupplungen bestehen aus zweiteiligen Hülsen, von denen die eine in der Wellenrichtung verschiebbar ist. Die Verbindung beider Teile erfolgt durch Zähne (Klauenkupplung) oder einfach mit Hilfe der Reibung (Reibungs- oder Friktionskupplung).

Je nach der wage- oder senkrechten Lagerung der Welle spricht man von Stützlagern oder Traglagern. Zu den ersteren gehört das Fußlager (Abb. 74), das den Fuß einer stehenden Welle unterstützt. Es besteht im wesentlichen aus der Spurpfanne a, die ihrerseits die Spurbüchse b und die nicht drehbare, aus sehr festem Material hergestellte Spurplatte c aufnimmt, welche das Wellenende, den Spurzapfen d, trägt. Die Schmierung des Zapfens ist je nach den Anforderungen verschieden.

Die Traglager der wagerechten Wellen sind als Steh-, Hänge-, Wand- oder Konsollager ausgebildet (Lagerkörper ruht auf der Sohlplatte, dem Hängebock oder der Konsole). Im Lagerkörper befinden sich zwei halbzylindrische Lagerschalen (Abb. 75). Die Lager sollen der Welle eine möglichst große Auflagefläche bieten, um Abnutzung und Schmiermaterialverbrauch tunlichst einzuschränken. Die Schmierung (Öl-, Ring- oder Fettschmierung) soll sich über die ganze Lauffläche erstrecken (Ölüberschuß in geeigneten Behältern auffangen; Fundamente schützen). Das Lager muß leicht zugänglich sein und sich rasch einbauen oder aus-

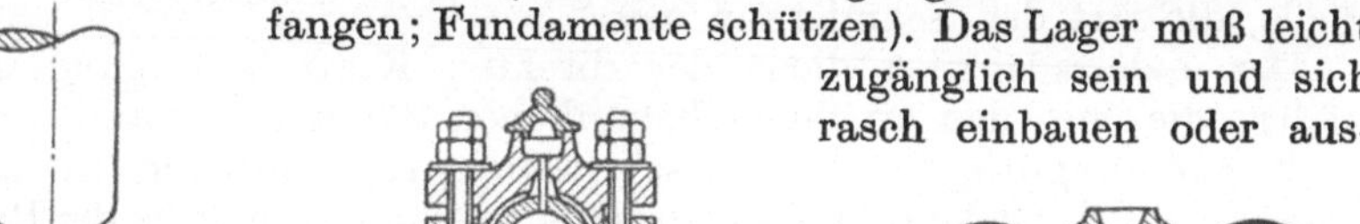

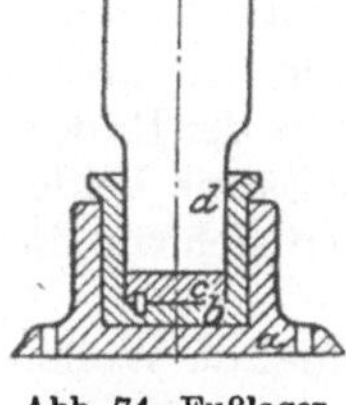

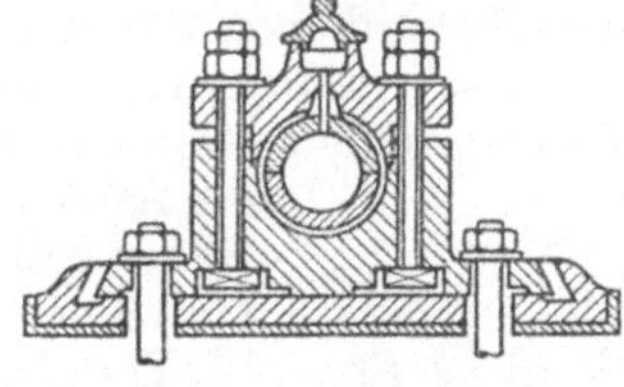

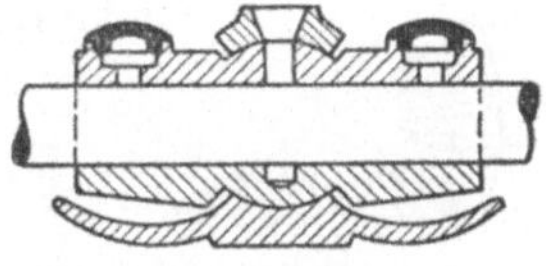

Abb. 74. Fußlager.   Abb. 75. Stehlager.   Abb. 76. Sellers-Lager.

wechseln lassen. Seine günstigste Länge ist, wie die Praxis lehrt, gleich dem 4—5fachen des Wellendurchmessers.

Wellenlager gibt es in vielen Spezialkonstruktionen. So hat das sehr verbreitete amerikanische oder Sellers-Lager (Abb. 76; auch als offenes oder geschlossenes Hängelager) infolge kugeliger Ansätze und entsprechender Höhlungen im Lagerkörper bewegliche Schalen, die eine Schrägstellung mit der Welle ermöglichen und einseitige Abnutzung vermeiden lassen. Das Zieglersche elastische Lager trägt im Lagerkörper und in den Lagerschalen Rillen für Aufnahme von Gummipuffern zur Abschwächung von Stößen und zur Aufhebung der Starrheit des Lagers (z. B. für Antrieb von Zerkleinerungsmaschinen).

Die Ringschmierlager, auch Ölkammer- oder Sparlager genannt, sind heute unentbehrlich geworden. Ihre Schmierung erfolgt durch einmalige Auffüllung der Ölkammern, aus welchen das Öl von den um die Welle laufenden Ringen oder Kettenringen immer wieder auf die reibenden Flächen zurückgebracht wird. Bei Verwendung von nicht harzendem Mineralöl können die eingelaufenen Lager ein halbes Jahr lang, ohne heiß zu werden, in Betrieb bleiben; sie tropfen nicht.

Über die verschiedenartigen Schmiervorrichtungen zur Verminderung der Reibung zwischen Welle und Lager wird im Kapitel über „Instandhaltung der Apparatur" das Wichtigste gesagt werden.

Zur Vermeidung der Verschiebung der Welle und der Scheiben in der Längsrichtung dienen die Stellringe. Stellringe sind genau auf die Welle passende Ringe aus Guß- oder Schmiedeeisen, die auf diesen meist mit versenkten Schrauben befestigt sind, sich gegen die Lager und Scheiben stützen und sie so in einer bestimmten Lage festhalten. Die meist aus einem geschlossenen Stück bestehenden Stellringe sind bei Einbau der Welle in der erforderlichen Anzahl aufzustecken. Nach Montage der Welle muß man geteilte Stellringe verwenden, die aber 2—3mal so teuer sind als die ungeteilten.

Fehler der Wellenleitung sind mit der Wasserwaage und dem Lot festzustellen; sie machen sich durch Warmlaufen trotz genügender Schmierung, durch Rücken oder Klopfen der Kupplungen und durch Abspringen der Riemen bemerkbar; bei nicht zentralem Laufe sieht man die Welle auch schon mit bloßem Auge „atmen" (sorgloser Einbau, Verbiegung, schlechte Befestigung der Lager, Sinken der Fundamente, Verschleiß der Zapfenlager oder Lagerschalen durch das Gewicht der Welle, die Art der Schmierung usw.).

Der **Zahnradantrieb** dient der direkten Kraftübertragung durch Räder, die mit den an ihnen befindlichen Zähnen ineinandergreifen (Zahnradvorgelege). Die Geschwindigkeitsübersetzung ist umgekehrt proportional dem Größenverhältnis der Räder; die Zahlen der Zähne beider Räder verhalten sich wie die Durchmesser.

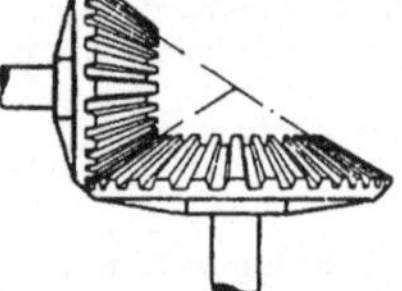
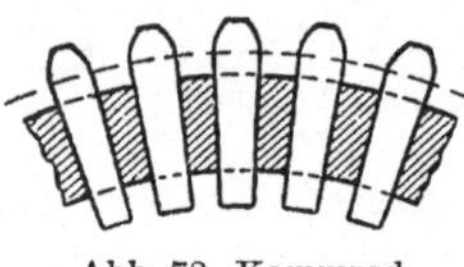

Parallel laufende Wellen werden mit Stirnrädern verbunden; die Übertragung selbst erfolgt durch Kegel-

Abb. 77. Kegelräder.   Abb. 78. Kammrad.

räder (Abb. 77), wenn die Wellen einen Winkel miteinander bilden oder durch Hyperbelrädern, wenn sie sich kreuzen. Die Zähne sind, um das Übersetzungsverhältnis konstant zu halten, nach bestimmten Kurven geformt (Zykloidenverzahnung und Evolventenverzahnung). Die Zahnräder ersterer Art sind die verbreitetsten (z. B. Kranbau). Ihre Achsenentfernung ist unveränderlich und ihre Reibung geringer als bei letzterem Typ (Achsenentfernung hier innerhalb kleiner Grenzen veränderlich).

Sorgfältigste Ausführung der Zahnräder (häufig ungleichmäßig und stoßweiße beansprucht) ist für ihren ruhigen Gang von ausschlaggebender Wichtigkeit. Um das Geräusch bei schneller Umdrehung zu dämpfen, läßt man in Einzelfällen eiserne Zahnräder mit hölzernen zusammenarbeiten. Verbundräder haben eiserne Zähne, deren arbeitende Flächen mit Holzbacken versehen sind. Die hölzernen Zähne (Kämme oder Kammen genannt) der Kammräder (Abb. 78) können nach Abnutzung leicht erneuert werden (Reservezahnsätze). Um ruhigen, sanften Gang zu erzielen, ist es unerläßlich, die Zahnräder ordentlich zu schmieren (während des Ganges auf der auseinandergehenden Seite). Öfters wird das ganze Rad aus Sicherheitsgründen eingekapselt. Die Notwendigkeit übermäßiger Schmierung ist ein Zeichen dafür, daß etwas an der Welle oder hinsichtlich des Einbaus der Räder selbst nicht in Ordnung ist.

Im allgemeinen sollte man stets bestrebt sein, den Zahnradantrieb durch Riemenantrieb zu ersetzen (Nachteile des ersteren: bedeutender Kraftverlust, schwere und teure Lagerung, beständiges Geräusch).

Bei Zahnstangenantrieb greift ein Zahnrad in die mit Zähnen versehene, geradlinig geführte Stange.

Friktions- und Reibungsräder sind hauptsächlich da im Gebrauch, wo außer geräuschlosem Gang eine gewisse Beweglichkeit verlangt wird und schnelles Ausrücken (Zentrifugen, Aufzüge, Wickelmaschinen, Bohrmaschinen, Stanzen usw.) möglich sein muß. Besonders charakteristisch ist die Möglichkeit einer allmählichen Geschwindigkeitsänderung und der Umkehrung der Drehrichtung der getriebenen Welle bei sich gleichbleibend bewegender Antriebswelle. Die Wellen dieser Friktionsräder stehen rechtwinklig zueinander; die getriebene Rolle ist auf der Welle verschiebbar. **Keilräder** übertragen größere Kräfte. **Wirkungsgrad der kegelförmigen Reibungsräder** 85—92%, der **Keilräder** 85—90%.

Das **Grissongetriebe** ist für große Übersetzungen (1 : 5 bis 1 : 100) bestimmt. Es ersetzt doppelte bis 3fache Vorgelege und ist durch gedrungene Konstruktion ausgezeichnet. Zwei gleiche, um 180° versetzte unrunde Scheiben der schnelllaufenden Welle greifen dabei abwechselnd in die peripherisch gestellten Bolzen einer Scheibe der zweiten Welle ein.

Ein **Schneckenrad** (Abb. 79) besteht aus einem Zahnrad, dessen Zähne so in einer Schraubenlinie stehen, daß eine dazu rechtwinklig angeordnete und gegen seitliche Verschiebung gesicherte Schraube in sie eingreifen kann. Ab-

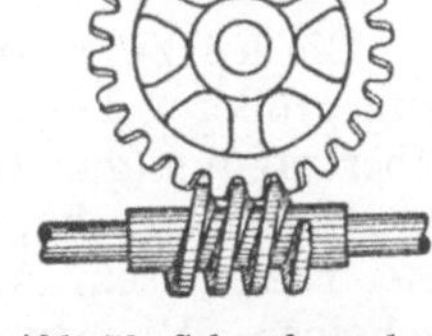

Abb. 79. Schneckenrad.

gesehen von sehr großer Zahnreibung ist ein solches Vorgelege recht zweckmäßig, da es eine sehr große Übersetzung vom schnellen zum langsamen Gang ermöglicht.

Riemenantrieb ist unter gewöhnlichen Betriebsverhältnissen neben Elektromotoren das einfachste und verbreitetste Mittel zur Energieübertragung (sowohl zwischen Schwungrad und Hauptwelle, als auch von dieser auf andere und auf Arbeitsmaschinen). Durch Leitrollen und Riemenkreuzungen können Kräfte in der mannigfaltigsten Weise über eine Fabrik verteilt werden.

Hauptbedingung für richtigen Lauf der Riemen ist, daß die Mittellinie des auflaufenden Riemens stets in die Mittelebene der Scheibe fällt, welcher er zuläuft (gleichgültig ob der Riemen offen, geschränkt oder über Rollen geführt ist).

Bei großer Entfernung ist Seilantrieb vorteilhafter; als geringster Abstand gilt bei horizontalem Antrieb die Summe der beiden Scheibendurchmesser plus 2 m, bzw. bei vertikalem noch rund 2 m mehr. Zu kurz gespannte Riemen sind möglichst zu vermeiden, da das Riemengewicht dann zur Erzeugung der erforderlichen Spannung nicht mehr ausreicht und häufigeres Nachspannen nötig wird, wenn nicht eine Druck- oder Spannrolle angeordnet ist.

Die Montage der Riemenscheiben muß sehr sorgfältig geschehen. Der Riemen darf nicht schlagen; schief aufgesetzte Scheiben lassen ihn abspringen. Als Baustoff für Riemenscheiben dient Guß- und Schmiedeeisen oder Holz (vgl. die Gewichtstabelle).

Gewichte gußeiserner Riemenscheiben in kg.
(Obere Zahl für die ungeteilte, untere für die geteilte, gebrauchsfertige Scheibe.)

Durchmesser D in mm	Breiten B in mm			
	75	150	300	600
200	6,5	10	18	—
	7,5	11,5	21	—
400	15	20	37	—
	16	21,5	44	—
800	—	51	89	—
	—	58	101	—
1600	—	153	258	—
	—	171	276	—
3500	—	—	1048	2318
	—	—	1188	2508
4000	—	—	1346	2938
	—	—	1532	3160

Die hölzernen Scheiben haben gegenüber den eisernen den Vorzug größerer Leichtigkeit (wirtschaftlicher), 15—20% höherer Kraftübertragung (günstigerer Haftung der Riemen), bequemerer Befestigung (geringes Gewicht; zweiteilig; nur festzuklemmen) und billigeren Preises. Bei ruckweisem Antrieb springen sie nicht so leicht, wie Gußeisenscheiben. Riemenscheiben aus Holzstoff sind ebenfalls sehr fest.

Hölzerne und eiserne Riemenscheiben werden oft der bequemen Montage halber in zwei (zu verschraubenden) Hälften auf der Welle befestigt. Größere Scheiben sind aber besser auf die Welle aufzukeilen.

Die günstigste Übersetzung haben Scheiben im Größenverhältnis 1 : 1 bis 1 : 2 innerhalb eines Winkels von 45° (zwischen der Verbindungslinie ihrer höchsten Punkte und der Wagerechten). Beim geringsten Achsenabstand der Scheiben sollte ein Verhältnis der Scheiben von 1 : 5 nicht überschritten werden, andernfalls empfiehlt sich die Anbringung einer Leitrolle zur Vergrößerung des Reibungsweges auf der kleineren Scheibe (Abb. 80). Man wird sich nicht immer an diese günstigsten Verhältnisse halten können, so daß die

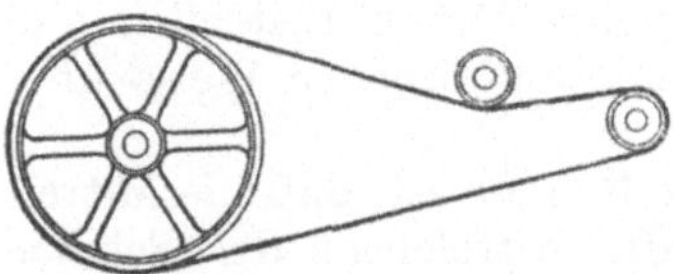

Abb. 80. Riemenübertragung mit Leitrolle.

gegebenen Darlegungen nur als Richtlinien zu werten sind. Der Radius der Riemenscheiben ist $\geqq$ der 50fachen Riemendicke; die Kranzbreite B ist gleich $1,1\,b + 1$ cm, worin b die Riemenbreite bedeutet.

Ein Verlust an Geschwindigkeit tritt durch Rutschen der Riemen auf der Scheibe ein (meist 2—5%). Um ihn möglichst zu verringern, muß die Scheibe glatt gedreht und poliert sein. Zuweilen leistet ein Belegen der Scheibe mit Leder gute Dienste. Bestreuen der Riemen mit Kolophonium hilft zwar vorübergehend, ist aber ihrer Haltbarkeit auf die Dauer recht nachteilig. Anwendung von gutem Riemenwachs empfiehlt sich sehr.

Die Riemenscheiben wölben sich in der Kranzmitte auf (ballig), weil der Riemen dann fester aufliegt (trifft nicht auf Doppelscheiben zu, welche den Riemen bald auf der einen, bald auf der anderen Hälfte laufen lassen). Spurkränze werden nur in allernotwendigsten Fällen an wagerechten Scheiben angebracht (Abb. 81), da sie meist mehr schaden, als nützen (Riemen läuft auf dem Kranze, zerreißt und fällt ab).

Um die angetriebene Welle von der Antriebswelle abzuschalten, gibt man letzterer eine Scheibe von der doppelten Riemenbreite, während erstere zwei Scheiben einfacher Breite nebeneinander trägt (Abb. 82). Die eine von diesen ist fest, die andere sitzt lose auf der Welle (die sog. Los- oder Leerscheibe).

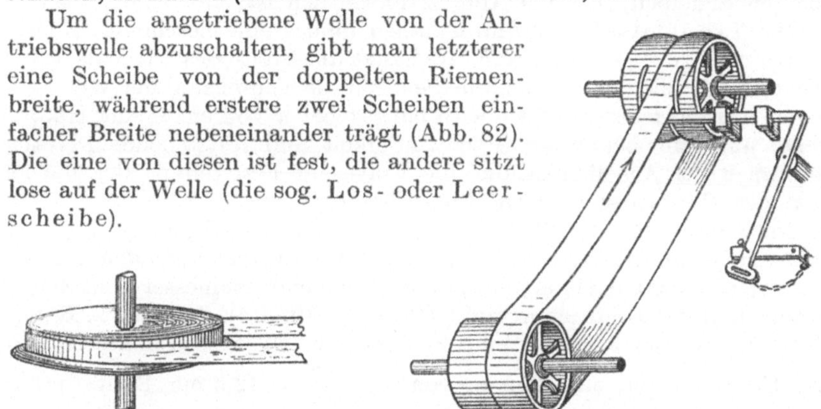

Abb. 81. Spurkranz.   Abb. 82. Ausrückvorrichtung.

Mit Hilfe eines Riemenausrückers kann der Riemen während des Ganges von der einen auf die andere Welle gedrückt und die zweite Welle dadurch ein- bzw. ausgeschaltet werden. Der Ausrücker soll leicht und sicher feststellbar und bequem zu bedienen sein (Unglücksfälle!).

Für Herstellung von Treibriemen ist Leder das teuerste, aber noch immer das gebräuchlichste Material, obgleich es in den aus Baumwolle, Kamelhaaren oder Gummi (Balata) hergestellten Geweben nach und nach starke Konkurrenten erhalten hat. Feuchtigkeit (sie werden naß und rutschen) und hohe Temperatur (sie trocknen und brechen) sind den Lederriemen schädlich.

Für feuchte und feuchtwarme Räume sind Gummiriemen (Balata) mit Leinwandeinlage, Baumwoll- und auch Kamelhaarriemen geeigneter. Diese gewebten Riemen müssen aber zur Abschwächung der Verkürzung durch Feuchtigkeit gut mit Fett imprägniert werden. Die aus einem Gewebe angefertigten Riemen werden von den Führungsgabeln leichter beschädigt, ihr Ein- und Ausrücken muß deshalb langsamer geschehen.

Die Länge eines Transmissionsriemens wird in der Praxis am einfachsten durch Umlegen einer Schnur um die zu verbindenden Riemenscheiben gemessen oder man berechnet nach der Formel

$$\frac{(D_1 + D_2)}{2}\,\pi + 2E\,.$$

(D_1 und D_2 sind die beiden Scheibendurchmesser, E ist die gegenseitige Entfernung der beiden Wellen).

Es ist vorteilhafter (wenn es die Umdrehungsrichtung nicht verbietet) den unteren Teil des Riemens (den „unteren Trumm") den Zug aufnehmen zu lassen. Erstens hängt der Riemen dann nicht so sehr durch bzw. gefährdet den unter der Transmission liegenden Raum weniger und zweitens erhöht der durchhängende odere Teil die Reibung auf den Scheiben, wie aus Abb. 82 ersichtlich ist.

Die Transmissionsriemen haben immer eine bestimmte Kraft zu übertragen. Von dieser Kraft hängt die Breite des Riemens, seine Dicke, die Größe der Riemenscheiben und die Tourenzahl der Welle ab. In den weitaus meisten Fällen wird bei gegebener Tourenzahl der Hauptwelle, ungefähr bekannter Geschwindigkeit und feststehendem Kraftverbrauch der Arbeitsmaschine die Frage auf Feststellung der Stärke bzw. der Breite des Riemens hinauslaufen.

Nach einer für die Praxis genügenden Faustregel ist die Riemenbreite B in Zentimetern gleich der Zahl der zu übertragenden Pferdekräfte mal 30000, dividiert durch den Scheibendurchmesser D in Zentimetern mal der Umdrehungszahl U (in der Minute). So wird z. B. zur Übertragung von 5 PS für eine Scheibe von 80 cm Durchmesser und 150 Umdrehungen ein Riemen von $\frac{5 \cdot 30000}{80 \cdot 150} = 12{,}5$ cm Breite nötig sein. Aus dieser Gleichung folgt, daß die Riemenbreite der Scheibengröße umgekehrt proportional ist. Bei derselben Breite können schneller laufende Riemen eine wesentlich größere Kraft übertragen, als langsam laufende oder, was dasselbe sagt, sie können bei schnellerem Lauf für die gleiche Leistung schmäler werden. Ist b die Breite und δ die Dicke des Riemens, P die zu übertragende Kraft und k_z die zulässige Beanspruchung (Lederriemen 0,125—0,150 kg/mm², doppelte Lederriemen 0,09—0,12 kg/mm², Baumwollriemen 0,125 kg/mm², Gummiriemen 0,125 bis 0,150 kg/mm²), dann gilt für den Riemenquerschnitt F

$$F = b \cdot \delta = \frac{P}{k_z}\,.$$

Für einfache Riemen ist $\delta = 4$ mm bei $b = 30$—40 mm, $\delta = 5$ mm bei $b = 50$—80 mm, $\delta = 6$ bei $b = 90$—100, $\delta = 7$ bei $b = 120$—240, $\delta = 8$ bis $b = 250$—600 mm. Für doppelte Lederriemen ist $\delta \geq 8$ mm bis $b = 1200$ mm, für Baumwollriemen ist $\delta = 6$—18 mm (4-, 6-, 8-, 10fache Riemen) bei $b = 25$—1200 mm; bei Gummiriemen richtet sich δ nach der Anzahl der Stoffeinlagen und b ist 25—1000 mm.

Auf die Tabellen in „Chemiehütte" 1927, S. 413 ff., über Ermittlung der Umfangsgeschwindigkeit aus den Riemendurchmessern und der Zahl der Umdrehungen je Minute und über die Berechnung der Lederriemen sei im einzelnen verwiesen; nur auszugsweise folgen hierunter einige Ziffern:

Naß gereckte Lederriemen strecken sich im Gebrauch nicht so stark wie trocken gereckte, daher ist es vorteilhafter, erstere zu kaufen, weil sie von vornherein etwas dünner genommen werden können (billiger).

Das Verstärken der Lederriemen durch Zusammenleimen oder -nähen mehrerer Lagen ist nicht empfehlenswert. Wenn die Umstände es verbieten, den Riemen auf das notwendige Maß zu verbreitern (immer das beste), ist es vorteilhafter, gewebte Riemen zu verwenden, die in jeder Stärke leicht zu beschaffen sind.

Weil sich jeder neue Riemen zunächst reckt und nach einiger Zeit kürzer gemacht werden muß, ist die erste Riemenverbindung noch keine endgültige; sie wird zweckmäßig und in einfachster Weise durch Krallen oder Schlösser bewirkt. Später ist es am richtigsten, die Enden eines geleimten Riemens zusammenzuleimen bzw. die eines genähten zusammenzunähen (für schnellen Lauf, für halbgekreuzten, Winkel- sowie Kegelscheibenbetrieb notwendig, für gewöhnlichen offenen bzw. gekreuzten Lauf wünschenswert).

Keine gute Riemenverbindung darf dicker als der Riemen sein (Riemenenden für Überschlagverbindung gut abschrägen). Verdickungen bedeuten stets Verkürzung des Riemens, die zu Stößen und zum Reißen des Riemens führen kann.

Ermittlung der Umfangsgeschwindigkeit (v).

Riemendurchmesser D in mm	Zahl der Umdrehungen w je Minute 50 bis 300
200	0,51— 3,14
600	1,57— 9,42
1200	3,14—18,8
1800	4,71—28,3
2200	5,76—34,4

Berechnung der Lederriemen: Anzahl der übertragbaren PS (N).

Riemenbreite mm	Riemenstärke mm	N für Riemengeschwindigkeiten (v in m/s) von 2 bis 30
50	4	0,6— 10
100	6	2,0— 30
150	7	3,5— 52,4
200	7	4,6— 70
250	8	6,6—100
300	8	8,0—120
400	8	10,6—160
500	8	13,4—200
550	8	14,6—220
600	8	16,0—240

Die Harrissche Kralle (Abb. 83) ist für nicht zu schnell laufende und nicht zu breite Riemen sehr bequem, da sie mit großer Leichtigkeit eingeschlagen werden kann. Bei Verbindung durch Riemenschrauben (Abb. 84) müssen die Riemen

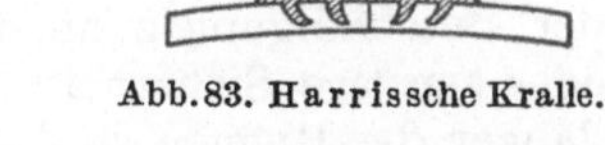

Abb. 83. Harrissche Kralle.

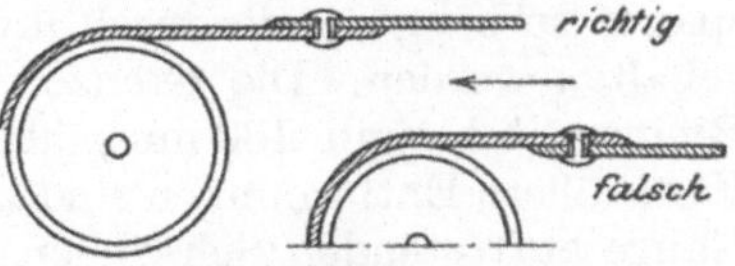

Abb. 84. Riemenschrauben.

so übereinandergelegt werden, daß das untere abgeschrägte Riemenende zur Vermeidung von Stößen nicht auf die Scheibe auf-, sondern von ihr abrollt. Das Verknüpfen der Riemen geschieht entweder (amerikanische Art) in der Art, daß man beide Enden mit sehr festem Binderiemen und geraden Stichen stumpf aneinandernäht und auf der Außenseite bindet, oder in der Weise, daß man sie nach Zuschärfung der Enden mit schrägen Stichen und ohne zu binden übereinander zusammennäht.

Der Riemenspanner dient zum Auflegen stärkerer Riemen auf die Scheiben. Riemen gewöhnlicher Breite werden zunächst in der richtig abgepaßten Länge um die beiden Wellen gelegt, dann verbunden auf die angetriebene Scheibe und schließlich auf die langsam drehende Antriebsscheibe gedrückt. Das Auflegen der Riemen während des Ganges ist untersagt. Trotzdem läßt sich dieses Verbot in der Praxis bei größeren Riemen kaum aufrechterhalten, denn es ist meistens unmöglich, einen richtig gespannten Riemen auf zwei stillstehende Scheiben zu drücken. Man kann aber verlangen, daß diese Arbeit von erfahrenen Leuten mit der nötigen Vorsicht besorgt wird. Unter allen Umständen ist der Gang stark zu verlangsamen und der Maschinist sofort zu verständigen. Auf die langsam drehende Antriebscheibe wird der Riemen natürlich am besten mit einem Riemenaufleger aufgedrückt. Man findet aber trotzdem viele Betriebe, die einen solchen (Verantwortung!) nicht besitzen und das Auflegen immer mit einer festen Stange oder mit der Hand besorgen lassen (prinzipiell nicht zu billigen). Denjenigen, die davon nicht lassen können, empfehle man wenigstens, den Riemen nur mit der flachen geschlossenen Hand und nicht etwa mit den gespreizten Fingern zu halten und auf die Scheibe zu drücken. Läßt man diese Vorsicht außer acht, dann kann man sehr leicht mit dem Daumen zwischen Riemen und Scheibe geraten.

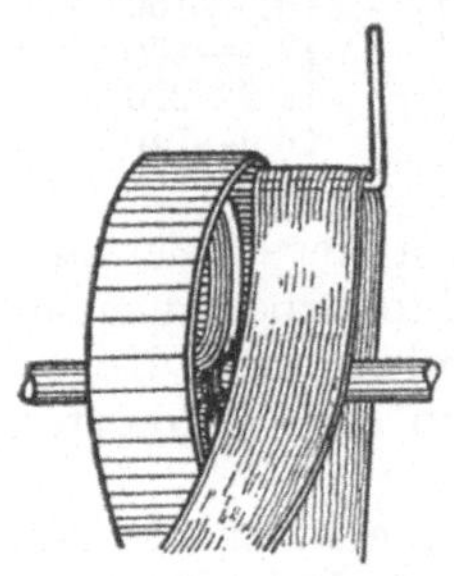

Abb. 85. Riemenaufhänger.

Um zu verhindern, daß ein abgerutschter Riemen auf der Welle scheuert oder sich gar um diese herumschlingt, bringt man neben der Scheibe einen Aufhänger in Form eines Winkelhakens (Abb. 85) an, in dem sich der Riemen hängt. Es empfiehlt sich ferner, unter allen schweren Riemen und überall da, wo durch Reißen des Riemens Unfälle oder Beschädigungen an der Apparatur eintreten können, Fangnetze oder sonstige Sicherheitsvorrichtungen anzuordnen.

Je länger die Riemen sind, um so weniger straff brauchen sie gespannt zu sein, da sie durch ihr eigenes Gewicht auf der Scheibe festgehalten werden. Die Grenze der Wellenentfernung liegt für schmale Riemen (bis rund 100 mm) bei etwa 3 m und für breitere bei 10 m. Für größere Entfernungen sind zur Vermeidung des bei mäßig schnellem Gange auftretenden Schwingens (Stöße) Tragrollen anzubringen. Leitrollen werden bei winkliger oder umständlicher Übertragung notwendig.

Zwecks Erhaltung der Lederriemen und Verhinderung des Gleitens sollen sie von Zeit zu Zeit eingefettet werden (vorher, wenn es genähte Riemen sind, mit warmem Wasser gut reinigen und etwas abtrocknen lassen). Vgl. Abschnitt über die Instandhaltung der Betriebseinrichtungen.

Preise der Lederriemen (Breite × Stärke des Riemens in Millimetern × nachstehender Wertzahl [für „nur gekittete" Riemen; Lederleimkittung]):

	6 mm u. mehr *RM*	unter 6 mm *RM*
Naßgestreckte Riemen, reine Grubengerbung .	1,57	1,53
„ „ gemischte Gerbung .	1,36	1,34
Trockengestreckte Riemen, gemischte Gerbung	1,24	1,15
Gewöhnliche Riemen aus gewöhnlichem Leder	1,02	1,00

Aufschlag für wasserbeständige Kittung . . . . 7,5 %
„ „ Imprägnieren . . . . 5,0 %
„ „ Sonderriemen für Motoren, Walzwerke oder Antriebe,
Halbkreuz- oder Konusriemen . . . . 10,0 %

Der **Hanfseilantrieb** ist in vielen Fällen geeignet, den Riemenantrieb zu ersetzen (besonders in geschlossenen Räumen und über große Entfernungen). Die gleichzeitig das Schwungrad bildende Seilscheibe ist mit einer Anzahl Rillen versehen, welche bei zunehmendem Kraftbedarf nach und nach mit weiteren Seilen belegt werden können. Von einem solchen Schwungrade aus kann auf mehrere Transmissionen Kraft übertragen werden. Entsprechen der Zahl der Rillen ebenso viele unhängige Seile, dann redet man von englischem Antrieb mit Dehnungsspannung. Amerikanisch heißt ein Seilantrieb mit Belastungsspannung, bei dem ein einziges endloses Seil in sämtlichen Rillen beider Scheiben läuft. Bei vielen Seilen hat der englische Antrieb den Nachteil, daß infolge ungleichmäßiger Spannung große Kraftverluste entstehen können, das Reißen eines Seiles ist dagegen nicht von besonderer Bedeutung. Beim amerikanischen Antrieb ist die Kraftverteilung sehr ausgeglichen, aber der Bruch des Seiles bringt das ganze Werk zum Stillstand.

Der Abstand der Seilscheiben soll mindestens 10—12 m und ihr Durchmesser wenigstens das 30fache der Seildicke betragen (25—50 mm, auch quadratisch oder dreikantig). Die relativ beste Übertragung wird bei einer Geschwindigkeit von etwa 10—20 m in der Sekunde erreicht; als äußerste Grenze sind 28—30 m zu bezeichnen (darüber hinaus wirkt die Zentrifugalkraft nachteilig).

Bei Anlage von Seilantrieben beachte man, daß unter den Seilen genügend Raum für die Durchhängung vorhanden ist, um ein Aufschleifen und eine Beschädigung der Seile zu vermeiden. Im Freien laufende Seile sind gut zu schmieren, um den (verkürzenden) Einfluß der Feuchtigkeit abzuhalten.

Badischer Schleißhanf ist besser, als Manilahanf, der zwar größere Tragkraft besitzt, aber zu spröde wird, leicht bricht, sich stark streckt und daher auch größere Seilscheiben verlangt. Baumwollseile besitzen große Geschmeidigkeit, Elastizität und Biegsamkeit, sind aber teurer. Sie eignen sich besonders für kleine Scheibendurchmesser, geringen Achsenabstand sowie für gekreuzten, sehr steilen und mit starken Stößen verbundenen Seilantrieb.

Drahtseilantriebe sind für Übertragungen im Freien und auf sehr große Entfernungen (mindestens 25 bis zu 2000 m) unter Anwendung von Zwischenscheiben zu empfehlen. Voraussetzung ist, daß die Scheiben

genau in derselben senkrechten bzw. ihre Achsen möglichst in derselben
wagerechten Ebene liegen, daß das untere Seil zieht und daß die Ge-
schwindigkeit groß genug ist, um das Seil dünn wählen zu können.
Der Seilscheibendurchmesser soll in der Regel das 150—200fache der
Drahtseildicke (für kleinere Scheiben das 120—150fache) betragen. Zur
Verringerung der Abnutzung sind die Rillen oder Seilscheiben oft mit
Hirnleder gefüttert.

Die Draht- und Hanfseile sollten nicht durch Seilschlösser, sondern
durch sorgfältiges Zusammenspleißen verbunden werden (Vermeidung
von Stößen und Schwankungen in der Kraftübertragung).

Für die Seilbetriebe wählt man im allgemeinen 6—8fache Sicherheit.

Druckluft und Druckwasser.

In chemischen Betrieben dient Druckluft hauptsächlich zum Weg-
drücken von Flüssigkeiten, zum Rühren und zum Durchlüften. Die Luft
wird in Kompressoren verdichtet, in Druckwindkesseln (auf einen
bestimmten Druck geprüfte eiserne Kessel) aufgespeichert und in eisernen
Leitungen nach den Orten des Verbrauches geführt. An diesen letzteren
befinden sich Manometer und (manchmal) Zwischengefäße, um die
Verunreinigung durch mitgerissenen Eisenrost, Verpackungsreste, Öl
u. dgl. auszuschließen. Die druckluftaufnehmenden Montejus usw.
müssen auf die Spannung der Druckluftleitung geprüft und mit einem
entsprechenden Abblaseventil versehen sein.

Die Druckzylinder der Kompressoren sind häufig mit einem Kühlmantel für fließendes Wasser umgeben, da sich die Luft stark erhitzt,
indem gleichzeitig die Leistungsfähigkeit der Kompressoren aus verschiedenen Gründen zurückgeht.

Auf die Berechnung der Kompressoren und ihre verschiedenen
Typen (Kolben- und Turbokompressoren) kann hier nicht eingegangen werden. Bei 2—26 m³ minutlicher Ansaugeleistung (entsprechend 270—150 Umdrehungen in der Minute) sind Saugrohr-
anschlüsse von 80 bis 275 mm Weite und Druckrohranschlüsse von 50
bis 175 mm Durchmesser notwendig. Der Kraftbedarf beträgt für 1 m³
minutlich angesaugte Luft bei 6 Atm. Enddruck 6,8—6,3, bei 8 Atm.
7,75—7,18, bei 9 Atm. 8,23—7,6 und für 10 Atm. 8,6—7,94 PS usw.
Wegen Einzelheiten sei auf „Chemiehütte“ 1927, S. 475ff., verwiesen.
Auch „blasende“ Ventilatoren sind Drucklufterzeuger (für geringeren
Überdruck). Der Kompressorbau hat seit der technischen Verflüssigung der
Gase und namentlich seit Verwirklichung der Ammoniaksynthese (250
bis 800 Atm. Druck) außerordentlich große Fortschritte gemacht (vgl.
Abschnitt „Bewegen von Gasen“).

Nach dem Prinzip der Dampfmaschine gebaute Druckluft-
maschinen finden weniger Verwendung; das gleiche gilt von den
eigentlichen Druckluftmotoren. Dagegen hat sich die Benutzung
von Druckluft bei gewissen Werkzeugmaschinen (Niethämmern,
Bohrern, Stampfern usw., 6 Atm. Preßluft; Verbrauch 1—2 m³/min.;
Leistungssteigerung 3—5fach) sehr gut bewährt. In pneumatischen
Anlagen kann Druckluft (neben Saugluft) auch zum Fördern von

festem, pulvrigem oder kleinstückigem Gut, von Briefen, Paketen (Rohrpost) u. dgl. dienen.

Druckwasser wird mit Hilfe von Pumpen auf den geforderten Druck gebracht und vom Druckbehälter aus durch die Druckleitungen verteilt. Es wird zum Antrieb von Kränen und Aufzügen in Lager-

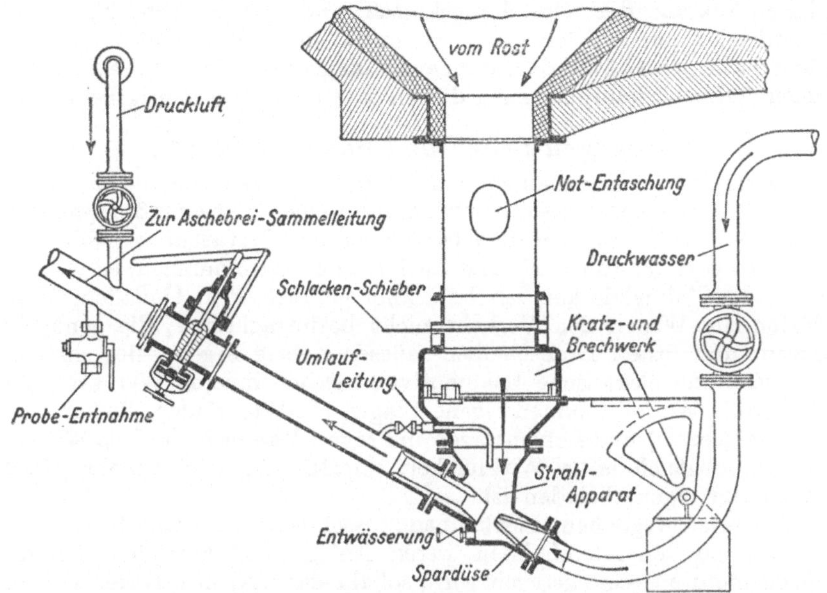

Abb. 86. Entaschung mittels Druckwasser (Seiffert). TWL 1607.

räumen, zum Wegschaffen von Schlamm, von stückigem Gut usw. (Zuckerrüben, Asche, Spülversatz) sowie zum Betrieb von Wassersäulenmaschinen, hydraulischen Pressen, Rührwerken usw. unter besonderen örtlichen oder fabrikatorischen Verhältnissen benutzt. Die Abb. 86 zeigt das Schema einer **Entaschung mit Druckwasser.**

Transporteinrichtungen.

Die Transportfrage kann für die Wirtschaftlichkeit und für die Lebensmöglichkeit einer Fabrikanlage ausschlaggebend sein. Das natürliche Vorkommen mancher Rohstoffe zwingt eine Reihe von Fabrikbetrieben dazu, sich in ihrer Nähe niederzulassen. Alle weiteren Punkte, wie Anfuhr von Kohle und anderen wichtigen Hilfsstoffen, Abtransport der Fabrikate usw., müssen berücksichtigt und die Gestehungskosten vorher genau durchgerechnet werden (an genügende Sicherheit denken).

Die zunächst in Betracht kommenden allgemeinen Transportmittel sind die Eisenbahnen, die Schiffahrtswege und die verschiedenen Straßen. Zu den Transportvorrichtungen von örtlicher Bedeutung gehören die Schmalspur-, Feld-, Seil-, Hängebahnen und Elektrokarren. Daneben spielt noch das Fuhrwerk und namentlich das Automobil in sehr vielen Fabriken eine wichtige Rolle. Der Materialbeförderung innerhalb der Fabrik dienen Transportbänder, -riemen oder -schnecken, Förderrinnen und Becherwerke, Aufzüge, Flaschenzüge, Winden, Kräne, Pumpen, Gebläse, Ventilatoren, Injektoren u. dgl.

Schon an anderer Stelle wurde darauf hingewiesen, daß sich Einschränkung der Gestehungskosten und glatte Abwicklung der Fabrikation nur erzielen lassen, wenn die Betriebsapparatur im Sinne eines natürlichen Materialdurchganges angeordnet ist[1]. Die verschiedenen Transporteinrichtungen dürfen sich nicht gegenseitig behindern.

Bewegen fester und flüssiger Stoffe.

Bezüglich der **Eisenbahnen** muß an Hand des wahrscheinlichen Güterein- und -ausgangs festgestellt werden, ob ein eigener Anschluß empfehlenswert ist. Das Gesetz über die Kleinbahnen und Privatbahnanschlüsse in Preußen vom 28. Juli 1892 (und Ausführungsbestimmungen) ist wichtig. Wird das Bahngleis auf den Fabrikhof geführt (kein Umladen), dann dürfen die Wagen den Verkehr nicht beeinträchtigen; die genügend langen und festen Drehscheiben müssen richtig liegen. Bequem sind feuerlose und elektrische Lokomotiven für den inneren Werksverkehr. Für große Werke kommen eigene Wagen (Selbstentlader, Boden- oder Seitenentleerer) und Lokomotiven in Frage. Man rechnet einen Waggon = 10 t, obgleich er in Wirklichkeit mit 15—17,5 t und mehr (Großraumgüterwagen) beladen ist.

Die **ortsbeweglichen Eisenbahnen** (ausschließlich örtliche Bedeutung) gehören zu den Kleinbahnen, deren Anlage und Betrieb durch das obengenannte Gesetz geregelt wird, sobald sie aus dem privaten Fabrikgelände hinausführen und auf öffentlichen Grund und Boden übergehen.

Den wechselnden Ansprüchen folgend, sind sie verschiedenartig gebaut. Die Industrie- und Feldbahnen haben bewegliche Gleisjoche von etwa 3 m Länge, die auf die Erde gelegt und durch verschraubbare Laschen miteinander verbunden werden (auch Kurven, Weichen, Kreuzungen, Wendeplatten, Drehscheiben u. dgl.). In vielen Fällen sind Kippwagen üblich, die ein schnelles Entleeren des Wagenoberteiles gestatten, ohne daß sich das Rädergestell aus den Schienen hebt. Bei doppelgleisigen Anlagen ist es zweckmäßig, den Gleisen (wenn auch nur ganz mäßiges) Gefälle in Fahrtrichtung zugeben, weil dadurch z. B. die Bewegung von Hand sehr erleichtert wird. Sonst sind Zugtiere, Dampf, elektrische oder Motorlokomotiven oder Seilbetrieb anwendbar.

Der Seilbetrieb, der auch beim Rangieren von Vollbahnwagen Verwendung findet, ist bei größeren Entfernungen und regelmäßigem Verkehr recht sparsam. Die Wagen werden an das in beständiger Bewegung befindliche Zugseil gekuppelt und am Orte der Entladung (auch automatisch) gelöst. Schon dieser Seilbetrieb läßt sich bei starkem Gefälle mit Vorteil benutzen. Noch günstiger werden die Drahtseil-

---

[1] Vgl. C. Michenfelder: Die Materialbewegung in chemischen Betrieben. Leipzig 1915. — G. v. Hanffstengel: Billig verladen und fördern. 3. Aufl. Berlin 1926.

schwebebahnen, weil sie vom Gelände und von Witterungsverhältnissen, wie Schnee, Glatteis usw., ganz unabhängig sind (geradlinige Führung, doch Kurven möglich).

Bei den ein- oder zweigleisigen Drahtseilbahnen unterscheidet man je nach Betriebsart das Einseil- oder Zweiseilsystem. Bei ersterem ist das Tragseil zugleich Zugseil. Bei letzteren besteht das Tragseil meist aus Stahldraht. Die Seile liegen in einer Endstation fest und werden an der anderen durch eine selbsttätig wirkende Spannvorrichtung straff gehalten. Bei zweigleisigen Bahnen beträgt die Seilstärke z. B. für beladene Wagen 25—40 mm, für Leerwagen 18—28 mm (Unterstützung in Abständen von 50—100 m). Das 10—25 mm starke Zugseil bewegt sich mit einer Geschwindigkeit von 1—3 m in der Sekunde unterhalb des Tragseils.

Die Seilbahnwagen sind durch das Gehänge mit dem Laufwerk verbunden; die Kupplung dient der in jedem Augenblick lösbaren Verbindung mit dem Zugseil. An den Endstationen gehen die Drahtseilbahnen häufig in Hängebahnen über, die sich von den Seilbahnen durch die feste Laufschiene unterscheiden (Elektrohängebahn, Elektrowinden, Laufkatzen). Hängebahnen (durchschnittlich 2 m über Flur liegende Tragschiene) sind überall da am Platze, wo ebenerdige Gleise stören würden und der Raum frei bleiben soll. Allgemein kann man bei diesen Transportmitteln mit einer 10—15jährigen Brauchbarkeit rechnen. Die jährlichen Unterhaltungskosten betragen erfahrungsgemäß 1% des Anlagekapitals.

Die Pferdefuhrwerke (Abschlüsse mit fremden Fuhrherren; werkseigener Wagenpark) sind in den meisten Fällen durch Lastkraftwagen, Elektrokarren, Schlepper usw. nahezu verdrängt worden. Bei 8stündiger Tagesleistung kann ein Lastfuhrwerk in der Stunde etwa 3 km zurücklegen. Das Gewicht eines leeren Einspänners beläuft sich auf etwa 600, das eines Zweispänners auf 1000 und das eines Vierspänners auf rund 1500 kg. Das Ladegewicht eines zweispännigen Fuhrwerks beträgt je nach Güte der (ebenen) Straße 1—3 t (bei zunehmender Steigung von 1 : 100 auf $^1/_2$ herabzusetzen). Ein Lastkraftwagen hat 4,5—5 t Tragkraft oder mit Anhänger 9,5—10 t. Bei 8—10stündigem Betrieb sind die Beförderungskosten bei den mit Selbstentladevorrichtung (geeignete Beladeanlage) versehenen Lastkraftwagen und bei Schleppern geringer, als bei Pferdewagen. Die Elektrokarren sind letzten Endes aus dem Handwagen entstanden; ihre Batterieladung reicht in der Regel für etwa 40 Nutztonnen/km aus; ihre Geschwindigkeit ist etwa 2 m/s. Kraftwagenbeförderung kann[1] mit einer Bahnanlage dann nicht in Wettbewerb treten, wenn es sich um dauernden Transport größerer Mengen zwischen zwei festen Punkten handelt. Die sich ständig bessernde Wirtschaftlichkeit des motorischen Antriebs auf der einen und die steigende Tendenz der Reichsbahnfrachten auf der anderen Seite verschieben das Verhältnis immer mehr und mehr zugunsten des Lastkraftwagenbetriebes, wenn es sich nicht um Bewegung von Massengütern oder große Entfernungen handelt.

---

[1] Vgl. v. Hanffstengel: Billig verladen und fördern, S. 103. Berlin 1926.

Auf die mannigfachen Entladevorrichtungen, wie Waggonkipper, Boden- und Seitenentleerer, Einspeicherungsapparate, Greifbagger usw. kann hier nur hingewiesen werden. Auch hinsichtlich der Verladung ist man bestrebt, durch Einbau von Kränen, Schurren, Absackvorrichtungen, Verladeschnecken usw. Handarbeit möglichst auszuschalten. Wo diese nicht zu umgehen ist, ist sie durch Bau geeigneter Rampen oder Benutzung zweckdienlicher Karren usw. möglichst wirtschaftlich zu gestalten.

Die zur Beförderung über kürzere Entfernungen dienenden Transportmittel können je nach Förderrichtung in solche für Vertikal-, Horizontal- oder Schrägtransport (oder nach der Art des Fördergutes in solche für feste Körper und Flüssigkeiten) eingeteilt werden. Bei Vertikaltransport kommen die Aufzüge und Hebeapparate in Betracht. Die Aufzüge bestehen im wesentlichen aus einer Plattform, dem Fahrstuhl, der sich in einer Führung, dem Schachte, auf und ab bewegt (Handbetrieb, Dampf, elektrischer und hydraulischer Betrieb). Einrichtungen zur Steuerung sowie Sicherungen gegen Herabstürzen sind notwendig.

Mit Handaufzügen können Lasten bis zu 500 kg gehoben werden; bereits bei über 200 kg stellt sich jedoch auf die Dauer eine mechanische Kraftquelle billiger.

In Fabriken sind elektrische und Transmissionsaufzüge allgemein im Gebrauch.

Die hydraulischen Aufzüge können in verschiedener Weise bewegt werden. Hochstehende Behälter, Pumpen oder die Wasserleitung liefern das Druckwasser (Wirkung direkt oder indirekt: Plungeraufzüge bzw. hydraulische Aufzüge).

Die bei den Aufzugsbetrieben sehr notwendigen Sicherungsmaßnahmen bestehen in Anordnung von selbsttätig wirkenden Sperrklinken (bei Aufzügen mit Handkurbelbetrieb), Fallbremsen und Fangvorrichtungen, die den Fahrstuhl bei Seil- oder Kettenbruch vor dem Hinabstürzen in die Tiefe sichern. Ferner sind Einrichtungen zu treffen, welche den Zugang zum Fahrstuhl vom Stande des letzteren abhängig machen (die Türen werden z. B. vom Triebwerk so lange geschlossen gehalten, bis der Fahrstuhl angekommen ist, und die Bewegung des Fahrstuhles bei geöffneter Tür wird unmöglich gemacht). Überdachung des Fahrstuhles empfiehlt sich. Alle rollenden Gegenstände sind auf Fahrstühlen festzulegen.

Die Sicherungen des Fahrstuhlbetriebes und die Begrenzung der Höchstlastung unterstehen baupolizeilicher Kontrolle.

Die Geschwindigkeit der verschiedenen Fahrstuhlsysteme beträgt je Sekunde:

bei Handbetrieb . . . . 5— 11 cm
„ Riemenbetrieb . . . . 20— 30 „
„ direktem hydraulischen Betrieb . . . . 70— 80 „
„ indirektem hydraulischen und elektrischen Betrieb . . 50—150 „

Die Anlagekosten sind abhängig von Hubhöhe und Nutzlast.

Flaschenzüge sind die gewöhnlichsten Apparate zur Hebung und Bewegung von Lasten. Sie bestehen in der einfachsten Form aus einer festen und einer beweglichen Rolle (Rollenflaschenzug). Die anzuwendende Kraft ist gleich der halben Last. Zur vorteilhafteren Ausnutzung werden mehrere untereinander lose zu Kloben oder Flaschen verbundene Rollen a vereinigt (Abb. 87). Das Verhältnis von Kraft zu Last (umgekehrt proportional dem zurückgelegten Weg) ergibt sich aus der Zahl der Seile.

Der Differentialflaschenzug besteht aus einer unteren, beweglichen, zum Aufhängen der Last geeigneten Rolle und zwei oberen, verschieden großen, aus einem Stück hergestellten, um eine Achse drehbaren Rollen. Eine endlose Kette läuft, ohne zu gleiten, in dem aus Abb. 88 ersichtlichen Sinne so über diese Rollen, daß ein Heben der Last

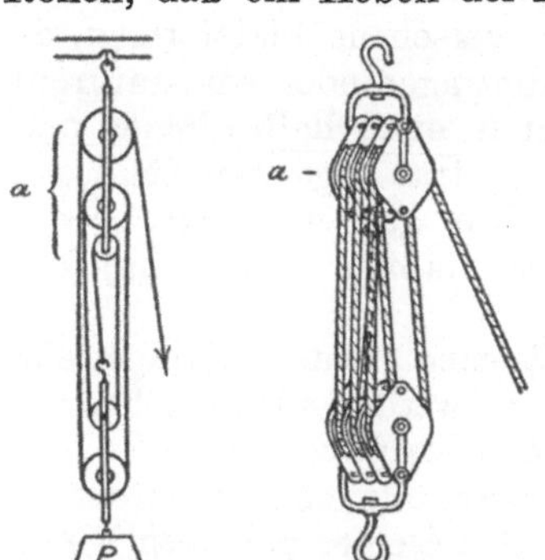

Abb. 87. Rollenflaschenzug.

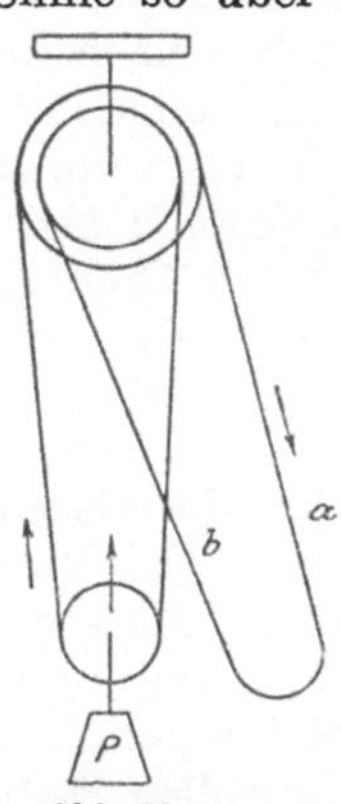

Abb. 88.
Differential-
flaschenzug.

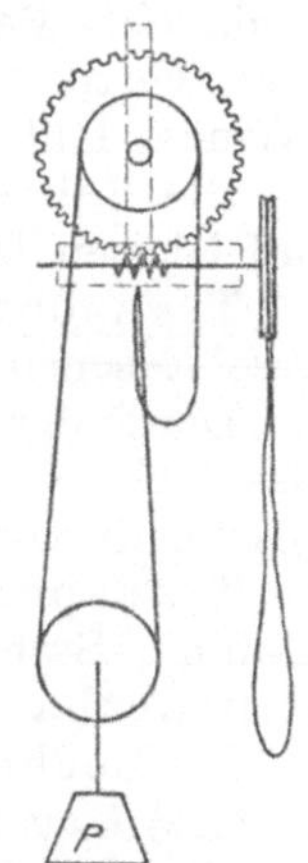

Abb. 89.
Schrauben-
flaschenzug.

durch Ziehen bei a und ein Senken durch Ziehen bei b möglich ist. Aus dem gewöhnlich $1/_{10}$ betragenden Durchmesserunterschied des oberen Rollenpaares ergibt sich das Kraft- und Lastverhältnis.

Mit dem Schraubenflaschenzug kann man bequem Lasten bis 10000 kg heben; ein Herabrollen der Last in der Ruhelage ist dabei ausgeschlossen. Er unterscheidet sich vom vorigen dadurch, daß der Unterschied des oberen festen Rollenpaares größer ist, daß allein die kleinere Rolle, Kettennuß genannt, die den Kettengliedern entsprechenden Vertiefungen trägt und daß die größere Rolle einen Schneckenantrieb besitzt, der durch Kurbelrad und Kette betätigt wird. Die Anordnung der Lastkette und die Wirkungsweise des Flaschenzuges geht aus Abb. 89 hervor.

Die Flaschenzüge sollten nie bis zu ihrer höchsten Tragfähigkeit beansprucht werden!

Sehr verbreitet sind die Kettenflaschenzüge, bei denen die Seile durch Ketten ersetzt sind. Der bekannte Demag-Flaschenzug von $1/_4$—5 t Tragkraft ähnelt einem elektrisch betätigten Kran.

Die **Winden** werden als direkt und indirekt wirkende gebaut. Erstere (Zahnstangen-, Schrauben- und hydraulische Winden) haben nur kleinen Hub (0,5—1 m), können aber, von einem Manne bedient, bis 20000 kg heben. Die bekannten Wagen- oder Bockwinden (auch Daumenkraft genannt) gehören zu diesen.

Die indirekt wirkenden Winden dienen dem Heben auf größere Höhen (Seile, Gurten und Ketten). Das Gestell dient als Lager für eine Welle, die ihrerseits zwecks Aufnahme des Seiles zu einer Trommel umgestaltet ist. Die Trommel selbst wird entweder direkt oder indirekt (Zahnradantrieb) mittels Kurbel bzw. Transmission bewegt (dazu Brems- und Umschaltvorrichtungen für das Auf- und Abwickeln des Seiles). Steht eine solche Trommelwinde auf einer Schiebebühne, dann bildet sie mit dieser zusammen einen Laufkran (für wage- und senkrechte Bewegungen). Die Drehkräne stellen im wesentlichen um eine vertikale Säule drehbare Richtebäume dar. Die Lastkette (Winde) läuft über Rollen nach dem äußersten Teile des Auslegers.

Die Schiebebühnen sind mit Rädern versehene Plattformen, die auf Gleisen laufen (Bewegen von Eisenbahnwagen oder Apparaturen).

Transportschnecken heben das Gut in einer halb offenen oder geschlossenen Rinne durch Drehung einer zentral liegenden Schnecke.

Die Schwingförderrinne wippt in ihrer ganzen Länge, so daß das darin befindliche Material ruckweise (bei mäßiger Steigerung) fortgeschnellt wird.

Transportbänder, die als endlose Riemen (Leder, Hanfgewebe, Gummi, Stahlblech usw.) auf Rollen laufen, werden vielfach benutzt (Gliederbandförderer, Kratzer und Schlepper).

Die Becherwerke, Bagger und Elevatoren (auch Paternosterwerke) tragen eine Reihe von Bechern z. B. an einer endlosen Kette, die über zwei Führungsrollen läuft, von denen die eine zugleich dem Antrieb dient. Die Becher bewegen sich entweder frei oder im sog. Elevatorschlauch oder -schacht. Greifer, Löffelbagger usw. dienen Sonderzwecken bei Bewältigung großer Massen in Kiesgruben, im Braunkohlentagebau usw.

Bewegen von Flüssigkeiten.

Wir unterscheiden die durch Dampfmaschine oder Motor angetriebenen Pumpen und die direkt mit Dampf oder Druckluft (Druckwasser) arbeitenden Montejus, Pulsometer, Injektoren usw.

Die Eignung ihres Baustoffes spielt in chemischen Betrieben eine Hauptrolle.

Pumpen (Chemiehütte 1927, S. 456ff.). Die Förderhöhe einer jeden Pumpe setzt sich aus der Saug- und Druckhöhe zusammen. Ihre Wirkungsweise ist ebenso verschieden, wie die Art ihres Antriebes (Kolben-, Membran-, Rotations- und Zentrifugalpumpen bzw. Motor-, Dampf-, Transmissions- und Handpumpen).

Aufstellung der Pumpen. Die liegende Form ist mechanisch die stabilste, die frei stehende muß sehr gut verankert sein, verlangt jedoch wenig Platz. Wandpumpen können und dürfen nur wenig Raum einnehmen.

Reserveteile für Pumpen müssen vorhanden sein. Es ist besonders ratsam, für Ventildeckel bzw. -sitze sowie andere Armaturen Spezialschlüssel und Ersatzteile vorrätig zu haben. Das Fehlen eines an sich unbedeutenden Gegenstandes kann den ganzen Betrieb mehrere Tage aufhalten!

Von den Saug- und Druckleitungen gilt das über die Leitungen im allgemeinen Gesagte. Die Weite, die berechnet werden muß, ergibt sich aus den Stutzendurchmessern für die Rohranschlüsse. Scharfe Krümmungen und Querschnittsverengungen sind zu vermeiden, da sie einen Mehrverbrauch von Kraft bedingen bzw. die Pumpenleistung beeinträchtigen. Längere Leitungen werden mit Rücksicht auf die erhöhte Reibung etwas weiter gewählt. Heiße Flüssigkeiten sollen der Pumpe am vorteilhaftesten zufließen. Die Saughöhe soll, wenn irgend angängig, 7 m nicht übersteigen; die Leitung selbst erhält geringe Steigung nach der Pumpe zu, damit die Luft entweichen kann. Bei längeren Saugleitungen bringt man außer dem Saugventil am Ende der Leitung auch ein Fußventil an, welches im Fußkorb sitzt. Der Fußkorb ist das bauchig erweiterte, siebartig durchlöcherte Ende der Saugleitung; er soll gröbere Fremdkörper zurückhalten.

Die Wassergeschwindigkeit soll in der Saugleitung etwa 1 m und in der Druckleitung nicht über 2 m betragen.

Zur Vermeidung stoßweiser Bewegung der Flüssigkeiten in den Saug- und Druckrohren (Wasserschläge) werden nahe am Pumpenkörper Windkessel angeordnet. Ihre Größe muß den Rohrlängen und -weiten angepaßt sein. Saugwindkessel (mit Vakuummesser, Wasserstand, Lufthahn und Füllvorrichtung) fassen gewöhnlich das 5—7fache und bei längeren Leitungen das 15fache des Pumpenvolumens; Druckwindkessel (mit Manometer, Sicherheitsventil, Luftauffüllvorrichtung und, unter Umständen, Schnüffelventil am Pumpenkörper) entsprechen gewöhnlich dem 2—3fachen bzw. dem 3—6fachen dieses Volumens.

Für Bestellung von Pumpen ist wichtig, die Art des Antriebes (Hand, Transmission mit Tourenzahl, Dampf oder Motor) und der Aufstellung (stehend oder liegend) sowie die Leistung in der Minute, die Beschaffenheit des zu pumpenden Gutes, die Saug- und Druckhöhen und die Länge der Rohrleitungen anzugeben (auch etwa beabsichtigte Verwendung zu Feuerlöschzwecken).

In den Kolbenpumpen bewegt sich ein Kolben im Zylinder hin und her, welcher die Flüssigkeit abwechselnd ansaugt und fortdrückt. Wenn der Kolben bei einem Hub nur saugt und beim nächsten nur drückt, also umschichtig arbeitet, nennt man die Pumpe eine einfachwirkende. Wird aber bei jedem Gang gleichzeitig auf der einen Seite gesaugt und auf der anderen gedrückt, dann ist die Pumpe doppeltwirkend. Die einfachwirkenden Pumpen haben also stets zwei Ventile, das Saugventil für Eintritt der angesaugten und das Druckventil für Austritt der fortgedrückten Flüssigkeit; die doppeltwirkenden Pumpen besitzen zwei Saug- und zwei Druckventile.

Der Wirkungsweise nach zerfallen die Kolbenpumpen in Saug-, Druck- sowie vereinigte Saug- und Druckpumpen. Saugpumpen haben größere Saughöhe als Druckpumpen, können aber mit Rücksicht auf die nicht vollkommen zu erreichende Luftleere das

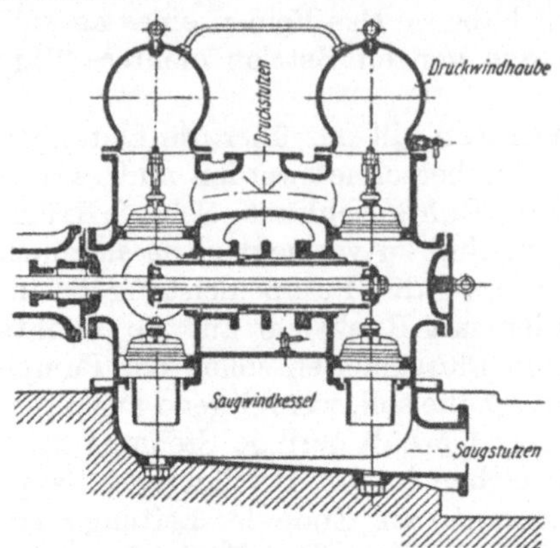

Abb. 90. Doppeltwirkende, liegende Kolbenpumpe.

Wasser nur bis zu 7 oder 8 m Höhe saugen. Das Druckventil befindet sich im Kolben, während das Saugventil an der Stelle liegt, wo das Saugrohr in den Zylinder übergeht. Die Abb. 90 zeigt eine doppeltwirkende, liegende Kolbenpumpe für größere Leistungen. Für klare Flüssigkeiten werden die Kolbenpumpen als Scheiben-, für verunreinigte als Plungerpumpen gebaut. Einige Angaben über stehende Thermisilid-Plungerpumpen Type Tsk der Amag-Hilpert-Pegnitzhütte, Nürnberg, für Salpeter- oder Schwefelsäure usw. folgen hierunter.

Type	Tsk I 15	Tsk II 15	Tsk II 20
Anzahl der Kolben	1	2	2
Kolbendurchmesser . . . . mm	95	95	130
Hublänge . . . . ,,	150	150	200
Hubzahl . . . . je min	40—50	40—50	35—40
Leistung . . . . . je min in l	40—50	80—100	175—200
Zulässige manometrische Förderhöhe . . . . m	40	40	40
Kraftverbrauch bei 40 m Förderhöhe . . . . etwa PS	0,7—0,9	1,3—1,6	2,7—3,0
Durchm. der Riemenscheibe mm	1000	1000	1200
Breite der Riemenscheibe . ,,	120	120	175
Gewicht der Pumpe . . etwa kg	460	680	1500
Höhe bis Mitte d. Kurbelwelle mm	1425	1425	1865
Breite . . . . ,,	1000	1270	1700
Saugrohranschluß (l. W.) . ,,	70	70	100
Druckrohranschluß (l. W.) . ,,	50	50	70
Fundamentanker	$^7/_8'$ engl. $\times$ 600	$^7/_8'$ engl. $\times$ 600	$1^1/_4'$ engl. $\times$ 850

Bei den Membranpumpen (auch sog. kolbenlose Membranpumpen) sind Kolben und Zylinder durch eine zwischengeschaltete elastische Membran geschützt. Diese trennt den Zylinder vom Ventilgehäuse, folgt aber den Kolbenstößen, indem sie die Flüssigkeit abwechselnd ansaugt und fortdrückt (Abb. 91). Membranpumpen, welche aus sehr verschiedenem Baustoff hergestellt werden, eignen sich ganz besonders zur Förderung von Säuren, sandigen, körnigen und nicht homogenen Schlammtrüben usw. An ihrer Stelle benutzt man heute auch Pumpen, bei denen alle mit der Säure in Berührung kommenden Teile aus widerstandsfähigen Baustoffen hergestellt oder mit ihnen überzogen sind. In den bewährten Ferraris-Säurepumpen ist die Membran durch eine Ölschicht ersetzt; die einzelnen Typen leisten 1,7;

3,2, 4,5, 5,4, 6,4 und 9 m³/h. Auch Steinzeugpumpen findet man vielfach in der Technik.

Schlitzpumpen arbeiten ohne Saugventile.

Kreiselpumpen fördern die Flüssigkeit in der Weise, daß der Kolben Drehbewegungen ausführt. Sie sind einachsig. In ihrem Zylinder liegt exzentrisch eine Walze mit mehreren in Ausschnitten beweglichen Scheidewänden, welche ihrerseits durch Federn gegen die Zylinderwand gedrückt werden. Die Wirkungsweise ergibt sich aus Abb. 92. Zu den Kreiselpumpen mit mehreren Achsen gehören die Kapselräder (Abb. 93). In luftdicht schließenden Kapseln kreisen (äußerer Stirnradantrieb) paarweise gezähnte Walzen, die genau nach den Regeln des Zahnrades konstruiert sind. Das Ineinandergreifen der Zähne erzeugt

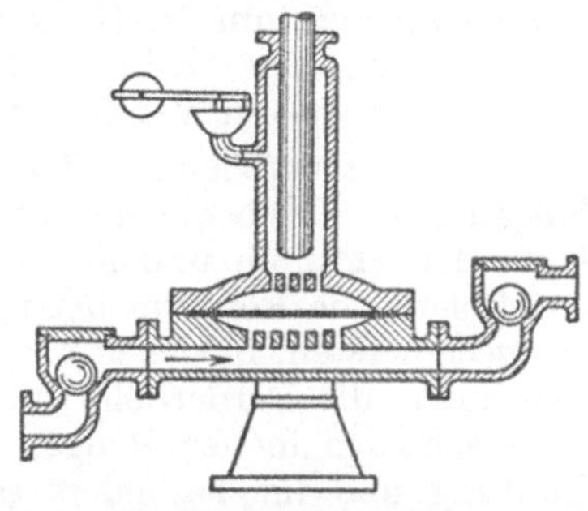

Abb. 91. Membranpumpe.

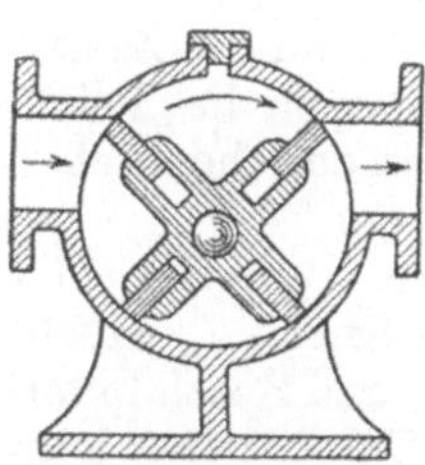

Abb. 92. Kreiselpumpe.

Abb. 93. Kapselrad.

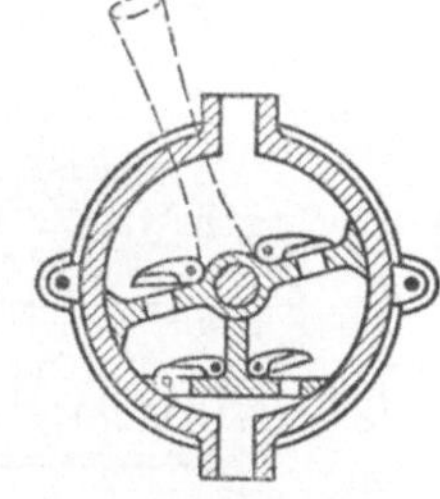

Abb. 94. Flügelpumpe.

in einem Teil der Kapsel ein Vakuum; das dadurch eingesaugte Wasser wird von den Zähnen mitgenommen und auf der anderen Seite herausgedrückt. Alle Kreiselpumpen bedürfen sehr hoher Umdrehungsgeschwindigkeit.

Die Flügelpumpe (Abb. 94) ist leicht beweglich und für Handbetrieb sehr verbreitet. Die Flügel sind mit zwei Druckventilen versehen; der Boden des scheibenförmigen Gehäuses trägt die Saugventile; die schwingenden Bewegungen des Ventilpaares saugen die Flüssigkeit einseitig an und drücken sie heraus.

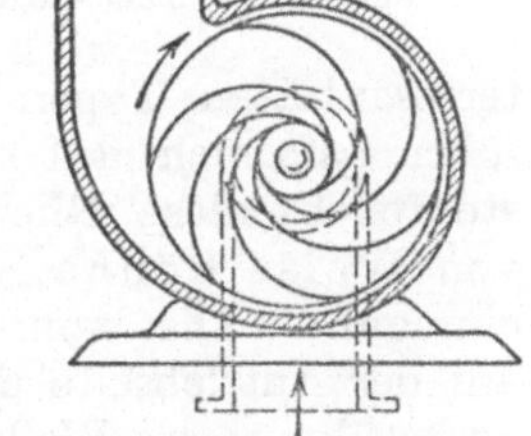

Abb. 95. Zentrifugalpumpe.

Bei den außerordentlich viel verwandten Zentrifugalpumpen wird die Flüssigkeit dadurch gefördert, daß sie in der Achsengegend eingesaugt und von den Schaufeln des Flügelrades gegen die Gehäusewand und in das Ausflußrohr geschleudert wird (Abb. 95). In den Zentrifugalpumpen, die natürlich weder Klappen noch Ventile haben, bewegen sich die Flüssigkeiten mit viel größerer Geschwindigkeit vorwärts; plötzliche Druckunterschiede und Stöße in den Leitungen können also nicht eintreten. Die Windkessel fallen weg und die Leitungen lassen sich während des Betriebes ohne Gefahr (Rohrbruch) durch Schieber oder Ventile abstellen. Diesem Vorteil der Zentrifugalpumpen steht der Nachteil gegenüber, daß sie zur Inbetriebsetzung angefüllt werden müssen, um die Saugung zu überwinden (z. B. Injektor in der Saugleitung). Das Ende der Leitung trägt ein Fußventil; bei großen Druckhöhen ist ein Ventil zur Druckentlastung vorgesehen.

Die Hauptvorzüge der Zentrifugalpumpen für den Betrieb sind ihr billiger Preis, der bequeme Antrieb durch direkte Kupplung mit schnell-laufenden Motoren und ihr geringer Platzbedarf. Sie sind für große, gleichbleibende Fördermengen und Druckhöhen sowie für solche Fälle am geeignetsten, in denen die Menge zwar innerhalb mäßiger Grenzen schwankt, die Förderhöhe aber die gleiche bleibt. Bei erheblichen Unterschieden in der Menge, für sehr große Förderhöhen bei kleiner Leistung und für besonders schlammige Flüssigkeiten sind sie nicht geeignet. Im allgemei-nen sind die Kolben-Plungerpumpen die „Grob"- und die Zentri-fugalpumpen die „Fein"-Pumpen der chemischen Fabriken.

Man unterscheidet Niederdruck-, Hoch-druck- und Spezialpum-pen. Unter diesen letz-teren stellen die stopf-büchsenlosen Kreisel-pumpen für Säureförde-rung die konstruktiv in-

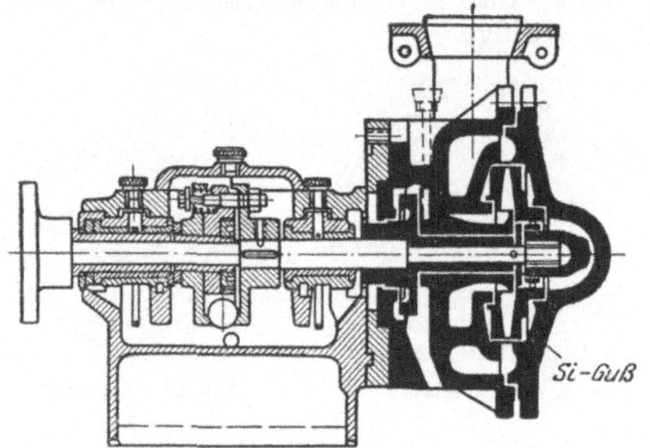

Abb. 96. Rheinhütte-Kreiselpumpe (Weise Söhne).

teressantesten Typen dar, die in zahlreichen verschiedenen Aus-führungsformen auf dem Markt sind. Die Abb. 96 zeigt z. B. die stopfbüchsenlose Rheinhütte-Kreiselpumpe (D. R. P. 376 939, 377 869) von Weise Söhne, Halle a. d. S., im Schnitt (aus Rheinhütte Sili-ciumguß). Die vom Radumfang zurückströmende Flüssigkeit tritt auf der Antriebseite durch Spalte in den Saugraum, ohne die Welle zu berühren; am Wellenende gelangt sie in den Deckelhohlraum; von hier wird sie durch Kanäle in den Hauptstrom zurückgesaugt. Die Gebr. Sulzer A.-G., Ludwigshafen a. Rh., liefert Kreiselpumpen aus Kruppschen nichtrostenden Stählen (Marke VA usw.) für Salmiaklösungen, verdünnte Salzsäure, Salpetersäure, Wasserstoff-superoxydlösungen o. dgl. u. a. in folgenden Modellen (Leistung bezieht sich auf Flüssigkeiten von der Dichte 1 (= Wasser), daher unter Um-ständen umrechnen!; Motor mit Rücksicht auf die Überlastungsfähig-keit der Pumpe 30—50 % stärker wählen, als der errechneten Leistung an der Pumpenwelle entspricht):

Modell	Drehzahl (in 1 min)	Fördermenge m³/h	Förderhöhe m	Leistungsbedarf an der Pumpenwelle PS
16¹/₂ V2A	1450	3,6— 21,6	6,5— 4,4	0,65— 1,1
	2900	10,8— 46,8	25,9—16,9	4,32— 7,25
17¹/₂ V2A	1450	7,2— 28,8	8,2— 7,0	1,05— 1,7
	2900	21,6— 72,0	32,1—25,5	7,8 —12,9
19 V2A	1450	7,2— 43,2	10,3— 7,4	1,4 — 2,75
	2900	21,6— 86,4	40,5—29,5	10,0 —18,3
21 V2A	1450	14,4— 43,2	11,1— 9,3	2,2 — 3,0
	2900	36,0—100,8	44,3—34,0	16,1 —21,6
23 V2A	1450	36,0— 90,0	13,0—10,5	3,75— 6,2
	2900	72,0—180,0	52,5—42,2	27,6 —43,5

Gummierte Kreiselpumpen werden für Salzsäure- oder Flußsäurelösungen usw. gebaut, desgl. auch hartverbleite und Steinzeug-Zentrifugalpumpen. Eine D.T.S.-Geysir- (Steinzeug-) Pumpe für Förderung von 20 Sekundenlitern auf 11,2 m Höhe (4,7 PS) kostet z. B. 1476 *RM*.

Die Antriebsart dieser Pumpen ist ganz verschieden. Die Flügelpumpe ist in erster Linie für den Handbetrieb gebaut (ebenso auch manche Hub- und Saugpumpen). Man benutzt derartige Pumpen als Baupumpen zur Entleerung von Gruben, als Druck- und Probepumpen an hydraulischen Pressen, zur Vornahme der Druckproben von Kesseln oder Leitungen usw. Die Handpumpen kommen natürlich nur für gelegentliche Verwendung in Frage. Als Tagesleistung für eine durch einen Mann bediente Handpumpe kann man rund 4 m³ Wasser bei 5 m Steighöhe rechnen.

Dampfpumpen werden direkt durch Dampf angetrieben und sind somit ziemlich unabhängig bezüglich Aufstellungsort.

Die Transmissionspumpen sind in ihrer Anlage zwar billiger, dafür aber von einer Transmission abhängig.

Außerordentlich bequem sind Zentrifugal- oder andere Pumpen mit elektrischem Einzelantrieb oder in direkter Kupplung mit Explosionsmotoren bzw. kleinen Dampfturbinen. Hat z. B. in einer größeren Gruppe von Apparaturen jede Einheit ihre Pumpe mit direkt gekuppeltem Elektromotor, ihren gesonderten Anlasser usw., und sind die Pumpen durch ein Rohrleitungssystem derartig miteinander gekuppelt, daß sie auf jedes beliebige Aggregat arbeiten können, dann ist die denkbar größte Sicherheit bei Be-

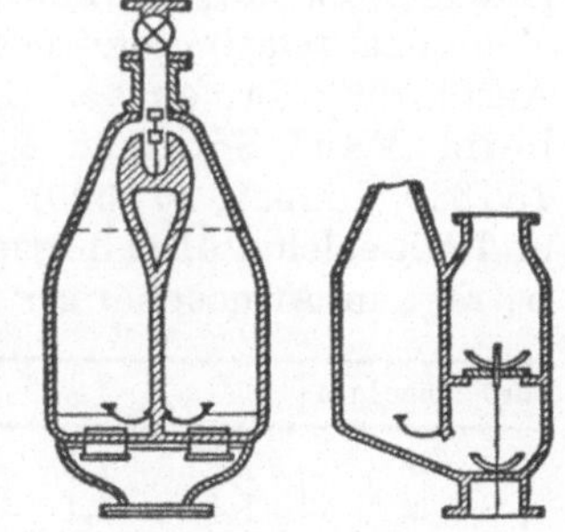

Abb. 97. Pulsometer.

triebsstörung einer Pumpe gegeben. Es ist jedoch prinzipiell falsch, die Elektrifizierung einer Anlage so weit zu treiben, daß nur elektrisch betriebene Pumpen vorhanden sind. Für Fälle ernster Stromstörungen sollten zumindest für wichtige Betriebsteile Dampf- bzw. sonstige unabhängige Pumpen in Bereitschaft stehen.

Pulsometer sind kolbenlose Zweikammerpumpen, die durch Kondensation des Betriebsdampfes in der einen Kammer die Flüssigkeit ansaugen und in der anderen durch den vollen Dampfdruck in die Druckleitung treiben (Abb. 97). Zwei nebeneinanderliegende flaschenartige Kammern verjüngen sich so zu einem das gemeinsame Dampfeintrittsventil tragenden Rohrteil, daß eine im Scheitelpunkte (gegenüber vom Dampfeintritt) angebrachte Klappe den Dampfeintritt in die Kammern abwechselnd freigibt und absperrt. Der untere Teil der Kammern steht mit den durch Saug- und Druckventile abgeschlossenen Saug- bzw. Druckleitungen in Verbindung. Je nach Stellung der Klappe tritt der Dampf in eine der Kammern ein und drückt die Flüssigkeit so lange in die Leitung, bis der Flüssigkeitsrest beim tiefsten Stande in wirbelnde Bewegung versetzt wird und der Dampf sich kondensiert. Das entstehende Vakuum betätigt die Klappe; der Dampf strömt dann in die andere Kammer. Das Vakuum der ersten Kammer saugt nun die Flüssigkeit aus der Saugleitung an und füllt diese. Während dieser Zeit wiederholt sich das Spiel in der anderen Kammer und der Kreislauf beginnt von neuem.

Die Pulsometer eignen sich zur diskontinuierlichen Förderung großer Mengen von kalten, warmen (bis 80°), dünnen, dickflüssigen, sandigen, schlammigen, sauren und ätzenden Massen; sie bestehen aus den verschiedenartigsten Baustoffen, brauchen sehr viel Dampf, haben aber den Vorteil, daß sie ohne Fundament aufzustellen sind und ohne Wartung oder Schmierung arbeiten.

Die Aquapulte oder kolbenlosen Einkammerdampfpumpen gleichen in ihrer Wirkungsweise den Pulsometern; sie haben jedoch nur eine Kammer.

Die Pulsometer werden auch durch Druckluft betrieben und dienen dann insbesondere der Lauge- und Säureförderung. Diese und die Montejus (s. u.) sind dann am wirtschaftlichsten, wenn kleine Flüssigkeitsmengen auf verhältnismäßig geringe Höhen oder ganz kleine Volumina relativ sehr hoch gefördert werden sollen. Die bekannten Ausführungsformen der Gießerei und Maschinenfabrik Oggersheim Paul Schütze & Co. A.-G., Oggersheim i. d. Pfalz (D.R.P. 155880, 156386, 177320), arbeiten mit Druckluft bis 3 Atm. für mittlere und mit solcher über 3 Atm. für kleinste Leistungen. Der Mindestdruck beträgt in Atmosphären:

Förderhöhe in m	Dichte der zu fördernden Flüssigkeit								
—	1,1	1,2	1,3	1,4	1,5	1,6	1,7	1,8	1,9
5	1,1	1,1	1,2	1,2	1,3	1,3	1,4	1,4	1,5
10	1,7	1,8	1,9	2,0	2,1	2,2	2,3	2,4	2,5
15	2,4	2,5	2,6	2,8	2,9	3,1	3,2	3,4	3,6
20	2,9	3,1	3,3	3,5	3,7	3,4	4,1	4,3	4,5

Als Baustoffe kommen u. a. säurebeständiger Guß, Gußeisen mit Bleifutter, homogen verbleites Schmiedeeisen, Steinzeug u. dgl. in Betracht. Die Abb. 98 stellt ein derartiges automatisches Druckfaß im einzelnen dar ($i =$ Flüssigkeitszulauf in die Schwimmerschale g_1; das Gegengewicht c wird entlastet, sobald die Flüssigkeit die Schwimmerkugel g umspült, es öffnet jetzt das Druckventil a und schließt das Abluftventil b; die Flüssigkeit tritt über Rückschlagventil k so lange in die Steigeleitung, bis g_1 frei wird; nun öffnet sich durch das Gewicht c das Ventil b, a schließt sich, die Druckluft entweicht durch b und das Spiel beginnt von neuem). Der Zulaufstutzen soll mindestens 0,75—1 m tiefer angeordnet sein, als der Speisebehälter (dieser muß niedriger liegen, als der Steuerkopf);

jedes Fördervolumen (bis etwa je 100 l; oder 45 mal je h) ist gleich groß, so daß ein im Steuerkopf angebrachtes Zählwerk sofort die m³ angibt. Die Innendurchmesser der Druckfässer betragen 450—900 mm, die Innenhöhen 450—800 mm und die lichten Weiten des Zulaufs 40—140 mm, des Förderstutzens 40—120 mm, des Lufteintritts 15—25 mm bzw. des Luftaustritts 25—40 mm. Bekannt sind ferner die Kestner - Säurepulsometer, die bei Druckkörperinhalten von 25—300 l 1—10 m³ die Stunde leisten; doch werden auch Pulsometeranlagen für 30 m³ je h und mehr gebaut.

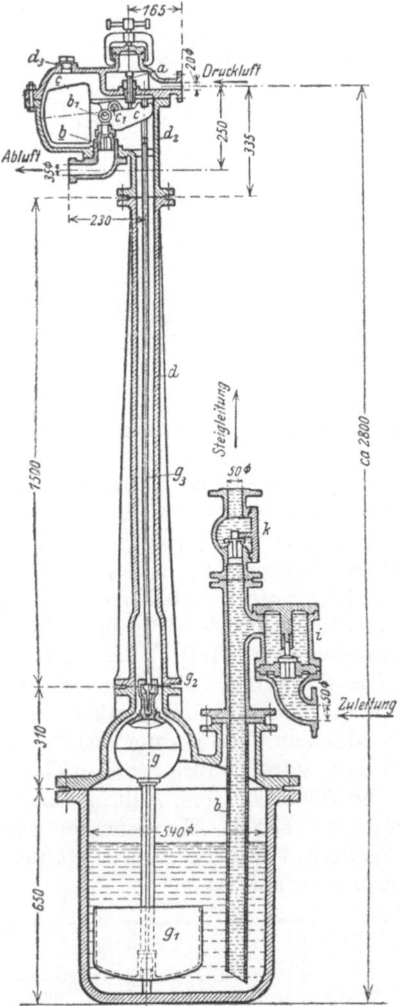

Abb. 98. Automatisches Druckfaß
(Paul Schütze & Co., A.-G.).

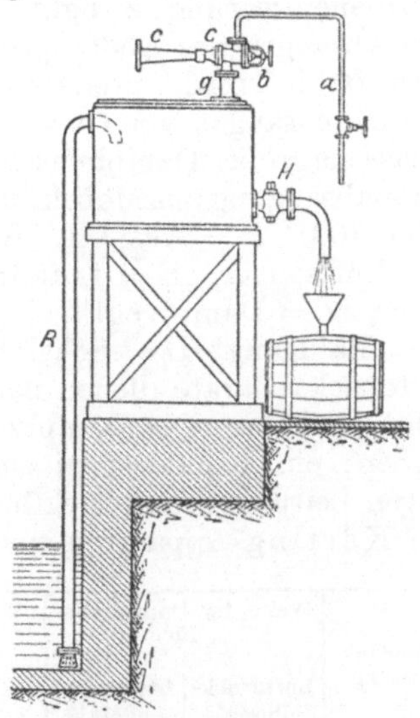

Abb. 99. Strahlsauger
(Gebr. Körting A.-G.).

Die Dampfstrahl-Luftsauger (Injektoren, Ejektoren) wirken in der Weise, daß der aus einer Düse ausströmende Druckdampf, Luft (nach dem Prinzip der Wasserstrahlpumpe, die für diese Zwecke als Wasserstrahlsauger auch im großen Verwendung findet) mit sich reißt und daher imstande ist, in einem Behälter Unterdruck zu erzeugen. Die Abb. 99

zeigt, in welcher Weise ein solcher Körting-Strahlsauger wirkt (a = Dampfrohr, b = Regulierspindel, c = Strahlsauger, g = Anschlußstutzen, R = Saugrohr, H = Ablaßhahn). Bei sorgsamster Ausführung kann die erzielbare Luftleere 8—9 m Wassersäule (Höchsttemp. 70°) entsprechen. Die im umgekehrten Sinne wirksame Luftdruckerzeugung vermag Gegendrücke bis zu 5 m W.S. zu überwinden. Man verwendet derartige Strahlsauger zum Absaugen von Abgasen, zum Filtrieren, zum Fördern dickflüssiger Stoffe (Teer,

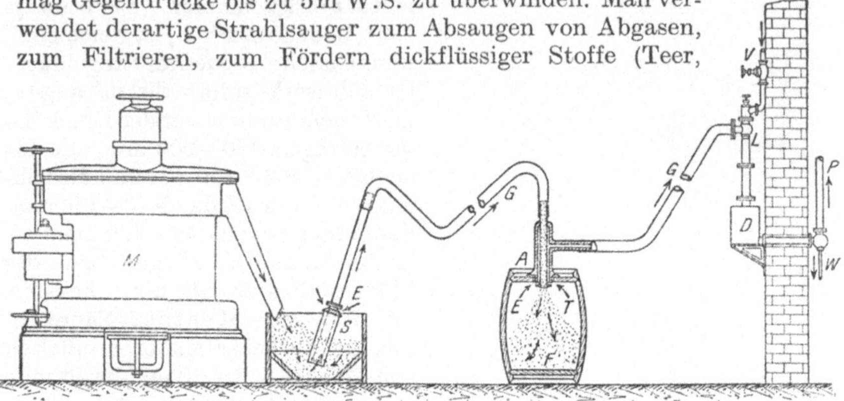

Abb. 100. Strahlsauger zum Umfüllen staubförmiger Stoffe (Gebr. Körting A.-G.).

Latrinenentleerung u. dgl.), zum Ansaugen für Heber, Pumpen usw., zum Absaugen des Abdampfes von Dampfmaschinen usw., zum Destillieren im luftverdünnten Raum, zum Absaugen von Imprägnierkesseln, zum Durchsaugen von Gasen durch Flüssigkeiten, zum Erleichtern des Anlassens großer Dampfmaschinen, zum Entwässern von Papierbrei, zur Staubabsaugung aus Möbeln u. dgl., zum Umfüllen[1] staubförmiger Stoffe (Abb. 100; P = Auspuff, W = Kondenswasserabfluß. S = Saugfuß, L = Luftsauger, E = Lufteintritt, A = Saugkopf, T = verstellbarer Teller, V = Dampfventil, F = Fördergut, G = Gummispiralschlauch, M = Mahlgang, D = Schalldämpfer) oder zur Verstärkung des Zuges. Luftdruckapparate dienen namentlich auch zum Einpressen von Gasen in Flüssigkeiten. Die Dampfleitungen an Strahlsäugern sollten isoliert werden; ein Kondenstopf ist anzuordnen. Einige Abmessungen (bei langen Leitungen und dickflüssigem Fördergut weitere Röhren wählen) von Körting-Apparaten sind hierunter angegeben:

Stundenleistung	Weite der Dampfrohre für		Weite der Luftrohre für		Preis		
	Luftdruckapparate	Luftsaugeapparate	Druckapparate	Saugeapparate	Apparat	Dampfventil für Saugapparat	Dampfventil für Druckapparat
m³	mm	mm	mm	mm	*RM*	*RM*	*RM*
40	20	25	30	30	80,—	11,50	9,—
300	40	50	100	80	200,—	25,—	18,—
900	70	80	150	150	475,—	49,—	41,—
1200	80	90	175	175	625,—	58,—	49,—

---

[1] Ein Faß von etwa 180 l ist in 3—4 min voll.

Zugrunde gelegt sind Eisenkörper mit Rotgußdüsen; daneben kommen Apparate aus Speziallegierungen, Rotguß, Hartblei, Hartgummi, Steinzeug usw. in Betracht. Das richtige Arbeiten der Strahlsauger verrät sich durch das eigentümliche Geräusch. Bei Doppelinjektoren sind zwei Einzeldüsen in einem Gehäuse vereinigt, um den nicht gerade günstigen mechanischen Nutzeffekt zu verbessern (Nr. 1 saugt im wesentlichen und Nr. 2 drückt). Scharfe Krümmungen in den Leitungen sind zu vermeiden.

Die Injektoren hören bei Eintritt von Luft in die Saugeleitung oder bei Veränderung des Dampfdruckes auf zu arbeiten und müssen dann wieder von neuem eingestellt werden. Der Restartinginjektor saugt in solchen Fällen selbsttätig wieder an.

Die Saugheber, deren Arbeitsprinzip hier als bekannt vorausgesetzt werden darf, finden in chemischen Fabriken häufig Verwendung, wo sie ebenso häufig eine Quelle des Ärgers bilden.

Die wichtigsten Druckluftheber sind die Montejus (Druckfässer oder -birnen, Pulsometer, „acid-eggs" usw.) und die Mammutpumpen.

Erstere sind zylindrische oder kugelförmige Gefäße aus den verschiedenartigsten Baustoffen, die mit bis auf den Gefäßboden reichenden Druckrohren und Anschlußstutzen für die Zufluß-, Druck- bzw. Saugleitungen ausgerüstet sind (außerdem Manometer oder Vakuummesser). Größere Montejus besitzen häufig ein Mannloch.

Die Flüssigkeit läuft dem Montejus zu oder wird mit Hilfe der Vakuumleitung angesaugt; nach Umstellung der Ventile wird sie (Berücksichtigung des für die Festigkeit zulässigen Druckes) an den Verbrauchsort gedrückt. Wir haben die Druckfässer bereits oben („Druckluft", „Pulsometer") erwähnt. Die Förderung von $Q\,\mathrm{m}^3$ Flüssigkeit je Std. auf die Höhe h erfordert je Std. $Q\,\mathrm{m}^3$ Preßluft vom Drucke p (= Druckhöhe h + Bewegungswiderstände). Für größere Fördermengen und Höhen unter 20 m (manometrisch) ist die Zentrifugalpumpe[1] wirtschaftlicher, als das automatische Monteju.

Die Mammutpumpen der Firma A. Borsig, Berlin-Tegel, bestehen aus einem Förderrohr und einer am unteren Ende (Fußstück) damit verbundenen Druckluftleitung, die zur Erzielung gleichmäßiger Förderung bis zu einer gewissen Grenze in die zu fördernde Flüssigkeit eintauchen müssen. Die durch die Luftleitung zugeführte Preßluft treibt die im Förderrohr befindliche Flüssigkeit in die Höhe, indem sie mit dieser ein Gemisch bildet, dessen Dichte mit der Luftmenge sinkt. Nach dem Gesetz der kommunizierenden Röhren wird die Flüssigkeit schließlich oben aus dem Förderrohr austreten. Es ist offensichtlich, daß diese Pumpen, die ja nur aus mehr oder weniger weiten Rohren bestehen, gegen Schlamm unempfindlich sind und daß man die Luft als Treibmittel ebensogut durch jedes andere Gas ersetzen kann. Die

---

[1] Quotient $\dfrac{Q}{\gamma h}$ für eine einstufige Zentrifugalpumpe soll im allgemeinen größer als 2 sein.

Leistungen betragen 25 l bis 125 m³/min.; die Förderhöhen können bis zu 600 m erreichen. Die Verhältniszahl für Eintauchtiefe zu Förderhöhe war früher 1—0,66 und heute 0,1—0,2. Der Wirkungsgrad ist 0,3 (auf isothermisch verdichtete Luft bezogen). Die Mammutpumpen finden zum Heben von Wasser jeder Art Verwendung; aus 800 m tiefen Bohrbrunnen (Flüssigkeitsspiegel des Fördergemisches in 600 m Teufe) sind Petroleum, Sole, Jodwasser u. dgl. gefördert worden; Schlacke, Zuckerrüben, Salz, Schießbaumwolle und andere feste Stoffe im Spülstrom werden anstandslos bewältigt; der Baustoff läßt sich sauren oder alkalischen Mitteln anpassen.

Das Prinzip der Mammutpumpe läßt sich in hohen Gefäßen mit Vorteil zum Rühren und Mischen ausnutzen. Den ohne weitere Erklärung verständlichen, einfachsten Fall (Absetzzeit eines festen Teilchens in einer Flüssigkeit gleich seiner Lösungszeit) zeigt die Abb. 101. Meist werden jedoch mehrere **Mammutrührwerke** dieser Art batterieweise geschaltet und man arbeitet im Chargenbetrieb. Mammutrührwerke finden u. a. zum Lösen (auch salzsaure Lösungen bei 110°) von zinkarmen Erzen, von Kalirohsalzen oder zum Mischen von Zementrohschlamm Anwendung. Sie dienen aber auch zum katalytischen Anlagern von Wasserstoff, zum Chlorieren, zur Druckauswaschung von Kohlensäure u. dgl. Die Abb. 102 stellt z. B. ein Druckgefäß (1100 mm Außendurchmesser, 6000 mm zylindrische Mantelhöhe, Temp. bis 180° C, Druck 40 Atm., Zeitdauer 3,5 gegen früher 17 h) für katalytische Hydrierungen dar.

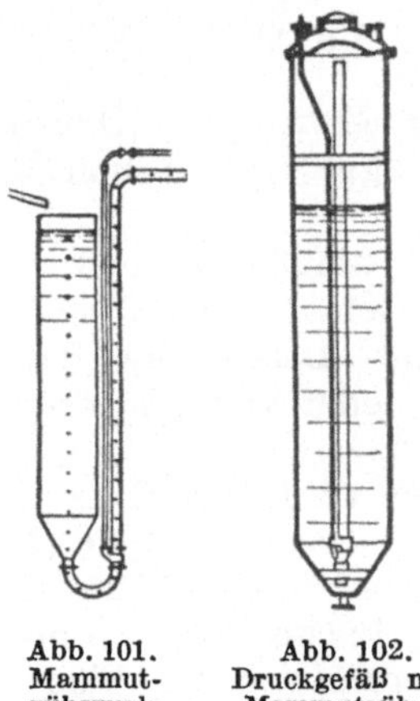

Abb. 101.
Mammut-
rührwerk
von
A. Borsig.

Abb. 102.
Druckgefäß mit
Mammutrühr-
werk von
A. Borsig.

Bewegen von Gasen.

Im Abschnitt über Druckluft sowie bei Besprechung der Strahlsauger und Mammutpumpen ist bereits vom Bewegen der Gase die Rede gewesen.

Die **Gebläse** werden in **Turbokompressoren** (entsprechend den Zentrifugalpumpen) und **Kolbenkompressoren (Stufenkompressoren)** eingeteilt, über welche einige Daten bereits gegeben waren ("Druckluft"). Die Abb. 103 zeigt einen 6 stufigen Hochdruckkompressor mit Dampfantrieb der **Frankfurter Maschinenbau A.-G. vorm. Pokorny & Wittekind, Frankfurt a. M.**, für 3000 m³ Stundenleistung bei 200 Atm. Überdruck (200 Atü.). Arbeitsteilung und Kolbendrucke sind für beide Maschinenseiten und für Vor- bzw. Rückwärtsgang gleich; tote Räume sind nicht vorhanden. Die Kompressorenzylinder haben nur zwei Stopfbüchsen. Einige Daten über **Jaeger-Kreiskolbengebläse** (C. H. Jaeger & Co., Leipzig-Plagwitz) für Luftförderung (für die verschiedenen Gase entsprechende andere Leistungen) sind in folgender Tabelle zusammengestellt:

Effektive Normal-leistung m³/min	Um-drehungen min	Durchmesser (mm) der Ein- und Ausströ-mungsöffnungen	Riemenscheibe (mm)		Kraftver-brauch (PS) für je 1 m W.S.-Druck	Gewicht kg
			Breite	Durch-messer		
0,17	500	25	40	90	0,15	17
0,5	500	40	40	110	0,25	35
3,0	400	80	50	175	1,2	150
10,0	400	100	70	250	2,8	345
55,0	340	250	150	450	16,0	1450
114,0	300	350	180	650	32,0	2770
300,0	240	550	250	1200	80,0	—

Bei den **Ventilatoren** (Kreiselgebläse) spielt der Druck die kleinere, die bewegte Gasmenge dagegen die Hauptrolle (saugende Ventilatoren werden meist Exhaustoren genannt; die blasenden Ventilatoren saugen

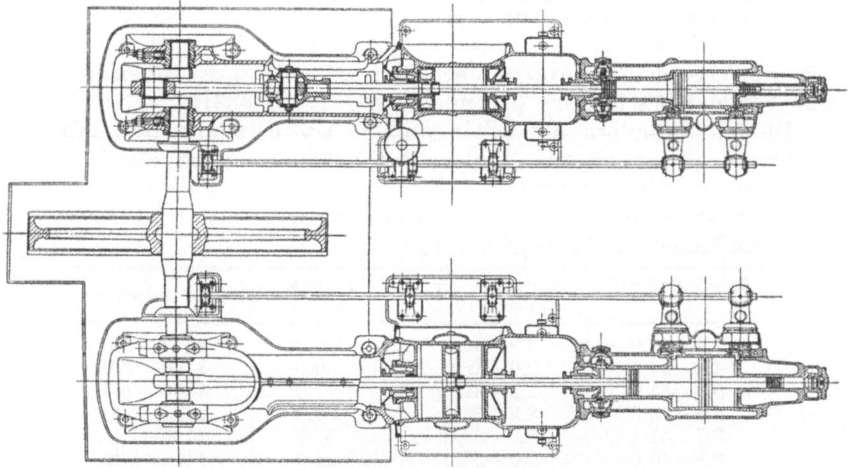

Abb. 103. Sechsstufiger Hochdruckkompressor
(Frankf. Maschinenbau-A.-G. vorm. Pokorny & Wittekind).

Gas an und drücken es weiter). Der Kraftbedarf (Q = Fördermenge in m³/s, h = Höhe des Gegendrucks in mm W.S., $\eta = 0{,}4$—$0{,}6$ für kleinere bzw. 0,8 für größere Ventilatoren, 0,2—0,3 für Schrauben-gebläse) ist

$$N = \frac{Q \cdot h}{75\,\eta}.$$

Für 1stufige Hochdruckventilatoren der **Gebr. Sulzer A.-G.**, Lud-wigshafen a. Rh., vgl. die Tabelle (Gasgewicht 1,15 kg je m³):

Fördermenge m³ je min	Drehzahl je min	Kraftbedarf PS	Statischer Druck in mm W.S.
6— 12	2900—5000	0,33— 1,32	70—165
36—120	2000—4500	2,8 — 32,9	160—621
60—180	1450—2900	6,5 — 61,2	260—775
180—540	1450—2500	22,0 —162,5	350—765
240—540	970—2000	18,0 —148,0	200—805

Die Luftverdünnungspumpen spielen in chemischen Betrieben eine sehr erhebliche Rolle. Man unterscheidet trockne, rotierende und Naßluft-Vakuumpumpen. Die trocknen Kolbenvakuumpumpen sind den entsprechenden Kompressoren sinngemäß verwandt. Derartige Schiebervakuumpumpen mit Druckausgleich, Bauform Wegelin & Hübner A.-G., Halle a. S., haben in den gebräuchlichsten Typen Hubvolumina von 60—4325 m³/h, denen Zylinderdurchmesser von 150—900 mm bei 130—520 mm Hub entsprechen; die Umdrehungszahlen je min betragen 225—110, die lichten Weiten der Saug- und Druckrohranschlüsse 35/35—260/240 mm und die Riemenscheibenabmessungen 800 × 70 bis 3500 × 425 mm. Das Verhältnis von Hubvolumen zum Kraftbedarf zeigt die Tabelle an einigen Ziffern:

Hubvolumen . . . . . . m³/h	60,0	100,0	250,0	910	1900	2830	4325
Kraftbedarf 90 % Vakuum PS	1,6	2,7	6,6	23	45	65	96
„ 70 % „ „	1,4	2,4	6,0	21	41	59	86

Die Ventilvakuumpumpen arbeiten mit selbsttätigen Ventilen statt mit Verteilungsschiebern (Chemiehütte 1927, S. 483ff.).

In den Zylindern der rotierenden Vakuumpumpen liegt exzentrisch eine gußeiserne Walze; der Arbeitsraum ist durch radiale Schieber in Zellen eingeteilt. Die Wasserring-Elmo-Pumpe der Siemens-Schuckert-Werke hat ein exzentrisches Schaufelrad und einen umlaufenden Flüssigkeitsring:

Leistungsbedarf (kW)	bei m³ Förder-menge je min	Vakuum in (%)	Drehzahl (etwa)
3,4—40,0	2,9—32,0	26,0	1450—730
4,4—47,0	2,9—32,0	60,0	1450—730
5,3—51,0	2,5—32,0	79,0	1450—730
3,8—43,0	2,3—33,6	90,0	1450—730
3,7—41,4	2,2—33,6	92,0	1450—730
3,5—40,0	2,0—33,6	94,0	1450—730
3,4—38,7	1,7—33,5	96,0	1450—730
3,3—37,5	1,2—30,0	98,0	1450—730
3,1—37,0	1,2—30,0	99,5	1450—730

Naßluftpumpen finden besonders bei Parallelstromkondensationen Verwendung. Einen besonders hohen volumetrischen Nutzeffekt erreicht die 2stufige Differentialnaßluftpumpe der Wegelin & Hübner A.-G., Halle a. S. (bei 50—900 m³ Nutzhubvolumen je h maximal 12,5—225 m³ Wassermenge je h).

Trockne Luftpumpen finden Verwendung, wenn lediglich Luft (oder Gas) abgesaugt werden soll. Naßluftpumpen werden für reine Luftbeförderung nur dort verwandt, wo die Gefahr besteht, daß größere Wassermengen mit angesaugt werden. Rotierende Pumpen geben das höchste Vakuum und sind zur direkten Kupplung mit Elektromotoren oder Dampfturbinen geeignet. Der Kraftbedarf ist bei den (trocknen) Kolbenvakuumpumpen am günstigsten. Um das Überreißen von Wasser (oder anderen Flüssigkeiten) in den Pumpenzylinder zu vermeiden, wird ein sog. Barometerrohr, d. i. ein mindestens 10,5 m hoch geführtes Saugrohr, angewandt (unter Umständen auch ein Vorkessel oder Rezipient, ferner Sicherheitsventile, Luftzylinder usw.).

Vakuumpumpen dienen vielfach auch zur Entstaubung (Staubsauger) und zum Fördern von geeigneten Schüttgütern (Saugluftförderung, wenn das Gut von mehreren Orten nach einer Stelle zu transportieren ist, Druckluftbeförderung meist im umgekehrten Fall). Die Abb. 104 zeigt

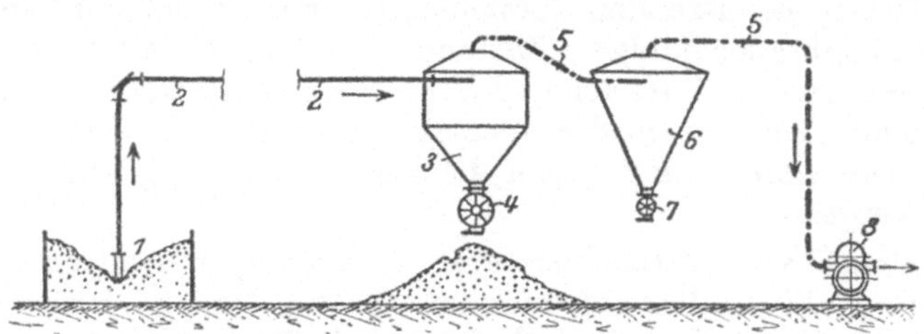

Abb. 104. Saugluftförderanlage (Hartmann A.-G.).

eine einfachste Saugluftförderanlage der Maschinenfabrik Hartmann A.-G., Offenbach a. M., im Schema (1 = Ansaugdüse, 2 = Förderleitung, 3 = Einsaugbehälter, 4 = Entlader, 5 = Luftleitung, 6 = Trockenstaubabscheider, 7 = Staubschleuse, 8 = saugendes Kapselgebläse). Luftförderanlagen dienen u. a. zum Transport von Getreide, Ölsaaten, Malz, Trebern, Zucker, Rübenschnitzel (naß und trocken), Gerbrinden, Zellstoff, Salz, Ammonsulfat, Kalkstickstoff, Gichtstaub, Tonerde, Kiesabbrand, Kohlenstaub, Brikettabrieb, Nußkohle, Koks, Asche, Schlacke, Flugasche usw.

D. Instandhaltung der Apparatur und Betriebseinrichtung.

Jede Apparatur nutzt sich durch den Gebrauch ab. Soweit sich der Verschleiß in den richtigen Grenzen hält und nur als eine Folge der Beanspruchung anzusehen ist, läßt sich nichts dagegen tun (Amortisation des Apparatewertes). Außer dieser natürlichen Abnutzung kann jedoch auch eine vorzeitige Entwertung infolge Vernachlässigung eintreten.

In diesem Sinne bedeuten Instandhaltungsarbeiten Ersparnis an Kapital. Gute und sorgsame Wartung sind von gleicher Wirkung, indem sie die Brauchbarkeit und Leistungsfähigkeit der Apparatur gewährleisten. Der Zwang zur Instandhaltung ist außerdem von erzieherischem Wert, denn er fördert den Sinn für Ordnung, Sparsamkeit und Aufmerksamkeit.

Für die Ansprüche, die hinsichtlich einwandfreier Wartung und Bedienung zu stellen sind, lassen sich Normen nicht geben, weil dafür die Art der Apparatur und die Höhe der verfügbaren Mittel ausschlaggebend sind.

Die stets zu fordernde Pflege hat sich hauptsächlich auf Reinigung, Putzen, Gangbarerhaltung der beweglichen Teile (Schmieren), Überwachung und Wiederherstellung zu erstrecken.

Fabrikhöfe, sämtliche Betriebsräume und das ganze Inventar sind dauernd rein und sauber zu halten. Für die Reinigungsarbeiten muß sich eine ganz bestimmte Ordnung herausbilden, die von der Art der Betriebe und von der aufzuwendenden Zeit abhängig sein wird.

Die gewohnheitsmäßig erfolgenden Reinigungen pflegen die Fabrikation am wenigstens zu stören oder aufzuhalten; sie verursachen dagegen leicht unliebsame Pausen, sobald sie erst dann vorgenommen werden, wenn Unordnung und Unsauberkeit ihren Höhepunkt erreicht haben. Die zu benutzenden Gerätschaften müssen sich stets in ordentlichem und gebrauchsfähigem Zustand befinden. Eine zu knappe Ausrüstung mit Besen, Putzwolle, Schippen usw. ist falsch angebrachte Sparsamkeit. Um jedoch dem Verschwenden vorzubeugen, sollten die Ersatzstücke immer nur gegen Rückgabe der aufgebrauchten verabfolgt werden.

Die Folge von vernachlässigter Reinigung ist allgemeine Verschmutzung, die schließlich auch die Fabrikation in Mitleidenschaft ziehen und schlechte Fabrikate liefern wird. Kleinere Gebrauchsgegenstände und Werkzeuge gehen dabei nur zu leicht verloren, es müssen dann oft andere und meist ungeeignetere benutzt werden. In unsauberen Anlagen wird bald verschwenderisch mit allen Betriebsmitteln umgegangen werden! Das Liegenlassen von Eßgeschirr, Trinkflaschen, Schuhzeug, Kleidungsstücken, Arbeitsabfällen (Korken, Etiketten, Glasrohrstücken, Schrauben, Putzwolle u. dgl.) ist unstatthaft.

Die Reinigung der Arbeitsräume und Betriebseinrichtungen ist gesundheitsfördernd; sie empfiehlt sich deshalb namentlich auch für solche Betriebe, die besonders ungesund sind.

Auch der regelmäßigen Reinigung von Arbeiteraufenthaltsräumen, kleinen Betriebswerkstätten oder -laboratorien, Vorratsräumen und Lagerschuppen ist Aufmerksamkeit zu schenken. Erfahrungsgemäß häuft sich gerade hier und in seltener betretenen Räumen allerlei Abfall an. In einem einigermaßen umfangreichen Betrieb sollte stets mindestens ein Mann allein mit der Sauberhaltung der Anlage beschäftigt werden.

Der Trieb zu putzen entspringt dem bei jedem ordnungsliebenden Menschen vorhandenen Verlangen nach möglichster Sauberkeit. Das Putzen hat deshalb auch in allen Arbeitsstätten innere Berechtigung. Etwaige schadhafte Stellen werden an einem geputzten Apparat weitaus leichter entdeckt, als an einem verschmutzten.

Geputzte Kessel- bzw. Maschinenarmaturen und blank gehaltene Bleche oder Gefäße sind stets ein Zeichen von vorhandenem (bisweilen erst mühsam beigebrachtem!) Interesse. Die beweglichen und die eine geputzte Stelle umgebenden Teile dürfen dabei nicht durch das Putzmittel verschmiert werden, wie dies nicht selten bei Schildern zu finden ist, bei denen der entfernte Schmutz „zur Erhöhung des Glanzes" das blankgeputzte Schild umrahmt.

Die meist mit Öl getränkten Putzwollen und -tücher müssen vorschriftsmäßig in feuersicheren, nicht gelöteten (Blech-) Kästen aufbewahrt werden; sie dürfen nicht in Ecken, Winkeln oder auf den Fensterbrettern herumliegen. Ob die verbrauchten Putzmaterialien verbrannt oder zwecks Wiederverwendung entfettet und gereinigt werden, ist eine reine Kostenfrage (nur für Großbetriebe rentabel).

Werg eignet sich zur Aufnahme von wässerigen Flüssigkeiten besser, als von öligen, mit denen es rasch verschmiert.

Die aus Lumpen aller möglichen Art bestehenden Putzlappen sollten vor Gebrauch stets gründlich desinfiziert werden, da sie nicht selten Ungeziefer und Keime ansteckender Krankheiten in sich bergen.

Das ordentliche **Schmieren** aller beweglichen Teile ist von großer Wichtigkeit (Reibungsverminderung der gelagerten Teile, Verminderung des Kraftverbrauchs). Nach Gadolin beträgt der durch Reibung entstehende Arbeitsverlust durchschnittlich 25% der vom Motor erzeugten Arbeit. Nicht geschmierte Lager verschlingen demnach ganz bedeutende Energiemengen und können infolge Heißlaufens das Getriebe sogar vollkommen abbremsen.

Die Schmieröle, die ein spez. Gew. von 0,890—0,925 besitzen, sollen frei von Wasser, Säure, Harz und mechanischen Verunreinigungen sein (vgl. Chemiehütte 1927, S. 131ff.). Je geringer ihre innere Reibung ist, desto mehr wächst die „Schmierfähigkeit“, welche die Reibung verhindert. Vor vegetabilischen und animalischen Schmierölen haben die mineralischen den Vorzug, daß sie weder verharzen, noch durch Ranzigwerden „säuern“. Aus diesen Gründen haben die Mineralschmieröle die ersteren fast ganz verdrängt. Sie werden meist aus den schwer siedenden Fraktionen der Petroleumrektifikation oder aus Braun- bzw. Steinkohlenteeren gewonnen (Kohlenwasserstoffe verschiedener Konsistenz, die nicht verharzen und nicht sauer reagieren).

Die Konsistenz, welche die Tragfähigkeit der Öle bestimmt, muß der Belastung der zu schmierenden Teile angepaßt sein. So würden leichtgehende Spindeln durch zu dickflüssiges (zu tragfähiges) Öl eher gebremst, als geschmiert werden und belastete Lager würden sich umgekehrt bei Ölung mit zu dünnem Schmieröl sicher warm laufen. Durch passende Mischung lassen sich alle verlangten Arten herstellen.

Starre Fette (meist Aufquellungen von Seife in Mineralölen) sind für solche Lager und Zylinder nötig, die im Laufe der Arbeit eine bestimmte Temperatur erreichen. Die hohe Tragfähigkeit der eigentlichen Fette (also der vegetabilischen und animalischen) bei höheren Temperaturen veranlaßt ihre Verwendung (in Mischung mit Mineralölen) zur Schmierung heißlaufender Maschinenteile.

Der Einkauf der Schmieröle ist zum großen Teil Vertrauenssache, sofern man sie nicht jedesmal besonders untersuchen will. Man begegne daher gelegentlichen, billigen Offerten mit Mißtrauen (oft Erzeugnisse, die in geschickter Weise mit minderwertigen Stoffen gestreckt sind). Ein gutes, wenn auch teures Schmieröl, ist im Gebrauch viel ausgiebiger und daher billiger, als solche Ersatzmittel, die sich nicht nur sehr schnell aufbrauchen, sondern die oft auch die Metallflächen stark angreifen.

100 kg Mineralmaschinenöl kosteten in der Vorkriegszeit je nach Güte, Viskosität und Farbe 30—60 ℳ, Zylinderöle für die Zylinder der Dampfmaschinen und anderer warmlaufender Teile 50—70 ℳ oder 100 ℳ. Heute sind die Preise etwa folgende (einschließlich Faß, verzollt, ab Hamburg):

Pennsylvanisches Heißdampfzylinderöl:
Visk. $4^1/_2$ bei 100° C . . . . Flp. 290°   66,— $\mathscr{RM}$ je 100 kg
  „ $5^1/_2$ „ 100° C . . . .   „ 320°   77,—   „ „ 100 „
Naßdampfzylinderöl:
Visk. 4—5 bei 100° C . . . .   „ 270°   32,—   „ „ 100 „
Maschinenölraffinat:
Visk. 4—5 bei 50° C . . . .   „ 175°   32,25   „ „ 100 „
Maschinenöldestillat:
Visk. $4^1/_2$—$5^1/_2$ bei 50° C . . . . .   „ 180°   29,25   „ „ 100 „
Transformatorenöle (den Bestimmungen
  des VDE entsprechend) . . . . . .   40,— bis 50,— „ „ 100 „
Maschinenfette, unbeschwert, gelb, Tropfp. etwa 85° 49,— „ 57,— „ „ 100 „

Die physikalische Prüfung der Öle usw. erstreckt sich auf die Dichte, den
Flammpunkt, den Stockpunkt, den Tropfpunkt, die Viskosität (Engler) und die
Emulgierbarkeit; chemisch ist der Wassergehalt (Xylol-Probe, Transformatorenöle
müssen völlig wasserfrei sein), die Asche, die Säure- und Verteerungszahl sowie
der Gehalt an Hartasphalt und an festen Beimengungen (vgl. Chemiker-Ztg. 1928,
S. 964) zu ermitteln; auch mechanische Prüfungen sind üblich; die Betriebsunter-
suchungen selbst sind nicht einfach. Raffinate (Flp. stets im offenen Tiegel 140°,
Visk. 2—8 bei 20°, Hartasphalt null) werden bei schnellaufenden, leicht belasteten
Teilen, Präzisionsmaschinen usw., Raffinate oder Erdöldestillate (Flp. 160°,
Visk. 3—8 bei 50°, Wasser unter 0,05 %) bei schwer belasteten Lagern von Elektro-
motoren o. dgl., Mischöle (Flp. 160° usw.) für Lager aller Art, Triebwerke von
Dampfmaschinen (0,3—1,2 g/PSh), Misch- oder Steinkohlenteer-Schmieröle (Flp.
145°, Visk. 4—5 bei 50°) für Achslager, grobe Maschinenteile usw., Erdöldestillate
(Flp. 260°, Visk. 3—6 bei 100° bzw. Flp. 220—240°, Visk. 3—6 bei 100°) für
Heißdampfzylinder (0,5—1 g/PSh) bzw. Sattdampfzylinder (0,3—0,5 g/PSh),
Raffinate (Flp. 180—200, Visk. 4,5—8 bei 50°) für Großgasmaschinen, Dieselmotoren usw. (0,5—1 g/PSh), Raffinate (Flp. 185—200°, Visk. 4—8 bei 50°)
für Automobile (5 % des Brennstoffverbrauchs), Raffinate (Flp. 200—220°, Visk.
4—8 bei 50°) für Luftkompressoren, Raffinate (Flp. 145—160°, Visk. 4—12 bei
20°, Stockpunkt —20°, Wassergehalt 0) für Kältemaschinenzylinder und endlich
Raffinate (Flp. 180—200°, Visk. 2,5—4 bei 50°) für Dampfturbinen-Umlauf-
schmierung (50 g/h) benutzt.

Besondere Schmiermittel sind die Arbeitsöle (Bohr-, Kühl-,
Schneid- und Ziehöle), die Emulsionsöle, die Voltolöle und die
Graphitschmieren. Transformatoröle dienen lediglich Kühlzwecken
(Raffinate Flp. über 145°, Stockp. — 15°, Visk. 8 bei 20°, völlig wasser-
frei, gegen Luftsauerstoff widerstandsfähig, Verteerungszahl unter
0,2 %).

Neben den Schmiermitteln selbst ist die Schmiervorrichtung (zum
Teil automatisch) nicht minder wichtig. Sie soll das Öl den reibenden
Flächen in genau einstellbaren Mengen zuführen; Überschuß ist Ver-
schwendung, Mangel bedeutet unnötigen Kraftverbrauch.

Die Schmiergefäße sind entweder konstruktiv mit den zu schmierenden Flächen vereinigt (Zapfen- und Ringschmierlager) oder sie
werden als besondere Apparate z. B. aufgeschraubt.

Unter den Selbstölern sind die Nadelschmierbüchsen recht verbreitet. Sie stellen umgestülpt stehende Glasgefäße (Abb. 105) dar,
in deren engen Ausflußöffnungen dünne, nur wenig Spielraum
passende Drahtstifte stecken, die wiederum auf der drehenden Welle
stehen. Die geringen Erschütterungen der Welle übertragen sich auf
die Drahtstifte und lassen dabei eine kleine Ölmenge austreten. Die

Stärke des Ölausflusses richtet sich nach den Dicken der Drahtstifte in den Röhrchen.

Ein Dochtschmiergefäß (Abb. 106) enthält ein Rohr, das vom obersten Teil des Ölbehälters bis dicht über die Welle reicht. Im Öl hängt ein Docht, der in die Röhre hineinragt, das Öl aufsaugt und es der Welle zuführt.

Abb. 105.
Nadelschmier-
büchse.

Die Nadelschmierbüchsen ölen nur während des Ganges der Welle; die Dochtöler schmieren beständig, wenn sie nicht mit Abstellvorrichtung versehen sind.

Die Öltropfapparate, welche den Zufluß des Öles sichtbar machen, haben erstens den Vorteil, daß man den Ölverbrauch sehr gut beaufsichtigen kann und zweitens den, daß eine mögliche Verstopfung des dünnen Zuleitungs-röhrchens sofort zu bemerken ist.

Zum Schmieren mit starren Ölen sind Apparate im Gebrauch, die einem mit Fett gefüllten Zylinder ähneln. Während des Ganges wird die im Zylinder befindliche, auf der Welle lastende Fett-stange in ihrer untersten Schicht infolge der Reibung der drehenden Welle abgeschmolzen und durch einen verschieden beschwerten Kolben weiter in den Zylinder hinein und gegen die Welle gepreßt [Tovotescher Appa-rat (Abb. 107), System Tovote und Kötter, mit Vorrat für mehrere Monate].

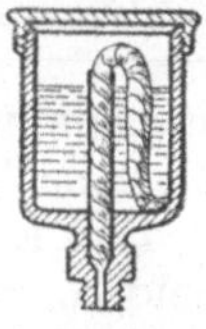

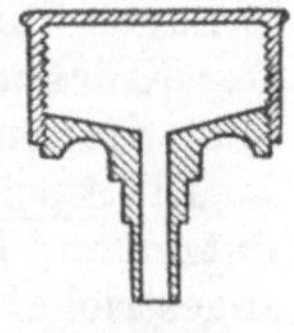

Abb. 106.
Dochtschmier-
gefäß.

Die ebenfalls für steifes Öl bestimmte, sehr verbreitete Staufferbüchse (Abb. 108) besteht aus einer mit Fett zu füllenden Außenkapsel mit Innengewinde, welche auf die mit der Welle durch ein Rohr verbundene innere Kapsel derart nieder-geschraubt werden kann, daß das Fett dabei unter star-kem Druck der Reibungsfläche zugeführt wird.

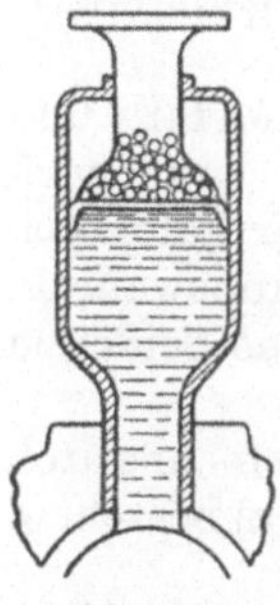

Zur Schmierung der Maschinenzylinder dienen meist mechanische Vorrichtungen, die teils als Pumpen, teils als Pressen gebaut sind. Sie sollen eine beständige Ölabgabe während des Betriebes sichern und verhindern, daß der Inhalt des Ölbehälters beim Stillstand der Maschine (in-folge der im Dampfraum eintretenden Luft-verdünnung) eingesaugt wird.

Die Apparate sind im Prinzip z. B. so konstruiert, daß ein von der Dampfmaschine betätigter schwingender Hebel, der mit einer Sperrklinke versehen ist, ein Zahnrädchen

Abb. 107.
Tovotescher
Öler.

Abb. 108.
Stauffer-
büchse.

antreibt. Die Bewegung desselben wird meist mittels eines Schnecken-triebes auf einen Kolben übertragen, der nun das Öl vorwärtsdrückt.

Das von den geschmierten Lagern abtropfende Öl ist nicht wertlos, sondern wird in den Ölfängern aufgefangen und durch Reinigung wieder brauchbar gemacht. Die Reinigung besteht je nach Zustand und Art des gebrauchten Öles meist in einfacher Filtration (nur für Mineralöle, bei denen eine Verseifung nicht in Frage kommt). Tierische und Pflanzenöle, die durch den Gebrauch ranzig geworden sind, müssen vor Filtration mit Kalkwasser gewaschen und getrocknet werden.

Die erforderlichen Einrichtungen kommen gebrauchsfertig in den Handel.

Das auf solche Weise gereinigte Öl wird, mit gleichen Mengen frischen Öles gemischt, zum Schmieren von Transmissionswellen und anderen weniger belasteten Teilen benutzt, während für Maschinenzylinder und empfindlichere Lager stets neues Öl zu verwenden ist.

Die Treibriemen bedürfen zu ihrer Erhaltung auch des Einfettens. Besonders muß die Außenseite wegen ihrer größeren Ausdehnung und der stärkeren Beanspruchung geschmeidig und biegsam erhalten werden. Eine gute Riemenschmiere ist Vaselin oder Fischtran; eine warm aufzutragende Schmiere besteht aus je einem Teil Talg, Kolophonium und Holzteer sowie 4 Teilen Fischtran.

In feuchten Räumen müssen die Riemen stets gut (jedoch nie übermäßig) gefettet sein. Das Einfetten, das alle 2—3 Monate besorgt werden sollte, geschieht vorteilhaft in der Weise, daß man den (nicht geleimten) Riemen am Abend vorher gut reinigt (bürsten und abwaschen mit warmem Wasser) und ihn am anderen Morgen mit der Riemenschmiere (am besten reiner Rindstalg) kräftig einreibt.

Das Einfetten der Innenseite der Riemen sollte man tunlichst vermeiden, weil sich sonst bald eine Kruste bildet, die häufig abgekratzt werden muß, wenn sie nicht das Rutschen auf den Scheiben verstärken soll. Hält man jedoch das Schmieren der Innenfläche aus irgendwelchen Gründen für angebracht, dann nehme man gutes Talg- oder Adhäsionsfett, unterlasse aber das Aufstreuen von Harz und Kolophonium, das dem Riemen auf die Dauer äußerst schädlich ist.

Drahtseile werden am besten mit gekochtem Leinöl geschmiert; eine Mischung von Teer und Pech ist nicht so gut.

Die sachgemäße Pflege der Schläuche (besonders Metall- und Gummischläuche) ist ebenfalls dringend anzuraten. Sie sind nach Gebrauch nötigenfalls gut nachzuspülen und hängend (über halbkreisförmigen Bügeln von nicht zu kleinen Durchmessern) aufzubewahren. Das Knicken der Schläuche ist ebenso zu vermeiden, wie das Schleifen über die Fußböden.

Die Apparate und Gefäße werden, wenn sie nicht aus einem durch Putzen und Einfetten blank zu haltenden Metalle (Metall-Lack) bestehen, angestrichen (vgl. auch Rohrnormalfarben usw.).

Vor schädlichem Einfluß saurer Dämpfe und feuchter Dünste schützt man das Metall durch passenden Anstrich. Außerdem kommen galvanische oder sonstige Überzüge (Chrom, Cadmium u. dgl.) in Frage. Holzteile werden geteert oder geölt (Firnis). Bei Auswahl der Farbe soll man Rücksicht auf die unvermeidliche Verschmutzung durch den Betrieb nehmen.

Völlig sichere Rostschutzanstriche gibt es nicht; trotzdem leisten zahlreiche der im Handel befindlichen Mittel recht gute Dienste. Als Farbton der Apparaturanstriche empfiehlt sich mittleres Grau für Behälter und Schwarz für Rohrleitungen (mit Streifen und Abzeichen in den Rohrnormalfarben). Man merke sich, daß schwarze, geteerte Flächen keine Wandtafeln sind und verbiete das Skizzieren mit Kreide auf denselben! Alle feucht liegenden Holzkonstruktionen müssen so aufgestellt werden, daß die Luft sämtliche Teile möglichst unbehindert umspülen kann und daß die Fußbodenfeuchtigkeit tunlichst ferngehalten wird. Außerdem ist von Zeit zu Zeit gründliches Teeren angebracht; unzugänglich bleibende Teile sind vor Einbau gründlich mit Teer oder einem sonstigen fäulnishemmenden Mittel zu bestreichen oder damit zu tränken. Imprägnierte Hölzer sind stets empfehlenswert.

Auch die Pappdächer der Fabrikgebäude müssen zwecks Erhaltung ihrer Geschmeidigkeit bzw. Wasserfestigkeit und Verhinderung des Brechens etwa alle 2—3 Jahre frisch geteert werden.

Die Erhaltung des ordnungsmäßigen Zustandes der Betriebe verlangt beständige Überwachung, die allerdings nicht darin gipfeln darf, daß man sich in dauernder Sorge befindet. Diese Kontrolle hat neben den anderen Arbeiten einherzugehen, soll aber deshalb nicht oberflächlich werden. Schrauben an beweglichen Teilen können sich nach und nach lockern; Wellen in Lagern oder Stopfbüchsen laufen dann und wann heiß; an versteckteren Stellen treten manchmal Undichtigkeiten auf; zur Verbindung von Rohren dienende Schlauchstücke reißen zuweilen ganz allmählich auf; wertvolle Lösungen können nach und nach durch undicht gewordene Heizschlangen mit dem Kondenswasser abgeführt werden! Es gibt mit einem Worte eine unendliche Fülle von Kleinigkeiten, die, beizeiten entdeckt, leicht in Ordnung zu bringen sind, aber bei Unaufmerksamkeit empfindliche und teure Störungen verursachen können.

In größeren Betrieben sind bestimmte Arbeiter (Handwerker) mit der Instandhaltung der verschiedenen Apparaturen betraut. Den Maschinisten obliegt beispielsweise die Kontrolle über die Maschinen und Transmissionen.

Die Wartung der Riemen, Seiltriebe und der verschiedenen Leitungen (Wasser, Dampf, Preßluft usw.) sowie die Aufsicht über Transportvorrichtungen ist wieder anderen Leuten (meist Schlossern) übertragen.

Für den Betriebsleiter, zu dessen Obliegenheiten die Aufsicht über den ordnungsmäßigen Zustand der gesamten Betriebseinrichtungen gehört, ist es wichtig, alles zu sehen und von Zeit zu Zeit durch kleine Bemerkungen zu zeigen, daß er alles sieht. Um so eher kann er dann darauf rechnen, daß alles und auch das gründlich besorgt wird, was seiner Beachtung vielleicht im Augenblick entgeht.

Zweiter Teil.

Bauliche Anlagen.

Trotzdem die baulichen Anlagen entsprechend den zahlreichen Zweigen der chemischen Industrie sehr verschieden ausgestaltet sind und sein müssen, gibt es immerhin eine Anzahl von allgemein wichtigen Gesichtspunkten, die einer zusammenfassenden Besprechung wert sind.

Für die Wahl des Ortes sind die Aufschlüsse wichtiger Roh- und Hilfsstoffe, Gelände- und Transportverhältnisse für Zu- und Abfuhr (Landstraßen, Eisenbahnen, Wasserwege), Wasserversorgung, Anschlüsse an Überlandleitungen, Vorhandensein von Wasserkräften, Abwasserfragen, Lagerung von Nebenprodukten oder Abfallstoffen, Nähe von Großstädten, Arbeiterverhältnisse (namentlich, ob genügend geschulte Arbeitskräfte vorhanden sind) usw. mitbestimmend. An die Genehmigungspflicht und an spätere Erweiterungen ist von vornherein zu denken.

Ist die Ortswahl an sich erledigt, dann sind vor Erwerb eines Grundstückes noch weitere Fragen zu klären (Möglichkeit der Erweiterung, Beziehungen zur Nachbarschaft, Art des Baugrundes, Stand des Grundwassers usw.).

Die bei Kauf in Betracht kommenden Eigentums- und Nutzungsübertragungen sind in den §§ 873ff. des BGB. geregelt; außerdem ist Aufmessung durch einen vereidigten Landmesser und Eintragung in das Grundbuch notwendig. Die Wasser- und Abwässerungsgerechtsamen müssen ebenso in das Wasserbuch eingetragen werden. Das „Wasserrecht" muß verliehen werden.

Chemische Fabriken aller Art gehören nach § 16 der Gew.-O. zu denjenigen Anlagen, für deren Errichtung eine besondere Genehmigung erforderlich ist. Welche Anlagen unter den Begriff „chemische Fabriken aller Art" fallen, ist für Preußen vom Handelsminister bereits durch Rekursbescheid vom 16. April 1883 festgelegt worden:

Unter chemischen Fabriken sind im Sinne des § 16 der Gew.-O. nur solche Anlagen zu verstehen, die auf chemischem Wege durch Zusatz von fremden Substanzen, z. B. von freien Säuren und Alkalien, aus Rohsalzen und aus anderen Stoffen neue Fabrikate (chemische Produkte) herstellen, d. h. solche Fabrikate, die andere Eigenschaften und eine andere Zusammensetzung als die in dem Rohmaterial vorhandenen Stoffe haben, daß aber Anlagen, in denen zwar chemische Prozesse vorgenommen werden, eine Umbildung des Rohstoffes durch Zuführung fremder Stoffe aber nicht erfolgt, unter den Begriff der chemischen Fabriken nicht fallen.

Die nach § 17 der Gew.-O. verlangte Erläuterung des Genehmigungsantrages durch Zeichnung und Beschreibung betrifft auch Betriebs- und Kesselanlagen, der § 16 dagegen die Fabrikanlage als solche. Für die Ausführung der Gebäude genügt die baupolizeiliche Genehmigung allein.

Die für den Fabrikbau in Betracht kommenden gesetzlichen Vorschriften sind teils in den Unfallverhütungsvorschriften, teils in der

Gewerbeordnung und teils in den Baupolizeiverordnungen und den Zusatzbestimmungen enthalten. Nach dem StrGB. § 367 wird die Bauvornahme ohne polizeiliche Genehmigung bestraft. Nach § 330 des StrGB. wird bestraft, wer bei Leitung oder Ausführung eines Baues derart gegen die Regeln der Baukunst verstößt, daß daraus für andere Gefahr entsteht.

Die baupolizeilichen Ortsvorschriften und die Ortsstatute betreffen die Bausicherheit, die Feuersicherheit, die Straßenflucht, die Bauabstände, die Anliegerkosten usw.

Der § 120 Abs. a, b und d der Gew.-O. fordert eine Reihe von Maßnahmen im Interesse der Arbeiterwohlfahrt. Die von den Gewerbeinspektionen aufgestellten Vorschriften für Einrichtung gewerblicher Anlagen sind zu berücksichtigen.

Findet man vorhandene Räume vor, in die ein an und für sich durchgebildeter Betrieb verlegt, also hineingebaut werden soll, dann muß man den Einbau natürlich den Räumen anpassen (oft schwierig und im allgemeinen nicht anzuraten). Als Eigentümer besitzt man die Freiheit, erforderliche Veränderungen unbehindert vornehmen zu können, als Mieter wird man sie dagegen nur in solchem Umfang ausführen, daß man den Mietsvertrag nicht verletzt und nicht zu Auseinandersetzungen mit dem Besitzer kommt.

Anders aber liegt der Fall, wenn die Räume erst geschaffen oder gar neue Fabrikgebäude errichtet werden sollen. Will man an anderen Orten bestehende Betriebe in der Neuanlage unterbringen, dann hat man dabei alle Erfahrungen dieser zu berücksichtigen. Meist wird man dann auch spätere Vergrößerungsmöglichkeit mit vorsehen.

Jeder Luxus ist zu vermeiden; aber auch von übertriebener Sparsamkeit halte man sich fern, denn späteres Ergänzen und Vergrößern ist verhältnismäßig teuer und in den meisten Fällen sehr störend für den Betrieb. Es ist das Richtigste, die künftigen Betriebe an Hand von Entwürfen und Zeichnungen bis in die letzten Einzelheiten zu kalkulieren und zu durchdenken sowie sich mit guten und bewährten Konstruktionsbüros in Verbindung zu setzen.

Es ist leider nicht überflüssig, auf die alte Tatsache hinzuweisen, daß eigentlich jede Vorkalkulation zu niedrig ausfällt, daß die Gesamtkosten eines Fabrikbaues in den weitaus meisten Fällen den Kostenanschlag noch immer ansehnlich überschritten haben und daß ferner die Höhe des erforderlichen Betriebskapitals ebenso häufig weit unterschätzt wird. Um das Schicksal mancher neuen Unternehmungen würde es besser bestellt sein, wenn in diesen Punkten nicht so optimistisch und unter Bereitstellung größerer Reserven vorgegangen worden wäre.

Bei Neuanlagen findet sich manchmal unebenes Terrain, das dann sofort teilweise oder völlig bis zur Normalhöhe aufgeschüttet zu werden pflegt. Es sollte hier mit größerer Überlegung gehandelt werden! Nur zu oft kommt es vor, daß die spätere Beseitigung von Abfällen auf Schwierigkeiten stößt, während man den Platz, der seinerzeit mit Unkosten aufgehöht wurde, nunmehr gut verwenden könnte. Es gibt chemische Fabriken, die von ihren Abfallprodukten wallartig umgeben

sind und die sich schließlich deshalb gezwungen sahen, ihren Betrieb
einzustellen oder zu verlegen.

Die Frage, ob die Fabrikanlage aus einem Gebäude bestehen
soll, ob sie in mehrere Bauten zu zerlegen ist und ob die Gebäude
ein- oder mehrstöckig auszuführen sind, beantwortet sich aus sachlichen Gründen meist von selbst. Im übrigen wäge man das Für und
Wider beider Ausführungsformen gegeneinander an Hand der Kostenanschläge ab.

Die Zusammenlegung einer Anzahl von Arbeitsräumen in ein Gebäude hat den Vorzug geringerer Kosten für Bau und allgemeine Betriebsanlagen (Kraft-, Dampf-, Elektrizitäts-, Gas-, Wasserleitungen
usw.). Sie gewährt bessere Ausnutzung des Baugrundes, erleichtert Übersichtlichkeit und Überwachung der Betriebe und begünstigt unter Umständen die Warenbewegung.

Die Aufteilung der Betriebe in verschiedene Gebäude verringert
die Feuersgefahr und hält die Fabrikationszweige bzw. die Arbeiter
mehr auseinander.

Für ein mehrstöckiges Gebäude sprechen teurer Grund und Boden,
hohe Apparaturen und Einteilung in eine größere Anzahl kleinerer
Arbeitsräume. Billiger Baugrund, Öfen, schwere Apparate und Bewältigung großer Massen lassen nicht zu hohe Gebäude mit Seiten-
oder Oberlicht empfehlenswert erscheinen.

Soweit in dieser Beziehung nicht schon durch gesetzliche Vorschriften
ein gewisser Zwang ausgeübt wird, lasse man sich in erster Linie von
sachlichen Zweckmäßigkeitsgründen leiten. Diejenige Bauart wird sich
in jedem Falle als die richtigste erweisen, die bei den geringsten Kosten
gleichzeitig die größte Betriebssicherheit gewährt, die Fabrikation mit
den geringsten Unkosten belastet und möglichst auch für andere, als
die ursprünglich geplanten Fabrikationszweige geeignet bleibt. Mit
verhältnismäßig kleinen Mitteln läßt sich meist zugleich etwas
schaffen, das sich mit den strengen Linien seiner technischen Schönheit
ungezwungen, kraftvoll und durchaus nicht störend in das Landschaftsbild einordnet[1].

Man vergesse nicht, auch Räume vorzusehen, die zunächst keinem
bestimmten Zwecke dienen; nur zu bald stellt sich bei den meisten
Neuanlagen das Bedürfnis nach solchen heraus!

Auch helle Kellerräume können als kühle Läger und für solche
Betriebsanlagen geeignet sein, die eine möglichst gleichmäßige, niedrige
Temperatur verlangen.

Die Größe der Betriebsräume richtet sich nach der Größe der
Betriebe. Daß zu kleine Räume ungeeignet sind, ist einleuchtend;
nicht so augenfällig ist es aber, daß die Apparatur umgekehrt in zu
großen Räumen leicht zu weitläufig aufgestellt wird (Bedienung und
Arbeit erschwert).

Man sollte Holzbauten vermeiden bzw. Stein- und Eisenkonstruktionen den Vorzug geben. Abgesehen von der größeren Feuergefährlich-

---

[1] Vgl. Franz: Werke der Technik im Landschaftsbild. Berlin 1917.

keit der Holzhäuser (Imprägnierung), ist es meist schwierig, größere Transmissionen oder andere schwere Maschinen und Apparate dort dauerhaft aufzustellen bzw. anzubringen.

Die aus Ziegelmauerwerk bestehenden Wände selbst erhalten am besten keinen Putz (sie können höchstens „berappt" werden), sondern einen Kalk-, Gips-, Öl- usw. Anstrich. Die dann sichtbar bleibenden Mörtelfugen gestatten ein viel bequemeres Befestigen von Gegenständen an der Wand, als wenn die Wand geputzt wäre. Findet man Wandputz vor, dann erinnere man sich (um unnötiges Putzabschlagen zu vermeiden) daß auf 1 m Mauerwerk 13 Steinschichten kommen, daß also die Fugen in einem Abstand von 77 mm liegen. Betonwände sind natürlich anders zu behandeln (Einlassen von Holzdübeln usw.).

Die Zwischenwände bestehen am zweckmäßigsten aus Mauern von mindestens einem halben, besser einem ganzen Stein Stärke (ebenfalls ohne Putz). Holz-, Gips-, Luftziegel-, Rabitz- und Fachwerkwände sollten vermieden werden. Sollen an ihnen eines Tages infolge von Veränderungen — und in welchen Fabriken kommen keine Veränderungen vor! — Transmissionen o. dgl. befestigt werden, dann kosten die notwendig werdenden Absteifungen und Verstärkungen ebensoviel (oder mehr), wie die Mehrkosten einer Steinwand von Anfang an betragen haben würden (außerdem Betriebsstörungen usw.).

Die Aussparung von mindestens einer großen Öffnung in den Zwischenwänden (für Leitungen) bietet verschiedene Vorteile. Die Öffnungen sollten auch nach erfolgtem Verlegen der Leitungen nur so weit zugemauert werden, daß bei notwendig werdender Rohrauswechslung oder Ergänzung die Rohre mit Flansch hindurchgesteckt werden können, ohne daß das Mauerwerk wieder aufgestemmt werden muß. Unter Umständen schmiert man den Zwischenraum mit Lehm aus oder verschließt ihn mit Eisenblech, in das die Rohrprofile eingeschnitten sind. In ähnlicher Weise sollten alle durch Mauerwerk hindurchgehenden Leitungen abgedichtet werden, damit jede durch feste Einmauerung verursachte Spannung aufgehoben wird.

Die Türen der einzelnen Räume lege man in genügender Breite und am richtigen Platze (hinsichtlich des Standortes der Apparate) an. Im allgemeinen befinden sich die Türen nicht an der Fensterseite, damit man diesen hellsten Teil der Räume für die Fabrikationsarbeiten möglichst ausnutzen kann. Vorteilhaft ist z. B. der Platz unter der Transmissionswelle. Wenn häufig größere Lasten (Fässer, Kisten usw.) durch die Türen transportiert werden, schützt man die Mauerkanten vor dem Abstoßen der Türöffnungen durch Winkeleisen.

Wegen des schnellen, ungehinderten Verlassens der Räume schlagen die Türen entweder nach außen oder nach dem zunächst liegenden Treppenflur auf. Sie werden (wegen erhöhter Feuersicherheit Doppeltüren) am besten ganz aus Eisen hergestellt. Wo aber Holztüren vorhanden sind (durch Beschlagung mit Eisenblech etwas brandsicherer!), sollten wenigstens kleinere Raumgruppen mit eisernen Türen abgeschlossen werden können. Selbstverständlich müssen in den Brandmauern stets feuersichere, selbstschließende Türen vorhanden sein.

In allen Fällen, in denen Türflügel hindern würden, sind Hänge- oder Schiebetüren angebracht. Auf später vielleicht erforderlich werdende Türen kann man bereits beim Ziehen der Zwischenwände so weit Rücksicht nehmen, daß sie durch einfaches Herausschlagen der Füllziegel leicht geschaffen werden können.

Ob die Fußbodenflächen der einzelnen Arbeitsräume durch Türschwellen unterbrochen werden sollen oder nicht, kann sich nur aus den Zwecken ergeben, für welche die Räume bestimmt sind. Es wäre ebenso falsch, Schwellen grundsätzlich auszuschließen, wie sie überall anzulegen. Deshalb ist es am besten, sie zunächst fortzulassen (ungehinderter Verkehr und Materialbewegung) und sie dann später u. U. für sich einzubauen (Mauerwerk, Zementschwellen; um etwa ausfließende Lösungen auf einen Raum zu beschränken usw.).

Die Schlüssel zu den Türen erhalten entsprechende Nummern oder sonstige Bezeichnungen. Sie werden im allgemeinen mit einem Metallschild oder Holzkolben versehen, damit sie nicht so leicht verlegt oder in der Tasche herumgetragen werden können. Jeder soll wissen, an welchem Orte die betreffenden Schlüssel zu finden sind. Es wäre ganz ungehörig, sie bald hier, bald dort beiseitezulegen. An der Außenseite der Türen findet man in die Mauern versenkte, mit Glasscheiben versehene Kästchen, in denen die betreffenden Reserveschlüssel für Feuers- und sonstige Gefahr aufbewahrt werden. Nach Zerschlagen der Scheibe sind die Schlüssel zugänglich.

Notausgänge sind deutlich zu kennzeichnen. Sie müssen sich stets in solchem Zustande befinden, daß sie zu jeder Zeit ihren Zweck erfüllen können. Unglücksfälle, die in derartigen Mängeln ihre Ursache haben, haben für die haftende Person sehr unangenehme Folgen.

Die Fenster werden sich hinsichtlich Form und Größe nach den gegebenen Räumen und nach der Betriebsart richten. Liegt die Transmissionswelle an der Fensterwand, dann werden die Mauerpfeiler zwischen den Fenstern die Lager tragen, falls die Welle nicht aufgehängt ist. Die Fensterabstände müssen also der Entfernung der Wellenlager entsprechen. Bei elektrischem Einzel- und Gruppenantrieb sind höchstens Zementsockel für die Antriebsmotoren, Kabelkanäle und Schalttafeln vorzusehen. Kleine Fensterscheiben sind natürlich wirtschaftlich günstiger (Bruch!), als große. Gußeiserne Fensterrahmen können im Falle eines Brandes (z. B. zwecks Verlassens der Räume oder raschen Hinausbeförderung von Gegenständen) leicht zertrümmert werden, haben aber häufig den Nachteil, daß die Flügel recht unvollkommen schließen und nur schlechten Schutz gegen Wind und Wetter bieten. Rettungsfenster, die auf Rettungsbühnen oder -leitern führen, sind durch rote Scheiben kenntlich zu machen; sie öffnen sich in ihrer ganzen Größe. Es ist zwar einerseits wünschenswert, die Fenster zur Durchlüftung der Räume völlig öffnen zu können, andererseits wird aber gerade der Platz vor den Fenstern häufig für allerlei Dinge gebraucht, die das unbehinderte Öffnen erschweren. Man baue daher die Fenster so, daß sie entweder nach außen aufschlagen, daß die Fensterflügel nicht bis zur Fensterbank hinabreichen oder daß sich nur einzelne

Klappen öffnen lassen. Drahtglas-Metallfenster bürgern sich mehr und mehr ein.

In allen Fällen, in denen es sich mit der Helligkeit der Räume vereinigen läßt, verwende man wenigstens für die unteren Scheiben undurchsichtiges Glas. Räume, in denen lichtempfindliche Fabrikate hergestellt werden, erhalten Fenster mit entsprechend gefärbten oder angestrichenen Scheiben. Fabrikräume mit Oberlicht haben den Vorteil, daß große Wandflächen für Aufstellung der Apparatur zur Verfügung bleiben. Beim Bau solcher Oberlichträume beachte man, daß die Dachfenster gegen Wind und Regen tadellos dicht sein müssen. Sie sollen möglichst wenig von Schnee zugeweht werden und das direkte Sonnenlicht abhalten. Fenster sind im allgemeinen nicht nach der herrschenden Windrichtung oder nach Süden zu legen. Sheddächer o. dgl. sind stets empfehlenswert.

Daß in jeder Fabrik einzelne Fensterscheiben zertrümmert werden, ist unvermeidlich. Meistens ersetzt man sie in monatlichen oder sonst passenden Zwischenräumen sämtlich mit einem Male, falls sie nicht aus Fabrikationsgründen sofort erneuert werden müssen. Zerbrochene Fensterscheiben machen einen sehr häßlichen Eindruck; sie sollten daher sogleich in der ganzen Scheibengröße sauber verklebt oder gänzlich herausgenommen werden. Lüftungsklappen sind wichtig!

Die Verstärkung des Tageslichtes durch künstliche Beleuchtung ist den Augen sehr nachteilig. Man helfe sich unter Umständen auf andere Weise (z. B. Tageslichtreflektoren). Die Beleuchtungsanlage soll so angeordnet sein, daß die Lampen auch von außen bedient (namentlich die vor den Fenstern feuergefährlicher Betriebe angebrachten Beleuchtungskörper) werden können. Solche Lampen (meist Gaslampen) sind aber schon leichtsinnigerweise vom Innern der feuergefährlichen Räume aus durch die geöffneten Fenster hindurch angezündet worden!

Das elektrische Licht verdient im allgemeinen den Vorzug. Es ist sauber und betriebssicher. Die Lichtleitungen sollen so verlegt werden, daß man sie auf den ersten Blick von Kleinkraftleitungen oder Telephonkabeln usw. unterscheiden kann. Unter Umständen empfiehlt sich die Verwendung bruchsicherer Lampenglocken und glas- bzw. flüssigkeitsdichter Einkapselung. In allen Fällen sollte man sich nie auf die elektrische Beleuchtung allein verlassen, sondern für Notbeleuchtung Sorge tragen. Zumindest sollen Akkumulatorenhandlampen oder irgendwelche sonstigen Lampen (z. B. für Acetylen) an einer bestimmten Stelle vorrätig und stets gebrauchsfertig gehalten werden (z. B. in den „Meisterbuden"). Das Vorhandensein guter Kabelpläne und Schaltungsschemata (s. o.) erleichtert Reparaturarbeiten.

Die Grundzahlen, die bei elektrischer Beleuchtung zu beachten sind (in Lux), wurden schon oben genannt. Ihre Division durch 5 gibt die erforderliche Lichtstärke in HK/m^2 Bodenfläche für elektrische Glühlampen bzw. durch 3 die für Gasglühlampen. Glühlichtpetroleumbrenner geben 200—2400 HK (für Nachtarbeiten im Freien); Spiritusglühlichtlampen geben 50—80 HK (0,0013 l/HK); hängendes Gasglühlicht gibt 30—330 HK (1,0—0,7 l/HK); mit Preßgaslicht erreicht man 100

bis 5000 HK (bei 40 mm W.S. = 0,5 l/HK; Zündflamme = bis 14 l/h);
Acetylenlochbrenner liefern 20—100 HK und hängende Ölgasglühlicht-
brenner 15—80 HK (0,5 l/HK).

Als Grundmaß für Bemessung der wichtigen Ventilationsanlagen
kann man eine Luftmenge von 15—40 m³ je Kopf und Stunde und einen
Mindestluftraum von 12 m³ für jeden Arbeiter annehmen. In besonderen
Fällen muß man auf die behördlichen Vorschriften Rücksicht nehmen
(bis zur 10fachen Menge). Die zur Förderung der Luft dienenden Kanäle
bestehen meistens aus Ton-, seltener aus verzinkten Eisenröhren. Bei
gemauerten Luftschächten müssen die Wände möglichst glatt sein, denn
Kanäle mit rauhen Wänden und scharfen Biegungen beeinträchtigen die
Luftströmung und die Wirkung.

Man findet bisweilen Ventilationsanlagen, bei denen sich die Luft-
schächte verschiedener Räume schon vor dem Austritt ins Freie vereinigen. Diese Einrichtung ist aber, wenn die Saugvorrichtung nicht
sehr gut arbeitet, unzweckmäßig, da die abziehende verdorbene Luft
eines Raumes dann leicht in den anderen Raum übertreten kann. Es
kann das sehr üble Folgen haben, zumal man die Ursache der Luft-
verschlechterung selten gleich finden wird. Die kleinen, handlichen und
doch recht wirksamen Elektroventilatoren lassen sich sehr leicht in
jedes Fenster einsetzen und lösen die Ventilationsfrage für viele Fälle
in durchaus befriedigender Weise. Außerordentlich wichtig ist die Abführung und die Unschädlichmachung giftiger Gase, auf die von vornherein beim Bau und bei Anordnung der Apparatur weitgehendste
Rücksicht zu nehmen ist. Es mag an dieser Stelle auf die wichtigen
Darlegungen in „Hartmann, Sicherheitseinrichtungen in chemischen
Betrieben", Leipzig 1911, verwiesen sein. Die Entstaubung der Arbeitsräume ist nicht minder wichtig[1].

Sieht man bei Bau der Anlage von vornherein Zugkanäle in den
Mauern vor, dann lassen sich gegebenenfalls in den Betriebsräumen
leicht Feuerherde schaffen oder Öfen einrichten. Auch der Frage einer
Heizung der Fabrikräume ist von Anfang an Beachtung zu schenken.
Zentrale Heizungsanlagen lassen sich leicht durch Abwärme betreiben.

Auch für Einrichtung geräumiger, heller, sicherer bzw. bequemer
Aufenthalts- und Waschräume ist rechtzeitig Sorge zu tragen. Die
Kleiderablagen der Belegschaft und die Aborte haben hier ihren Platz.

Um Abzugskanäle leichter an den Fabrikschornstein anschließen
zu können, empfiehlt es sich vielleicht, gleich beim Bau eine Reihe
von Öffnungen mit vorzusehen.

Die Treppen seien vor allen Dingen genügend breit und bequem
(Stufenhöhe zwischen 15—18 cm).

Man vermeide Winkelstufen, Wendeltreppen und zu hohe bzw. zu
steile Treppen, welche ermüdend wirken. Außer dem Geländer an der
Außenseite der Treppen ist eine Handleiste an der Wandseite vorteilhaft, damit auch der an dieser Seite tragende Mann festen Halt
findet.

---

[1] Vgl. Hüttig: Heizungs- und Lüftungsanlagen in Fabriken, Leipzig 1915.

Die Treppen sind laut Baupolizeivorschrift feuersicher anzulegen. Ungeschützte, eiserne und besonders gußeiserne Treppen sind jedoch wegen der Sprödigkeit des Baustoffs vornehmlich dann nicht zu empfehlen, wenn sie im Freien liegen. Unsicher sind Treppen aus Granit und Sandstein, namentlich sobald sie frei tragen. Die Steine können bei einiger Hitze springen und das ganze Treppenhaus plötzlich zum Einsturz bringen.

Die notwendigen Leitungen für Wasser, Dampf, Druckluft, Gas, Elektrizität usw. müssen von Anfang an so planmäßig, wie irgendmöglich und in genügender Weite verlegt werden (keine unnötigen Längen und tote Stränge!). Es gibt Fabriken, die infolge falscher Anlage der Hauptstränge sehr viel mehr Leitung nötig haben, als sie bei wohlüberlegter Anordnung gebraucht hätten.

Auf die Bedeutung einer gemeinsamen Verlegung in Rohrsammelkanälen, auf Rohrbrücken usw. war bereits hingewiesen sowie darauf aufmerksam gemacht worden, daß ein übersichtlicher, dauernd vervollständigter und immer bereitliegender Rohrplan alle Arbeiten sehr erleichtert. Nicht nur der leitende Betriebsbeamte, sondern auch seine Assistenten, die ersten Meister usw., sollten eine Weiß- oder Blaupause dieses Rohrplanes stets zur Hand haben: er erspart unnützes Suchen und unproduktive Arbeit.

Die Wasserversorgung ist je nach Art des Fabrikbetriebes von mehr oder weniger großer Bedeutung. Die technische Anlage der Wasserzuführung gestalte man so vollkommen und so sicher, wie es nur irgend möglich ist, und denke an die Unsicherheit zu langer Rohrleitungen. Zur Kesselspeisung werden zwei voneinander unabhängige Speisevorrichtungen verlangt und auch für die Fabrik sollten zwei selbständige Wasserversorgungsanlagen geschaffen werden.

Genügend tiefe Brunnen sind in den meisten Fällen am zuverlässigsten. Sie haben überdies den großen Vorteil, Sommer und Winter Wasser von annähernd gleicher Temperatur zu liefern (Kühlzwecke). Flußläufe und Seen mit gleichbleibendem Wasserstande stellen zwar eine billige Wasserquelle dar, verlangen aber hinsichtlich Versandung der Leitung usw. eine sorgfältige Überwachung (Wassergerechtsamen [s. o.] beachten). Noch viel mehr trifft dies für die Wasserentnahme aus Flußläufen zu, die Ebbe und Flut zeigen. Kann Sand und Schlamm mit in das Betriebswasser gelangen, dann ist eine Klär- oder Filtrieranlage unbedingt notwendig. Verunreinigtes Wasser ist für andere als Kühlzwecke kaum verwendbar; selbst hier ist es aber nur sehr schlecht zu gebrauchen, weil sich die Hähne, Ventile, Schieber, Pumpen und Rohrleitungen schnell verstopfen und unbrauchbar werden.

Ein Einfrieren der Flußwasserleitung ist im Winter sehr unangenehm. Auch die höhere Temperatur des Flußwassers in heißen Sommermonaten macht es für Kühlzwecke recht ungeeignet.

Obgleich die Entnahme von Wasser aus der Ortswasserleitung an sich zu teuer sein würde, ist es doch ratsam, die Fabrik an dieselbe anzuschließen, um im äußersten Falle gegen Störungen gesichert zu zu sein (das gleiche gilt für die Gas- und Elektrizitätsversorgung).

Das selbstgehobene Wasser wird meist einem Hochbehälter zugeführt werden, von dem aus es in das Leitungsnetz übertritt.

Fall- und Steigeleitungen sollten stets getrennt sein.

Man denke an die Möglichkeit des Einfrierens der Hochbehälter und Leitungen (isolieren, Dampfmäntel). Im Anschluß daran mag darauf hingewiesen sein, daß die vorherrschend kalten Nord- und Ostwinden ausgesetzten Leitungen am schnellsten einfrieren.

Die Sicherheitsvorkehrungen, die zu treffen sind, um bei eintretenden Rohrbrüchen und Undichtigkeiten in der Wasserleitung gewisse, möglichst kleine Teile der Fabrik absperren zu können, werden nach Lage und Art der Fabrik verschieden sein. Im allgemeinen sollte man aber an Wasserschiebern nicht sparen.

Bei Anlage der Wasserleitungen sind auch Anschlußstutzen und Hydranten für Feuerlöschzwecke vorzusehen. Die Betriebssicherheit wird durch solche Vorkehrungen erhöht. Probealarmierungen sind von Zeit zu Zeit angezeigt. Gefährliche Betriebe sollten die sehr empfehlenswerten selbsttätigen Feuerlöscher, z. B. die der Grinell-Sprinkler-Gesellschaft in Berlin, einbauen, die bei eintretender Raumüberhitzung automatisch in Tätigkeit treten. Minimax- oder Kohlensäurefeuerlöscher (Chemiker-Ztg. 1928, S. 966) und auch Schaumlöscher empfehlen sich in vielen Fällen. Atmungsgeräte, Feuerschläuche usw. sind in Bereitschaft zu halten.

Die Entwässerungsanlage besteht aus Einrichtungen über (Sammelbecken und -leitungen) und unter der Erde (gemauerte Gullys, Tonrohre, Zementrohre, Klärbassins, Kanäle).

In mehrstöckigen oder unterkellerten Fabrikgebäuden sind wasserdichte Zwischendecken notwendig. Besteht der Fußboden aus Zement oder Beton, dann müssen Rinnen, Kanäle und Durchlässe für die Rohrleitungen von vornherein vorgesehen werden (späteres Aufstemmen ist umständlich). Die Fußböden haben ein wenig Gefälle nach einem versenkten Sammelbecken. Der Abfluß soll (am einfachsten mittels Stopfens oder Spundes) verschließbar sein, damit nicht bei Störungen wertvolle Flüssigkeiten verlorengehen können. Bei der Entwässerungsanlage ist auf spätere Vergrößerung Rücksicht zu nehmen. Die Leitungen müssen frei liegen und gut zugänglich sein (nicht etwa im Mauerwerk).

Der Abflußkanal (in gewissen Abständen Reinigungs- und Einsteigeschächte) soll tiefer als die Sohle des Kellers liegen, damit auch dieser noch ausreichend entwässert werden kann.

Die Abwässer sammeln sich meist in einem Klärbassin, das Schlamm usw. zurückhält. Das öffentlichen Wasserläufen zufließende Wasser muß darüber hinaus unschädlich für die Gesundheit sein. Hier bestehen bestimmte behördliche Vorschriften und im wasserrechtlichen Verfahren werden besondere Abwässergerechtsame verliehen. Die „chemischen" Abwässer sind häufig in übertriebenster Weise verrufen und manche Fabrik weiß davon ein böses Lied zu singen.

Ein genauer und vollständiger Lageplan aller Leitungen (u. a. mit Einzeichnung der Abzweigungen, der Reservestutzen, der Rohrlängen und der Tiefenlage) ist oft noch wichtiger, als ein Grundriß der Gebäude! An Hand eines solchen Planes lassen sich Reparaturen und Umänderungen wesentlich schneller ausführen, als wenn erst nach der betreffenden Stelle gesucht werden muß (Verwechslungen von Leitungen sind unter solchen Umständen häufig).

Werden Flanschen- oder Muffenleitungen in sich senkendes Erdreich verlegt, dann muß man elastische Kupfer- oder Spiralrohrstücke einschalten (sonst Rohrbrüche besonders an den Verzweigungsstellen). Man beachte auch, daß die im Erdreich liegenden Leitungen, über die Eisenbahngeleise, Straßen usw. hinwegführen, in geeigneter Weise gesichert werden müssen, damit sie nicht durch Druck beschädigt werden.

Es könnte scheinen, als wären die vorstehenden Ausführungen über bau- und maschinentechnische Fragen für diejenigen jungen Betriebschemiker nicht gar so wichtig, die in eine große Fabrik als Anfänger eintreten, denn in diesen Werken sind ja Bau- und Ingenieurbüros vorhanden, die dem Chemiker diese Arbeiten schon abnehmen werden. Einer solchen Ansicht muß widersprochen werden. Der Chemiker hat mit der fertigen Anlage zu arbeiten; er muß in der Lage sein, als Sachverständiger an den Vorbereitungen eines Neu- oder Vergrößerungsbaues teilnehmen zu können; dazu ist aber notwendig, daß er sich die hier äußerst kurz umrissenen Kenntnisse aneignet, die zur technischen Allgemeinbildung des Betriebsmannes gehören. In selbständigen und leitenden Stellungen macht sich eine gewisse Vertrautheit mit den berührten Fragen sehr bald bezahlt; es stärkt das Vertrauen, das die Meister und Handwerker zu ihrem Vorgesetzten haben. Die Schule der Praxis ist der beste Lehrmeister; möchte dieses Büchlein eine kleine Vorbereitung dazu sein!

Bauten werden häufig an Unternehmer vergeben werden. Es seien deshalb die „Technischen Vorschriften für Bauleistungen" (DIN-Taschenbuch 3) und namentlich die „Verdingungsordnung für Bauleistungen (VOB)" (DIN-Taschenbuch 5), welche vom Reichs-Verdingungs-Ausschuß aufgestellt sind, dringend zur Anschaffung empfohlen[1].

Um ferner einen gewissen Anhalt über die Normalprofile und Abmessungen von Winkel-, T-, Doppel-T- und U-Eisen zu geben, die im Fabrikbau sehr häufig eine wichtige Rolle spielen, sind hierüber einige Angaben zusammengestellt:

Einige Normalprofile für Walzeisen.

Bezeichnung	Profil Nr.	Breite mm	Dicke mm	Querschnitt cm²	Gewicht für 1 m in kg	Bemerkungen
Gleichschenklige Winkeleisen:	$1^1/_2$	15	3,0	0,82	0,64	Normallängen
	3	30	6,0	3,27	2,55	4—8 m, größte
	$4^1/_2$	45	9,0	7,34	5,73	Länge 12 m
	$5^1/_2$	55	10,0	10,07	7,85	
	7	70	11,0	14,3	11,1	
	10	100	14,0	26,2	20,4	
	14	140	17,0	45,0	35,1	
	16	160	19,0	57,5	44,9	

[1] Berlin S 14: Beuth-Verlag 1926.

Einige Normalprofile für Walzeisen (Fortsetzung).

Bezeichnung	Profil Nr.	Breite mm	Dicke mm	Querschnitt cm²	Gewicht für 1 m in kg	Bemerkungen
Ungleichschenklige Winkeleisen:	$^2/_3$	26 × 30	4,0	1,85	1,44	Normallängen 4—8 m, größte Länge 12 m, Schenkelverhältnis 2 : 3 und 1 : 2
	$^8/_{12}$	80 × 120	12,0	22,7	17,7	
	$^{10}/_{15}$	100 × 150	14,0	33,2	25,9	
	$^2/_4$	20 × 40	4,0	2,25	1,76	
	$^5/_{10}$	50 × 100	10,0	14,1	11,0	
	$^{10}/_{20}$	100 × 200	16,0	45,7	35,6	
I-Träger:	8	$h = 80$ $b = 42$	3,9/5,9	7,57	5,9	Normallängen 4—10 m, größte Länge 14 m, $h =$ Höhe, $b =$ Breite, Dicke: 1. Zahl = Stegstärke, 2. Zahl = Flanschstärke
	11	$h = 110$ $b = 45$	4,8/7,2	12,3	9,6	
	15	$h = 150$ $b = 70$	6,0/9,0	20,4	15,9	
	20	$h = 200$ $b = 90$	7,5/11,3	33,4	26,1	
	25	$h = 250$ $b = 110$	9,0/13,6	49,7	38,7	
	30	$h = 300$ $b = 125$	10,8/16,2	69,0	53,8	
	34	$h = 340$ $b = 137$	12,7/18,3	86,7	67,6	
	40	$h = 400$ $b = 155$	14,4/21,6	118,0	91,8	
	50	$h = 500$ $b = 185$	18,0/27,0	179,0	140,0	
	55	$h = 550$ $b = 200$	19,0/30,0	212,0	166,0	
⊏-Eisen:	3	$h = 30$ $b = 33$	5,0/7,0	5,44	4,24	Normallängen 4—8 m, größte Länge 12 m, sonst wie bei I-Trägern
	$6^1/_2$	$h = 65$ $b = 42$	5,5/7,5	9,03	7,05	
	12	$h = 120$ $b = 55$	7,0/9,0	17,0	13,3	
	18	$h = 180$ $b = 70$	8,0/11,0	28,0	21,8	
	24	$h = 240$ $b = 85$	9,5/13,0	42,3	33,0	
	30	$h = 300$ $b = 100$	10,0/16,0	58,8	45,8	
T-Eisen:	$^6/_3$	$h = 60$ $b = 30$	5,5	4,64	3,62	Normallängen 4—8 m, größte Länge 12 m, breitfüßig $b:h = 2:1$, hochstegig $b:h = 1:1$
	$^{10}/_5$	$h = 100$ $b = 50$	8,5	12,0	9,38	
	$^{16}/_8$	$h = 160$ $b = 80$	13,0	29,5	23,0	
	$^{20}/_{10}$	$h = 200$ $b = 100$	16,0	45,4	35,4	
	$^2/_2$	$h = 20$ $b = 20$	3,0	1,12	0,87	
	$^4/_4$	$h = 40$ $b = 40$	5,0	3,77	2,94	
	$^8/_8$	$h = 80$ $b = 80$	9,0	13,6	10,6	
	$^{14}/_{14}$	$h = 140$ $b = 140$	15,0	39,9	31,1	

Dritter Teil.

Die Arbeiten des Betriebs-Chemikers[1].

A. Arbeiten im Laboratorium; Erfindungswesen.

Die in den Laboratorien der chemischen Fabriken auszuführenden Arbeiten können analytischer, technischer und rein wissenschaftlicher Art sein. In größeren Betrieben bestehen für die verschiedenen Zwecke getrennte Abteilungen, die entsprechend eingerichtet und ausgestattet sind.

In einer gründlichen und gewissenhaften Laboratoriumsarbeit liegt zum Teil der Erfolg der Fabrikation begründet. Daher ist es erstes Erfordernis, daß diese Laboratorien möglichst zweckmäßig[2] ausgestattet werden (keine „Hexenküchen"). Es bestehen kleinere Fabriklaboratorien, die diesen Namen eigentlich nicht mehr verdienen und die auch nicht Anspruch auf wissenschaftliche Überwachung der Fabriktätigkeit erheben werden.

Eine Nachbildung des Universitäts- oder Hochschullaboratoriums ist für die chemische Fabrik nicht angebracht, da hier der Hauptgesichtspunkt, eine große Anzahl von Studenten zu unterrichten, wegfällt. Im Betriebslaboratorium werden zwecks rascher Erledigung bestimmter, häufig wiederkehrender Arbeiten gewisse Plätze mit gebrauchsfertigen Geräten reserviert bleiben. Die zur allgemeinen Benutzung bestimmten Apparate, Flaschen, Kolben, Gläser, Schalen usw. werden in Schränken und auf Wandbrettern stets ordnungsmäßig untergebracht. Mangel an Übersichtlichkeit hält die Arbeit durch Suchen unnötig auf! Außer einem Abzuge gehört ein kleiner Trockenschrank sowie ein an die Dampfleitung angeschlossenes Wasserbad zur unentbehrlichsten Ausrüstung. Die Fabriklaboratorien sind dem Betriebe und den zu leistenden Arbeiten anzupassen. Es sollen nicht umgekehrt die Arbeiten so erledigt werden, wie es das nach Schema F gebaute Laboratorium gestattet! Was von der Großapparatur gilt, trifft fast noch mehr für das Laboratorium zu: mit unzureichenden Mitteln erwarte man keinen vollen Erfolg.

Recht praktisch ist es, Reagenzien und andere häufiger gebrauchte Lösungen molekular einzustellen und die Handflaschen (Aufschrift: Tara der Flasche, Molekulargewicht und Lösungsstärke) nach Art der Meßzylinder einzuteilen. Man hält dann bei Untersuchungen viel sicherer richtige Reaktionsverhältnisse inne und erinnert sich zudem

---

[1] Vgl. allgemein Goldschmidt: Der Chemiker. — Escales: Industrielle Chemie. — Sulfrian: Lehrbuch der chemisch-technischen Wirtschaftslehre. — Lewis u. King: The Making of a Chemical. — Müller: Chemie und Patentrecht. — Ebert: Die chemische Industrie Deutschlands. — Ungewitter: Ausgewählte Kapitel aus der chemisch-industriellen Wirtschaftspolitik 1877—1927. — Herzog: Berechnung technischer und industrieller Betriebe. — Rassow: Die chemische Industrie.

[2] Z. angew. Chem. 1902, S. 78.

bei Wiederholung eines Versuchs viel leichter an die angewandten Mengen.

Auf die Wichtigkeit (besonders bei Versuchsarbeiten), alle wesentlich erscheinenden Punkte sofort zu notieren, kann nicht eindringlich genug hingewiesen werden (besonders Mengenverhältnisse, Lösungsstärken, Temperaturen, beobachtete Erscheinungen, Ausbeuten, Analysen, Art etwaiger Rückstände usw.). Zu viele Notizen haben noch selten geschadet, zu wenige sich schon oft gerächt.

Neben diesen Notizen, welche als Unterlagen für zusammenfassende Berichte[1] höchst wertvoll sind, sollte stets ein allgemeines Laboratoriumsjournal geführt werden (unter Umständen in einzelne Teile, wie „Probeneingänge“, „Versandanalysen“, „Eingangsanalysen“, „Betriebsanalysen“, „Schiedsanalysen“, „Versuche“ usw., zu zerlegen). Hinsichtlich des Zurückbehaltens von Gegenmustern bei Warenversand, der Anfertigung von Schiedsanalysen usw. bestehen meist besondere Vereinbarungen. Man sorge stets für tadellosen Verschluß der Proben, zweckmäßige Aufbewahrung, vorschriftsmäßige Versieglung (vereidigte Probenehmer) usw. und halte stets einen genügend großen Vorrat an Flaschen bzw. Stopfen.

Nicht jeder Raum einer Fabrik eignet sich zur Anlage des Laboratoriums. Die Nachbarschaft von lauten Betrieben voller Dämpfe und übelriechender Gase ist störend; die Nähe von feuergefährlichen ist überhaupt zu meiden. Daß aus den Betriebsräumen keine sauren oder alkalischen Gase in das Laboratorium gelangen dürfen, ist selbstverständlich. Die Zugangs- bzw. Verkehrsverhältnisse innerhalb der Fabrik und die Lage von Wasser-, Dampf-, Gas-, Elektrizitäts- und Abflußleitungen sind bei Auswahl der Laboratoriumsräume mit zu berücksichtigen.

Das Laboratorium soll möglichst eine kleine mechanische Werkstatt und einen Raum für gröbere oder größere Arbeiten besitzen. Wenn es sich irgend einrichten läßt, sollte auch dieser Raum Kraftanschluß für Antrieb mechanischer Rühr- und Schüttelvorrichtungen haben. Der zum Laboratorium gehörende Waschraum läßt noch recht häufig an zweckmäßiger Einrichtung zu wünschen übrig (vor Einstauben und Einschmutzen sichern; genügend Platz für das zu waschende Geschirr; getrennte Wasch- und Spülgefäße mit Dampf- und Wasseranschluß bzw. -abfluß; geräumige Gestelle zum Abtropfen, bei denen nicht nach Fortnahme eines Kolbens der ganze Rest des künstlichen Aufbaues einstürzt; Raum zur Aufnahme des reinen Geschirres). Es ist falsch, das mit der Reinigung des Laboratoriumsgeschirres beauftragte Personal mit unzulänglichem Bürsten- und Waschmaterial zu versehen! Richtige, geduldige Unterweisung spart Ärger und verlängert die Lebensdauer unentbehrlicher Gebrauchsgegenstände. Das Umgehen mit zerbrechlichem Material muß, wie alles, erst gelernt werden. Man suche den für diese fremdartige Beschäftigung einmal angelernten Laboratoriumsgehilfen dauernd zu behalten und beschäftige nicht den ersten besten gerade freien Arbeiter im Waschraum.

---

[1] Bei Veröffentlichung beachte man: von Lippmann: Über den Stil in den deutschen chemischen Zeitschriften, Z. angew. Chem. 1925, 547; 1929, 156.

Die Vorratsräume für Geräte und Chemikalien sollten den Laboratorien möglichst nahe liegen und unter beständigem Verschluß gehalten werden, damit sie nicht von Unberufenen bei jeder Gelegenheit geplündert werden können. Dienen solche Vorräte dem Bedarf mehrerer Laboratorien, dann werden die gewünschten Sachen zwecks Verbuchung auf die verschiedenen Konten nur auf Bescheinigung ausgehändigt. Wertvolle Apparate sollten auch im Einzellaboratorium nur gegen Quittung abgegeben werden.

Die Arbeiten im Fabriklaboratorium erstrecken sich auf die analytische Überwachung des Betriebes und seine Ein- bzw. Ausgänge, auf Vorbereitung neuer Methoden für den Betrieb, auf Untersuchung und Prüfung patentierter Konkurrenzverfahren usw.

Die Bearbeitung ausschließlich wissenschaftlicher oder theoretischer Fragen gehört nur so lange in ein Fabriklaboratorium, als sie ohne besondere Unkosten und Zeitverlust vorzunehmen ist. Selbst die wissenschaftlichen Laboratorien großer Fabriken beschäftigen ihre zuweilen sehr zahlreichen Chemiker (s. u.) nur, um aus den natürlich systematisch aufgebauten, geleiteten und verteilten Arbeiten wirtschaftlich Nutzen ziehen zu können. Nach rein wissenschaftlichen Erfolgen trachten auch sie nicht.

Läßt sich die in den letzten Jahrzehnten stark gesteigerte Zahl von Patenten auch zum Teil durch die Zunahme wissenschaftlicher Arbeit im Dienst der Industrie sowie dadurch erklären, daß ein gutes Patent recht häufig von einer ansehnlichen Reihe von Schutzpatenten begleitet wird, so ist doch andererseits leider nicht zu leugnen, daß eine große Zahl inhaltloser Patente aus Eitelkeit oder Reklamegründen genommen wird. Das Patentunkostenkonto mancher Fabriken ist sehr groß und steht in keinem Verhältnis zu dem damit erzielten Gewinn. Mit der Entscheidung über eine Patentanmeldung sollten stets nur sehr erfahrene und nicht solche Fachleute betraut werden, die ihre persönlichen Leistungen an der Zahl der (oft auch von anderen ausgearbeiteten) Patente messen (s. u.).

Sind mehrere Untersuchungen gleichzeitig im Gange, dann müssen alle Gefäße deutlich gekennzeichnet sein, um die verschiedenen Versuche nicht zu verwechseln. Bei analytischen Serienarbeiten werden die Geräte mit Diamanten oder Fettstift gezeichnet und numeriert, um sie möglichst rasch erledigen zu können und Irrtümer tunlichst zu vermeiden. Gerade in analytischen Laboratorien, deren Arbeiten sich eigentlich ständig wiederholen, kann durch zweckmäßige Anordnung und Vorbereitung sehr viel Zeit erspart werden.

Bei allen Eintragungen in das Laboratoriumsjournal und bei sämtlichen noch so unwichtig erscheinenden Notizen vergesse man nie das Datum mit aufzuschreiben (oft später sehr schätzenswerte Anhaltspunkte für Ermittlung der verschiedensten Dinge).

Für alle im Fabriklaboratorium auszuführenden Arbeiten lassen sich nun trotz der Verschiedenartigkeit einige allgemeingültige Normen aufstellen. Man soll den Gang einer Arbeit genau festlegen und sich von Nebensächlichkeiten nicht ablenken und aufhalten lassen. Zeit und

Geld dürfen nicht für planlose Versuche von anderen Gesichtspunkten aus verschwendet werden, mögen sie an sich auch noch so interessant sein; auch den Eingebungen des Augenblicks folge man nicht ohne weiteres! Eine brauchbar scheinende Idee ist natürlich trotzdem auf ihren Wert hin zu untersuchen.

Soll der Einfluß und die Wirkung mehrerer neuer Faktoren festgestellt werden (z. B. verschiedener Temperaturen, veränderter Konzentrations- oder Druckverhältnisse u. dgl.), dann gehe man stets nur schrittweise vor und ziehe in systematischer Folge immer nur einen neuen Faktor in den Kreis der Untersuchungen. Man wird **nur** dann mit einwandfreier Sicherheit vorwärts kommen und am Schluß genau wissen, welche Momente ungünstig wirken und unter welchen Bedingungen die besten Resultate zu erzielen sind. Ein auf Vermutungen gegründetes sprunghaftes Arbeiten (mehrere neue Momente auf einmal) wird in den seltensten Fällen glatt zum Ziele führen. Im Betriebslaboratorium haben wir es nicht mit genialen Forschungen, sondern mit dem Herausarbeiten wichtiger Einzelheiten zu tun!

Es braucht wohl nicht besonders betont zu werden, wie notwendig es ist, vor Beginn einer neuen Arbeit alle erreichbaren Literaturangaben durchzusehen, um sich einerseits unnötige Arbeit zu ersparen und um andererseits Beobachtungen und Hinweise auszunutzen. Im allgemeinen empfiehlt es sich nicht, mehrere wichtige Arbeiten gleichzeitig durchzuführen. Wer beim Arbeiten zu sehr in die Breite geht, wird es meist an gründlicher Vertiefung fehlen lassen müssen.

Bei dieser Gelegenheit mag darauf hingewiesen sein, daß bisweilen die in den wissenschaftlichen Laboratorien arbeitenden Chemiker ihre Arbeit recht gering achten. Sie betonen gern, daß diese einen Vergleich mit den ihnen früher auf der Hochschule gestellten Aufgaben scheinbar nicht aushalten. Und aus welchem Grunde sprechen sie so? Weil sie infolge des allgemein verbreiteten Geschäftsgrundsatzes, keinem Beamten mehr Einblick zu gestatten, als unumgänglich notwendig ist, gar nicht oder nur ungenügend über Zweck und Ziel ihrer Arbeit aufgeklärt sind. Wie weit sich eine solche, die Arbeit entschieden nicht fördernde Ansicht unterdrücken läßt, ohne daß dabei das Fabrikgeheimnis leidet, hängt von der persönlichen Geschicklichkeit des Laboratoriumsleiters ab.

Die Darstellung neuer, bisher unbekannter Präparate und Produkte kommt in der Kleinindustrie seltener vor und dann werden stets bestimmte Gründe für die Fabrikation maßgebend sein.

Häufiger wird die Erprobung neuer Verfahren bzw. die Verbesserung schon bekannter Arbeitsmethoden verlangt. Von anderer Seite wird beispielsweise ein gewinnbringendes Präparat nach einem gesetzlich geschützten Verfahren hergestellt. Es ist dann im Interesse des Wettbewerbes durchaus zu rechtfertigen, daß man, falls das Erzeugnis sich gut in den Rahmen der Fabrikation einfügen würde, nach einem neuen Verfahren sucht, das die alten Schutzrechte nicht verletzt. Infolge des Preisrückganges eines Fabrikates, der Preissteigerung der Rohstoffe, der Erhöhung der Arbeitsunkosten usw. läßt vielleicht ein bestehendes Verfahren keinen Gewinn mehr. Es muß dann, sobald man die Fabrikation überhaupt noch weiter zu führen gedenkt (z. B. wegen laufender Abschlüsse), notwendigerweise nach einer Verbilligung bzw. Abänderung des bisherigen Verfahrens oder nach einem gänzlich neuen gesucht werden. Viele Erzeugnisse (z. B. Aluminium) sind zuerst zu sehr hohem Preise auf dem Markt erschienen, um nach kürzerer oder längerer Zeit schnell billiger zu werden. Für einen anderen Erzeuger ist es dann unter Umständen sehr schwer, mit den Preisen Schritt halten zu können.

Zahlreiche große technische und industrielle Fortschritte sind nur unter dem Druck solcher Verhältnisse und unter dem Zwange von Kriegsjahren entstanden. Man denke nur an den Leblancschen Sodaprozeß, an die Rübenzuckergewinnung (Kontinentalsperre Napoleons I.) oder an die Entwicklung der deutschen Luftstickstoffindustrie im Weltkrieg. Die Fabrikationsmethoden und technischen Einrichtungen müssen beständig vervollkommnet werden, und man kann sagen, daß ein Betrieb eigentlich nie fertig durchgebildet ist.

In vielen Fällen ist es sehr wichtig, sich über den praktischen Wert anderweit geschützter Herstellungsprozesse durch Nacharbeitung zu unterrichten. Bekanntlich werden nicht selten aus Gründen Patente genommen oder Verfahren veröffentlicht, die mit der wirklichen praktischen Durchführung eines Verfahrens durchaus nichts zu tun haben. Das Geschäftsinteresse verlangt in solchen Fällen, sich über die tatsächlichen Verhältnisse im Laboratorium zu unterrichten, um die Leistungen der eigenen Fabrik mit denen der Konkurrenz vergleichen zu können.

Die Untersuchung der Rohstoffe ist dringend notwendig. Gehalt und Güte bedingen meist den Preis; man muß sich daher vergewissern, ob die Ware vollwertig ist. Verschiedene Untersuchungsverfahren liefern nicht immer übereinstimmende Resultate; deshalb sind für eine große Anzahl chemischer Produkte allgemein anerkannte, handelsübliche analytische Vorschriften festgelegt, die in strittigen Fällen zu benutzen sind (Schiedsanalysen, Schiedsmethoden). Zeigen sich Abweichungen, dann ist zwecks Verständigung stets die Methode zu nennen, nach der gearbeitet wurde. Die Analyse der Rohstoffe ist ferner nötig, weil sich die für gewisse Ansätze benutzten Mengen häufig nach ihrem Reingehalt richten müssen. Die Untersuchung wird sich endlich auf die Bestimmung von Verunreinigungen erstrecken, welche für die Verwendung nachteilig sind oder die ganz ausgeschlossen bleiben müssen. Die modernen Fabriken haben sehr empfindliche Methoden ausgearbeitet, um z. B. noch die kleinsten Spuren von Katalysatorgiften mit Sicherheit entdecken zu können.

Nicht nur die Arzneibücher (DAB VI) der verschiedenen Länder, sondern auch einzelne Tabellenwerke[1] (z. B. Mercks Prüfung chemischer Reagenzien auf Reinheit) geben Normen für die Zusammensetzung von

---

[1] In Frankreich Prüfungsvorschriften des Chemiekongresses 1922, in Amerika „Standards etc. for reagent chemicals".

Chemikalien an. Der Begriff „handelsüblich" bei technischen Produkten schwankt allerdings z. T. recht erheblich und wird oft ziemlich
willkürlich ausgelegt. Man beginnt erst gegenwärtig ein wenig Ordnung
in dieses Chaos zu bringen (z. B. „Chemiehütte" 1927, S. 186ff.; „Genormte Chemikalien", Berlin 1928, Verlag Dr. Joach. Stern). Die
Handelsbezeichnungen (Grade Baumé, Twaddell usw., „Grädigkeit"
des Chlorkalks, des Ätznatrons usw.) gehen häufig auf veraltete Grundlagen zurück.

Um aus dem Analysenresultat auf die Beschaffenheit des ganzen
Postens rückschließen zu können, muß vorausgesetzt werden, daß dieser
einheitlich ist und daß das Durchschnittsmuster der Ware entspricht.
Die Art der Probenahme ist z. T. ausschlaggebend für das Resultat.
Mit dem Ziehen von Proben werden daher häufig gerichtlich vereidigte
Personen beauftragt. Es ist gegebenenfalls darauf zu achten, daß die
Verpackung des zu untersuchenden Materials vollkommen unversehrt
ist und sie erst in Gegenwart des Probenehmers entfernt wird.

Handelt es sich um Flüssigkeiten, dann überzeuge man sich, daß
nichts auskristallisiert oder ausgeschieden ist. Kommen mehrere Behälter in Frage, dann entnimmt (Stechheber usw.) man unter Umständen
aus jedem von ihnen eine Probe, die man einzeln untersucht oder entsprechend mischt. Bisweilen begnügt man sich mit Stichproben, die
man willkürlich entnimmt. Auf saubere und einwandfreie Probegläser
ist zu achten.

Von festen Körpern (Pulver, Kristalle, Mineralien usw.) einheitliche
Durchschnittsmuster zu erhalten, ist häufig nicht einfach. Die Stoffe
können oberflächlich verändert sein (z. B. durch Luft, Licht oder
Feuchtigkeit); bei Probenahme sind dann unter Umständen die obersten
Schichten zu entfernen. Die Mischung selbst muß völlig einheitlich
erfolgen. Über die Zerkleinerung stückiger Rohstoffe, über die zu
verwendenden Siebe usw. bestehen meist bestimmte Vereinbarungen und Vorschriften[1]. Man benutzt z. B. für Erze, die durch Krane
oder über Hängebahnen entladen werden, mechanische Probenehmer
und unterteilt die gesammelten Haufen systematisch in immer
kleinere Teile.

Die für die Betriebskontrolle erforderlichen Analysen müssen
einfach, zuverlässig und rasch ausführbar sein. Analysen sollen möglichst von einem angelernten Arbeiter richtig angefertigt werden können,
damit der Fortgang der Fabrikation nicht unnützerweise aufgehalten
wird. Die Einstellung von Einwage, Lösungen usw. hat so zu erfolgen,
daß sich das Resultat ohne Umrechnung ergibt. Verlangt z. B. ein
Oxydationsprozeß einen beständigen Überschuß von 5% freier Schwefelsäure, der stündlich zu kontrollieren ist, dann wird man nach Festlegung
der jedesmal zu untersuchenden Menge die Stärke der Natronlauge
unschwer so wählen können, daß die Anzahl der verbrauchten cm^3
Lauge direkt den Gewichtsprozenten Schwefelsäure entspricht. Die

---

[1] Vgl. Lunge-Berl, Chemisch-technische Untersuchungsmethoden, Berlin
1921/24.

Benutzung nomographischer Methoden[1] ist außerordentlich bequem und sehr zu empfehlen.

Die zur Ablieferung kommenden fertigen Fabrikate müssen stets untersucht (auch auf Reinheit) werden, um etwa vorgekommene Unregelmäßigkeiten noch rechtzeitig ausgleichen zu können. Im Betrieb und im Laboratorium stelle man Typenmuster auf, deren Beschaffenheit unbedingt maßgebend ist. Von jeder zur Ablieferung kommenden Ware behalte man 1 oder 2 Gegenmuster zurück (Datum, Menge, Versandnummer, Empfänger usw. auf Flasche vermerken).

Bestehen über Beschaffenheit der Fabrikate nicht gewisse „handelsübliche" (s. o.) Vorschriften, dann muß man sich bemühen, Konkurrenzmuster zum Vergleich zu erhalten. Auf diese Weise wird man am sichersten zur richtigen Beurteilung der Güte des eigenen Produkts gelangen.

Die Beobachtung mechanischer Analysenapparate und selbstregistrierender Instrumente („Ados"-Rauchgasprüfer usw.) sollte stets dem Chemiker überlassen bleiben. Andere Leute des Betriebes haben häufig ein Interesse daran, den Resultaten ein wenig nachzuhelfen und sie künstlich zu verbessern.

Für die in zahlreiche, voneinander unabhängige Einzelabteilungen zerfallenden Laboratorien der Großbetriebe gilt manches von dem hier Gesagten nur in gewissem Sinne. Die modernen Riesenwerke haben wissenschaftliche Forschungsstätten, die an sich mit denen unserer Hochschulen wetteifern können, daneben besitzen sie oft praktische Versuchs- und Untersuchungslaboratorien (analytischer Art). Die in den vorstehenden Ausführungen ganz kurz umrissenen Grundzüge der Laboratoriumsarbeit treffen aber auch für diese Großlaboratorien mehr oder minder zu und sollten in ihrem Werte von keinem Chemiker übersehen werden. Der Anfänger halte sich stets vor Augen, daß die Laboratoriumtätigkeit die Schule für den Betrieb ist; schon deshalb schätze er sie nicht gering ein. Das in den ersten Monaten der praktischen Tätigkeit im Laboratorium Gelernte (Massen- bzw. Schnellanalysen, Produktenkenntnis usw.) wird sich stets als ein guter Grundstein erweisen.

Wir hatten die Wichtigkeit systematischer, technischer Forschungstätigkeit bereits oben unterstrichen. Deutschland marschierte vor dem Weltkrieg in dieser Beziehung unbestritten an der Spitze. Leider ist das unter dem Druck der Verhältnisse anders geworden. Es ist daher mehr als je Pflicht des einzelnen, durch Fleiß, Ausdauer und guter Zeitausnutzung zu seinem Teil daran mitzuarbeiten, daß auf diese Weise wenigstens ein gewisser Ausgleich gegen das finanzkräftigere Ausland geschaffen wird. Das Bureau of Standards in Washington führt mit 785 Sachverständigen jährlich an 180000 Versuche aus[2]. Die großen Industriefirmen der Vereinigten Staaten, wie die Du Pont de Nemours Co., die General Chemical Co. usw. beschäftigen Hunderte von Chemikern mit Durchführung industriell wichtiger Forschungs-

---

[1] Nach Maurice d'Ocagne; vgl. Liesche, Chemische Fabr. 1928, 161, 228, 241, 314, 377, 392, 583, 595, 621 und „Chemische Nomogramme", Berlin 1929.
[2] Z. angew. Chem. 1927, 1456.

arbeiten. Der Eingang zum amerikanischen Mellon-Institut in Pittsburg[1] trägt folgende Überschrift als Sinnbild amerikanischer Wirtschaftsethik: „Dieses Gebäude ist für den Dienst an der amerikanischen Wirtschaft bestimmt und für jene jungen Leute, die ihr Lebenswerk der Technik weihen, jenem Ideal einer Technik, die allen bessere Möglichkeiten schafft, ihr Leben zweckvoll zu gestalten." Das Mellon-Institut hat sich bekanntlich die Aufgabe gestellt, auch den mittleren oder kleinen Fabrikanten durch praktisch-wissenschaftliche Mitarbeit zu helfen. Die Gründung der Karl-Goldschmidt-Stelle, die den Zweck hat, auch die deutsche Klein- und Mittelindustrie auf die wertvolle Arbeit des Chemikers hinzuweisen, ist daher außerordentlich zu begrüßen. Jeder Chemiker der Praxis sollte bestrebt sein, sich wissenschaftlich auf dem Laufenden zu halten. Die reine Wissenschaft hat die Grundlage unserer chemischen Technik geschaffen; eine gedeihliche Weiterentwicklung ist auch weiterhin nur möglich, wenn sich beide im engsten Gedankenaustausch gegenseitig anregen und befruchten; heute ist nicht mehr der Wissenschaftler allein der Gebende wie einst, sondern auch der Techniker steuert sein Scherflein zum Fortschritt des Ganzen in guter Münze bei. Die „Wissenschaftspflege[2]" ist von höchster kultureller und praktischer Bedeutung für unser Vaterland.

Der Chemiker neigt, wenn es zu sagen erlaubt ist, zum „Erfinden", und gerade der jung in die Industrie eintretende, vorwärtsstrebende Anfänger wird sich in dieser Beziehung „goldene Berge" erhoffen. Im Anschluß an die bereits im allgemeinen Teil gebrachten Mitteilungen über Erfinderrecht und die dort zitierten Werke sei deshalb kurz auf einige Fragen des Patentwesens, des gewerblichen Rechtsschutzes überhaupt und der Patentverwertung eingegangen.

Der Laie pflegt sich das Zustandekommen einer Erfindung so zu denken, daß der Erfinder plötzlich die geniale Eingebung hat, die ihn zum Erfolg führt[3]. Schon 1896 konnte v. Schütz[4] feststellen, daß die Zeiten vorüber sind, in denen Erfindungen wie Blitze am heiteren Himmel erschienen und daß an die Stelle der regellos forschenden Empirik die angestrengteste, systematisch-wissenschaftliche Arbeit getreten ist. Über 99% aller Erfindungen verdanken ihr Entstehen planmäßigen Versuchen. Der Weg von der glücklich beendeten Laboratoriumsuntersuchung bis zur Fabrikation ist sehr weit und mühevoll (Indigo-, Ammoniaksynthese, Kohleverflüssigung, synthetischer Kautschuk).

Nach 20jähriger, planvoller, scharfsinniger Forschungsarbeit hatte Adolf v. Baeyer 1880 den künstlichen Aufbau des Indigos aus Steinkohlenteer vollendet[5]. 1880 wurden die ersten Patente v. Baeyers eingereicht (Indigo aus Orthonitrozimtsäure), aber es hat noch 17 Jahre gedauert, bis auch technisch die Lösung des Fabrikationsproblems gelungen war. Unter Benutzung der Heumannschen Indigo-

---

[1] Chemische Fabr. 1928, 709.

[2] Haber: Aus Leben und Beruf. Berlin 1927.

[3] Beckmann, Erfinderbeteiligung, Berlin 1927, und Fischer, Betriebserfindungen, Berlin 1921.

[4] Z. Gewerbl. Rechtsschutz u. Urheberrecht 1896, 377.

[5] Lepsius: Deutschlands chemische Industrie. Berlin 1914.

synthese (1890) ist es dann bekanntlich dank der genialen Leitung Heinrich v. Bruncks, der unermüdlichen Tatkraft Rud. Knietschs und der fleißigen, erfolgreichen Arbeit vieler Chemiker der Badischen Anilin- und Sodafabrik[1], Ludwigshafen a. Rh., gelungen, alle Schwierigkeiten zu meistern. Das Schwefelsäurekontaktverfahren mußte zu diesem Zwecke entwickelt und die Chlorfabrikation durch Elektrolyse neu aufgenommen werden; bis 1900 waren 18 Mill. $\mathcal{M}$ investiert, und kaum begannen die Früchte dieser Arbeit zu reifen, als die Höchster Farbwerke, die seit 20 Jahren das gleiche Problem bearbeitet hatten, auch mit synthetischem Indigo auf dem Markt erschienen. Es kann nicht meine Aufgabe sein[2], zu schildern, wie sich aus den Konkurrenzkämpfen auf diesen und anderen Gebieten seit 1904 die „Interessengemeinschaft der deutschen Teerfarbenindustrie" entwickelte, welche dann nach dem Weltkriege (Fusionsverträge vom 2. Dezember 1925) durch die Gründung der I.-G. Farbenindustrie A.-G. mit dem Sitz in Frankfurt a. M. abgelöst wurde, die mit weit über 1 Milld. $\mathcal{RM}$ Aktienkapital der größte chemische Konzern der Welt ist. Allein die BASF beschäftigte 1921: 284 Chemiker, 143 Ingenieure, 900 Techniker, 16 Ärzte, 26 landwirtschaftliche Beamte, 20 Lehrer, 3855 kaufmännische Beamte, 2104 Meister und Aufseher, 2114 Hilfsmeister und Vorarbeiter, 128 Feuerwehrleute, 224 Wächter und Pförtner sowie 29135 Arbeiter! Die Liegenschaften betrugen (ohne Grubenfelder und einige Siedlungen) rund 110000 Ar und die überbaute Flächen rund 12000 Ar.

Dieser kurze Abriß der Entwicklungsgeschichte der Indigosynthese beleuchtet die Wichtigkeit des seit 1877 bestehenden Patentgesetzes; ihre wirtschaftliche Bedeutung wird klar, wenn man feststellt, daß Deutschland 1895 für 21,5 Mill. $\mathcal{M}$ Indigo ein-, dagegen 1913 für 53,3 Mill. $\mathcal{M}$ (trotz des Preissturzes von 16 $\mathcal{M}$ auf 7 $\mathcal{M}$ je 100 kg; Ausfuhr 1927: 14300 t einschließlich 211 t für Reparation = zusammen nur noch 15,6 Mill. $\mathcal{RM}$) ausführte. Auch der Erfolg der Luftstickstoffbindung ist ein ähnlich hervorragender. Aus den Arbeiten Habers über das Ammoniakgleichgewicht, die in den Jahren 1903 und 1904 ausgeführt wurden, aus seinen ersten Patenten, den orientierenden Vorstudien der BASF 1908 und ihrer ersten technischen Versuchsanlage von Anfang 1911 (täglich 25 kg Ammoniak) entstand unter Bosch in mühevollem und wagemutigem Aufbau die riesenhaft ausgedehnte Massenfabrikation, die heute das Rückgrat der Stickstoffindustrie überhaupt bildet, nachdem viele Tausende unter Mittasch mit peinlichster Sorgfalt ausgeführte Einzelversuche ein wenig Licht und System in das dunkle Gebiet der Katalysatorwirkungen gebracht hatten. Der wirtschaftliche Erfolg ist auch hier ein ungeheuer großer. Deutschland führte 1913 an Chilesalpeter (nach Abzug der Wiederausfuhr) 746800 t (= 166 Mill. $\mathcal{M}$) ein und an Ammonsulfat (nach Abzug der Einfuhr) 41000 t (= 10 Mill. $\mathcal{M}$) aus; die deutsche Produktion belief sich auf rund 120000 Jahrestonnen Kokereistickstoff usw. sowie auf rund 9000 Jahrestonnen synthetischem Stickstoff; im Düngerjahr (31. Mai bis 1. Juni) 1913/14 verwandte die deutsche Landwirtschaft 185000 t gebundenen Stickstoff. Deutschland importierte dagegen 1928 (nach Abzug der Ausfuhr = 32422 t) 81347 t Natronsalpeter und 837017 t Ammonsulfat (davon 1927: 200900 t Reparationsausfuhr) bzw. einschließlich aller sonstigen Stickstofferzeugnisse rund 260000 t Gesamtstickstoff; die deutsche Produktion beläuft sich heute auf rund 100000 Jahrestonnen Kokereistickstoff usw. und etwa 640000 Jahrestonnen synthetischen Stickstoff (davon die I.-G. um 550000 t); die deutsche Landwirtschaft hat im Düngerjahr 1927/28 390000 t gebundenen Stickstoff verbraucht.

Der dornenvolle Weg von der Laboratoriumsuntersuchung zur Fabrikation ist in der Tat lang und mit Enttäuschungen aller Art gepflastert. Von je 100 Patenten, die genommen werden, ist unter Umständen nur 1 zu benutzen, und von diesen verwendbaren sind nur die allerwenigsten Schlager[3]. Der einzelne Erfinder ist, mag er Angestellter

---

[1] = BASF, jetzt I.-G. Farbenindustrie A.-G.
[2] Vgl. Rassow: Die chemische Industrie. Gotha 1925.
[3] Bosch, Sozialisierung und chemische Industrie, Vortrag 1921.

oder im freien Beruf tätig sein, nichts, als ein dienendes Glied des Ganzen, auf das er angewiesen bleibt, wenn er seine Erfindung praktisch verwerten will. Aus diesem Grunde kommt dem Erfinderrecht erhöhte Bedeutung zu. Der bereits oben erwähnte Reichstarifvertrag für die angestellten Chemiker hat diese Punkte (Unterschied zwischen Betriebs-, Dienst- und freier Erfindung) bis zu einem gewissen Grade geregelt[1]. Bei den Betriebserfindungen überwiegt der Anteil der Firma als solcher, die freien Erfindungen gehören allein dem betreffenden Angestellten, und die Diensterfindungen stehen in der Mitte. Die Höhe der Beteiligung des Erfinders bleibt freien Vereinbarungen überlassen[2]. Der „Bund angestellter Akademiker" schlägt für Vollerfinder eine Beteiligung von 15% und für Teilerfinder eine solche von 5 bis 10% des Reingewinns vor.

Die Gesetze über den Schutz von Gebrauchsmustern und Warenbezeichnungen interessieren an dieser Stelle weniger, als das Patentgesetz selbst.

Das gesamte Gebiet der Technik wird darin in 89 Klassen mit zahlreichen Unterklassen eingeteilt; die für den Chemiker im allgemeinen wichtigste ist die Klasse 12 („Chemische Verfahren und Apparate, soweit sie nicht in besonderen Klassen aufgeführt sind") mit den Unterklassen a—r. Die längste Dauer eines deutschen Patents beträgt 18 Jahre. Die Anmeldung kostet 25 $\mathcal{RM}$ amtliche Gebühren; diese betragen weiter für das 1.—4. Jahr je 30 $\mathcal{RM}$, für das 5. Jahr 50 $\mathcal{RM}$, für das 6. Jahr 75 $\mathcal{RM}$, für das 7. Jahr 100 $\mathcal{RM}$, für das 8. Jahr 150 $\mathcal{RM}$ und für das 9. Jahr 200 $\mathcal{RM}$; dann steigen sie bis zum 17. Jahr um je volle 100 $\mathcal{RM}$ weiter und betragen im 18. Jahr 1200 $\mathcal{RM}$, so daß ein bis zu Ende aufrechterhaltenes Patent (die meisten erlöschen schon nach 1—2 Jahren!) 7120 $\mathcal{RM}$ für amtliche Gebühren erfordert. Die gleichzeitige Anmeldung eines Patents in zahlreichen Auslandsstaaten ist, da es ein Weltpatent nicht gibt, kostspielig.

Die Gesamtzahl der 1927 neu angemeldeten Patente[3] betrug 68457; die Gesamtzahl der von 1877 bis 1927 erteilten Patente war 454952, von denen Ende 1927 noch 66982 in Kraft waren; einen Überblick gibt die Tabelle[4] auf S. 243 (Jahr 1927):

Es ist außerordentlich interessant, historisch zu verfolgen, wie sich aus den knebelnden Privilegien der alten Zünfte allmählich das heutige Patentwesen entwickelt hat. Nach dem ersten (englischen) Statute of Monopolies von 1623 war die Gewährung eines Patentschutzes noch ein Gnadenakt der Krone. Das französische Gesetz vom 7. Januar 1791 führte den Rechtsanspruch des Erfinders ein. Die Ver. Staaten von Nordamerika unterzogen seit 1836 jede Anmeldung einer Prüfung auf Neuheit. In Deutschland hatte Preußen seit 1800 eine Art Patentschutz von äußerst mangelhaftem Wert (so konnten Werner v. Siemens 1866 für seinen Dynamo, Bessemer für sein Stahlverfahren und Graebe-Liebermann für ihre Alizarinherstellung kein „Patent" erhalten). Schon vor 1863 setzte sich Werner v. Siemens für ein wirkliches deutsches Patentgesetz ein, das jedoch erst am 1. Juli 1877 verwirklicht wurde.

---

[1] Vgl. auch Z. angew. Chem. 1928, 1326.

[2] Beckmann, Erfinderbeteiligung. Berlin 1927.

[3] Dazu 63725 Gebrauchsmuster und 29640 Warenzeichen (vgl. allgemein Müller: Chemie und Patentrecht. Berlin 1928).

[4] Blatt für Patent-, Muster- und Zeichenwesen 1928, Nr. 3; Chemiker-Ztg. 1928, S. 491.

Klasse		An-meldungen	Erteilungen
6	Gärungsindustrie	198	15
8	Bleichen, Färben, Zeugdruck	1233	278
10	Brennstoffe	469	140
12	Chemische Verfahren und Apparate	3052	669
16	Düngemittel	140	18
17	Kälte und Verflüssigung	524	96
22	Farben, Firnisse, Lacke, Klebstoffe	784	153
23	Öle und Fette	439	68
30	Heilkunde	1835	379
32	Glas	244	85
48	Chemische Metallbearbeitung	324	59
53	Nahrungs- und Genußmittel	597	100
55	Papier	433	60
57	Photo- und Kinotechnik	1011	268
78	Sprengstoffe, Zündwaren	143	36
82	Trocknen, Darren, Rösten	330	80
87	Zuckerindustrie	132	41

Vielgestaltig und gewaltig türmen sich in der chemischen Industrie die Zukunftsaufgaben, über die kein Geringerer als Bosch im Wirtschaftsheft 1 („Chemie") der „Frankfurter Zeitung" einen inhaltsreichen Überblick gegeben hat. Die der Lösung harrenden Probleme werden die Erfinder reizen und die Hochflut der Patentanmeldungen zunächst nicht abebben lassen. Es ist von hohem wirtschaftlichen Wert, gerade die Veröffentlichungen der Patentliteratur eingehend zu verfolgen, um stets auf dem laufenden zu bleiben, Einspruchstermine wahrzunehmen o. dgl.[1]

B. Ausarbeitung von Verfahren für den Großbetrieb.

Ist ein neues Verfahren im Laboratorium so weit durchgearbeitet, daß eine Fabrikation rentabel zu werden verspricht, dann darf man trotzdem noch nicht mit der betriebsmäßigen Ausübung beginnen. Es ist vielmehr dringend zu empfehlen, eine Zwischenstufe einzuschalten (Betriebsversuch mit einigen hundert Kilogramm).

Man darf die im Laboratorium angewandten Mengen nicht ohne weiteres mit 1000 oder 10000 multiplizieren, sondern hat das Verfahren schrittweise (mit vielleicht 10—100fachen Mengen) auszubauen, um den Reaktionsverlauf auch in dieser Beziehung genau kennenzulernen. Die Arbeitsvorgänge vollziehen sich bei Vermehrung der Mengen und unter dem Einfluß der veränderten Apparatur oft ganz anders, als im Glaskolben des Laboratoriums. Deshalb muß das Verfahren vorher in kleinen, aber doch schon dem Betriebe nachgebildeten Apparaten

---

[1] Chemiker-Ztg. 1924, 369; Z. angew. Chem. 1924, 828; Sulfrian, Lehrbuch der chemisch-technischen Wirtschaftslehre; Friedlaender, Fortschritte der Teerfarbenfabrikation usw.; Bräuer-d'Ans, Fortschritte in der anorganisch-chem. Industrie usw.

so durchstudiert und festgelegt werden, daß die spätere fabrikatorische Ausführung, welche ja die meisten Kosten verursacht, mit größtmöglichster Sicherheit gewährleistet erscheint.

Diese Arbeiten sollten zweckmäßig in einem **technischen Versuchslaboratorium** ausgeführt werden. In einem Winkelchen des Betriebes selbst wird man wirklich sorgfältige, ungestörte Beobachtungen kaum anstellen können. In einem Versuchslaboratorium wird der mit solchen Arbeiten beauftragte Chemiker und sein Hilfspersonal durch nichts abgelenkt. Es sollte mit allem ausgerüstet sein, was für die Arbeiten und Untersuchungen erforderlich ist. Im Hinblick auf den Geschäftserfolg, den man für diese Tätigkeit des Chemikers erhofft, könnten die dafür zur Verfügung gestellten Mittel vielfach reichlicher bemessen werden.

Ein derartiges Versuchslaboratorium (mit Kraft-, Dampf-, Wasser-, Druckluft-, Vakuum-, Kohlensäureleitungen usw.) soll außer mit den üblichen Laboratoriumsgeräten mindestens mit einer emaillierten und einer nicht emaillierten 50—100 l-Blase (mit Rührwerk, Deckel und Helm zum Destillieren auch im Vakuum), einer Schüttelvorrichtung, einem Autoklav, einem Saugfilter, einer kleinen Filterpresse, einer Zentrifuge, einigen Tonschalen sowie Tontöpfen, vielleicht auch mit einem Feuerherd, einem Abzug und einigen Gas- oder elektrischen Öfen ausgerüstet sein. Ein Nebenraum zur vorübergehenden Aufstellung von weiteren Betriebsapparaten ist angebracht. Darüber hinaus wird ein solches Laboratorium je nach Art der Arbeiten auch noch über Spezialeinrichtungen verfügen müssen.

Die Großversuche haben alle die Faktoren aufzuklären, deren Kenntnis für den späteren Betrieb wichtig ist (z. B. Rohstoffe verschiedener Güte und Herkunft; Art, Form, Baustoff und Abmessungen der Apparatur; Reinigung des Enderzeugnisses; Nebenprodukte; Abgase und Abwässer usw.).

Der **Rohstoff** muß genau untersucht werden, weil sich der Einfluß, den Verunreinigungen auf den Verlauf des Prozesses ausüben, im Laboratoriumsversuch meist nicht so nachteilig auswirkt, wie im Betrieb. Von der Art des Rohstoffs hängt unter Umständen die Größe der Betriebschargen, die Weiterverarbeitung der Produkte, z. T. auch die Reinheit der Enderzeugnisse sowie endlich in manchen Fällen der Erfolg der Fabrikation überhaupt ab. Solche Verunreinigungen sind oft keineswegs leicht zu entdecken. Einige Versuche können beispielsweise zur vollen Zufriedenheit verlaufen sein, während die nächsten trotz gleicher Ausführung recht viel zu wünschen übriglassen; die Schuld trägt dann häufig die verschiedene Beschaffenheit der anfangs als gleichmäßig angesprochenen Rohstoffe. Dieser Umstand mahnt zur Vorsicht. Man soll für eine Reihe von Versuchen genügende Mengen gleicher Rohstoffe vorbereiten und davon stets nicht zu kleine Gegenmuster zurückbehalten.

Es ist praktisch nur selten durchführbar, stets den reinsten Ausgangsstoff zu verarbeiten (höherer Preis, schlechte Marktgängigkeit usw.!) und nicht anzuraten, eine Fabrikation einzurichten, für welche die Rohstoffe nur schwierig zu beschaffen sind. Praktisch kommen nur diejenigen Ausgangsprodukte in Betracht, welche in geeigneter Güte mit Sicherheit bzw. großer Wahrscheinlichkeit stets zu haben sind und sich am vorteilhaftesten kalkulieren. Auf die Preise der Rohstoffe sind in der Bilanz immer die gesamten Frachtunkosten darauf zu schlagen (danach Sortenwahl, ob Lauge oder fest usw.).

Auch die Art der Nebenprodukte kann unter Umständen einzelne Rohstoffe günstiger erscheinen lassen, als andere; bessere Verwertungsmöglichkeit kann für Bezug eines an sich teureren Rohstoffs sprechen (z. B. kann Brom günstiger sein, als Chlor, wenn die wertvollen Bromsalze als Nebenprodukt Verwendung finden können, während ja Chloride wertlos sind).

Die Wahl der Apparatur verlangt große Erfahrung. Bestehen hinsichtlich Bauart und -stoff Zweifel, dann sind alle Punkte sorgfältig gegeneinander abzuwägen, um das Geeignetste herauszufinden. Die Kosten sollten niemals allein ausschlaggebend sein, denn eine teurere Anlage kann sich auf die Dauer billiger stellen, als eine an sich preiswertere, die unvollkommen, reparatur- und ersatzbedürftig ist.

Der chemische Einfluß des Baustoffs muß schon im Laboratorium ermittelt werden, indem man ein Stück des betreffenden Metalles o. dgl. der Einwirkung der Reaktionsmasse unter den Fabrikationsbedingungen aussetzt. Der Betriebsversuch hat dann über seine Brauchbarkeit in konstruktiver Hinsicht Klarheit zu schaffen (spätere Abnutzung und Korrosion mit berücksichtigen). Die Blechstärken von Gefäßen, die Beanspruchungen der Rührer, die Druckhöhen in den Autoklaven, die Gewichte der Apparate usw. sind an Hand des Großversuchs festzustellen.

In allen Fabriken befinden sich Alt-Apparaturen, die mit Vorliebe zur Durchführung von Betriebsversuchen verwandt werden. Ein solches Vorgehen ist vom Standpunkt der Sparsamkeit so lange zu rechtfertigen, als die Apparate hinsichtlich Baustoff und Bauart geeignet erscheinen, um noch brauchbare Ergebnisse liefern zu können. Ganz entschieden ist davon abzuraten, sich mit halben Ergebnissen zu begnügen und zu hoffen, daß es in der späteren endgültigen Apparatur besser gehen wird! Weiß man aber gewiß, daß das Ergebnis durch Änderung der Apparatur nur günstig beeinflußt werden kann, dann darf man sich allenfalls zufrieden geben. Die Versuchsapparate müssen, sie mögen noch so improvisiert sein, stets zur Führung des vollgültigen Beweises für die betriebsmäßige Durchführbarkeit eines Verfahrens ausreichen. Ein Sparen in diesem Punkte kann leicht schwere Mißerfolge nach sich ziehen.

Der Verlauf der Reaktion kann auch von den Mengenverhältnissen an sich abhängen; in solchen Fällen ist dann zuerst die geeignetste Größe der Apparate zu ermitteln und danach erst ihre, der beabsichtigten Fabrikation entsprechende, Gesamtzahl festzulegen.

Für eine Reihe von Arbeitsmethoden des Laboratoriums ergeben sich die entsprechenden Betriebsapparaturen ohne weiteres (Erhitzen auf dem Wasserbade oder mit dem Bunsenbrenner = Anwendung von Kesseldampf oder freiem Feuer; Kugelröhren für fraktionierte Destillation = Kolonnenapparate; Schütteln und Umrühren im kleinen = mechanische Rührwerke im großen usw.). Während man sich aber im Laboratorium zumeist mit gewöhnlicher Filtration durch Trichter oder Nutsche begnügt, bedient sich der Fabrikbetrieb einer Reihe verschiedener Apparate, wie Saug- oder Druckfilter, Filterpressen, Zentrifugen, Drehfilter usw. Kann man aus Analogieschlüssen auf Grund ähnlicher Fabrikationsmethoden den geeignetsten Trennungsapparat nicht ohne weiteres ermitteln, dann bleibt nichts weiter übrig, als Versuche zu machen. In manchen Fällen gestaltet sich das schwieriger, als man anfangs erwartet hat (z. B. Calciumkarbonatschlämme des Gips-Ammonsulfatverfahrens). Es gibt Betriebsmethoden, die sich von den entsprechenden Laboratoriumsverfahren erheblich unterscheiden; die gewonnenen Erfahrungen machen einen wesentlichen Teil des technischen Wissens aus. Gerade auf dem Gebiet der Konstruktion geeigneter Apparaturen ist dem erfinderischen Geist des Betriebschemikers ein weites Feld geöffnet. In der Vervollkommnung neuer Ideen konstruktiver Art muß er vom Ingenieur unterstützt werden; die erste Anregung, welche stets die eingehendste Kenntnis des Verfahrens voraussetzt, wird aber meist vom Chemiker ausgehen müssen.

Im Großbetrieb sind die einfachsten Reaktionsbedingungen meist die besten! Mit Hilfe leicht auszuführender und genügend zuverlässiger Untersuchungsmethoden muß es dem Arbeiter oder Meister ermöglicht werden, sich jederzeit über den richtigen Verlauf der Umsetzungen Gewißheit zu verschaffen.

Die Rentabilitätsberechnung, welche alle diese Arbeiten wie ein unerbittlich scharfer Kritiker begleiten muß, wird sich nach den fabrikmäßigen Versuchen (Preise, ungefähre Kosten der Anlage usw.) besser aufstellen lassen, als nach der Laboratoriumsuntersuchung. Eröffnen sich aber bereits in diesem Stadium geringe Aussichten, dann sollte der weitere Ausbau des Verfahrens vertagt und nach Verbesserungen geforscht werden. Spricht jedoch alles für weitere Bearbeitung, dann muß diese nach planmäßigem System und ohne Verzug fortgesetzt werden. Zuerst werden die Hauptpunkte durch bestätigende Versuche unumstößlich festgelegt und dann sind die Nebenfragen (vielleicht später auch sehr wichtig!) zu bearbeiten.

Die Gründe, die gegen ein planloses Arbeiten im Laboratorium ins Feld geführt wurden, treffen auf Betriebsversuche im verstärkten Maße zu, da diese an sich sehr viel zeitraubender und kostspieliger sind. Ohne Methodik ausgeführte, unzusammenhängende Einzelversuche bieten kaum die Gewähr, je zum Ziele zu gelangen. Ausdauer, Stetigkeit, Unverdrossenheit, Fleiß und Geduld sind außerdem bei diesen Arbeiten oft sehr nötig. Eine gründliche Bearbeitung muß auch bei Mißerfolgen mit Gewißheit erkennen lassen, woran die Arbeit gescheitert ist. Im anderen Falle würde man berechtigt sein, ebenso nach persönlichen, wie nach sachlichen Gründen zu suchen.

Außer der Art des Ansatzes (der Post oder der Charge) sind Lösungsmittel, Konzentration, Reihenfolge des Zusammenmischens, Reaktionsdauer, Druck, Temperatur, Drehzahl der Rührwerke, Zeit oder Art der Probenahme usw. wichtige Daten, die sofort aufgeschrieben werden müssen. Sehr aufmerksame Beobachtung ist unumgänglich notwendig. Die Ausführung derartiger Versuche neben laufenden Arbeiten muß als entschieden verfehlt bezeichnet werden, da man dann die entscheidensten Augenblicke in der Regel verpaßt. Dagegen hat die Hinzuziehung von Arbeitern, die man mit dem späteren Betriebe betrauen will, sehr viel für sich. Sie werden dabei gründlich mit allen Einzelheiten vertraut, lernen die Schwierigkeiten kennen und wissen, worauf es ankommt; man kann sich mit ihnen persönlich mehr beschäftigen und sie viel eingehender unterweisen, als es nachher im Betriebe je möglich ist.

Hat der Betriebsgroßversuch ein befriedigendes Ergebnis gehabt, dann muß man sich trotzdem (ohne sich in der weiteren Bearbeitung stören zu lassen) die Frage vorlegen, nach welcher Richtung hin man das Verfahren noch vereinfachen könnte, welche Sicherheitsmaßregeln noch zu treffen sind und wie man die Apparatur am zweckmäßigsten auszugestalten hat. Diese Fragen führen dann meist noch zu einigen weiteren Versuchen. Sind auch diese abgeschlossen, dann hat man die nötigen Unterlagen, um an die betriebsmäßige Durchführung herangehen zu können.

Zum Schluß mag noch einiges über den mit solchen Arbeiten betrauten Chemiker gesagt werden. Es ist natürlich, daß derartige Versuche stets von der Hoffnung auf neue Gewinnquellen getragen werden und daher auch den Ausführenden selbst in die beste Stimmung versetzen. Trotzdem sollte er sich hüten, bei gutem Verlauf in überschwenglichem Optimismus gehaltene Berichte abzuliefern, damit die Enttäuschung nicht zu groß wird, wenn die Sache nachher zweifelhafter wird. Und bei welcher betriebsmäßigen Ausbildung eines Verfahrens stößt man nicht auf böse Schwierigkeiten! Ist es an und für sich unangebracht, solchen wechselnden Gemütsstimmungen nachzuhängen, so können diese auch die Arbeit selbst äußerst unvorteilhaft beeinflussen. Sie stören leicht die ruhige, objektive Beurteilung und Behandlung, beeinträchtigen aus zu großem Sicherheitsgefühl heraus die Gründlichkeit der Arbeit oder lähmen die Energie, die unbedingt aufzubringen ist. Bei möglichst nüchterner Behandlung der Sache schneidet man sicherlich am besten ab. Man beherrsche sich daher in den aussichtsreichsten, wie in den hoffnungsschwachsten Stunden. Ein Erfolg ohne Siegesgeschrei beweist mehr Sicherheit und Vertrauen, als ein solcher, der mit breiter Ruhmredigkeit überall verkündet wird[1].

C. Einrichtung und Überwachung des Großbetriebes[2].

Entwerfen der Anlage. Nachdem alle Vorarbeiten für den Ausbau der Betriebseinrichtung erledigt sind, bleibt letzten Endes nur noch zu bestimmen, in welchem Ausmaß die Fabrikation aufgenommen werden

---

[1] Vgl. allgemein auch R. Thebis: Handfertigkeitskniffe im Laboratorium usw. Leipzig 1920.

[2] Daele, W. van den: Der moderne Fabrikbetrieb und seine Organisation. Stuttgart 1920. Vgl. ferner die ständige Beilage der Köthener Chemiker-Ztg. „Chem. Praxis"; die „Chemische Fabrik" (Ver. Dtsch. Chemiker) und die „Chemische Apparatur".

soll. Ist die Größe der vorgesehenen Räume allein dafür ausschlaggebend, dann ergibt sich alles von selbst. Anders liegt die Sache, wenn für die Mengenleistung kein anderer Grund bestimmend ist, als allein die mehr oder minder gerechtfertigte Annahme, jährlich eine gewisse Anzahl Tonnen des Produkts verkaufen zu können. Der Kaufmann hat an sich diese Angaben zu machen und die Verantwortung dafür zu übernehmen, aber auch der Chemiker ist bei gemeinsamer Besprechung der Angelegenheit verpflichtet, seine Ansichten zu äußern und dies besonders dann, wenn er vom Kaufmann zu einer möglichst großen Anlage angeregt werden sollte.

Es ist ein durch die Erfahrung oft bestätigtes Gebot der Klugheit, sich in solchen Fällen zunächst in bescheidenen Grenzen zu halten und nur darauf bedacht zu sein, eine spätere (auf Grund der Betriebserfahrung auch häufig besser auszugestaltende) Vergrößerung ohne Schwierigkeit und Störung anschließen zu können. Vgl. den Abschnitt „Bauliche Anlagen". Man wähle, wenn angängig, die Betriebsräume so, daß sie auch für andere Zwecke brauchbar bleiben, falls etwa der Betrieb eingestellt werden sollte.

Wieweit vorhandene Räumlichkeiten zwecks Aufnahme neuer Betriebe umgestaltet werden können, hängt von den jeweiligen Verhältnissen ab. Auch diese Räume sollten jedoch prinzipiell so vollkommen wie möglich ausgestattet werden. Aus Scheu vor zu großen Änderungen anfangs nicht vorgesehene Einrichtungen werden später oft sehr vermißt.

Um sich ungefähr ein Bild von der Größe der notwendigen Räume machen zu können, kann das Verhältnis zwischen der von der Apparatur bedeckten Fläche und der des ganzen Betriebsraumes überschläglich mit 1 zu 2 angenommen werden. Betriebe, in denen ein sehr umfangreicher Materialtransport stattfindet, oder solche, bei denen ausschließlich geschlossene Leitungen vorhanden sind, machen natürlich eine Ausnahme. In jenen wird der freie Platz wesentlich größer sein müssen, in den letzteren kann er dagegen beträchtlich kleiner sein.

Es ist grundfalsch, zunächst einen Teil des Betriebes zu bauen und dann zu sehen, wie sich der übrige weiter gestalten läßt. Eine auf diese Weise errichtete Anlage wird kaum einheitlich und gut arbeiten können. Der Betriebsplan muß vor dem Bau unter allen Umständen fertig oder doch in seinen wesentlichen Teilen entworfen sein. Wie der Ingenieur eine Maschine vor Ausführung zeichnet oder der Architekt einen Bau in allen Grundrissen und Schnitten vor Beginn der Arbeiten auf dem Papier stehen hat, so muß auch der Chemiker ein betriebsfertiges Verfahren von A bis Z derart genau in Text und Zeichnung niederlegen, daß dann jeder Fachmann imstande ist, diesen Betrieb einzurichten und zu führen.

Beim wiederholten Nachprüfen des Textes und der Zeichnung, kurz „beim Fabrizieren in Gedanken", wird man schließlich die günstigste Verteilung und Anordnung aller Apparate und Armaturen finden (unter Umständen Ausschneiden der Apparaturen und Einpassen in einen maßstäblich richtigen Gebäudeplan).

Um die Durchführung des Verfahrens tunlichst sicherzustellen (menschliche Unvollkommenheit!), suche man den Betrieb so zu bauen, daß prinzipielle Fehler kaum begangen werden können. Man wird dann zumindest ihre Häufigkeit einschränken, da es eine Sicherung gegen alle Möglichkeiten weder gibt, noch geben kann!

Bei Verteilung der Apparatur muß sowohl der Gesichtspunkt beachtet werden, daß die ganze Fabrikation glatt, ohne Störung und mit dem geringsten Aufwand an Mitteln vor sich geht, als auch jener, daß sich eine nötig werdende Vergrößerung ohne weiteres ausführen läßt. Die Lage der alten Apparate soll dabei möglichst wenig verändert werden. In manchen Fällen läßt sich dies zwar nicht ganz so glatt ausführen, man kann aber nichtsdestoweniger die ursprüngliche Anlage fast immer so anordnen, daß die Erweiterung nicht gar so umständlich zu bewerkstelligen ist.

Das Beschicken der Gefäße mit Rohstoff darf nicht mit dem Abtransport der Halbfabrikate und Zwischenprodukte kollidieren. Rohrleitungen sind in dieser Beziehung am günstigsten. Die Bedienung soll möglichst wenig ermüdend sein (Bewegung der Materialien vom Stand des Arbeiters aus möglichst nach links). Abgesehen davon, daß jeder durch solche Vereinfachung ersparte Mann Gewinn bedeutet, kann die unbequeme Bedienung nur zu leicht Betriebsunregelmäßigkeiten (d. h. schließlich schlechte Ausbeuten) nach sich ziehen.

Die Frage des Materialdurchganges durch die Fabrik ist für Großbetriebe noch wichtiger, als für kleine Anlagen. Man muß stets den Leitgedanken der Fabrikation festhalten, der erfordert, daß sich der in die Fabrik eingeführte Rohstoff systematisch nach dem entgegengesetzten Ende der Anlage hinbewegt, wo er als Fertigprodukt erscheint und gestapelt oder verladen wird. Die Apparatetechnik bewältigt heute mit der Vielgestaltigkeit ihrer Mittel die schwierigsten Aufgaben[1].

Eine Verunreinigung der im Umlauf befindlichen Stoffe kann schon durch zu nahe nebeneinander angeordnete, offene und ungenügend gesicherte Gefäße sowie ferner durch ihre Benutzung für verschiedene Zwecke bewirkt werden (bei empfindlichen Produkten ausnahmslos zu vermeiden; Reinigung und Vorbereitung bedeuten Mehrarbeit und Zeitverlust).

In allen Fällen, in denen in derselben Apparatur ohne Bedenken verschiedene Arbeiten nacheinander ausgeführt werden dürfen, kann man Reinigung oder Instandsetzung bisweilen dadurch vereinfachen, daß man die Reihenfolge der vorzunehmenden Arbeiten entsprechend einrichtet.

Eine sehr wichtige Maßnahme, der leider noch nicht überall die gebührende Bedeutung beigelegt wird, besteht darin, Armatur- und sonstige auswechselbare Teile (Ventile, Hähne, Flanschen, Schrauben, Kleinmotoren usw.) nur in ganz bestimmten Normaltypen zu verwenden. Es läßt sich dadurch im Laufe der Zeit sehr viel Geld und noch mehr Verdruß ersparen. Jeder Praktiker „schätzt" die Lage, in die

---

[1] Vgl. C. Michenfelder: Die Materialbewegung in chemisch-technischen Betrieben, Leipzig 1915, und H. v. Hanffstengel: Billig Verladen und Fördern.

man geraten kann, wenn man bei einer unaufschiebbaren Reparatur im letzten Augenblick erfährt, daß das betreffende Ersatzstück nicht paßt! Erst in neuester Zeit macht die Normalisierung der Apparatur weitere Fortschritte.

Bordscheiben und Flanschen sollen ohne Ausnahme stets nach dem Typenmuster gekauft werden (Dicke, Durchmesser und Bohrungen sind wichtig). Wie oft kommt es zumal in eiligen Fällen vor, daß die Flanschen nicht passen, die Schrauben zu kurz sind oder die Löcher sich nicht decken! Die Ventil- und Hahnflanschen müssen in ihren Weiten und Durchbohrungen ebenfalls zu den Flanschmodellen passen. Bei Bestellung von Apparaten sind diese Punkte zu beachten; auch ihre Anschlußstutzen müssen sich in die Fabriknorm einordnen. Was von den Flanschen gilt, trifft für die Schrauben natürlich ebenso zu.

Es ist nicht gleichgültig, wie Dampf-, Wasser- und sonstige Leitungen zu den Apparaten liegen und wie ihre Anschlüsse angeordnet werden. Der Einbau der Armaturen soll reiflich überlegt werden. Bei der Anfertigung der Apparate ist es gleichgültig, wo Ablaufstutzen oder Ventile angeordnet werden, für den Betrieb kann es dagegen von ausschlaggebender Bedeutung sein.

Die gewöhnlichen Hähne und Ventile sind im Handel Massenartikel und als solche manchmal nicht ganz sorgfältig gearbeitet; es ist deshalb empfehlenswert, sie vor Verwendung stets auf ihre Zuverlässigkeit zu prüfen.

Die Mannlöcher sind hinsichtlich Verschlußart und Anbringung an den Apparaten nicht immer einwandsfrei (unsicher an gewölbten, nicht genügend versteiften Böden; größere Mannlöcher mit einer mittelständigen Schraube leicht undicht). Sie liegen oft an einer zwar konstruktiv bequemen oder symmetrischen, aber trotzdem falschen Stelle des Deckels (z. B. kann dadurch die Anbringung bzw. Bedienung von Thermometern, Hähnen usw. unbequem werden). Die Größe der Mannlöcher ergibt sich aus dem Zweck, dem sie dienen sollen (Befahrung oder Beschickung, Reinigung, Zugänglichmachen der Innenteile usw.).

Bereits bei Anlage der Fabrik ist daran zu denken, daß Reparaturen leicht und einfach auszuführen sein müssen. Dem Lieferanten liegt häufig mehr an elegantem und gefälligem Aussehen oder an einfacher Herstellung der Apparaturen. Rücksichten auf Reparaturen spielen für ihn keine unbedingt ausschlaggebende Rolle. Wesentlich ist z. B. die Abdichtung der Rohre, die leichte Ausbaumöglichkeit für Kühl- und Heizschlangen, die Befestigung von Rührwellen, -schaufeln, Strombrechern oder sonstigen Innenteilen usw. Mit recht einfachen Mitteln lassen sich hier oft Vorkehrungen treffen, die eine spätere Reparatur wesentlich vereinfachen.

Für zerbrechliche und gefährdete Teile sind Ersatzstücke besonders dann vorrätig zu halten, wenn ihre Anfertigung oder Besorgung mit Zeitverlust verbunden sein würde. Solche Teile müssen besonders leicht ausgewechselt werden können; entsprechende Absperrorgane sind vorzusehen.

Fabrikationsstörungen infolge falschen Reaktionsverlaufs oder Versagens der Apparatur, kann bis zu einem gewissen Grade durch die Art der Anlage und durch die Apparatekonstruktion vorgebeugt werden. Bei manchen Prozessen tritt z. B. lebhaftes Schäumen auf, das man oft durch stärkeres Kühlen oder schnelleres Rühren beseitigen kann (im äußersten Falle wird der Schaum durch vorgesehene Rinnen abgeleitet).

Zur schnelleren Ausschaltung der Rührwerke sind stets Leerscheiben anzuordnen, falls nicht z. B. elektrischer Antrieb gewählt wird. Findet in einem geschlossenen Gefäße starke Gasentwicklung statt, dann sind außer dem Sicherheitsventil unter Umständen noch Abblasevorrichtungen anzubringen, um plötzlich entstehende große Gasmengen genügend schnell abführen zu können. Die Leitungen für Flüssigkeiten unter Druck werden mit Sicherheitsventilen und Überläufen ausgerüstet, die sich betätigen, wenn der Höchstdruck (Stauung, Verstopfung) überschritten wird. Nachteiliger Überhitzung oder Abkühlung wird durch Kühl- bzw. Heizeinrichtungen begegnet. Das vorzeitige Auskristallisieren von Lösungen oder das Dickwerden von Laugen (z. B. während der Filtration) sind Störungen, die häufig in den ersten kalten Tagen auftreten und die dann zeigen, daß Räume oder Apparate nicht genügend warm (Isolierung usw.) sind. Besondere Heizvorrichtungen werden notwendig, um z. B. wochenlang dauernde Gärprozesse vom Kesseldampf unabhängig zu machen (während der Feiertage usw.).

Der elektrische Einzel- oder Gruppenantrieb ist im allgemeinen Störungen viel weniger ausgesetzt, als eine Transmission. Es ist auf dauerhafte Verlegung der Stromkabel zu achten. Durchfeuchtung der Isolierschicht und Dämpfe sollen den Leitungen nicht schaden und namentlich keine Kurzschlüsse herbeiführen (Anthygronrohrdraht u. dgl.; s. o.). Sicherungen sollten stets in genügender Zahl an einer bestimmten Stelle vorrätig gehalten werden. Elektromotoren dürfen, abgesehen von Spezialmodellen, nur langsam angefahren werden, wenn sie belastet sind. Für Notbeleuchtung ist Sorge zu tragen, da sonst Störungen an den Lichtleitungen Ungelegenheiten bereiten und Gefahren bringen können. In feuchten Räumen sind nur flüssigkeitsdicht (und unter Umständen gasdicht) gekapselte Motoren aufzustellen. Wartung und Beaufsichtigung der elektrischen Einrichtungen sind wichtig.

Sicherheitsvorkehrungen können nie das Versagen von Maschinen und Apparaten verhüten, aber sie können es in seiner Wirkung abschwächen!

Das öffentlichen Flußläufen entnommene Wasser muß meist durch Klärgruben oder Filter gereinigt werden. Mitgeführter Sand und Schmutz bewirkt Verschleiß der Pumpenkolben und Zylinder und lagert sich an den tiefsten Stellen der Leitungen ab oder verstopft sie. Verunreinigungen (Holzstückchen, Steinchen, Pflanzenreste u. dgl.) setzen sich in erster Linie an den Enden der Hauptleitungen in Hähnen oder Ventilen fest und verhindern dort das Austreten der Flüssigkeit. Wird Kühlwasser von unten in einen Kühlmantel eingeleitet, dann ist man gezwungen, wegen der an und für sich in wenigen Minuten zu erledigenden Auswechslung von Hähnen nicht nur die Wasserleitung abzustellen, sondern auch den Kühler zu leeren und dabei meist die Destillation zu unterbrechen. Es ist also unbedingt notwendig, daß die einzelnen Betriebsteile leicht abgeschaltet werden können und daß das Wasser von oben durch ein bis auf den Boden reichendes, am unteren Ende umgebogenes Rohr in die Kühler eingeleitet wird. Befürchtet man eine zu erhebliche Anwärmung des Kühlwassers, dann bringt man über dem eintauchenden Rohrende ein übergestecktes Isolierrohr an (Abb. 109). Die Auswechslung des verstopften Hahnes ist dann ohne Entleerung des Kühlgefäßes und ohne Unterbrechung des Prozesses

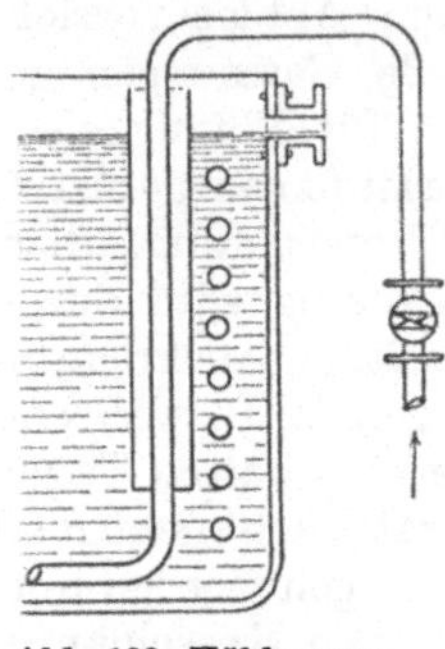

Abb. 109. Kühlwasser-anschluß.

möglich. Auch in alle Dampfleitungen müssen Zwischenventile eingebaut werden.

Verwendet man Steinzeuggefäße, dann denke man stets an die Gefahr des Platzens und treffe Vorkehrungen, um Verluste zu verhüten (Schutz-behälter, die den Inhalt aufnehmen können). Auch abbrechende Tonhähne oder -stutzen be-wirken gelegentlich Leerlaufen von Gefäßen. Bei Fabrikation sehr wertvoller Präparate kann man so weit gehen, daß alle Behälter auf Unter-sätzen stehen, jedes Gefäß eine Schutzhülle hat und die Arbeitstische die Form flacher Kästen aufweisen, in denen sämtliche Arbeiten ausge-führt werden.

Die Konstruktion von Rührwerken ist sehr verschieden und bildet den Gegenstand vieler Patente. Eine Zusammenstellung einiger wichtiger Typen findet sich bei Parnicke: Die maschinellen Hilfs-mittel der chemischen Technik (Frankfurt a. M.), in v. Jhering: Maschinenkunde für Chemiker (Leipzig 1906) und in der Chemiehütte 1927, S. 508 u. 520. Außer den dort angeführten Typen baut wohl

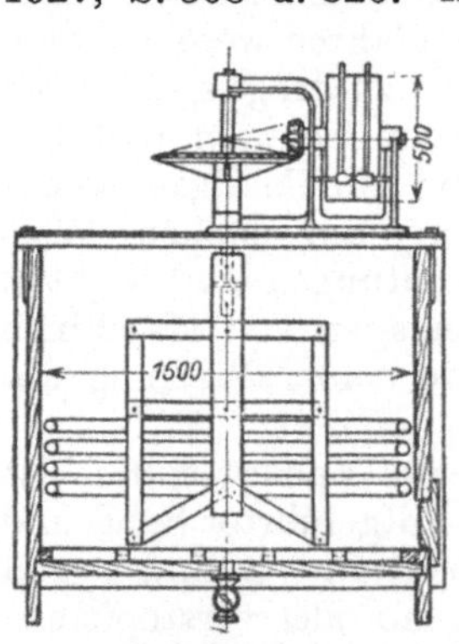

Abb. 110.
Hölzerner Rührwerksbottich
(E. Brescius).

fast jede chemische Fabrik eigene Rühr- und Mischapparate. Bei allen diesen Kon-struktionen muß die Lagerung der Welle vor Verschleiß durch das Mischgut ge-schützt sein und die Schaufeln müssen möglichst sicher, aber doch leicht aus-wechselbar befestigt werden; das Zusammen-wirken von Strombrechern und Rührer ist gut durchzuprobieren (gewöhnliche Rührer ohne Strombrecher lassen die Flüssigkeit mehr rotieren und mischen schlechter). Bis-weilen wird die Rührwelle exzentrisch gela-gert (z. B. wenn Rohre angebracht werden müssen, gegen welche die Rührschaufeln sonst schlagen könnten). Hohle Wellen lassen sich gleichzeitig als Zuleitungsrohr ausbilden.

Die Abb. 110 zeigt einen Rührwerksbottich aus Holz mit Dampf-schlange für Ölfabrikation in der Ausführung der Firma Emil Brescius, Neu-Isenburg. Die Abb. 111a-b stellt häufig vorkommende Fehler an Rührwerkskesseln mit Heizmänteln dar. In seiner Arbeit über nebensäch-liche Kleinigkeiten an chemischen Apparaten (Achema-Jahrbuch 1925,

S. 90 ff.) schreibt **Block**, daß die Rührwirkung (unten in einem Spurlager *o* ruhende Rührwerkswelle *f* mit Flügeln *e*) den Schlamm notwendigerweise infolge der Bodenreibung nach der Mitte bewegen werde (unvollkommene Mischung, Verstopfen der Ablaßleitung, Verschmutzen des Spurlagers; vgl. auch **Block**: Die sieblose Schleuder. Berlin 1921). Das Rührwerk ist besser außen gelagert; das Spurlager *o* fällt jetzt weg, die Welle ist jedoch dann besser in der Stopfbüchse zu führen (namentlich muß der Stellring *p* nach oben ein Drucklager erhalten, damit das Lager *q* die Wellenlast besser aufnimmt). Die **Stauffer**büchse *g* sitzt falsch, weil die Stopfbüchsenpackung das Eindringen des Schmierfettes bis an die Welle nicht gestatten wird; der Stopfbüchsenkörper muß länger und mit Zwischenring für Schmiermittelzufuhr ausgeführt sein. Die Stutzen *i* für den Dampfeintritt bzw. *l* für die Kondenswasserabführung stehen senkrecht zum Dampfmantel. Es kommt in diesen Fällen leicht (Wirkung in Art des Sandstrahlgebläses) zur Zerstörung der Wandung *a* an den gegenüberliegenden Stellen. Die bessere tangentiale Anordnung *k* und *m* läßt den Dampf in Spirallinien, d. h. viel zweckmäßiger, durch den Mantel kreisen. In der Abb. 111 a bedeutet *c* ein Beschickungs- oder Mannloch, *h* den Ablaßschieber, *n* den Reaktionsgaseintritt und *r* den Stutzen (mit Beschickungsöffnung) für Ableitung des Gasüberschusses. Die seitlich am Heizmantel angeordneten gußeisernen Winkeleisen dürfen nicht angenietet werden (späteres Anziehen oder Verstemmen unmöglich); es ist zweckmäßiger, sie stumpf autogen aufzuschweißen.

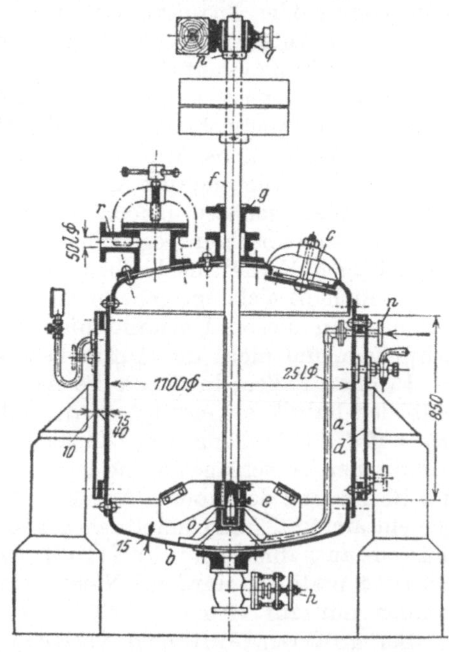

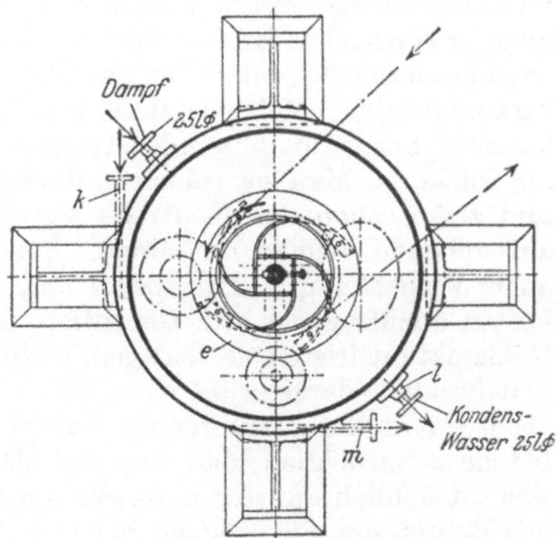

Abb. 111 a-b. Rührwerkskessel mit Heizmantel nach **Block**.

Unter den besonderen Rührwerkskonstruktionen unterscheidet man Planeten- und Taifunrührer, Pendelrührwerke, Mischquirle, Druckluftrührer, Mammutrührwerke (s. o.), Rührgebläse (Exhaustoren oder Injektoren) usw.

Bau der Anlage. Nachdem die Apparatur im wesentlichen (sie soll mit größter Einfachheit die höchste Leistung und Sicherheit vereinigen) durchkonstruiert ist, kann mit der Aufstellung begonnen werden. Bei Montage und Inbetriebsetzung werden sich meist noch einige Änderungen ergeben. Vorhandene Apparate werden zunächst auf die Möglichkeit der Mitbenutzung geprüft und gegebenenfalls vorbereitet oder umgebaut. Man schätze jedoch Beschaffenheit, Änderungskosten und spätere Brauchbarkeit gegeneinander ab, damit Kosten und Nutzen im richtigen Verhältnis bleiben.

Handelt es sich um geheim zu haltende Ausführungsformen, dann betone man diesen Umstand nicht, sondern übergehe ihn mit Stillschweigen, um nicht die Aufmerksamkeit Unberufener zu erregen.

In allen Fällen, in denen die Apparatur ganz oder teilweise außerhalb der Fabrik angefertigt wird, verlasse man sich nicht ausschließlich auf die Erfahrungen der Lieferfirma. Man höre sich zunächst ihre technischen Vorschläge an und lege dann sämtliche Einzelheiten (Stärke der Bleche und der Rohre, Art der Packung bzw. der Baustoffe o. dgl.) gemeinsam fest. Alle mündlich gegebenen Aufträge und Bestellungen müssen ausnahmslos schriftlich und unter Aufzählung aller Punkte bestätigt werden. Nicht vereinbarungsgemäße Ausführungen können nur auf Grund schriftlicher Belege zurückgewiesen werden!

Bei größeren Aufträgen verlange man stets zuerst verschiedene Kostenanschläge und vergewissere sich, nicht übervorteilt zu sein. Das niedrigste Angebot ist auch hier nicht stets das billigste; es ist keineswegs immer leicht, unter den eingegangenen Offerten die vorteilhafteste herauszufinden. Meistens steht man mit einer als leistungsfähig anerkannten Firma in dauernder Geschäftsverbindung und läßt sich von ihr beliefern. Man sei jedoch in dieser Beziehung nicht zu konservativ und ziehe schon der Kontrolle wegen von Zeit zu Zeit auch andere aufstrebende Firmen mit hinzu. Bei Bestellung versäume man nicht, auch Verpackungs-, Transport- und (bei größeren Stücken) Abladekosten anzufragen sowie Garantien, Lieferzeiten, Zahlungsweisen und Reklamationsfristen festzulegen. Wird die Montage gesondert nach Zeit bezahlt, dann prüfe man, ob an der Apparatur nichts fehlt, was ebensogut in der ausführenden Fabrik herzustellen gewesen wäre. Man betone ausdrücklich, daß nur das als Montagearbeit anerkannt wird, was tatsächlich auf der Baustelle ausgeführt werden muß (so läßt sich das Bohren der Flanschenlöcher, das Auflöten der Flanschen, das Einlegen vieler Packungen, die Anfertigung der Träger, Konsole usw. oft schon in den Werkstätten des Lieferanten ausführen).

Die liefernde Maschinenfabrik läßt man aus begreiflichen Gründen oft im unklaren über die Verwendung der Apparate, wenn man nicht gezwungen ist, sie zwecks Ausnutzung ihrer Erfahrungen mit zu Rate zu ziehen. Es sind jedoch stets ausführliche Angaben über Baustoff bzw. -form usw. zu machen. Zwecks strenger Wahrung des Fabrikgeheimnisses bestellt man die Apparaturteile wohl auch bei mehreren Fabriken und setzt sie nachher selbst zusammen.

Kommen die Sachen zur Ablieferung, dann überzeuge man sich zunächst, daß sie den Vereinbarungen gemäß und tadellos hergestellt sind. Häufig zeigen sich die Fehler allerdings erst nach Inbetriebnahme. Deshalb muß man sich bei Bestellung stets ausreichende Reklamationsfristen vorbehalten; ihr Endtermin darf nie unbeachtet verstreichen.

Die Abmessungen der modernen Großapparate erfordern, daß man sie erst an Ort und Stelle endgültig zusammensetzt. Bei Neubauten wartet man mit dem Einsetzen der Türrahmen usw. bis nach Aufstellung der Apparatur (bei Anordnung der Türen auf spätere Reparaturen Rücksicht nehmen).

Die Frage, ob die Herstellung von Hilfsapparaturen in eigenen Werkstätten billiger wird, läßt sich im Prinzip nicht beantworten; im allgemeinen dürfte sie sich aber eher teurer stellen. Die Art der zu bauenden Apparate, die Einrichtung der Werkstätten und die Leistungsfähigkeit der Handwerker sind in dieser Beziehung maßgebend. In jeder Fabrik wird man bald wissen, was man mit Nutzen selbst bauen kann.

Vor Montage der Apparate müssen zuerst (am besten schon beim Bau), die gemauerten Sockel, die einzementierten Träger, die Betonfundamente und sonstige Maurerarbeiten fertiggestellt werden, damit Zeit zum Abbinden ist. Im allgemeinen beherrschen heute Beton und Eisen das Feld und Holzkonstruktionen werden auch aus chemischen Fabriken mehr und mehr verdrängt.

Die betonierten oder gemauerten Sockel der Maschinen und Pumpen sind so anzulegen, daß das ablaufende Schmieröl nicht den ganzen Sockel überschwemmt. Abgesehen vom unsauberen Eindruck, wird der Zement unter dem anhaltenden Einfluß fettsäurehaltiger Öle bröcklig.

Die Fundamentschrauben lasse man weit genug hervorstehen, denn bei Neubauten senken sich die Gebäude bisweilen. Infolgedessen müssen die Maschinen wiederholt ausgerichtet werden (am einfachsten, indem an den zu tiefen Stellen untergelegt wird).

Festigkeit und Stärke der Träger sind zu überprüfen; zu schwache wird man selten finden, wohl aber sieht man besonders bei fertiggelieferten Einrichtungen zu schwere Konstruktionen, weil sie ja nach Gewicht bewertet werden. Bei richtiger Ausnutzung der Tragfähigkeit (unter Beachtung der verlangten Sicherheit) würde sich manche Ersparnis erzielen lassen. An die Verwendbarkeit von Filz und Kork als gutes Mittel (Unterlagen) zur Dämpfung von Geräusch und Erschütterungen sei erinnert.

Damit sich die einzelnen Apparate nicht gegenseitig hindern und die Montagearbeiten unnötig erschweren, muß die Reihenfolge ihrer Aufstellung genau festgelegt und innegehalten werden.

Teile, die leicht verbogen, eingedrückt oder sonst beschädigt werden können, sind entweder vorher abzunehmen oder durch Latten und andere Versteifungen zu sichern. Stutzen und sonstige Öffnungen werden, um das Hineinfallen von Schmutz oder Werkzeugteilen zu vermeiden, zugebunden, verschalt oder mit Lumpen verstopft (stets herausragen lassen, denn sonst rutschen solche Lappen gelegentlich ganz hinein und können bei Inbetriebsetzung zu unangenehmen Störungen Veranlassung geben, weil man sie darin nicht vermutet und eher an alle möglichen anderen Ursachen denkt). Man soll sich auch stets davon überzeugen, daß in den gebogenen Kupferrohren kein Harz zurückgeblieben ist (vom Biegen her). Was für böse Störungen dadurch bewirkt werden können, mag folgender Fall zeigen. Der Deckel eines gußeisernen Gefäßes trug ein kupfernes Rohr für ziemlich heiße Gase. Vom tiefsten Teil des gewölbten Gefäßbodens aus saugte man durch ein Rohr (abstellbar) mittels einer Luftpumpe den Gasinhalt des Gefäßes heraus. Dieser Apparat arbeitete mehrere Wochen einwandfrei, bis eines Tages die Luftpumpe nicht mehr saugen wollte. An eine Verstopfung dachte man infolge der ausschließlich gasförmigen Produkte zunächst nicht. Die Form des Apparates gestattete leider nicht, sich ohne weiteres vom Aussehen im Innern zu überzeugen. Man suchte die Ursache lange vergeblich, bis man sie schließlich in der Verstopfung der Sauggasleitung an ihrem Austritt aus dem Apparat fand. Die nähere Untersuchung ergab, daß ein zurückgebliebener Rest des Harzes im oberen Kupferrohr geschmolzen war, allmählich an die tiefste Stelle, nämlich den Austritt des kalt bleibenden Gasrohres, gelangt, dort erstarrt war und sich festgesetzt hatte.

Vergessene Blindflanschen können zur Quelle großer Gefahr werden. In der ganzen Fabrik darf daher niemals ein Blindflansch geduldet werden, der nicht einen lang zwischen den Rohrflanschen hinausragenden und deutlich sichtbaren Stiel hat.

Das Einlegen der Packungen muß sehr sorgfältig geschehen. Diese meist den Hilfsarbeitern der Monteure überlassene Arbeit wird leider nicht immer gewissenhaft genug ausgeführt. Die Scheiben sind bisweilen zu klein und die Durchbohrungen zu eng. Der erste Fehler beeinträchtigt ihre Haltbarkeit, infolge des zweiten wird nicht nur der Rohrquerschnitt verengt, sondern die nach innen vorstehenden Teile der Verpackung werden auch durch Dampf, Wasser usw. nach und nach abgelöst bzw. mitgerissen; sie können dann das Rohr verstopfen, Undichtigkeiten an Ventilen, Schiebern o. dgl. hervorrufen und das Fabrikat verunreinigen. Es kommt auch vor, daß sich die Verpackung beim Hineinschieben umbiegt; sie liegt jetzt nur zum Teil doppelt und erweist sich als gänzlich undicht.

Damit sich die Packungen gut an die Bordscheiben (frei von Unebenheiten) anschmiegen, pflegt man sie vor dem Auflegen unter Umständen etwas anzufeuchten. In diesem feuchten Zustande sind die Packungen sehr empfindlich; sie müssen daher mit großer Vorsicht eingelegt werden. Um zu verhindern, daß sie sich durch schwere Deckel, Zargen usw. verschieben, bindet man sie an mehreren Stellen mit Bindfaden fest, den man vor dem Anziehen der Schrauben wieder herauszieht. Von der Vorbereitung der Verpackungen zur Erhöhung ihrer

Haltbarkeit und Wiederverwendbarkeit ist schon früher die Rede gewesen. Hier sei noch einmal daran erinnert, daß sich das Bestreichen mit Flockengraphit-Suspensionen ausgezeichnet bewährt hat. Die Packung der Stopfbüchsen, die bei Neulieferungen oft ganz fehlen, werden geprüft; erst dann können sie montiert werden. Auch die Riemenscheiben sind auf ihre sachgemäße Befestigung hin zu untersuchen. Die Lage der Schmiergefäße und der Ausrücker muß manchmal geändert werden, damit sie besser zugänglich werden. Die Riemen selbst werden zunächst (mit Ausnahme der Kraftübertragungen von sehr großer Umlaufgeschwindigkeit) nur mit einfachen Krallen und erst nach völligem Strecken endgültig verbunden. Die elektrischen Einrichtungen sind sachgemäß zu kontrollieren.

Die erste Ingangsetzung der beweglichen Apparate beginnt mit sehr mäßigen Geschwindigkeiten. Man beachtet dabei alles, was für die Inbetriebnahme einer Dampfmaschine anempfohlen wurde. Stopfbüchsen und Lager sind auf Warmlaufen hin zu prüfen und vor allem reichlich zu schmieren. Daß die Riemen von den Scheiben springen, kommt zwar selten vor, ist aber bei schlecht ausgerichteten Scheiben oder ungenügender Fundamentierung der Arbeitsmaschinen immerhin möglich. In die Apparate mit inneren beweglichen Teilen leuchtet man (elektrische Steckkontaktlampen) mit der nötigen Vorsicht hinein, um sich vom ordnungsmäßigen Zustand zu überzeugen (die Rührschaufeln können an den Wandungen scheuern oder sie liegen zu nahe an Heizschlangen, Strombrechern, Thermometerröhren oder Hebern). Es kann auch vorkommen, daß Schrauben, Muttern, Werkzeuge usw. in den Gefäßen vergessen werden. Zu reichlich durch die Stopfbüchse fließendes Schmieröl kann bei stehenden Wellen die Beschickung verunreinigen; man bringt deshalb darunter einen Schmierölfänger in Form eines ringförmigen Näpfchens an.

Die unter Druck zu setzenden Apparate (mit Manometer), wie Autoklaven, Montejus usw., werden nach behördlicher Abnahme auf Temperatur und Höchstdruck gebracht und auf die Dichtigkeit bzw. das zuverlässige Arbeiten der Sicherheitsventile untersucht. Im übrigen sind für Druckfässer die allgemeinen gewerbepolizeilichen Bestimmungen und die Unfallverhütungsvorschriften der Berufsgenossenschaft der chemischen Industrie zu berücksichtigen.

Die Vakuumapparate werden (Beobachtung der erforderlichen Zeit und der Dichtigkeit) an die Pumpe angeschlossen. Über die Feststellung etwa vorhandener Undichtigkeiten vgl. o. Es sei nochmals bemerkt, daß Hähne und Ventile der Saug- bzw. Druckleitungen niemals plötzlich geöffnet oder geschlossen werden dürfen. Sind mehrere Apparate an diese Leitungen angeschlossen, dann sind zunächst die dritten daran arbeitenden Personen zu benachrichtigen. Der Manometerstand darf in den Hauptleitungen nur ganz unmerklich schwanken; plötzliche Druckunterschiede können leicht alles verderben.

In den Betriebsräumen müssen ferner Schrauben und Schlüssel, Drähte, Zange und Hammer, Sicherungen, verschiedene Größen und Sorten von Packungen, Blindflanschen, Bindfaden, Eimer und Lappen zum Aufwischen, Sand für Bruch von Säureballons usw. stets vorhanden sein. Ein etwa 30—40 cm langes, starkes, angespitztes Spundholz leistet oftmals bei Bruch von Wasserstandsröhren, Abbrechen von Tonhähnen, Herausfliegen von Stopfen usw. gute Dienste (Hineinstoßen in die Löcher). Im übrigen ist es dringende Pflicht, alle Vorsichtsmaßregeln zum Schutz der Arbeiter sowie zur Sicherung einer glatten Durchführung der Fabrikation rechtzeitig zu treffen. Man darf nicht nach Art derjenigen arbeiten, die den Brunnen erst zudecken, nachdem das Kind hineingefallen ist.

Die erste Beschickung der Betriebsapparatur zur Erprobung der Dichtigkeit usw. erfolgt meist mit Wasser und bei Beginn der eigentlichen Fabrikation zuerst mit einer kleineren Charge. Bei eintretenden Störungen, auf die man anfangs immer gefaßt sein muß, verdirbt dann keine zu große Materialmenge. Die Reinheit der zuerst hergestellten Fabrikate läßt meist zu wünschen übrig, da sich alle Apparate am vollkommensten erst während der Fabrikation selbst reinigen. Der Verlauf der Umsetzungen wird genau verfolgt. Die Dauer einer Charge sinkt nach Einarbeitung. In bestimmten Zwischenräumen (zuerst häufiger als später) sind Kontrollproben zu nehmen; es ist zu untersuchen, ob der Gang der Arbeit den Erwartungen entspricht (Muster zum Vergleich aufbewahren). Wird über Nacht stillgelegt, dann disponiere man rechtzeitig über den geeignetsten Zeitpunkt zur Unterbrechung der Arbeit. Der Prozeß soll möglichst so verlaufen, daß diejenigen Phasen, welche besondere Aufmerksamkeit und Beobachtung verlangen, in die Zeit sicherster Kontrolle fallen (also nicht in den Schichtwechsel, die Ruhepausen oder die Nachtschicht). Auch auf die nötige Helligkeit ist Rücksicht zu nehmen. Farbenreaktionen sollten z. B. anfangs nicht ohne weiteres bei künstlichem Lichte ausgeführt werden.

In Betrieben mit Tag- und Nachtschicht ist annähernd der Stand festzulegen, den die Fabrikation bei Schichtwechsel erreicht haben muß (Leistungsübersicht der einzelnen Schichten). Vom Betriebschemiker kann verlangt werden, daß er weiß, in welchem Stadium sich die Fabrikation zu irgendeiner Stunde befindet und befinden muß. Für die völlig kontinuierliche Massenfabrikation der modernen Großindustrie, die mit vielen Hunderten, ja Tausenden von Tonnen Tageserzeugung rechnet, gilt letzteres natürlich nicht. Für sie bedeuten Mengenleistungen und Ausbeuteziffern die wirksamste Endkontrolle. Man scheue nicht die Mühe, die Arbeiter selbst gründlich anzulernen, bis sie ihre Arbeit tadellos ausführen. An den Gebrauch der unvermeidlichen fremdsprachigen Fachausdrücke gewöhne man sie nach und nach, schreibe ihnen die Worte auf und beobachte, ob sie sich das Richtige darunter vorstellen. Solange die Fremdwortverdrehung nur Heiterkeit erregt, ist sie harmlos; aus unverstandenen technischen Begriffen dürfen sich jedoch keinesfalls nachteilige Irrtümer ergeben. Nicht selten neigen junge Chemiker dazu, sich in gewählter Sprache auszudrücken. Im Bestreben, etwas besonders anschaulich darstellen zu wollen, kommen sie zu schriftdeutschen Wortmalereien und unnützen Wortgebilden. Sie mögen daran denken, daß die einfachste Sprachform meist die klarste und verständlichste ist! Mit den üblichsten Meßinstrumenten, wie Thermometern, Pyrometern, Bauméspindeln, Aräometern, Manometern, Orsatapparaten usw., müssen wenigstens die Vorarbeiter vertraut gemacht werden. Oft stellen besondere Betriebslaboranten diese Messungen an. Über die Hauptarbeiten des Betriebes müssen mindestens drei Arbeiter unterrichtet sein, damit sie sich gegenseitig vertreten und ersetzen können (Schichtwechsel).

Rohstoffverbrauch, Ausbeuten, Analysen, Gewicht der Zwischenprodukte usw. werden (stets mit Datum) entweder auf Tafeln notiert oder in Bücher eingeschrieben, die im Betrieb verbleiben (Unterlagen für das vom Chemiker zu führende Betriebsbuch). Aus letzterem muß sich der Gang des Betriebes zahlenmäßig und übersichtlich ergeben. Außer diesen einfachen Betriebsprotokollen empfiehlt sich die Einrichtung weiterer Kontrollbücher (übersichtlich, damit möglichst wenig Zeit verlorengeht). Solche Rapportbücher sind ein gutes Mittel, das Gefühl für die Bedeutung der Kontrolle zu wecken. Sollte man feststellen, daß die Eintragungen nicht der Wirklichkeit entsprechen und nur wertlose Schreiberei darstellen, dann ist mit allem Nachdruck einzuschreiten. Zuverlässigkeit muß man unter allen Umständen zu erreichen suchen. Man erzieht jedoch zur Oberflächlichkeit, wenn man zu viele Bücher führen läßt.

Das Wareneingangsbuch, die Aufzeichnungen aus dem Betriebe, die eigenen Notizen, die Verladezettel und die Lohnbücher bilden die Unterlage für die Betriebsbuchführung. Sie ist um so wichtiger, je hochwertiger das Produkt ist, welches erzeugt werden soll bzw. je größer die Mengen bei Massenfabrikation sind. Sie lehnt sich eng an die kaufmännische Praxis an und bucht auf der „Soll"-Seite die eingebrachten Rohstoffmengen nach Gewicht bzw. Reingehalt und auf der „Haben"-Seite die gemessenen oder (besser) gewogenen Zwischen- sowie Enderzeugnisse nach Analyse; beide Zahlen ergeben die erzielte Ausbeute. Derartige Tagesberichte sollten dekaden-, monats- bzw. vierteljahrsweise und jährlich zusammengezogen werden (Vergleichswerte). Die graphische Aufzeichnung der Ausbeutekurven ist sehr zu empfehlen. Nachfolgendes Beispiel erläutert das Prinzip einer einfachsten technischen Betriebsbuchführung[1]:

Datum	Öfen	Eingebracht				Ausgebracht				Ausbeute an		Arbeiter	
		Steinsalz		Schwefelsäure 60° Bé (1,71)		Salzsäure		Natriumsulfat					
		t ges.	t NaCl	t ges.	t H_2SO_4	t ges.	t HCl	t ges.	entspr. t H_2SO_4	NaCl	H_2SO_4 %	Zahl	Lohn $\mathscr{RM}$
1. Jan. 1929	2	a	a_1	b	b_1	c	c_1	d	d_1	x	y	e	e_1

Die Betriebsbuchführung liefert die zahlenmäßigen Unterlagen für die Selbstkostenberechnung.

Dauernde aufmerksame Überwachung der Apparatur ist äußerst wichtig. Jeder nicht ordnungsmäßige Zustand sollte unver-

---

[1] Vgl. Trillich: Kaufmännische und technische Fabrikbetriebskunde. Leipzig 1920. — Dolch: Chemiker-Ztg. 1920, S. 926 u. 953.

17*

züglich gemeldet werden. Ein guter Arbeiter wird die Apparate stets sauber halten. Leute, die man immer und immer wieder darauf hinweisen muß, zählen nicht zu denjenigen, die man ungern fortgehen sieht. In vernachlässigten, verschmutzten und verrosteten Apparaturen wird schlecht gearbeitet! Bequemlichkeit, um nicht zu sagen Faulheit, und mangelndes Interesse sind die Ursachen solcher Zustände, die einen recht wenig schmeichelhaften Schluß auf die Fabrikleitung zulassen.

Ein gut geführter Betrieb verrät sich auf den ersten Blick. Den Unterschied zwischen der durch Vernachlässigung entstandenen und der durch die Fabrikation bedingten Unsauberkeit sieht ein Fachmann sofort. Unter den chemischen Betrieben sind solche, die an sich nicht zu den reinlichsten gehören; gerade in diesen muß das größte Streben nach Ordnung und Sauberkeit herrschen, um wenigstens einigermaßen erträgliche Zustände zu schaffen. In sauberen Betrieben sind Leckstellen, Verluste durch Überlaufenlassen usw. viel leichter zu bemerken, als in schmutzigen.

In regelmäßigen Zeitabschnitten ist die Apparatur gründlich zu überholen. Materialreste oder Verunreinigungen, die sich an versteckten Stellen anhäufen, können die Güte des Fabrikats herabsetzen, die Reinigung erschweren und die Fabrikation schließlich ins Stocken bringen. Bei solchen Gelegenheiten stellen sich oft auch Mängel der Apparatur in einem Stadium heraus, in dem sie noch sehr leicht zu beheben sind.

Betriebsvergrößerung. Wenn die meist angenehme Notwendigkeit auftritt, die Betriebsleistung zu erhöhen, ergeben sich folgende Möglichkeiten:

1. Abkürzung der Fabrikationsdauer,
2. Vergrößerung der Beschickung,
3. Verlängerung der Arbeitszeit und
4. Vergrößerung der Apparatur.

Die Verkürzung der Fabrikationsdauer kommt oft auf intensiveres Arbeiten hinaus (innerer Widerstand der Arbeiter, da jeder glaubt, nicht mehr leisten zu können, als bisher). Von Einwänden wird man sich nicht beeinflussen lassen, wenn man den Betrieb so kennt, wie man ihn kennen soll. Es gibt oft eine Menge Dinge, die verbessert werden können. So läßt sich z. B. das Bewegen der Rohstoffe und die Beschickung durch andere Einteilung oder durch Verbesserung der Transportmittel und der Füll- bzw. Entleerungsvorrichtungen beschleunigen. Dann ist ferner zu prüfen, ob die Reaktionsdauer, das Anheizen, Abkühlen usw., verkürzt werden kann oder ob sich durch Vermehrung der Arbeiterzahl etwas erreichen läßt.

Die Vergrößerung der Betriebschargen ist durch die Abmessungen der Apparate und die Leistung der Maschinen gegeben. Auch wenn es die Größe der Apparatur an sich zulassen würde, ist die Steigerung der Beschickungsmenge nicht immer möglich, denn häufig hängt der Verlauf und die Zeitdauer einer Reaktion von den Mengenverhältnissen ab. In Einzelfällen läßt sich der Ansatz konzentrierter machen und so eine Erhöhung der Betriebscharge erzielen.

Zuweilen genügt schon die Verlängerung der Arbeitszeit um einige Stunden, um mehr zu erzeugen; nur wenn diese Maßnahme nicht ausreichen sollte, ist die dritte Schicht als Nachtbetrieb einzuführen. Dieser fördert im Kleinbetrieb die Arbeit nur dann, wenn die Nachtzeit nicht schon an sich für Betriebsvorgänge (Absetzen oder Kristallisieren von Laugen, Abkühlung oder Anwärmung großer Massen, Sättigen von Flüssigkeiten mit Gasen) ausgenutzt wird, welche die Anwesenheit von Arbeitern kaum nötig machen. Nachtbetrieb bedingt zugleich Erhöhung des Heizer- und Maschinenpersonals, Anstellung eines Nachtmeisters usw.

Als letztes und für die von vornherein weitgehend mechanisierten und in drei Schichten gefahrenen Großbetriebe überhaupt einziges Mittel bleibt die Vergrößerung der Betriebsapparatur übrig. Bisweilen genügt schon der Ausbau eines Anlageteils, um entsprechend mehr leisten zu können. Bei ausgedehnterer Betriebsvergrößerung spielt die Raumfrage eine wichtige Rolle. War von vornherein an spätere Erweiterungen gedacht, dann werden sich keine besonderen Schwierigkeiten ergeben. Viel unangenehmer und umständlicher liegt die Sache, wenn eine Erweiterung früher nicht berücksichtigt werden konnte. Es müssen dann andere Betriebe verlegt werden, um Platz zu schaffen, oder die ganze Anlage muß in andere Räume übersiedeln oder es sind neue Gebäude zu errichten.

In vielen Betrieben kann es vorkommen, daß die Fabrikation einmal für kürzere oder längere Zeit eingeschränkt oder eingestellt werden muß. In dieser Ruhezeit darf der Betrieb nun keineswegs so bleiben, wie er sich gerade zuletzt befunden hat, sondern er ist auf die Wiederaufnahme der Arbeit vorzubereiten. Zunächst werden in einer solchen rein technisch bisweilen höchst willkommenen Atempause, Rückstände, Fehlfabrikate o. dgl. aufgearbeitet, dann werden größere Reparaturen, Umbauten und Änderungen ausgeführt, die in der Betriebszeit nicht veranlaßt werden konnten (stets vorausgesetzt, daß der Betrieb bestimmt wieder aufgenommen wird). Für die eigentliche Ruhezeit ist die Gangbarerhaltung (gute Schmierung) aller beweglichen Teile, das Verhindern des Rostens (Einölen usw.) und Einstaubens durch Zudecken sowie die Sicherung zerbrechlicher bzw. die Befestigung loser Zubehörteile wichtig. Dampf-, Wasser- und sonstige Leitungen werden abgestellt und, wenn nötig, entleert. Die Verschlußapparate der gefüllt bleibenden Behälter sind ganz besonders gut zu überwachen. Der Stand der Fabrikation (Art und Analyse der Zwischenprodukte usw.) ist so zu vermerken, daß bei Wiederbeginn alle Daten vorliegen.

Unter der Winterkälte haben chemische Fabriken im allgemeinen schon deshalb viel zu leiden, weil Wasser und Dampf bei ihnen eine große Rolle spielen und manche Betriebsteile im Freien aufgestellt sind (Gase, Dämpfe; Gasbehälter usw.). Es ist dringend davon abzuraten, Erweiterungen in Verschlägen unterzubringen, die in der Winterkälte und bei hochsommerlichen Regengüssen stets Ärger bereiten. Um die Wasser- oder Dampfleitungen usw. vor dem Einfrieren zu schützen (Strohseilpackung), sind sie unter Umständen zu entleeren. Damit dies auch wirklich geschieht und nicht (weil umständlich) vergessen wird, sind an den bestimmten Stellen kleine Entwässerungshähne anzubringen. Die Dampfleitungen bleiben am besten ein wenig geöffnet, damit sich kein Kondensat ansammeln kann, das zu Wasserschlägen, Eisbildung, Rohr- und Ventilbrüchen führt.

Vor wahrscheinlichem Eintritt von Frostwetter sind Leuchtgasleitungen von etwaigem Wasser zu befreien und auszublasen (sonst unausbleibliche Schwierigkeiten).

Hinsichtlich Reparaturen der Betriebsapparatur in den Werkstätten muß als Regel gelten, daß alle Stillstand bedingenden, Gefahren in sich schließenden Rohr- oder Wellenbrüche usw. jeder anderen Arbeit vorgehen. Die meisten anderen (sichtbaren!) Schäden nehmen langsamer zu, so daß man rechtzeitig Vorkehrungen treffen kann, um die Reparatur zu möglichst gelegener Zeit und schnell ausführen zu können (Vorbereiten des Baustoffs, der Ersatzstücke usw.). Um einen ausgebauten Teil genau und rasch wieder in die richtige Lage bringen zu können, versieht man ihn mit einem Zeichen, das einem gleichen am Apparate entspricht; es kann anderenfalls leicht geschehen, daß die falsch eingesetzten und schlecht schließenden Teile sofort von neuem repariert werden müssen. Bei dringenden Betriebsreparaturen müssen alle Handwerker zur Stelle sein.

Um Reparaturen bis zum beabsichtigten Stillsetzen aufschieben zu können, behilft man sich vielleicht mit provisorischer Ausbesserung. Um geplatzte Rohre oder gesprungene Gefäße legt man z. B. Schellen o. dgl.; Löcher und Undichtigkeiten werden mit Lehm, Ton-Sirup-Brei oder Kitt verschmiert. Man setzt wohl auch die Beanspruchung herab, begnügt sich mit geringerem Druck, vermeidet starke Erschütterungen oder mäßigt die Spannung durch Lockerung von Schrauben usw.

Viele Reparaturen können auch während des Betriebes unter Beachtung aller Vorsichtsmaßregeln ausgeführt werden (prinzipiell nie direkt an bewegten Teilen). Besonders ist darauf zu achten, daß die Handwerker nicht Kleidungsstücke (Schürzen, aufgeknöpfte oder lange Mäntel usw.) tragen, die sich leicht verfangen können. Der Pantoffel ist auch schon manchem Arbeiter zum Verhängnis geworden. An die Möglichkeit einer Verletzung oder Vergiftung[1] denke man ebenso, wie an die Betriebsgefährdung durch die Art der Ausbesserung (z. B. Entzündung oder Explosion feuergefährlicher Stoffe durch heiße Lötkolben oder starkes Klopfen).

Kommt ein Betrieb zum völligen Stillstand und die Apparatur zum Abbruch, dann sollte dieser schonend bewerkstelligt werden (etwaige spätere Wiederbenutzung). Alle Einzelteile sind getrennt und mit Anhänger oder Aufschrift versehen aufzubewahren. Die Schrauben werden gelöst, in Petroleum getaucht, vielleicht auch wieder eingesetzt und mit der Mutter versehen. Die Armaturen werden nachgesehen, die Hähne unter Umständen nachgeschliffen, die Ventilsitze neu ausgedreht, die

---

[1] Vgl. Chemiker-Ztg. 1929, 157 ff.; Chemische Fabr. 1929, 97 ff.

verrosteten Teile und Leitungsrohre gereinigt und nach Art des Baustoffs geordnet. Größere, im Freien lagernde Apparatekörper werden abgedichtet oder wenigstens so aufgestellt, daß Schnee und Regen nicht eindringen können (als Schutz gegen Rosten mit Leinölfirnis oder gebrauchtem Maschinenöl einreiben und auf Latten oder Hölzer legen).

Vierter Teil.

Einrichtungen zur Verhütung von Unfällen und Betriebsgefahren.

A. Allgemeines über die Einrichtungen zur Sicherung des Betriebes[1].

Die Anzahl der bei der Berufsgenossenschaft der chemischen Industrie zur Anmeldung gelangten Unfälle ist alljährlich sehr groß und kennzeichnet die Bedeutung der zur Verhütung von Unfällen und Gefahren erlassenen Vorschriften.

Die zu treffenden Vorkehrungen, von denen leider gesagt werden muß, daß sie meist so lange unterschätzt werden, bis ein eingetretener Unfall ihren Wert beweist, bestehen in technischen Sicherungsmaßnahmen (gegen Feuer, Explosion, Vergiftung usw.) sowie in Beachtung der Unfallverhütungsvorschriften für Arbeitgeber und -nehmer. Leymann hat in „Chemische Fabr." 1928, S. 704, 22 Betriebsunfälle von Chemikern geschildert, welche beweisen, wie leicht sich manche hätten verhüten lassen[2]. Die Kenntnis des Haftpflichtgesetzes ist wichtig.

Außer den unten wiedergegebenen und erläuterten allgemeinen Vorschriften der Berufsgenossenschaft ergeben sich je nach der Art der Betriebe besondere Maßnahmen, die für eine Reihe von Betriebsgruppen ebenfalls seitens der Berufsgenossenschaft paraphiert wurden, im übrigen aber der Initiative des gewissenhaften und erfahrenen Betriebsleiters überlassen bleiben. Allein durch Erfüllung der behördlichen Vorschriften kann sich ein Leiter, der moralisches Verantwortlichkeitsgefühl besitzt, innerlich nicht entlastet fühlen.

Die Art und Weise, in welcher die Unfallverhütungsvorschriften im Betrieb bekannt zu machen sind, unterliegt behördlicher Vorschrift. Plakate mit langem Text und kleinem Aufdruck bleiben jedoch erfahrungsgemäß tote Buchstaben, weil die Arbeiter diese Bekanntmachungen entweder gar nicht oder nur flüchtig lesen und sie sehr bald vergessen. Entschieden wirksamer sind groß gedruckte Anschläge mit knapp gehaltenem Text, die an den Gefahrstellen angebracht werden. Als noch einprägsamer erweisen sich jedoch die modernen Bildplakate.

---

[1] Hartmann: Sicherheitseinrichtungen in chemischen Betrieben. Leipzig 1911.
[2] Auf die aus Anlaß der Reichsunfallwoche (Ruwo, 24. Februar bis 3. März 1929) erschienenen Aufsätze von Großmann, Chemiker-Ztg. 1929, 157; Chemische Fabr. 1929, 98; Witt, ebenda 97; Eichengrün, Z. angew. Chem. 1929, 214; Reiwald, ebenda 217; Rheinfels, ebenda 220 und Wolff, ebenda 228, sei verwiesen.

Den Arbeitern müssen außerdem die ausführlichen Vorschriften (am besten bei Übergabe der Arbeitsordnung) mit der mündlichen Betonung eingehändigt werden, daß sie wegen ihrer Wichtigkeit aufmerksam durchzulesen sind und daß die Nichtbeachtung unter Umständen strafbar machen kann.

Alle diese Anordnungen genügen noch keineswegs. Jeder Text, der einem tagtäglich vor Augen hängt, wird schließlich übersehen. Man darf ferner nicht glauben, daß sich der Arbeiter abends zu Haus hinsetzt und aus Pflichtgefühl seine Vorschriften hervorholt, um sie sich erneut einzuprägen. Es bleibt also nichts übrig, als bei allen passenden Gelegenheiten an die möglichen Gefahren und die Vorschriften zu erinnern und beständig darauf zu dringen, daß sich alle Unfallverhütungseinrichtungen stets in ordnungsmäßigem Zustande befinden.

Es ist entschieden nützlich, gewisse typische Unglücksfälle des eigenen Betriebes durch Anschläge zu erläutern und dabei die Paragraphen anzuführen, gegen die unter Umständen gefehlt wurde; man weise ferner nachdrücklich auf das hin, was zwecks Verhütung in Zukunft zu geschehen hat, und mahne zur Vorsicht. Diese Art Veröffentlichungen, werden von den Arbeitern meist gelesen und erregen (wie alle Unfälle) teilnehmendes Interesse.

Während in der mechanischen Industrie oft bestimmte äußere Merkmale das Vorhandensein von Gefahren vorher ankünden, zeigen sie sich in der chemischen Industrie leider nicht so deutlich. Oft werden sie durch an sich äußerst geringfügige und unkontrollierbare Ursachen ausgelöst (geringe Temperaturabweichungen, zu rasche Erhitzung, unvollkommene Reinheit der Chemikalien) und können doch zur Folge haben, daß sich die frei werdende Energie ins Ungeheuere steigert und gewaltsam einen Ausweg sucht. Deshalb ist es unmöglich, bestimmt gefaßte, allgemeine Vorschriften zu erlassen. Gewissenhaftigkeit und gründliche Sachkenntnis sind allein imstande, die jeweils besten Vorkehrungen zu treffen.

In Ausführung des § 120a der Gew.-O., wonach die Gewerbeunternehmer verpflichtet sind, „die Arbeitsräume, Betriebsvorrichtungen, Maschinen und Gerätschaften so einzurichten und zu unterhalten, daß die Arbeiter gegen Gefahr für Leben und Gesundheit so weit geschützt sind, wie es die Natur des Betriebes gestattet", sind die Gesetzeskraft besitzenden „**Unfallverhütungsvorschriften der Berufsgenossenschaft der chemischen Industrie**[1]" erlassen worden.

Die Berufsgenossenschaften sind nach § 9 des Unfallversicherungsgesetzes vom 6. Juli 1884 Träger der Unfallversicherung und nach § 78 Abs. 1 des UVG. befugt, Unfallverhütungsvorschriften zu erlassen, um Leben und Gesundheit der Arbeiter durch Maßnahmen gegen Unfälle zu schützen und die Genossenschaft durch Verhütung entschädigungspflichtiger Unfälle finanziell zu entlasten.

---

[1] Genehmigt vom Reichsversicherungsamt am 5. August 1897, 22. Juli 1899 und 16. Mai 1903; Nachträge vom 1. Januar 1912 bzw. 1. Oktober 1914; erschienen in C. Heymanns Verlag, Berlin W 8, und zur Anschaffung dringend empfohlen.

Daß auch dem Betriebsleiter der Inhalt der Unfallverhütungsvorschriften nicht gleichgültig sein darf, geht aus dem § 96 Abs. 1 des UVG. hervor, welcher lautet:

„Diejenigen Betriebsunternehmer, Bevollmächtigten oder Repräsentanten, Betriebs- oder Arbeitsaufseher, gegen welche durch strafgerichtliches Urteil festgestellt worden ist, daß sie den Unfall vorsätzlich oder durch Fahrlässigkeit mit Außerachtlassung derjenigen Aufmerksamkeit, zu der sie vermöge ihres Amtes, Berufes oder Gewerbes besonders verpflichtet sind, herbeigeführt haben, haften für alle Aufwendungen, welche infolge des Unfalles auf Grund dieses Gesetzes oder des Gesetzes betreffend die Krankenversicherung der Arbeiter vom 15. Juli 1883 von den Genossenschaften oder Krankenkassen gemacht sind."

Die hier in erster Linie interessierenden allgemeinen Unfallverhütungsvorschriften zerfallen in solche für Arbeitgeber (und Betriebsleiter) allein sowie in solche für Arbeitgeber und Arbeitnehmer; sie betreffen Betriebsanlage, Kraftmaschinen, Transmissionen, Arbeits- und Werkzeugmaschinen, Hebezeuge, Normalspur-, Schmalspur-, Seil- bzw. Hängebahnen, Geleisanlagen und die Fürsorge für Verletzte. Nachstehend ist eine kurze schematische Aufstellung gegeben.

B. Allgemeine Unfallverhütungsvorschriften der Berufsgenossenschaft der chemischen Industrie.

Vorschriften für

A. Arbeitgeber.	B. Arbeitgeber und Arbeitnehmer.
I. Verschiedenes (Verkehrswege, bauliche Anordnung, Treppen, Leitern, Ventilation, Beleuchtung, Lagerung usw.) §§ 1—21.	I. Allgemeines (Überwachungspflicht, Instandhaltungen, Verbote, Schutzbrillen, Beleuchtung, Befahren von Apparaten, Sackstapel, Transport, Rauchen, Arbeitskleidung usw.) §§ 40—59.
II. Kraftmaschinen (Aufstellung, Schutz der bewegten Teile, Schmier- bzw. Signalvorrichtungen usw.) §§ 22—27.	II. Kraftmaschinen (Betreten des Raumes, Reinigen, Ölen usw.) §§ 60—62.
III. Transmissionen (Schutz, Riemenaufleger usw.) §§ 28—33.	III. Transmissionen (Schmieren, Riemenauflegen, Nähen der Riemen usw.) §§ 63—69.
IV. Arbeits- und Werkzeugmaschinen (Ausrücker, Schutz der bewegten Teile) §§ 34—35.	IV. Arbeits- und Werkzeugmaschinen (Reinigen, Schmieren usw.) §§ 70 bis 71.
V. Hebezeuge § 36.	V. Hebezeuge (Bedienung, Prüfung, Verkehr unter schwebender Last usw.) §§ 72—74.
VI. Normalspur-, Schmalspur-, Seil- und Hängebahnen, Gleisanlagen (Wagen, Warnungstafeln usw.) §§ 37—39.	VI. Normalspur-, Schmalspur-, Seil- und Hängebahnen (Rangieren usw.) §§ 75—76.
	VII. Fürsorge für Verletzte (Hilfsmittel, Verhalten, Meldung) §§ 77—79.

C. Ausführungs- und Strafbestimmungen
§ 1—8 (a und b).

Die außerordentlich klar gefaßten „Allgemeinen Unfallverhütungsvorschriften der Berufsgenossenschaft der chemischen Industrie" sind in der Fassung vom 1. Januar 1912 mit Nachtrag vom 1. Oktober 1914 hierunter wiedergegeben:

A. Vorschriften für Arbeitgeber.
I. Verschiedenes.
Fußböden, Verkehrswege und Arbeitsplätze.

§ 1. Fußböden, Wege und Arbeitsplätze in der Fabrik müssen so beschaffen sein, daß sie einen gefahrlosen Verkehr gestatten.

Treppenanlagen.

§ 2. Feststehende Treppen, auch wenn sie an beiden Seiten von einer Wand begrenzt werden, sind mindestens an einer Seite mit Griffstange oder Handseil auszurüsten, die von jeder Stufe erreichbar sein müssen. Treppenöffnungen sind wie Bühnen (§ 6) oder Luken im Fußboden (§ 7) zu schützen.

Notausgänge.

§ 3. Zur Rettung aus Feuers- und anderen Gefahren müssen genügend Ausgänge, Fenster und Treppen oder Notleitern vorhanden sein. Die Türen müssen nach außen aufschlagen und dürfen nicht verstellt, die Fenster nicht fest vergittert werden. Die Notausgänge sind als solche kenntlich zu machen.

Wandluken.

§ 4. Die Luken der oberen Stockwerke sind mit einer Brustwehr in Höhe von mindestens 1 m zu versehen. Bei abnehmbarer Brustwehr sind zu beiden Seiten eiserne Handgriffe anzubringen. Nach außen aufschlagende Lukenklappen müssen so gesichert sein, daß sie von der Windenlast nicht aus den Angeln gehoben werden können.

Glasdächer und Oberlichtfenster.

§ 5. Über Arbeitsplätzen befindliche Glasdächer und Oberlichtfenster, die der Gefahr der Zertrümmerung durch Werkstücke oder Arbeitsgeräte ausgesetzt sind, müssen, sofern sie nicht aus Drahtglas bestehen, mit Drahtnetzen von nicht über 3 cm Maschenweite unterfangen werden.

Galerien, Bühnen, Übergänge, Laderampen.

§ 6. Galerien, Bühnen und feste Übergänge von mehr als 0,5 m Höhe und solche über Behältern mit heißen und ätzenden Flüssigkeiten sind an den freiliegenden Seiten mit einem festen, das Hindurchfallen von Personen verhindernden Geländer von mindestens 1 m Höhe und mit einer mindestens 5 cm hohen Fußleiste zu versehen.

Ebenso sind alle höher als 1 m liegenden Podeste sowie Mauerwerke von Kesseln, Blasen, Öfen usw., die als Arbeitsplatz dienen oder regelmäßig betreten werden, zu umfriedigen. Bei Dampfkesseln darf jedoch die Umfriedigung nur aus einem einfachen Randgeländer ohne Zwischenstange bestehen.

Sturzbühnen, an denen sich feste Geländer nicht anbringen lassen, müssen zum Schutze gegen das Herabfallen von Personen mit einem Fangrost ausgerüstet werden.

Rampen und Bühnen zum Be- und Entladen von Eisenbahnwagen und Fuhrwerken bedürfen an der Ladeseite keines Geländers, ebenso die Ladestellen am Wasser.

Gerüste und Bühnen für Bau-, Montage- und sonstige vorübergehende Arbeiten sind zu schützen.

Gruben, Kanäle, versenkte Gefäße, Fußbodenöffnungen und sonstige Vertiefungen.

§ 7. Gefahrbringende Gruben, Kanäle, versenkte Gefäße und andere Vertiefungen in den Arbeitsräumen und auf Arbeitsplätzen sind sicher abzudecken oder wie Bühnen mit festem Geländer zu umgeben. Ausgenommen von dieser Bestimmung sind die in besonderen Gruppen angeordneten Gruben in Leimfabriken (Kalkäscher), bei denen nur die in der Nähe von Verkehrswegen liegenden zu sichern sind.

Im Fußboden befindliche Luken müssen umwehrt oder mit Scharnierklappen versehen sein, die sich selbsttätig hinter der Last schließen oder beim Öffnen die Umwehrung ersetzen.

Vertiefungen und Fußbodenöffnungen bei Bauarbeiten sind sinngemäß wie vorstehend zu sichern.

Behälter mit heißen, ätzenden oder giftigen Stoffen.

§ 8. Siedekessel und Behälter mit heißen, ätzenden oder giftigen Stoffen müssen eine Brüstungshöhe von mindestens 90 cm haben oder mit Geländer von gleicher Höhe oder einer sicheren Bedeckung versehen werden.

Leitern, Trittleitern und tragbare Treppen.

§ 9. Leitern, Trittleitern und tragbare Treppen müssen betriebssicher sein und vollzählige Sprossen bzw. Stufen haben.

Bewegliche Leitern und tragbare Treppen sind der Beschaffenheit des Fußbodens und dem oberen Stützpunkt eentsprechend durch geeigneten Beschlag, z. B. Spitzen, Gummifüße, Haken usw., gegen Abgleiten zu sichern. An Stellen wo ihre Verwendung regelmäßig geschieht, sind zur weiteren Sicherung zweckentsprechende Vorrichtungen anzubringen.

Leitern, welche zu Aufmauerungen, Bühnen, Luken usw. führen, müssen die Oberkante der zu besteigenden Stellen um etwa 70 cm überragen, falls oben nicht andere Vorrichtungen zum Festhalten beim Verlassen und Besteigen der Leiter vorhanden sind.

Laufbretter und Karrbohlen.

§ 10. Laufbretter und Karrbohlen müssen mindestens 30 cm breit und so stark oder derart unterstützt sein, daß beim Begehen oder Befahren größere Schwankungen vermieden werden.

Hochliegende Ventile usw.

§ 11. Hochliegende Ventile, Hähne, Stellvorrichtungen usw., die häufig zu bedienen sind, müssen durch Treppen, Bühnen oder gesicherte Leitern in gefahrloser Weise zu erreichen oder von unten durch geeignete Vorrichtungen zu betätigen sein.

Hochliegende Einfüllöffnungen an Apparaten usw.

§ 12. Extraktionsgefäße und sonstige Behälter und Apparate mit hochliegender Einfüllöffnung sind mit festem Aufstieg und zu ihrer Beschickung mit Podest zu versehen.

Verkleidung heißer Rohrleitungen.

§ 13. Im Verkehrsbereich liegende Dampf- und Heißwasserleitungen, die zu Verbrennungen Anlaß geben könnten, sind zu verkleiden.

Sicherung freischwebender Gegengewichte.

§ 14. Die Hubbahn der an Ketten, Seilen oder Stangen aufgehängten Gegengewichte von Rauchschiebern, Feuerungsverschlüssen usw. ist im Verkehrsbereich zu umwehren oder in geeigneter anderer Weise zu sichern.

Hochstehende Gefäße für heiße oder ätzende Flüssigkeiten.

§ 15. Über Arbeitsplätzen und Verkehrsstellen befindliche Gefäße, deren heißer oder ätzender Inhalt zum Überfließen neigt, sind mit Überlaufrinne zu versehen, oder der Fußboden bzw. das die Gefäße umgebende Podium muß so beschaffen sein, daß die überlaufende Flüssigkeit den unter den Gefäßen verkehrenden Personen nicht gefährlich werden kann.

Abführung der Gase und Dämpfe aus Apparaten und Behältern.

§ 16. Apparate und Gefäße, in denen sich Gase, Dämpfe oder staubförmige Körper entwickeln, mit deren Austritt in die Arbeitsräume Gefahren oder erhebliche Belästigungen verbunden sind, müssen dicht abgeschlossen oder mit einer Vorrichtung versehen sein, durch welche Gase, Dämpfe oder Staub abgeführt werden.

Diese Vorrichtungen müssen auch beim Öffnen der Mannlöcher oder Deckel während des Prozesses wirksam sein.

Ventilation der Räume.

§ 17. Räume, in welchen sich Einrichtungen, wie Röstöfen, Generatorfeuerungen, Pfannen usw., befinden, bei denen das Entweichen gesundheitsschädlicher oder leicht entzündlicher Gase, Dämpfe oder staubförmiger Körper nicht hinreichend verhindert werden kann, sowie Arbeitsräume mit hoher Temperatur sind mit wirksamer Ventilation zu versehen.

Räume mit Explosionsgefahr.

§ 18. Räume, in welchen leicht entzündliche, bereits bei gewöhnlicher Lufttemperatur flüchtige Stoffe, wie Benzin, Äther, Schwefelkohlenstoff usw., in Mengen von 15 kg und mehr lagern oder bei Verwendung solcher und anderer Stoffe die Ansammlung oder Entwicklung brennbarer oder explosiver Gase, Dämpfe oder staubförmiger Materialien in gefahrdrohender Weise eintreten kann, sind von außen mit Anschlag zu versehen: „Feuergefährlich! Rauchen, Benutzung von offenem Licht und Feuerzeug verboten!" In diesen Räumen dürfen sich keine Feuerquellen befinden, auch ist die Aufstellung von Elektromotoren, Dynamomaschinen oder Verbrennungsmotoren und die Anbringung von Funken gebenden elektrischen Armaturen in denselben unstatthaft. Die Fußböden dieser Räume müssen undurchlässig sein.

Die künstliche Beleuchtung muß durch Glühlampen mit Überglocken oder von außen durch Lampen geschehen, die durch starke, dicht abschließende Glasscheiben gegen den Raum abgeschlossen sind.

In solchen Räumen ist nur Dampf- oder Wasserheizung zulässig.

Vorstehende Bestimmungen erstrecken sich auch auf solche benachbarte Räume, welche mit den vorgenannten dauernd oder zeitweise, z. B. durch Türen, Fenster, Riemenöffnungen, Kanäle usw., in Verbindung stehen oder mit ihnen in Verbindung gebracht werden können.

Die Ausbreitung etwa auslaufender Flüssigkeiten obiger Art über den Hof oder über Nebenräume ist in geeigneter Weise, z. B. durch Neigung des Fußbodens und Sammelgruben, zu verhindern. Abwässerläufe dürfen zur Abführung brennbarer Flüssigkeiten nicht benutzt werden. Letztere sind im Raum festzuhalten oder durch dichte Leitungen abzuführen. Sammelgruben dürfen nicht durch Kanäle mit anderen Räumen in Verbindung stehen.

Die Flüssigkeitsbehälter dürfen nur so weit verschlossen sein, daß bei ihrer Erwärmung, insbesondere bei Bränden, die entstehenden Dämpfe ohne erhebliche Drucksteigerung Abzug haben.

Flüssigkeitsstandrohre sind gegen äußere Beschädigung zu schützen.

Die Verwendung offener oder lose bedeckter Scheidegefäße ist verboten.

Ins Freie führende Abtreibrohre müssen so ausmünden, daß eine Entzündung der austretenden Dämpfe nicht stattfinden kann.

Türen und Fenster des Erdgeschosses dürfen sich nicht in der Nähe ungeschützter Feuerstellen befinden. Notausgänge, insbesondere auch für obere Stockwerke, Bühnen und Podeste, müssen ein schnelles Verlassen der Räume ermöglichen (vgl. § 3).

Lagerung leichtentzündlicher Flüssigkeiten.

§ 19. Für große Mengen leichtentzündlicher Flüssigkeiten, soweit sie nicht zum geregelten Fortgang der Fabrikation in den Betriebsstätten vorrätig gehalten werden müssen, sind besondere Lager zu errichten. Neue Lager müssen so angelegt werden, daß der Inhalt der Gefäße sich beim Auslaufen nicht auf dem umliegenden Gelände verbreiten kann. Oberirdisch angelegte Lager sind zu diesem Zwecke mit einem Damm zu umgeben, der keinerlei Durchlaß haben darf. Bei der Lagerung in Gebäuden sind diese feuersicher so herzustellen, daß die Übertragung eines Brandes von außen möglichst verhindert wird.

Anderen Zwecken dienende Gebäude dürfen in der Nähe des Lagers nur errichtet werden, wenn ihr Abstand mindestens 20 m beträgt; ebenso dürfen neue Lager nicht in geringerer Entfernung von vorhandenen Gebäuden angelegt werden.

Kessel für leicht entzündliche Stoffe.

§ 20. Bei Kesseln mit direkter Feuerung für die Verarbeitung leicht entzündlicher Stoffe müssen Einrichtungen vorhanden sein, welche verhindern, daß der Inhalt beim Überkochen in die Feuerung laufen kann oder daß die Dämpfe sich entzünden können.

Schutz gegen die Entzündung elektrisch erregbarer Flüssigkeiten.

§ 21. Zur Verhütung von Bränden beim Umfüllen und Verarbeiten elektrisch erregbarer Flüssigkeiten, wie Äther, Schwefelkohlenstoff, Aceton, Benzin, sind Maschinen, Apparate, Standgefäße, Rohrleitungen, Heber und Trichter aus Metall herzustellen und, wo irgend angängig, zu erden. Die beim Füllen der Transportgefäße benutzten Unterlagen müssen gleichfalls leitend geerdet sein.

Bei Anlagen, in denen sich die vorstehenden Sicherheitsmaßnahmen nicht im vollen Umfange ausführen lassen, müssen wenigstens Trichter oder Heber aus Metall bestehen und geerdet sein.

Bei der Behandlung kleiner Mengen im Laboratorium ist die Verwendung nicht metallener Trichter und Heber zulässig.

Beim Füllen in Glasballons sind eiserne Trichter zu vermeiden, oder sie müssen zur Verhinderung der Funkenbildung beim Einsetzen in den Flaschenhals außen mit Kupfer oder einem anderen weichen Metall verkleidet und geerdet sein.

II. Kraftmaschinen.

Aufstellung der Kraftmaschinen.

§ 22. Kraftmaschinen sind durch Aufstellung in besonderen Räumen, durch zweckentsprechende Umwehrung oder durch ihre Anordnung dem allgemeinen Verkehrsbereich zu entziehen.

Schutz der bewegten Teile.

§ 23. Alle im Verkehrsbereich des Wärters frei liegenden bewegten Teile einer Kraftmaschine, wie Schwungräder, Riemenscheiben, Riemen und Seile, Zahnräder, Regulatorkugeln, Lenkstange, Kurbel, Kreuzkopf und die hervorspringenden Nasenkeile oder Schrauben an der Haupt- und Steuerungswelle, sind zweckentsprechend zu schützen.

Schwungräder, Seil- und Riemenscheiben sind entweder sicher zu umwehren oder können bei Maschinen unter 1,2 m Schwungraddurchmesser mit glatter Deckscheibe über den Radarmen versehen werden. Die Umwehrung kann, wenn ihr Abstand von den Armen des Schwungrades mehr als 0,5 m beträgt, aus einem Geländer mit Zwischenstange bestehen, welches mindestens 1 m hoch und vor der Schwungradgrube mit einer Fußleiste von mindestens 5 cm Höhe versehen sein muß. Bei geringerem Abstand ist die Umwehrung vollwandig oder als Gitter auszuführen. Letzteres muß das Hindurchgreifen verhindern und bis zur Oberkante des Schwungrades reichen, bzw. bei Scheiben oder Rädern über 1,8 m Durchmesser mindestens diese Höhe haben. Hochliegende Schwungräder und Scheiben sind, soweit sie im Verkehrsbereich noch unterhalb 1,8 m laufen, bis zu dieser Höhe zu schützen.

Andreh- und Abstellvorrichtungen.

§ 24. Dampfmaschinen, die zur Inbetriebsetzung angedreht werden müssen, und alle Verbrennungsmotoren über 2 PS sind mit einer Andrehvorrichtung zu versehen. Diese Vorrichtung muß Sicherheit gegen Rückstoß gewähren.

Dampfmaschinen unterliegen dieser Vorschrift nicht, wenn das Andrehen vom Wärter allein gefahrlos geschehen kann.

Gegen das selbsttätige Ingangsetzen der Kraftmaschinen, insbesondere der Wasserräder, sind geeignete Sicherheitsmaßnahmen zu treffen.

Schutz gegen das Durchgehen von Dampfmaschinen.

§ 25. Dampfmaschinen mit Schwungrädern, deren Regulator nicht zwangläufig angetrieben wird, sind gegen Durchgehen beim Reißen, Abfallen oder Gleiten des Regulatorriemens durch geeignete Vorkehrungen zu sichern.

Dampfmaschinen, mit Ausnahme von langsam laufenden Dampfpumpen und Dampfkompressoren, dürfen nicht längere Zeit ohne Beaufsichtigung in Betrieb gelassen werden.

Schmiervorrichtungen.

§ 26. Die Schmiervorrichtungen an Kraftmaschinen sind derart einzurichten, daß ihre Bedienung gefahrlos erfolgen kann.

Signalvorrichtungen.

§ 27. Zur Verkündung des Anlassens und Abstellens der Betriebsmaschine muß eine in den zugehörigen Räumen mit Transmissionsbetrieb hörbare Signalvorrichtung vorhanden sein.

Auch ist eine Signalvorrichtung von den Arbeitsräumen nach den Maschinenräumen erforderlich, soweit nicht besondere Ausrückvorrichtungen für die Transmission des einzelnen Raumes vorhanden sind.

III. Transmissionen.

Schutz der im Verkehrsbereich laufenden Teile.

§ 28. Alle Transmissionen und Transmissionsteile (Wellen, Riemenscheiben, Zahnräder, Riemen usw.), welche bis zu einer Höhe von 1,8 m über dem Fußboden der Verkehrs- und Arbeitsstelle laufen, sind gegen unabsichtliche Berührung zu schützen. Von dieser Bestimmung kann Abstand genommen werden bei Riemen bis 5 cm Breite, deren Geschwindigkeit weniger als 0,5 m in der Sekunde beträgt, und bei den Riemen auf Stufenscheiben zum Antriebe von Werkzeugmaschinen.

Eine summarische Umwehrung von Transmissionsteilen ist nur zulässig, wo der Raum innerhalb der Umwehrung während des Betriebes weder zum Schmieren noch zum Auflegen von Riemen oder aus sonstigen Gründen betreten zu werden braucht. Die innerhalb solcher umwehrten Transmissionsabteilungen zum Durchlaß von Riemen vorhandenen Fußbodenöffnungen sind mit Fußleisten von nicht unter 25 cm Höhe zu umgeben.

Schmierstellen müssen bedienbar sein, ohne daß der Schutz entfernt zu werden braucht. Wo irgend angängig, sind die Lager mit Selbstölern zu versehen. Umwehrungen, deren zeitweise Entfernung, z. B. beim Auf- und Ablegen von Riemen, sich nicht vermeiden läßt, sind so einzurichten, daß sie sich leicht abnehmen und wieder zusammenstellen lassen.

Schutz hochliegender Teile.

§ 29. Zahnräder sowie die Radarme und Einlaufstellen von Riemenscheiben und Seilscheiben, die höher als 1,8 m über dem Fußboden der Verkehrsstelle liegen, sind ebenfalls zu schützen, wenn in deren Nähe während des Ganges Schmierstellen zu bedienen oder andere Arbeiten regelmäßig auszuführen sind.

Einrichtung zum Stillsetzen der Transmission.

§ 30. Für alle Räume mit Transmissionsbetrieb sind Vorrichtungen oder Anordnungen zu treffen, die ein rasches Stillsetzen der Transmission ermöglichen.

Ausrückvorrichtungen müssen so eingerichtet sein, daß eine selbsttätige Inbetriebsetzung ausgeschlossen ist.

Zum Verschieben der Riemen zwischen Los- und Festscheibe sind mechanische Vorrichtungen anzubringen.

Riemenschutz über Verkehrsstellen.

§ 31. Riemen, welche mit einer Geschwindigkeit von mehr als 10 m in der Sekunde laufen, und alle Riemen von mehr als 180 mm Breite müssen über Verkehrs- und Arbeitsplätzen unterfangen werden. Dasselbe gilt sinngemäß für Seil- und Kettenbetriebe. Die Fangvorrichtung muß so ausgeführt sein, daß sie von dem abgeschlagenen Riemen oder Seil nicht mitgerissen werden kann.

Riementräger und Riemenaufleger.

§ 32. Für abgeworfene Riemen, Seile oder Ketten sind neben den Scheiben Haken oder Riementräger so anzubringen, daß ein Schleifen auf der Welle oder eine Berührung mit bewegten Teilen der Wellenleitung vermieden wird.

Für Riemen, die sich nur während des Ganges auflegen lassen, müssen, wenn dies nicht mittels einfacher Riemenaufleger geschehen kann, mechanische Vorrichtungen zum Auf- und Ablegen vorhanden sein.

Nasenkeile, Kupplungsschrauben usw.

§ 33. Vorspringende, nicht an sich geschützt liegende Teile an Wellenleitungen, wie Nasenkeile, Stellringschrauben, Schellen, Kupplungsschrauben, unrunde Kupplungen usw., sind, auch wenn die Transmission höher als 1,8 m liegt, durch glatte Umhüllungen zu verkleiden. Das Umwickeln mit Putzwolle, Pappe und anderen ähnlichen weichen Stoffen ist unzulässig.

IV. Arbeits- und Werkzeugmaschinen.

Außer den hierfür erlassenen „Besonderen Vorschriften" gelten die nachstehenden allgemeinen Bestimmungen:

Ausrückvorrichtungen.

§ 34. Jede von einer Wellenleitung aus angetriebene Arbeits- oder Werkzeugmaschine muß eine zuverlässige Ausrückvorrichtung haben, die vom Stand des Arbeiters aus bequem gehandhabt werden kann. Ausnahmen hiervon sind zulässig, wo mehrere Maschinen, die eine ineinandergreifende Arbeit verrichten, durch gemeinschaftlichen Antrieb zu einer Gruppe vereinigt sind, in der sie stets nur gleichzeitig arbeiten. Für solche Gruppe genügt eine gemeinschaftliche Ausrückvorrichtung.

Maschinen mit besonders hoher Gefahr, wie Walzwerke, bei denen das Material direkt mit den Händen an der gefährlichen Stelle zugeführt werden muß und sich die Gefahr durch Schutzvorrichtungen nicht vollständig beseitigen läßt, sind mit leicht erreichbarer Momentausrückung oder Bremsvorrichtung zu versehen.

Schutz der bewegten Teile.

§ 35. An allen Arbeits- und Werkzeugmaschinen, auch an solchen mit Hand- oder Fußbetrieb, sind die freiliegenden Zahnräder, Friktionsscheiben und Schneckenräder derart mit Schutzvorrichtungen zu versehen, daß weder die an den Maschinen beschäftigten Arbeiter noch Vorübergehende durch diese Teile verletzt werden können.

In gleicher Weise müssen alle anderen bewegten Teile, soweit ihr Verwendungszweck es zuläßt, geschützt werden.

Für Schwungräder, Riemenscheiben, Riemen usw. gelten sinngemäß die Bestimmungen für Kraftmaschinen und Transmissionen.

Einfüll- und Entleerungsöffnungen an Maschinen, bei deren Bedienung die Hände durch Schnecken, Walzen, Rührflügel o. dgl. gefährdet werden, sind durch Schutztrichter, Schutzroste, zwangläufige Verschlußdeckel usw. so zu sichern, daß die gefährlichen Stellen während des Ganges nicht berührt werden können.

V. Hebezeuge.

§ 36. Winden, kleine Aufzüge, die nicht unter die Bestimmungen für Fahrstühle fallen, Kräne und Flaschenzüge unterliegen den Vorschriften für Arbeits- und Werkzeugmaschinen, außerdem gelten für diese Hebezeuge die nachstehenden besonderen Bestimmungen:

An sämtlichen Hebezeugen ist die zulässige Tragfähigkeit in deutlich sichtbarer Weise anzubringen.

Hebezeuge, die nicht selbsthemmend wirken, sind mit einer Sperrvorrichtung zu versehen.

Winden, bei denen das Herablassen der Last nur durch deren Gewicht erfolgt, müssen eine zuverlässige Bremsvorrichtung haben.

Sind keine Sicherheitskurbeln vorhanden, so ist das Herumschleudern der Kurbeln in anderer Weise zu verhindern. Verschiebbare Kurbelwellen sind mit Vorrichtung zur Sicherung in ihrer Lage zu versehen, abnehmbare Kurbeln gegen Abfliegen zu sichern.

VI. Normalspur-, Schmalspur-, Seil- und Hängebahnen.
Gleisanlagen.

§ 37. Für Normalspurbahnen[1] sind die Bestimmungen der zuständigen Eisenbahnverwaltung maßgebend.

Die Gleise von Schmalspurbahnen auf Verkehrswegen und Arbeitsplätzen müssen so liegen, daß neben den beladenen Wagen wenigstens an einer Seite Raum zum Ausweichen vorhanden ist. Dieser Raum darf nicht unter 0,5 m betragen und ist von Verkehrshindernissen frei zu halten.

Drehscheiben und Schiebebühnen sind mit Vorrichtungen zum Feststellen zu versehen, bei denen vorspringende Teile, die zum Stolpern Anlaß geben können, vermieden werden müssen. Drehscheiben für Normalspurbahnen innerhalb des Fabrikgebietes sind ganz abzudecken oder zu umwehren.

Schiebebühnen und Drehscheiben müssen so eingerichtet sein, daß Fußklemmungen zwischen den Schienenstößen ausgeschlossen sind.

Wo Hauptverkehrswege die Gleise kreuzen, sind die Schienen zu versenken, oder der Übergang ist in anderer Weise gegen die Gefahr des Stolperns zu sichern.

An Kurven, welche nicht von allen Seiten vollständig übersehen werden können, sind Warnungstafeln anzubringen.

Schranken und Torwegtüren für Bahngleise sind gegen unbeabsichtigtes Zuschlagen zu sichern.

Wagen der Schmalspurbahnen.

§ 38. Kippwagen müssen von solcher Beschaffenheit sein, daß sie bei normaler Beladung nicht von selbst kippen und beim Kippen Quetschungen zwischen Gestell und Kippmulde ausgeschlossen sind.

Bremswagen und Wagen, auf denen der Führer mitfährt, müssen dem Mitfahrenden einen sicheren Stand gewähren.

Hängebahnen.

§ 39. Verkehrswege und Arbeitsplätze auf dem Fabrikgelände unter Seil- und Hängebahnen müssen gegen herabfallende Stücke und gegen Gefahren durch Seilbruch geschützt werden. An den Kurven sind, soweit erforderlich, Sicherungen gegen das Entgleisen der Wagen vorzusehen.

Bei Hängebahnen, deren Laufkatze mit Aufzugsvorrichtung versehen ist, ist die Aufzugsstelle, soweit sie an derselben Stelle bleibt und dauernd die gleiche ist, zu umwehren. Wenn derartige Bahnen über Verkehrs- und Arbeitsstellen hinwegfahren, so sind sie mit Sicherheitsvorkehrungen auszurüsten, die im Falle eines Bruches der Seile oder Ketten die Transportwagen auffangen.

---

[1] Die deutsche Normalspurweite ist 1,435 m oder 4 Fuß 8,5 Zoll (engl.).

An jeder Aufzugsstelle sind Tafeln anzubringen mit der Aufschrift: „Vorsicht, Aufzug! Zulässige Belastung ... kg. Personenbeförderung verboten."

Bei Hängebahnen, deren Wagen durch Personen fortbewegt werden, sind die in Kopfhöhe liegenden Weichenspitzen in geeigneter Weise zu schützen.

Soweit elektrische, ungeschützte Fahrleitungen sich im Verkehrsbereich befinden, ist durch Schilder auf die Gefahr beim Berühren der Leitungen aufmerksam zu machen.

B. Vorschriften für Arbeitgeber und Arbeitnehmer.

I. Allgemeines.

Überwachungspflicht der Unternehmer.

§ 40. Der Unternehmer oder dessen Stellvertreter hat die Ausführung der auf den Betrieb bezüglichen Unfallverhütungsvorschriften zu überwachen und für die Beschaffung sowie Instandhaltung der Schutzvorrichtungen Sorge zu tragen oder geeignete Personen mit diesen Obliegenheiten zu betrauen.

Instandhaltung der Geräte und Einrichtungen.

§ 41. Alle im Gebrauch befindlichen Geräte, Leitern, Apparate, Maschinen, Fahrzeuge und Einrichtungen sind in betriebssicherem Zustande zu erhalten. Jeder Arbeiter ist verpflichtet, die von ihm wahrgenommenen Beschädigungen oder sonstigen auffallenden Erscheinungen, mit denen eine Gefahr verbunden sein könnte, seinem Vorgesetzten rechtzeitig zu melden oder, soweit er dazu befugt und in der Lage ist, die Mängel selbst zu beseitigen.

Unsichere Geräte, Gerüste usw., insbesondere unsichere Leitern, dürfen nicht verwendet werden.

Verbotene Arbeiten bei vorhandenen körperlichen Gebrechen.

§ 42. Personen, welche an Ohnmachtsanfällen, Fallsucht, Krämpfen, Schwindel, Schwerhörigkeit, Kurzsichtigkeit, Bruchschäden oder anderen nicht in die Augen fallenden körperlichen Schwächen oder Gebrechen in dem Maße leiden, daß sie dadurch bei gewissen Arbeiten einer außergewöhnlichen Gefahr ausgesetzt sein würden, dürfen mit solchen Arbeiten nicht beauftragt werden, sobald der Auftraggeber von dem Leiden Kenntnis erhalten hat.

Die Arbeitnehmer sind verpflichtet, falls sie einen derartigen Auftrag erhalten sollten, ihrem Vorgesetzten entsprechende Mitteilung zu machen.

Besonders gefährliche Arbeiten.

§ 43. Besonders gefährliche Arbeiten dürfen nur solchen Personen übertragen werden, von denen nach erfolgter Belehrung und Prüfung feststeht, daß sie die damit verbundene Gefahr und die erforderlichen Schutzmaßnahmen genau kennen und von denen angenommen werden kann, daß sie die Arbeiten mit der erforderlichen Vorsicht ausführen. Jeder Arbeiter hat die Pflicht, diejenigen Personen, welche ihm zur Hilfe oder Unterweisung beigegeben sind, auf die mit ihrer Beschäftigung verbundenen Gefahren aufmerksam zu machen und darauf zu achten, daß die gegebenen Verhaltungsvorschriften von den ihm unterstellten Personen befolgt werden.

Aufbewahrung feuergefährlicher Stoffe und Abfälle.

§ 44. Die Aufbewahrung feuergefährlicher und explosiver Stoffe ist nur an den dafür bestimmten Lagerstellen gestattet. In Arbeitsräumen dürfen sich nur die durch die Fabrikation bedingten Mengen befinden.

Feuergefährliche Abfälle sind möglichst schnell zu beseitigen.

Mit Öl durchtränkte alte Putzwolle oder Putzlappen, die leicht zur Selbstentzündung neigen, dürfen innerhalb der Arbeitsräume nur in feuersicheren Behältern aufbewahrt werden.

Schutzbrillen.

§ 45. Bei allen Arbeiten, die ihrer Natur nach zu Augenverletzungen leicht Veranlassung geben können, sind den damit beschäftigten Personen geeignete

Schutzmittel (Brillen, Masken, Schutzschirme) zur Verfügung zu stellen, auf deren Benutzung zu halten ist.

Die Arbeiter sind verpflichtet, sich dieser Schutzmittel in obigen Fällen zu bedienen, insbesondere da, wo mit dem Verspritzen von Säure, Lauge oder anderen ätzenden Stoffen gerechnet werden muß, beim Mühlsteinschärfen, Kiesklopfen, bei der Bearbeitung harter und spröder Arbeitsstücke sowie beim Abfüllen von Getränken auf Glasflaschen unter Druck.

Ausgießen und Umfüllen von Säuren und Laugen.

§ 46. Zum Ausgießen von Säuren und ätzenden Laugen aus Ballons, Fässern u. dgl. müssen Vorrichtungen (Kipper usw.) verwendet werden, die ein gleichmäßiges Ausgießen des Inhalts gestatten und das Verspritzen möglichst verhindern.

Das Hebern darf nicht mit dem Munde geschehen.

Betreten explosionsgefährlicher Räume.

§ 47. Das Betreten explosionsgefährlicher Räume (§ 18) mit offenem Licht oder Laternen sowie auch die Benutzung von Feuerzeug in denselben ist verboten.

Als bewegliche Beleuchtungskörper sind für solche Räume nur geschützte elektrische oder andere als zuverlässig bekannte Sicherheitslampen, wie z. B. die Davyschen, zu benutzen. Bei Kabellampen müssen die isolierten Drähte noch durch eine haltbare Umhüllung gesichert sein.

Dieselben Vorschriftsmaßregeln sind zu beobachten bei Destillierblasen, Apparaten, Gefäßen, Gruben und Kanälen, in denen sich entzündliche Gase befinden könnten, insbesondere auch beim Hineinleuchten in eiserne Transportgefäße.

Betreten feuergefährlicher Räume mit Licht.

§ 48. Räume mit feuergefährlichen Stoffen ohne Staub- und Gasentwicklung dürfen, außer mit elektrischen oder Sicherheitslampen, nur mit gut abgeschlossenen Laternen betreten werden.

Vorsicht beim Einsteigen in Apparate, Behälter, Gruben usw.

§ 49. Das Befahren von Destillationsblasen, Tanks, Gruben, Kanälen, Transportwagen, überhaupt allen von der Luftzirkulation abgeschlossenen Behältern und Räumen, in welchen sich giftige, betäubende und nichtatembare Gase und Dämpfe entwickeln oder ansammeln können, darf nur unter Beobachtung der größten Sicherheitsmaßnahmen und nur auf besondere Anweisung des Betriebsführers geschehen (vgl. Unfallverhütungsvorschriften zum Schutz gegen gefährliche Gase und Dämpfe).

An solchen Blasen, Apparaten usw. oder in deren Nähe müssen Schilder angebracht werden, durch welche in augenfälliger Schrift das Einsteigen ohne besondere Anweisung des die Aufsicht führenden Vorgesetzten verboten wird.

Gesundheitsschädliche Gase, Dämpfe und Staubarten.

§ 50. Wo bei chemischen Prozessen und Arbeiten mit dem Auftreten gesundheitsschädlicher Gasarten gerechnet werden muß, sind die besonderen Unfallverhütungsvorschriften für gefährliche Gase und Dämpfe zu beachten.

Bei Arbeiten mit Staubentwicklung müssen den Arbeitern geeignete Respiratoren zur Verfügung gestellt werden, auf deren Benutzung zu halten ist.

Befahren von Behältern mit Rührwerken oder Dampf- und Säureleitungen.

§ 51. Das Einsteigen in Bottiche, Apparate und Behälter, die sich entweder selbst drehen oder mit Rührwerken für Kraftbetrieb versehen sind, darf nur geschehen, nachdem ausreichende Sicherheitsvorkehrungen zur Verhinderung einer selbsttätigen oder durch Mitarbeiter herbeigeführten Inbetriebsetzung getroffen sind (Abwerfen der Riemen, Verschließen, Festbinden oder Abstützen der Ausrücker u. dgl.).

Kessel und andere Behälter, in welche Dampf, heiße oder ätzende Flüssigkeiten eintreten könnten, dürfen erst befahren werden, nachdem durch Blindflanschen oder durch die Unterbrechung der betreffenden Zuleitungen die Gefahr beseitigt und der Behälter abgekühlt ist.

Abbau von Bergen zusammenhängender Materialmassen.

§ 52. Der Abbau von Materialien, welche leicht zusammenbacken und an der Oberfläche erhärten, darf bei mehr als 2 m Höhe nur in einem das Nachstürzen verhindernden Böschungswinkel oder stufenweise geschehen. Die Stufen dürfen die Höhe von 2 m nicht übersteigen und müssen einen sicheren Stand für die Arbeiter gewähren.

Das Unterhöhlen der Massen ist verboten. Unterhalb der Arbeitsstellen im Bereich der abfallenden Stücke darf nicht gleichzeitig gearbeitet werden.

Sackstapel.

§ 53. Sackstapel müssen an den Ecken in der äußeren Lage im Kreuz- bzw. Mauerverband aufgeführt werden.

Das Abtragen der Säcke muß absatzweise und in Stufen von nicht über 4 Sack Höhe erfolgen. In keinem Falle darf der Verband durch Herausziehen der Säcke gestört werden.

Stapel dürfen nicht so nahe an frei laufende Wellen oder sonstige bewegte Transmissions- oder Maschinenteile heranreichen, daß dadurch beim Aufstapeln oder Abtragen Personen gefährdet werden.

Transport mittels Schrotleitern und Ladebäumen.

§ 54. Das Gehen zwischen Schrotleitern und Ladebäumen beim Auf- und Abladen ist verboten.

Das Auf- und Abladen großer, schwerer Fässer mittels Schrotleitern oder Ladebäumen darf, wenn nicht andere ausreichende Sicherheitsvorrichtungen vorhanden sind, nur unter Benutzung von Seilen oder Ketten geschehen.

In gleicher Weise ist beim Transport über Treppen zu verfahren.

Schrotleitern sind in geeigneter Weise gegen Abrutschen von ihrem Auflager, Ladebäume gegen seitliches Ausweichen zu sichern.

Beseitigung von Schutzvorrichtungen.

§ 55. Der Mißbrauch, die eigenmächtige Beseitigung, absichtliche Beschädigung und Nichtbenutzung der vorhandenen Sicherheitsvorrichtungen und vorgeschriebenen Schutzmittel ist strafbar.

Schutzvorrichtungen, die aus Betriebsrücksichten für bestimmte Zwecke entfernt worden sind, müssen, nachdem dieser Zweck erreicht ist, sofort wieder angebracht werden.

Wirkungskreis.

§ 56. Jeder Arbeiter hat den ihm zugewiesenen Wirkungskreis innezuhalten und darf sich nicht eigenmächtig an anderen Maschinen, Apparaten oder Einrichtungen zu schaffen machen.

Das Betreten abgesperrter Räume ist Unbefugten strengstens verboten.

Freihalten der Verkehrswege und Gebäudeausgänge.

§ 57. Verkehrswege und Ausgänge dürfen durch Anhäufung von Material nicht versperrt werden.

Rauchen.

§ 58. Das Rauchen in feuergefährlichen Betriebsräumen und auf feuergefährlichen Arbeits- oder Lagerplätzen ist verboten.

Bekleidung.

§ 59. Die mit der Wartung und Bedienung von Motoren und Transmissionen beschäftigten Arbeiter müssen enganschließende Kleidung tragen.

Den in der Nähe bewegter Maschinenteile und Transmissionen tätigen Personen ist das Tragen lose herabhängender Haare oder Zöpfe, frei hängender Kleiderteile, Schleifen, Bänder, Halstuchzipfel u. dgl. verboten.

Das Ab- und Anlegen sowie das Aufbewahren von Kleidungsstücken in unmittelbarer Nähe bewegter Triebwerke ist nicht gestattet.

Bei feuergefährlichen Arbeiten dürfen leichtentflammbare Kleidungsstücke nicht getragen werden, oder sie sind durch Schürzen oder andere zweckmäßige Bekleidung zu schützen.

II. Kraftmaschinen.

Betreten des Maschinenraumes.

§ 60. Wo für Kraftmaschinen besondere Räume vorhanden sind, ist Unbefugten deren Betreten verboten.

Anlassen und Stillsetzen der Maschine.

§ 61. Beim Andrehen der Dampfmaschine von Hand zur Überwindung des toten Punktes darf die Dampfkraft nicht zu Hilfe genommen werden; die Zylinderhähne sind dabei zu öffnen.

Vor dem jedesmaligen Anlassen der Betriebsmaschine muß das vorgeschriebene Zeichen gegeben werden.

Erfolgt von einem Raum aus das Signal zum Abstellen der Kraftmaschine, so hat der Wärter ihm unverzüglich Folge zu leisten. Das Wiederanstellen der Maschine darf erst nach weiterer Verständigung erfolgen.

Reinigen, Putzen, Ölen usw.

§ 62. Das Reinigen und Putzen der bewegten Teile von Kraftmaschinen sowie das Nachziehen von Schrauben und Keilen an ersteren oder in ihrer unmittelbaren Nähe darf nur während des Stillstandes der Maschine geschehen.

Das Ölen und Schmieren einzelner in Bewegung befindlicher Teile und das Befühlen derselben ist auf das allernotwendigste Maß zu beschränken.

III. Transmissionen.

Bestimmte Personen zur Bedienung der Transmissionen.

§ 63. Die Bedienung der Transmissionen, wozu das Schmieren der Lager, das Reinigen und Putzen der Wellenleitung, das Auflegen und Abnehmen der Riemen und Seile sowie die Reparaturen zu rechnen sind, ist bestimmten Personen zu übertragen, denen auch die erforderlichen Geräte, insbesondere Riemenaufleger, zur Verfügung zu stellen sind.

Andere als die hierzu bestimmten Personen dürfen vorstehende Arbeiten ohne ausdrückliche Anweisung nicht ausführen.

Zeit zum Schmieren der Transmissionen.

§ 64. Das Schmieren der Transmissionslager und das Füllen der Ölbehälter hat, soweit die Transmissionen nicht ohne Unterbrechung laufen müssen, vor Beginn der Inbetriebsetzung oder während der üblichen Tagespausen zu geschehen.

Auf- und Ablegen der Riemen.

§ 65. Das Auflegen und Abwerfen der Riemen, Seile und Ketten mit der Hand während des Ganges ist verboten. Ausnahmen sind zulässig bei Riemen auf Stufenscheiben der Werkzeugmaschinen und Riemen bis 5 cm Breite, deren Geschwindigkeit 0,5 m in der Sekunde nicht übersteigt.

Abgeworfene Riemen.

§ 66. Abgeworfene Riemen und Seile müssen von der Wellenleitung entweder ganz entfernt oder an festen Trägern so aufgehängt werden, daß sie mit bewegten Teilen nicht in Berührung kommen können.

Verbinden und Nähen der Riemen.

§ 67. Das Nähen, Verbinden und Ausbessern auf der Wellenleitung schleifender Riemen während des Ganges ist verboten. Nur bei sicherer Aufhängung der Riemen dürfen diese Arbeiten in dringenden Fällen auch während des Ganges gestattet werden. Das Abhalten der Riemen von Hand ist kein Ersatz für die Aufhängung.

Harzen und Fetten der Riemen.

§ 68. Das Fetten der Riemen darf nur während des Stillstandes oder ganz langsamen Ganges, das Harzen nur in genügender Entfernung von der Riemenauflaufstelle und ohne den Riemen zu berühren, vorgenommen werden.

Arbeiten von längerer Dauer an Transmissionen.

§ 69. Bei Arbeiten an Transmissionen, deren Zeit die üblichen Ruhepausen überschreitet, ist hiervon an zuständiger Stelle rechtzeitig Mitteilung zu machen.

IV. Arbeits- und Werkzeugmaschinen.

Verschiedenes.

§ 70. Die Benutzung von Arbeits- und Werkzeugmaschinen ist nur den dazu befugten Arbeitern gestattet.

Sobald die Arbeit an Maschinen, die nicht selbsttätig weiterarbeiten, unterbrochen wird, hat der Arbeiter vor dem Verlassen seiner Arbeitsstelle die Maschine auszurücken.

Jeder an einer Maschine beschäftigte Arbeiter hat die daran befindlichen oder ihm zur Benutzung überwiesenen Schutzvorrichtungen gewissenhaft zu verwenden.

Reinigen, Putzen, Schmieren, Beseitigen von Verstopfungen usw.

§ 71. Das Ausbessern und Schmieren, die Beseitigung von Verstopfungen und anhaftenden Materialteilen darf während des Ganges der Maschinen nur geschehen, soweit damit keinerlei Gefahr verbunden ist. Maschinen, wie Walzen, Brechwerke, Wölfe usw., sind stets abzustellen, wenn Materialteile nicht erfaßt werden, die nur mit den Händen entfernt werden können.

Das Putzen und Reinigen der Maschinen während des Ganges ist verboten.

V. Hebezeuge.

Bedienung der Hebezeuge.

§ 72. Die an den Hebezeugen angegebene größte zulässige Belastung darf in keinem Falle überschritten werden.

Beim Aufwinden der Last muß die Sperrklinke im Sperrad liegen.

Beim Herablassen der Last mittels der Bremse ist die Sicherung gegen das Herumschlagen der Kurbeln zu benutzen. Die Bremse ist so zu handhaben, daß die Last ohne Stöße gleichmäßig herabsinkt.

Verkehr unterhalb der Windenlast.

§ 73. Unter freischwebenden Lasten ist jeder Verkehr verboten. Die unterhalb einer Winde in Schiffen und auf Wagen mit dem Verladen beschäftigten Arbeiter haben sich während des Windens so zu stellen, daß sie durch herabfallendes Ladegut nicht getroffen werden können.

Prüfung der Hebezeuge.

§ 74. Alle Hebezeuge sind mindestens einmal jährlich auf ihre Tragfähigkeit und sichere Wirksamkeit mit der $1\frac{1}{4}$fachen zulässigen Belastung zu prüfen. Hebezeuge, wie z. B. die Kräne in Maschinenstuben, die nur ausnahmsweise, etwa zu Montagezwecken, benutzt werden, sind von der regelmäßigen Prüfung entbunden, doch hat eine gründliche Untersuchung aller Teile vor jedesmaliger Benutzung stattzufinden.

Die Prüfungen dürfen von jedem zuverlässigen Fachkundigen (Meister, Schmied, Schlosser), auch solchen aus dem eigenen Betriebe, ausgeführt werden. Tag und Befund der Prüfung bzw. letzten Untersuchung sind in das dazu bestimmte Revisionsbuch einzutragen. Letzteres ist dem technischen Aufsichtsbeamten auf dessen Wunsch vorzulegen.

VI. Normalspur-, Schmalspur-, Seil- und Hängebahnen.
Rangierarbeiten.

§ 75. Das Rangieren der Eisenbahnwagen darf nur unter Leitung von damit vertrauten Personen ausgeführt werden.

Beim Verschieben der Eisenbahnwagen dürfen die Arbeiter nur von der Seite angreifen, sofern auf demselben Gleise gleichzeitig sich noch andere Wagen befinden. Ebenso darf die Zugkette, wenn mit Zugtieren rangiert wird, nur an der Seite befestigt werden; es sind möglichst lange Zugorgane zu verwenden. Das Schieben oder Ziehen durch Arbeiter an den vorderen Puffern ist verboten.

Bei vorhandenem Gefälle sind die ohne Motor fortbewegten Wagen zu bremsen.

Das Durchkriechen unter Eisenbahnwagen, die in ihrer Lage nicht gesichert sind, ist verboten.

Sonstige Bestimmungen für Gleisbahnen.

§ 76. Die Führer eines Transportzuges oder einzelner Wagen haben die Pflicht, beim Durchfahren von Kurven, welche nicht von allen Seiten übersehen werden können, langsam zu fahren, Warnungssignale zu geben und auch auf freier Strecke bzw. dem Fabrikgelände die zwischen den Gleisen oder in deren Nähe verkehrenden Personen durch Zuruf oder Signal rechtzeitig zu warnen.

Das Besteigen oder Verlassen eines Wagens, solange dessen Geschwindigkeit die des Fußgängers übersteigt, ist verboten.

Für die Dauer eines längeren Stillstandes, z. B. beim Be- oder Entladen, sind die Wagen gegen unbeabsichtigtes Fortbewegen zu sichern.

Die Gleise der Schiebebühnen und Drehscheiben sind, solange sie sich nicht in Gebrauch befinden, in der Richtung des Zufahrtsstranges festzustellen.

VII. Fürsorge für Verletzte.
Anweisung und Hilfsmittel.

§ 77. In jedem Betrieb ist mindestens eine Tafel auszuhängen, auf der die erste Hilfeleistung bei Unfällen allgemein verständlich beschrieben und, soweit erforderlich, durch entsprechende Abbildungen erläutert ist. Auch sind die der Eigenart des Betriebes entsprechenden Hilfsmittel für die erste Hilfeleistung bei Unfällen, wie Verbandstoffe, Brandbinden, Sauerstoffatmungsapparate usw., an geeigneter Stelle und gegen Staub geschützt bereit zu halten. Es ist Sorge zu tragen, daß wenigstens eine im Betriebe beschäftigte Person mit der Handhabung der Hilfsmittel vertraut ist.

Verhalten der Arbeiter bei Verletzungen.

§ 78. Der Verletzte hat dafür zu sorgen, daß Wunden, auch wenn sie ganz geringfügig erscheinen, sofort gereinigt und gegen das Eindringen von Schmutz und Staub sorgfältig geschützt werden. Besonderer Wert ist auf vorsichtige Behandlung von Wunden bei der Beschäftigung in Knochenmühlen, Abdeckereien und sonstigen Fabriken zu legen, in denen mit Wundinfektion zu rechnen ist. Solange die Wunde in solchen Betrieben nicht wenigstens durch Notverband geschützt ist, hat der Verletzte seine Tätigkeit zu unterbrechen.

Meldung des Unfalls oder der Verletzung.

§ 79. Jeder im Betriebe entstandene Unfall, bestehe er in einer Verletzung oder in der plötzlichen Beeinträchtigung der Gesundheit, z. B. infolge des Einatmens schädlicher Gase, Dämpfe oder Staubarten, ist dem Arbeitgeber bzw. dessen Vertreter sofort zu melden.

C. Ausführungs- und Strafbestimmungen.
Nachtrag.
(Gültig vom 1. Oktober 1914.)

§ 1. Die Betriebsunternehmer sind verpflichtet, bei Anschaffung von Maschinen und Apparaten vorzuschreiben, daß die von der zuständigen Berufsgenossenschaft geforderten Schutzvorrichtungen mitgeliefert werden.

§ 2. Maschinen und Betriebseinrichtungen müssen, auch wenn sie für längere Zeit außer Betrieb gesetzt sind, mit den in den vorstehenden Vorschriften geforderten Sicherheitsvorkehrungen versehen sein. Diese Verpflichtung fällt nur weg, wenn die Maschinen und Betriebseinrichtungen tatsächlich betriebsunfähig sind.

§ 3. Für Maschinen, Apparate und sonstige Betriebseinrichtungen, die auf Ausstellungen im Betriebe vorgeführt werden, gelten, wenn daran Personen, die bei der Berufsgenossenschaft der chemischen Industrie versicherungspflichtig sind, zu tun haben, die Unfallverhütungsvorschriften der Berufsgenossenschaften, die für den Betrieb dieser Ausstellungsgegenstände zuständig sind.

§ 4. Die Unfallverhütungsvorschriften sind den Arbeitern bekanntzugeben. Dazu sind die Vorschriften entweder an geeigneter, den Arbeitern zugänglicher Stelle auszuhängen oder jedem Arbeiter vor Beginn seiner Tätigkeit oder wenn sie in Kraft treten, gegen Empfangsbescheinigung zu behändigen.

Wenn in einem Betriebe (selbständigen Betriebsteile) Arbeiter beschäftigt werden, die des Deutschen nicht mächtig sind, so sind ihnen, sofern mindestens 25 gemeinsam eine andere Muttersprache sprechen, die ihre Tätigkeit betreffenden Unfallverhütungsvorschriften in dieser Sprache entweder schriftlich oder durch mündliche Unterweisung bekanntzugeben. Die mündliche Belehrung ist zu wiederholen, so oft es der Arbeiterwechsel erfordert. Es ist jedesmal schriftlich festzulegen, wann und durch wen diese Belehrung erfolgt ist.

§ 5. Wenn der Unternehmer auf Grund des § 913 der RVO. die ihm durch die Unfallverhütungsvorschriften auferlegten Pflichten geeigneten Betriebsleitern, Aufsichtspersonen oder anderen Angestellten seines Betriebes überträgt, so ist dies durch eine von beiden Teilen zu unterzeichnende Erklärung, die dem technischen Aufsichtsbeamten auf Verlangen vorzulegen ist, schriftlich festzulegen.

§ 6. Genossenschaftsmitglieder und nach § 913 der RVO. mit ihrer Stellvertretung betraute Personen können, wenn sie den Unfallverhütungsvorschriften zuwiderhandeln, durch den Genossenschaftsvorstand mit Geldstrafen bis zu 1000 $\mathscr{M}$ belegt werden (§§ 851, 870 und 913 Abs. 2 der RVO.).

Neben den Stellvertretern ist der Unternehmer strafbar, wenn die Zuwiderhandlung mit seinem Wissen geschehen ist oder er bei der Auswahl oder Beaufsichtigung der Stellvertreter nicht die im Verkehr erforderliche Sorgfalt beobachtet hat (§ 913 Abs. 2 a. a. O.).

Ist die Geldstrafe von dem Stellvertreter nicht beizutreiben, so haftet der Unternehmer für sie (§ 913 Abs. 3 a. a. O.).

§ 7. Versicherte Personen, die den Unfallverhütungsvorschriften für Versicherte zuwiderhandeln, können durch das Versicherungsamt mit einer Geldstrafe bis zu 6 $\mathscr{M}$ belegt werden (§§ 851, 870 der RVO.).

§ 8. Für die nach vorstehenden Bestimmungen zu treffenden Änderungen wird den neu in das Betriebsverzeichnis aufgenommenen Betrieben eine Frist von 6 Monaten vom Tage der Aufnahme an gewährt.

Der Genossenschaftsvorstand ist berechtigt, in besonderen Fällen

a) eine kürzere Frist festzusetzen oder, auf Antrag des Betriebsunternehmers, die Frist zu verlängern,

b) Abweichungen von den Vorschriften zu genehmigen, wenn sie ohne erhebliche Schwierigkeiten und Kosten nicht ausgeführt werden können.

Aus diesen Bestimmungen ergeben sich für den Betrieb unendlich viele Folgerungen, auf die im einzelnen nicht eingegangen werden kann. So sind z. B. alle Wege sauber und frei zu halten und im Winter von Eis zu säubern. Haufen von Salzen usw. sind einzudämmen. Rohrleitungen, die auf dem Boden liegen (an sich schlecht), müssen an beiden Seiten durch kleine Schwellen geschützt werden. Schläuche, Taue, Hebebäume usw. dürfen nicht auf den Gängen liegenbleiben. Auf nassen Böden empfehlen sich Laufstege. Geländer müssen fest genug sein, sonst schaden sie mehr, als sie nützen. Treppen für Lastentransport von Hand erhalten an beiden Seiten Handleisten. Von der Belegschaft sind bestimmte Leute als Sanitäter und Feuerwache auszubilden. Die aus ihnen gebildete Fabriksfeuerwehr soll eingeübt werden, damit jeder weiß, wie er sich im Ernstfall zu verhalten hat. Feuerschutzgerät (s. o.) muß ausreichend vorhanden sein. Ruhe und Besonnenheit wirken bei Feuersgefahr Wunder! Die Unfallstation muß stets allgemein zugänglich (Schlüssel z. B. beim Portier) und jedem der Lage nach bekannt sein. Aushänge über erste Hilfe bei Unglücksfällen durch C. Heymanns Verlag, Berlin W. 8.

Die Geländer um Gruben dürfen sie nicht so dicht umgeben, daß man hineinrutschen kann, ehe das Geländer warnt.

Säureballons sind so aufzustellen (in Schalen, auf Sand usw.), daß ihr Inhalt im Falle des Zubruchgehens nicht alles überschwemmt. In gefährdeten Räumen (brennbare Gase) sind auch die elektrischen Glühlampen unter Schutzglocken zu legen. Es ist ein altes Übel, daß die Arbeiter Schutzbrillen, Handschuhe, Respiratoren, Atmungsapparate usw. nur ungern benutzen; man sei in solchen Fällen von unnachsichtiger Strenge und betone stets von neuem, daß diese Sicherheitsmaßnahmen zum Besten der Belegschaft getroffen sind. Der Betrieb ist weder der Ort zum Einnehmen von Speisen und Getränken noch Umkleideraum.

Auf die Alarm- und Sicherheitsventile ist zu achten; sie werden nur zu gern beschwert, damit sie sich nicht allzu leicht betätigen. Die Verständigung zwischen Maschinenhaus und den einzelnen Betriebsräumen geschieht durch Klingel- oder farbige Lampensignale bzw. durch Telephon.

Beobachtet ein Arbeiter Mängel an der Apparatur, so hat er unverzüglich dem Vorarbeiter oder Meister usw. Mitteilung zu machen. Spielereien, Neckereien, Zänkereien und mutwillige Handlungen sind verboten. In Wiederholungsfällen ist auch der Vorarbeiter und Meister mit zur Verantwortung zu ziehen. Betrunkene Leute sind im Betrieb nicht zu dulden. Den Arbeitern ist es zu untersagen, sich an Maschinen und Apparaten zu schaffen zu machen, deren Bedienung ihnen nicht obliegt. Es ist Pflicht jedes Postenarbeiters seine Hilfsleute, die Lehrlinge usw. auf Gefahren aufmerksam zu machen. Mißbrauch, eigenmächtige Beseitigung, absichtliche Beschädigung oder Nichtbenutzung der vorhandenen Sicherheitsvorrichtungen und vorgeschriebenen Schutzmittel ist verboten. Alle Warnplakate sind zu beachten. Das Schlafen im Betriebe, auf den Kesseln, auf hohen Gerüsten usw. ist auch während der Pausen verboten. Jede Verletzung soll sofort verbunden und gemeldet werden (Unfallanzeige einreichen!).

An die „Allgemeinen Unfallverhütungsvorschriften" schließen sich folgende „Besondere Unfallverhütungsvorschriften" (mit Nachträgen, die meist seit 1. Oktober 1914 in Kraft sind):

1. Vorschriften für Werkzeug und Arbeitsmaschinen, 34 und 8 Paragraphen.
2. Vorschriften für Aufzüge (Fahrstühle), 33 und 9 Paragraphen mit Erläuterungen und Anhang.
3. Vorschriften für den Betrieb von Dampffässern und sonstigen Gefäßen und Apparaten unter Druck, 18 und 8 Paragraphen.

4. Vorschriften zum Schutze gegen gefährliche Gase und Dämpfe, 16 und 8 Paragraphen mit Anhang über die Eigenschaften der gefährlichen Gase und Dämpfe bzw. Angabe der Gegenmittel bei Vergiftung.

5. Vorschriften für Seifenfabriken, 12 und 8 Paragraphen.

6. Vorschriften für Mineralwasserfabriken, 15 und 8 Paragraphen.

7. Vorschriften für Lack- und Firnissiedereien, 12 und 8 Paragraphen.

8. Vorschriften für gewerbsmäßige Verdichtung und Verflüssigung von Gasen, 19 und 8 Paragraphen.

9. Vorschriften über Transportgefäße für verflüssigte oder verdichtete Gase, 12 und 7 Paragraphen.

10. Vorschriften für Fabriken zur Herstellung von Schwarzpulver und schwarzpulverähnlichen Sprengstoffen, 75 und 8 Paragraphen.

11. Vorschriften für Fabriken zur Herstellung von Nitropulvern (rauchschwachem Pulver), 72 und 8 Paragraphen.

12. Vorschriften für die Anlage und den Betrieb von Pikrinsäurefabriken, 50 und 8 Paragraphen.

13. Vorschriften für Nitroglyzerinsprengstoffabriken, 42 und 9 Paragraphen.

14. Vorschriften für Trinitrotoluolfabriken, 22 und 9 Paragraphen.

15. Vorschriften für Ammonnitratsprengstoffabriken, 29 und 9 Paragraphen.

16. Vorschriften für Fabriken von Zündern jeder Art, 50 und 8 Paragraphen.

17. Vorschriften für Betriebe zur Herstellung von Feuerwerkskörpern, 30 und 8 Paragraphen.

18. Vorschriften für das Laden von Revolver-, Jagd-, Sport- und Militärpatronen mit Schwarzpulver oder rauchschwachem Pulver und für das Entladen derselben, 38 und 8 Paragraphen.

19. Vorschriften für Sprengkapsel- und Zündhütchenfabriken, 39 und 9 Paragraphen.

Diese Vorschriften sind in gesammelter Form und einzeln (auch als Aushang) durch C. Heymanns Verlag, Berlin W 8, zu beziehen. Sie zerfallen sämtlich in Vorschriften für Arbeitgeber (Betriebsleiter) bzw. Arbeitnehmer und in Ausführungs- sowie Strafbestimmungen. Die Berufsgenossenschaft (Aushang über Sektionszugehörigkeit in jedem Betrieb) hat die ihr angeschlossenen Fabriken nach Gefahrenklassen eingeteilt und erhebt ihre Beiträge auf Grund dieser Einteilung.

Aus der Fülle der Einzelbestimmungen seien, soweit es nicht bereits geschehen ist, wenigstens einige auszugsweise angeführt, welche die **Sicherheitsmaßnahmen an Apparaten und Maschinen** betreffen.

Bei **Bohrmaschinen** hat die Befestigung des Bohrers ohne hervorstehende Teile zu erfolgen; die Antriebsräder der Bohrspindel sind zu verdecken.

Die **Kreissägen** sind mit Schutzhaube (möglichst selbsttätig) und Spaltkeil sowie unter dem Tisch mit Schutzkasten oder Schutzscheiben um das Sägeblatt auszurüsten. Für Kreissägen, bei denen die Schutzhaube auch den hinteren Teil des Sägeblattes bedeckt, ist ein Spaltkeil nicht erforderlich.

An **Bandsägen** ist das Sägeblatt derart zu verkleiden, daß nur der zum Schneiden nötige Teil frei bleibt und der Arbeiter gegen Verletzung durch das Abspringen des Sägeblattes geschützt ist. Die untere Bandseite ist nach der Arbeitsseite hin ganz zu verkleiden.

An **Abrichthobelmaschinen** ist die Messerspalte mit Schutzvorrichtung zu verdecken.

Schneidemaschinen jeder Art müssen mit einer Schutzvorrichtung versehen sein, welche Verletzungen durch das Messer während des Ganges ausschließt.

Stanzmaschinen sind mit einer Schutzvorrichtung zu versehen, welche eine Verletzung der Hände durch die Stanze ausschließt. Exzenter- und **Kurbelpressen** sind mit einer Schutzvorrichtung zu versehen, welche das Erfassen der Hand durch den Stempel ausschließt. Bei Spindelpressen mit Balancier, sofern letzterer sich bei der Arbeit in Kopfhöhe des Arbeiters bewegt ist der Weg der Kugel bzw. Handstangen zu sichern.

Durch Motoren bewegte, zum Nachschleifen von Werkzeugen bestimmte Schleifsteine dürfen nur mit Hilfe von Druckscheiben, nicht aber durch Holzkeile auf der Welle befestigt werden. Die Druckscheiben müssen mittels Schraubenmuttern angezogen werden. Zwischen Druckscheiben und Stein sind elastische Zwischenlager einzulegen. Die Schleifflächen der Schleifsteine sind möglichst glatt und rundlaufend zu erhalten.

Bei den Schmirgelmaschinen müssen die Schmirgelscheiben von 200 mm Durchmesser aufwärts, soweit es die auf ihnen auszuführenden Arbeiten gestatten, mit entsprechend starken Schutzkappen versehen sein. Die Schmirgelscheibe muß leicht auf die Spindel zu schieben sein. Sie darf auf letzterer nur mit Druckscheiben befestigt werden, die etwa den halben Durchmesser der Schmirgelscheibe haben und mittels Schraubenmuttern angezogen werden müssen. Zwischen Befestigungs- und Schmirgelscheibe sind elastische Zwischenlagen einzulegen. Jede neue Schmirgelscheibe muß, bevor sie in Gebrauch genommen wird (durch Probelauf unter Beachtung der nötigen Vorsichtsmaßregeln, möglichst mit erhöhter Umlaufgeschwindigkeit), auf ihre Festigkeit geprüft werden.

Die zulässig größte Geschwindigkeit für Schleifsteine und Schmirgelscheiben ist wesentlich von der Güte des Baustoffes, der Konstruktion der Maschine bzw. der Art der Verwendung abhängig und deshalb nur von Fall zu Fall unter sachverständiger Leitung festzustellen. Es darf angenommen werden, daß folgende Umfangsgeschwindigkeiten ohne Gefährdung der Arbeiter zugelassen werden können: bei Sandsteinen höchstens 12,5 m in der Sekunde; bei Schmirgelscheiben: a) für Nachschleifen höchstens 12,5 m in der Sekunde; b) für Trockenschleifen höchstens 25 m in der Sekunde.

Die Einfüll- und Entleerungsöffnungen an Becherwerken, Transportschnecken u. dgl., Zerkleinerungsmaschinen, Brechern, Kugelmühlen, Desintegratoren, Knet- und Mischmaschinen und sonstigen Rührapparaten usw. sind möglichst so einzurichten, daß der Arbeiter mit gefährlichen Stellen nicht in Berührung kommen kann. Der Weg der Becher, Transportgurte und Transportschnecken ist in ausreichender Weise zu sichern. Das Nachstoßen der Einfüllmasse darf nur mittels geeigneter Werkzeuge erfolgen. Störungen an Maschinen durch Verstopfung dürfen nur bei Stillstand der Maschinen beseitigt werden.

An Stampfwerken ist der Weg der Hebedaumen abzusperren, wenn er im Verkehrsbereich liegt.

Sofern der Rand der Läuferteller an Läuferwerken (Kollergängen) nicht mindestens 90 cm über dem Fußboden liegt, ist das Läuferwerk mit einem Schutzring zu umgeben. Müssen die Teller zum Schmieren der Kollergänge betreten werden, dann ist der Antrieb in solcher Weise außer Tätigkeit zu setzen, daß eine Inbetriebsetzung ohne Wissen des betreffenden Arbeiters ausgeschlossen ist.

Die Arbeiter müssen gegen gefahrbringende Berührung von Exhaustoren und Ventilatoren durch geeignete Schutzmittel hinreichend geschützt werden.

Walzwerke müssen, wenn sich die Betriebsgefahren durch geeignete Schutzvorrichtungen nicht vollständig beseitigen lassen, mit einer vom Arbeiter bei der Arbeit leicht erreichbaren und sofort wirkenden Ausrück- oder Bremsvorrichtung versehen sein. Knet- und Mischmaschinen sollen einen Deckel tragen, der sich nur bei stehender Maschine öffnen läßt.

Bei Zentrifugen soll die größte und zulässige Belastung und Tourenzahl auf einem Schild sichtbar angegeben sein. Zentrifugen mit eigenen Motoren (ausgenommen Elektromotoren) sind mit Geschwindigkeitsmesser zu versehen, auf welchem die größte zulässige Geschwindigkeit markiert ist (Läutewerk bei Überschreiten der höchstzulässigen Umlaufzahl). Jede Zentrifuge ist mit Bremse zu versehen, ausgenommen solche, bei denen die Gefahr einer Entzündung von explosiblen Gasen oder Schleudergut gegeben ist. Der Außenmantel der Zentrifuge muß aus zähem Material (Schmiedeeisen, Kupfer oder Stahl) hergestellt sein; Gußeisen und Hartblei sind ausgeschlossen. Ausgenommen sind bereits im Betrieb befindliche, anders konstruierte Zentrifugen, doch empfiehlt es sich, deren Mäntel durch schmiedeeiserne Bandagen, wenn irgend möglich, zu verstärken. Die Zentrifugen sind möglichst mit Schutzdeckeln zu versehen, die während des Betriebes geschlossen sein müssen und so beschaffen sind, daß sie sich nur bei Stillstand öffnen lassen. Die Zentrifugen sind mindestens einmal jährlich von einem Fachkundigen, der auch aus dem eigenen Betrieb sein kann, zu untersuchen (besonders die Lager, Spurzapfen usw.; Schäden und dünne Stellen an der Trommel). Es ist ein kurzes Protokoll anzufertigen, das aufzubewahren und auf Wunsch dem technischen Aufsichtsbeamten vorzulegen ist.

Während des Betriebes ist das Hineingreifen in die Zentrifuge mit und ohne Werkzeug verboten. Das Verteilen der Füllung darf nur bei langsamerem Gang der Trommel stattfinden.

Um die Höchstbelastung der Zentrifuge nicht zu überschreiten, soll das Gewicht des Füllgutes zuerst nicht lediglich abgeschätzt werden. Es empfiehlt sich so lange Einwägung, bis der die Zentrifuge bedienende Arbeiter durch Übung die nötige Sicherheit in der Beurteilung der Menge gewonnen hat.

Bei vorhandener Fußbremse ist die Anbringung von Handhaben zum Festhalten ratsam, damit der Arbeiter bei möglichem Abgleiten von der Fußbremse Halt findet. Handbremsen bieten größere Sicherheit.

Für die kontinuierlich arbeitenden Großschleudermaschinen mit Untenentleerung usw. kommen vorstehende Gesichtspunkte zum Teil nicht in Betracht.

Die Zylinder von Kompressoren (Eismaschinen usw.) müssen mit Manometern und zuverlässigen Sicherheitsventilen versehen sein.

Es ist dafür Sorge zu tragen, daß (bei den im Innern von Gebäuden liegenden Fahrstühlen) der Raum, welchen der Fahrkorb oder die Förderschale einer Fahrstuhlanlage bestreicht, von allen Seiten bis auf mindestens 1,8 m Höhe vom Fußboden und an jeder Ladestelle so eingefriedigt ist, daß Unberufene nicht in den Fahrschacht geraten können.

Die Zugänge zum Fahrschacht sind in zweckentsprechender Weise abzusperren.

An jedem Schachtzugange ist eine Tafel anzubringen, die zur Vorsicht mahnt und Unbefugten den Zutritt untersagt.

Außerdem ist an den Zugängen in augenfälliger Weise anzugeben a) bei Lastenaufzügen: die größte zulässige Belastung in kg und die Bestimmung, daß Personen mit dem Aufzuge nicht befördert werden dürfen, b) bei Lastenaufzügen mit Personenbeförderung: die größte zulässige Belastung und die außer ihr noch zulässige Personenzahl, einschließlich des Fahrstuhlführers.

Fahrstühle sind mit einer sicher wirkenden Fangvorrichtung oder Geschwindigkeitsbremse zu versehen. Letztere darf eine Niedergangsgeschwindigkeit von höchstens 1,5 m in der Sekunde gestatten.

Wenn ein Fahrstuhl von mehreren Stockwerken aus in Bewegung gesetzt werden kann, muß eine Verständigung zwischen den verschiedenen Ladestellen gesichert oder eine Zeigervorrichtung angebracht sein, die den jeweiligen Stand der Förderschale erkennen läßt. Wird die Steuerung nur von einer Stelle aus betätigt, dann muß eine sichere Verständigung zwischen dieser und den einzelnen Ladestellen möglich sein.

Jeder Fahrstuhl ist mit einer Signal- oder Zeigervorrichtung auszustatten, welche anzeigt, daß der Fahrstuhl sich bewegt.

Jede Fahrstuhlanlage ist regelmäßig auf ihre Tragfähigkeit und sichere Wirksamkeit zu prüfen.

Die Bedienung von Fahrstühlen darf nur Personen, die mit der Handhabung der Steuerung genau vertraut sind, übertragen werden.

Für Einzelfahrzeuge auf Schmalspurbahnen müssen Bremsmittel vorhanden sein.

Werden mehrere Fahrzeuge (ohne Lokomotive) auf einer Schmalspurbahn zu einem Zuge vereinigt, so ist mindestens ein mit Bremsvorrichtung versehener Wagen einzuschalten. Die Bremse muß während der Bewegung des Zuges zu bedienen und so stark sein, daß sie für alle vorhandenen Gefälle genügt.

Hängebahnen, Seilbahnen, Kettenbahnen und solche Anlagen, bei denen das Mitfahren von Bremsern ausgeschlossen ist, müssen mindestens an der Antriebsstelle eine wirksame Bremsvorrichtung besitzen.

Personen, von denen dem Arbeitgeber bekannt ist, daß sie an Epilepsie, Krämpfen oder Ohnmachten leiden oder dem Trunke ergeben sind, dürfen im Fahrdienst nicht verwendet werden.

An jeder Drehscheibe und Schiebebühne muß eine Vorrichtung zum Feststellen angebracht sein.

Zur Verhütung von Einklemmungen zwischen den Schienen der Drehscheiben und Schiebebühnen einerseits und den Schienen der Anschlußgleise andererseits müssen geeignete Vorrichtungen vorgesehen werden. Ebenso ist an den Hauptverkehrswegen für gefahrloses Überschreiten der Schienengleise durch Pflasterung oder Dielung Sorge zu tragen.

An Kurven, welche nicht von allen Seiten vollständig übersehen werden können, müssen Warnungstafeln aufgestellt werden.

Kippwagen müssen so gebaut sein, daß sie bei normaler Beladung nicht von selbst kippen.

Verkehrswege des Fabrikterrains unter Seil- und Hängebahnen müssen gegen herabfallende Stücke gesichert werden.

Gleise, Schienenstöße, Weichen, Kreuzungen, Drehscheiben, Schiebebühnen usw. sind stets gut instand zu halten.

Bei Hänge- und Seilbahnen ist das zu starke Schwanken der Wagen sowie das zu schnelle Durchfahren der Kurven oder Weichen zu verhindern. Es sind Einrichtungen zu treffen, durch die ein Entgleisen an den Weichen nach Möglichkeit vermieden wird. Bei letzteren ist eine Sicherung anzubringen, welche eine Verletzung durch die freischwebende Spitze der Weiche ausschließt.

Hochliegende Absturzgleise sind so zu sichern, daß ein Hinabfallen von Personen verhindert wird.

Auf Normalspurbahnen dürfen Rangierarbeiten nur unter Leitung von damit vertrauten Personen ausgeführt werden. Für Drehscheiben, Schiebebühnen und Wegkreuzungen gelten die gleichen Bestimmungen wie oben (ebenso für Absturzgleise, Instandhaltung usw.).

Die Drehscheiben müssen bedeckt oder eingefriedigt sein.

Laderampen und Gebäude sowie die beiden Seiten von Durchfahrtsöffnungen müssen von der Mitte der Gleise eine Entfernung von mindestens 2 m haben. Bereits vorhandene Rampen, Gebäude und Durchfahrtsöffnungen werden von dieser Vorschrift nicht betroffen, doch ist bei geringerem Abstand Vorsorge zu treffen, daß beim Wagenverschieben niemand an die gefährdete Stelle tritt.

Beim Befahren von Gefällen ohne Lokomotive ist Sorge zu tragen, daß die Wagen durch geeignete Mittel gebremst werden können.

Schranken und Tore in Bahngleisen sind gegen selbsttätiges Zuschlagen zu sichern, wenn sie geöffnet sind.

Zahlreiche weitere Bestimmungen enthalten Vorschriften über das Verhalten der Arbeiter; auch von diesen können nur einige wenige auszugsweise wiedergegeben werden.

Der Maschinenwärter hat bei eintretender Dunkelheit für vorschriftsmäßige Beleuchtung des Maschinenraumes Sorge zu tragen.

Er darf unbefugten Personen das Betreten des Maschinenraumes und den Aufenthalt in demselben nicht gestatten.

Nach jedem längeren Stillstand der Kraftmaschine hat sich der Wärter vor ihrer Inbetriebsetzung vom ordnungsmäßigen Zustande der Maschine und ihrer Schutzvorrichtungen zu überzeugen, sowie insbesondere für ausreichendes Ölen und Schmieren zu sorgen. Nicht sofort abstellbare Mängel sind dem Vorgesetzten zu melden.

Ist das Ölen und Schmieren einzelner Teile der Kraftmaschine während des Ganges erforderlich, so darf dies nur mittels der hierzu bestimmten Einrichtungen erfolgen.

Das Reinigen schnellgehender Kraftmaschinenteile darf niemals während des Ganges derselben geschehen.

Das Anziehen der Keile und Schrauben an sich drehenden Teilen von Kraftmaschinen während des Betriebes ist verboten.

Beim Schichtwechsel darf der abtretende Wärter sich erst dann entfernen, wenn der antretende Wärter die Maschine übernommen hat.

Vor jedesmaligem Anlassen und Abstellen der Kraftmaschine muß das vorgeschriebene Zeichen gegeben werden. Wird von einem Arbeitsraume aus das Zeichen zum Stillstande der Kraftmaschine gegeben, dann ist sie sofort stillzustellen und erst wieder anzulassen, wenn die dafür vorgeschriebene Benachrichtigung erfolgt ist.

Wichtig ist, zu vermeiden, daß, nachdem ein Betrieb die Hauptmaschine abstellen ließ, ein anderer Betrieb der Fabrik, dem die Pause zu lange dauert, vorzeitiges Wiedereinschalten veranlassen kann. In manchen Fabriken besteht deshalb die Vorschrift, daß das Haltesignal mündlich oder gegen Quittung von einem Arbeiter des meldenden Betriebes dem Maschinenwärter bestätigt wird und daß das Wiederanstellen nur auf mündliche Bestellung und Quittung desselben Arbeiters erfolgen darf (nachdem das Zeichen vom Maschinisten gegeben ist).

Der Maschinenwärter hat vor Andrehen des Schwungrades der Dampfmaschine das Dampfeinströmungsventil zu schließen und vorhandene Zylinderhähne zu öffnen.

Unverdeckte Transmissionswellenleitungen, Riemen, Seile usw., die sich in Bewegung befinden, dürfen nicht überschritten werden.

Umwehrte oder abgeschlossene Räume, innerhalb deren Transmissionen laufen, dürfen nur von besonders dazu befugten Personen betreten werden.

Die Bedienung der Transmission (Schmieren, Reinigen, Putzen, Ausbessern, Auflegen und Abwerfen der Transmissionsriemen oder -seile) darf nur von den hierzu bestimmten Personen bewirkt werden. Diese Vorrichtungen dürfen nur bei Stillstand vorgenommen werden.

Das Ausbessern, Reinigen und Putzen der Maschinen während des Ganges ist verboten; das Schmieren während des Ganges ist zulässig, wenn Vorrichtungen vorhanden sind, welche dasselbe gefahrlos ermöglichen.

Die Arbeiter sind verpflichtet, die vorhandenen Schutzvorrichtungen aufs gewissenhafteste zu benutzen.

Werden von den im Gange befindlichen Becherwerken (Transportschnecken o. dgl.), Zerkleinerungsmaschinen, Brechwerken, Kugelmühlen, Desintegratoren, Knet- und Mischmaschinen Stücke des Gutes oder beigemengte Fremdkörper nicht erfaßt, so sind diese Stücke oder Fremdkörper nur während des Stillstandes zu entfernen. Ein Nachstoßen des Einfüllgutes ist nur mittels geeigneten Werkzeuges gestattet.

Das Hineingreifen in die Zentrifuge mit oder ohne Werkzeug und das Berühren der Trommel mit der Hand während des Ganges ist verboten; die vorhandenen Schutzvorrichtungen sind gewissenhaft zu benutzen. Das Verteilen der Füllung darf nur bei langsamem Gange der Trommel stattfinden. Die an dem Geschwindigkeitsmesser bezeichnete zulässig größte Umdrehungszahl darf nicht überschritten werden.

Ein Fahrstuhl darf nicht über die Höchstgrenze hinaus belastet werden.

Das Beladen der Fahrstühle hat so zu erfolgen, daß die Last möglichst gleichmäßig über die Förderschale verteilt ist, das Ladegut nirgends über dieselbe hervortritt und nicht herabfallen kann.

Die Bewegung des Fahrstuhls darf erst eingeleitet werden, nachdem die Tür geschlossen worden ist; bei Fahrstühlen, deren Steuerung nur von einer Stelle aus gehandhabt wird, muß vorher eine Verständigung von der Be- und Entladestelle aus über die vorgenommene Abschließung erfolgt sein.

Die an den Hebezeugen angegebene größte zulässige Belastung darf in keinem Falle überschritten werden.

Die Arbeiter haben sich so zu stellen, daß sie von dem beim Niedergange der Last etwa mitlaufenden Kurbeln nicht getroffen werden.

Unter freischwebenden Lasten ist jeder Verkehr verboten.

Die Führer eines Schmalspurbahnzuges u. dgl. haben sich vor der Fahrt davon zu überzeugen, daß die Wagen fest gekuppelt sind.

Stehenbleiben und Gehen innerhalb der Normalspurgleise sowie das Überschreiten derselben vor einem herannahenden Zuge ist verboten.

Aus den „Besondere Unfallverhütungsvorschriften zum Schutz gegen gefährliche Gase und Dämpfe"[1] sei angeführt, daß als gefährlich im Sinne dieser Vorschriften folgende Gase oder Dämpfe gelten: Acetylengas, Ammoniakgas, Arsenwasserstoff, Camphylen, Chlorgas, Bromdämpfe, Chlorschwefel, Cyanwasserstoff, Dämpfe von Alkohol, Äther, Brommethyl, Bromäthyl, Chlormethyl, Chloräthyl, Jodmethyl, Methylalkohol, Aceton oder Tetrachlorkohlenstoff, Dämpfe von Benzolen (Toluol, Xylol) und Benzin, Dimethylsulfatdämpfe, Fluorwasserstoff, Formaldehyd, Gase in Teer- und Mineraldestillationsapparaten nach beendeter vollständiger Destillation, Gase und Dämpfe der aromatischen Nitro- und Amidoverbindungen (Nitrobenzol, Anilin, Dinitrobenzol, Dinitrotoluol, Chlornitrobenzol), Kohlenoxyd (Kohlendunst), Generator-, Misch- und Wassergas, Kohlensäure, Leucht- und Ölgas (Fettgas), nitrose Gase, Phosgengas (Chlorkohlenoxyd), Phosphorchloride (Tri-, Oxy- und Pentachlorid), Phosphordämpfe, Phosphorwasserstoff, Schwefelwasserstoff, Schwefelkohlenstoff, schweflige Säure, Sumpfgas sowie endlich Wasserstoff.

Den Kraftwagenbetrieb regeln Sonderbestimmungen auf die einzugehen, hier zu weit führen würde (verkehrspolizeiliche Vorschriften, Belastungs- und Geschwindigkeitsgrenzen, Erlangung der Führerscheine, Bremsvorrichtungen u. dgl.).

C. Die Unfallstation.

Es ist bereits hervorgehoben worden, daß in jeder Fabrik ein vom Fabrikarzt für gut befundener und der gesamten Belegschaft bekannter Raum (Pförtnerzimmer, Waschraum, eine besondere Station o. dgl.) für die erste Hilfeleistung bei Betriebsunfällen bestimmt sein sollte. Es muß stets jemand anwesend sein (Pförtner, Wächter, Meister, Heilgehilfe), dem Verletzungen zunächst zu melden sind, der ferner mit der von der Berufsgenossenschaft bekanntgegebenen „Anweisung für erste Hilfe bei Unglücksfällen"[2] bis zur Ankunft des Arztes genau vertraut und auch fähig ist, angemessene Hilfe zu leisten. Gerade dann kann nämlich sehr viel Schaden angerichtet werden! Am besten ist es, einen ausgebildeten Sanitäts- oder Heilgehilfen zur Verfügung zu haben (in großen Fabriken vorbildlich organisierte Kolonnen und Lazarette). Die Adressen und Telephonanschlüsse der zuständigen Ärzte und der vorhandenen Unfallstationen, Krankenhäuser bzw. Krankentransportinstitute sind an geeignetem Orte (in der Unfallstation, der Telephonzentrale und dem Pförtnerraum) anzuschlagen.

---

[1] Im Verlage von C. Heymann, Berlin W 8, als Sonderdruck erschienen und dringend zur Beschaffung empfohlen.

[2] In Plakatform nach den preisgekrönten Entwürfen von Curschmann und Mündheim durch C. Heymanns Verlag, Berlin W 8, erhältlich.

Liegestühle, Tragbahren und Decken sollten außer den notwendigsten Geräten und Medikamenten (in guter Beschaffenheit und genügender Menge) stets vorhanden sein. Wichtig sind Atmungsapparate (Draeger) und gutes Gasschutzgerät.

Die **Unfallapotheke** untersteht am besten der Kontrolle des Fabrikarztes, der auch die nötigen Anweisungen über Medikamente und Verbandmittel geben sollte.

Die im nachfolgenden Verzeichnis aufgeführten Mittel dürften im allgemeinen in kleineren Betrieben genügen (dazu besondere Medikamente je nach Betriebsart):

Binden: Leinen-, Brand- und Mullbinden verschiedener Breite.

Leinwand: Tücher und Streifen.

Verbandwatte, Salicylwatte, Verbandgaze, Jodoformmull, Sublimatmull, Guttaperchapapier, Brandliniment.

Scheren, Messer, Pinzetten, Sicherheitsnadeln, Stecknadeln, einige emaillierte Becken.

Äther, Bleiessig, Bleiwasser (2 Eßlöffel Bleiessig auf 1 l Wasser), Brandliniment, Brechmittel (vom Fabrikarzt verschrieben), Borsäure, Borvaseline, Borwasser 4%, Essigäther, Fruchtessig, Glaubersalz, Kalkwasser, Kamillentee, Karbolsäure, flüssig, Karbolwasser (15 g Karbolsäure auf 1 l Wasser), gebrannte Magnesia, Natriumbicarbonat, Natriumcarbonat, rein zum Einnehmen, Pikrinsäurelösung gegen Verbrennungen, Olivenöl, Salmiakgeist, Senfmehl und Senfpapier (in gut schließenden Blechbüchsen aufzubewahren) sowie Stärkungsmittel (Wein, Weinbrand, Arrak, Rum).

Fünfter Teil.

Arbeitsmethoden.

In diesem Kapitel sollen die verschiedenen Arbeitsmethoden[1] nicht vom technisch-maschinellen Gesichtspunkte aus behandelt werden, da eine Besprechung der Arbeitsmaschinen und ihrer Wirkungsweise den Rahmen des Buches weit überschreiten würde. Eine kurze Kennzeichnung der hauptsächlichsten Typen mag im Anschluß an die Hinweise auf allgemein wichtige Momente genügen. Eine ausführliche Besprechung der fabrikatorischen Arbeitsmethoden würde ein Werk für sich bilden.

Zerkleinern.

Bei Verarbeitung sehr vieler Rohstoffe ist der Feinheitsgrad von großer Bedeutung (unter Umständen kann man die Ausgangsmaterialien gleich in der gewünschten Form beziehen). In anderen Fällen und bei Zwischen- bzw. Fertigprodukten wird man die Zerkleinerung selbst vornehmen müssen. Um an Kosten zu sparen, müssen die erforderlichen

---

[1] Vgl. die bereits oben zitierten Spezialwerke.

Maschinen bei geringstem Kraftaufwand möglichst große Leistungen haben.

Zum Zerkleinern von Hand bedient man sich der Mörser aus Porzellan oder Metall. Infolge falscher Handhabung werden Porzellanmörser leicht zerschlagen oder man erreicht nur ungenügende Zerkleinerung (Boden soll gut bedeckt sein, Pistill kurz in der Faust halten und mit kurzen Stößen reiben, Pistill darf nicht schleudern und sein Kopf nicht gegen die Mörserwand schlagen, Material darf nicht hinausgeworfen werden). Zur größeren Sicherheit kann der Mörser auch mit einem Tuche zugebunden werden, das in der Mitte (Bewegung des Pistills) ein Loch hat. Die für den Betrieb bestimmten größeren Porzellanmörser bettet man am besten in Zement, indem man den Mörser in den weichen Zementbrei eindrückt und bis zum vollständigen Erhärten unberührt stehen läßt. Im Notfalle füllt man das zu zerkleinernde Material in einen Sack, legt ihn zugebunden und möglichst flach zwischen zwei Bretter oder auf ebenen Boden und bewirkt die Zerkleinerung durch Schlagen mit einem Hammer o. dgl.

Bau und Arbeitsweise der Zerkleinerungsmaschinen hängen im wesentlichen von der Natur und der Größe des zu verarbeitenden Rohstoffs, dem verlangten Feinheitsgrade und der Leistung ab.

Da es unmöglich ist, in jedem Falle im voraus zu wissen, welche Maschinen für einen bestimmten Zweck am geeignetsten sind, schickt man am besten eine Probe des zu mahlenden Stoffes mit Angabe des verlangten Feinheitsgrades und der geforderten Leistung an die liefernde Maschinenfabrik. Bei Prüfung der Offerten berücksichtige man außer dem Preis auch Kraftverbrauch, Amortisation, Art der Reparaturen und des Ersatzes (ob in der Fabrik selbst möglich oder durch die Spezialfirma). Um an Zeit für Reparaturen zu sparen, schaffe man Reserveteile an. Für Antrieb aller Zerkleinerungsmaschinen ist, wenn möglich, zu empfehlen, von Zeit zu Zeit die Umdrehungsrichtung (Verschränkung der Antriebsriemen, Umpolen des Motors usw.) zu ändern, um einseitige Abnutzung zu verhüten und die Lebensdauer zu verlängern.

Der Antrieb sollte nur durch Rohöl- bzw. Elektromotoren oder Riemen geschehen, die, wenn der Betrieb durch Fremdkörper (Nägel, Steine usw.) plötzlich gebremst wird, auf den Scheiben schleifen. Bei Zahnrad- oder Kettenantrieb entstehen in solchen Fällen leicht Brüche. Man schaffe nur Zerkleinerungsmaschinen (Chemiehütte 1927, S. 493ff.). erprobtester Konstruktion an. Der Verschleiß der arbeitenden Teile ist so groß, daß nur allerbeste Baustoffe und gute Wartung hinreichende Gewähr bieten. Auf je 1000 kg hartes Gut rechnet man an Backen von Steinbrechern etwa 0,1 kg, an Walzenringen von Walzenmühlen etwa 0,2 kg und an Mahlplatten in Rohrmühlen etwa 0,3 kg Verschleiß. Die Angaben für den Kraftbedarf sind meist nur Durchschnittszahlen. Die zum Anfahren notwendigen Energiemengen liegen 30—50% höher (Bemessung der Motoren!). Höchste Leistungen lassen sich nur bei gleichmäßiger Beschickung und hohe Feinheiten lediglich (abgesehen von Naßmahlung) bei ausgezeichneter Vortrocknung des Gutes erzielen. Man kann im wesentlichen unterscheiden:

1. **Backen- oder Steinbrecher** für Schotterwerke, harte Gesteine, Erze, chemische Produkte usw.; Maulweiten 150 × 100 mm bis 1800 × 1400 mm; Leistungsfähigkeit 10—30 t/h; Kraftbedarf etwa 1 PS/h für 1 t Mahlgut von Korngröße 0—50 mm; **Pochwerke** zerkleinern durch die Wucht fallender Stempel.

2. **Rundbrecher** ähnlich 1; Brechöffnung 1000—1800 mm Durchmesser; 50—70 t/h.

3. **Walzenbrecher** zum Vorbrechen mittelharten Gesteins (Kalkstein, Koks usw.); Walzendurchmesser 800—1600 mm, Walzenbreite 600—1200 mm; Leistungsfähigkeit 40—60 t/h; Kraftbedarf 0,75 PS/h bei Korngröße 0 bis 100 mm.

4. **Hammerbrecher** zum Vorbrechen von mittelhartem Gut (Kalkstein usw.); Durchmesser des Hammerkreuzes 1000—1600 mm; 30—40 t/h; 1,5 PS/h, 0 bis 30 mm.

5. **Walzenmühlen** zum Vorschroten mittelharter Stoffe, auch als Doppelwalzenmühle; Walzendurchmesser 500—1000 mm, Walzenbreite 300—600 mm; Leistungsfähigkeit 5—8 t/h; 2 PS/h, 0—5 mm.

6. **Kollergänge** zum Vorschroten harter und mittelharter Stoffe, trocken und naß; Läuferdurchmesser 600—2000 mm, Läuferbreite 200—600 mm; 4 bis 6 t/h; 2 PS/h, 0—5 mm.

7. **Glockenmühlen** zum Vorschroten mittelharten Gutes (Kalk, Gips, Salze); Brechkegeldurchmesser 300—1200 mm; 6—8 t/h; 2 PS/h, 0—5 mm (**Exzelsiormühlen**).

8. **Schlagkreuzmühlen** zum Vorschroten mittelharter Stoffe; Schlagkreuzdurchmesser 400—1000 mm; 4—6 t/h; 2,5 PS/h, 0—3 mm.

9. **Hammermühlen** (wie 8); Hammerkreuzdurchmesser 600—1000 mm; 8—12 t/h; 2,5 PS/h, 0—3 mm.

10. **Schleudermühlen** zum Vorschroten von mittelharten und weichen Stoffen; 4—6 Stabreihen, Durchmesser der äußersten Stabreihe 500—1800 mm; 6—8 t/h; 2,5 PS/h, 0—3 mm; die beiden Stabscheiben drehen sich: **Desintegratoren**; eine von ihnen steht fest: **Dismembratoren**.

11. **Ringmühlen** zum Vorschroten mittelharter Stoffe; mit Windsichter oder Siebeinrichtung auch für Feinmahlung von Phosphoriten, Kohle usw.; Mahlringdurchmesser 600—1000 mm; bei 1000 mm Durchmesser und Windsichter 2,5—4 t Phosphorit- oder Kohlemehl mit etwa 15 PS/h für 1 t Gut.

12. **Mahlgänge** (Unter- und Oberläufer) für mittelharte bzw. weiche Stoffe und höchsten Feinheitsgrad (Mehl, Farben), trocken und naß; Durchmesser der Mahlsteine 500—1500 mm; Leistung je nach Feinheit, Art des Rohstoffes usw.; mittlerer Kraftbedarf etwa 10 PS.

13. **Horizontalkugelmühlen** zum Feinmahlen vorgeschroteter mittelharter Stoffe; Mahlbahndurchmesser 1000—1600 mm; Leistung 1—4 t/h; 20 PS/h für 1 t Mahlgut mit 10 % Siebrückstand auf Sieb von 4900 Maschen je cm².

14. **Kugelmühlen** (Kugelfallmühlen) für Vor- und Feinmahlung harter und mittelharter Stoffe, naß und trocken, mit entsprechender Siebbespannung; Mahltrommeldurchmesser 900—3200 mm; Leistungen je nach Art des Gutes usw. ganz verschieden; mittlerer Kraftaufwand 20—40 PS.

15. **Rohrmühlen** zum Feinmahlen aller Art vorgemahlener harter und mittelharter Stoffe, naß und trocken; Mahltrommeldurchmesser 700—2000 mm, bzw. Länge 4000—10000 mm; Leistungen, je nach Art usw., äußerst verschieden; 20 PS/h bei Vermahlen von vorgeschrotetem Gut zu 1 t Mehl und 10 % Rückstand auf Sieb von 4900 Maschen je cm²; Energieaufnahme der Mühlen 25—200 PS; Mahlkörperfüllung Stahlkugeln, Stahlkörper, Flintsteine usw.

16. **Verbundrohrmühlen** sind Rohrmühlen für Vor- und Feinmahlung mit zwei und mehr Mahlkammern; Mahltrommeldurchmesser 1200—2200 mm, Länge 7000—14000 mm; Leistung je nach Art usw. sehr verschieden; 35 PS/h für 1 t Mahlgut aus Drehofenzementklinkern mit 10 % Rückstand auf Sieb von 4900 Maschen je cm²; gesamte Energieaufnahme 100—500 PS.

Auf die gute Zusammenstellung (mit Abb.) in Chemiehütte 1927, S. 493—499, sowie auf Naske: Zerkleinerungsvorrichtungen und Mahlanlagen, Leipzig 1911, sei verwiesen. Die Pochwerke zerstampfen durch Fallstempel; bei den Walzenmühlen wird das Gut zwischen einer festen und einer elastisch gelagerten Walze zerdrückt; die Kollergänge zerdrücken und zerreiben es durch das Gewicht von zwei Läufern (Kollersteinen), die um eine senkrechte Welle auf einer tellerförmigen Bodenplatte rotieren; die Kugelmühlen bestehen im wesentlichen aus einer Trommel, in der eine Anzahl Kugeln kreist oder frei fällt; Mahlgänge werden aus den wagerecht liegenden Mahlsteinen der gewöhnlichen Mehlmühlen gebildet; in den Schleudermühlen bewegen sich Stiftreihen auf Scheiben aneinander vorbei; in den Schlagkreuzmühlen läuft ein Schlagkreuz mit großer Geschwindigkeit in einem zylindrischen Gehäuse; die Glockenmühlen haben einen geriffelten Rumpf mit darin rotierendem, geriffelten Konus. Nach Art der Arbeitsgänge unterscheidet man im wesentlichen Vorbrechen, Schroten und Mahlen.

Sehr schnell umlaufende Mühlen von Spezialkonstruktion zermahlen bis zu kolloidaler Feinheit (Kolloidmühlen).

Sieben.

Siebe dienen zur Trennung körnigen oder pulverigen Gutes oder zum Durchseihen von Flüssigkeiten (Gewebe, Geflechte, durchlochte Bleche oder Roste). Kleinere Siebe bestehen aus Seidengaze, Roßhaaren, Holz, Rohr- oder Drahtgewebe[1] (je nach Art der abzusiebenden Stoffe sowie nach Beanspruchung). Zur Erzielung einheitlichen Sichtgutes empfiehlt es sich, im Laboratorium einen Normalsiebsatz zu verwenden, dessen Siebnummern mit denjenigen der Betriebssiebe übereinstimmen. Diese richten sich entweder nach der Maschenweite oder nach der Zahl der auf 1 cm² entfallenden Öffnungen, so daß die Feinheit des Sichtgutes kurz mit der Nummer des betreffenden Siebes bezeichnet wird.

Handsiebe sind Spannholzreifen von 35—45 cm Durchmesser, in denen das Siebgewebe eingespannt ist. Das Sieb wird auf den genau angepaßten Siebboden (Untertrommel) aufgesteckt, der gleichfalls aus einem meist mit Leder geschützten Reifen von Spannholz besteht (unter Umständen noch Deckel oder Obertrommel). Man benutzt auch wohl direkt einen Siebsatz, um in einem Arbeitsgang mehrere Pulversorten zu erhalten. Das beschickte Sieb wird entweder mit beiden Händen gehalten und durch kleine abwechselnde Stöße hin und her gerüttelt oder es wird offen auf einen sauberen Tisch gestellt, wobei das Absieben unter Reiben (z. B. mit einer Bürste) erfolgt. Oft ist das Handsieb auch als viereckiger Kasten gebaut, der auf einem Lattengestell hin und her geschoben wird.

Wird ein Sieb für verschiedene Zwecke benutzt, dann muß es natürlich nach Gebrauch stets gut gereinigt, gewaschen und getrocknet werden. Längere Zeit nicht benutzte Siebe reinigen sich am besten durch das zu siebende Material selbst, von dem dann das zuerst durchgesiebte wieder zurückgenommen wird. Diese Vorsichtsmaßregel empfiehlt sich überhaupt für alle Fälle. Löcher in den Sieben müssen sofort ausgebessert oder verschlossen werden.

Wir zitieren wiederum nach Chemiehütte 1927, S. 499 ff. und Naske: Zerkleinerungsvorrichtungen usw. einige Siebtypen:

---

[1] Bronze, Eisen, VA-Stahl, Monelmetall usw., vernickelt, verchromt o. dgl.

1. Fest stehende Roste, Lochblechplatten für grobe Vorsortierung; Grubenroste des Krupp-Gruson-Werkes wiegen, bei 50 mm Spaltweite, 1000—1500 mm Breite und 1500—3000 mm Länge, 0,33—1 t.

2. Schwingende oder bewegliche Roste arbeiten schneller; ein Flacheisenrost (3000 × 1300 mm) leistet bei 80 Umläufen je min. und 2 PS Kraftbedarf 100 t/h. Noch leistungsfähiger sind die umlaufenden Stangensiebroste nach Roß (Trommelform 120 mm Spaltweite, 2600 × 2350 × 2460 mm Baumaße, 5 PS, 600 m³/h; Bandform 120 mm, 6300 × 3000 × 3000 mm, 8—9 PS, 600 m³/h).

3. Schüttelsiebe, Siebroste, für wenig staubendes Gut, Grieß- bis Eigröße; Kraftbedarf 0,3—1 PS; Schurrsiebe (Bausand).

4. Siebtrommeln von zylindrischer Form, Sortiertrommeln, Feinsiebtrommeln in staubdichten Kästen; Kraftbedarf 0,5—2 PS.

5. Zentrifugalsichter mit Einbau eines Flügelrades in die Siebtrommel; 2,5—5 PS.

6. Windsichter in staubdichtem Blechgehäuse; ein Windrad stäubt das Gut je nach Feinheit fort; für Zementfeinheit (0,5 % Rückstand auf 4900-Maschen-Sieb) und 400—9000-kg-Stundenleistung bei 300—175 Umdrehungen je min. 0,5—4 PS Kraftbedarf.

Die Dichte von Seidengazen zeigt folgende Tabelle:

Seidengaze . . . . Nr.	7	10	14	16
Metallsieb. . . . . Nr.	100	130	200	250
Maschen . . . . cm²	1460	2500	5840	9150

Die Metallgewebesiebe werden nach Nummern bezeichnet:

Sehr wichtig ist die Entstaubung von Arbeitsräumen[1], in denen Mühlen und Siebe stehen. Sie erfolgt am besten durch dichte Kapselung und Absaugen mittels Ventilatoren. Die staubbeladene Luft wird dann ihrerseits in Staubkammern, Schlauchfiltern (Beth, Lübeck), Sternfiltern, Fliehkraftabscheidern („Cyclon"), durch fein verteilte Wasserstrahlen oder nasse Filtration sowie elektrostatisch entstaubt.

Gewebe-Nr. oder Maschen auf 1 engl. Zoll	Maschen je cm²	Lichte Maschenweite mm
5	3,5	3,03
10	14	1,76
15	33	1,09
20	58	0,857
25	91	0,615
30	130	0,531
40	235	0,403
50	365	—
75	815	—
100	1460	—
150	3280	—
200	5840	—
250	9150	—

Mischen.

Gutes Mischen ist Voraussetzung für viele weitere Arbeitsprozesse und für die Beschaffenheit bzw. das Aussehen des Fertigproduktes. Reaktionen zwischen ungenügend gemischten Körpern verlaufen oft nicht quantitativ. Analysen von Mustern ungenügend gemischter Stoffe bieten keinerlei Gewähr für Richtigkeit.

An einwandfreie Mischvorrichtungen werden daher hohe Anforderungen gestellt.

---

[1] Naske: Zerkleinerungsvorrichtungen und Mahlanlagen. Leipzig 1911.

Mischen fester Körper von Hand erfolgt (als Notbehelf) am einfachsten in der Weise, daß man sie auf einen Haufen schüttet, diesen verschiedene Male ausbreitet und wiederholt von neuem zusammenschaufelt.

Die Mischmaschinen für feste Körper, zu denen auch die Kollergänge, Walzwerke, Schleudermühlen usw. gehören, arbeiten periodisch oder kontinuierlich. Konstruktiv zerfallen sie in den eigentlichen Mischungsmechanismus und den Füllapparat. Die Mischvorrichtung ist im allgemeinen eine horizontal oder etwas geneigt liegende Trommel oder ein Trog, in dem Walzen rotieren, deren Schaufeln, Flügel oder Tatzen in verschiedener Weise ausgebildet sind. Am einfachsten, aber auch unvollkommensten ist die Mischschnecke, bei der die Flügel der rotierenden Walze einen fortlaufenden Schraubengang bilden. Das Mischgut wird durcheinander gearbeitet und nach dem offenen Ende der Trommel hinbefördert.

Bei anderen Konstruktionen rotiert der Mantel (auch geheizt oder gekühlt) oder Mantel und Walze drehen sich in entgegengesetzter Richtung.

Der Füllapparat dosiert die Materialien und schüttet sie automatisch ein. Über die verschiedenen Aufgabevorrichtungen gibt die Chemiehütte 1927, S. 508 ff. einen Überblick.

Man unterscheidet Transportbänder mit Abstreifern, Stoßwagenspeiser, Stoßschuhspeiser, Pendelspeiser, Walzenspeiser, Teller- und Schneckenaufgabe. Teilmaschinen unter Siloausläufen dienen dazu, die Rohstoffe im richtigen Mischungsverhältnis zusammenzuführen. Trommelmischmaschinen ohne Welle von 225—6250 l Rauminhalt brauchen 0,5—10 PS. Mischtrommeln mit Mischflügelwelle von 100—6700 l Inhalt haben 0,8—24 PS zum Antrieb nötig. Die Trogmischmaschinen sind Mischschnecken (unter Umständen mit Dampfmänteln), die, je nach Schwere der Zuführung, 3—15 PS für Stundenleistungen von 2—12 m³ nötig haben.

Tonschneider dienen zum Mischen und Kneten von Ton- bzw. Schamottebrei u. dgl. Bei 1,5—6 m³ Stundendurchsatz (Ton) nehmen sie 3—10 PS auf. Die Misch- und Knetmaschinen arbeiten das Rohgut in einem Trog mittels Knetschaufeln durcheinander. Ihr Energiebedarf ist bei 40—300 l Fassungsraum 1—5 PS. Die Mischkugelmühlen sind doppelkonische Trommeln mit Stahlkugelfüllung (150—500 l Inhalt = 3—7 PS). Die üblichen Mischtrommelmühlen des Betriebes haben 40—7200 l Füllung (= 0,2—10 PS). Die kleinen Topfmühlen des Laboratoriums haben 0,6—1,7 l bzw. 7—20 l Inhalt. In den Holländern werden faserige Stoffe mit großen Flüssigkeitsmengen durchgearbeitet (2—4 m langer Trog, der als endloser Kanal ausgebildet ist; Messer- oder Schaufeltrommel mit 65—200 Umdrehungen je min.). Wasch-, Bleich- und Mahlholländer der Papier- oder Zellstoffabrikation usw. Aufschließmaschinen nach Art der Lorenzschen Birne dienen in der Superphosphatindustrie zum Mischen von Phosphatmehl und H_2SO_4 (Stundenleistungen an Superphosphat 4—22 t, 3—14 PS).

Zum Mischen von Flüssigkeiten können die Mischapparate für feste Körper benutzt werden, wenn sie dicht genug schließen. Im allgemeinen mischt man Flüssigkeiten jedoch durch Rührer und Rührgebläse in Behältern, die nicht allein Mischapparate, sondern zugleich auch Reaktions-, Sammel- und Dekantiergefäße darstellen. Die spezifisch schwersten Flüssigkeiten sollten, wenn reaktionschemisch möglich, zuletzt zugegeben werden, damit sie sich rasch mit den leichteren vermischen. Müssen leichte Flüssigkeiten zuletzt eingefüllt werden, dann benutze man dazu ein bis auf den Boden des Gefäßes reichendes Rohr.

Zur Erzielung vollkommener Mischung (bei ortsfesten Behältern) dienen die Rührer (s. o.), deren schräggestellte Schaufeln die Flüssigkeit entweder nach oben oder nach unten drücken (je nach Stellung und Bewegungsrichtung). Bei Verwendung eines Rührgebläses (Dampf, Luft, Kohlensäure und sonstigen Gase) tritt das Gas am Boden des Gefäßes durch ein Rohr aus einer Anzahl von Öffnungen aus. Diese sind so angeordnet, daß das Gas horizontal und bei stehenden zylindrischen Gefäßen zugleich auch tangential in die Flüssigkeit gelangt, damit es gezwungen ist, einen möglichst langen Weg durch dieselbe zurückzulegen. Das Gas muß unter einem gewissen Druck eingeblasen werden, da sonst die Gasblasen langsam in die Höhe steigen, ohne die Flüssigkeit nennenswert zu zerpeitschen. Daß die Mischgefäße je nach Bedürfnis mit Heiz- oder Kühlmänteln bzw. -schlangen ausgerüstet werden, versteht sich von selbst. Zur Erzielung sehr schneller und großer Temperaturänderung ist die beheizende oder kühlende Oberfläche entsprechend groß zu wählen.

Die an den Mischgefäßen angebrachten Wasserstandsgläser können trügen, weil sie sich oft mit der zuerst in das Gefäß fließenden Flüssigkeit allein füllen.

Zur Vermeidung derartiger Irrtümer entleert man das Wasserstandsrohr nach vollendeter Mischung durch Ablassen oder Hineinblasen, damit es sich mit der einheitlichen Mischung füllen kann. Die gleiche Erscheinung beobachtet man bei Flüssigkeiten, die schwerere Teile ausscheiden und in das Wasserstandsglas hineindrücken können.

Beim Mischen mit Dampf (Erhitzen mit direktem Dampf), ist die Zunahme durch Kondensat zu berücksichtigen. Diese Zunahme kann aus der Temperatur des Dampfes, der spezifischen Wärme und der beabsichtigten Temperaturerhöhung annähernd berechnet werden (s. o.). So gebrauchen z. B. 200 kg Wasser von 25⁰ zur Erwärmung auf 95⁰ C etwa $\frac{200 \cdot (95 - 25)}{606,5 + 0,305 \cdot 150} = \approx 22$ kg Dampf von 150⁰.

Beim Mischen fester Körper mit Flüssigkeiten kann man folgende Fälle unterscheiden: a) Behandeln mit größeren Mengen Flüssigkeit, in der sich der feste Stoff allmählich löst (Rührlösebehälter usw., vgl. oben Rührwerke und den nächsten Abschnitt „Lösen"); b) Vermischen, Kneten, mit kleineren Mengen nicht lösender Flüssigkeiten (s. o. Knetmaschinen; Flüssigkeit nach und nach zugeben, um Knotenbildung zu vermeiden und Homogenität zu erzielen); c) Waschen mit strömender Flüssigkeit (Abschlämmen, Erzaufbereitung, Schwimmaufbereitung oder Flotation; Flüssigkeitseintritt am Boden [Schleifketten] des Schlämmgefäßes: die groben Teile bleiben liegen). Die Schwimmaufbereitung (Flotation) findet in allergrößtem Umfang Verwendung; sie beruht kurz darauf, in Erztrüben unter Ölzusatz usw. durch Rührer eine Schaumemulsion zu erzeugen, welche die Erzteilchen einschließt, während die Gangart am Boden liegenbleibt. Die Ver. Staaten von Nordamerika verarbeiteten 1925 nicht weniger als 45 Mill. t Erz auf diese Weise; rund 90000 t der verschiedenartigsten Chemikalien fanden dabei Verwendung (1926).

Das Mischen von Flüssigkeiten mit Gasen dient sowohl zur Sättigung der ersteren, als auch zum Waschen, Kühlen oder Erhitzen der letzteren. Die Bewegung der Gase erfolgt durch Drücken oder Saugen. Aus Druckgasleitungen tritt beim Undichtwerden Gas in den Arbeitsraum, während sich in undichten Saugeleitungen die Gase mit Luft mischen. Zu absorbierende Gase sollen z. B. bei den günstigsten Absorptionstemperaturen bzw. -drücken (z. B. Hochdruckwaschung von Kohlensäure) einen möglichst langen Weg (Batterieschaltung, Ausrüstung mit Siebböden, Prallflächen, Füllkörpern usw.) durch die Flüssigkeit zurücklegen.

Die zu waschenden Gase werden entweder einfach durch die Waschflüssigkeit hindurchgedrückt oder aber in rationellerer Weise nach dem Gegenstromprinzip behandelt. Das Gas strömt von unten nach oben durch zylindrische, hohe Gefäße, Türme, während die Flüssigkeit als feiner Regen niederfällt. Ist das Gefäß mit Koks, Raschigringen oder anderen geeigneten Füllstoffen beschickt, dann rieselt die Flüssigkeit über diese Füllung nach unten und kommt auf dem langen Wege an den großen Oberflächen innig mit dem Gase in Berührung.

In manchen Fabrikationszweigen (Schwefelsäure, Salzsäure, Salpetersäure usw.) spielen die Reaktionstürme, in denen Flüssigkeiten mit Gasen gemischt und in Reaktion miteinander gebracht werden, eine wichtige Rolle. Sie sind konstruktiv hinsichtlich Form und Gestalt, Art der Zuführung des Gases sowie der Flüssigkeit und hinsichtlich der Art der Füllung sehr verschieden (Quarzbrocken, Koks, Bimsstein, Flint- oder Ziegelsteine, künstliche Füllkörper in Form von Platten, Schalen, Kegeln, Kugeln, Ringen usw.). Möglichst große berieselte Oberflächen, viel frei bleibender Raum, recht lange Zickzackwege für die Gase und ein nicht zu großes Gewicht der Füllkörper sind die Hauptpunkte, die zu beachten bleiben.

Ich (Waeser) habe in der Literatur und in der Praxis ungefähr 70 verschiedene Füllkörperformen gefunden (außer gewöhnlichen Ziegeln, Quarz, Tonbrocken, Koks u. dgl.). Einige Zahlen über säurefeste Füllkörper mögen folgen:

Bezeichnung der Füllung	Größe	Waschfläche m² je m³	Frei bleibender Raum %	Gewicht in kg je m³
Quarzbrocken	12 —25	167,0	47,0	1420
Koks	75	42,5	58,0	470
Hochkantspezialsteine . . .	200 × 100 × 60	38,0	55,0	1090
Porzellan-Raschig-Ringe . .	35 × 35	160,0	92,0 (ber.)	560
Rhomboederfüllkörper (Stellawerke)	100 × 240	17,0	66,0	680
Poröse Schalenfüllkörper (Stellawerke)	140 × 105	38,0	55,5	322
Petersen-Dreikantprismen (Tonwerk Biebrich) . .	90 × 300	18,4	71,0	638
Pryms Dreikantfüllkörper mit Einbau	65 × 65	150,0	65,5	940
Englische Propellerringe . .	100 × 100	73,8	80,0	464
Spiralriesler (Lurgi-Ges.) .	75 × 75	105,0	62,3	880
Kestner-Ringscheiben . . .	30 × 5	270,0	77,0	515

Der Gegendruck von Raschig-Ringen (D.R.P. 286122 und zahlreiche andere Patente) ist erstaunlich gering; er beträgt für 1 m³ Turmraum (= 55000 Stück Schwarzblechringe $25 \times 25 \times 0,8$ mm = 630 kg = 220 m² Waschfläche = 92 % freier Nutzraum) bei 6 m³ Rieselflüssigkeit je Stunde und m² Querschnitt nur 25 mm Wassersäule (1 m Füllhöhe, 1 Sekundenmeter Gasgeschwindigkeit).

In außerordentlich vielen Arbeiten hat man sich mit der Theorie der Türme beschäftigt, um mathematisch die bestmöglichste Art der Füllung und Berieselung berechnen zu können; einen vollen Erfolg hat man damit bisher nicht erzielt. Auf die Verteiler für Rieselflüssigkeit auf Türmen (Düsen, Streudüsen, Zentrifugalzerstäuber, Atomisatoren usw.) kann hier nicht eingegangen werden (vgl. die Spezialwerke über Schwefelsäureindustrie usw.).

In den Kaskadentürmen fällt die Flüssigkeit von Teller zu Teller herunter, während das aufsteigende Gas daran vorbeistreicht.

Außerordentlich intensiv wirken die verschiedenen Arten der Gaswäscher insbesondere in den bekannten Formen der Theisen- (München) und Ströder-Wäscher (I.-G.), bei denen die Flüssigkeiten durch Zentrifugalwirkung versprüht wird.

Das Mischen von Gasen verlangt Berücksichtigung ihrer Dichten und Temperaturen. Im großen benutzt man meist Flügelräder, Rührgebläse, Dampfstrahlexhaustoren und Ventilatoren.

Lösen und Auslaugen.

Die Lösevorgänge sollen im Betrieb schnell und so vollständig wie möglich verlaufen. Einen auch nur annähernden Überblick über die Löseapparate zu geben, ist unmöglich.

Beim Arbeiten mit Rührwerksgefäßen ist daran zu denken, daß die Rührer durch zu reichliche Materialzugabe aufgehalten, verbogen oder zerbrochen werden können. Soll ein bestimmter Verdünnungsgrad innegehalten werden, dann ist das verdampfte Wasser wieder zu ersetzen. Die Spatel, Krücken oder Schaufeln sind aus einem Baustoff herzustellen, der dauerhaft und chemisch indifferent ist. Auch ihre Form ist wichtig; sind sie zu breit, dann ermüdet ihre Handhabung, sind sie zu schmal, dann ist ihre Wirkung gering. Die Länge muß so sein, daß sich die günstigste Hebelwirkung ergibt. Kann man lösen, ohne rühren zu müssen, dann ist es trotzdem unzweckmäßig, die zu lösenden Stoffe auf dem Boden der Lösebottiche aufzuschichten, da die sich bildende konzentrierte Lösung das weitere Lösen oder Auslaugen bald verhindert; das Einhängen (vielleicht in Draht- oder Weidenkörben, auf Lochböden o. dgl.) bewährt sich in dieser Beziehung viel besser.

Die gewöhnlichen Rührgefäße, die man vielfach zum Lösen benutzt, sind schon weiter oben erwähnt worden. Die Abb. 112 zeigt einen modernen Dauerlöser der G. Sauerbrey A.-G., Staßfurt, für die Kaliindustrie mit Drehtrommel, die im Innern Hubschaufeln und ferner dachartige Einbauten trägt. Das Salz und die Löselauge werden beide vorn zugeführt.

Solche für die Kaliindustrie in den verschiedensten Ausführungen gebauten Löseapparate leisten 20—30 t Salz in der Stunde.

Einen völlig anderen Löseapparat bringt die Firma Willy Salge & Co., Berlin W 62, in den Handel. Er dient dazu, das bisher außerordentlich umständliche und gefährliche Lösen von festem Ätznatron ohne Zerkleinerung oder Energieaufwand bequem und gefahrlos zu

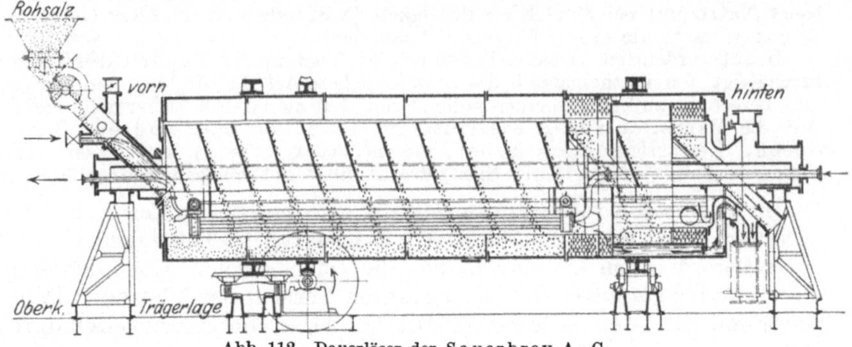

Abb. 112. Dauerlöser der Sauerbrey A.-G.

machen (Abb. 113). In die Ätznatronblechtrommel werden Löcher eingeschlagen; dann wird die Trommel durch einen Greifer in den oberen

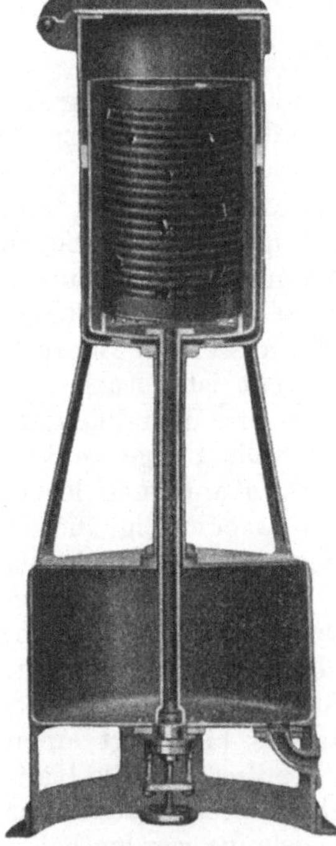

Abb. 113. Löser
(Willy Salge & Co.).

Teil des Apparats eingesetzt, den man nun bis über den Rand der Innentrommel z. B. mit Wasser füllt. Das Ätznatron beginnt sich sofort zu lösen; die spezifisch schwere Lösung fließt durch das Verbindungsrohr ab, indem sie gleichzeitig dauernd Wasser oder verdünntere Lösung nach oben drückt. Man kann eine Ätznatrontrommel (300 kg) in $1^1/_2$ Stunden verarbeiten und Laugen von 45° Bé (1,453) erzielen. Der handliche Apparat wird auch für mehrere Trommeln ausgeführt.

Dem Auslaugen und Extrahieren dient eine Reihe von Spezialapparaten, die für periodischen oder kontinuierlichen Betrieb, mit oder ohne Reihenschaltung der Einzelgefäße, gebaut sind. Man mache der liefernden Firma genaue Angaben über die Natur der zu verarbeitenden Stoffe usw. (Einsendung einer Probe) und lasse sich entsprechende Angebote ausarbeiten. Einige nähere Daten finden sich u. a. in Chemiehütte 1927, S. 246ff. (stehende Extrakteure mit und ohne Rührwerk, liegende mit Rührwerk oder rotierende). Wichtig ist die Wiedergewinnung der flüchtigen Lösungsmittel nach dem Kresolverfahren[1] von Brégeat, dem Aktivkohleverfahren[1] der I.-G. (Bayer) oder dem ähnlichen Aktivkieselsäureverfahren (Silica-Gel-Verfahren), das in einer

---

[1] Vgl. Eckelt u. Gaßner: Projektierungen und Apparaturen für die chemische Industrie, S. 142ff. Leipzig 1926.

Ausführungsform der Firma A. Borsig, Berlin-Tegel, hier schematisch dargestellt ist (Abb. 114, ————— Gas, ×××× Gel, —×—×— Gas und Gel, —o—o— Rauchgas, oooooo Lösungsmittel).

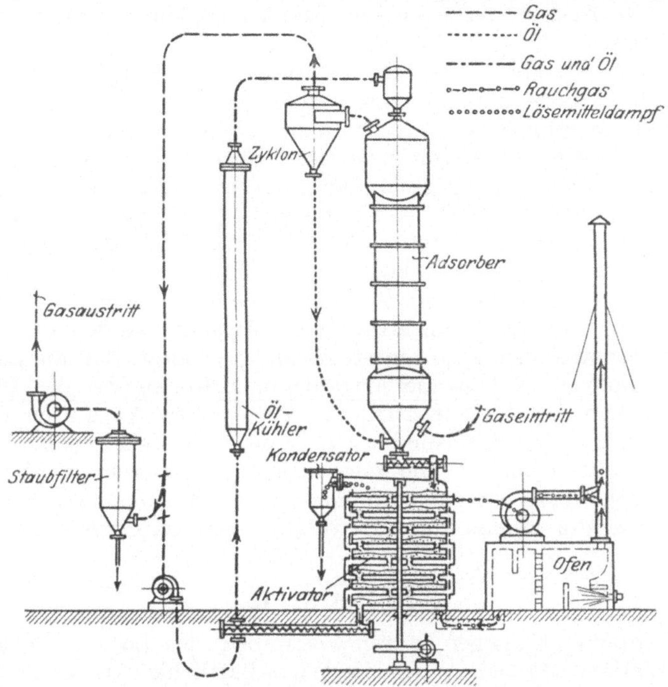

Abb. 114. Wiedergewinnung von flüchtigen Lösungsmitteln durch Aktivkieselsäure (A. Borsig).

Das zu reinigende Gas durchströmt den Absorber von unten nach oben, während von oben staubförmiges Gel herabrieselt. Die Austreibung der adsorbierten Stoffe erfolgt mittels Dampf in einem indirekt beheizten Ofen; das regenerierte Gel wird pneumatisch zurückgeführt.

Ausschütteln.

Durch das Ausschütteln wird ein in Lösung befindlicher Körper mittels eines anderen (mit dem ersten nicht mischbaren) Lösungsmittels extrahiert (in erster Linie zwecks Reinigung). Wichtige Ausschüttelungsmittel sind Wasser, Äther, Chloroform, Amylalkohol, Benzin, Benzol usw.

Die Extraktion soll mit relativ wenig Extraktionsmittel möglichst schnell erfolgen. Die Apparaturen können als liegende oder stehende, selten als schräggestellte Rührwerke (denn es sind im Grunde Rührwerke) ausgebildet sein, die periodisch oder kontinuierlich arbeiten.

Liegende Rührwerke haben den Vorteil, daß sie die beiden Flüssigkeiten innig mischen und die extrahierende Flüssigkeit stark an-

reichern. Dem steht als Nachteil u. a. gegenüber, daß sie während der
zur Trennung der beiden Schichten erforderlichen Zeit abgestellt werden
müssen und daß diese Trennung sehr langsam vor sich geht (oftmals
ist eine gute Ausschüttelung wegen Emulsionsbildung überhaupt nicht
zu erreichen).

In den stehenden Ausschüttelungsrührwerken wird die aus-
zuschüttelnde Lauge durch entsprechend gebaute Rührer in gleichmäßig
kreisende Bewegung versetzt, während gleichzeitig die spezifisch leichtere
extrahierende Flüssigkeit von unten nach oben hindurchgedrückt wird.
Diese nimmt an der kreisenden Bewegung teil und steigt in Spiralen
in der auszuschüttelnden Flüssigkeit empor, indem sie sich dabei mit
dem zu extrahierenden Stoffe belädt. Emulsionsbildung ist ausgeschlossen. Die Gefäße sind hoch genug (unter Umständen Volumen-
zunahme) zu bauen und mit Ablaufstutzen in verschiedenen Höhen
auszurüsten. Um die Konzentration zu steigern, werden die Einzel-
behälter terrassenförmig so hintereinandergeschaltet, daß die aus dem
höchsten Bottich abfließende extrahierende Flüssigkeit die Batterie
in natürlichem Gefälle durchströmt. Mit solchen Apparaten können
selbst stark zur Emulsionsbildung neigende Flüssigkeiten kontinuierlich ausgeschüttelt werden. Die gewonnenen Lösungen sind konzentriert.

Der extrahierte Rückstand enthält meist einen Teil der ausschüttelnden
Flüssigkeit gelöst, welche durch Destillation usw. wiedergewonnen wird.

Eindampfen.

Eindampfen, Einengen, durch Vertreiben des Lösungsmittels erfordert Wärme. Maßgebend für die Wirtschaftlichkeit ist demnach die
Brennstoffmenge, welche zum Verdampfen von 1 kg Wasser oder
anderen Lösungsmitteln verbraucht wird. Die fast unzähligen Bauformen von Eindampfapparaten gipfeln alle in verschiedenartigen,
möglichst rationellen Heizmethoden. Treten schädliche oder belästi-
gende Dämpfe auf, dann ist entweder in geschlossenen, am Saugzug
hängenden Apparaten oder in offenen Schalen im Abzug zu verdampfen.
Zur Erzeugung guten Zuges müssen geschlossene Einkochapparate eine
im Deckel an der entgegengesetzten Seite des Ableitungsrohres befindliche Lufteintrittsöffnung haben (Querschnitt darf nicht größer sein,
als an der Absaugstelle!).

Bei dieser Gelegenheit sei der Bau der Abzugsvorrichtungen
mit einigen Worten gestreift. Viele auf natürlichem Zug beruhende
Anlagen sind betriebsunzuverlässig (Witterung, Windverhältnisse usw.).
Selbst die hohen Essen der Dampfkesselanlagen, an welche man die
Abzugskanäle aus den Betrieben gern anschließt, saugen energisch nur,
wenn sie warm sind. Um heiße aufströmende Luft als saugendes Mittel
zu erzeugen, läßt man in Abzügen oft eine Flamme brennen (Voraussetzung, daß sich die abziehenden Gase und Dämpfe nicht entzünden
können). Auch durch Wasser- oder Dampfstrahlgebläse sowie in erster
Linie durch Ventilatoren kann der Zug verstärkt werden. Die Strahl-
gebläse absorbieren und reinigen zugleich schädliche Gase. Baustoff

für Ventilatoren sind Steinzeug, VA-Stähle usw.; die konstruktiv einfachsten sind für diesen Zweck vorzuziehen.

Jeder Abzugsraum sollte außer der (trichterförmig angeschlossenen) Abzugsleitung noch eine zweite, unabhängige in Höhe der Arbeitsplatte besitzen, um auch die schweren Dämpfe schnell beseitigen zu können. Der Abzugsraum selbst bleibt bis auf die Bedienungsöffnung geschlossen (unter Umständen weiterer Schutzverschlag).

Mit zunehmender Länge der Saugleitung muß der Querschnitt vergrößert werden, um die Reibung auszugleichen (keine rauhen Oberflächen). Außerdem baut man Saugleitungen nie ganz wagerecht, sondern gibt ihnen mäßiges Gefälle, um etwaige Kondensate abführen zu können (sonst leicht Undichtwerden der Leitungen).

Das Eindampfen erfolgt mittels direkter Feuerung, mittels Dampf (mit und ohne Vakuum) oder mittels Heizbädern.

Direkte Feuerung ist nur noch zur Erzielung höherer Temperaturen üblich (Einschmelzen von hochkonzentrierten Laugen usw). Auch Abgase können ausgenutzt werden.

Baustoff für die Einkochgefäße mit direkter Feuerung ist Guß- und Schmiedeeisen (selten Kupfer). Bei dem Einmauern der Kessel ist zu beachten, daß ungeschützte Wandungen nicht der Stichflamme ausgesetzt sein dürfen (Durchbrennen). Die Gefäße müssen zwecks guter Wärmeausnutzung so voll, wie möglich, gehalten werden.

Den Bau größerer Feuerungsanlagen überläßt man am besten und gleichgültig, ob es sich um direkte Halbgas- oder Gasfeuerung handelt, einer Spezialfirma (vgl. Generatoren und Öfen).

Das Kochen mittels Heizdampf wird im allgemeinen um so lebhafter sein, je größer das Temperaturgefälle (Differenz zwischen den Temperaturen des Heizdampfes und der eindampfenden Lauge) ist. Lebhaftes Sieden fördert die Wärmeübertragung und verringert die Krustenbildung. Ungenügende Bewegung der eindampfenden Lauge verzögert das Loslösen der sich an den Wandungen und Röhren festsetzenden, den Wärmedurchgang hindernden Luft- und Dampfblasen.

Zur Abschätzung der in der Praxis für die verschiedensten Heizzwecke gebrauchten Wärmemenge sei zunächst daran erinnert, daß 1 kg gewöhnlicher Kesseldampf von 6—7 Atm. Spannung rund 560 kcal. abzugeben vermag. In der Praxis werden durchschnittlich je kg Dampf 500 kcal. ausnutzbar sein. Die Wärmemenge, die in der Zeiteinheit je Grad Temperaturdifferenz durch die Einheit der Metallfläche vom wärmeren auf das kältere Mittel übertragen wird, heißt Wärmeübergangszahl oder Wärmetransmissionskoeffizient). Die Wärmeübertragung ist abhängig:

1. von der Größe und Form der Metallflächen,

2. vom Metall der Heizkörper bzw. von dessem Wärmeleitungsvermögen,

3. von der Menge des Dampfes und seiner Strömungsgeschwindigkeit und

4. von der spezifischen, Verdampfungs- bzw. Schmelzwärme sowie von der Viskosität der zu erwärmenden Stoffe.

Es ist nicht möglich, an dieser Stelle einen auch nur annähernden Überblick über die theoretischen Grundlagen der Berechnung von Verdampferflächen[1] zu geben. Der Wärmeleitungskoeffizient k_t gibt die Menge Wärme (in cal) an, welche in 1 Sekunde durch eine Platte von 1 cm Dicke von jedem cm^2 Querschnitt hindurchgelassen wird, wenn die Temperaturdifferenz zwischen beiden Plattenflächen 1^0 C ist:

Aluminium	$k_t = 0,3610$	(100^0)	$\alpha = +0,00054$
Silber	$k_t = 0,9919$	(100^0)	$\alpha = -0,00017$
Eisen	$k_t = 0,1627$	(100^0)	$\alpha = -0,00023$
Schmiedeeisen	$k_t = 0,2070$	(0^0)	
„	$k_t = 0,1567$	(100^0)	
„	$k_t = 0,1357$	(200^0)	
„	$k_t = 0,1240$	(275^0)	
Gußeisen	$k_t = $ etwa $0,135$	(0^0)	
Puddelstahl	$k_t = 0,1375$	(15^0)	
Bessemerstahl	$k_t = 0,0964$	(15^0)	
Martinstahl	$k_t = 0,1327$	$(0—10^0)$	
Kupfer	$k_t = 0,9380$		$\alpha = +0,000039$
Platin	$k_t = 0,1733$	(100^0)	$\alpha = +0,00053$
Zink	$k_t = 0,2619$	(100^0)	$\alpha = -0,00015$
Zinn	$k_t = 0,1423$	(100^0)	$\alpha = -0,00069$
Geschmolzener Quarz . .	$k_t = 0,0026$	$(0—17^0)$	
Glas	$k_t = 0,0011—0,0023$	$(10—15^0)$	
Porzellan	$k_t = 0,0025$	(95^0)	
Steinzeug	$k_t = $ etwa $0,008$		
Gips (künstlich)	$k_t = 0,0009$	(0^0)	
Kesselstein	$k_t = 0,00313$	$(50—80^0)$	
[Wasser	$k_t = 0,00145$	$(32^0)]$	
[Wasserdampf	$k_t = 0,0000551$	$(100^0)]$	

α ist der Temperaturkoeffizient: $k_t = k_0 (1 + \alpha t)$. Der Wert für Stähle vom VA-Typ beträgt etwa 0,12, der für Ferrosiliciumguß erreicht nur etwa 50—85% von dem für gewöhnliches Gußeisen. Auf Grund obiger Zahlen haben Josse und Hausbrand (Chemiehütte 1927, S. 259) die Wärmeleitung in kcal für 1 m^2 Fläche, 1^0 Temp.-Unterschied, 1 Std. und 1 mm Wandstärke berechnet:

Aluminium	125000—130000	kcal
Blei	28000— 28400	„
Eisen	51000— 56000	„
Kupfer	300000—330000	„
Messing	90000	„
Rotguß	60840	„
Zink	105000	„
Zinn	54000	„

Im Verdampfer — stellen wir uns eine Kupferschlange von 1 cm Wandstärke und 1 m^2 Fläche vor, durch welche Heizdampf von 4 Atm. Überdruck ($t = 151^0$) strömt, um Wasser zu verdampfen — handelt es sich nicht allein um Wärmeleitung, sondern in erster Linie um Wärmeübergang vom Dampf auf das Kupfer, Wärmefluß durch dieses und Wärmeabgabe seitens der heißen Kupferwand an das Wasser. Die unter diesen Verhältnissen stündlich durch die Heizfläche F zu übertragende Wärmemenge Q ist dann:

$$Q = k \cdot F (t_1 - t_2),$$

---

[1] Hausbrand: Verdampfen, Kondensieren und Kühlen, 6. Aufl. Berlin 1918.

wenn t_1 die Heizdampftemperatur, t_2 die Flüssigkeitstemperatur und k die Wärmedurchgangszahl bedeutet. Für diese gilt:

$$k = \frac{1}{\dfrac{1}{\alpha_1} + \dfrac{1}{\alpha_2} + \dfrac{\delta}{\lambda}},$$

(Wärmeübergangszahlen α_1 für Dampf = bis zu 10000 und α_2 für siedendes Wasser = 4000—6000; δ = Wandstärke in m; λ Wärmeleitungszahl für Kupfer 320, Eisen um 50, Blei 28 usw., s. o.). Für das Zahlenbeispiel $F = 1\,\mathrm{m}^2$, Dampf 4 Atü = 151°, $\delta = 0,01\,\mathrm{m}$, $\alpha_1 = 6000$, $\alpha_2 = 4000$, $\lambda = 320$, $t_2 =$ Temp. der siedenden Flüssigkeit = 100°) ergibt sich $k = 2237$ und demnach:

$$Q = 2237 \cdot 1 \, (151 - 100),$$
$$Q = 114087 \text{ kcal.}$$

Rechnerisch könnten also 114087 : 640 = 175 kg kaltes Wasser je Std. verdampft werden. Bei einer Rohrwandstärke von 3 mm wird $k = 2352$ und demnach $Q = 119952$ (= 187 kg Wasserverdampfung je m^2/h). Unter Berücksichtigung der allmählichen Inkrustierung der Heizflächen, ihrer nicht völligen Ausnutzung, der verschiedenen Temperaturen, des Entstehens von Wärmestauungen, der Druckabnahme im Rohr und der Abstrahlung kommt man statt der obigen 2352 kcal auf etwa 1200—1500 kcal je $\mathrm{m}^2/\mathrm{h}/1°\,\mathrm{C}$ Temperaturdifferenz bei 3 mm Kupferwandstärke und 4 Atü Heizdampfspannung (Wasserverdampfung). Für schmiedeeiserne Heizrohre ist dieser Wert mit 0,75, für gußeiserne mit 0,50 und für bleierne mit etwa 0,45—0,50 zu multiplizieren.

Die Vielgestaltigkeit der praktischen Verhältnisse wird klar, wenn man überlegt, daß der Wärmeübergang mit der Länge und der lichten Weite der Heizschlangen abnimmt und daß ferner die Strömungsgeschwindigkeit des Dampfes sowie das bei den verschiedenen einzudampfenden Laugen bzw. Salzlösungen stark wechselnde Wärmeleitvermögen (sowie die spezifischen Wärmen) eine wichtige Rolle spielen.

Es sei im Anschluß an diese Ausführungen erwähnt, daß sich die Berechnung von Destilliergefäßen oder von Kühl- und Vorwärmungsflächen sinngemäß an obiges Schema anlehnt. Für nicht siedendes Wasser, das sich (z. B. in Wärmeaustauschern) mit der Geschwindigkeit w längs der Heizfläche bewegt, ist die Wärmeübergangszahl beispielsweise $\alpha = 300 + 1800 \sqrt{w}$.

Erfahrungsgemäß kann man in offenen Gefäßen mit Kesseldampf (4 Atü) und üblichen kupfernen Heizschlangen (von 2—4 mm Wandstärke und nicht zu großer Länge) 100 l Wasser je m^2 Heizfläche und Stunde verdampfen. Bei Anwendung von Doppelböden oder Heizmänteln (zur Verringerung des Wärmeverlustes isoliert) beträgt die Leistung nur gegen 90% der obigen. Für dünne Laugen (statt Wasser) rechnet man bei Heizschlangen aus Kupfer etwa 70%, aus Schmiedeeisen 60%, aus Gußeisen 40% und aus Blei rund 33% der für Wasserverdampfung an Kupferrohren gültigen Werte.

Hat man dicke, zähflüssige oder kristallinische Flüssigkeiten zu erhitzen, dann kann die Wärmeübertragung selbst durch Kupferrohre bis auf 300 oder 200 kcal sinken.

Um beispielsweise zu berechnen, wie lang eine Heizschlange aus Bleirohr von 40 mm l. W. und 3 mm Wandstärke sein muß, wenn aus einer dünnen Lauge (20^0) stündlich 25 kg Wasser mit Dampf von 4 Atm. Kesseldruck $= 143^0$ C abzudampfen sind, macht man folgenden Ansatz: 25 kg Wasserdampf aus einer anfänglich 20^0 warmen Lauge entsprechen $(80 + 540) \times 25 = 15500$ kcal; 1 m² Bleiheizfläche überträgt stündlich (33% von 1200—1500 kcal je m²/h und ^{0} C) rund 445 kcal bei einer Temperaturdifferenz von 1^0; bei einer solchen von $143 - 100 = 43^0$ also $43 \cdot 445 = 19135$ kcal. Es sind demnach zur Übertragung von 15500 Kal. 0,815 m² Bleiheizfläche erforderlich; diese 0,815 m² entsprechen einer Rohrlänge von $\dfrac{0,815}{\pi \cdot 0,04} = 6,5$ m. Bei der Berechnung ist die Abnahme des Dampfdruckes in dem letzten Teile des Bleirohres nicht berücksichtigt; auch die im Eindampfgefäß durch Strahlung verlorengehende Wärme ist nicht eingesetzt. Diese ist je nach Form und Isolierung des Gefäßes verschieden. Die Strahlung kann man überschläglich aus folgenden Angaben errechnen:

Die je Stunde und m² ausgestrahlte Wärmemenge (nach Péclet) S ist, wenn t die Temperatur des Körpers und t_0 die Temperatur der Umgebung bedeutet, gleich

$$124,72 \, k \, 1,0077 \, t_0 \, (1,0077 \, t - 1) \text{ cal.}$$

Der Wärmeausstrahlungskoeffizient k hat für eine Reihe von Stoffen folgende Werte:

Eisen	3,17	Ölanstrich	3,71
Eisen verbleit	0,65	Papier	3,77
Bausteine	3,60	Sand	3,62
Glas	2,91	Schwarzblech	2,77
Gips	3,60	Silber	0,13
Holz	3,60	Wolle	3,68
Kupfer	0,16	Zink	0,24
Messing	0,26	Zinn	0,22
Öl	7,24		

Die Gesetze der Wärmestrahlung lassen sich auf die Verhältnisse der Praxis nur schwierig übertragen. Die Fortpflanzung der Wärme erfolgt bei hohen und höchsten Temperaturen in erster Linie durch Strahlung und nicht mehr durch Leitung (wichtig für Ofenbau usw.).

Die sich während des Eindampfens ausscheidenden festen Substanzen sind durch Schaufeln, Krücken, selbsttätig wirkende Rührer o. dgl. zu entfernen (sie wirken sonst als Isolierschicht). Eingelegte Heizschlangen werden in solchen Fällen am besten ganz vermieden oder wenigstens so angeordnet, daß die Beseitigung der ausgeschiedenen Massen zwischen den Heizrohren nicht schwierig ist. Der Bildung von Schaum beugt man dadurch vor, daß man ihn abschöpft oder Schaumbrecher einbaut (auch Zusätze von Öl, Äther, Benzin u. dgl., Anwendung schnell kreisender Schaufeln usw.).

Die Heizdampfleitung soll mit Gefälle verlegt werden, da sich sonst Kondenswasser im Apparat ansammeln kann (Verkleinerung der Heizfläche, Wasserschläge usw.). Die Kondenswasserableitung ist beständig zu überwachen. Die Luft muß aus dem Heizkörper verdrängt werden (sonst schlechte Dampfausnutzung).

Die Form der Heizschlange und die Art der Rohrverbindung ist von den besonderen Verhältnissen abhängig (z. B. chemische Beeinflussung, Art des Eindampfrückstandes, gleichzeitiger Einbau von Rührern, Entleerungs- bzw. Füllstutzen, Thermometern u. dgl.). Bei später notwendig werdender Auswechslung der Packung des Eintrittstutzens, darf die Heizschlange nicht gedreht oder propfenzieherartig verbogen werden. Es wird daher am Eindampfgefäß zunächst ein Flanschenstutzen angebracht, das Ende der Heizschlange wird nun von innen nach außen durchgesteckt bzw. mit Bordscheibe versehen und schließlich wird es gemeinsam mit dem Gefäßstutzen an das Dampfrohr angeflanscht. Die Heizrohre können auch in die Wandung des Eindampfgefäßes eingegossen sein; ein solcher Behälter wird teuer und die Wärmeübertragung schlechter, aber man spart an Baustoff und hat den ganzen Innenraum für Reaktionen zur Verfügung (Frederking-Apparate).

Thermometer und Manometer sind stets in genügender Zahl vorzusehen und man sollte sich hüten, zu behaupten, daß es auch ohne solche Meßinstrumente geht, die sich bald bezahlt machen.

Die Kondenstöpfe sollten das Wasser stets sichtbar abfließen lassen (s. o.), um beständig kontrollieren zu können. Die dauernde analytische Beobachtung ist wichtig, damit Undichtigkeiten sofort bemerkt werden (automatische Kontrolle nach der Leitfähigkeitsmethode mit Wheatstonescher Brücke o. dgl.). Das heiße Kondenswasser wird in einer Grube mit Pumpe gesammelt (für Kesselspeisung, Lösen von Salzen, Vorwärmen usw.).

Um das Eindampfen noch wirtschaftlicher zu gestalten, können die sich entwickelnden Dämpfe, die sog. Brüden, wiederholt nutzbar gemacht werden (Wärmepumpe). Am zweckmäßigsten sind Vakuumapparate. Je nach Art der Brüdenausnutzung (1-, 2-, 3mal usw.) unterscheidet man **Ein-, Zwei-, Drei- und Mehrkörperapparate**, bei denen der in einem Körper erzeugte Dampf zum Heizen des jeweils nächsten dient. So braucht man theoretisch in einem Vierkörperapparat nicht mehr Dampf, als in einem Einkörperapparat und nur den vierten Teil des Kühlwassers (nämlich nur für den letzten Körper).

Eindampfen in Vakuumapparaten ist vorteilhaft und billiger, weil alle Flüssigkeiten unter Minderdruck erheblich tiefer sieden (im allgemeinen praktisch um 50°). Die Temperaturdifferenz zwischen Dampf und Flüssigkeit wird daher größer und auch die effektive Leistung der Heizfläche steigt.

Ganz überschläglich kann man annehmen, daß im Vakuum je m² Heizfläche mit

	Abdampf	Kesseldampf
aus reinem Wasser . . . . gegen	100 l	150 l
„ dünnen Laugen . . . . „	60 l	90 l
„ dicken „ . . . . „	35 l	45 l

Wasser in der Stunde verdampft werden können. Für zu hoch siedende oder zersetzliche Stoffe kommt allein die Anwendung des luftverdünnten Raums in Frage (für Eindampfung und Destillation).

Bei den Vakuumverdampfapparaten ist die Güte der Kondensation und die davon abhängende Höhe des Vakuums, also die Leistung der Luftpumpe, von hervorragender Wichtigkeit. Im Kondensator wird der vom Verdampfer kommende Dampf durch eingespritztes Wasser verflüssigt und die Luftverdünnung durch eine Luftpumpe aufrechterhalten.

Eine Luftpumpe, die außer Luft zugleich das Dampfkondensat beseitigt, heißt nasse Luftpumpe (s. o.). Trockene Luftpumpen saugen nur die Luft aus dem Kondensator ab, während dessen Sammelwasser durch eine andere Pumpe oder durch freies Gefälle (mindestens 10 m; Fallwasser) abgeführt wird.

Die Kondensatoren sind als Einspritz- oder als Oberflächenkondensatoren gebaut (bei ersteren fließen Kühlwasser und Kondensate zusammen, letztere kühlen indirekt durch Rohrsysteme). Das für Einspritzkondensatoren verwandte Wasser muß also rein sein, um ein Verschleißen der Pumpenkolben zu verhüten.

Es ist wichtig zu prüfen, ob mit dem Kondensationswasser nicht wesentliche Mengen der einzuengenden Lösung mit übergehen (Schaugläser, Wasserstandsrohre, Vorschaltgefäß in der Vakuumleitung zum Kondensator und laufende Untersuchung des Pumpenwassers).

Bei Beginn des Eindampfens im Vakuumapparat soll zuerst das Vakuum angeschlossen und dann erst der Dampf angestellt werden (sonst leicht Überkochen). Die Vakuumleitung ist nur allmählich zu öffnen.

Die Bauarten der Vakuumverdampfer, die zu den wichtigsten Apparaten der chemischen Industrie gehören, sind außerordentlich verschieden[1]. Genannt seien die Verdampfer mit senkrecht stehendem Heizrohrsystemen, mit eingehängten, senkrechten Heizkörpern, mit zentraler Dampfzuleitung von oben, mit Schlangenrohren oder mit außen liegenden Heizsystemen, die Zirkulationsverdampfer und die Verdampfer mit angeschlossenen Nutschen für Salzausscheidung oder mit Rührwerk.

Die Abb. 115 stellt eine Zweikörperverdampfanlage für Zuckersäfte im Schema dar, um daran nach Block: Achema-Jahrbuch 1925, S. 114ff., zugleich einige allgemeine Fehler zu charakterisieren. Die scharfkantig auf den Verdampfer a aufgesetzten Stutzen bzw. Anschlüsse n, n_1, g und m ziehen Drosselverluste nach sich; sie stören Dampfgeschwindigkeit und bewirken schlechte Dampfausnutzung. Auf der einen Seite strömt der Abdampf der Kraftmaschine in die Heizkammer, auf der anderen der Frischdampf (gegenseitige Störung; scharfe Strahlen bewirken Korrosion). Der Lufteintrittstutzen i (zum gelegentlichen Niederschlagen des Schaumens) sitzt so, daß leicht Schaum in den Übersteiger und die Brüdenleitung q hinübergerissen werden kann. Das Rücklaufrohr c ragt zu weit über den Heizboden heraus (es bleibt Saft stehen, der verdirbt und Rostbildung begünstigt; auch die Heizrohre b sind zu lang). Rücklaufrohr p des Übersteigers (Schaumfängers) o mündet

---

[1] Vgl. außer dem bereits zitierten Werk von Hausbrand ferner Greiner: Verdampfen und Verkochen. Leipzig 1912, und Chemiehütte 1927, S. 280.

wagerecht in den Saftraum; der Saft wird in diesem Fall unmittelbar in die Brüdenleitung hineingerissen. Der Kondenswasseraustritt t liegt zu hoch über dem unteren Rohrboden (ungünstige Heizflächenausnutzung; Kondensat bleibt stehen; Rosten). Kondenstopf u muß tiefer stehen und eine Entlüftungsschraube auf dem Deckel tragen. Der kalte Saft wird durch k in den Ansatz f eingeleitet (statt ihn von oben auf die Heizkammer zu führen) und dann zum Teil sofort durch l in den zweiten Körper hinübergerissen; beim Einströmen durch r kommt es zur plötzlichen Zerstäubung und zu Saftverlusten. Die Unterböden d und s legt man häufig so dicht unter den Heizboden e (um den

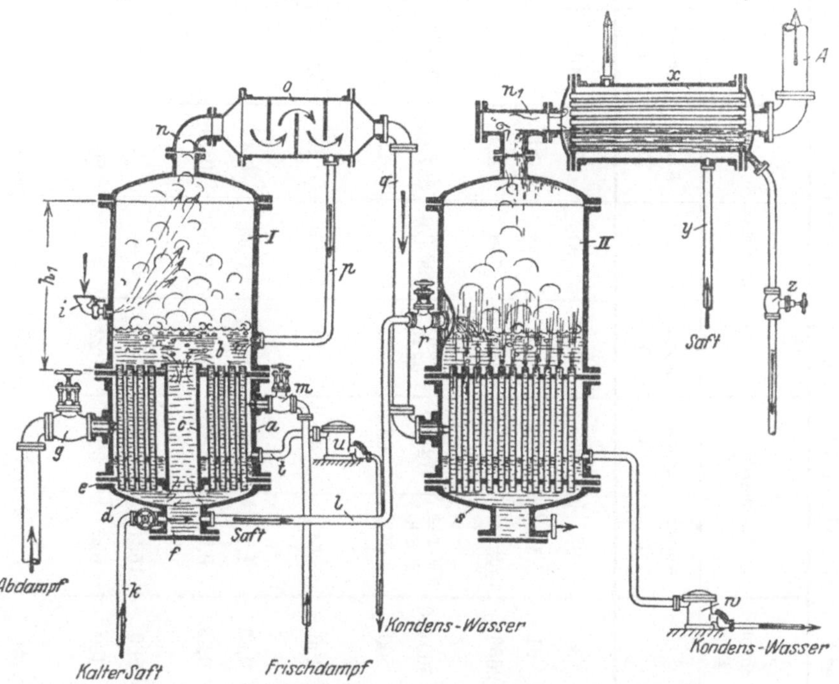

Abb. 115. Schema einer Zweikörper-Verdampfanlage nach Block.

toten Raum zu verkleinern), daß man dann an die unteren Rohrdichtungen nicht mehr herankommen kann, ohne die Böden abschrauben zu müssen. In der Zeichnung bedeutet x einen Saftvorwärmer (Zuleitung y, Brüdenkondensatablaß z), w einen Kondenstopf und A den Anschluß an den Fallwasserkondensator, hinter dem die Vakuumpumpe liegt.

Man spricht von Verdampfung im Simple-, Double-, Triplebzw. Quadrupleeffet, wenn man mit 1, mit 2, mit 3 oder mit 4 Körpern arbeitet. Von den von Rüttimann in Chemiehütte 1927, S. 291 ff., mitgeteilten Verhältniszahlen für die Verdampfung in 1—4 Stufen seien einige hier wiedergegeben (Heizdampftemp. stets 112°):

Verhältniszahlen für Vakuum-Verdampfer.

	A Simple-Effet	B Double-Effet		C Triple-Effet			D Quadruple-Effet			
		Körper I	Körper II	Körper I	Körper II	Körper III	Körper I	Körper II	Körper III	Körper IV
Siedetemperatur	60	92	60	103	90	60	103	93	80	60
Vakuum (cm) im Kochraum	61	19	61	9	23	61	9	17	40	61
Gesamte Verdampfleistung in kg . .	2666	1433	1233	1068	799	799	866	600	600	600
kcal, die durch die Heizfläche zu übertragen sind	1509690	776144 28800[1]	614760	569312 28800[1]	396576	387590	462444 28800[1]	293764	295900	301145
Heizfläche je m²	65	65	65	65	65	65	65	65	65	65
Wasserverdampfung/h in % der Gesamtleistung	100	54	46	40	30	30	32,5	22,5	22,5	22,5
Wasserverdampfung in kg für 1 m² und 1⁰ Temperaturunterschied .	0,63	1,1	0,6	1,83	0,95	0,41	1,48	0,92	0,71	0,46
1 kg Heizdampf leistet theoretisch kg	0,932	0,94	0,81	0,95	0,708	0,708	0,93	0,64	0,64	0,64
Heizdampfmenge in kg, die in 1 Std. in den ersten Körper einzuführen ist	2860	1524	—	1130	—	—	930	—	—	—
Wärmeübertragungskoeffizient[2] . . .	450	620	300	1022	470	200	840	452	350	232

[1] Anwärmeleistung des ersten Körpers.   [2] Je m² und Stunde für 1⁰ Temperaturunterschied.

Die Brüdendampfmengen, die bei A—D noch zur Kondensation gehen, betragen in kg 2443, 1010, 576 und 377. Trotzdem sie teilweise zur Vorwärmung der Dünnlauge dienen, bedeutet ihre Verdichtung durch Einspritzwasser doch einen erheblichen Wärmeverlust, weil das warme Abwasser oft nutzlos ablaufen muß. Unter Weglassung der Vakuumpumpe und Kondensation ist man daher in letzter Zeit in manchen Betrieben zur Verdampfung unter Druck übergegangen. Mit Fabrikabdampf von 1,3 Atm. = 125° betragen die Siedetemperaturen (Gefälle nur 20°) bei Dreifachverdampfung in Körper I etwa 118°, in II: 112° und in III: 105° (Abdampf für Vorwärmung ausgenutzt). Die Wärmedurchgangsziffern (stündlich je m² und ° C Temperaturunterschied) werden jetzt mit 3000 kcal im 1. Körper, 2400 kcal im 2. Körper und 1680 kcal im 3. Körper größer (Verkleinerung des Dampfverbrauchs um 10%). — Aussichtsreich und wichtig sind die Rohrverdampfer, bei denen Flüssigkeit und Heizgase in Drehrohren aneinander vorüberstreichen.

Das Eindampfen mittels Heizbädern ist zwar an sich unwirtschaftlich, läßt sich aber in gewissen Fällen nicht umgehen. Es kommen Metall- (geschmolzen und als Pulver), Sand-, Öl-, Wasser- oder Luftbäder sowie solche unter Benutzung von Salzlösungen, Glyzerin und anderen Flüssigkeiten in Frage, wenn bei direktem Feuer Gefahr besteht, wenn bestimmte und sehr gleichmäßige Temperaturen erfordert werden oder wenn man mit empfindlichen Ton- bzw. Porzellangefäßen arbeiten muß. Der Heizeffekt dieser Bäder hängt von ihrem Wärmeleitvermögen ab. Die allmähliche Zersetzung, die in flüssigen Heizbädern eintritt, und ihre Einwirkung auf die Behälter sind nicht außer acht zu lassen. Sandbäder gestatten nur langsame Temperaturreglung und erfordern viel Brennstoff. Metalle oxydieren sich, sind ziemlich teuer und erstarren nach dem Gebrauch (schädlicher Druck). Salzlösungen können dissoziieren und dabei den Baustoff der Gefäße angreifen (Wasserersatz); gewisse Öle trocknen ein; im allgemeinen riechen Ölbäder auch unangenehm, sind brennbar und daher feuergefährlich. Heizbäder erhöhen (z. B. durch Konzentrierung) ihre Temperatur (daher stets Thermometer)!

Die Siedepunkte einiger gebräuchlicher Heizflüssigkeiten sind:

Gesättigte Chlornatriumlösung . . . . . . 108°
   „   Natriumnitratlösung . . . . . . 110°
   „   Chlorcalciumlösung . . . . 180°.

Elektrische Erwärmung auf Platten, durch Heizkörper o. dgl. ist jedenfalls vorzuziehen.

Destillieren.

Das über das Eindampfen Gesagte gilt im großen ganzen auch für das Destillieren. Es unterscheidet sich ja von ersterem nur dadurch, daß das Verdampfte durch Kühler kondensiert und in Vorlagen gesammelt wird (theoretisch ohne Stoffverlust in geschlossenem System). Das Eindampfen im Vakuum ist nichts anderes, als ein Destillieren.

Bei Destillation schwer siedender Flüssigkeiten muß das Übersteigrohr nach dem Kühler möglichst niedrig gehalten und bis zu seinem höchsten Punkte (auch Helm der Destillierblase) isoliert werden. Durchdrücken oder Durchsaugen eines den Prozeß günstig beeinflussenden (oder wenigstens nicht störenden) Gases durch Blase bzw. Kühler und vielleicht auch noch durch die Vorlage fördert die Destillation. Erstarrt das Destillat zu einer festen Masse, dann ist das Übersteigrohr entsprechend weit zu halten (vielleicht auch von außen zu erwärmen) und die Vorlage bei Ausschaltung des eigentlichen Kühlers selbst zu kühlen.

Viele organische Verbindungen polymerisieren sich bei Gegenwart verunreinigender anorganischer Salze oder Metalle während der Destillation oder sie kondensieren und liefern dadurch schlechte Ausbeuten. Deshalb müssen diese unreinen Fremdstoffe bis auf den als unschädlich ermittelten Rest entfernt werden; auch ist die Destillierblase nach jedesmaligem Gebrauche zu säubern.

Etwas anders gestaltet sich das Destillieren in den Fällen, in denen sich Destillat und Destillationsrückstand nur durch den Siedepunkt voneinander unterscheiden (richtiger „Fraktionieren“). Im Betrieb verwendet man dazu die **Kolonnenapparate.** Kolonnenapparate sind Destillierapparate, die zur schärferen und vollkommeneren Trennung der verschieden hoch siedenden Flüssigkeiten einen zwischen Destillierblase und Kühler geschalteten Teil haben, der aus Kolonne und Kondensator besteht.

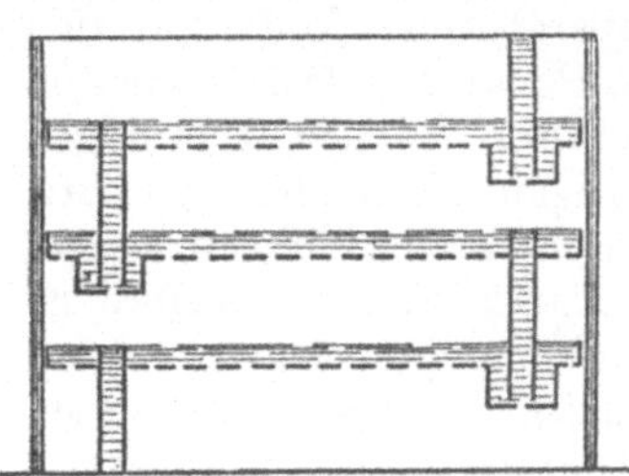

Abb. 116. Siebkolonne.

Die Kolonne ist ein hoher zylindrischer Aufsatz auf der Blase, der eine Anzahl unter sich verbundener Zwischenböden enthält. Je nach Gestaltung dieser Zwischenböden heißen die Kolonnen Glocken- oder Siebkolonnen.

Die Zwischenböden der Siebkolonne (Abb. 116) sind siebartig durchlöchert und tragen Überlaufrohre, die 20—30 mm über den Boden hinausragen (damit die Flüssigkeit nicht früher abläuft, als bis sie entsprechend hoch steht) und dann in den Napf des nächst tieferen Bodens einmünden. Das von diesem Boden auf den darunterliegenden führende Rohr ist gerade gegenüber angeordnet.

Die Zwischenböden der Glockenkolonne (Abb. 117) sind volle Bleche mit einer Anzahl Glocken g (Zackenteller usw.). Damit die von Boden zu Boden überfließende Flüssigkeit nicht auf dem kürzesten Wege aus einem Abflußrohr r in das nächst tiefere r_1 gelangen kann, sondern zunächst den ganzen Boden bedecken muß, ist eine Scheidewand s eingebaut. Das letzte Überlaufrohr des untersten Bodens kann bis in die Flüssigkeit der Blase reichen.

Die obere Fortsetzung der Kolonne bildet ein Rohr, das an den Deckel des Kondensators angeschlossen ist. Letzterer ist ähnlich wie ein Röhren- oder Schlangenkühler gebaut; er soll die durchströmenden Dämpfe partiell kondensieren. Das unten aus dem Kondensator austretende Rohr teilt sich. Die untere Abzweigung führt das Kondensat über ein Siphon- oder U-Rohr (Absperrung der Flüssigkeit) auf den höchsten Kolonnenboden zurück, während die obere Abzweigung die nicht kondensierten Dämpfe in den Kühler weiterleitet.

Im Verlauf der Fraktionierung werden zunächst die in der Blase entwickelten Dämpfe durch die Kolonne hindurchstreichen und sich teilweise im Kondensator verdichten. Der Dampf der schwerer siedenden Flüssigkeit wird kondensiert und läuft durch die Kolonne in die Blase zurück, während die Dämpfe der leichter siedenden Anteile nach Verdichtung im Kühler als Vorlauf in die Vorlage gelangen. Die Flüssigkeit auf den Kolonnenböden wird vom Druck der von unten kommenden Dämpfe (dem Arbeitsdruck) getragen. Der Überschuß fließt durch die Überlaufrohre nach den nächst tieferen Böden. Erst wenn das Überlaufrohr des untersten Bodens Flüssigkeit in die Blase zurücktreten läßt, arbeitet die Kolonne richtig.

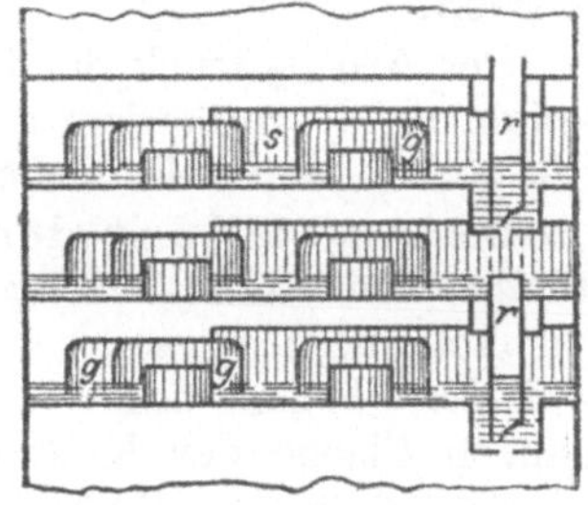

Die Kolonnenböden bilden eine Reihe von Kochherden, auf denen Leicht- und Schwersiedendes verdampft (meist jedoch das Leichtsiedende). Die Dämpfe gelangen auf die nächst höheren Böden und zerlegen sich dabei beständig in ihre Fraktionen. Auf den obersten Böden sammeln sich daher mehr und mehr die leichtflüchtigeren Stoffe, bis schließlich im Kondensator die letzte Scheidung erfolgt. Der Kondensator bewirkt also nicht nur eine gewisse Trennung durch teilweise Kondensation, sondern er erzeugt auch den für die volle Wirkung der Kolonne unbedingt erforderlichen, an leichtsiedenden Teilen reichen Rücklauf.

Die Kolonnenwirkung ist durch die Intensität der Beheizung, der Kolonnenhöhe und der Menge Rücklauf aus dem

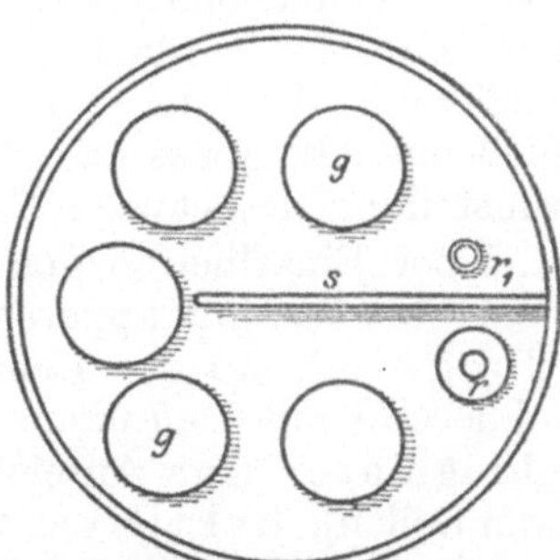

Abb. 117. Glockenkolonne.

Kondensator gegeben. Da nun aber die Größe der Kolonne unveränderlich ist und die Heizung an sich so geleitet werden muß, daß der Blaseninhalt ruhig siedet, folgt aus dem Gesagten, daß die Einstellung des Kondensators (besonders zu Anfang des Prozesses) der für die Praxis wesentlichste Punkt ist. Die Erfahrung hat bestätigt, daß die Temperatur des abfließenden Kühlwassers am besten durchschnittlich etwa 10° unter dem Siedepunkt des aus dem Kühler kommenden Destillates gehalten werden sollte. Der Inhalt des Siphonrohres muß nach Beendigung der Destillation entleert werden. Das bei unaufmerksamer Überwachung eintretende „Überschießen" der Kolonne ist fast stets die Folge zu starker Kühlung und seltener die einer zu lebhaften Heizung der Blase (natürlich kann auch beides zugleich der Fall sein).

Bei Beginn der Destillation füllt man zuerst den Kondensator mit Kühlwasser und läßt die Temperatur durch die aufsteigenden Dämpfe bis auf etwa 10⁰ unter den Siedepunkt des Vorlaufes steigen, dann erst regelt man die Temperatur des Kühlwassers weiter durch Einstellen des Zulaufs. Ein zu häufiges Drehen und Stellen an den Ventilen und Hähnen ist unter allen Umständen zu vermeiden. Je weniger man an der Apparatur experimentiert, desto besser arbeitet sie gewöhnlich. Man darf dabei nie außer acht lassen, daß sich die Wirkung eines anders gestellten Schiebers immer erst nach einer gewissen Zeit zeigt. Will die Kolonne einmal nicht nach Wunsch arbeiten, dann ist Ruhe und Geduld die Hauptsache, um des Übelstandes rasch wieder Herr zu werden.

Der Arbeitsdruck der Siebkolonnen ist größer, als der der Glockenkolonnen, die außerdem durch Verhindern des Überspritzens viel sorgfältiger trennen. Man arbeitet daher heute meist mit Glockenkolonnen.

Bei Aufstellung der Kolonnenapparate ist eine Reihe von Punkten zu berücksichtigen. Die Kolonnenböden (besonders die der Siebkolonnen) müssen genau wagerecht in den aufgesetzten Kolonnenzylindern liegen, damit die abschließende Flüssigkeitsschicht auf der ganzen Fläche der Kolonnenböden gleichmäßig stark ist.

Zugluft in den hohen Kolonnenhäusern ist streng zu vermeiden, weil sie Unregelmäßigkeit in der Arbeit nach sich ziehen würde. Endlich muß außer für bequeme Beschickung der Kolonne und leichte Bedienung der Armaturen auch für unbehinderte Kontrolle des abfließenden Kühlwassers gesorgt werden. Seine Temperatur ist für die Einstellung des ganzen Betriebes wichtig.

Über Einzelheiten der Destillierapparate vgl. Hausbrand: Rektifizier- und Destillierapparate, Berlin 1916 und Chemiehütte 1927, S. 260 ff. (Jungwirt), wo der Reihe nach die Apparate für direkte Feuerung (ohne und mit Dampfeinblasen), die Dampfdestillierapparate mit Dephlegmator (zur Anreicherung der Dämpfe an den wertvollen Bestandteilen), Rektifikator und Vorwärmer, die kontinuierlichen Kolonnen (zum Destillieren und Abtreiben), die Rektifizierapparate und die vereinigten Destillier-Rektifiziereinrichtungen besprochen werden.

Sublimieren.

Durch dieses Verfahren werden die Erzeugnisse (z. B. Salmiak) in einer Form gewonnen, die sich durch hohen Glanz, Leichtigkeit und Reinheit auszeichnet.

Das zu sublimierende Material wird in einem Ofen in flachen Schalen bis auf Sublimationstemperatur erhitzt. Das Übertreiben der sich verflüchtigenden Masse nach der Vorlage, einem durch Kanal mit dem Ofen verbundenen Kasten, wird mit Hilfe eines vorgeheizten aber unschädlichen Gases (meist Luft oder Kohlensäure) beschleunigt. Im Kasten sammelt sich das Gut, während das Gas durch ein mit Stoff bespanntes Luftfilter entweicht. In den seltensten Fällen können Destillationsapparate Anwendung finden, weil bei ihnen die Oberfläche des zu sublimierenden Materials zu klein werden würde.

Zwecks Erzielung guter Ausbeuten ist es empfehlenswert, die Temperatur des Sublimierofens nicht zu hoch zu steigern und beim Sublimieren organischer Körper anorganische Verunreinigungen auszuscheiden, die kondensierend wirken könnten. Ein nicht überhitzter Sublimationsrückstand kann meist durch Umkristallisieren gereinigt und abermals benutzt werden (Chemiehütte 1927, S. 345 ff.).

Entfärben.

Zum Entfärben (unter Umständen auch zur Geruchsbeseitigung) dienen außer chemisch (reduzierend und oxydierend) wirkenden Mitteln vornehmlich Kohle, Aktivkieselsäure, aktive Tonerde usw. Holzkohle ist weniger wirksam, als Blut- und Knochenkohle. Gewisse künstliche Aktivkohlen u. dgl. sind hochwirksam, z. B. die Noritpräparate, die in der Zuckerindustrie neben Knochenkohle weitgehend Verwendung finden. Die Patentliteratur ist auf diesem Gebiete außerordentlich umfangreich, die einwandfreie Bestimmung der Aktivität schwierig.

Vom feinsten Mehl bis zur Haselnußgröße werden die verschiedensten Körnungen von Aktivkohlen bevorzugt. Neben der wechselnden Entfärbungskraft, spielt der Gehalt an Salzen (besonders an Eisen, Kalk, Phosphorsäure usw.) eine zur Vorsicht mahnende Rolle. Die Kohle nimmt auch außer Farbstoffen einen Teil der gelösten, zu reinigenden Substanzen (Alkaloide usw.) auf, die ihr vor Regenerierung durch Auskochen wieder entzogen werden müssen. Schon zu stark mit Farbstoff beladene Kohle kann diesen ihrerseits wieder an die zu reinigende Lösung abgeben.

Für die Regenerierung (Wiederbelebung) von Knochenkohle und Aktivkohlen gibt es sehr viele Verfahren (Extrahieren; Ausdämpfen; Auswaschen mit kochendem Wasser, dann mehrere Male abwechselnd mit verdünnter Salzsäure und Natronlauge kochen, mit destilliertem Wasser gut gewaschen und nach dem Trocknen in verschlossenen Retorten glühen). Die Kohle kann an entfärbender Kraft durch Zusammensintern infolge zu starken Glühens verlieren; auch langes Liegen an der Luft ist schädlich; man bewahrt die Kohle am besten unter Wasser, zum mindesten aber feucht, auf.

Außer Tierkohle findet manchmal Kaolinkohle Verwendung. Man stellt sie aus eisenfreien, porösen Porzellanbrocken her, die mit einer beim Verbrennen stark rußenden Flüssigkeit, wie Naphthalinlösung, Terpentinöl u. a., getränkt und bei beschränktem Luftzutritt gebrannt werden. Norit, Karboraffin usw. sind künstliche Aktivkohlen.

Allgemeine Regeln für die Art der Entfärbung gibt es nicht. In allen Fällen ist es von Wichtigkeit, die Kohle mit der zu entfärbenden Flüssigkeit soviel wie möglich in Berührung zu bringen (Rühren oder Kochen). Behälter, die nicht geschüttelt werden können oder solche mit mangelhafter Rührvorrichtung eignen sich nicht. Die zwischen gelegentlichem Umrühren verstreichende Zeit ist so gut wie verloren. Nur in Einzelfällen genügen einfache Kohlefilter.

Aus diesem Grunde finden vielfach kontinuierlich und sehr schnell wirkende Kohlenkolonnen Verwendung (terrassenförmig hintereinander geschaltete Bottiche, auch mit Heizschlangen, aus Eisen, Kupfer, Steinzeug o. dgl., die ganz mit Kohle gefüllt sind). Die zu entfärbende Flüssigkeit durchfließt die Bottiche nacheinander (von unten nach oben) mit bestimmter Geschwindigkeit. Bei kontinuierlich arbeitenden Kohlenkolonnen empfiehlt es sich, eine frische Reservekolonne bereitzuhalten. Die Entfärbung verläuft in der Art, daß die Flüssigkeit z. B. durch vier Kohlenbehälter gedrückt wird; tritt sie aus dem letzten ungenügend entfärbt aus, dann wird ein frisch beschickter fünfter Behälter dahintergeschaltet, während der erste, erschöpfte, ausgeschaltet wird; die vier Behälter liegen jetzt in der Reihenfolge 2, 3, 4 und 5 hintereinander, während 1 erneuert wird. Wenn dann später 2 unbrauchbar ist, wird 1 wieder eingeschaltet und die Bottiche arbeiten in der Reihenfolge 3, 4, 5, 1. Um die Gefäße in dieser Weise schalten zu können, hat jedes z. B. vier verschieden hohe, mit Hähnen versehene Austrittsöffnungen. die mit den Boden- oder Eintrittsstutzen des benachbarten Gefäßes durch Schläuche verbunden werden können. Die Korngröße der Kohle ist so zu wählen, daß keine Verstopfung eintreten kann und der Gegendruck nicht zu groß wird.

Gut ausgeglühte Holzkohle eignet sich auch zur Filtration empyreumatisch verunreinigter Gase. Auch Torf besitzt entfärbende und desodorierende bzw. desinfizierende Eigenschaften.

Klären.

Während des Klärens werden trübende Teile einer Flüssigkeit (oder Schmelze) ausgeschieden, die durch Filtrieren nicht oder nicht schnell genug blank erhalten werden kann. Bei genügender Ruhezeit klären sich fast alle Flüssigkeiten durch Absitzen; die erforderliche Zeit muß durch Zusatz von Klärmitteln abgekürzt werden. Dekantierverfahren[1] leisten in der Großtechnik ausgezeichnete Dienste.

Die zur Entfärbung verwandten Zusätze wirken meist und gleichzeitig auch klärend. Bisweilen gibt zerzupftes Filtrierpapier oder ein daraus hergestellter Brei befriedigende Ergebnisse. Zu Schaum geschlagenes Eiweiß, mit dem die zu klärende Flüssigkeit aufgekocht wird, wird häufig benutzt (ebenso auch Abkochungen von Holz, isländischem Moos usw.). In manchen Fällen kann die Trübung durch einen absichtlich erzeugten indifferenten Niederschlag (Gips, Aluminiumhydroxyd, Eisenhydroxyd, Bariumsulfat, Kieselsäure usw.) beseitigt werden.

Gerbsäurehaltige Flüssigkeiten werden durch Leimzusatz in Form von Gelatine, Hausenblase, Abkochung von Kalbsfüßen oder mit Bleiacetat geklärt. Auch kann mit Gerbsäure und nachherigem Zusatz von Leim gearbeitet werden. Andere Mittel sind Knochenkohle, poröses Porzellan, Bolus, Tonerde, gebrannter Gips oder Alaun, Kieselsäure

---

[1] Z. B. die Dorrsche systematische Auswasch- und Gegenstromdekantation, Achema-Jahrbuch 1926/27, S. 197.

usw. Inniges und anhaltendes Mischen bzw. Schütteln der zu klärenden Flüssigkeit vor dem Absitzen ist auch hier Hauptbedingung.

Geeignete Klärbehälter, die in ihrer Arbeitsweise selbstverständlich sind, leisten gute Dienste. Der Schlamm muß natürlich am Boden entfernt werden können, nachdem die klare Flüssigkeit gesondert abgelassen ist.

Sehr wirksam sind in vielen Fällen die **Klärzentrifugen**, die oft noch tadellos arbeiten, wenn alle sonstigen Mittel versagt haben. Ihre Wirkung beruht darauf, die feinsten Schwebestoffe durch Zentrifugalkraft auszuschleudern. Auch **elektrostatische** Verfahren sind auf Flüssigkeiten angewandt worden.

Kristallisieren.

Die Kristallisation dient der Reinigung oder der Erzielung einer bestimmten (Handels-) Form.

Bei der Reinigungskristallisation sucht man im allgemeinen möglichst kleine Kristalle zu erhalten, da große Kristalle und Kristalldrusen oft Mutterlauge einschließen. Häufig ist es auch angebracht, die Kristallagglomerate später zu zerkleinern, um die eingeschlossene Mutterlauge entfernen zu können; das zur Reinigung geeignetste Lösungsmittel wird sich nicht immer mit dem decken, das zur Erzielung bestimmter Kristallformen am günstigsten ist.

Bei Auswahl des Lösungsmittels ist, abgesehen von der rein chemischen Beurteilung, sein Einfluß auf die Kristallform und ferner das Lösevermögen bei verschiedenen Temperaturen zu berücksichtigen. Ist dieser Unterschied nicht genügend groß, dann muß die Lösung eingedampft werden. Wichtig ist das Verhalten der Verunreinigungen zum Lösungsmittel (Abscheidung beim Lösen oder Verbleiben in der Lauge). Unter Umständen muß letztere durch Zugabe von Kohle oder anderen Zusätzen vorgeklärt und vorgereinigt werden. Auch fraktionierte Kristallisation kann in Betracht kommen. Der Preis des Lösungsmittels ist wichtig. Der Verlust an Lösungsmittel muß durch Arbeitsweise und geeignete Einrichtungen auf ein Mindestmaß beschränkt werden (s. o.).

Die Umstände, von denen die Bildung einer bestimmten Kristallform (Schuppen; Blättchen; feine, derbe, kurze oder spießige Nadeln u. a.) abhängt, können im Laboratorium nicht immer genau festgestellt werden, da die Kristallisationsbedingungen im Betriebe an und für sich andere sind (Zeit des Abkühlens, Gestalt der Rührschaufeln, Rührgeschwindigkeit, Erschütterungsfreiheit usw.). Krustenbildung kann durch häufiges Abstoßen von der Gefäßwand oder durch Umhüllung des Kristallisierbottichs mit einem Heizmantel vermieden werden (die Temperatur muß mit jener der auskristallisierenden Flüssigkeit gleichmäßig abnehmen).

Auch die Art der Trennung der Kristalle von der Lauge, die Trocknung und das Sieben sind von Einfluß auf ihr Aussehen. Empfindliche Kristalle dürfen auf dem Filter und beim Sieben nicht zu viel gerührt und gerieben werden, um die Bildung von unansehnlichem Grus zu vermeiden; Abschleudern ist zu empfehlen.

Nur in seltenen Fällen werden die Mutterlaugen ohne weiteres für eine neue Kristallisation verwendbar oder ganz wertlos sein. Meistens werden sie weiter eingedampft, um eine zweite Kristallisation zu liefern, die nicht so rein und schön, wie die erste ist. Ihr Handelswert ist meist geringer; oft kehrt sie als ganz unbrauchbar in den Betrieb zurück. Temperaturbeobachtung ist für alle Kristallisationsvorgänge von Bedeutung.

Wichtig sind die Verfahren der Kristallisation in Bewegung[1] durch Kristallisierwiegen, Schaukelrinnen oder Rohrkristallisatoren. Im größten Maßstabe läßt man heiße Salzlösungen beim Strömen durch Kühlapparaturen in der Kaliindustrie auskristallisieren oder man verdüst konzentrierte Lösungen in Türmen, wobei sie feinste Kristalle ausscheiden.

Trennung fester Körper von Flüssigkeiten.

Das Trennen fester Körper von Flüssigkeiten kann durch Absetzen, Dekantieren oder Filtrieren (unter Umständen unter Druck oder unter Vakuum, in Nutschen, Zentrifugen, hydraulischen oder Filterpressen, Drehfiltern usw.) bewirkt werden.

Zur Beschleunigung des Verfahrens läßt man soweit wie möglich absitzen und trennt nur den Rest auf mechanischem Wege. Einzelne Schleime lassen sich nur mit Hilfe des Dekantierverfahrens trennen oder können nur durch Schleudern (Klärzentrifugen) zum Absetzen gebracht werden.

Für die Trennung mittels Filter ist es stets notwendig, daß der Filterrückstand für die Flüssigkeit (möglichst) durchlässig bleibt und eine gleichmäßige, geschlossene, nicht durch Risse zerklüftete und auch nicht zu lockere Schicht bildet, welche das Auswaschen stört. Die Arbeiter der Betriebe müssen (z. B. bei Nutschenfiltern) über die richtige Behandlung der Filterkuchen unterwiesen werden (keine Risse, welche die Waschlaugen durchlaufen lassen, ehe sie „aussüßen" konnten).

Auch Filtrieren mit Hilfe von Trichterfiltern kommt in kleineren Betrieben noch vor. Wichtig ist, daß das Faltenfilter (unter Umständen doppelt) richtig geknifft und gut mit der Spitze in den Trichter gesteckt ist, daß die Flüssigkeit gegen die schräge Trichterwand gegossen wird, daß der Trichter fest steht und das Filter seinen Rand nicht überragt, daß niemals die ganze Flüssigkeit auf einmal in den Trichter gegossen wird (sonst leicht Verlust!) und daß man das Filter unter Umständen durch kleine Filterkonusse stützt. Leicht flüchtige und stark riechende Lösungen soll man langsam im Glasrohr bis fast auf den Filterboden (bedeckter Trichter) führen.

Handelt es sich um größere Mengen Lösung, dann benutzt man Tücher und Beutel zum Durchseihen und Filtrieren. Die Auswahl der

---

[1] Chemiker-Ztg. 1927, Nr. 1.

richtigen Stoffe ist nicht immer leicht. Das Abfiltrieren von schleimigen, amorphen und kolloidalen Niederschlägen wird unter Vermeidung jeden Druckes in flachen, mit Gitterböden versehenen Kästen vorgenommen. über welche die Filtertücher gelegt werden. Um zu verhindern, daß das Waschwasser sich im auszuwaschenden Brei einen Weg bahnt und nur unvollkommen auswäscht, bricht man den auffallenden Strahl des Waschwassers, indem man ihn auf ein Brett fließen läßt. Die im Filterkuchen entstehenden Risse sind mit einem Spatel zu schließen.

Leichter filtrierende Substanzen werden durch Beutel gegossen, koliert. Ein Beutel (genügend fest aufhängen) liefert trübes Filtrat, solange er nicht ordentlich durchfeuchtet ist und das Gewebe sich nicht verdichtet hat. Deshalb wird er am besten vorher damit getränkt oder zu Anfang ganz voll gegossen; das untergestellte Gefäß wird gewechselt, wenn das Filtrat klar läuft. Es ist fehlerhaft, den Beutel zuerst nur halb zu füllen und ihn mit zunehmender Verlangsamung des Filtrierens voller und voller zu gießen (dann oben stets trübes Filtrat). Ein Rühren in den Beuteln ist nicht immer angebracht, weil dadurch häufig der Rückstand mit durch den Stoff gedrückt wird. Es ist besser, den Beutelinhalt zwecks Auswaschung in ein Gefäß zu schütten, ihn dort mit der Waschflüssigkeit anzurühren und das Ganze dann wiederum in den Beutel zu bringen.

Für viele Zwecke sind Sandfilter im Gebrauch. Sie werden in Bottiche und Bassins in der Weise eingebaut, daß auf eine Lage gewaschener Steine oder Scherben zunächst kleinere Steinbrocken, dann grobe Kiese und zuletzt feine Sandmassen geschichtet werden. Auf dem Boden des Filters sammelt sich das Filtrat unter Umständen in Kanälen, die sich vereinigen. Zur Verhinderung des Auskristallisierens können beim Filtrieren heißer Lösungen Heizschlangen in die Kiesschichten gelegt werden. Für Sandfilter kleinerer Abmessung benutzt man flache, auf dem Boden durchlochte Tonschalen, die ihrerseits auf Holzbottiche, Tontöpfe u. dgl. gestellt werden. Unter Umständen wird auf die oberste Sandschicht noch ein Filtertuch gelegt (in einen aus spanischem Rohr gebogenen Reifen eingespannt).

Der Querschnitt der Filter richtet sich nach der zu filtrierenden Menge, nach dem Rückstand und nach dessen Durchlässigkeit. Ist letztere gering, dann muß das Filter reichlich breit genommen und die Schicht ziemlich dünn gehalten werden.

Vakuumfilter, Nutschen, nutzen zur Erhöhung der Leistung die saugende Wirkung der Luftpumpe aus. Sie werden zunächst ohne Anstellung der Vakuumleitung beschickt, die erst ganz allmählich geöffnet wird, wenn die Flüssigkeit bereits filtriert. Setzt man zuerst unter Vakuum und bringt dann die Lösung auf das Filter, dann wird ein trübes Filtrat erhalten, welches die Poren der Filterschicht schnell verstopft.

Bei Vakuumfiltration muß die Saugleitung im höchsten Punkte des Filtergefäßes angeschlossen und in die Saugleitung ein Zwischengefäß eingeschaltet werden, um ein Übersaugen in die Pumpe sowie Verluste auszuschließen.

In manchen Fällen hat es sich als praktisch erwiesen, die auf dem Filter befindliche Mischung durch mäßiges Rühren in Bewegung zu halten, um schlecht durchlässige Rückstände am Absitzen zu hindern.

Die Nutschen, deren fester Schlammkucheninhalt oft durch Kippen entfernt wird, werden meist mit Filtertüchern (auch aus Asbest) auf Drahtgeweben oder Lochplatten ausgerüstet, aber auch mit porösen Filtersteinen verschiedener Art belegt.

Zur Trennung fester Körper von Flüssigkeiten unter Anwendung von Druck dienen Zentrifugen und Filterpressen.

Der Bau der Zentrifugen ist im Prinzip bekannt und auch schon erwähnt worden. Der Antrieb der rotierenden Trommel geschieht meist von unten (ausrückbares Riemenvorgelege, Elektromotor auf der Trommelachse usw.). Kleinste Zentrifugen arbeiten mit Handbetrieb. Welche Art des Antriebes die günstigste ist, hängt von den Umständen ab. Die Schleudertrommel kann je nach dem Verwendungszweck aus Kupfer, Stahl, Schmiedeeisen, Nickel, Bronze usw. bestehen; die Trommel wird auch verbleit, emailliert bzw. gummiert oder mit Ton- oder Porzellaneinsätzen geliefert. Die Entleerung der Zentrifugen erfolgt durch Austragen des abgetrockneten Inhalts von oben oder neuerdings durch Unten- oder Bodenentleerung, die für hängende Zentrifugen am bequemsten ist. Die Mengenleistung der Zentrifugen ist von wenigen Kilogramm je Tag bis auf 100 t je 24 Stunden gestiegen.

Für den Zentrifugenbetrieb, der mit einer durchschnittlichen Umdrehungsgeschwindigkeit von 500—1000 Touren je Minute rechnet, muß sich alles in tadelloser Verfassung befinden, da sonst sehr schwere Unglücksfälle entstehen können. Die Höchstfüllung muß an jeder Zentrifuge deutlich vermerkt sein. Die Unfallverhütungsvorschriften (s. o.) sind genau nachzulesen! Zum Ausgleich der nicht immer zu vermeidenden ungleichmäßigen Verteilung des Materials in der Trommel dienen verschieden konstruierte Regulatoren (lose auf der Trommelachse sitzende Ringe).

Spezialausführungen erstrecken sich auf geschlossene, geheizte, gasdichte Zentrifugen u. ä.

Wir unterscheiden sieblose Schleudern zum Abscheiden fester Bestandteile aus Flüssigkeiten oder zum Trennen von Flüssigkeiten mit verschiedenen spezifischen Gewichten (Absetzzentrifugen, Überlauf-, Schälzentrifugen, Gläserzentrifugen, Turbozentrifugen). Die Siebschleudern sind meist elastisch gelagert. Sie arbeiten für körnige Produkte mit Unten-, für faserige mit Obenentleerung und werden stehend mit Unterantrieb und Pufferlagerung, durchhängend z. B. mit Antrieb unter der Zentrifuge an der Decke des darunterliegenden Raumes und pendelnd in drei Säulen hängend ausgeführt (Chemiehütte 1927, S. 321 [Venzke]). Einige Zahlen über C. G. Hauboldsche Pufferzentrifugen mit Obenentleerung mögen folgen:

Kennzahlen von Pufferzentrifugen mit Obenentleerung.

Trommelgröße	Umdrehung d. Trommel je min	Be-lastung kg	Füllring Inhalt l	Füllring Stärke mm	Trommel-gesamt-inhalt l	Kraftbedarf PS An-lauf	Kraftbedarf PS Voll-Lauf	Trommel-scheibe mm	Gesamthöhe d.Zentrifuge mm
400 × 250	1200	10	20	75	33	3	0,3	120/80	890
600 × 300	1000	30	37	75	85	5	1	150/80	945
1000 × 400	700	105	160	150	314	10	2	280/140	1300
1800 × 500	400	300	555	225	1270	23	4	600/180	1650

Mischzentrifugen sind mit mehreren Ringfiltern in Abständen voneinander ausgerüstet. Die modernen, kontinuierlichen **Großleistungs-zentrifugen** (Schleudermaschinen) **mit wagerechter Lagerung** dienen in der chemischen Groß- und der Kaliindustrie zur Bewältigung von Massen-Durchsätzen (mit Auswaschung). Das Abschleudern von Bikarbonat in einer solchen Zentrifuge der C. G. Haubold A.-G., Chemnitz (2000 × 500 mm Umlauftrommelgröße; 500 Umdrehungen je Minute; Füllringinhalt bzw. -stärke 540 bzw. 200 mm; Kraftbedarf für Anlauf 40, für Betrieb 7 PS; Gesamthöhe 2500 mm; Raumbedarf 2100 × 2700 mm; Gewicht ohne und mit Automat 6500 bzw. 7900 kg), dauert, wenn das Füllgut 2 Teile Flüssigkeit auf 1 Teil Festprodukt enthält, insgesamt $14^1/_2$ Minute je 600 kg (Schleudergut mit 7 % Feuchtigkeit also 4 × 600 = 2400 kg je Stunde):

Füllen	$3^1/_2$ Min.,	etwa 1800 l,	$n = 250$ Umdrehungen
Schleudern . . .	$2^1/_2$ „		$n = 500$ „
Waschen	1 „	„	100 l Wasser
Schleudern . . .	$4^1/_2$ „		
Entleeren	3 „		$n = 350$ „

Es lassen sich in erster Linie Kristalle von 5—0,2 mm Größe und Fasern bis 4 mm Länge abschleudern; größere Kristalle werden beim Entleeren durch das Schabemesser zerschlagen. Die Firma Gebr. Heine, Viersen, baut Zentrifugen (Trommeldurchmesser bis 2,5 m) mit hydraulischer Betätigung der Entleerungsvorrichtung.

Die Trommeln müssen aus festesten Baustoffen hergestellt sein (mit anfangs 5-, später mindestens 4facher Sicherheit gegen Zerreißen). Die Filter in den Trommeln bestehen aus groben Drahtgeweben (2—4 mm Maschenweite), aus Schlitz- oder Lochblechen, die gegeneinander versetzt sein können, Filtertüchern oder Filz bis 7 mm Stärke und in wagerechten Zentrifugen auch aus Sägemehl, Koksgrus, Sand usw. Für ganz grobe Kristalle (Soda, Kupfervitriol) genügt die gelochte Trommelwandung an sich. Der Kraftbedarf beim Anlassen ist sehr viel höher, als der im Beharrungszustand (bei einer Großleistungszentrifuge von 2500 × 750 mm für 3 Chargen à 1200 kg je Stunde z. B. 80 gegen 10 PS).

Die **Filterpressen** spielten früher in der Technik eine ungleich größere Rolle, als heute; sie sind wegen der diskontinuierlichen Arbeit und umständlichen Bedienung durch die Nutschen, Drehfilter und Großleistungszentrifugen etwas in den Hintergrund gedrängt worden. Zu ihnen gehören letzten Endes auch die den **Kopierpressen** ähnlich gebauten, von Hand betätigten Schrauben- bzw. Kniehebelpressen und die hydraulischen Pressen. Das abzupressende Material wird in einen passenden Sack geschüttet, der zugebunden und zwischen den Preßbacken mit allmählich steigender Kraft ausgepreßt wird. Die Säcke sind so in die Pressen einzulegen, daß die Nähte bzw. die schwächsten Stellen von den Preßbacken bedeckt werden.

Die Filterpressen im engeren Sinne bestehen aus einer Anzahl (4—80) $^1/_4$—1 m² großer, meist quadratischer Filterkammern mit festen Scheidewänden, die (mit Ausnahme der ersten festen Kopfkammer, gegen die alle anderen gepreßt werden) zwischen zwei horizontalen Tragschienen hin und her geschoben werden können. Das Anpressen geschieht mit Hilfe von Schrauben, Hebeln oder hydraulischen Einrichtungen an der Schlußkammer.

Zuführung des Rohstoffes durch Pumpe, Monteju usw., Füllung der einzelnen Filterkammern, Auslaugung, Ableitung des Filtrats, Befestigung der Filtertücher usw. sind sehr verschieden. Je nach Bau der Kammern[1] unterscheidet man Kammerpressen und Rahmenpressen. Bei den ersteren wird die Filterkammer durch zwei benachbarte, mit vorstehenden Rändern zusammenstoßende Filterplatten gebildet und die Preßkuchen fallen beim Öffnen der Presse (Auseinanderziehen der Filterplatten) frei heraus. Bei den letzteren werden die Filterkammern von den Rahmen gebildet, die abwechselnd zwischen zwei Filterplatten hängen, so daß die Preßkuchen in den Rahmen herausgenommen werden können.

Kammerpressen werden bevorzugt, wenn die abgepreßte Flüssigkeit gewonnen werden soll und wenn es sich um geringe Kuchenstärken (bis zu 25 mm) oder um schwer filtrierbare Substanzen handelt. Rahmenpressen sind angebracht, wenn die Kuchen das Haupterzeugnis bilden und große Kuchenstärken möglich sind. Die Art der Filtergutzufuhr ist bei beiden Pressen verschieden (z. B. leicht verstopfende Massen nicht durch die engen Zuführungen der Rahmenpressen).

Man baut Pressen mit 365 mm² Plattengröße bei 4 Kammern (freie Filterfläche etwa 0,5 m², Inhalt 6,2 l) und solche bis 1450 mm² bzw. 48 Kammern (131,52 m², 1644 l bei 25 mm oder 3288 l bei 50 mm Kuchenstärke, auch gekühlt und geheizt). Einige Angaben über Kammerfilterpressen sind auf S. 319 zusammengestellt.

Die Filtrationsfähigkeit der Pressen ist abhängig von der Natur der zu filtrierenden Masse, vom Filter und vom Filtrationsdrucke (im allgemeinen nicht über 4 Atm.). Um sauberes Filtrat zu erzielen, soll die Filtration mit natürlichem Drucke von 3—4 m W. S. geschehen. Das Auslaugen der Filterkuchen sollte stets unter natürlichem Drucke vorgenommen werden (nicht über 5 m W. S.). Dadurch erzielt man eine gleichmäßige Auslaugung und verhindert, daß der einseitige Plattendruck so stark wird, daß Plattenbrüche entstehen. Die Menge des Waschwassers ist im allgemeinen gleich dem Gewichte der Preßkuchen. Filtertücher aus Köper, Jute, Baumwolle, Asbest, Wolle, Kamelhaar usw.

---

[1] Bühler: Filtern und Pressen. Leipzig 1912; Chemiehütte 1927, S. 306ff. u. 523.

Kennzahlen von Kammerfilterpressen (Maschinenfabr. vorm. G. Dorst).

	Plattengröße					
	500 mm		800 mm		1000 mm	
Anzahl der Kammern	24	36	18	60	30	80
Kammerfilterpressen mit runden Eisenplatten						
Freie Filterfläche (etwa) m²	6	9	14	44	36	95
Kammerinhalt in l bei 25 mm Kuchenstärke .	86	129	185	620	490	1295
Breite × Länge × Höhe der Presse in mm . . .	$1450 \times 2600 \times 1200$	$1450 \times 3200 \times 1200$	$1800 \times 2900 \times 1300$	$1800 \times 5000 \times 1300$	$2100 \times 3800 \times 1500$	$2100 \times 6000 \times 1500$
Gewicht (etwa) kg	1450	1950	3100	7250	8400	18700
Kammerfilterpressen mit quadratischen Platten						
Freie Filterfläche (etwa) m²	8	12	19	59	39	—
Kammerinhalt in l bei 25 mm Kuchenstärke .	106	160	234	780	600	—
Kammerfilterpressen mit Holzkammern						
Breite × Länge × Höhe der Presse in mm . . .	$750 \times 3500 \times 1200$	—	$1800 \times 3800 \times 1300$	—	$2100 \times 5300 \times 1500$	—
Gewicht (etwa) kg	840	—	2330	—	3800	—
Kammerfilterpressen mit Eisenkammern						
Breite × Länge × Höhe der Presse in mm . . .	$750 \times 2600 \times 1200$	$750 \times 3200 \times 1200$	$1800 \times 2900 \times 1300$	$1880 \times 5000 \times 1300$	$2100 \times 3800 \times 1500$	—
Gewicht (etwa) kg	1580	2050	3800	9800	9000	—

Dem Übermaß an Handarbeit und Zeitaufwand (Auspacken, Reinigen und Wiederzusammensetzen!) suchen die Sweetlandfilter zu begegnen, bei denen die runden Filterplatten in einem aufklappbaren Zylinder hängen; die Preßkuchen werden mittels Druckluft abgelöst. Die Kellypressen sind ähnlich gebaut. Die Seitzfilter sind schrankartige Metallgehäuse mit schmalen Filterelementen.

An das Prinzip der Filterkerzen des Laboratoriums lehnen sich die Tauchsaugfilter an, die z. B. zur Bewältigung der Calciumcarbonatschlämme des Gipsammonsulfatverfahrens ausgedehnte Anwendung finden. Mit diesen und den sog. Filterblättern (flache Tücher über Rahmen; unten abgesaugt) sind wir zu den Vakuum-

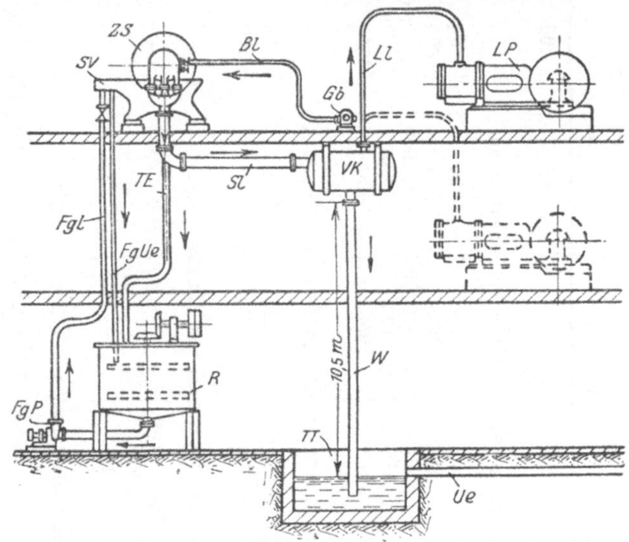

Abb. 118. Aufstellung eines Zellenfilters (R. Wolf A.-G.).

filtern zurückgekehrt, als deren jüngste Repräsentanten die Dreh- oder Zellenfilter (Saugtrockner) anzusprechen sind (aus den verschiedensten Baustoffen, säurefest, gummiert, mit galvanischen Überzügen usw.). Die Nutschenfläche rotiert, während Schabemesser das trocken gesaugte Gut kontinuierlich abstreichen. Wir unterscheiden insbesondere (für feinstes Filtergut bis etwa 1 mm Korngröße) die Trommelzellenfilter mit Innen- oder Außensteuerung und (für breiiges Gut) die Planzellenfilter oder Mammutfilter. Normale Trommelzellenfilter werden z. B. von der R. Wolf A.-G., Magdeburg, in Trommelgrößen von 1200 × 2500 mm Durchmesser und 150—2800 mm Breite gebaut (Filterfläche 0,5—20 m², Kraftverbrauch 0,75—6,00 PS; Gewicht etwa 1,1—23 t; Planzellenfilter haben für 1,5—8,5 m² Filterfläche Tellerdurchmesser von 1654—3090 mm außen bzw. 620—2120 mm innen (Gewicht 2—16 t; Luftverbrauch 80—180 m³ je Stunde und m² Filterfläche). Die Abb. 118 zeigt das Schema der Aufstellung eines Wolf-Zellenfilters mit barometrischem Fallrohr als Beispiel.

Die Gemischpumpe FgP fördert aus dem Vorratsbehälter R durch die Leitung Fgl in den Trog des Filters ZS (Schwimmerventil SV) ein wenig mehr, als die Trommel ansaugt. Der Überschuß kehrt durch die Überlaufleitung $FgUe$ nach R zurück. Die Trogfüllung und damit die Tauchtiefe der Trommel bleibt unverändert, solange der Inhalt des Behälters R vorhält. Dadurch wird ohne Aufsicht eine dauernd gleichmäßige Filterleistung erreicht. Das Filtrat nebst der durchgesaugten verdünnten Luft gelangt durch die Saugleitung Sl in die Vorlage VK. Die Flüssigkeit tritt durch das barometrische Fallrohr W, den Tauchtopf TT und den Überlauf Ue aus, wogegen die Luft durch die Vakuumleitung Ll mittels der Luftpumpe LP abgesaugt wird. TE ist die Trogentleerungsleitung. Das Gebläse Gb liefert durch die Leitung Bl den Wind zum Abwerfen des Kuchens. Über die praktisch erzielten Ergebnisse gibt die nebenstehende Tabelle einen kleinen Überblick.

Über die Urfilter von G. Polysius, Dessau, findet sich eine kurze Charakteristik im Achema-Jahrbuch 1926/27, S. 196—197. Interessant und bedeutungsvoll sind die Holzzellenfilter der Gröppel A.-G., Bochum. Bezeichnet man den Preis eines gewöhnlichen eisernen Zellenfilters mit 100, dann kostet danach:

ein Holzfilter . . rund 90 %
„ homogen verbleites Filter . „ 170 % und
„ gummiertes Filter. . . . „ 210 %

Ergebnisse der Trommelfilterarbeit.

	Aus kg abgenommenes Gut	mit etwa Wassergehalt (bzw. Feststoffgehalt)
Steinkohlenschlamm: flotiert	500—2000 kg	12—24 %
unflotiert	300—1200 "	18—30 %
Braunkohlenschlamm (Schlotabwässer der Brikettfabriken mit etwa $1\frac{1}{2}$—5 % Feststoffgehalt)	75—450 "	40—50 %
Kalisalze: Chlorkalium	600—2500 "	4—18 %
Künstlicher Carnallit	400—2000 "	
Kaliumsulfat	300—800 "	
Glaubersalz	1600—3000 "	
Mais- und Kartoffelstärke	400—800 "	36—42 %
Gips und rohe Phosphorsäure	250—450 "	25—30 %
Kreideschlamm	80—200 "	21—24 %
Kalkschlamm	250—400 "	38—48 %
Farben	150—475 "	15—60 %
Kaolin, Ton und Porzellan	75—300 "	24—36 %
Zinkblende und Bleiglanz, flotiert	250—1500 "	11—16 %
Zinksulfid	300—1200 "	13—18 %
Zellstoff	400—1500 Stoffbahn bzw. 20—24 m³ Zellstoffbrei mit $1\frac{1}{2}$—4 % Feststoffgehalt	50—80 %
Mineralöl mit Bleicherde	300—800 l klares Öl	

Die vier Kalisalze-Zeilen (Chlorkalium, Künstlicher Carnallit, Kaliumsulfat, Glaubersalz) sind durch eine Klammer zusammengefaßt und haben den gemeinsamen Wassergehalt 4—18 %.

Normen über die Verwendung der verschiedenen Filterarten lassen sich ohne Kenntnis der näheren Verhältnisse nicht geben (für dickere Stoffe: Pressen und Zellenfilter, für körnig-poröse Kuchen: Kelly-pressen, für Breie: Nutschen, Planzellenfilter; in allen überhaupt in Betracht kommenden Fällen: Zentrifugen). Filtertucharten: Köper oder glatte Gewebe für grobkörniges Gut; Baumwolle für schwach saure oder alkalische Lösungen; Wolle und noch besser Kamelhaargewebe (bis 30 % H_2SO_4), auch nitrierte Baumwolle, für stärkere Säure; sonst Drahttressengewebe, Asbesttuch, Jute usw. Filterplatten und -steine aus keramischem Material (Schulersche Filterplatten, Brandol-Filtersteine usw.) sind in Spezialsorten sehr haltbar. Die Lieferfirmen führen gern Probefiltrationen aus.

Trocknen.

Trockner spielen in der chemischen Fabrik eine sehr bedeutende Rolle (daher mit einer sachverständigen, erfahrenen Firma in Verbindung setzen).

Aus Flüssigkeiten abgeschiedene nasse Stoffe sollen zunächst auf mechanischem Wege durch Ablaufenlassen, Zentrifugieren, Abpressen, Absaugen usw. möglichst vollkommen von Feuchtigkeit befreit werden, ehe man sie trocknet. Ungenügend von Mutterlauge getrenntes Gut wird beim Trocknen leicht durch Laugenreste in Kristallkanten und -spitzen unansehnlich (Vakuumtrocknung für empfindliche Stoffe). Das Trocknen leicht schmelzbarer Kristalle muß vorsichtig (Beachtung der Temperaturgrenzen) geschehen. Man baut unter Umständen Alarmvorrichtungen ein, die selbsttätig warnen. Dient ein gemeinsamer Trockenraum zum Trocknen aller aus den Betrieben kommenden Stoffe, dann ist es dringend erforderlich, daß die einzelnen Horden und Gefäße genau bezeichnet und datiert werden. Ganz besonders ist darauf zu achten, daß nicht gleichzeitig Stoffe getrocknet werden, welche sich gegenseitig schädlich beeinflussen.

Die einfachste, aber auch unwirtschaftlichste Trockenvorrichtung ist die offene Plandarre (große Platten aus Eisen oder Ton, die von unten geheizt werden). Bedeckte Plandarren mit künstlichem Luftzuge kommen den Trockenkammern näher. In diesen letzteren wird das Trockengut aufgestapelt oder besser auf Horden bzw. in geeigneten flachen Gefäßen ausgebreitet. Die Erwärmung geschieht durch direkte Feuerung, durch Dampf, Abgase usw. (Rippenheizkörper). Durch gleichzeitige Zuleitung frischer, am besten vorgewärmter Luft und Abführung der mit Wasserdampf beladenen Abgase durch Kamin oder Exhaustor wird die Trocknung beschleunigt (auch dadurch, daß die Luft nicht hindurchgesaugt, sondern mit mäßigem Überdruck hindurchgepreßt wird). Die im Bereich des Luftstormes befindlichen Stoffe werden ziemlich schnell getrocknet, während die in den toten Ecken liegenden feucht bleiben und von Zeit zu Zeit an günstigere Stellen der Kammer geschafft werden müssen. Trockenschränke (auch mit Vakuum) sind kleine Trockenkammern mit Horden, Heizschlangen usw.

Der Zwang, das Trockengut umschaufeln zu müssen, hat zum Bau von Trockenanlagen mit bewegtem Gut geführt (meist im Gegenstrom, indem das fertige Gut mit der trockensten und heißesten Luft in Berührung kommt).

Es ist völlig unmöglich, auch nur annähernd einen Überblick über die verschiedenen Typen von Trocknern zu geben[1], unter denen die **Tunnel-** oder **Kanaltrockner, die Schacht-** oder **Kamintrockner, die Tellertrockner, die Bandtrockner, die Plattentrockner, die Trommel-, Röhren-, Strom-[2], Walzen-, Zerstäubungs-, Vakuum-, Schaufel-** und **Dünnschichttrockner** wenigstens aufgezählt seien.

Trockentrommeln werden von innen oder außen bzw. von innen und außen beheizt. Die Vorwärtsbewegung des Trockengutes erfolgt zwangläufig infolge der konischen Form der Trommel oder durch Einbau schneckenförmiger Mitnehmer.

Generatoren und Öfen.

Auch diesem weiten und wichtigen Gebiet können nur einige, wenige Worte gewidmet werden.

In den schachtförmig aufgemauerten **Generatoren**[3] (Abb. 119) werden meist Torf, Förderbraunkohlen, Braunkohlenbriketts, Steinkohlen, Koks oder Anthracit im Luftstrom (Dampfzusatz) vergast. Die Rostkonstruktionen (Drehrost, Planrost, Dachrost usw.), Abschlackungseinrichtungen usw. weichen zum Teil erheblich voneinander ab. Das gewöhnliche **Generatorgas** (Luftgas) schwankt, gleichgültig, ob es aus Steinkohle, Koks, Braunkohle, Briketts oder Torf gewonnen ist, um 1100—1300 kcal Heizwert je m^3 (15—30% CO, 10—20% H_2, 2—4% CH_4, 6—14% CO_2, 53—57% N_2, 0,1—0,2% O_2). Kleinere Generatoren setzen bei 0,8—1 m Brennstoffhöhe (1 m Durchmesser) rund 20 t Rohbraunkohle je Tag durch; ihr thermischer Wirkungsgrad liegt bei 95—96%; für Teerabscheidung hinter dem Generator ist zu sorgen, wenn das Gas in lange Rohrleitungen übergeht. Generatoren mit 3 m Durchmesser können je Tag 28 t Maschinentorf, 36 t gute Braunkohle oder Briketts, 22 t Förderkohle mit 20—30% Staub, 24 t Mager-, Nuß- bzw. Anthracitkohle oder 25 t Nußkoks (20—40 mm) vergasen.

Durch Einführung von Dampf in die glühende Koksschicht des **Wassergasgenerators** entsteht das Wassergas mit 45—50% H_2, 40—45% CO, 2—6% CO_2, 0,2—1% CH_4 und 2—7% N_2 (Heizwert 2600 kcal je m^3). Die Vereinigung beider Prozesse in einen Arbeitsgang führt zum **Kraft-** oder **Mischgas** (12% H_2, 28% CO, 5% CO_2, 55% N_2, 1200 kcal je m^3; **Sauggas, Mondgas** usw.).

---

[1] Chemiehütte 1927, S. 330ff.; **Hausbrand:** Das Trocknen mit Dampf und Luft. Berlin 1920.

[2] Pneumatisch: Z. angew. Chem. 1920, Bd. I, S. 229.

[3] **Fischer:** Kraftgas. Leipzig 1911; **Kirnich,** Chemische Fabr. 1929, S. 85ff.

Daneben finden Gichtgas (750—1000 kcal), Kokereigas (4000 bis 5000 kcal) und gewöhnliches Leuchtgas Verwendung (um 5000 kcal je m³).

Die Verbrennung der Gase erfolgt in Brennern (nach Art des Bunsenbrenners), in Gebläseflammen und in Brennkammern. Man unterscheidet prinzipiell Rekuperatorfeuerung, wenn die Abgase durch ein Kanalsystem geleitet werden, an dem außen die vorzuwärmende Verbrennungsluft vorbeistreicht, und Regeneratorfeuerung, wenn Gitterkammern (bei Luftvorwärmung 2, bei Gas- und Luftvorwärmung 4)

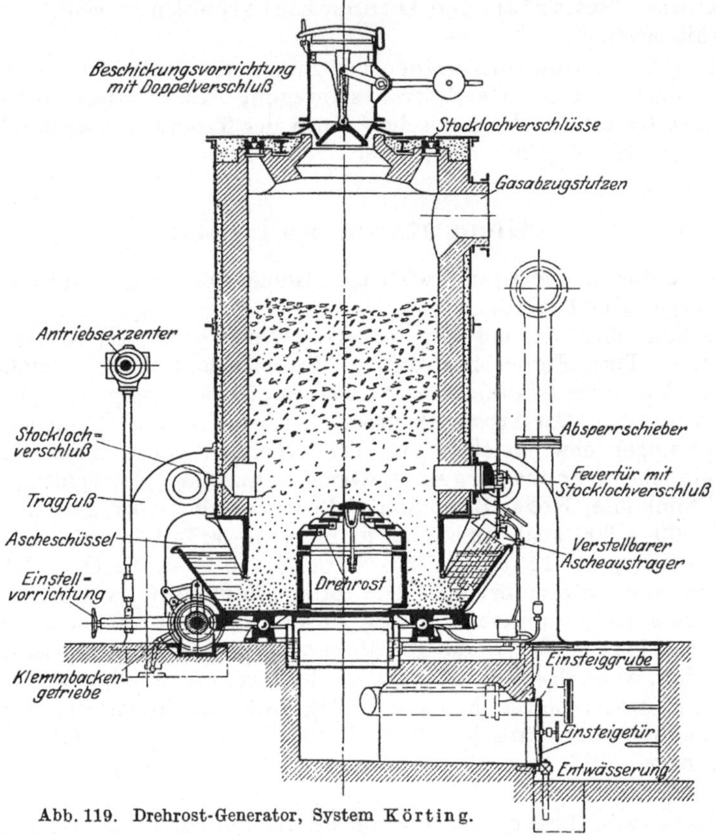

Abb. 119. Drehrost-Generator, System Körting.

abwechselnd vom heißen Abgas und von Gas oder Luft durchströmt werden. Je m² Rekuperatorfläche (Gefahr des Undichtwerdens) werden bei 2—3 Sekundenmetern Gasgeschwindigkeit übertragen (Stunde):

$$\begin{array}{ll}
\text{bei 50 mm Wandstärke} & 3750\text{—}4000 \text{ kcal} \\
\text{„ 60 „ „} & 3100\text{—}3300 \text{ „} \\
\text{„ 70 „ „} & 2670\text{—}2850 \text{ „}
\end{array}$$

Die Heizflächenbelastung bei Regeneratoren beträgt (Gittersteinstärke 60—80 mm) i. M. 2000 kcal je Stunde; Gasverluste beim Umsteuern 0,75—3% der je t Einsatz zugeführten Gasmenge.

Unter den Öfen unterscheidet man Herd- und Flammöfen mit direktem Feuer sowie Tiegel-, Muffel- und Retortenöfen mit indirekter Beheizung. Wichtig sind ferner die Schacht-, Dreh-, Tunnel- und Ringöfen.

Die elektrischen Öfen zerfallen in Lichtbogen- und Widerstandsöfen, die sämtlich in der Praxis weitgehend Verwendung finden (Carbid, Elektrostahl, Ferrolegierungen, Kalkstickstoff). Die Rentabilität hängt naturgemäß vom Strompreis ab (1 kWh = 860 kcal).

Sechster Teil.
Nebenprodukte und Abfälle[1].

Weitaus die meisten chemischen Prozesse liefern Nebenprodukte, die entweder noch verwertbar oder vollkommen wertlos sind. Die noch verwertbaren Nebenprodukte werden aufgearbeitet. Öfters findet sich für sie aber keine geeignete Verwendung, dann müssen sie (vielleicht nur zunächst, daher zweckmäßig stapeln; man denke an Abraumsalze, Teer, Thomasschlacke usw.) als Abfallstoffe verworfen werden.

Die Frage der Neben- und Abfallprodukte (schädigende Halden, Abwässer, Wasserrecht usw.) kann schicksalsbestimmend für eine Fabrik sein!

Die Art der Nebenprodukte kann ein Verfahren trotz Verwendung eines an sich teueren Rohstoffes rentabler erscheinen lassen.

Nicht selten bestimmen Nebenprodukte die Auswahl des Ortes für eine zu errichtende Fabrik. Noch häufiger bilden sie leider die Ursache zu Streitigkeiten zwischen Fabrik und Umwohnern (langwierige Prozesse).

Die festen Nebenprodukte müssen aus dem Betrieb ohne Schwierigkeiten entfernt werden können. Dazu sind bequeme und billigste Transportmittel und -wege innerhalb des Betriebes und bis nach dem Lagerplatz zu schaffen. Billiger Grund und Boden in nicht zu großer Entfernung von der Fabrik wird zur Notwendigkeit. Die Rentabilität findet bald ihre Grenzen, wenn ständig Autos oder Wagen zur Wegschaffung der Nebenprodukte in Anspruch genommen werden müssen. Seil- und Hängebahnen sind die mit geringsten Betriebskosten auskommenden Transportmittel, wenn Spülverfahren ausscheiden.

Manche Betriebe sind von Bergen von Nebenprodukten umgeben und werden schließlich dadurch gezwungen, ihre Fabrikation aufzugeben oder zu verlegen. Erhöht werden die Schwierigkeiten noch, wenn die Nebenprodukte durch Witterungseinflüsse unter Entwicklung belästigender Gerüche zersetzt werden; sie können auch zu steinharten Massen erhärten oder im Gegenteil nie fest werdende Aufschüttungen liefern.

Die Beseitigung der flüssigen Nebenprodukte, Abwässer, bietet keine Schwierigkeiten, solange sie indifferent sind und (wasserrechtlich)

---

[1] Sulfrian, Chemische Fabr. 1929, S. 109, 122.

ohne weiteres in Kanäle oder Flußläufe eingeleitet werden können. Die Kanäle sind befahrbar einzurichten, um etwaige Undichtigkeiten finden und beseitigen zu können (Schlammfänger, Gullys). Es sei hier nochmals auf die Wichtigkeit eines Lageplanes aller unter Flur liegender Leitungen mit sämtlichen Abzweigungen, Verbindungsstellen usw. hingewiesen.

Sind die Abwässer zu reich an Trübstoffen, dann müssen Klärbassins eingeschaltet werden. Die Gewerbe-, Orts- und Strompolizeibehörden haben zur Verminderung der Verunreinigung von Flußläufen durch industrielle Abwässer zum Teil sehr scharfe Vorschriften erlassen, über die man sich unterrichten sollte, zumal sie in verschiedenen Gegenden voneinander abweichen.

Unlösliche Niederschläge (Gips, kohlensaurer Kalk), welche die Leitung verstopfen können, dürfen sich nicht bilden (reichlich nachspülen).

Die gasförmigen Nebenprodukte sind zum Teil belästigend und schädlich. Die beste Beseitigung ist ihre Vernichtung; leider ist diese nicht immer ohne große Kosten vollkommen zu erreichen.

Aus den Arbeitsräumen werden die Abgase teils durch Ventilatoren, teils durch saugende Abzüge entfernt. Je nach den Abgasen bestehen die Abzugskanäle aus Metall (Eisen, Blei usw.), Ton oder Holz. Sie werden im allgemeinen weniger von den durchstreichenden Gasen als von der mitgerissenen Feuchtigkeit, die sich in den Röhren als konzentrierte Lösung niederschlägt, angegriffen (Gefälle!).

Für manche Gase genügt es, sie oberhalb des Fabrikdaches ins Freie zu führen, wo sie sich mit Luft mischen können. Auch Verbrennung in der Kesselfeuerung ist üblich, desgleichen Einleiten in den Fuchs, damit sich die Gase in höheren Luftschichten verdünnen (Gitterschornsteine). Manche Abgase verraten ihre verderbliche Wirkung in Flurschäden! Man hat infolgedessen die abführenden Schornsteine höher und zum Teil ganz außergewöhnlich hoch gebaut (die hohe Esse der sächsischen Hüttenwerke in Halsbrücke bei Freiberg ist 140 m hoch). Bisweilen hat man damit Erfolg gehabt; in anderen Fällen hat man nur die Wirkungszone der Gase ein wenig verlegen können. In manchen Gegenden sind die aus solchen Flurschäden erwachsenden Prozesse an der Tagesordnung.

Das Schornsteinmauerwerk bzw. der innere Mantel richtet sich hinsichtlich Art des Baustoffs nach den chemischen Eigenschaften der Gase (sonst beschränkte Lebensdauer).

Eine andere Art, die Gase unschädlich zu machen, besteht darin, sie von Wasser oder sonstigen Lösungen (Waschtürme) absorbieren bzw. von Aktivkohle o. dgl. adsorbieren zu lassen.

Weiteres über Abwässer und Abgase findet sich u. a. in C. Weigelt: Beiträge zur Lehre von den Abwässern; Haselhoff und Lindau: Die Beschädigung der Vegetation durch Rauch und in den neueren Werken von Ferd. Fischer (Wasser), K. Hartmann (Sicherheitseinrichtungen) sowie J. H. Vogel (Abwässer).

Siebenter Teil.

Kalkulieren und Inventarisieren.

Die **Kalkulation**[1] ermittelt die Gestehungskosten eines Erzeugnisses. Sie bildet den ausschlaggebenden Prüfstein für die Brauchbarkeit des Fabrikationsverfahrens. Mag ein Betrieb wissenschaftlich und technisch auch noch so gut durchstudiert bzw. ausgebildet sein und läßt er keinen Gewinn, der zu den aufgewandten Kosten in erträglichem Verhältnis steht, dann ist er an sich unlohnend.

Es kann z. B. vorkommen, daß infolge eines bestehenden festen Verkaufsabschlusses noch eine gewisse Restmenge Ware zu liefern ist, obgleich der Rohstoff empfindlich teurer geworden ist. Andererseits kann ein sehr großer Vorrat an Rohstoff, dessen Preis mittlerweile stark gefallen ist und auch jenen des daraus gewonnenen Erzeugnisses in Mitleidenschaft gezogen hat, unter Umständen dazu zwingen, die Fabrikation ohne (oder doch nur mit sehr geschmälertem) Gewinn weiter zu betreiben.

Neben solchen rein kaufmännischen Fragen sind auch technische Punkte zu beachten, die den Betriebschemiker angehen und für die man ihn unter Umständen auch verantwortlich machen wird. So kann die Fabrikation durch Vergeudung von Rohmaterial, durch sorgloses Arbeiten oder mangelhafte Kontrollbestimmungen sehr geschädigt werden; die Ausbeute kann infolge Verschmutzung der Apparatur oder ungeeigneten Arbeitens sinken.

Um eine Fabrikation wirtschaftlich bewerten zu können, ist außer dem Betriebsbericht (s. o.) eine in bestimmten Zeitabschnitten zu wiederholende, allgemeinere, rechnerische Kontrolle (Zwischenabschluß) notwendig, die über die Lage Aufschluß gibt.

Der „fabrikatorische" Teil einer Kalkulation muß enthalten:
1. Rohstoffe,
2. Kohle, Dampf, Wasser, Kraft usw.,
3. Arbeitslohn,
4. Apparaturabschreibung.

Von der erhaltenen Summe ist unter Umständen der Wert etwaiger Nebenprodukte in Abzug zu bringen. Der Restbetrag stellt den Fabrikationsgestehungspreis des erhaltenen Fabrikates dar. Er vermehrt sich um die vom Kaufmann festzustellenden Beträge für Generalia und allgemeine Spesen (Zinsen, Abschreibungen, Abgaben, Verwaltung, Steuern, Soziallasten, Frachten, Propaganda, Vertreterprovisionen, Gehälter, Verkaufsunkosten usw.).

In vielen Fabriken sind vorgedruckte Gestehungskosten- und Kalkulationsformulare im Gebrauch, die alle Einzelheiten enthalten und die nur auszufüllen sind. Als Beispiel mag das mitgeteilte Schema gelten.

---

[1] Trillich: Kaufmännische und technische Fabrikbetriebskunde. Leipzig 1920. — Sachsse: Chemische Gewerbekunde. Berlin 1919. — Vortrag von Nordmann im Haus der Technik, Essen: „Ingenieur, Chemiker und Kaufmann Hand in Hand".

Nr............   Datum............... den..........

Kalkulation [1])

über

....

Rohstoffe:	Gewicht	$\frac{\mathscr{RM}}{{}^0/_0}$ kg		$\mathscr{RM}$	$\mathscr{Rpf}$
....	......	......	......	......	......
....	......	......	......	......	......
....	......	......	......	......	......
....	......	......	......	......	......
....	......	......	......	......	......
....	......	......	......	......	......
Kohle, Dampf und Kraft				......	......
Wasser				......	......
Arbeitslohn:...... Stunden zu je ...... $\mathscr{Rpf}$......				......	......
Sonstiges				......	......
......				......	......
Abnutzung und Verzinsung der Apparatur......				......	......
			Summa	......	......
Wiedergewonnen ...... kg	......	......	......	......	......
...... ,,	......	......	......	......	......
Andere Nebenprodukte ...... ,,	......	......	......	......	......
...... ,,	......	......	......	......	......
...... ,,	......	......	......	......	......
...... ,,	......	......	......	......	......
Erhalten ...... ,,	......	......	......	......	......
Fabrikations-Einstand [2] für ...... ,,	......	......	......	......	......
Allgem. Spesen für ...... ,,	......	......	......	......	......
Verkaufs-Einstand [2] für...... ,,	......	......	......	......	......

Name des Chemikers:

---

[1] Vgl. auch M. Dolch: Chemiker-Ztg 1920, S. 926 u. 953.
[2] Oder „Gestehungs"-Preis.

Die für die Rohstoffe anzusetzenden Preise enthalten alle Spesen (Transportkosten, Verpackung, Rückfracht für Leergefäße, Zoll-, Versicherungs-, sonstige Gebühren usw.).

Die Ermittlung des verbrauchten Dampfes geschieht in den meisten Fällen durch Kondensatmessung oder mittels besonderer Dampfmesser. Der Kraftverbrauch kommt in der erhöhten Maschinenleistung zum Ausdruck. Das Wasser ist entweder an irgendeiner Stelle zu messen, aus der Pumpenleistung zu berechnen oder aus der Abnahme des Vorrates im Wasserbehälter zu ermitteln.

Zur Feststellung der Arbeitslöhne dient das Lohnbuch (Verteilung auf die Einzelarbeiten).

Die Abnutzung der Apparatur muß mit jährlich 10—30% ihres Wertes in Rechnung gestellt werden.

Eine Beschönigung der Kalkulation (vielleicht in der Hoffnung, daß sich dieselbe später günstiger gestalten wird) ist sehr gefährlich. Bei ungewissen und wechselnden Gestehungskosten sollte man stets die ungünstigsten annehmen und in die Spalte „Sonstiges“ alles einsetzen, was das Fabrikat noch belasten kann und nicht in den anderen Rubriken unterzubringen ist. Die Bewertung der Nebenprodukte soll stets vorsichtig geschehen.

Eine einzige (und besonders die erste) Kalkulation genügt zur Feststellung der richtigen Gestehungspreise nie und ist meist auch nur annähernd richtig (periodische Wiederholungen).

Die Kalkulation von Waren, deren Preise durch die Konkurrenz stark gedrückt sind, gestaltet sich keineswegs einfach. Es ist dann mit aller Sorgfalt festzustellen, welches der wirkliche Mindestpreis ist.

Ferner ist zu berücksichtigen, daß eine Kalkulation, die für vollen Betrieb aufgestellt ist, nicht mehr zutrifft (und sich ungünstig verändert), wenn die Anlage nur zeitweilig arbeitet und nicht ganz ausgenutzt wird. Eine Ware, die bei 1000 kg Tageserzeugung guten Nutzen läßt, wird unter Umständen sehr viel weniger gewinnbringend hergestellt werden können, wenn z. B. nur jeden zweiten Tag gearbeitet wird oder nur 500 kg täglich erzeugt werden.

Das **Inventarisieren** (Bestandsaufnahme) soll feststellen, in welcher Weise das Geschäftsvermögen in Mengen und Werten zu- oder abgenommen hat. Genaue Inventuren werden gewöhnlich einmal jährlich vorgenommen. Sie gehören in ausgedehnten Betrieben zu den zeitraubendsten und umständlichsten Arbeiten. In manchen Fabriken pflegt man zur Vermeidung von Irrtümern der eigentlichen Inventur etwa einen Monat früher eine Vorinventur vorangehen zu lassen, die zur ersten Orientierung und zur Kontrolle dient.

Die Inventuraufnahme großer Betriebe erfordert sorgfältige Vorbereitung. Die Einzelbetriebe müssen so hergerichtet werden, daß die Bestandsaufnahme leicht vonstatten geht. Man bearbeitet meist die mit Nummern versehenen Abteilungen und Räume der ganzen Fabrik systematisch. In allen Abteilungen werden die Inventurkladden mit den entsprechenden Nummern der Räume, für die sie bestimmt sind, versehen, so daß ein Übersehen eines Raumes ausgeschlossen ist.

Über die Art der Inventuraufnahme bestehen in den verschiedenen Fabriken verschiedene Gewohnheiten. Bisweilen nehmen sie die Meister vor, bisweilen die Betriebschemiker, bisweilen auch dritte Personen, die mit der Fabrikation sonst nichts zu tun haben. Welches von diesen Verfahren das zweckmäßigste ist, läßt sich allgemein nicht sagen. Die Aufnahme durch dritte Personen schließt immer eine Kontrolle des Personals ein, die, sobald sie den Charakter von Mißtrauen trägt, stets für den gewissenhaften Beamten etwas Verletzendes hat. An sich ist sie natürlich vollkommen berechtigt, wenn sie grundsätzlicher Geschäftsbrauch ist.

In der Voraussetzung, daß die Wägungen (und das ganze Inventarisieren ist in der Hauptsache doch nur Wiegen und Messen) von den Meistern zuverlässig ausgeführt werden, kann man ihnen die Inventuraufnahme zunächst überlassen. Jeder Bottichinhalt sollte aber (Anschreiben des Brutto- und Taragewichtes) nachkontrolliert werden können und jedes inventarisierte Stück ist zum Zeichen dafür, daß es aufgenommen ist, mit einem deutlich sichtbaren Merkmal (Datum) zu versehen. Während dieser Zeit stellt man sich für jeden Betrieb das Verzeichnis der zu inventarisierenden Teile aus dem Gedächtnis zusammen, was nicht schwer ist, wenn man den Betrieb so beherrscht, wie es vom Betriebschemiker verlangt werden kann. Geht man jetzt mit dem Meister den inventarisierten Betrieb (an Hand seiner Notizen) durch und vergleicht, dann dürften nennenswerte Irrtümer ausgeschlossen sein.

Ob und bis zu welchem Grade die Fabrikation während der Inventuraufnahme ruhen muß, hängt von den jeweiligen Verhältnissen ab.

Die Betriebsinventur erstreckt sich auf drei Warengruppen: Rohstoffe, Fertigwaren und Zwischenerzeugnisse. Während über die ersten beiden kaum Unsicherheiten hinsichtlich der Bewertung bestehen werden, kann die Abschätzung der Zwischenprodukte von verschiedenen Gesichtspunkten aus erfolgen. An sich haben die Zwischenprodukte eigentlich gar keinen oder doch einen viel geringeren, als den Inventurwert, der ja die Fertigstellung voraussetzt. Daher können die Zwischenprodukte als Fertigwaren unter Abzug der für die endgültige Fertigstellung noch aufzuwendenden Kosten in die Inventur aufgenommen werden. Andererseits können sie auch auf die in ihnen enthaltenen Rohstoffe unter Berücksichtigung der bis dahin aufgewandten Fabrikationskosten zurückbewertet werden.

In manchen Fabriken hat sich die Methode gut bewährt, in der Bewertung der Zwischenprodukte zwischen solchen eine Grenze zu ziehen, die noch eine stoffliche Veränderung durchzumachen haben, und solchen, die bereits das fertige Produkt, wenn auch noch unrein enthalten. Die ersteren werden dann auf die Rohstoffe umgerechnet, deren Wert sich um die bisher erforderlichen Fabrikationskosten erhöht. Letztere werden dagegen als Fertigwaren eingestellt, indem man die dafür noch erforderlichen Fabrikationskosten abzieht.

Außer der alljährlich im ganzen Fabrikbetrieb vorzunehmenden Hauptinventur empfehlen sich Bestandsaufnahmen in kürzeren Zwischenräumen für die einzelnen Betriebe. Nur auf diese Weise kann man sich rechnerisch vergewissern, daß keine Verluste eingetreten sind. Bestandsaufnahmen empfehlen sich auch dort, wo die Kalkulation (z. B. bei schwankenden Ausbeuten) beständig geändert werden muß. Aus dem Ergebnis von zwei aufeinanderfolgenden Inventuren und den Betriebsaufzeichnungen lassen sich die Gestehungspreise leicht berechnen.

Die Analysen, die für Inventur- und Bestandsaufnahmen angefertigt werden müssen, um den Wertinhalt im Umlauf befindlicher Erzeugnisse kennenzulernen, sollten von einer möglichst neutralen Stelle ausgeführt werden. Auf die Art der Probenahme ist erhöhter Wert zu legen, da Analysenfehler sehr schwer ins Gewicht fallen können.

Achter Teil.

Aufbewahrung und Versand der Erzeugnisse.

Die Erzeugnisse werden entweder sogleich verladen (Fässer, Kisten, Ballons, Eisenbahnwagen usw.) oder auf Lager genommen. Die Standgefäße des Lagers zeichnen sich in Einzelfällen durch gediegene Ausstattung aus, mitunter sind sie aber auch so primitiv, daß sie eben gerade zur Aufbewahrung genügen.

Gefäße sollen in Form, Größe und hinsichtlich der Art ihrer Füllung oder Entleerung handlich und praktisch sein. Dies gilt besonders von Flaschen und Kruken, die sich im praktischen Gebrauch ihrer Enghalsigkeit wegen häufig nur schlecht bewähren. Der Verschluß soll staub-, luft- und lichtsicher sein. Die aufgeklebte oder angebundene Etikette sei leserlich, dauerhaft, sauber (nicht verschmiert), trage die genaue Handels- bzw. Katalogbezeichnung und sei nicht am Deckel oder einem anderen losen Gefäßteile befestigt.

Zur schnellen Ermittlung der Vorratsmenge sei auf jedem Gefäße die Tara verzeichnet. Angabe über Rauminhalt von Gefäßen ist von Nutzen, wenn man den Inhalt schätzen oder sich z. B. vergewissern will, ob eine aus dem Betriebe neu angelieferte Menge noch zum Rest im Gefäße hinzugefügt werden kann. Zur schnellen und sicheren Ermittlung der Größe von Versandgefäßen werden die spezifischen Gewichte an den Standgefäßen vermerkt. Durch diese Vorsicht vermeidet sich unnötiges Einschmutzen zu groß oder zu klein gewählter Versandgefäße. Die äußere Beschaffenheit der Lagergefäße, die Aufstellung in ausgerichteten Reihen, die Sauberkeit und Ordnung in den Räumen kennzeichnet den Lagerverwalter. Ein gut geführtes Lager sieht immer aufgeräumt aus.

Für die Verteilung der Fabrikate auf den Lagerräumen sind verschiedene Gesichtspunkte maßgebend (Feuergefährlichkeit, feuerversicherungsseitige Vorschriften usw.). Schwere und große Massen dürfen nicht unnötige Transportkosten verursachen und sind, wenn ihre Lagerung im Freien nicht angängig ist, zu ebener Erde oder in flachliegenden Kellerräumen aufzubewahren. Der Einfluß von Sommerwärme und Winterkälte, Feuchtigkeit, Licht, Dunst und Staub ist stets zu berücksichtigen. Im allgemeinen wird der Grundsatz befolgt, daß die zuletzt angelieferte Ware nach der früher erhaltenen zum Verkaufe kommt.

Wegen etwaiger Reklamationen ist vom Chemiker vor Ablieferung an das Lager ein Kontrollmuster zurückzuhalten. Sodann nimmt der Lagerist ein Muster, das zum Vergleich mit dem Typenmuster dient. Auf Grund dieses Vergleiches wird das Fabrikat entweder vom Lager angenommen oder zur Umarbeitung zurückgegeben. Die getrennt genommenen Lager- und Betriebsmuster dienen ferner dazu, bei vorkommenden Reklamationen die Ursache und die Stelle der Verantwortlichkeit festzustellen.

Das Verpackungsmaterial und die Art der Verpackung ist, abgesehen von den seitens des Käufers gestellten Forderungen, recht verschieden. Für Rohstoffe und technische Schwerchemikalien werden z. B. leichte Spanfässer oder Spezialwaggons am besten sein, indem durch sie die Bruttotransportspesen auf ein Minimum herabgedrückt werden. Man denke an das Gewicht der Stahlbomben für komprimierte Gase, an das der Ballons und Fässer bei billigen Produkten, wie Schwefelsäure, Salzsäure, Ammoniak usw.

Mit steigendem Wert der Ware verringert sich der Überpreis der Verpackung, die daher verbessert werden kann. Berühmt sind die „Originalverpackungen" großer Fabriken. Die Verpackung soll einen vertrauenerweckenden Eindruck machen. Dürftige oder unsorgfältige Emballage ist nie eine Empfehlung. Dagegen kann die Art der Verpackung, die „Aufmachung", bei Spezialartikeln den Absatz fördern. Die Anschauung, daß der Käufer nichts auf die Verpackung gibt und einzig die Qualität der Ware beurteilt, ist nur bedingt richtig. Jedes Produkt gewinnt durch Auswahl von Farbe und Form der Verpackung. Die innere Auskleidung von Kästen, Schachteln und Fässern für weiße Produkte wird häufig mit voller Absicht blau gewählt, weil die Farbe des Produktes dadurch besser hervortritt.

Ein ins Gewicht fallender Umstand für Versand der Fabrikate durch die Post, ist die beste Ausnutzung der zulässigen Höchstgewichte.

Den Bahn- und Wassertransport regeln eine Reihe von Verkehrsbestimmungen, ohne deren Kenntnis eine geschickte und zuverlässige Spedition unmöglich ist. Der für den Transport günstigste, schnellste und billigste Weg muß gefunden werden. Die in Betracht kommenden Tarife für Feuer- und gewöhnliche Züge, für Eilgut, Stück- und Waggonladungen oder für Rückfrachten von Leergut, die Versicherung gegen Bruch oder Feuer, die Lieferfristen, richtige Ausfüllung der Begleitformulare und Zolldeklarationen, das alles sind Dinge, in denen der Expedient zu Hause sein muß, wenn die Verfrachtung immer glatt vonstatten gehen soll.

Stapelung und Versand von Massengütern regeln sich nach zum Teil anderen Grundsätzen. An die Stelle der kleinen Standgefäße treten weite Lagerhallen, die viele Tausende von Tonnen fassen, Silos, geräumige Flüssigkeitstanks (bewährte Bauart nach Intze) oder große Gasometer. Hängebahnen, mechanische Transportvorrichtungen, Kräne, pneumatische Förderanlagen usw. geben diesem Teil der modernen Großbetriebe ein außerordentlich eindrucksvolles Gepräge. Die Ausspeicherung und Verladung erfolgt mechanisch mit Hilfe besonderer Apparaturen. Automatische Waagen registrieren die Gewichte. Absack- und Abfüllmaschinen füllen selbsttätig Säcke, Fässer und Trommeln mit genau eingestellten und dosierten Mengen der einzelnen Erzeugnisse, derem Weitertransport zahlreiche Formen von Spezialwagen, Kesselwagen, Topfwagen, Hochdrucktankwagen (für komprimierte Gase) usw. dienen. Für Kleinverpackung sind Spezialmaschinen eingeführt worden, die das Einwiegen, Beuteln, Falzen, Schließen, Etikettieren usw. in einfachster Weise besorgen.

Einige Mitteilungen über Transporteinrichtungen verschiedener Art finden sich in früheren Abschnitten dieses Buches. Wegen weiterer Einzelheiten über dieses interessante und wichtige Gebiet sei auf Hanffstengel: Billig Verladen und Fördern, Berlin 1926, und auf Naske: Zerkleinerungsvorrichtung und Mahlanlagen, Leipzig 1911, verwiesen.

Schlußwort.

Das rein chemische Wissen, das für den Betriebschemiker stets
den Grundstein seiner Tätigkeit bilden muß, ist nicht mit in den Kreis
der Betrachtungen gezogen worden, da es hier als vorhanden vorausgesetzt werden darf.

Es ergibt sich aber aus den Ausführungen, die den Inhalt des Büch-
leins bilden, daß der Betriebschemiker auf sehr vielen Gebieten gründlich bewandert sein muß, um im harten Konkurrenzkampf nicht ins
Hintertreffen zu geraten.

Daß die vollkommenste Technik oft vor einem Gegner die Waffen
strecken muß, der mit besseren kaufmännischen Mitteln kämpft, ist
eine häufige und betrübliche Erscheinung, die dazu mahnt, daß sich
jeder Chemiker, wenn ihm nicht ein tüchtiger branchekundiger Kaufmann zur Seite steht, auch in das kaufmännische Gebiet seines Berufes
hineinarbeiten sollte.

Nur inniges und wohlorganisiertes Zusammenwirken von Technik
und kaufmännischer Taktik wird einen Betrieb konkurrenzfähig erhalten. Beständige Verfolgung der marktbeherrschenden Faktoren ist
nicht minder wichtig, als gute technische Voraussicht.

Gerade unsere heutige Zeit fordert vom Chemiker ein gründliches
Vertrautsein mit allen diesen Dingen. Die deutsche Technik kämpft
schwer darum, sich wirtschaftlich zu behaupten. Auch die Rentabilität
unserer chemischen Industrie und ihrer Nebenzweige ist seit 1913/14
erheblich zurückgegangen (vgl. Tabelle), weil die Produktions- und
Absatzverhältnisse auf den meisten Gebieten[1] (eine Ausnahme machen
viele Düngemittel und die Kunstseide) schlechter geworden sind, weil
sich die Belastung besonders durch Steuern, Zinsen und Dawes-
Abgaben stark erhöht hat bzw. weil Löhne und Gehälter unter dem
Druck der Zeit steigende Tendenz aufweisen.

Der angehende Chemiker sollte sich während seiner Ausbildung
einige Kenntnisse auch auf jenen Gebieten aneignen, die vorstehend
ganz kurz und auszugsweise umrissen sind. Die wirksamste Schule
für das Schlachtfeld der industriellen Betriebspraxis bleibt freilich die
Betätigung in einem Fabrikslaboratorium und namentlich das Arbeiten
in einer Versuchsanlage. Hier findet der die Universität oder Technische Hochschule verlassende junge Chemiker am ehesten Gelegenheit,
sich die Sporen zu verdienen und sich mit dem ihm fremden Gebiet
vertraut zu machen, ehe er als Betriebsassistent in die Fabrik selbst
übertritt.

---

[1] Deutsche Teerfarbenproduktion 1913: 127 000 t = 82 % der Welterzeugung;
1924: 72 000 t = 46 % der Welterzeugung.

Rentabilität deutscher Industriewerke.

Firma	Gezahlte Dividende %			
	1913 (13/14)	1925 (25/26)	1926 (26/27)	1927 (27/28)
I. G. Farbenindustrie A.-G.	(28)	10	10	12
Dynamit A.-G. vorm. Alfred Nobel & Co.	20	0	5	6
Oberschlesische Kokswerke und Chemische Fabriken A.-G.	17	0	0	6
Chemische Fabrik a. A. vorm. Schering	15	0	0	9,6
Rütgerswerke A.-G.	$12^1/_2$	0	0	6
Th. Goldschmidt A.-G.	12	0	5	5
Chemische Fabrik von Heyden A.-G.	14	3	4	5
Saccharin-Fabrik A.-G. vorm. Fahlberg, List & Co.	7	8	10	10
I. D. Riedel A.-G.	13	0	0	0
Chemische Werke vorm. H. & E. Albert	30	6	6	0
Kaliwerke Salzdetfurth A.-G.	24	12	12	15
Kali-Industrie A.-G.	(10)	12	12	12
Lingner-Werke A.-G.	15	7	7	7
Gehe & Co. A.-G.	16	0	0	5
A.-G. Georg Egestorffs Salzwerke und Chemische Fabriken	11	6	8	8
Saline Salzungen	3	10	10	10
Dessauer Continental Gas-Gesellschaft	11	7	8	8
Continental Kautschuk	45	10	0	6
Trachenberger Zuckerfabrik	4	0	0	—
Rositzer Zuckerraffinerie	6	0	5	—
Feldmühle Papier	12	10	12	12
Zellstoff Waldhof	12	10	12	12
Vereinigte Glanzstoff	34	15	15	18
Deutsche Erdöl	17	4	6	7
Riebeck-Montan	12	6	6	7,2
Breitenburger Portland-Cement	0	10	9	12
Teutonia, Misburg	$8^1/_2$	9	10	12
Schultheiß-Patzenhofer Brauerei	12	15	15	—
Dortmunder Aktien-Brauerei	20	12	12	—

Allgemeine Literatur.

Zeitschriften: Chemiker-Zeitung, Zeitschrift für angewandte Chemie, Chemische Fabrik, Chemische Apparatur.

Sammelausgaben der Gewerbeordnung, Unfallverhütungsvorschriften, Patentgesetze usw.

„Der Beruf des Chemikers." Herausgegeben vom „Bund angestellter Chemiker und Ingenieure". Berlin 1920.

Krische, P.: Wie studiert man Chemie? Stuttgart 1919.

Goldschmidt, H.: Der Chemiker. Herausgegeben von der deutschen Zentralstelle für Berufsberatung der Akademiker. Berlin.

Sachverzeichnis.

22*

Chemische Betriebskontrolle in der Fettindustrie. Von Dr.-Ing.
Hugo Dubovitz. Mit 31 Textabbildungen. V, 136 Seiten. 1925.
Gebunden RM 6.90

Die chemische Betriebskontrolle in der Zellstoff- und Papier-Industrie und anderen Zellstoff verarbeitenden Industrien.
Von Prof. Dr. phil. **Carl G. Schwalbe,** Eberswalde, und Chefchemiker Dr.-Ing. **Rudolf Sieber,** Kramfors, Schweden. Zweite, umgearbeitete und vermehrte Auflage. Mit 34 Textabbildungen. XIV, 374 Seiten. 1922.
Gebunden RM 20.—

Chemische Technologie der Emailrohmaterialien für den Fabrikanten, Emailchemiker, Emailtechniker usw. Von Dr.-Ing. **Julius Grünwald,** gew. Fabrikdirektor, beratender Ingenieur für die Eisenemailindustrie. Zweite, verbesserte und erweiterte Auflage. Mit 25 Textabbildungen. VIII, 276 Seiten. 1922. Gebunden RM 10.—

Chemische Technologie. Von Dr. **Arthur Binz,** Professor der Chemie an der Landwirtschaftlichen Hochschule, Honorarprofessor an der Universität Berlin. (Band LI der „Enzyklopädie der Rechts- und Staatswissenschaft".) Mit 11 Abbildungen. 81 Seiten. 1925. RM 3.90

Die Entwicklung der chemischen Technik bis zu den Anfängen der Großindustrie. Ein technologisch-historischer Versuch. Von Prof. Dr. phil. **Gustav Fester,** Frankfurt a. M. VIII, 225 Seiten. 1923.
RM 7.50; gebunden RM 9.—

Betriebsverrechnung in der chemischen Großindustrie. Von Dr. rer. pol. **Albert Hempelmann,** D. H. H. C. VI, 107 Seiten. 1922.
RM 4.80

Brennstoff und Verbrennung. Von Professor Dr. **D. Aufhäuser,** Inhaber der Thermochemischen Versuchsanstalt zu Hamburg.

I. Teil: **Brennstoff.** Mit 16 Abbildungen im Text und zahlreichen Tabellen. V, 116 Seiten. 1926. RM 4.20

II. Teil: **Verbrennung.** Mit 13 Abbildungen im Text. IV, 107 Seiten. 1928. RM 4.20

I. und II. Teil gebunden RM 10.—

Das Heizöl (Masut). Von E. **Davin,** Mécanicien principal de la Marine. Deutsche Bearbeitung von Dr. **Ernst Brühl.** Mit Geleitwort von Prof. Dr. Fritz Frank. Mit 2 Textabbildungen und 3 Zahlentafeln. IV, 62 Seiten. 1925. RM 3.60

Lunge-Berl, Chemisch-technische Untersuchungsmethoden.
Unter Mitwirkung zahlreicher Fachleute herausgegeben von Ing.-Chem. Dr. **Ernst Berl,** Professor der Technischen Chemie und Elektrochemie an der Technischen Hochschule zu Darmstadt. Siebente, vollständig umgearbeitete und vermehrte Auflage. In 4 Bänden.

Erster Band: Mit 291 in den Text gedruckten Figuren, einem Bildnis und 85 Tafeln. XXII, 1100 Seiten. 1921. Gebunden RM 36.—

Zweiter Band: Mit 313 in den Text gedruckten Figuren und 19 Tafeln. XLIV, 1412 Seiten. 1922. Gebunden RM 48.—

Dritter Band: Mit 235 in den Text gedruckten Figuren und 23 Tafeln. XXXI, 1362 Seiten. 1923. Gebunden RM 44.—

Vierter Band: Mit 125 in den Text gedruckten Figuren und 56 Tafeln. XXV, 1139 Seiten. 1924. Gebunden RM 40.—

Die Maßanalyse.
Von Dr. **I. M. Kolthoff,** o. Professor für analytische Chemie von Minnesota in Minneapolis, U. S. A. Unter Mitwirkung von Dr.-Ing. H. Menzel, Privatdozent, Dresden.

Erster Teil: **Die theoretischen Grundlagen der Maßanalyse.** Mit 20 Abbildungen. XII, 254 Seiten. 1927. RM 10.50; gebunden RM 11.70

Zweiter Teil: **Die Praxis der Maßanalyse.** Mit 18 Abbildungen. IX, 512 Seiten. 1928. RM 20.40; gebunden RM 21.60

Der Gebrauch von Farbindicatoren.
Ihre Anwendung in der Neutralisationsanalyse und bei der colorimetrischen Bestimmung der Wasserstoffionenkonzentration. Von Dr. **I. M. Kolthoff,** o. Professor für analytische Chemie von Minnesota in Minneapolis, U.S.A. Dritte Auflage. Mit 25 Textabbildungen und einer Tafel. XII, 288 Seiten. 1926. RM 12.—

Das Trocknen mit Luft und Dampf.
Erklärungen, Formeln und Tabellen für den praktischen Gebrauch. Von Baurat **E. Hausbrand,** Berlin. Fünfte, stark vermehrte Auflage. Mit 6 Textfiguren, 9 lithographischen Tafeln und 35 Tabellen. VIII, 185 Seiten. 1920. Unveränderter Neudruck 1924. Gebunden RM 8.—

Verdampfen, Kondensieren und Kühlen.
Erklärungen, Formeln und Tabellen für den praktischen Gebrauch. Von Baurat **E. Hausbrand,** Berlin. Sechste, vermehrte Auflage. Mit 59 Figuren im Text und 113 Tabellen. XIX, 540 Seiten. 1918. Unveränderter Neudruck 1924.
Gebunden RM 16.—

Hilfsbuch für den Apparatebau.
Von Baurat E. Hausbrand, Berlin. Dritte, stark vermehrte Auflage. Mit 56 Tabellen und 161 Textfiguren. V, 132 Seiten. 1919. Unveränderter Neudruck 1924. Gebunden RM 4.50

Technik der Emulsionen. Von Dr. phil. **Otto Lange.** Mit 66 Textabbildungen. VIII, 391 Seiten. 1929.   RM 28.—; gebunden RM 29.40

Die Theorie der Emulsionen und der Emulgierung. Von Dr. **William Clayton,** Schriftführer des Ausschusses für Kolloidchemie der „British Association". Mit einem Geleitwort von Professor F. G. Donnan, Vorsitzender des Ausschusses für Kolloidchemie der „British Association". Deutsche, vom Verfasser erweiterte Ausgabe von Dr. L. Farmer Loeb. Mit 18 Abbildungen. 144 Seiten. 1924.   RM 7.80

Analyse der Fette und Wachse sowie der Erzeugnisse der Fettindustrie. Von Dr. **Adolf Grün,** Aussig.
Erster Band: **Methoden.** Mit 77 Abbildungen. XII, 575 Seiten. 1925.
Gebunden RM 36.—
Zweiter Band: In Vorbereitung.

Technologie der Fette und Öle. Handbuch der Gewinnung und Verarbeitung der Fette, Öle und Wachsarten des Pflanzen- und Tierreichs. Unter Mitwirkung von G. Lutz, Augsburg, O. Heller, Berlin, Felix Kaßler, Galatz, und anderen Fachleuten herausgegeben von Dr. **Gustav Hefter,** Direktor der Aktiengesellschaft zur Fabrikation vegetabilischer Öle in Triest.
Erster Band: **Gewinnung der Fette und Öle.** Allgemeiner Teil. Mit 346 Textfiguren und 10 Tafeln. XVIII, 742 Seiten. 1906. Unveränderter Neudruck 1921.   Gebunden RM 33.50
Zweiter Band: **Gewinnung der Fette und Öle.** Spezieller Teil. Mit 155 Textfiguren und 19 Tafeln. X, 974 Seiten. 1908. Unveränderter Neudruck 1921.   Gebunden RM 46.—
Dritter Band: **Die Fett verarbeitenden Industrien.** (1. Teil.) Mit 292 Textfiguren und 13 Tafeln. XII, 1024 Seiten. 1910. Unveränderter Neudruck 1921.   Gebunden RM 50.—
Vierter (Schluß-) Band: **Die Fett verarbeitenden Industrien.** (2. Teil.) Seifenfabrikation und Glyzerinindustrie.   In Vorbereitung.

Kohlenwasserstofföle und Fette sowie die ihnen chemisch und technisch nahestehenden Stoffe. Von Prof. Dr. **D. Holde,** Dozent an der Technischen Hochschule Berlin. Sechste, vermehrte und verbesserte Auflage. Mit 179 Abbildungen im Text, 196 Tabellen und einer Tafel. XXVI, 856 Seiten. 1924.   Gebunden RM 45.—

Der Schwefelkohlenstoff. Seine Eigenschaften, Herstellung und Verwendung. Von Oberregierungsrat Dr. **Oscar Kausch,** Mitglied des Reichspatentamtes. Mit 71 Textabbildungen. IV, 265 Seiten. 1929.
Gebunden RM 32.—

Das Kieselsäuregel und die Bleicherden. Von Oberregierungsrat Dr. **Oscar Kausch,** Mitglied des Reichspatentamtes. Mit 38 Textabbildungen. IV, 292 Seiten. 1927.   Gebunden RM 29.—

Handbuch der Seifenfabrikation. Von Professor Dr. **Walther Schrauth,** Berlin. Sechste, verbesserte Auflage. Mit 183 Abbildungen. IX, 771 Seiten. 1927.   Gebunden RM 39.—

Die Fabrikation der Alkaloide. Von Dr. **Julius Schwyzer.** Mit 30 Textabbildungen. IV, 123 Seiten. 1927. RM 10.50; gebunden RM 12.—

Die Chemie des Lignins. Von Dr. **Walter Fuchs,** Privatdozent an der Deutschen Technischen Hochschule in Brünn. XII, 328 Seiten. 1926. RM 18.—; gebunden RM 19.50

Die Naphthensäuren. Von Dr. **J. Budowski.** Mit 5 Abbildungen. VI, 116 Seiten. 1922. RM 4.—

Das Glyzerin. Gewinnung, Veredlung, Untersuchung und Verwendung sowie die Glyzerinersatzmittel. Von Dr. **C. Deite †,** Berlin, und Ing.-Chem. **J. Kellner,** Betriebsleiter der Schichtwerke Aussig. Mit 78 Abbildungen. VIII, 449 Seiten. 1923. Gebunden RM 16.—

Die Saponine. Von Dr. med. et phil. et Mag. pharm. **Ludwig Kofler,** a. o. Professor für Pharmakognosie und Vorstand des Pharmakognostischen Instituts der Universität Innsbruck. Mit 7 Abbildungen und 19 Tabellen im Text. XI, 278 Seiten. 1927. RM 18.80; gebunden RM 20.—

(Verlag von Julius Springer / Wien.)

Der Kautschuk. Eine kolloidchemische Monographie von Dr. **Rudolf Ditmar,** Graz. Mit 21 Figuren im Text und auf einer Tafel. VIII, 140 Seiten. 1912. RM 6.30

Die Chemie des Kautschuks. Von **B. D. W. Luff,** Edinburgh. Deutsch von Dr. **Franz C. Schmelkes,** Prag. Mit 32 Abbildungen. VII, 213 Seiten. 1925. Gebunden RM 13.20

Die Zellulose. Die Zelluloseverbindungen und ihre technische Anwendung. Plastische Massen. Von **L. Clément** und Ing.-Chem. **C. Rivière.** Deutsche Bearbeitung von Dr. Kurt Bratring. Mit 65 Textabbildungen. XVI, 275 Seiten. 1923. Gebunden RM 13.50

Die trockene Destillation des Holzes. Von **H. M. Bunbury,** London. Übersetzt von Ing.-Chem. **W. Elsner,** Magdeburg. Mit 108 Textabbildungen und 115 Tabellen. XII, 339 Seiten. 1925. Gebunden RM 24.—

Technologie der Holzverkohlung unter besonderer Berücksichtigung der Herstellung von sämtlichen Halb- und Ganzfabrikaten aus den Erstlingsdestillaten. Von **M. Klar,** Holzminden. Zweite, vermehrte und verbesserte Auflage. Mit 49 Textfiguren. XXIII, 429 Seiten. 1910. Unveränderter Neudruck 1923. Gebunden RM 20.—